“十三五”国家重点出版物出版规划项目

岩石力学与工程研究著作丛书

深埋特大地下洞室群岩体动力特性与开挖施工关键技术

李新平　罗　忆　李友华　徐鹏程　刘婷婷　肖桃李　黄俊红　著

科学出版社

北　京

内 容 简 介

本书针对深部裂隙岩体的加卸载力学行为、动静力学特性、爆破振动传播衰减规律、累积损伤与变形稳定机理以及精量化控制爆破方法等开展系统研究，考虑了深埋特大地下洞室群爆破开挖施工中的爆破振动多重放大效应、动静力组合作用下的围岩累积损伤效应、高地应力条件下的结构面超低摩擦效应以及开挖瞬态卸荷诱发的位移突变效应，建立了多维度爆破振动安全控制标准，研发了精量化爆破控制技术，并在溪洛渡水电站、白鹤滩水电站和乌东德水电站等工程建设中成功应用。

本书可供岩土工程、水利水电工程、地下工程、采矿工程、防护工程等相关专业的高等院校师生、科研工作者、设计及施工单位的工程技术人员参考。

图书在版编目(CIP)数据

深埋特大地下洞室群岩体动力特性与开挖施工关键技术/李新平等著. —北京：科学出版社，2025.6

(岩石力学与工程研究著作丛书)

ISBN 978-7-03-057107-6

Ⅰ.①深… Ⅱ.①李… Ⅲ.①地下洞室-洞室群-岩体动力学 Ⅳ.①TU452

中国版本图书馆 CIP 数据核字(2018)第 064805 号

责任编辑：刘宝莉 乔丽维 / 责任校对：任苗苗
责任印制：肖 兴 / 封面设计：蓝正设计

科学出版社出版
北京东黄城根北街16号
邮政编码：100717
http://www.sciencep.com
三河市春园印刷有限公司印刷
科学出版社发行 各地新华书店经销
*
2025年6月第 一 版 开本：720×1000 1/16
2025年6月第一次印刷 印张：29 3/4
字数：596 000

定价：268.00 元

(如有印装质量问题，我社负责调换)

“岩石力学与工程研究著作丛书”编委会

“岩石力学与工程研究著作丛书”序

随着西部大开发等相关战略的实施，国家重大基础设施建设正以前所未有的速度在全国展开：在建、拟建水电工程达30多项，大多以地下硐室（群）为其主要水工建筑物，如龙滩、小湾、三板溪、水布垭、虎跳峡、向家坝等水电站，其中白鹤滩水电站的地下厂房高达90m、宽达35m、长400多米；锦屏二级水电站4条引水隧道，单洞长16.67km，最大埋深2525m，是世界上埋深与规模均为最大的水工引水隧洞；规划中的南水北调西线工程的隧洞埋深大多在400～900m，最大埋深1150m。矿产资源与石油开采向深部延伸，许多矿山采深已达1200m以上。高应力的作用使得地下工程冲击地压显现剧烈，岩爆危险性增加，巷（隧）道变形速度加快、持续时间长。城镇建设与地下空间开发、高速公路与高速铁路建设日新月异。海洋工程（如深海石油与矿产资源的开发等）也出现方兴未艾的发展势头。能源地下储存、高放核废物的深地质处置、天然气水合物的勘探与安全开采、CO_2地下隔离等已引起高度重视，有的已列入国家发展规划。这些工程建设提出了许多前所未有的岩石力学前沿课题和亟待解决的工程技术难题。例如，深部高应力下地下工程安全性评价与设计优化问题，高山峡谷地区高陡边坡的稳定性问题，地下油气储库、高放核废物深地质处置库以及地下CO_2隔离层的安全性问题，深部岩体的分区碎裂化的演化机制与规律，等等。这些难题的解决迫切需要岩石力学理论的发展与相关技术的突破。

近几年来，863计划、973计划、“十一五”国家科技支撑计划、国家自然科学基金重大研究计划以及人才和面上项目、中国科学院知识创新工程项目、教育部重点（重大）与人才项目等，对攻克上述科学与工程技术难题陆续给予了有力资助，并针对重大工程在设计和施工过程中遇到的技术难题组织了一些专项科研，吸收国内外的优势力量进行攻关。在各方面的支持下，这些课题已经取得了很多很好的研究成果，并在国家重点工程建设中发挥了重要的作用。目前组织国内同行将上述领域所研究的成果进行了系统的总结，并出版“岩石力学与工程研究著作丛书”，值得钦佩、支持与鼓励。

该丛书涉及近几年来我国围绕岩石力学学科的国际前沿、国家重大工程建设中所遇到的工程技术难题的攻克等方面所取得的主要创新性研究成果，包括深部及其复杂条件下的岩体力学的室内、原位试验方法和技术，考虑复杂条件与过程（如高应力、高渗透压、高应变速率、温度-水流-应力-化学耦合）的岩体力学特性、变形破裂过程规律及其数学模型、分析方法与理论，地质超前预报方法与技术，工程地质灾害预测预报与防治措施，断续节理岩体的加固止裂机理与设计方法，灾害环境下重大工程的安全性，岩石工程实时监测技术与应用，岩石工程施工过程仿真、动态反馈分析与设计优化，典型与特殊岩石工程（海底隧道、深埋长隧洞、高陡边坡、膨胀岩工程等）超规范的设计与实践实例，等等。

岩石力学是一门应用性很强的学科。岩石力学课题来自于工程建设，岩石力学理论以解决复杂的岩石工程技术难题为生命力，在工程实践中检验、完善和发展。该丛书较好地体现了这一岩石力学学科的属性与特色。

我深信"岩石力学与工程研究著作丛书"的出版，必将推动我国岩石力学与工程研究工作的深入开展，在人才培养、岩石工程建设难题的攻克以及推动技术进步方面将会发挥显著的作用。

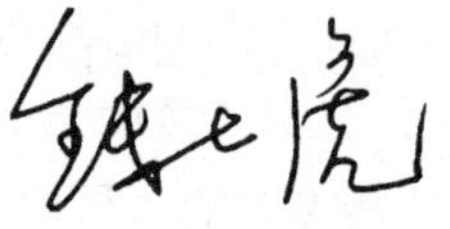

2007 年 12 月 8 日

“岩石力学与工程研究著作丛书”编者的话

近20年来，随着我国许多举世瞩目的岩石工程不断兴建，岩石力学与工程学科各领域的理论研究和工程实践得到较广泛的发展，科研水平与工程技术能力得到大幅度提高。在岩石力学与工程基本特性、理论与建模、智能分析与计算、设计与虚拟仿真、施工控制与信息化、测试与监测、灾害性防治、工程建设与环境协调等诸多学科方向与领域都取得了辉煌成绩。特别是解决岩石工程建设中的关键性复杂技术疑难问题的方法，973计划、863计划、国家自然科学基金等重大、重点课题研究成果，为我国岩石力学与工程学科的发展发挥了重大的推动作用。

应科学出版社诚邀，由国际岩石力学学会副主席、岩土力学与工程国家重点实验室主任冯夏庭教授和黄理兴研究员策划，先后在武汉市与葫芦岛市召开“岩石力学与工程研究著作丛书”编写研讨会，组织我国岩石力学工程界的精英们参与本丛书的撰写，以反映我国近期在岩石力学与工程领域研究取得的最新成果。本丛书内容涵盖岩石力学与工程的理论研究、试验方法、试验技术、计算仿真、工程实践等各个方面。

本丛书编委会编委由75位来自全国水利水电、煤炭石油、能源矿山、铁道交通、资源环境、市镇建设、国防科研领域的科研院所、大专院校、工矿企业等单位与部门的岩石力学与工程界精英组成。编委会负责选题的审查，科学出版社负责稿件的审定与出版。

在本丛书的策划、组织与出版过程中，得到了各专著作者与编委的积极响应；得到了各界领导的关怀与支持，中国岩石力学与工程学会理事长钱七虎院士特为丛书作序；中国科学院武汉岩土力学研究所冯夏庭教授、黄理兴研究员与科学出版社刘宝莉编辑做了许多烦琐而有成效的工作，在此一并表示感谢。

“21世纪岩土力学与工程研究中心在中国”，这一理念已得到世人的共识。我们生长在这个年代里，感到无限的幸福与骄傲，同时我们也感觉到肩上的责任重大。我们组织编写这套丛书，希望能真实反映我国岩石力学与工程研究的现状与成果，希望对读者有所帮助，希望能为我国岩石力学学科发展与工程建设贡献一份力量。

“岩石力学与工程研究著作丛书”
编委会
2007年11月28日

前　言

随着我国经济的飞速增长，水电、交通、能源、矿山等行业均在向深部地下工程拓展，尤其是西南地区的大型水电工程建设，往往涉及大规模的深埋地下洞室群开挖。引水隧洞、主厂房、主变室、尾水闸门室、尾水调压井、母线洞、出线竖井、尾水隧洞等组成的洞室群，是地下式水电站的核心关键工程。目前，全世界已经有超过400座地下式水电站投入运行。在蕴含巨大水能资源的我国西南地区，装机容量高于100万kW的巨型水电站均受限于陡峻的地形条件而设计为地下式发电厂房；地下洞室群具有复杂的空间结构和断面形状，开挖施工通常采用钻孔爆破方法。

进入21世纪以来，随着国家能源结构调整和水电资源开发不断深入，水电站埋深洞室群的规模也在不断刷新纪录。金沙江上游装机容量世界排名前十的白鹤滩水电站、溪洛渡水电站、乌东德水电站，在地下洞室单体最大跨度、高度、长度以及地下洞室群的开挖总长度、总方量等方面均处于世界领先水平，甚至世界首位，且包含岩锚梁、穹顶等开挖工艺复杂、质量要求严苛的高难度特殊部位，其总体开挖技术难度不言而喻。

大规模的深部岩体开挖，必然面临高地应力、高地温、高渗透压和强开挖扰动，即“三高一扰动”问题；大断面、长隧洞、高埋深的地下洞室群设计也难以避开节理裂隙岩体、断层破碎带等不良地质条件，更增大了爆破开挖施工的技术难度。炮孔炸药爆炸后对开挖部位近区的冲击破坏与中远区的振动作用，加深了围岩损伤程度，增大了变形量级，提高了失稳风险，极易出现围岩超欠挖、损伤圈过大、劈裂、片帮、环向拉裂、岩层错动、挤压片状碎裂等多种施工质量问题，甚至诱发塌方、岩爆等施工地质灾害，导致人员伤亡、设备损坏和工程停滞。

因此，亟须在充分认识水电站深埋地下洞室群爆破施工的损伤、变形与稳定机理的前提下，建立科学可靠的评估方法，构建以爆破振动安全判据和爆破开挖方法为主体的控制技术体系。

作为一名科研工作者，我非常荣幸能伴随我国水电事业的飞速发展开展长期系统的研究与应用工作，同时也非常荣幸能借此书将十多年来在水电站深埋地下洞室群爆破施工方面的研究成果分享给读者。尤其是在白鹤滩、溪洛渡、乌东德等特大型水电站深埋地下洞室群施工期间，研究团队综合运用室内试验、现场试验、理论分析和数值模拟等多种研究方法，对深部裂隙岩体的加卸载力学行为、动静组合力学特性、爆破振动传播衰减规律、动力累积损伤本构模型、变形稳定机理等开展了系统研究，揭示了深埋地下大规模复杂洞室群的爆破振动的多重放大效应、多次爆破反复作用下的围岩累积损伤效应、高地应力与强扰动作用下的结构面超低摩擦效应的力学机理，建立了多维度爆破振动安全控制标准，提出了围岩损伤、变形与稳定评估方法，研发了岩锚梁等关键部位的精量化控制爆破技术。该系列研究成果在三大世界级水电站的成功应用，确保了施工过程的优质高效与安全稳定，产生了巨大的经济效益和显著的社会效益，在深埋地下工程洞室群施工领域起到重要的引领和示范作用。

李新平对全书内容进行了统筹安排和详细审定，罗忆、李友华、徐鹏程和刘婷婷均进行了主要的撰写工作，张成良、陈俊桦、肖桃李、赵航、董千、黄俊红、孟建、徐剑、洪吉松、吴泽民、樊伟等参与了团队的研究工作，吕均琳、王刚、瞿登星等对本书的出版提供了帮助。

本书相关研究工作得到国家自然科学基金面上项目“深部裂隙岩体的加卸载力学特性与多场耦合模型研究”(50974100)、“深部高地应力下岩体动力特性与爆炸应力波传播规律研究”(51274157)、“强动力扰动下深部岩体断裂滑移型岩爆的产生机理与破坏效应”(51774222)、“深地下洞室群开挖诱发的节理岩体松动变形演化机理”(51779197)，青年科学基金项目“深埋地下厂房开挖瞬态卸荷诱发围岩位移突变机理”(51309183)、“含水充填节理的动力特性及其对剪切波传播影响研究”(51609183)，以及湖北省自然科学基金重点项目“中深部难动用矿产资源开采破坏作用机理及稳定性研究”(2015CFA136)的资助，试验研究工作得到山东科技大学、中国科学院武汉岩土力学研究所、总参工程兵科研三所、武汉大学等科研院校的大力支持，成果应用得益于中国葛洲坝集团三峡建设工程有限公司领导与现场技术人员的鼎力合作，在此表示感谢！

由于深部地下科学理论与水电站地下洞室群施工技术发展迅速，加之作者水平有限，书中难免存在不足之处，敬请读者批评指正。

目　录

第1章 绪　　论

1.1 引　　言

深部岩体工程开挖施工已成为多个行业科学研究中的重点课题。从水电站地下洞室群、深部矿山巷道、核废料地下处置库、地下军事洞库、深埋交通隧道，到干热岩、页岩油开采等工程，均涉及大规模的深部岩体开挖问题。例如，我国锦屏水电站最大埋深已达到 2525m，我国首口超万米科深井——深地塔科 1 井在地下 10910m 胜利完钻。随着开挖深度的不断突破，深部岩体“三高一扰动”的特点更加显著，分区破裂化、摆型波、超低摩擦等现象更加明显，岩爆、冲击地压、突水突泥等动力地质灾害日趋频繁，人员与设备安全风险逐年递增。因此，亟须深入研究深部岩体特性与力学行为，揭示岩体灾害与失稳机理，为深部岩体工程安全控制提供理论支撑。

水电站深埋地下洞室群规模宏大，各洞室间空间布置紧凑、相互立体交错，且具有显著的“大跨度、高边墙、大埋深”特点，并同时面临节理裂隙发育和高地应力的地质赋存环境。而伴随水电清洁能源的大力开发，特大型水电站数量持续增加，各水电站洞室群设计埋深日渐增大、空间结构日趋复杂、单体规模日益提升。例如，我国近年来建成的白鹤滩水电站、溪洛渡水电站和乌东德水电站，装机规模分别居世界第二、第四和第七位。其中，溪洛渡水电站地下厂房洞室群深部岩体开挖方量超过 1700 万 m^3；白鹤滩水电站地下洞室群深部岩体开挖量突破 2500 万 m^3、地下洞室群总长高达 217km、主厂房跨度 34m、长度 438m；乌东德水电站左岸地下主厂房高 89.8m。

水电站深埋地下洞室群规模的不断扩大，也导致了爆破开挖施工风险和难度的不断攀升和爆破开挖质量要求的不断提高，对开挖稳定性控制关键技术的需求也越来越迫切。在爆破开挖施工过程中，地下洞室群围岩稳定受到深部裂隙岩体力学特性、洞室断面形状以及洞室群空间布置等因素的影响，还面临爆破振动和瞬态卸荷等强动力扰动的直接威胁。因此，为保证当前特大型水电工程安全高效建设，必须全面开展岩体动静组合力学特性、洞室群爆破振动传播衰减规律、爆破安全精量化控制标准、岩体累积损伤与动力灾变特性、精量化爆破开挖施工工艺等科学技术研究，系统解决深埋地下洞室群爆破开挖施工围岩稳定性评估和控制关键技术难题。

1.2 国内外研究进展

1. 深部裂隙岩体不同应力路径下加卸载力学特性研究现状

21世纪以来，随着我国国民经济建设的迅猛发展，基本建设规模的不断扩大，基础建设在向空间发展的同时，地下资源和空间的开发也在不断地走向深部，地下岩体工程的高应力特征也越来越显著。例如，锦屏二级水电站引水隧洞实测最大地应力为42～46MPa，最大埋深处地应力可达70MPa以上，最大外水压力为10.2MPa。岩石在试验过程中所表现出的力学特性与其所处的应力状态密切相关，加载与卸载是两种不同的应力状态，因此岩石在加载、卸载两种不同应力路径下的屈服条件、力学参数以及研究方法都是不同的。地下岩体工程的开挖，从力学本质来说，主要是卸载行为，岩体在卸载和加载条件下的力学性能有着本质的区别[1]。

研究者针对工程岩体面临的三向受力状态，考虑不同加卸载路径，展开了岩体的试验及理论研究。汪斌等[2]进行了常规三轴压缩试验和峰前、峰后卸围压试验，认为大理岩峰前卸围压试验的围压效应最明显，峰前、峰后卸围压黏聚力均降低，而内摩擦角均增加。黄润秋等[3]通过室内三轴卸载试验和破裂断口SEM细观扫描，研究高应力环境中不同卸载速率对大理岩的变形破裂及强度特征的影响。研究结果表明，卸载速率和初始围压越大，岩石脆性及张性断裂特征越明显，卸载条件下岩体的黏聚力大大减小，而内摩擦角却稍微增大。李宏哲等[4]认为，大理岩体积变形几乎按照侧向变形的规律增大，峰前卸载条件下的黏聚力比加载条件下低14%，而内摩擦角比加载条件下高23%。刘豆豆等[5]的研究结果表明，峰前和峰后卸围压下的试样都表现出脆性破坏的特征，峰前卸围压条件下试样破坏更为强烈。高春玉等[6]根据升轴压、降围压的峰前卸围压试验，认为卸载导致黏聚力大幅度减小而内摩擦角略有增加。Li等[7]对具有水平层状和竖向层状的砂岩进行的加卸载试验表明，相比加载试验而言，卸载试验时水平层状砂岩的黏聚力增加而内摩擦角降低，而竖向层状砂岩的黏聚力和内摩擦角变化与水平层状刚好相反。张黎明等[8]对粉砂岩试样进行了常规三轴压缩后保持轴向变形不变的峰前、峰后卸围压试验，并对试样破坏特征、强度和变形特性进行了定性分析。黄润秋等[9]基于岩石试样的卸载试验，认为相对于加载试验，卸载岩石的黏聚力减小而内摩擦角增大。吕颖慧等[10]对取自大渡河大岗山水电站的花岗岩开展高应力下两种卸载方案的力学特性试验研究，认为岩石卸载过程中向卸载方向的回弹变形强烈、扩容显著，脆性破坏特征明显，与常规三轴压缩试验相比，卸载时岩石的黏聚力减小而内摩擦角增大。刘建等[11]对采自重庆鱼嘴的砂岩开展保持轴压不变的峰前卸围压试验，从偏应力变化量角度证明卸载应力路径更容易引起砂岩试样的破坏，卸载条件下的黏聚力比加载条件下低1.2%，内摩擦角则高4.8%。从以上研究进展发现已有的加卸载试验主要存在以下几种趋势：①对于初始围压效应的研究较多[2,3,5,7,8]，而对于实时围压效应的研究相对较少；②开展峰前卸围压试验的研究较多[2,4,6,9-11]，而对峰后卸围压试验的研究相对较少；③对于试样变形特性的定性分析较多[2,3,5,11]，而定量分析较少。因此，缺乏深部岩体的系统的峰前、峰后卸围压试验和相应强度变形特征及破裂机制研究。

此外，裂隙作为深部岩体力学特性分析中的一个重要因素，对地下围岩及工程的稳定性有着重要的影响。含裂隙岩体的强度必然受到岩块和结构面强度及其组合方式的控制。一般情况下，如果岩体沿某一结构面滑动破坏，则岩体强度完全受该结构面强度的控制，称为岩体强度的结构面效应[12]，如果沿岩石面破坏，则岩体强度受岩块强度的控制。研究者针对裂隙的三向受力破坏特征及机制展开了试验研究和理论分析。Nasseri 等[13]和 Niandou 等[14]开展页岩的常规三轴压缩试验，分析了页岩层理面倾角、围压与强度的关系，进一步探讨了层理面倾角、围压、强度参数的影响，发现试样有三种不同的破坏形式，页岩层理面倾角和围压是影响试样按不同形式破坏的主要因素。冒海军等[15]基于单弱面理论，研究发现随着结构面倾角的不同，板岩可以产生沿结构面滑移、剪切破坏及复合破坏三种破坏形式，围压增大会使破坏方式由复合破坏向剪切破坏转化。李宏哲等[16]对含天然节理的试样开展了三轴加卸载试验，研究发现节理试样的破坏模式包括穿切节理面破坏和沿节理面滑移两种。王在泉等[17]对含天然节理的灰岩进行加卸载试验研究，分析了试样破坏特征、强度和变形特性。向天兵等[18]通过真三轴压缩试验对单结构面岩石的破裂机制和强度特性进行了研究，认为当结构面为缓倾角时发生材料破坏（即试样自身破坏），当结构面为陡倾角时发生复合破坏，结构面倾角合适时则发生结构控制破坏，而结构面的存在劣化了岩石的力学性能，降低了岩石的强度和储能能力。李新平等[19]和肖桃李等[20]通过模型材料的加卸载试验，研究了含裂隙大理岩的强度变形特征及破裂机制。韩建新等[21]探讨了一次性贯穿裂隙岩体强度与裂隙面的倾角、黏聚力和内摩擦角及岩块的黏聚力和内摩擦角间的关系，得到了一次性贯穿裂隙岩体破坏形式的相关判据，用实例验证了裂隙角度与岩体强度及破裂方式的关系。

2. 深部地下洞室爆破振动效应研究现状

钻孔爆破法是深部地下洞室开挖常用的手段。爆破施工会对地下洞室的安全产生不利影响。在爆炸荷载作用下，爆炸应力波会使洞室围岩的力学性能劣化，从而影响围岩的稳定性。在地下工程中尤其是在水电工程建设中经常碰到大断面多工作面平行和交叉作业的格局，构筑物在重复爆炸荷载作用下，爆炸应力波会使导流洞群的岩体力学性能劣化，造成岩石强度和力学性能降低；或者使围岩内产生裂纹或使原有裂纹扩展，影响岩体的完整性，增加了支护和衬砌费用。特别是对于净距较小的洞室的爆破开挖，由于洞室间岩柱隔墙较薄，围岩压力大，爆破地震波传播到相邻洞室时洞壁容易发生剪切破坏或者拉伸破坏。研究者通过现场爆破振动测试对地下洞室的爆破振动效应展开了研究。

谭忠盛等[22]研究了复线隧道施工爆破对既有隧道的影响，采用有限元法分析爆破振动效应的原理及方法，并结合关寨隧道的施工爆破进行实例分析，得到了各振动参数时间历程。龚建伍等[23]结合小净距隧道现场工程实践，对小净距隧道中间岩柱在爆破荷载作用下的振动响应进行相关监测，分析振动波在不同级别围岩、不同监测位置的传播及分布规律。李利平等[24]结合庙垭分岔隧道工程实例，研究了其小间距段施工爆破的振动监测方法、爆破动力特性及其减振控制技术。Langefors 等[25]通过研究提出以 25cm/s 的质点峰值振动速度作为偏于安全的边墙临界破坏标准，将 60cm/s 的质点峰值振动速度作为岩石形成新裂缝的临界值。周同岭等[26]通过对正负高程差地形爆破地震效应的试验观测，得出正高程差使地震效应增大、负高程差使之减小的结论。张涛等[27]对边坡爆破振动试验测试数据进行分析后发现，地震波能量不仅随着高程的降低而减小，而且还受到边坡地形的影响，在变坡点处地震波发生绕射形成新的震源，影响爆破地震强度。蒋楠等[28]、唐海等[29]和陈明等[30]通过理论推导和试验研究发现，当地形地貌变化较大时，高程放大效应较为明显。李新平等[31]结合现场试验数据与数值模拟，发现地下洞室建筑物对爆破振动具有放大效应。

此外，爆炸应力波不但对地下工程有直接的作用，当其在深部岩体中传播时，对工程围岩的稳定性也有重要的影响。在地下工程岩体爆破开挖过程中，围岩体所受的初始地应力会发生改变，构成岩体的岩石及节理的力学性质都会发生改变，从而导致岩体在动载作用下的响应发生变化，因此研究地应力(静载)对于应力波在节理岩体中的传播和衰减规律的影响机制，对地下工程爆破开挖及相应防护工程的设计等均具有重要的理论意义。因此，国内研究者于 20 世纪八九十年代开始以超声波为工具，研究了不同轴压和围压作用下应力波在岩体中的传播规律。李造鼎等[32]对差应力状态(双轴压缩)下的砂岩和辉绿岩进行了室内声波试验研究，结果表明，声波的衰减对试样物理性质的变化比波速更为敏感；在双轴压缩情况下，不同于单轴压缩或静水压情况，岩石的衰减系数随着主应力的增加而降低，当达到极限应力时，衰减系数急剧减小；侧向应力的增加，导致岩石的差应力发生变化，差应力越大，衰减作用越强。刘祖沅等[33]研究了单轴压缩下声波在干燥和饱水的砂岩和大理岩中传播的速度和衰减规律，研究结果表明，关于围压作用下应力波在完整岩石中的衰减机制，是应力波在岩石内部微裂纹表面及岩石晶粒边界摩擦耗散产生的。当围压较低时，岩石内部微裂纹闭合，驱使其产生滑动的摩擦力增加，而应力波作用下能发生滑动的微裂隙数量减少，因此应力波的衰减相应减小。随着围压的增加，岩石内部原有微裂纹发生扩展，新的微裂纹开始产生，应力波作用下能发生滑动的微裂隙数量增加，应力波的衰减也相应增加。

研究者基于霍普金森压杆对静载作用下较大幅值应力波在岩石（体）中的传播及衰减规律展开了研究。刘少虹等[34]基于改进的霍普金森压杆，通过分析不同静载下应力波的幅值、透反射系数等，研究了静载对应力波传播及能量耗散的影响机制。Feng 等[35]研究了不同轴向静载条件下煤体试样中应力波的传播及衰减规律，定量分析了裂隙闭合和扩展两阶段煤体损伤演化对应力波传播及衰减的影响，并给出了不同阶段内煤体应力波传播与衰减的主导机制。理论与数值模拟方面，Fan 等[36]结合位移不连续理论和特征线法，同时基于非线性模型，对地应力作用下一维应力波垂直入射单条节理的传播规律开展了研究，考虑了不同应力波幅值和频率的影响。范新等[37]通过数值手段对不同初始应力下应力波的传播特征进行了研究，研究结果表明，初始应力和爆炸扰动及块体间的构造特征共同影响块体的运动，初始应力越大，径向应力峰值和位移峰值越小，波形越窄。张凤鹏等[38]针对不同静应力及岩体节理分布情况下爆破破岩过程中应力波的传播规律及与节理面的作用机制，通过动力有限元软件开展了数值研究。

3. 深埋地下洞室群爆破累积损伤效应研究现状

爆破作用下的围岩损伤问题一直是地下岩石工程开挖重点关注的课题。Krajcinovic[39]最早将连续介质损伤力学引入岩石力学。随后，损伤成核与成长（nucleation and growth，NAG）模型、爆破各向同性损伤模型（即 GK（Goto-Kakizaki）模型）等损伤本构模型孕育而生，并且开始将岩石动态断裂的过程看成既有裂纹网络的生长和相互作用所造成的连续的累积损伤。损伤的累积只是在体积拉伸情况下进行，且不可逆，控制损伤增长的速率方程是基于裂纹增长率微结构分析和裂纹服从 Weibull 分布而确定的。而 Taylor 等[40]在裂纹密度、泊松比及有效体积模量这三者形成的关系式的基础上，把损伤变量通过“率”的形式嵌入动态本构中，让裂纹密度和损伤变量产生联系，从而提出了能表现岩石在体积拉伸作用下的动态反应的脆性岩石动态本构，即 TCK（Taylor-Chen-Kuszmaul）模型。Kuszmaul[41]则基于 GK 模型和 TCK 模型，提出了适用性更强的 KUS 损伤本构模型。之后，研究者均对岩体损伤本构模型开展了研究。

国内研究者也对爆破作用下岩体损伤理论模型进行了深入研究，基于理论推导、现场和室内试验、数值模拟等手段从不同的切入点分析了爆破作用下岩体的损伤，提出了很多新的损伤变量和损伤本构模型，极大地丰富了岩体的动力损伤理论。但是，很多损伤本构模型所涉及的参数较多，且很多都需要试验来获得；另外，针对特定岩体提出的损伤变量和损伤阈值都只是适用于特定的工程，没有统一的标准；同时，大多数研究者还是局限于分析单次爆破所引起的岩体损伤，仍缺少对多次爆破所引起的岩体累积损伤的探究；此外，现有的很多损伤理论模型都停留在理论计算和数值模拟阶段，还应多结合室内或者现场试验来验证。

在实际地下工程爆破开挖过程中，最终开挖的完成是通过多次爆破实现的，但现有的关于地下工程爆破开挖的研究多聚焦于单次爆破、单孔或者多孔装药爆破对围岩的损伤影响，对于实际爆破开挖过程中存在的多次爆破作用对围岩累积损伤的影响研究较少。Otuonye[42]在地下硬岩矿山中进行了重复爆破对顶板锚杆影响的现场试验，通过应变计和加速度传感器获取每次爆破后锚杆的响应数据，研究了重复爆炸荷载对锚杆和顶板产生的影响。之后，Oriad[43]通过在现场进行爆破振动监测获取了围岩的质点峰值振动速度，并结合声发射技术获取了各次爆破之前和之后的岩石声波波速，分析了多次爆破引起的岩体累积损伤。

国内研究者阳生权等[44]基于爆破地震波特性及岩石动力学特点，分析得出爆破振动对岩体的累积效应是确实存在的，并表现为岩石物理力学特性劣化以及强化，也就是破坏性效应以及局部介质的强度指标的强化，且对于存在节理裂隙的岩体，动荷载造成的累积效应更为明显。林大能等[45]基于现场爆破试验研究得出循环冲击荷载作用下岩体累积损伤表现出围压效应，且提出了多次爆破作用下介质累积损伤的演化模型，还分析了影响围岩松动圈扩展的各种原因。闫长斌等[46]通过声波测试技术详细研究了多次爆破作用下岩体累积损伤规律以及爆心距和爆破次数等对累积损伤的影响，并建立了疲劳损伤的非线性累积预测模型和累积损伤扩展模型。刘明贵等[47]通过对小净距隧道爆破施工进行声波测试和岩体位移监测，分析了小净距隧道之间的岩体经过多次爆破后出现的累积损伤情况，研究发现围岩的损伤程度和变形与爆心距相关，离爆源越近，损伤越严重，变形越大，而且多次爆破下岩体累积损伤呈非线性增长趋势。唐礼忠等[48]基于冬瓜山铜矿现场爆破振动数据以及室内循环动力扰动试验，采用参数劣化的方式研究了多次爆破作用下岩体的累积损伤规律。

4. 深部地下工程岩体变形稳定研究现状

21世纪以来，我国水电站地下厂房的规模、埋深和区域地应力水平迅速发展[49-51]：厂房高度从不足50m发展到89.8m(乌东德水电站地下厂房)；厂房埋深早已超过500m(大岗山水电站地下厂房、二滩水电站地下厂房)；厂区初始地应力超过50MPa(二滩水电站地下厂房)。与此同时，大规模、深埋深、高地应力水平所引起的开挖变形与稳定问题也越来越突出。在这个过程中，钻爆开挖，尤其是大孔径梯段爆破，往往存在一次开挖方量大、装药量大等特点，随之而来的则可能是更强的开挖荷载卸荷效应和爆破振动效应，易产生严重的变形稳定问题。

在实测的地下厂房围岩变形曲线中，往往可以观察到台阶式的突变，而这种现象在西南高地应力地区的地下厂房开挖过程中尤为明显。二滩水电站地下洞室群变形主要发生在开挖施工期且多呈台阶状突变，与爆破开挖及岩爆的对应关系明显。曾在2#尾调室南端和2#机窝一次性贯穿过程中分别引起主厂房30～60mm和24～41mm的突发大变形[52]。锦屏一级水电站f_{14}断层通过部位存在结构面张开位移，在开挖期间，变形监测结果多出现突变[53]。锦屏二级水电站地下洞室群围岩变形存在明显的突变。厂房右R0＋263安装间上游边墙部位曾监测到多达8.13mm的位移突变[54]。拉西瓦水电站地下洞室拱顶位移一般随前几期开挖逐渐增加，边墙位移都表现为随下卧开挖而逐渐增大。主厂房下游边墙2254.5～2259.5m高程曾发生塌方，塌方量约$30m^3$[55]。官地水电站地下洞室围岩随下部开挖变形增长明显，与监测断面附近开挖联系较大[56]。瀑布沟水电站地下厂房变形曲线呈现台阶状突变，高强度开挖对应变形的明显增加[57,58]。溪洛渡水电站左岸地下厂房围岩变形受施工影响较大，变化曲线呈阶跃式发展。主厂房顶拱厂横0＋068上下游半幅同时扩挖，该多点位移计孔口测点向临空面的变形为4.32mm[59]。

高地应力条件下爆破开挖引起的动静力组合作用效应使得岩体的赋存条件急剧变化，应力与应变快速调整，随之而来的便是高应变率和动力条件下的结构面开裂与扩展，进而导致围岩变形和破坏失稳。卢文波等[60]和严鹏等[61]的研究表明，中高地应力条件下岩体爆破开挖过程中，岩体开挖荷载的释放需要考虑开挖荷载的瞬态卸荷特性。

室内外试验表明，围岩应力场的变化与岩体结构面存在协同作用，并对开挖松动区特性和围岩变形都存在较大影响，高地应力与结构面的协同控制是深部岩体开挖大变形和破坏的主要原因。Kurlenya等[62]认为，在动力的扰动作用下，结构面上存在超低摩擦效应，并开展了块系模型的相关验证试验。Kurlenya等[63,64]模拟了块系岩体在冲击载荷作用下的试验，认为岩体间超低摩擦效应的产生主要是在冲击扰动作用下，构成块体的结构单元之间的有效粗糙面降低造成的，而这种有效粗糙面的降低有可能是原本紧密接触的块体之间出现断开的现象造成的。在动力的扰动作用下，相接触的块体之间有效粗糙面的降低导致动摩擦系数降低，块体受到的摩擦力的作用也减弱，界面间的受力状态发生了改变，造成块系岩体介质的某些特征受到影响。这些性状的改变使得块体的平衡状态被破坏，块体之间会发生以转动为主的平移错动和转动。钱七虎[65]通过模型试验验证了超低摩擦效应，当正交的垂直方向上存在动力扰动作用时，岩块间的摩擦力会极大地降低，且与振动的频率相关。研究者开展了超低摩擦效应方面的试验研究，验证了超低摩擦效应，且分析了该效应作用下深部块系岩体的变形响应特性。

5. 深埋地下洞室关键部位开挖方法研究现状

深埋地下洞室开挖过程中，有些关键部位需要作为以后水电站运营的组成结构，如地下厂房岩锚梁结构。这些关键部位不仅需要通过前期的地质勘探来选取岩性较好的地段，还必须严格控制爆破开挖过程中对保留岩体的损伤作用，提高围岩整体稳定性。目前工程中的关键部位开挖一般会采用光面爆破和预裂爆破两种轮廓控制爆破方法。

光面爆破与预裂爆破的目的都是降低对围岩的损伤程度，形成光滑平整的开挖轮廓面，只是两者的炮孔起爆顺序有所不同。光面爆破中的开挖轮廓面光面爆破炮孔是在主爆区炮孔之后起爆，而预裂爆破中的开挖轮廓面预裂炮孔是在主爆区炮孔之前起爆。工程实践表明，这两种控制爆破方法都能在一定程度上改善轮廓面的开挖效果[66,67]。蒲传金等[68]通过受损边坡岩体取样岩芯裂隙的统计分析、声波速度测试、岩芯切片微观结构的电镜观察及岩芯的强度试验，发现光面爆破对边坡岩体的损伤程度与爆破规模无明显关系，而与光爆孔的线装药密度有关，损伤区岩石的强度明显降低。杨勇等[69]研究了溪洛渡水电站柱状节理发育的玄武岩地区泄洪洞有压段弧形底板开挖光面爆破参数的选定和施工质量控制方法。光面爆破技术的应用推广有效地提高了施工质量，极大地减轻了爆破对水工隧洞围岩的扰动和破坏。付玉华等[70]通过对深部岩体巷道光爆层原岩应力场、光面爆破机制和振动损伤特征进行分析，研究了损伤条件下的深部岩体巷道光面爆破参数。研究结果表明，高原岩应力相当于提高了岩石的抗拉强度，不利于炮孔初始裂纹的形成及贯通，宜减小周边眼间距；岩石损伤后，其他条件不变，光面爆破炮孔的间距和抵抗线可适当加大；高原岩应力和损伤条件下，当光面爆破的炮孔间距较小时，容易造成爆后围岩损伤，降低围岩的稳定性能，因此提高爆破效果的同时应及时加强支护，以确保施工安全和围岩稳定。

阳天海等[71]的研究结果表明，可通过改变装药结构、炮孔直径、炮孔间距、抵抗线和炮孔线装药密度等改善爆破效果。其中，采用不同的径向和轴向空气不耦合装药结构[72]，不仅可以控制爆炸荷载对孔壁围岩的破坏程度，还可以将爆炸能量更充分地运用到岩体破碎中，在地下洞室岩锚梁等关键部位轮廓面开挖中，还以此为基础提出了更加精细的爆破开挖方法。例如，光面爆破中的炮孔切槽法[73-77]，可以很大程度上降低对围岩的损伤，并减少超欠挖量；预裂爆破中的时序控制断裂方法[78-80]，还可以较大程度地提高炮孔间距，从而提高开挖效率；单药卷偏心装药结构或双药卷偏心装药结构同样可降低对围岩的损伤，提高被开挖岩体破碎率[81-83]；还有同时采用几种方式组合的形式等，都大大降低了爆破开挖对保留岩体的损伤程度。

经过研究者近几十年对爆破新工艺的探索和研究，地下洞室轮廓面开挖质量已经得到了很大的提高，但由于地质条件的复杂多变性，如高地应力、结构面、渗流等，都会对最终的岩体爆破开挖效果产生重大的影响，甚至直接决定最终的轮廓面成型效果。因此，为了适应各种不同的地质环境，控制爆破开挖方法仍有进一步优化设计的空间。

1.3 本书主要研究内容

作者团队基于白鹤滩水电站、溪洛渡水电站、乌东德水电站等特大型水电站深埋地下洞室群施工期间开展的研究工作，总结了岩体动静组合力学特性、洞室群爆破振动传播衰减规律、爆破安全精量化控制标准、岩体累积损伤与动力灾变特性、精量化爆破开挖施工工艺等方面的相关研究成果。具体包括以下研究内容：

(1) 通过对深埋大理岩试样开展不同围压下的加卸载试验，研究深部大理岩加卸载过程中的强度特征、变形特性及破坏形态，揭示深部裂隙的扩展规律，结合断裂力学理论推导裂隙岩体裂纹扩展的应力条件公式。结合裂隙饱和试样的渗流加卸载试验，建立渗透率与应力环境之间的演化方程，形成裂隙岩体渗流-应力-损伤耦合模型。

(2) 采用拉压真三轴仪对裂隙试样开展不同地应力条件下的常规三轴压缩试验和三轴拉压加载方式下的弹性波传播特性试验，研究了不同加载方式下深部裂隙岩体中弹性波波速、波幅的变化规律，揭示深部裂隙岩体的宏观损伤演化规律，建立基于宏观裂隙和细观裂隙耦合的深部裂隙岩体损伤本构模型。

(3) 考虑不同地应力、差应力以及节理角度和数量的影响，通过室内模型试验研究高地应力下节理岩体中爆炸应力波的传播规律，理论推导出地应力下应力波在节理岩体传播的波动方程，为深部地下工程在强动力扰动作用下的安全性评价提供一种新的思路和方法。

(4) 通过现场爆破振动测试和爆破振动数值模拟相结合的方法研究爆破振动对近距离、大断面地下洞室群的安全影响，揭示不同开挖区域下地下洞室群的邻洞放大效应、竖井以及高边墙的高程放大效应，为评价深部地下洞室群在爆破作用下的稳定性和安全控制提供决策依据。

(5) 基于自定义的损伤判别指标量构建动力损伤本构模型，同时体现压剪应力作用的影响。通过与现场实测数据进行比较，证明改进的动力损伤本构模型计算结果较为可靠。研究深部岩体开挖和动静力组合作用下围岩的损伤破坏特性，建立爆破开挖过程中爆炸荷载与围岩静载的动静力组合作用所诱发的围岩动力损伤破坏机理。

(6) 通过理论分析和数值模拟验证洞室边墙围岩块体受到爆破扰动时超低摩擦现象的存在，研究水平地应力、爆破扰动块体尺度与超低摩擦效应的量化关系。基于岩体松动效应的室内模拟试验与数值方法结合研究爆炸荷载和瞬态卸荷作用下结构面的张开现象和松动效应，并且由浅部问题向深部问题过渡，分析研究高地应力条件下爆炸荷载和开挖荷载引起的岩体松动效应，确定主要影响因素。研究结果在乌东德水电站工程的爆破损伤评估中得到了很好的验证和应用。

(7) 基于现场试验和数值模拟对地下工程的关键部分爆破控制展开研究，揭示了V形切槽光面爆破及预裂爆破的空孔效应以及成缝机理，结合时序控制理论，建立深部地下工程的关键部位(如岩锚梁)的精量化爆破控制方法。

参考文献

[1] 李建林. 卸荷岩体力学[M]. 北京：中国水利水电出版社，2003.

[2] 汪斌，朱杰兵，邬爱清，等. 锦屏大理岩加、卸载应力路径下力学性质试验研究[J]. 岩石力学与工程学报，2008，27(10)：2138-2145.

[3] 黄润秋，黄达. 高地应力条件下卸荷速率对锦屏大理岩力学特性影响规律试验研究[J]. 岩石力学与工程学报，2010，29(1)：21-33.

[4] 李宏哲，夏才初，闫子舰，等. 锦屏水电站大理岩在高应力条件下的卸荷力学特性研究[J]. 岩石力学与工程学报，2007，26(10)：2104-2109.

[5] 刘豆豆，陈卫忠，杨建平，等. 脆性岩石卸围压强度特性试验研究[J]. 岩土力学，2009，30(9)：2588-2594.

[6] 高春玉，徐进，何鹏，等. 大理岩加卸载力学特性的研究[J]. 岩石力学与工程学报，2005，24(3)：456-460.

[7] Li J L，Wang L H，Wang X X，et al. Research on unloading nonlinear mechanical characteristics of jointed rock masses[J]. Journal of Rock Mechanics and Geotechnical Engineering，2010，2(4)：357-364.

[8] 张黎明，王在泉，宋全锋，等. 粉砂岩卸荷破坏全过程的试验研究[J]. 岩石力学与工程学报，2005，24(S1)：5043-5047.

[9] 黄润秋，黄达. 卸荷条件下花岗岩力学特性试验研究[J]. 岩石力学与工程学报，2008，27(11)：2205-2213.

[10] 吕颖慧，刘泉声，胡云华. 基于花岗岩卸荷试验的损伤变形特征及其强度准则[J]. 岩石力学与工程学报，2009，28(10)：2096-2103.

[11] 刘建，李建朋. 砂岩高应力峰前卸围压试验研究[J]. 岩石力学与工程学报，2011，30(3)：473-479.

[12] 刘东燕，蔡美峰，何满潮. 岩石力学与工程[M]. 北京：科学出版社，2002.

[13] Nasseri M H，Rao K S，Ramamurthy T. Failure mechanism in schistose rocks[J]. International Journal of Rock Mechanics and Mining Sciences，1997，34(3-4)：460.

[14] Niandou H，Shao J F，Henry J P，et al. Laboratory investigation of the mechanical behaviour of Tournemire shale[J]. International Journal of Rock Mechanics and Mining Sciences，1997，34(1)：3-16.

[15] 冒海军，杨春和. 结构面对板岩力学特性影响研究[J]. 岩石力学与工程学报，2005，24(20)：3651-3656.

[16] 李宏哲，夏才初，王晓东，等. 含节理大理岩变形和强度特性的试验研究[J]. 岩石力学与工

程学报,2008,27(10):2118-2123.
[17] 王在泉,张黎明,孙辉. 含天然节理灰岩加、卸荷力学特性试验研究[J]. 岩石力学与工程学报,2010,29(S1):3308-3313.
[18] 向天兵,冯夏庭,陈炳瑞,等. 三向应力状态下单结构面岩石试样破坏机制与真三轴试验研究[J]. 岩土力学,2009,30(10):2908-2916.
[19] 李新平,肖桃李,汪斌,等. 锦屏二级水电站大理岩不同应力路径下加卸载试验研究[J]. 岩石力学与工程学报,2012,31(5):882-889.
[20] 肖桃李,李新平,贾善坡. 含2条断续贯通预制裂隙岩样破坏特性的三轴压缩试验研究[J]. 岩石力学与工程学报,2015,34(12):2455-2462.
[21] 韩建新,李术才,李树忱,等. 贯穿裂隙岩体强度和破坏方式的模型研究[J]. 岩土力学,2011,32(S2):178-184.
[22] 谭忠盛,杨小林,王梦恕. 复线隧道施工爆破对既有隧道的影响分析[J]. 岩石力学与工程学报,2003,22(2):281-285.
[23] 龚建伍,夏才初,郑志东,等. 鹤上三车道小净距隧道爆破振动测试与分析[J]. 岩石力学与工程学报,2007,26(9):1882-1887.
[24] 李利平,李术才,张庆松,等. 小间距隧道爆破动力响应分析[J]. 公路交通科技,2008,25(7):100-106.
[25] Langefors U, Kihlström B. The Modern Technique of Rock Blasting[M]. Stockholm: Almqvist and Wiksell,1963.
[26] 周同岭,杨秀甫,翁家杰. 爆破地震高程效应的实验研究[J]. 建井技术,1997,18(S1):31-35.
[27] 张涛,郭学彬,蒲传金,等. 边坡爆破振动高程效应的实验分析与研究[J]. 有色金属科学与工程,2006,20(4):10-13.
[28] 蒋楠,周传波,平雯,等. 岩质边坡爆破振动速度高程效应[J]. 中南大学学报(自然科学版),2014,45(1):237-243.
[29] 唐海,李海波. 反映高程放大效应的爆破振动公式研究[J]. 岩土力学,2011,32(3):820-824.
[30] 陈明,卢文波,李鹏,等. 岩质边坡爆破振动速度的高程放大效应研究[J]. 岩石力学与工程学报,2011,30(11):2189-2195.
[31] 李新平,张成良,陈先仿,等. 复杂地下洞室群爆破地震波传播的现场试验研究[C]//第九届全国岩石动力学学术会议,宜昌,2005.
[32] 李造鼎,刘忠敏,赵毅军. 岩石中超声波衰减的实验研究[J]. 煤炭学报,1987,(1):79-87.
[33] 刘祖沅,胡毓良,陈颙. 单轴压缩下干燥和饱水岩石中超声P波的衰减[J]. 地球物理学报,1984,(4):349-359.
[34] 刘少虹,秦子晗,娄金福. 一维动静加载下组合煤岩动态破坏特性的试验分析[J]. 岩石力学与工程学报,2014,33(10):2064-2075.
[35] Feng J J, Wang E Y, Chen X, et al. Energy dissipation rate: Anindicator of coal deformation and failure under static and dynamic compressive loads[J]. International Journal of

Mining Science and Technology,2018,28(3): 397-406.

[36] Fan L F,Sun H Y. Seismic wave propagation through an in-situ stressed rock mass[J]. Journal of Applied Geophysics,2015,121:13-20.

[37] 范新,王明洋,施存程. 初始应力对应力波传播及块体运动规律影响研究[J]. 岩石力学与工程学报,2009,28(S2):3442-3446.

[38] 张凤鹏,彭建宇,范光华,等. 不同静应力和节理条件下岩体爆破破岩机制研究[J]. 岩土力学,2016,37(7):1839-1846.

[39] Krajcinovic D. On approximate solutions for rigid-plastic structures subjected to dynamic loading[J]. International Journal of Non-Linear Mechanics,1972,7(5):571-575.

[40] Taylor L M,Chen E P,Kuszmaul J S. Microcrack-induced damage accumulation in brittle rock under dynamic loading[J]. Computer Methods in Applied Mechanics and Engineering,1986,55(3):301-320.

[41] Kuszmaul J S. A new constitutive model for fragmentation of rock under dynamic loading [C]//Proceedings of the 2nd International Symposium on Rock Fragmentation by Blasting,Columbia,1987.

[42] Otuonye F O. Response of grouted roof bolts to blast loading[J]. International Journal of Rock Mechanics and Mining Sciences and Geomechanics Abstracts,1988,25(5):345-349.

[43] Oriad L L. The scale of effects in evaluating vibration damage potential[C]//Proceedings of the 15th Annual Conference on Explode Sives and Blasting Research, New Orleans, 1989.

[44] 阳生权,吕中玉,刘宝琛. 隧道围岩爆破地震累积效应研究[J]. 地下空间与工程学报,2007(S2):1451-1454.

[45] 林大能,陈寿如,刘优平. 岩石循环冲击损伤演化围压效应的实验研究[J]. 矿冶工程,2005(4):12-15.

[46] 闫长斌,徐国元,杨飞. 爆破动荷载作用下围岩累积损伤效应声波测试研究[J]. 岩土工程学报,2007(1):88-93.

[47] 刘明贵,张国华,刘绍波,等. 大帽山小净距隧道群中夹岩累计损伤效应研究[J]. 岩石力学与工程学报,2009,28(7):1363-1369.

[48] 唐礼忠,武建力,刘涛,等. 大理岩在高应力状态下受小幅循环动力扰动的力学试验[J]. 中南大学学报(自然科学版),2014,45(12):4300-4307.

[49] 仵彦卿,张倬元. 岩体水力学导论[M]. 成都:西南交通大学出版社,1995.

[50] 谢和平. 深部大型地下工程开采与利用中的几个关键岩石力学问题[M]. 北京:中国环境科学出版社,2002.

[51] 周宏伟,谢和平,左建平. 深部高地应力下岩石力学行为研究进展[J]. 力学进展,2005,35(1):91-99.

[52] 李正刚. 二滩水电站地下厂房系统洞室围岩变形研究[J]. 四川水力发电,2004,23(1):43-47.

[53] 魏进兵,邓建辉,王俤剀,等. 锦屏一级水电站地下厂房围岩变形与破坏特征分析[J]. 岩石力学与工程学报,2010,29(6):1198-1205.

[54] 江权,侯靖,冯夏庭,等.锦屏二级水电站地下厂房围岩局部不稳定问题的实时动态反馈分析与工程调控研究[J].岩石力学与工程学报,2008,27(9):1899-1907.
[55] 姚显春,李宁,曲星,等.拉西瓦水电站地下厂房三维高地应力反演分析[J].岩土力学,2010,31(1):246-252.
[56] 董志宏,丁秀丽,卢波,等.官地水电站地下厂房施工期围岩安全监测分析[J].人民长江,2009,40(17):81-83.
[57] 王俤剀,彭埼,汤荣,等.地下厂房岩锚梁裂缝成因分析[J].岩石力学与工程学报,2007,26(10):2125-2129.
[58] 彭琦,王俤剀,邓建辉,等.地下厂房围岩变形特征分析[J].岩石力学与工程学报,2007,26(12):2583-2587.
[59] 冯小磊,施云江,易丹.溪洛渡水电站左岸地下洞室群安全监测与分析[J].人民长江,2010,41(20):28-31.
[60] 卢文波,周创兵,陈明,等.开挖卸荷的瞬态特性研究[J].岩石力学与工程学报,2008,27(11):2184-2192.
[61] 严鹏,卢文波,罗忆,等.基于小波变换时-能密度分析的爆破开挖过程中地应力动态卸载振动到达时刻识别[J].岩石力学与工程学报,2009,28(S1):2836-2844.
[62] Kurlenya M V, Oparin V N, Vostrikov V I. Pendulum-type waves. Part Ⅱ: Experimental methods and main results of physical modeling[J]. Journal of Mining Science, 1996, 32(4):245-273.
[63] Kurlenya M V, Oparin V N. Problems of nonlinear geomechanics. Part Ⅰ[J]. Journal of Mining Science, 1999, 35(3):216-230.
[64] Kurlenya M V, Oparin V N, Vostrikov V I. Effect of anomalously low friction in block media[J]. Journal of Applied Mechanics and Technical Physics, 1999, 40(6):1116-1120.
[65] 钱七虎.深部地下空间开发中的关键科学问题[M]//钱七虎院士论文选集.北京:科学出版社,2007.
[66] 卢文波,耿祥,陈明,等.深埋地下厂房开挖程序及轮廓爆破方式比选研究[J].岩石力学与工程学报,2011,30(8):1531-1539.
[67] 戴俊.深埋岩石隧洞的周边控制爆破方法与参数确定[J].爆炸与冲击,2004,24(6):493-498.
[68] 蒲传金,张志呈,郭学彬,等.边坡开挖光面爆破对岩体损伤的影响分析[J].矿业研究与开发,2005,25(5):68-70.
[69] 杨勇,刘正树.光面爆破技术在溪洛渡水电站左岸泄洪洞有压段弧形底板开挖中的应用[J].四川水力发电,2009,28(S2):128-130.
[70] 付玉华,李夕兵,董陇军.损伤条件下深部岩体巷道光面爆破参数研究[J].岩土力学,2010,31(5):1420-1426.
[71] 阳天海,龙源,顾文彬,等.光面、预裂爆破参数选择与质量措施研究[J].爆破,2000,17(1):10-13.
[72] 宗琦,孟德君.炮孔不同装药结构对爆破能量影响的理论探讨[J].岩石力学与工程学报,

2003,22(4):641-645.

[73] Fourney W L,Barker D B,Holloway D C. Model studies of well stimulation using propellant charges[J]. International Journal of Rock Mechanics and Mining Sciences and Geomechanics Abstracts,1983,20(2):91-101.

[74] 肖正学,郭学彬,张志呈,等. 切槽爆破在爆炸冲击波和爆轰气体作用下的力学效应[J]. 岩石力学与工程学报,1998,17(6):650-654.

[75] 宗琦. 岩石炮孔预切槽爆破断裂成缝机理研究[J]. 岩土工程学报,1998,20(1):30-33.

[76] Cho S H,Nakamura Y,Mohanty B,et al. Numerical study of fracture plane control in laboratory-scale blasting[J]. Engineering Fracture Mechanics,2008,75(13):3966-3984.

[77] 杨仁树,王雁冰,岳中文,等. 定向断裂双孔爆破裂纹扩展的动态行为[J]. 爆炸与冲击,2013,33(6):631-637.

[78] Khandelwal M,Singh T N. Prediction of blast-induced ground vibration using artificial neural network[J]. International Journal of Rock Mechanics and Mining Sciences,2009,46(7):1214-1222.

[79] 岳中文,郭洋,王煦,等. 起爆时差对孔间裂纹扩展影响的动焦散实验研究[J]. 岩石力学与工程学报,2015,34(11):2293-2300.

[80] Li X P,Huang J H,Luo Y,et al. A study of smooth wall blasting fracture mechanisms using the timing sequence control method[J]. International Journal of Rock Mechanics and Mining Sciences,2017,92:1-8.

[81] 田文高,蒲传金,陈晓玲. 偏心不耦合装药爆破参数理论分析[J]. 爆破,2008,25(2):19-20.

[82] 管少华,蒲传金,肖定军,等. 偏心不耦合装药爆破裂纹扩展实验研究[J]. 爆破,2015,32(1):16-21.

[83] 张志呈,史瑾瑾,蒲传金,等. 偏心不耦合装药对岩石损伤的试验研究[J]. 爆破,2006,23(4):4-8.

第 2 章　深部裂隙岩体加卸载力学特性试验研究

2.1 引　言

随着国家经济建设和国防安全的需要，深部地下资源和地下空间的开发利用日益增多，地下能源开采与储备、核废料储存、公路铁路隧道、水电站引水隧洞等地下工程在向空间发展的同时，也在不断走向深部。水电工程引水隧洞的埋深不断加大，如锦屏二级水电站最大埋深达 2525m，在长探洞中实测最大主地应力值为 42MPa，引水隧洞线附近最大主地应力最大值约 54MPa[1]。上述深埋上千米的工程，由于赋存于“三高一扰动”的复杂力学环境中，锦屏二级水电站的 5km 长探洞勘探和试验研究表明，探洞中单点最大集中涌水量达 4.91m^3/s，稳定流量 2～3m^3/s，根据预测，在不采取预注浆处理的情况下，引水隧洞可能遭遇的稳定涌水流量将达到 8m^3/s 左右，单点最大流量 5～6m^3/s，其最大水压力可达 10.22MPa。因此，深部地下工程在施工开挖时常常伴有诸如岩爆、涌(突)水、瓦斯突出、顶板大面积垮落和采空区失稳等灾害性事故，甚至在建成运营后，这些灾害也可能产生。深部岩体内蕴藏着以空隙、孔洞、微裂纹甚至节理裂隙等宏观非连续面的损伤缺陷，这些不连续面是深部地下水存储和运移的重要场所与通道。深部岩体内缺陷的存在极大地改变了岩体的物理化学及力学性质，从而影响岩体强度、变形、渗透率等特性。

近年来，针对深部地下工程高地应力特点开展的力学试验研究取得了较大的进展。一些研究者从深埋大理岩的强度、变形、破坏特性等方面开展了大量的室内试验、数值仿真及理论研究，获得了诸多深部岩体的力学特征[2-4]。目前，针对深部岩石试样进行模型配比的研究较少，尤其缺乏从微、细观尺度上对贯通裂隙岩体的损伤演化破坏过程的系统研究，同时针对裂隙岩体开展的高地应力、高水压条件下的强度、变形、渗流特性的试验成果较少，因此也影响到裂隙岩体应力场、损伤场、渗透场的耦合研究。因此，开展针对复杂地质环境作用下的深部岩体的研究刻不容缓。通过对二级水电站深埋引水隧洞的大理岩试样开展不同围压下的加卸载试验，研究深部大理岩加卸载过程中的强度特征、变形特性及破坏形态，并基于含裂隙的标准圆柱体模型试样三轴压缩试验，揭示深部裂隙的扩展规律，同时推导裂隙岩体裂纹扩展的应力条件公式。结合裂隙饱和试样的渗流加卸载试验，得到渗透率演化与裂隙几何分布、应力路径的关系，并建立渗透率与应力环境之间的演化方程，形成裂隙岩体渗流-应力-损伤耦合模型。

2.2 不同应力路径下深部岩体加卸载试验研究

2.2.1 试验设备

试验仪器采用山东科技大学 MTS815.03 电液伺服岩石试验系统，如图 2.1 所示。试验过程采用计算机控制，数据自动采集及处理(见图 2.2)。该 MTS 试验系统配备有三套独立的伺服系统，分别控制轴向压力、围压与孔隙水(渗透)压力。

图 2.1 MTS815.03 电液伺服岩石试验系统

图 2.2 试样及传感器图

2.2.2 试样制备

试验选取的试样为锦屏二级水电站大理岩，取样位置为埋深 1500～2100m 的引水隧洞，岩层为厚层状白山组大理岩(T_{2b})[5]。所有试样都在现场经过简单切割后在加工厂进行精细加工而成。大理岩试样为标准圆柱形试样，尺寸为 ϕ50mm×100mm。每个大理岩试样的加工精度(包括平行度、平直度和垂直度)均控制在《水利水电工程岩石试验规程》(SL/T 264—2020)[6]规定范围内。

2.2.3 试验方案

为研究深部大理岩在不同应力路径下的强度、变形及破坏特性，试验中设计了三组典型试验方案。

1) 方案Ⅰ(常规三轴压缩试验)

根据大理岩埋深推算的围压为 30～50MPa，为了解深部岩体在不同围压水平下的力学特性，在常规三轴压缩试验阶段，其围压的设计水平分别为 10MPa、20MPa、30MPa、40MPa、50MPa、60MPa、70MPa，试验程序按规程规定进行。

2) 方案Ⅱ(峰前卸围压试验)

深部大理岩的峰前卸围压试验分四个步骤进行：①在大理岩试样两端施加一定的预加载，使大理岩试样与上、下压头充分接触，手动施加围压至预定的初始围

压值 σ_0（卸围压初始值分别为 20MPa、40MPa、60MPa）；②稳定 σ_0，逐步增加轴压至峰前卸载点，卸载点根据方案Ⅰ的成果，按峰值强度的 75%确定；③保持轴压恒定的同时逐渐降低围压至试样破坏；④继续减小围压直至应力差（$\sigma_1-\sigma_3$）不随轴向应变的增加而降低时结束试验。

3）方案Ⅲ（峰后卸围压试验）

峰后卸围压试验主要从峰值后开始减小围压，其步骤为：①按照常规三轴压缩试验的过程逐步增加轴压至峰值点附近；②当试验中的实时曲线在峰值点附近出现应变软化趋势后，即停止施加轴压，此阶段的关键在于能否有效确定卸载点，使曲线顺利越过峰值进入软化阶段；③保持轴压恒定的同时逐渐缓慢降低围压直到大理岩试样破坏。

2.2.4　试验结果及分析

1. 常规三轴压缩试验破坏特征

图 2.3 为不同围压下大理岩试样常规三轴压缩试验破坏图片。可以看出，大理岩试样在不同围压下的常规三轴压缩试验破坏基本以宏观单一剪切破坏为主，在其破裂面上有白色粉末状物质产生，剪切迹象明显。当围压较低时，大理岩试样

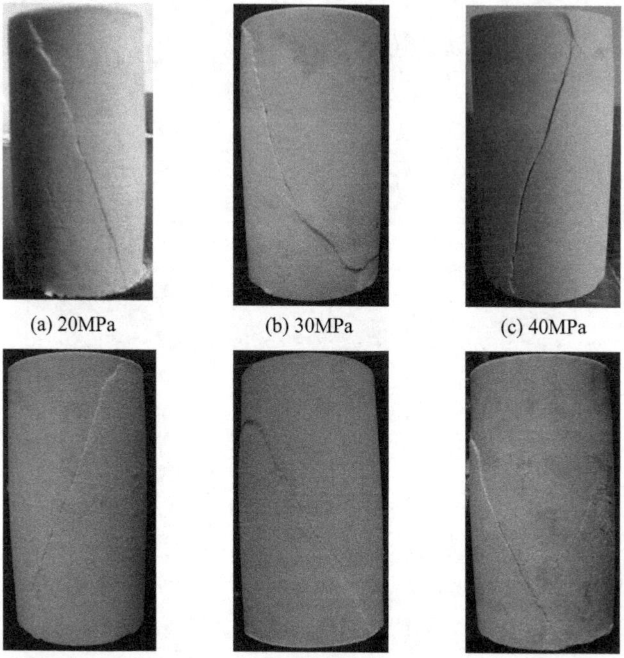

(a) 20MPa　(b) 30MPa　(c) 40MPa
(d) 50MPa　(e) 60MPa　(f) 70MPa

图 2.3　不同围压下大理岩试样常规三轴压缩试验破坏图片

的宏观破裂面相对较粗糙，表面的破裂迹线走向不光滑，在两端部局部破裂面处往往伴随有微小碎片岩粒的掉落，大理岩试样的破裂面从一个端面延伸至另一个端面，宏观破裂角较大；随着围压的增大，大理岩试样的主破裂面趋于平整，破裂面上的粉粒更细，破裂角有逐渐减小的趋势，主破裂面则从一个端面贯穿至试样侧面破裂，同时大理岩试样中部鼓胀现象明显。

2. 峰前卸围压试验破坏特征

图 2.4 为不同围压下大理岩试样峰前卸围压试验破坏图片。根据图片宏观表面及破裂的断口分析，卸围压试验开始后大理岩试样的扩容性明显增强，破坏后的大理岩试样均呈现出不同程度的鼓状，现场试验时，能明显感觉到大理岩试样峰前卸围压破坏瞬间破裂响声较清脆，表现出强烈的脆性破坏特征。大理岩试样峰前卸围压试验的宏观破坏形态可以分为以下几类：

(1) 轴向劈裂破裂。当初始围压为 20MPa 时，大理岩试样表面各种张裂纹和微张裂纹强烈发育，张拉破裂面与大主应力方向几乎平行；破坏后的大理岩试样表面张性剥落严重，试样中部表现出微鼓胀状。

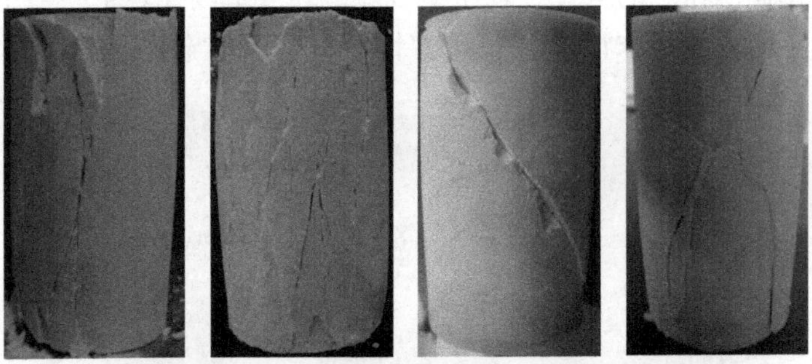

(a) 20MPa(正面)　(b) 20MPa(反面)　(c) 40MPa(正面)　(d) 40MPa(反面)

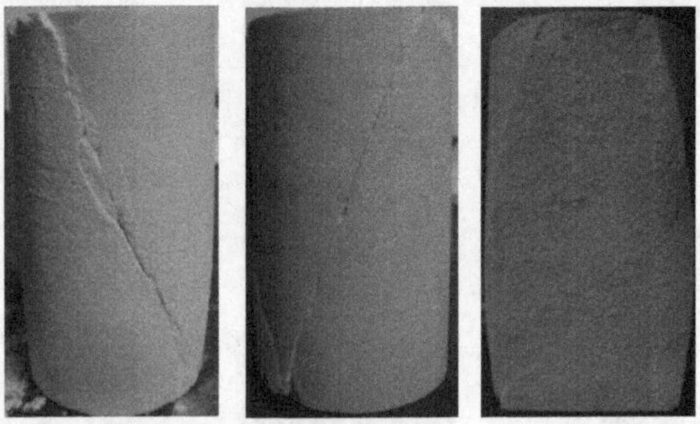

(e) 60MPa(正面)　(f) 60MPa(反面)　(g) 60MPa(断口)

图 2.4　不同围压下大理岩试样峰前卸围压试验破坏图片

(2) 剪切破裂。当初始围压为 40MPa 时，大理岩试样的破坏呈现出明显的剪切破坏特性，其破坏形式既有可能是单一剪切破裂，也有可能呈现出 X 形共轭剪切破裂，在大理岩试样表面产生共轭剪切面的同时也伴随有较多的张性裂纹发育。

(3) 单一宏观剪切破裂。随着围压增加至 60MPa，大理岩试样的破坏呈现出单一宏观剪切破坏特性，剪切破裂面表面平滑，破裂面上粉粒较细。

3. 峰后卸围压试验破坏特征

图 2.5 为大理岩试样峰后卸围压试验的最终破坏图片。从宏观上来看，峰后卸围压试验大理岩试样的破坏均为剪切破坏，其破坏形态与常规三轴压缩试验一样以剪切破坏为主。不同的是，峰后卸围压试验大理岩试样的破裂表面迹线明显，破裂面上伴随有较多剪切后的晶粒小碎块，破坏程度比常规三轴压缩试验更为强烈。

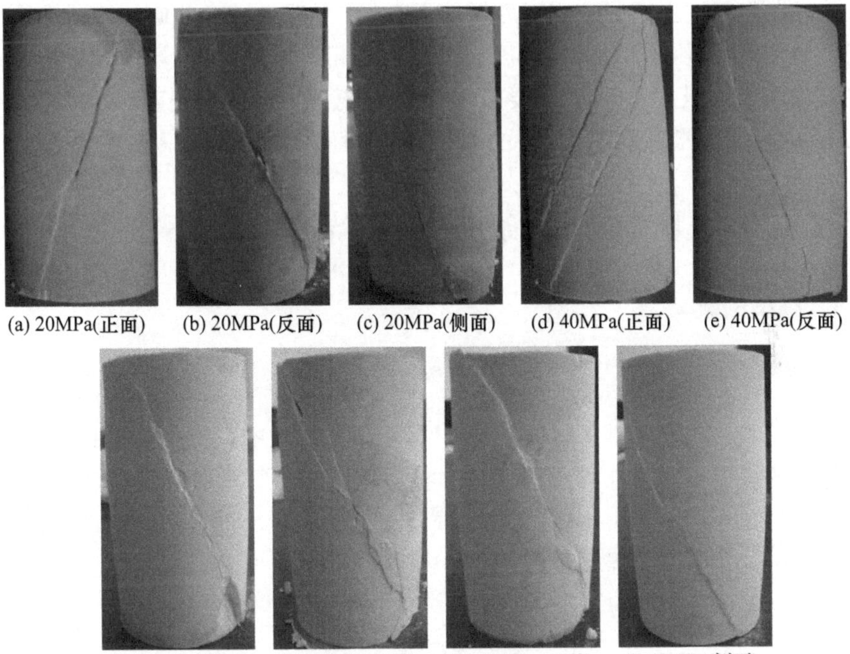

(a) 20MPa(正面)　(b) 20MPa(反面)　(c) 20MPa(侧面)　(d) 40MPa(正面)　(e) 40MPa(反面)

(f) 40MPa(侧面)　(g) 60MPa(正面)　(h) 60MPa(反面)　(i) 60MPa(侧面)

图 2.5　大理岩试样峰后卸围压试验破坏图片

2.2.5　小结

与浅部岩体相比，深部岩体具有漫长地质历史背景、充满建造和改造历史遗留痕迹、受到现代地质环境影响的特点。深部岩体所特有的"三高"(高地应力、高地温、高岩溶水压)复杂力学环境是深部工程领域亟待解决的课题。通过选取锦屏二级水电站深部大理岩进行室内试验研究，探讨深部大理岩在不同应力路径作用时的强度变形力学特性及宏观破坏特征，得出的主要结论如下：

(1) 深部大理岩围压效应明显，峰值强度、峰值应变随着围压的增加而呈线性增加趋势。

(2) 相比常规三轴压缩试验,峰前卸围压试验试样的黏聚力降低约 27.5%,内摩擦角提高约 22.6%,而与此相反,峰后卸围压试验试样的黏聚力提高约 13.7%,内摩擦角降低约 6.5%,表明峰前卸围压试验中大理岩试样抗破裂的主控因素由摩擦力控制,峰后卸围压试验则由黏聚力控制。

(3) 不考虑试样破坏后应变曲线的影响,常规三轴压缩试验的应变曲线光滑,卸围压试验的应变曲线自卸载点开始出现明显的应变平台,表现为理想塑性变形;随着围压的增加,峰后卸围压试验的应变平台增宽,大理岩试样由低围压的脆性特性向高围压的理想塑性特性转变,峰前卸围压试验则无此明显规律。

(4) 常规三轴压缩试验和峰后卸围压试验,大理岩试样的破坏模式主要为单一剪切破坏,随着围压增加,剪切破裂面端口的粗糙程度降低;峰前卸围压试验的主控破裂面与围压关系密切,主要破坏模式为:低围压时的劈裂破坏—中等围压时的 X 形共轭剪切破坏—高围压时的单一剪切破坏。

2.3 常规三轴压缩条件下裂隙岩体的破坏特性研究

2.3.1 模型试验

1. 相似理论

模型试验的理论基础是相似定理[7],模型试验成败的关键是模型材料的设计。设计优良的模型材料不仅与原型材料有相似的结构特征和破坏特性,而且在几何特性、物理力学参数、应力-应变状态等方面满足相似性。根据相似定理,模型材料与原型材料的相似首先需满足以下公式:

$$\begin{cases} C_\sigma = C_\rho C_l \\ C_\nu = C_\varepsilon = C_\varphi = 1 \\ C_\sigma = C_E = C_c = C_{pt} = C_{rc} \\ C_\delta = C_l \end{cases} \tag{2.1}$$

式中,C_σ、C_ρ、C_l、C_ν、C_ε、C_φ、C_E、C_c、C_{pt}、C_{rc} 和 C_δ 分别为应力、密度、几何、泊松比、应变、内摩擦角、弹性模量、黏聚力、抗拉强度、抗压强度和变形的相似常数。

对于含裂隙的岩石,模型相似材料的选择还必须满足:①能够反映岩石的脆性;②能够反映节理裂隙面的特性。

2. 裂隙面模拟方法

在模型试验中,模拟裂隙的方法较多,主要包括两种类型[8,9]:一种是掺入裂纹片后不再取出形成闭合裂纹，常见的裂纹片有云母片、纸片、聚合物薄片、肥皂片等；另一种是在完整的模型试样中预埋金属条（如钢片、铜片、铁片）或聚合物薄条，待模型快凝固时抽出形成的张开裂隙。

从对模型试验的研究资料调研中，可以发现如下规律：①模型材料的选择，从最初的有机玻璃、树脂材料、砂浆材料和陶瓷材料到已被广泛认可的混凝土材料。②节理面的制作，从最初的插入纸片、云母片、树脂片、铜片、钢片等到一些树脂材料和能够反映结构面特点的专用模板等。③模型研究方面，随着新技术的出现，特别是 CT 技术在岩石中的应用，从最初的二维研究（以单轴受压为主）逐渐形成对三维裂隙的研究热点（专用 CT 扫描设备＋三轴压缩试验设备）。④出现了在完整岩石试样中制作裂隙来模拟节理岩石的研究[10,11]。

根据对锦屏二级水电站大理岩强度变形特性的研究，以相似理论为理论基础，严格按照相似材料的选择原则进行模型材料的配合比设计，选定特制的高强硅粉砂浆材料进行深部脆性大理岩的模拟[12]；根据锦屏二级水电站深部裂隙的分布特点，选定张开穿透型裂隙模拟深部岩体的结构面特征。

根据正交性试验进行的多次配合比试验，特制的高强硅粉砂浆材料的配合比（质量比）为 425#普通硅酸盐水泥：微硅粉：石英砂：铁粉：高效减水剂：水＝1：0.13：0.8：0.25：0.02：0.325。为了保证模型试样与岩石试样的一致性，同时提高混凝土试样的致密性及减小材料的孔隙率，模型材料的配合比设计中添加铁粉以增加试样密度，添加超细硅粉以降低试样孔隙率。

将混合体在高速搅拌机搅拌 5～10min 后，倒入预先固定在振动台上的模具内，以适当的频率振捣约 2min，待砂浆内的起泡溢出后停止振动，在砂浆初凝前抽出固定的薄钢片，模型材料静置 24h 后转入专用的水池内养护，28h 后进行脱模和取样，试样标准尺寸为 ϕ50mm×100mm，取样出来的模型试样如图 2.6 所示，岩体试样编号及试验工况如表 2.1 所示。

图 2.6　加工成的模型试样

表 2.1 岩体试样编号及试验工况表

试样编号	裂隙长度/mm	加载环境			裂隙倾角/(°)	试验围压/MPa
		三轴加载	渗流加载	渗流卸围压		
W 系列	无	W	WS	WSX	无	7、14、21
A 系列	13	A0	AS0	ASX0	0	14
		A1	AS1	ASX1	30	14
		A2	AS2	ASX2	60	7、14、21
		A3	AS3	ASX3	85	7、14、21
B 系列	26	B	BS	BSX	90	14
C 系列	39	C1	CS1	CSX1	90	14
		C2	CS2	CSX2	60	7、14、21

对不含裂隙的模型试样进行物理力学性能测试，所得的参数与大理岩试样的参数对比如表 2.2 所示，模型试样与大理岩试样物理力学指标的相似常数如表 2.3 所示。

表 2.2 模型试样与大理岩试样的物理力学指标

材料	密度/(g/cm^3)	弹性模量/GPa	泊松比	抗压强度/MPa	抗拉强度/MPa	黏聚力/MPa	内摩擦角/(°)
原型材料	2.7	25.20	0.14	199.2	5.57	61.13	35.8
模型材料	2.207	14.19	0.12	70.12	2.16	20.73	35

表 2.3 模型试样与大理岩试样物理力学指标的相似常数

相似常数	原型材料/模型材料
C_ρ	1.22
C_E	1.78
C_ν	1.17
C_{rc}	2.84
C_{pt}	2.58
C_c	2.95
C_φ	1.02

从表 2.2 和表 2.3 可知，各相似常数基本满足相似理论公式。可以看出，模型材料的力学性能、物理参数与大理石材料十分接近，而且高强硅粉砂浆材料性质稳定，不易受外界环境影响，取材也极其方便，作为大理石材料的替代品进行试验可以很好地模拟其受力变形特征。

相似常数满足

$$\begin{cases} C_\rho \approx C_\nu \approx C_\varphi = 1 \\ C_E \approx C_{rc} \approx C_{pt} \approx C_c \end{cases} \tag{2.2}$$

图 2.7(a)和(b)分别为单轴压缩条件下模型试样和大理岩试样的全应力-应变曲线。图 2.8(a)和(b)分别为模型试样和大理岩试样的轴向应变-体积应变曲线。从图 2.7 和图 2.8 可以看出，两者的共同点有：①变形都经历了孔隙压密—弹性变形及微裂纹稳定扩展—裂纹非稳定扩展—破裂后四个阶段；②峰值后应力迅速跌落，脆性特征明显；③扩容规律大体一致。

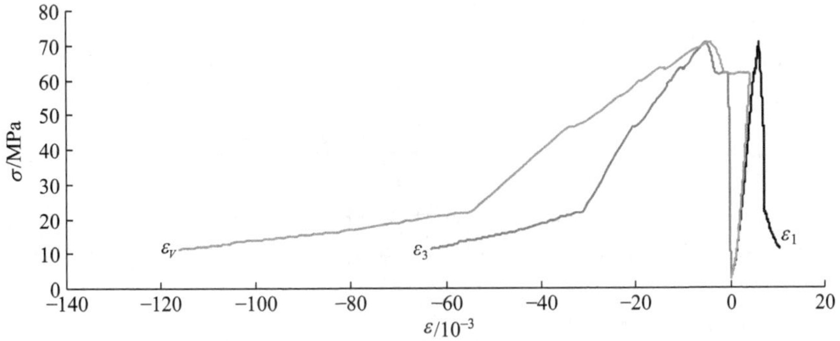

(a) 模型试样

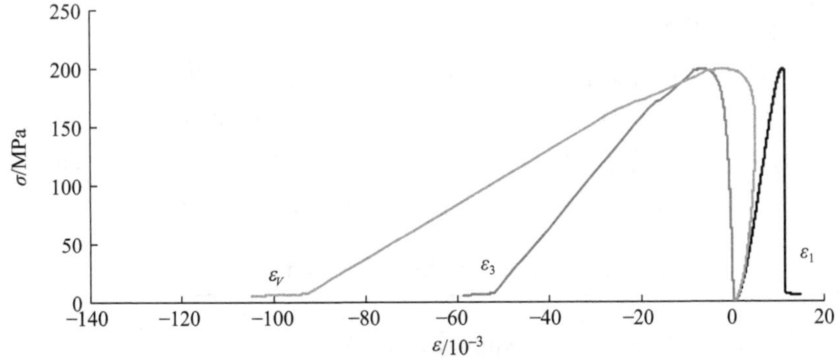

(b) 大理岩试样

图 2.7　单轴压缩条件下模型试样与大理岩试样的全应力-应变曲线

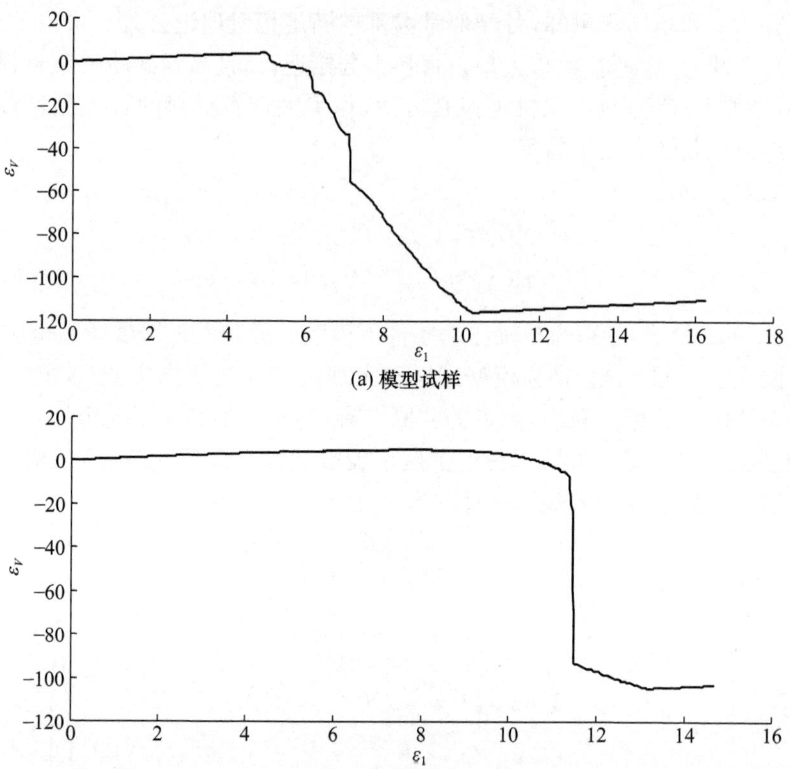

(a) 模型试样

(b) 大理岩试样

图 2.8　单轴压缩条件下模型试样与大理岩试样的轴向应变-体积应变曲线

2.3.2　深部大理岩破坏特征

1. 含单裂隙岩体的力学特性与破坏特征

1) 围压影响分析

表 2.4 给出了不同围压下各试样常规三轴压缩试验结果。图 2.9～图 2.14 分别为 A2、C2、A3 系列试样在围压 7MPa、14MPa、21MPa 时的轴向应力-应变曲线及其对应的试样破坏图片。其中，A3 系列试样设计的裂隙角度为 90°，但在抽条过程中，由于模具发生了滑动而导致最终的试样裂隙角度大约为 85°。

表 2.4　不同围压下各试样常规三轴压缩试验结果

试样编号	裂隙角度 /(°)	裂隙长度 /mm	围压 σ_3 /MPa	破坏应力 $(\sigma_1-\sigma_3)$/MPa	弹性模量 /GPa	变形模量 /GPa	残余强度 /MPa
A2-1	60	13	7	82.50	14.745	10.011	46.69
A2-2	60	13	14	85.86	14.859	8.586	59.87
A2-3	60	13	21	93.58	15.011	7.830	27.02
C2-1	60	39	7	46.50	5.109	3.037	31.25

续表

试样编号	裂隙角度/(°)	裂隙长度/mm	围压 σ_3/MPa	破坏应力 $(\sigma_1-\sigma_3)$/MPa	弹性模量/GPa	变形模量/GPa	残余强度/MPa
C2-2	60	39	14	68.08	6.444	4.018	59.03
C2-3	60	39	21	88.59	7.018	7.237	74.93
A3-1	85	13	7	87.00	15.494	10.531	54.02
A3-2	85	13	14	98.60	15.152	9.456	68.30
A3-3	85	13	21	93.27	14.433	8.742	33.22

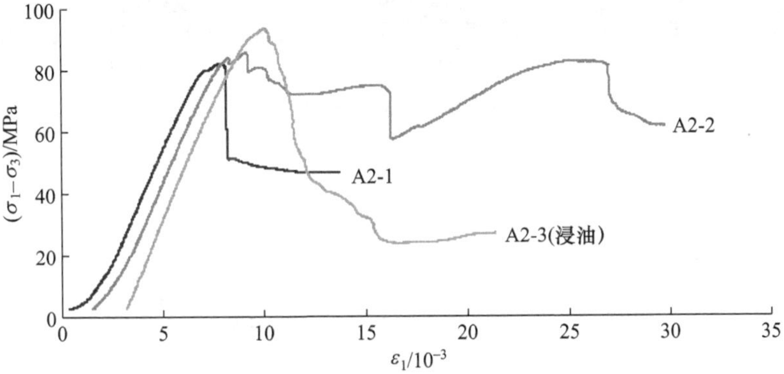

图 2.9　不同围压下 A2 系列试样的轴向应力-应变曲线

(a) A2-1(σ_3=7MPa)　(b) A2-2(σ_3=14MPa)　(c) A2-3(浸油)(σ_3=21MPa)

图 2.10　不同围压下 A2 系列试样的破坏图片($\alpha=60°$, $a=13$mm)

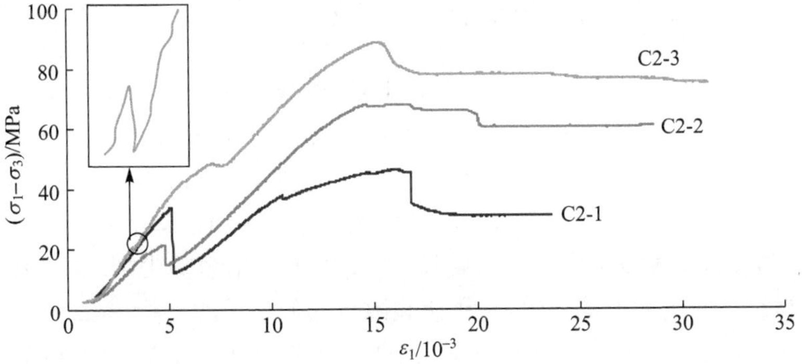

图 2.11　不同围压下 C2 系列试样的轴向应力-应变曲线

(a) C2-1(σ_3=7MPa)　(b) C2-2(σ_3=14MPa)　(c) C2-3(σ_3=21MPa)

图 2.12　不同围压下 C2 系列试样的破坏图片($\alpha=60°$,$a=39$mm)

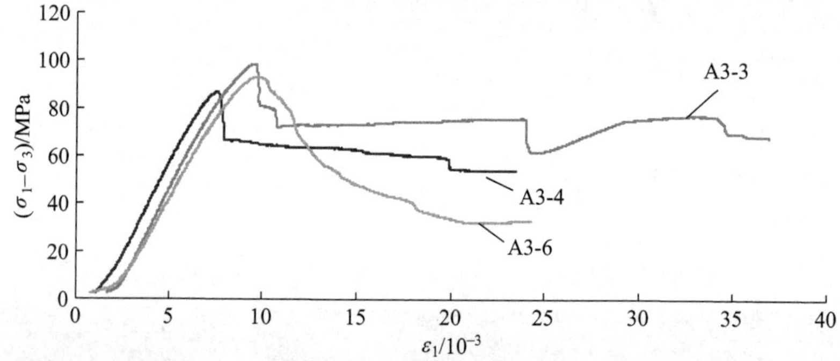

图 2.13　不同围压下 A3 系列试样的轴向应力 应变曲线

(a) A3-1(σ_3=7MPa)　(b) A3-2(σ_3=14MPa)　(c) A3-3(σ_3=21MPa)

图 2.14　不同围压下 A3 系列试样的破坏图片($\alpha=90°$,$a=13$mm)

试验后发现,A2-3 试样局部被油浸入,油渍沿裂隙面周边扩展,区域较小,经验判断油渍为峰值后浸入,A3-3 试样则完全被油浸泡,经验判断为试验初期(峰值前)就有油浸入其中。为方便分析,各试样破坏图片中对试样的表面破坏轨迹用线条进行了标识,裂纹线①代表共面裂纹,它萌生于预制裂隙尖端,在三轴压缩试验中与预制裂隙面走向大体一致,是预制裂隙自相似扩展的产物;裂纹线②代表反翼裂纹,它既可能萌生于预制裂隙尖端或中部,也可能自新裂纹某处开始,在三轴压缩试验中与预制裂隙面走向相反;裂纹线③代表翼裂纹,它萌生于预制裂隙尖端并向最大压应力方向发展；裂纹线④代表支裂纹，表示在试验过程中试样表面产生的近似平行于大主应力（或小主应力）的破裂线，它的起裂点可能位于预制裂隙中部，也可能从预制裂隙中部一段距离开始。

结合图 2.9～图 2.14 中各试样的轴向应力-应变曲线与破坏图片进行分析，可以看出试样的破坏形式与其轴向应力-应变曲线具有良好的对应关系：

(1) 当破坏形式中仅有裂纹线①产生时，试样的宏观破裂面表现为沿裂隙面的整体剪切破坏（如 A2-1、A2-2、A3-3 试样），对应的应力-应变曲线为典型岩石的应力-应变曲线，试样依次经历了孔隙裂隙压密、弹性变形、累进性破裂和应变软化四个阶段，试验曲线整体平滑，脆性特征明显，残余强度与围压关系明确。

(2) 当试样表面破裂迹线包括裂纹线①和②，且试样的宏观破裂面表现为 X 形剪切破坏（如 A2-2、A3-1、A3-2 试样）时，对应的应力-应变曲线在峰值后延性阶段将出现一次较剧烈的应力跌落现象，预示着反翼裂纹②贯通。

(3) C2 系列试样反映出来的应力-应变曲线与破坏图片的关系需从两个方面进行理解：①C2 系列试样的力学特性，从表 2.4 可以看出，由于预制裂隙过长，试样的弹性模量比其他试样偏小很多，表示试样在试验前已经损伤严重；②图 2.12 中的破坏图片，虽然破裂迹线较多，但从其应力-应变曲线分析，试验早期的应力跌落现象即为试样沿裂隙面的剪切破坏，破坏后上、下两块试样重新组合在一起承受进一步的荷载，由于应力集中效应，在试样表面产生了平行于小主应力的支裂纹，当它们贯通后在曲线图中又出现了一次应力跌落。

(4) 不考虑 C2 系列试样，从试样破坏后的断口分析，反翼裂纹形成的断口无规则边角，撕裂痕迹明显，而共面裂纹断口内试样颗粒破碎，断口较光滑，剪切痕迹明显，在试样侧面形成的花瓣状破裂区即为裂纹线①和②形成的破裂迹线。

(5) 围压作用时，预制裂隙尖端的自相似扩展明显，扩展一定长度后，曲线型弯折裂纹开始扩展。

(6) 当张开预制裂隙长度较小，角度接近 90°时，由于围压作用，预制裂隙将产生偏转现象，偏转角度与围压关系密切。当围压较低时，产生局部偏转，即预制裂隙下部基本保持不变，上部端点向小主应力方向偏转，裂隙整体由原来的直线型重置为弧线裂隙（如 A3-4 试样）；当围压中等时，预制裂隙将产生整体偏转（如 A3-3 试样）；当围压较高时，预制裂隙的偏转现象不明显。

结合图 2.9、图 2.11、图 2.13 和表 2.4，分析不同围压作用时单裂隙岩体的强度特性，可以看出如下特征：

(1) 试验过程中被油浸入，对试样的强度有较大影响。若峰值前浸入，则峰值强度与残余强度均降低（如 A3-6 试样）；若峰值后浸入，则仅残余强度降低（如 A2-4 试样）。

(2) 若裂隙角度相同，裂隙长度相等，则单裂隙试样的峰值强度随围压的增大而增大，残余强度也呈现增大的规律。

(3) 围压作用下，试样延性特征明显。

将 A2、C2 和 A3 各系列试样在不同围压下的弹性模量与变形模量反映在图 2.15 中。分析表 2.4 和图 2.15 可以看出，各系列试样的弹性模量与变形模量呈现出不一致的变化特征，A2 系列试样的弹性模量随着围压的增加而增加，变形模量则随着围压的增加而降低；C2 系列试样的弹性模量与变形模量均随着围压的增加而增加；A3 系列试样的弹性模量与变形模量则均随着围压的增加而降低。同时，从表 2.4 也可以看出，C2 系列试样的弹性模量与变形模量同 A2 和 A3 系列试样相比明显降低；而 A3 与 A2 系列试样相比，在同等条件下，随着裂隙角度的增大，弹性模量与变形模量呈单调递增的规律。

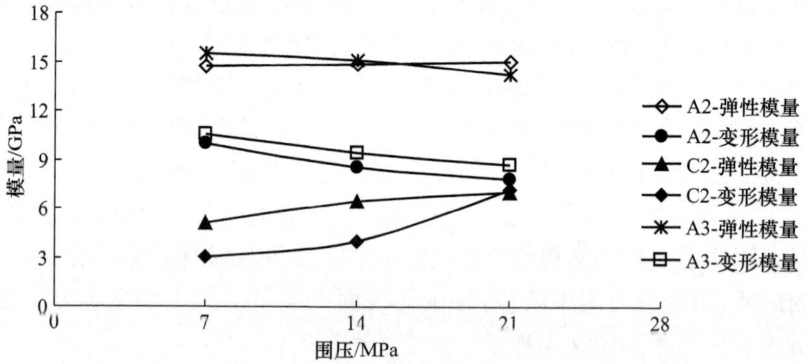

图 2.15　单裂隙试样弹性模量、变形模量与围压关系

基于莫尔-库仑强度准则，将表 2.4 中数据按照式(2.3)进行回归分析，如图 2.16 所示。

$$\sigma_1 = m\sigma_3 + b \tag{2.3}$$

式中，m 和 b 分别为拟合直线的斜率与截距。

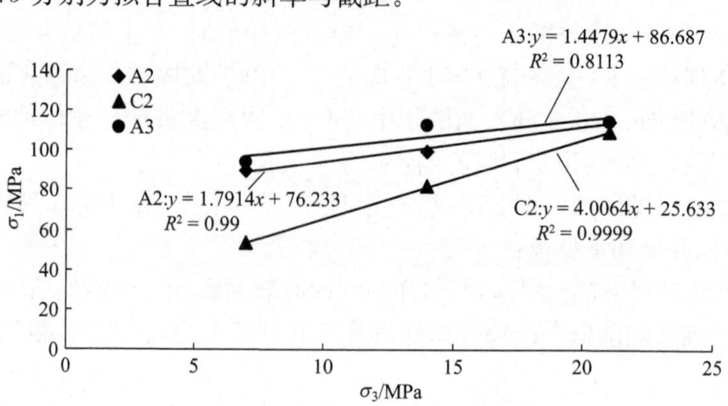

图 2.16　单裂隙试样 σ_3-σ_1 关系

图 2.16 中回归方程表明，单裂隙试样 A2、C2 系列的相关系数高达 0.99 和 0.9999，线性关系良好，而 A3 系列的相关系数仅为 0.8113，线性关系较差。

不同围压作用时的力学与破坏特性分析表明：

(1) 单裂隙试样的强度不仅与围压有关，而且与裂隙的角度、长度关系密切，但围压是单裂隙试样强度的主要影响因素，此外，试样在试验过程中被油浸入，将显著降低试样强度。

(2) 单裂隙试样的模量与围压、裂隙角度及尺寸相关，但围压的影响更为显著。

(3) 单裂隙试样的破坏特性与应力-应变曲线具有明显的对应关系，裂纹线①的贯通对应第一次应力跌落，裂纹线②的贯通对应第二次应力跌落，其他裂纹线的贯通亦对应有应力跌落现象，但曲线中反映不明显。

(4) 单裂隙试样的破坏模式与应力-应变关系相关，当破坏模式为沿裂隙面的整体剪切破坏时，应力-应变曲线为典型岩石的应力-应变曲线；当其为 X 形剪切破坏时，应力-应变曲线在峰值强度后还将经历一次应力跌落。

(5) 试样破坏后的断口特性表明，在试样侧面形成的花瓣状破裂区即为裂纹线①和②形成的破裂迹线。

(6) 当围压较低时，原生裂隙产生向最大主应力方向扩展的次生拉伸裂纹，试样的破坏具有劈裂破坏特性，由于围压的存在，次生裂纹的扩展受到抑制，从而使得试样的破坏呈现出拉伸-剪切的复合破坏模式或弯折型剪切破坏模式；当围压中等，拉伸裂纹受到更加强烈的抑制，试样的破坏呈现出较光滑的沿裂隙面的剪切破坏，即自相似扩展明显，进一步加载，由于应力重分布的影响，试样最终的破坏表现为 X 形剪切破坏；当围压较高时，试样表现出沿裂隙面的整体剪切破坏，自相似扩展明显。

2) 裂隙角度影响分析

图 2.17 给出了围压 14MPa，裂隙长度 13mm，裂隙角度分别为 0°、30°、60°、90°

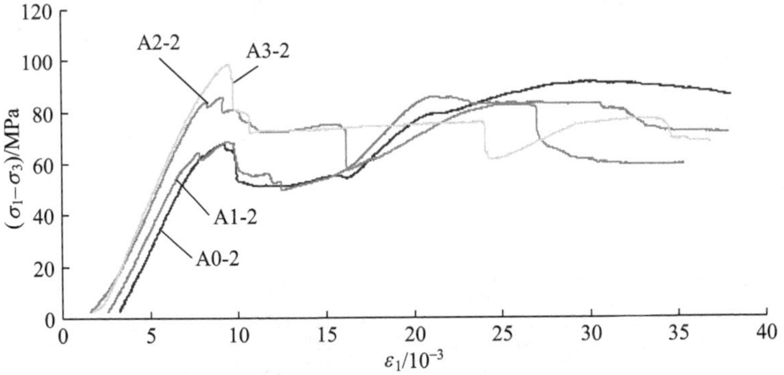

图 2.17　不同裂隙角度时 A 系列试样的轴向应力-应变曲线

时 A 系列试样的轴向应力-应变曲线，图 2.18 则是与图 2.17 中曲线对应试样的破坏图片。

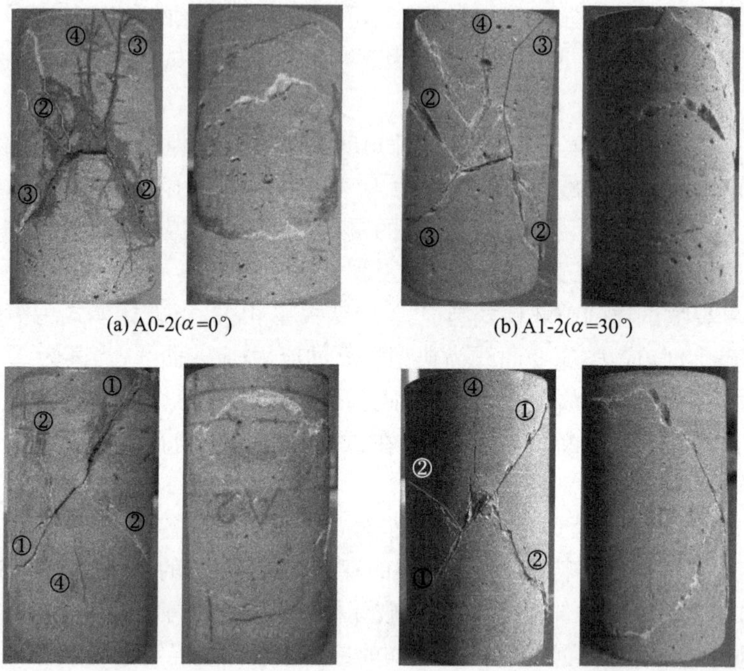

(a) A0-2(α=0°)　(b) A1-2(α=30°)

(c) A2-2(α=60°)　(d) A3-2(α=85°)

图 2.18　不同裂隙角度时 A 系列试样的破坏图片(σ_3＝14MPa，a＝13mm)

综合图 2.17、图 2.19 和图 2.20，分析得到裂隙角度与强度的关系规律如下：

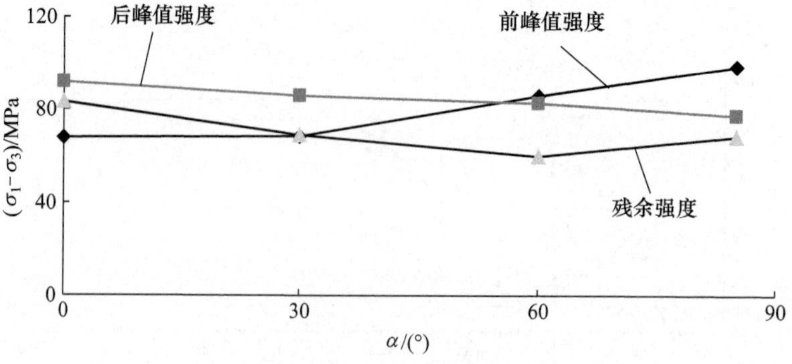

图 2.19　A 系列试样裂隙角度与强度关系

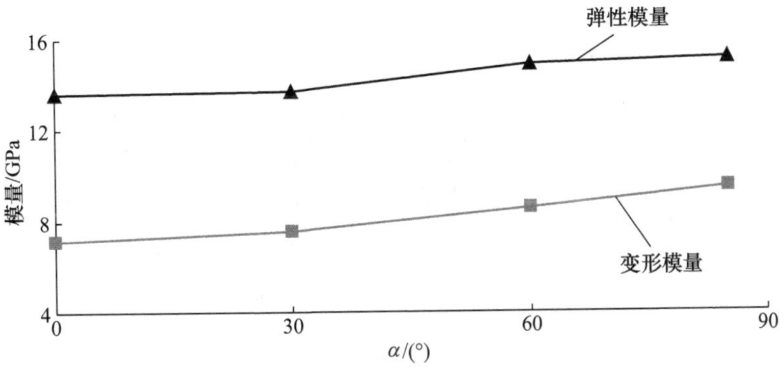

图 2.20　A 系列试样裂隙角度与弹性模量、变形模量关系

(1) 图 2.17 的应力-应变曲线可概括为孔隙裂隙压密、弹性变形、累进性破裂、应变软化、孔隙再压密以及残余强度六个阶段，即曲线初始压密阶段主要以预制张开裂隙压密为主，在脆断破坏后经过一段理想的应变软化，再次经历一次孔隙压密过程，这一过程可能主要以试样内部的孔隙压密为主。

(2) 试样经过两次压密后，表现出明显的两次峰值强度特性，当裂隙角度为 0°和 30°时，试样的前峰值强度小于后峰值强度；当裂隙角度为 60°和 85°时，试样的前峰值强度大于后峰值强度。

(3) 试样的前峰值强度随着裂隙角度的增加而增大，试样的后峰值强度随着裂隙角度的增加而减小。

(4) 当裂隙角度为 0°～60°时，残余强度逐渐降低；当裂隙角度为 60°～85°时，残余强度呈现增加趋势。

(5) 弹性模量和变形模量均随着裂隙角度的增加而小幅增加。

结合图 2.17 与图 2.18，进一步分析裂隙角度对试样破坏及力学特性的影响。当裂隙角度为 60°和 85°时(A2-2、A3-2 试样)，试样的破坏特点和应力-应变曲线与前述一致，具有较好的对应关系，即裂纹线①贯通与第一次应力跌落相关，裂纹线②贯通与第二次应力跌落相关，X 形剪切破坏则对应应力-应变曲线的两次应力跌落现象；当单裂隙角度为 0°和 30°时(A0-2、A1-2 试样)，试样的破坏特点呈现出不一样的规律，虽然 A0-2、A1-2 试样的破坏形式仍然为宏观的 X 形剪切破坏，但在第一次应力跌落后没有出现第二次应力跌落，相反，试样在第一次应力跌落，经历一段理想塑性后表现出强烈的应变硬化特性，且硬化后的峰值强度大于第一次出现的峰值强度。这与裂纹线的性质有关，在 A0-2、A1-2 试样中，共面裂纹线①没有出现，而翼裂纹线③出现，从裂纹线产生的原因来看，共面裂纹线①为剪切裂纹，翼裂纹线③为拉伸裂纹，对相同的材料模型，拉伸裂纹相对剪切裂纹更容易产生，反映在应力-应变曲线上为 A0-1、A1-1 试样的第一次峰值强度比 A2-2、A3-2 试样低很多;随着轴向荷载的增加,四个试样中都产生了反翼裂纹线②,反翼裂纹线②的贯通表现为第二次峰值强度相差不大。

图 2.21～图 2.26 给出了同系列不同裂隙角度的试样在同等围压下的应力-应变曲线与破坏图片,除图 2.23 和图 2.24 外,其他 A2、A3 试样呈现出与图 2.17～图 2.20 大体一致的变化规律,即破坏模式与应力-应变曲线具有明显的对应关系,

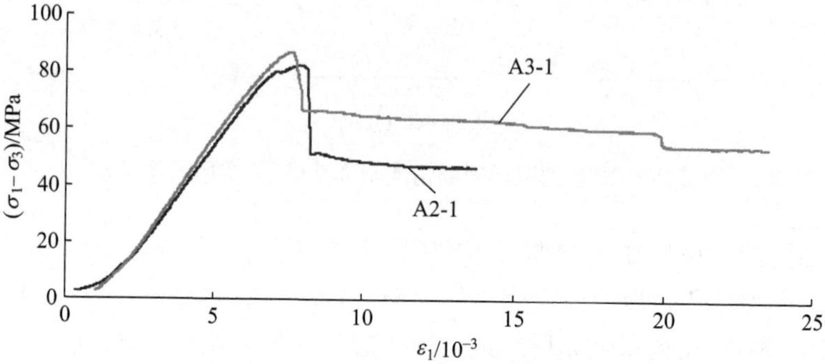

图 2.21　不同裂隙角度时 A 系列试样的轴向应力-应变曲线(A2-1 和 A3-1 试样)

(a) A2-1(α=60°)　(b) A3-1(α=85°)

图 2.22　不同裂隙角度时 A 系列试样的破坏图片(σ_3＝7MPa,a＝13mm)

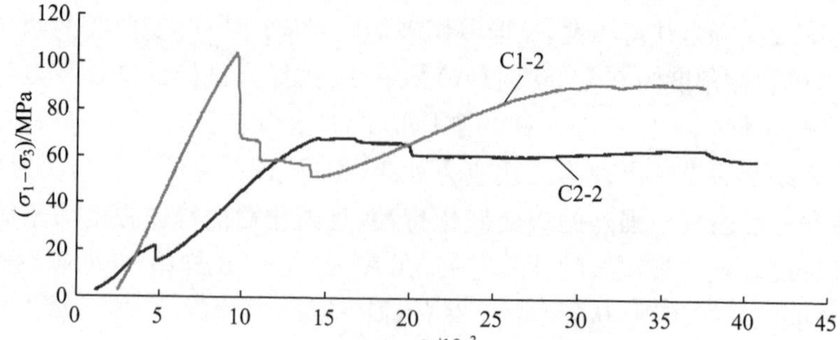

图 2.23　不同裂隙角度时 C 系列试样的轴向应力-应变曲线(C1-2 和 C2-2 试样)

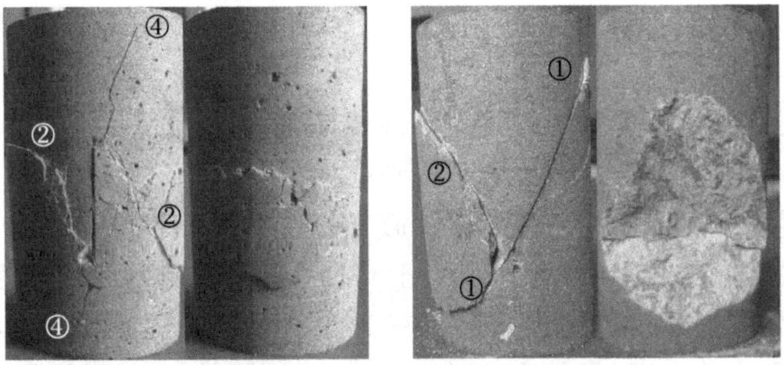

(a) C1-2(α=90°)　(b) C2-2(α=60°)

图 2.24　不同裂隙角度时 C 系列试样的破坏图片($\sigma_3=14$MPa,$a=39$mm)

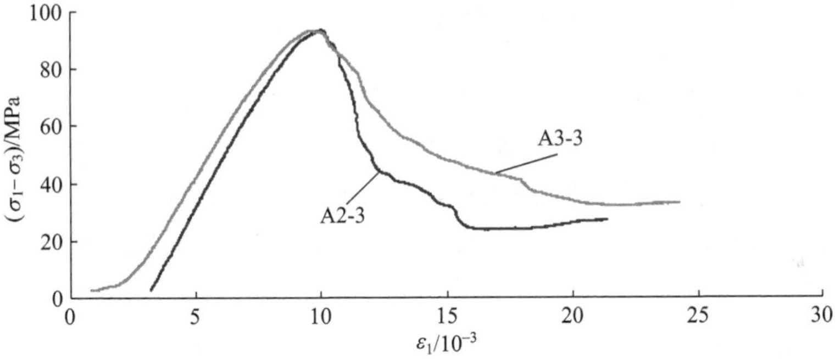

图 2.25　不同裂隙角度时 A 系列试样的轴向应力-应变曲线(A2-3 和 A3-3 试样)

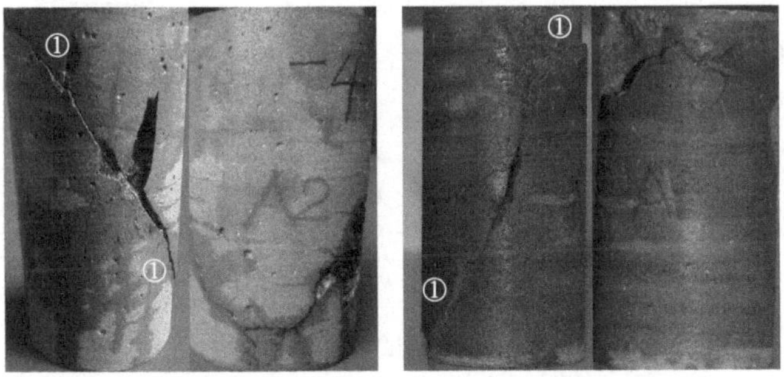

(a) A2-3(α=60°)　(b) A3-3(α=85°)

图 2.26　不同裂隙角度时 A 系列试样的破坏图片($\sigma_3=21$MPa,$a=13$mm)

即宏观 X 形剪切破坏试样的应力-应变曲线出现 2 次峰值,单一沿裂隙面的剪切破坏试样只有 1 次峰值出现;随着裂隙角度的增加,峰值强度逐渐增加。

不同裂隙角度试样的力学特性与破坏规律表明:

(1) 张开贯通裂隙试样的应力-应变曲线可概括为孔隙裂隙压密、弹性变形、累进性破裂、应变软化、孔隙再压密以及残余强度六个阶段，即出现 2 次峰值强度特征。

(2) 当裂隙角度小于 60°时，试样的前峰值强度小于后峰值强度；当裂隙角度大于 60°时，试样的前峰值强度大于后峰值强度。

(3) 当裂隙角度小于 60°时，试样的破坏迹线表现出拉伸破坏特性，宏观破裂面为 X 形剪切破坏模式；当裂隙角度大于 60°时，试样的破坏迹线表现为预制裂隙的自相似扩展，最终宏观破裂面与围压有关。当围压较小时，以拉伸-剪切复合破坏为主；当围压中等时，以 X 形剪切破坏为主；当围压较高时，以沿裂隙面的单一剪切为主。

(4) 宏观破裂为 X 形剪切破坏的破裂区由裂纹线①和②迹线组成，随着预制裂隙角度的增加，花瓣状破裂区范围逐渐扩大。

3) 裂隙长度影响分析

图 2.27 给出了围压 14MPa、裂隙角度约为 90°时，裂隙长度为 13mm(A3-2)、26mm(B-2)和 39mm(C1-2)时试样的应力-应变曲线。可以看出，峰值强度后出现明显的应力跌落阶段，脆性明显；之后，随着裂隙长度的增加(A3—B—C1)，应力-应变曲线从理想塑性逐渐向应变硬化过渡，裂隙长度越大，后期应变硬化特征越明显，说明裂隙长度是试样产生应变硬化的主要因素。

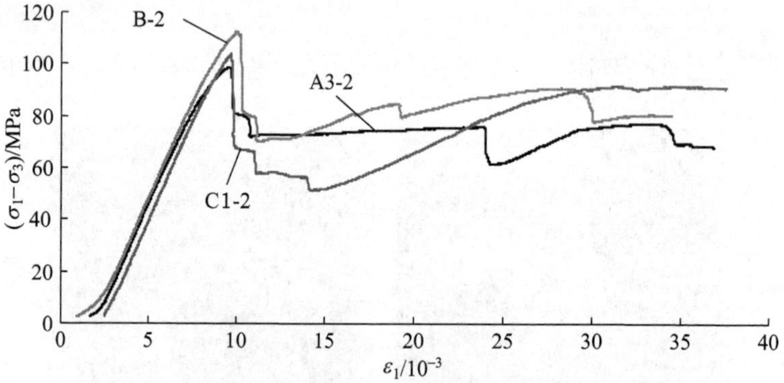

图 2.27 不同裂隙长度试样的轴向应力-应变曲线

为进一步探究裂隙长度对强度的影响，表 2.5 给出了各试样的相关强度参数。可以看出：①裂隙长度由 13mm 增加到 39mm，各围压作用下的峰值强度随着裂隙长度的增加而降低，且随着围压的增加，峰值强度降低的幅度逐渐缩小；②随着裂隙长度的增加，弹性模量与变形模量明显降低，当裂隙尺寸较大(39mm)时，试样的初始损伤很大，弹性模量较低；③与围压的影响相比，峰值强度受裂隙长度的影响几乎可以忽略不计，但随着裂隙长度的增加，应力-应变曲线后期表现为理想塑性向应变硬化的过渡。

表 2.5　不同裂隙长度试样常规三轴压缩试验结果

试样编号	裂隙角度/(°)	裂隙长度/mm	围压 σ_3	破坏应力($\sigma_1-\sigma_3$)/MPa	残余强度/MPa	弹性模量/GPa	变形模量/GPa
A2-1	60	13	7	82.50	46.69	14.745	10.011
A2-2	60	13	14	85.86	59.87	14.859	8.586
A2-3	60	13	21	93.58	27.02	15.011	7.830
A3-1	85	13	7	87.00	54.02	15.494	10.531
A3-2	85	13	14	98.60	68.30	15.152	9.456
A3-3	85	13	21	93.27	33.22	14.433	8.742
B-2	90	26	14	112.60	80.44	15.532	10.166
C1-2	90	39	14	103.80	91.00	15.64	8.988
C2-1	60	39	7	46.5	31.25	5.109	3.037
C2-2	60	39	14	68.08	59.03	6.444	4.018
C2-3	60	39	21	88.59	74.93	7.018	7.237

图 2.28 是与图 2.27 中曲线对应试样的破坏图片。可以看出，当裂隙角度为 85°或 90°时，试样的破坏表现出强烈的拉伸破坏特性，但在围压作用下，试样的最终宏观破裂面为 X 形剪切破坏模式，裂纹线④和②是组成宏观破裂面的裂纹迹线，由它们围成的破裂区的范围随着裂隙长度的增加而缩小。

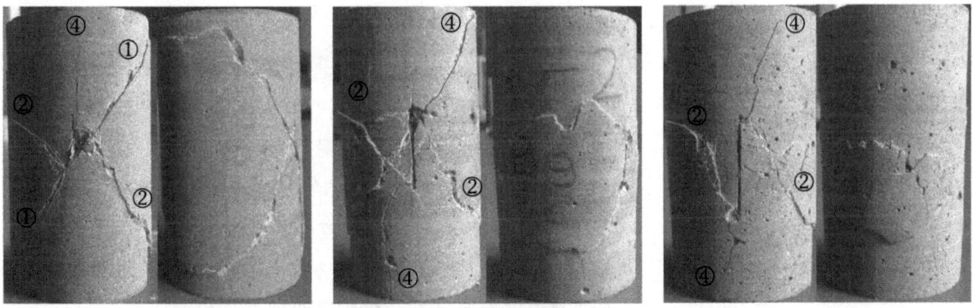

(a) A3-2(a=13mm)　(b) B-2(a=26mm)　(c) C3-2(a=39mm)

图 2.28　不同裂隙长度试样的破坏图片(σ_3=14MPa，α=85°或 90°)

不同裂隙长度时试样的力学特性与破坏规律表明：

(1) 当围压、裂隙角度相同时，峰值强度随着裂隙长度的增加而降低；当围压增加时，峰值强度随着裂隙长度增加而降低的幅度减小。

(2) 试样的宏观破裂面为 X 形剪切破坏模式，随着裂隙长度的增加，由裂纹线④和②围成的破裂区的范围随着裂隙长度的增加而缩小。

2. 含两裂隙岩体的力学特性与破坏特征

单裂隙试样的破坏分析表明：①随着围压的增加，翼裂纹的扩展从弯折型向自相似扩展转变，破坏模式由拉-剪复合破坏向X形剪切破坏过渡，特殊情况下将产生沿结构面的纯剪切破坏模式；②反翼裂纹是最常见的扩展裂纹，除纯剪切破坏模式外，其他破坏模式中均观察到反翼裂纹的产生。

在单裂隙试验结果的基础上，本节开展两裂隙的三轴压缩试验研究，模型试样的配合比及制作与单裂隙完全相同，预制裂隙长度为a，预制裂隙角度为α，岩桥长度为b，岩桥倾角为β，其几何分布如图2.29所示。试验中两条平行裂纹的排列方式分为：共面排列($\alpha=\beta$)、叠合排列(两裂纹中点连线与大主应力平行)、半叠合排列(过一预制裂隙中点平行大主应力方向的连线经过另一裂隙)、非叠合排列(不共面、不叠合)。经过模型制作、取样、加工、运输后用于三轴压缩试验的预制裂隙模型试样基本参数情况如表2.6所示。

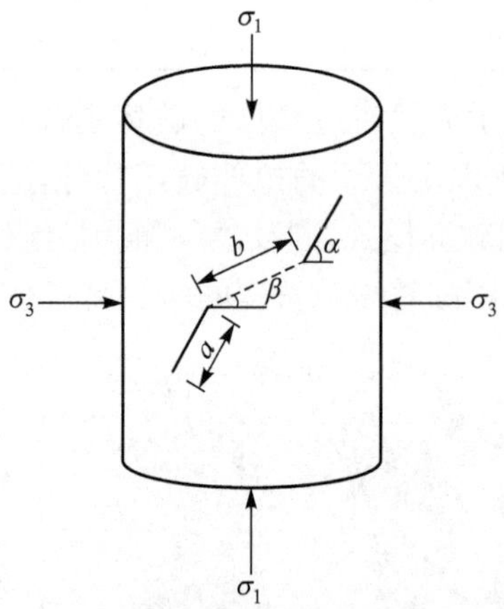

图2.29　预制裂隙模型试样几何分布

表2.6　预制裂隙模型试样基本参数一览表

模型试样系列编号	a/mm	b/mm	α/(°)	β/(°)	围压/MPa
F	26	22	60	90	7、14、21
G	28	22	60	120	7、14、21
H	30	22	60	150	14、21
K	15	30	60	60	21
L	15	30	90	120	14、21
M	15	30	60	120	7、14、21
N	15	30	30	120	7、14、21

图 2.30 中各图的左侧是模型试样破坏后的主要宏观破裂线图片，裂纹线①表示与预制裂隙方向大致一致的共面裂纹，主要由自相似扩展及自相似扩展后的弯折扩展裂纹组成，即次生共面裂纹，它萌生于预制裂隙两端，裂纹表面有薄片或碎裂状物质沿裂隙面挤出，裂纹表面粗糙，碎裂状粉末较多，呈台阶状，有明显剪断痕迹，与预制裂隙一起形成宏观的剪切破坏面[13]；裂纹线②表示反翼裂纹，它萌生于预制裂隙尖端（少数受裂隙制作工艺的影响，在预制裂隙尖端较近处有较大空隙或其他损伤时，反翼裂纹也可能萌生于损伤较大处），与翼裂纹方向相反，裂纹表面呈现台阶状或拐折状的特点，裂纹面间有微小错动，但反翼裂纹线贯通的表面并未完全从试样中断开，反翼裂纹具有较明显的反平面剪切和压裂破坏特性；裂纹线③表示翼裂纹，其表面为拐折状曲面，光滑、干净、无碎裂状物质，通常描述为拉伸型裂纹。图 2.30 中各图的右侧是与左侧对应的模型试样轴向应力-应变曲线。

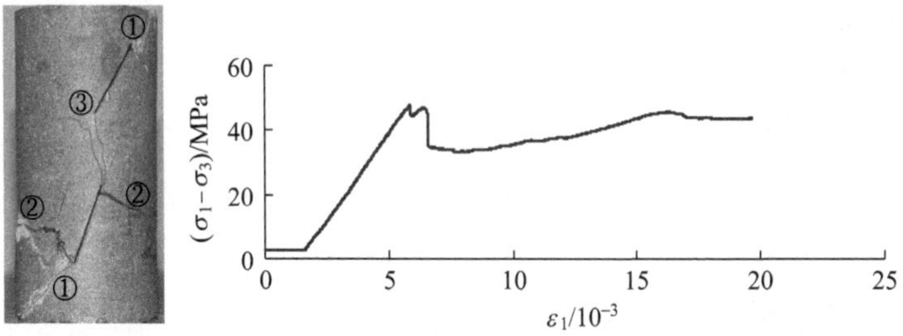

(a) F-1(7MPa)

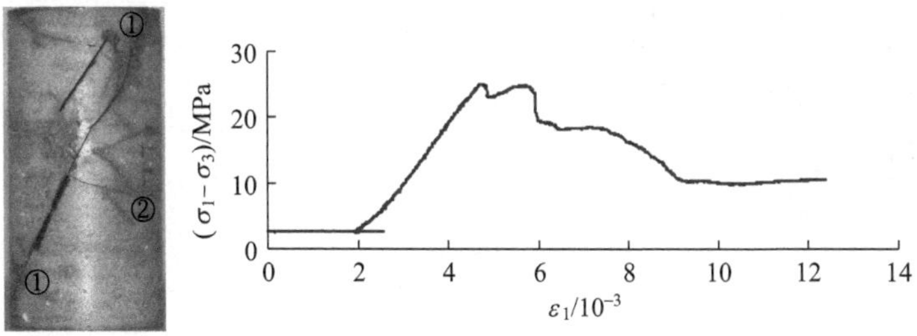

(b) F-2(14MPa)

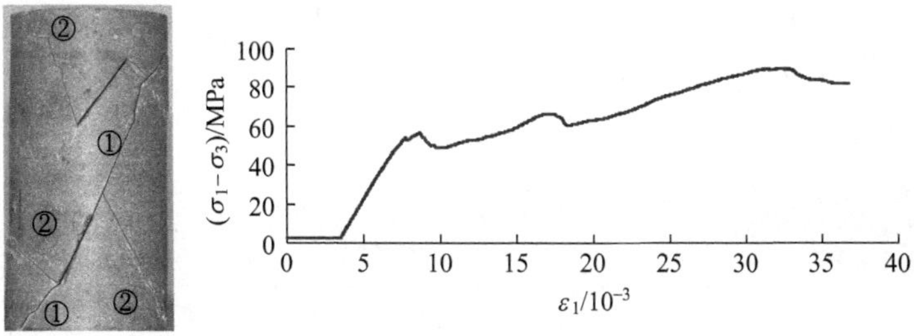

(c) F-3(21MPa)

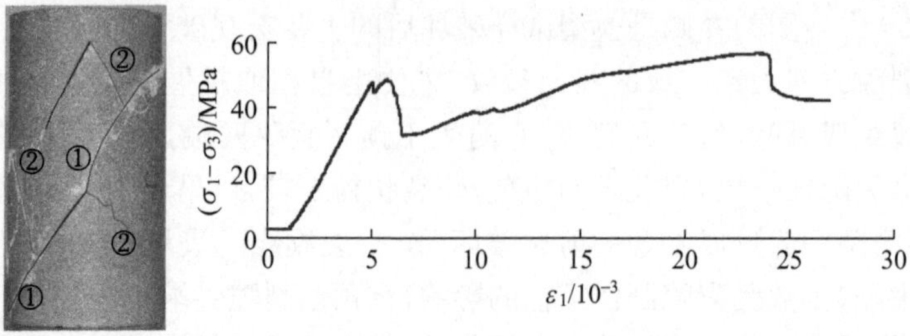

(d) G-1(7MPa)

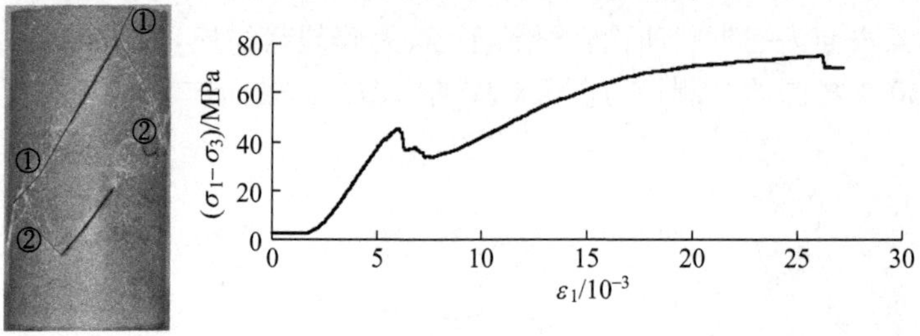

(e) G-2(14MPa)

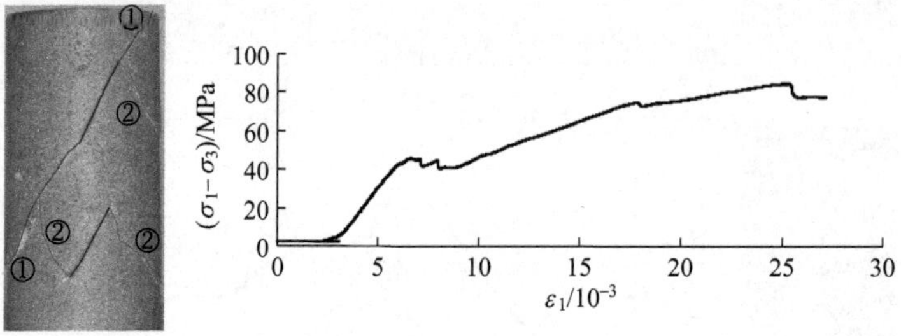

(f) G-3(21MPa)

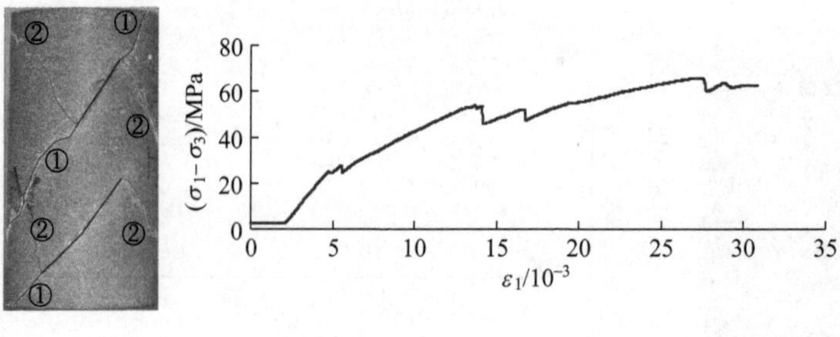

(g) H-2(14MPa)

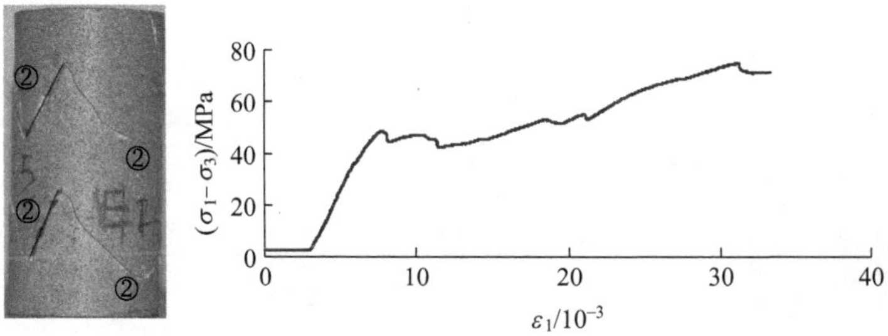

(h) H-3(21MPa)

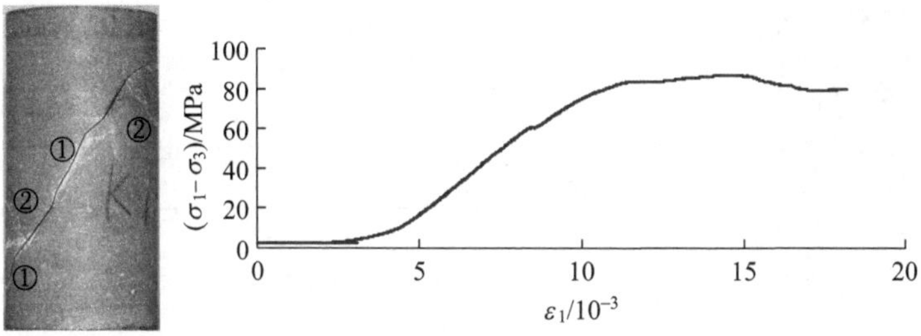

(i) K-3(21MPa)

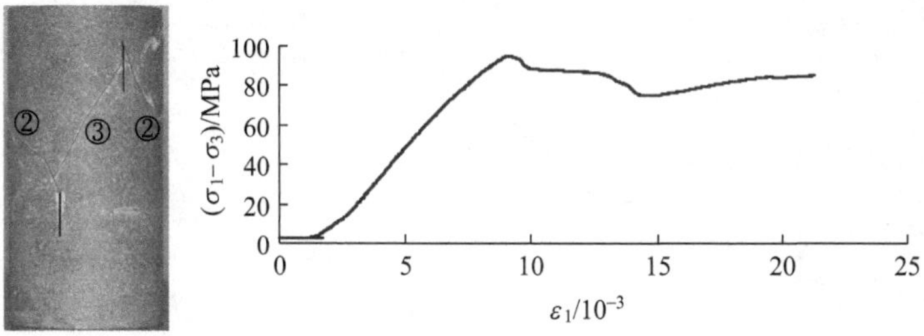

(j) L-2(14MPa)

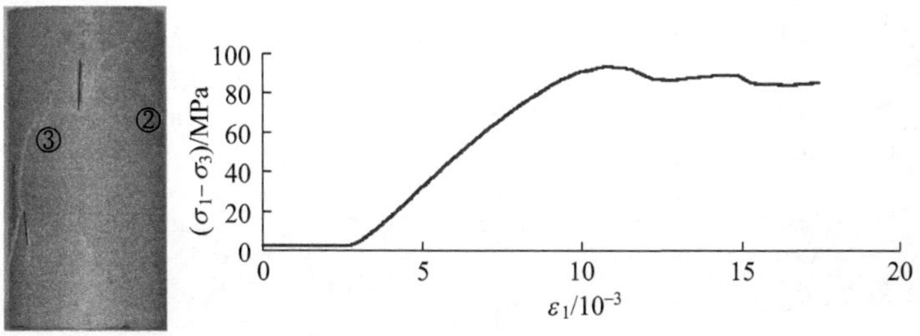

(k) L-3(21MPa)

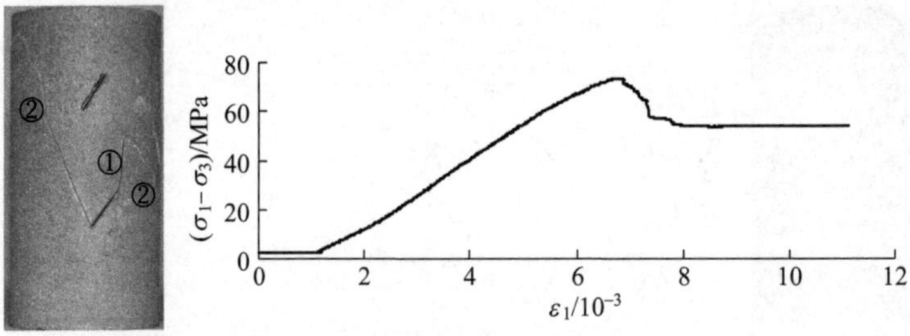

(l) M-1(7MPa)

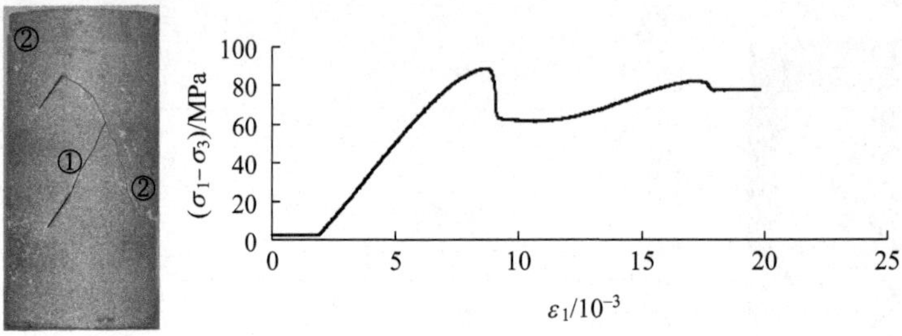

(m) M-2(14MPa)

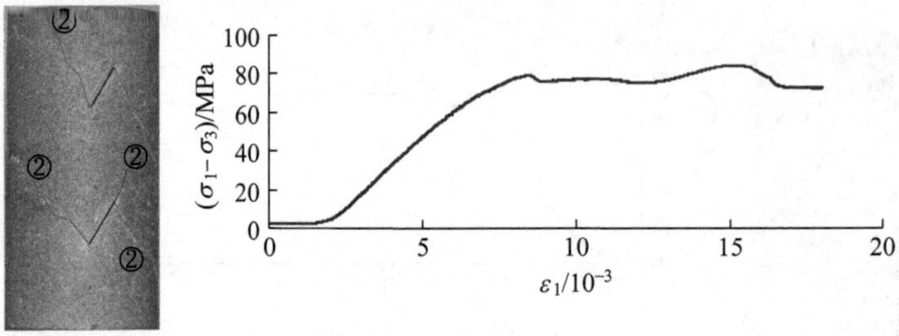

(n) M-3(21MPa)

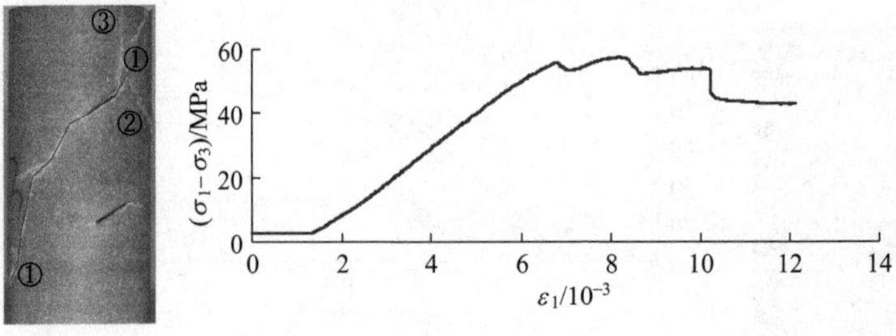

(o) N-1(7MPa)

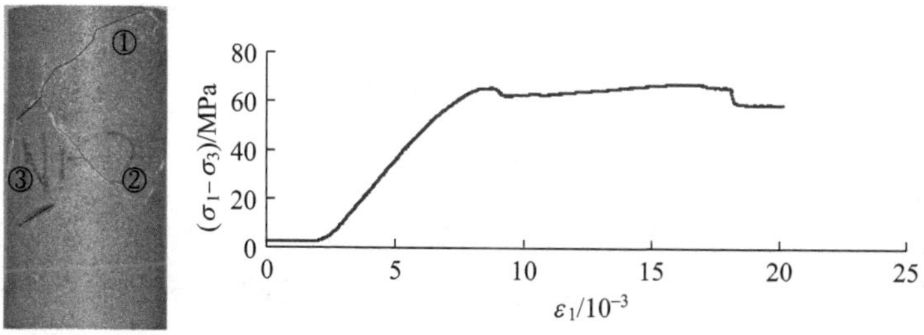

(p) N-2(14MPa)

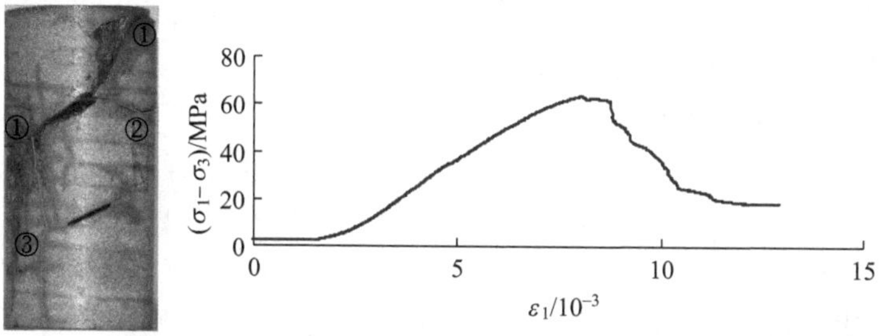

(q) N-3(21MPa)

图 2.30　两裂隙模型试样破裂图片及轴向应力-应变曲线

根据对各试样体积应变的数据分析，两裂隙试样的扩容性质不明显，当围压较高时，其扩容特性消失。

从图 2.30 中各试样破裂图片的迹线描述中可以看出，反翼裂纹线②是最常见的破坏迹线，它不受围压大小及裂隙几何分布的影响，在每一个试验的模型试样中均出现，其破坏的表面迹线呈现出台阶状或拐折状的撕裂特性，上、下两裂纹面间有微小的错动迹象，裂隙面基本不闭合；共面裂纹线①在各试样的破裂图中出现的频率仅次于反翼裂纹线②，仅在 H-3、L-2、L-3 和 M-3 这四个试样中没有出现，共面裂纹线由自相似扩展或自相似扩展＋弯折扩展组成，裂纹表面呈现明显的颗粒脆断痕迹，粉粒较多；与前两种裂纹相比，翼裂纹线③的出现较少，即使在试样的破裂中出现，也没有完全朝向最大主应力方向扩展，如 F-1、F-2 和 L-2 试样，它们中的翼裂纹线③在扩展一定长度后偏向了小主应力方向，这可能与两裂隙间的相互作用有关。以上分析表明：张开贯通的两裂隙试样在常规三轴压缩试验时，反翼裂纹作为主生裂纹的破裂模式决定了试样的最终破坏。

从图 2.30 中与各试样破裂图片对应的轴向应力-应变曲线来看，曲线仍然表现出多峰值特性。不同的是，两裂隙试样的轴向应力-应变曲线的加载初期均表现出一定的理想塑性阶段，这主要与裂隙制作有关，即两裂隙的裂隙张开位移较大，在试验初期预加载时，裂隙的压密过程即是曲线“理想塑性”的表现；对比破裂图与曲线图可以看出，试样表面的新生裂纹扩展线与曲线中锯齿状或台阶状具有对应关系，即每一个裂纹的扩展贯通必将对应于曲线上一次应力跌落，而应力跌落的幅度则反映了试样吸收能量断裂的强度。

1）共面排列的两裂隙

图 2.30 中 K-3 试样为共面排列的两裂隙试样。在 7MPa、14MPa 围压下的试样由于完全断裂而无法拍照进行裂隙扩展描述，但其破裂特性与 K-3 试样基本一致。K-3 试样的两裂隙内端经过自相似扩展后贯通，两裂隙外端则产生共面裂纹①和反翼裂纹②，侧面形成由共面裂纹①和反翼裂纹②迹线组成的壳线裂纹；即使共面排列的两裂隙外端扩展区域有限，仍能看出其宏观破坏模式为预制裂隙＋共面扩展裂纹＋反翼裂纹形成的 X 形剪切破坏。

2）叠合排列的两裂隙

图 2.30 中 N 系列的 3 个试样为叠合排列的两裂隙试样。其中 N-3 试样在试验中被油浸入，N 系列试样的裂隙几何特点为：预制裂隙角度较小(30°)，预制裂隙长度较小(15mm)，岩桥长度等于 2 倍裂隙长度(30mm)。N 系列试样不同围压下的破坏图片表明：其破坏规律遵循初始损伤大者优先破裂原则，即两预制裂隙由于制作误差很难保证具有相同的尺寸规模，预制时损伤大的一支裂隙在试验中为主破裂。N 系列中两裂隙上支裂隙的张开位移大于下支裂隙，其初始损伤较大。可以看出，宏观的破裂主要以上支裂隙为主，当围压为 7MPa 时，预制裂隙一端以自相似扩展和反翼裂纹扩展为主，另一端则表现为拉伸特性的翼裂纹扩展，随着围压的增大，上支裂隙的自相似扩展特征明显增强，弯折扩展则受到抑制；同时，拉伸裂纹随着围压的增加而与大主应力方向更加接近，试样的宏观破裂模式从拉伸-剪切复合破坏向 X 形剪切破坏过渡。试样在试验过程中被油浸入，基本不会改变试样的破裂模式，但对试样的应力-应变曲线影响极大，试样的破坏从延性向脆性转变明显。

3）半叠合排列的两裂隙

图 2.30 中 M 和 G 系列试样为半叠合排列的两裂隙试样。M 系列试样的裂隙几何特点为：预制裂隙角度为 60°，预制裂隙长度为 15mm，岩桥长度等于 2 倍裂隙长度(30mm)；G 系列试样的裂隙几何特点为：预制裂隙角度为 60°，预制裂隙长度为 28mm，岩桥长度为 22mm。

从 M 系列试样的破坏图片可以看出，当围压较低时，试样的宏观破裂仍然遵循初始损伤大者优先破裂原则，M-1 试样以下支裂隙为主破坏，上支裂隙参与破坏程度较轻，下支裂隙的破坏呈现出反翼裂纹破坏特点，即在预制裂隙上端产生较短的自相似扩展＋弯折扩展后形成反翼裂纹，下端的反翼裂纹自裂隙尖端开始扩展，可见，在两裂隙试样中反翼裂纹为主生裂纹破坏特点极其明显；随着围压的增加，两预制裂隙均产生破裂特性，下支裂隙上端产生的自相似扩展长度增加，弯折扩展的弯折角度接近自相似扩展，弯折扩展末端受上支裂隙尖端反翼裂纹扩展抑制而停止，在弯折处产生的反翼裂纹与上支裂隙裂隙尖端产生的反翼裂纹融为一体形成扩展长度较长的反翼裂纹②，即该试样两裂隙的贯通是通过一裂隙的共面扩展与另一裂隙的反翼裂纹扩展形成的；当围压增加到 21MPa 时，下支裂隙的自相似扩展长度进一步增加，弯折扩展则消失，在下支裂隙尖端和自相似扩展末端均产生反翼裂纹的扩展，但这两条反翼裂纹与上支裂隙同端产生的反翼裂纹没有相交，呈现各自扩展的特点，而两预制裂隙另一端的反翼裂纹也没有相交，呈现大致平行的扩展特点。对比各围压下各试样的轴向应力-应变曲线可以看出随着围压的增加，反翼裂纹数量增加，曲线的台阶状亦增加，试样的破坏表现出从脆性到延性的转变，主要宏观破坏模式为反翼裂纹贯通破坏。

从 G 系列试样的破坏图片可以看出，当预制裂隙长度增加时，其初始损伤亦在增加，则试样抵抗破坏的能力减弱，对围压也更加敏感，从轴向应力-应变曲线来看，即使是 7MPa 围压，G-1 试样也呈现出应变硬化特点。从不同围压下 3 个试样的破坏图片可以看出，其破坏的共同点仅在其中一支预制裂隙两端进行自相似＋弯折型的共面扩展，共面扩展裂纹线与另一支预制裂隙的一条反翼裂纹相交，且反翼裂纹的扩展止于共面裂纹线，即两预制裂隙的贯通是通过一支裂隙的共面裂纹扩展与另一支裂隙的反翼裂纹扩展形成的，另外，在仅产生反翼裂纹的这支预制裂隙的另一端却没有裂纹产生的迹象，即使与另一支预制裂隙产生的反翼裂纹距离极近，它们之间也没有形成明显的第二道贯通连接线，验证了两预制裂隙连接的唯一性；当围压从 14MPa 增加到 21MPa 时，仅在一端产生反翼裂纹的预制裂隙的另一端也产生了反翼裂纹，各反翼裂纹宏观上呈现出大致平行的扩展特点，主要的宏观破裂模式为剪切＋反翼裂纹贯通的复合破坏。

4）非叠合排列的两裂隙

图 2.30 中 M 和 F 系列试样为半叠合排列的两裂隙试样。F 系列试样的裂隙几何特点为：预制裂隙角度为 60°，预制裂隙长度为 26mm，岩桥长度为 22mm，岩桥倾角为 90°；L 系列试样的裂隙几何特点为：预制裂隙角度为 90°，预制裂隙长度为 15mm，岩桥长度为 30mm，岩桥倾角为 120°。试样制作过程中，L-1 试样的一预制裂隙被加工的混合液填充，F2-5 试样在试验过程中被油浸入。

从 F 系列试样的破坏图片可以得出如下规律：各试样的主要破裂裂隙为下支预制裂隙，在中低围压作用时，它们的破坏特性基本一致，即下支预制裂隙内端既有拉伸裂纹的产生，也有共面裂纹和反翼裂纹的产生。一条拉伸裂纹扩展至另一支预制裂隙内端形成两预制裂隙拉伸贯通的模式，另一条拉伸裂纹则扩展一定长度后，弯折向小主应力方向扩展，这与拉伸裂纹向最大主应力方向扩展的规律不同，从受力角度分析，这与裂隙间的相互作用有关，在上支预制裂隙内端的自相似扩展力与下支预制裂隙内端的拉伸裂纹扩展力的合力即为拉伸裂纹最终向小主应力方向扩展的原因。共面裂纹的扩展大致沿着预制裂隙方向扩展至试样的端部或侧面，没有与任何裂隙相交；F-2 试样的反翼裂纹可能受浸油的影响而仅在内端扩展，外端无反翼裂纹产生；当围压增加到 21MPa 时，试样中的两预制裂隙的贯通模式发生改变，由原来的拉伸贯通转变为一预制裂隙的共面裂纹＋另一预制裂隙的反翼裂纹的连接模式，但此连接与 G 系列不同的是，各预制裂隙的共面裂纹和反翼裂纹均沿各自方向扩展；同时，随着围压增加到 21MPa，试样中的上支预制裂隙两端有新的反翼裂纹产生。可见，围压增加了反翼裂纹产生的概率；对于共面裂纹，随着围压的增加，自相似扩展长度增大，弯折扩展长度减小。F 系列试样的破坏模式表现为中低围压时的拉伸＋剪切复合破裂到高围压时的剪切＋反翼裂纹贯通的复合破裂模式。

对于 L 系列试样，无论是从其破坏图片还是从其轴向应力-应变曲线规律分析，L-1 试样和 L-2 试样的破裂模式基本一致，即在两预制裂隙内端形成剪切贯通裂纹。预制裂隙即使为理想的拉伸裂纹路径，在中高围压作用时，试样的拉伸裂纹根本没有出现，特别是在两预制裂隙外端，与试样端部距离较近，仍然没有拉伸裂纹产生，相反，反翼裂纹却出现了。这说明，三轴压缩试验中的两裂隙试样与单轴和双轴试验裂隙扩展规律、形成机理等有本质的不同，三轴压缩试验中反翼裂纹是主生裂纹。

MTS 三轴压缩试验的主要规律有：①两裂纹加载初期，轴向都有一个明显的压密过程，轴向应力-应变曲线表现为多峰值特性，曲线中锯齿状或台阶状的应力跌落对应着试样中某一裂纹面的贯通；②预制裂隙间的贯通形式有四种，即拉伸贯通(F-1、F-2)、剪切贯通(L-1、L-2)、一预制裂隙的共面扩展裂纹与另一预制裂隙的反翼裂纹扩展连接贯通(F-3、G-1、G-2、G-3、H-2、M-2)、两预制裂隙无贯通(N 系列、H-3、M-3)；③从试样的破坏模式而言，主要有仅一预制裂隙参与的拉伸＋剪切破坏(N-1、N-2)、仅一预制裂隙参与的 X 形剪切破坏(N-3)、两预制裂隙参与的拉伸＋剪切破坏(F-1、F-2)、两预制裂隙参与的反翼裂纹破坏(M 系列、H-3)、两预制裂隙参与的反翼裂纹＋剪切破坏(G 系列、F-3、H-2)；④反翼裂纹是三轴压缩试验的主生扩展裂纹，随着围压的增加，反翼裂纹扩展的数量或长度明显增加；⑤共面扩展裂纹是仅次于反翼裂纹的扩展裂纹，它主要由自相似扩展和弯折扩展组成，随着试样围压的增加，自相似扩展长度增加，弯折扩展则向自相似扩展转变，但围压增加到一定程度，自相似扩展消失而被反翼裂纹扩展取代。

3. 关于应力-应变曲线划分的讨论

根据前面单裂隙和两裂隙三轴压缩试验的轴向应力-应变曲线关系，可将含张开贯通裂隙岩体的三轴压缩试验轴向应力-应变曲线划分为三类。第Ⅰ类曲线如图 2.31(a)所示，与大理岩典型应力-应变曲线一致，分别经历了孔隙裂隙压密阶段

(OA)、弹性变形阶段(AB)、累进性破坏，即塑性变形阶段(BC)、应变软化阶段(CD)；第Ⅱ、Ⅲ类曲线如图 2.31(b)、(c)所示，与第Ⅰ类曲线具有明显差异，曲线表现出多峰值特性，即试样在经历第一次峰值应力跌落后，曲线还将出现一段缓慢的锯齿状爬升阶段(DE)，最终趋向理想塑性阶段(EF)；第Ⅱ类曲线第一次峰值应力跌落后的曲线爬升阶段最高点高于第一次峰值强度 C 点；第Ⅲ类曲线的爬升阶段最高点则低于第一次峰值强度 C 点，无明显应变硬化特征，但理想塑性特征明显。

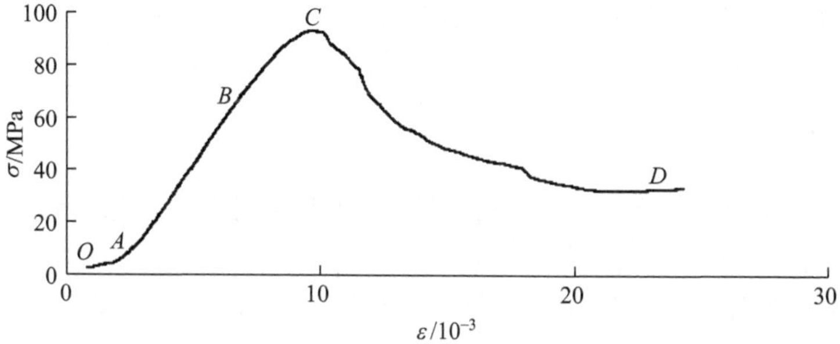

(a) 第Ⅰ类

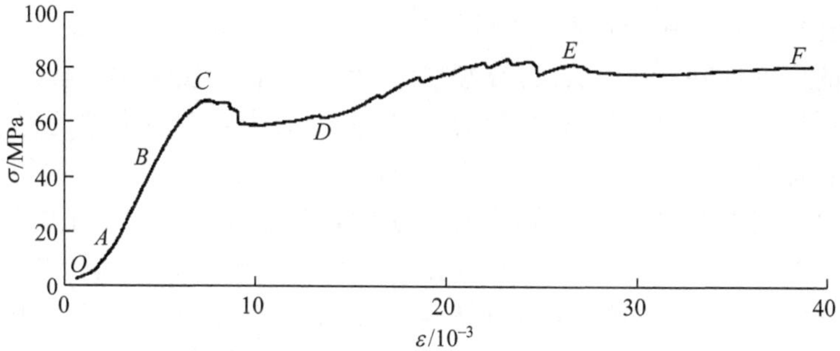

(b) 第Ⅱ类

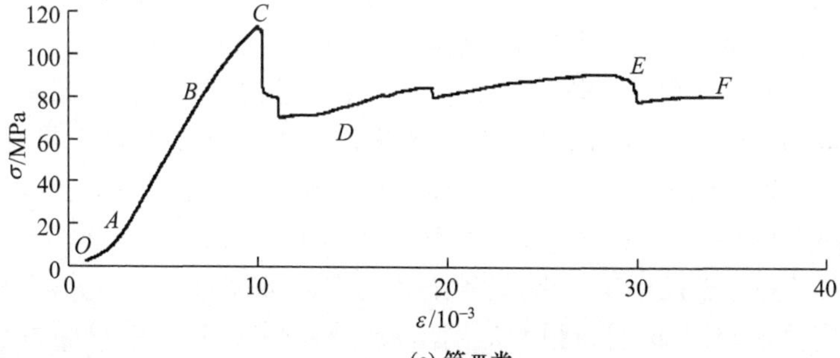

(c) 第Ⅲ类

图 2.31　含张开贯通裂隙岩体三轴压缩试验典型轴向应力-应变曲线

对比分析应力-应变曲线与破坏特性，可以发现如下规律：对于单裂隙岩体，其应力-应变曲线与试样破坏模式具有较好的对应关系，即当试样的宏观破裂为沿裂隙面的单一剪切破坏模式时，其应力-应变曲线为第Ⅰ类曲线；宏观破裂为X形剪切破坏，且当裂纹线主要由共面裂纹①和反翼裂纹②组成时，其应力-应变曲线为第Ⅱ类曲线；宏观破裂为拉伸-剪切复合破坏，且裂纹线主要由翼裂纹③和反翼裂纹②组成时，其应力-应变曲线为第Ⅲ类曲线。对于两裂隙试样，其破坏模式的影响因素较多，但呈现出总的特点是：当以单一宏观斜剪破坏为主时，其应力-应变曲线为第Ⅰ类曲线；当以拉伸＋剪切破坏和X形剪切破坏为主时，其应力-应变曲线为第Ⅱ类曲线；当以反翼裂纹破坏和反翼裂纹＋剪切破坏为主时，其应力-应变曲线对应第Ⅲ类曲线。

2.3.3 小结

(1) 张开贯通的裂隙试样在三轴应力条件下表现出多峰值的特点；试验中观察到反翼裂纹是试样破坏后最主要的裂纹类型。

(2) 裂隙岩体的变形特性与一般岩石特性一致，即具有从低围压下的脆性向高围压下的延性转化特征；当围压足够高时，裂隙岩体的扩容现象表现得不明显甚至完全消失。

(3) 根据常规三轴压缩试验各试样的破坏图片分析，张开贯通的裂隙岩体按裂纹扩展的位置可分为共面裂纹、翼裂纹、反翼裂纹和支裂纹；按裂纹破裂的力学特性可分为拉伸裂纹、剪切裂纹和反翼裂纹，分别对应断裂力学理论中Ⅰ型裂纹、Ⅱ型裂纹和Ⅲ型裂纹；裂纹两种不同的分类标准没有对应的关系，Ⅰ型裂纹既可能为翼裂纹也可能为支裂纹，Ⅱ型裂纹主要为共面裂纹，Ⅲ型裂纹则是由共面裂纹或翼裂纹与反翼裂纹扩展迹线组成的贯通区，产生于预制裂纹圆柱状试样两侧。

(4) 张开贯通单裂隙岩体的宏观破坏模式主要有三种：沿裂隙面单一的剪切破坏、X形剪切破坏、拉伸-剪切复合破坏；张开贯通的两裂隙岩体的宏破坏模式则较复杂，主要有仅一预制裂隙参与的拉伸＋剪切破坏和X形剪切破坏、两预制裂隙均参与的拉伸＋剪切破坏、反翼裂纹破坏和反翼裂纹＋剪切破坏。

(5) 两裂隙试样预制裂隙的贯通包括拉伸贯通、剪切贯通、一预制裂隙的共面扩展裂纹与另一预制裂隙的反翼裂纹扩展连接贯通、两预制裂隙无贯通四种形式。

(6) 在常规三轴压缩试验中，张开贯通裂隙的新生裂纹的扩展包括自相似扩展、弯折扩展和反翼裂纹扩展。新生裂纹的扩展方向和扩展长度受围压影响较大。

(7) 在常规三轴压缩试验中，裂隙岩体的强度不仅与围压有关，而且与裂隙的角度和长度关系密切，但岩石强度对围压最敏感；同时，试样在试验过程中被油浸入，将显著降低试样强度；试验过程中无油浸入时，岩石的前后峰值强度、残余强度都随着围压的增加而明显增加。

2.4　深部岩体裂隙扩展机理

2.4.1　单裂隙岩体沿结构面剪切滑动破坏机理

单裂隙试样常规三轴压缩试验的断裂力学原理如图 2.32 所示。图中，预制裂隙 AB 方向与轴向压力 σ_1 的夹角为 β，建立 x-y 直角坐标系，x 轴与裂隙方向平行，y 轴与裂隙中垂线重合。根据应力分量的坐标变换，x-y 平面的应力状态[14]为

$$\begin{cases}\sigma_{xx}^{\infty}=-\sigma_1\cos^2\beta-\sigma_3\sin^2\beta\\ \sigma_{yy}^{\infty}=-\sigma_1\sin^2\beta-\sigma_3\cos^2\beta\\ \tau_{xy}^{\infty}=-(\sigma_1-\sigma_3)\sin\beta\cos\beta\\ \sigma_{zz}^{\infty}=-\sigma_3\\ \tau_{xz}^{\infty}=0\\ \tau_{yz}^{\infty}=0\end{cases}\tag{2.4}$$

则结构面所在平面受到的远场应力为

$$\begin{cases}\sigma=\sigma_{yy}^{\infty}\\ \tau=\tau_{xy}^{\infty}\end{cases}\tag{2.5}$$

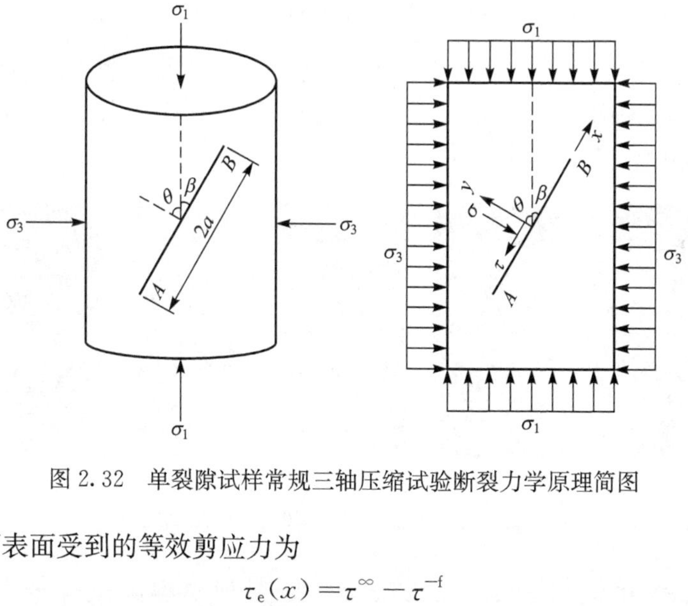

图 2.32　单裂隙试样常规三轴压缩试验断裂力学原理简图

结构面表面受到的等效剪应力为

$$\tau_{\mathrm{e}}(x)=\tau^{\infty}-\tau^{-\mathrm{f}}\tag{2.6}$$

式中，$\tau^{-\mathrm{f}}$ 为结构面上受到的等效摩擦力。

$$\tau^{-\mathrm{f}}=f\sigma=-f(\sigma_1\sin^2\beta+\sigma_3\cos^2\beta)\tag{2.7}$$

式中，f 为结构面上的摩擦力系数。

将式(2.4)、式(2.5)和式(2.7)代入式(2.6)，结合应力强度因子公式，则裂隙端部的应力强度因子为

$$\begin{aligned} K_{\mathrm{II}} &= \tau_e\sqrt{\pi a} \\ &= -\left[\frac{\sigma_1-\sigma_3}{2}\sin(2\beta)-f(\sigma_1\sin^2\beta+\sigma_3\cos^2\beta)\right]\sqrt{\pi a} \\ &= -\left\{\frac{\sigma_1-\sigma_3}{2}\{\sin(2\beta)-f[1-\cos(2\beta)]\}-f\sigma_3\right\}\sqrt{\pi a} \end{aligned} \tag{2.8}$$

试样破坏的抗脆断能力为

$$K_{cr}=(\sigma_{1c}-\sigma_{3c})\sqrt{\pi a} \tag{2.9}$$

式中，K_{cr} 为抗脆断能力；σ_{1c}、σ_{3c} 分别为脆断破坏时的最大、最小主应力。

式(2.9)与单轴压缩裂纹扩展的脆断能力方程基本一致，假设式(2.9)也存在一个裂隙破裂的优势角(本书定义为起裂角)$\beta=\beta_m$，则 K_{cr} 为最小值应满足

$$\frac{\partial K_{cr}}{\partial\beta}=-\frac{2(2K_{\mathrm{II}c}+f\sigma_3\sqrt{\pi a})[\cos(2\beta)-f\sin\beta]}{\{\sin(2\beta)-f[1-\cos(2\beta)]\}^2}=0 \tag{2.10}$$

若式(2.10)成立，则 $\cos(2\beta)-f\sin\beta=0$，即

$$\beta_m=\frac{1}{2}\arctan\frac{1}{f} \tag{2.11}$$

分析结构面效应可知，单裂隙岩体沿结构面滑动的预制裂隙角度至少大于45°，因此选取三轴压缩试验中产生近似纯剪切破坏的 A2、A3、C2 系列单裂隙试样进行起裂角测量，如图 2.33 所示。

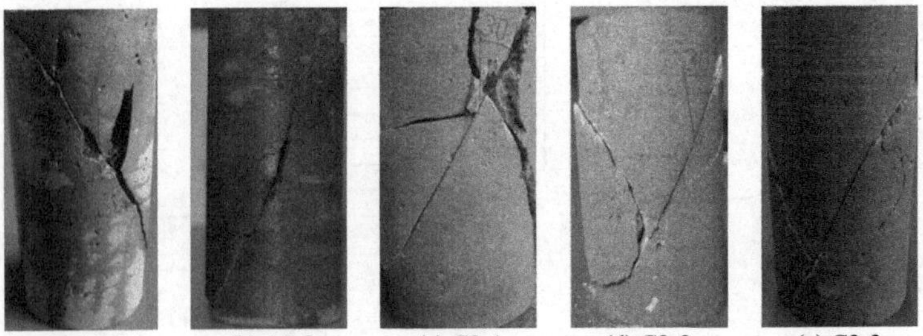

(a) A2-3　(b) A3-3　(c) C2-1　(d) C2-2　(e) C2-3

图 2.33　常规三轴压缩单裂隙试样破坏起裂角

将图 2.33 中测得的 A2-3、A3-3 和 C2 系列单裂隙试样的起裂角代入式(2.11)，可求得单裂隙试样的起裂角与结构面其他力学参数的关系，如表 2.7 所示。根据试验测出的起裂角，推求得到 A2-3、A3-3 试样和 C2 系列单裂隙试样产

生纯Ⅱ型破坏的破裂角 α_m 分别为 60°、80°、60°。这一结果与图 2.6 设计的单裂隙角度进行比较发现：A2-3 试样和 C2 系列试样的设计破裂角和理论破裂角相等，A3-3 试样的设计破裂角大于理论破裂角。

表 2.7　单裂隙试样起裂角与结构面力学参数关系

试样	$\beta_m/(°)$	f	$\varphi_j/(°)$	$\alpha_m/(°)$
A2-3	30	0.577	30	60
A3-3	10	2.747	70	80
C2 系列	30	0.577	30	60

A3 系列试样在不同围压时的破裂图片进一步表明，裂隙角度为 85°，接近与主应力方向平行，当围压较低时，在裂隙尖端一端诱发Ⅰ型裂纹，如 A3-1 试样下部趋向端部的拉伸裂纹，另一端则诱发Ⅱ型裂纹，如 A3-1 试样中沿原始裂隙方向向上扩展的裂纹；当围压中等时，试样的破坏形式为 X 形共轭剪切破坏（如 A2-2、A3-1 试样），翼裂纹与反翼裂纹首先在预制裂隙尖端起裂、扩展，长度较小的预制裂隙周围应力重分布，裂隙角度重置达到与翼裂纹扩展方向一致；随着围压升高，预制裂隙角度的调整服从试样的整体剪切破坏要求，因此，A2-2、A3-1 和 A3-3 试样虽然产生了沿结构面的滑动破坏，但这一破坏角度并非设计裂隙角度。

综上所述，单裂隙试样产生沿预制裂隙滑动破坏的条件可以概括为：①裂隙角度必须满足岩体强度的结构面效应取值范围；②裂隙角度适当，裂隙长度较大时，破坏形式对围压不敏感；③当裂隙角度接近于与大主应力平行时，沿原生结构面滑动破坏的主导因素由裂隙长度和围压共同决定，但裂隙长度较小时，围压必须足够大，而裂隙长度较大时，围压则可相应降低。

2.4.2　裂隙扩展的影响因素及强度准则

1. 影响因素

结合图 2.32，裂隙 AB 上的正应力与剪应力可以表述为

$$\begin{cases}\sigma=\dfrac{1}{2}(\sigma_1+\sigma_3)+\dfrac{1}{2}(\sigma_3-\sigma_1)\cos(2\beta)\\ \tau=\dfrac{1}{2}(\sigma_1-\sigma_3)\sin(2\beta)\end{cases}\tag{2.12}$$

在相同围压下进行试验时，若 $\sigma_3<\sigma_1$，当 σ_1 为某一定值时，由式(2.12)可知：

(1) 当 $0°\leqslant\beta<45°$时，即裂隙角度 $45°<\alpha\leqslant90°$，由于 $0<\cos(2\beta)\leqslant1$，$\sigma_3-\sigma_1<0$，则 β 值越大，$\cos(2\beta)$值越小，σ 值越大，裂隙更容易受压而导致闭合，即在 $0°\leqslant\beta<45°$范围内，β 值越小，则 α 值越大，试验中更容易产生拉应力，拉伸破坏特征也更加明显，相比裂隙倾角 60°(A2-2)试样，裂隙倾角 85°(A3-2)试样的拉伸裂纹明

显更大。裂隙倾角 60°(A2-2)试样为纯剪切破坏,而倾角为 85°(A3-2)试样则表现出拉伸-剪切的破坏特性,试验结果表明裂隙倾角越大,试样更容易发生拉伸破坏。

(2) 当 $45°\leqslant\beta\leqslant 90°$ 时,即裂隙角度 $0°\leqslant\alpha\leqslant 45°$,由于 $-1<\cos(2\beta)\leqslant 0$,$(\sigma_3-\sigma_1)<0$,则 β 值越大,$(\sigma_3-\sigma_1)\cos(2\beta)/2$ 也越大且大于 0,σ 越大,裂隙由于压应力的增加而闭合得更加紧密,即在 $45°\leqslant\beta\leqslant 90°$ 范围内,β 越大,则 α 越小,预制裂隙周边的塑性破裂范围更大。A0-2 试样($\alpha=0°$)的塑性范围明显大于 A1-2 试样($\alpha=30°$),也验证了此观点。

对式(2.12)进行整理,可以表示为

$$\begin{cases}\sigma=\sigma_1\dfrac{1-\cos(2\beta)}{2}+\sigma_3\dfrac{1+\cos(2\beta)}{2}\\[2ex]\tau=\dfrac{(\sigma_1-\sigma_3)\sin(2\beta)}{2}\end{cases}\tag{2.13}$$

当 β 不变以及裂隙角度 α 不变时,由式(2.13)可知:根据莫尔圆理论,随着围压 σ_3 的增加,$\sigma_{1\max}$ 增加,裂隙面上的正应力 σ 增加,相应的拉应力减小,新生裂隙越不容易发育、扩展及贯通。从 A2($\alpha=60°$)、A3($\alpha=85°\sim90°$)和 C2($\alpha=60°$)各系列试样在不同围压下的破坏图片可以看出,随着围压的增加,试样表面的破裂迹线逐渐减少。

式(2.12)还可以表示为

$$\begin{cases}\sigma=\sigma_3\left[\dfrac{1+\dfrac{\sigma_1}{\sigma_3}}{2}+\dfrac{\left(1-\dfrac{\sigma_1}{\sigma_3}\right)\cos(2\beta)}{2}\right]\\[2ex]\tau=\dfrac{(\sigma_1-\sigma_3)\sin(2\beta)}{2}\end{cases}\tag{2.14}$$

从式(2.14)可以看出,当轴向主应力达到其峰值应力,即 $\sigma_1=\sigma_{峰}$ 时,由于不同围压状态下,岩石的峰值应力不同,且 σ_3 与 $\sigma_{峰}$ 不成线性关系,因此围压对裂隙的扩展贯通有较大影响。

对于不同岩石在相同围压作用下夹角相同的裂隙(主要考虑 $0°\leqslant\beta<45°$ 的裂隙),$\sigma_{峰}/\sigma_3$ 越大,其裂隙面上的 σ 越大,在 σ_1 较小时产生的轴向裂隙在应力峰值后裂隙的扩展规模及扩展速度也就越大,表现为“突变”越明显,即该岩石的脆性特征更明显。

2. 强度准则

根据裂隙试样的三轴压缩试验可知,岩体的破坏过程是岩体裂隙向岩体中的连续体扩展延伸的过程,也是岩体内在损伤演化过程的外在表现,利用断裂力学理论[14,15]研究岩体裂隙的扩展过程，并进一步研究岩体的损伤演化过程是可行的。一般来说，岩体损伤演化的依赖因素包括：①载荷的大小与加载的方式；②岩石的物理力学性质，如变形模量、断裂韧度等；③岩体裂隙，如裂隙面的排列形式、几何大小、空间分布、充填物情况及力学特性等；④水文地质情况，如水的渗透压力和静水压力、水的侵蚀作用等。在这四种因素中，后两种因素为岩体赋存的地质环境因素。

深部岩体处于受压状态，其损伤演化过程可分为以下几个步骤：

(1) 裂隙面的闭合。

(2) 岩体线弹性变形。

(3) 裂隙的断裂起始。

(4) 稳定的裂隙扩展传播。

(5) 不稳定的裂隙扩展传播。

(6) 岩体强度破坏(最大应力)——裂隙分叉开始。

(7) 裂隙分叉与聚合。

(8) 岩体的结构失稳破裂(最大应变)。

当裂隙面上的法向应力为拉应力或为零时，裂隙不会发生闭合，岩体的损伤演化从岩体线弹性变形开始。

利用断裂力学的能量准则(G 准则)，探讨张开贯通裂隙扩展的强度条件。根据能量准则，系统的能量平衡方程为

$$\mathrm{d}W + \mathrm{d}Q = \mathrm{d}E + \mathrm{d}K + \mathrm{d}\Gamma \tag{2.15}$$

式中，W 为外力功；Q 为外界向系统提供的热量；E 为系统的内能；K 为系统的动能；Γ 为新增加的材料表面所需的能量。

三轴压缩试验中，一般认为系统与外界无热量交换，此时 $\mathrm{d}Q=0$，若不计惯性效应的准静态裂隙的扩展问题，则 $\mathrm{d}K=0$，式(2.15)可写成

$$\frac{\mathrm{d}W}{\mathrm{d}a} = \frac{\mathrm{d}E}{\mathrm{d}a} + \frac{\mathrm{d}\Gamma}{\mathrm{d}a} \tag{2.16}$$

试样破坏前的应力-应变曲线表明，模型试样材料为线弹性体，则内能 E 为弹性变形能。记系统的全位能为 $\Pi=E-W$，则式(2.16)又可写为

$$-\frac{\mathrm{d}\Pi}{\mathrm{d}a} = \frac{\mathrm{d}\Gamma}{\mathrm{d}a} \tag{2.17}$$

式(2.17)即为岩体裂隙扩展的能量准则。断裂力学认为，能量释放率 $-\mathrm{d}\Pi/\mathrm{d}a$ 为裂纹扩展力 G，表面能增加率 $\mathrm{d}\Gamma/\mathrm{d}a$ 为裂纹扩展阻力 R，那么裂纹扩展的能量准则用热力学广义力表示为

$$G = R \tag{2.18}$$

当 $G<R$ 时，裂纹不扩展；当 $G=R$ 时，裂纹处于扩展的临界状态；当 $G>R$

时，裂纹发生非稳定扩展。

张开贯通的裂隙在三轴压缩试验中的应力状态既不同于三维的内置硬币状裂隙，也不同于非贯通的椭圆形裂隙，鉴于现有力学理论的局限性，本节张开贯通的裂隙试样按照平面应变状态考虑，则依据图 2.32，作用于裂隙面 AB 上的正应力和剪应力可用式(2.12)表示。

当裂隙张开时，裂隙尖端的应力强度因子为

$$\begin{cases} K_{\mathrm{I}} = \sigma\sqrt{\pi a} \\ K_{\mathrm{II}} = \tau\sqrt{\pi a} \end{cases} \tag{2.19}$$

当裂隙闭合时，裂隙尖端的应力强度因子为

$$\begin{cases} K_{\mathrm{I}} = 0 \\ K_{\mathrm{II}} = (1 - C_{\tau})\tau\sqrt{\pi a} \end{cases} \tag{2.20}$$

式中，C_{τ} 为裂隙面上的传剪系数。

将式(2.19)和式(2.20)裂隙张开和闭合两种情况的 K_{I}、K_{II}综合起来表达为

$$\begin{cases} K_{\mathrm{I}} = f(\sigma)\sigma\sqrt{\pi a} \\ K_{\mathrm{II}} = [1 - C_{\tau}f(-\sigma)]\tau\sqrt{\pi a} \end{cases} \tag{2.21}$$

式中，$f(\sigma)$、$f(-\sigma)$为有关 σ 的函数，满足如下关系：

$$f(\sigma) = \begin{cases} 1, & \sigma > 0 \\ 0, & \sigma \leqslant 0 \end{cases} \tag{2.22}$$

在平面应变下，裂隙扩展力与裂隙应力强度因子之间的关系为

$$G = \frac{1-\nu}{E}(K_{\mathrm{I}}^2 + K_{\mathrm{II}}^2) \tag{2.23}$$

将式(2.21)代入式(2.23)，则得到裂隙扩展力 G 与应力 σ、τ 及裂隙长度 a 之间的关系为

$$G = \frac{(1-\nu^2)\pi a}{E}\{\sigma^2 f(\sigma) + [1 - C_{\tau}f(-\sigma)]^2\tau^2\} \tag{2.24}$$

由式(2.18)和式(2.24)联立求解，可得裂隙扩展的应力临界条件为

$$\sigma^2 f(\sigma) + [1 - C_{\tau}f(-\sigma)]^2\tau^2 = \frac{ER}{(1-\nu^2)\pi a} \tag{2.25}$$

理论研究及试验结果表明，裂隙的扩展可分为稳定扩展与非稳定扩展两个过程。从裂隙赋存的地质环境来看，在裂隙周围存在一个影响区域，在这个影响区域内，岩石的微结构发生变化，使得岩石的材料参数受到削弱，即对裂隙的扩展阻力 R 而言，离裂隙尖端越近，削弱的程度越大，裂隙长度从 a 扩展至 $a+\mathrm{d}a$ 时，$R(a)<R(a+\mathrm{d}a)$。同时，裂隙尖端的应力集中使得裂隙尖端附近存在塑性屈服区域，随着裂隙的扩展，塑性屈服区域扩大，因此裂隙的扩展阻力 R 随之增大，裂纹发生稳

定扩展的条件可以表示为

$$R \leqslant G \leqslant R' \tag{2.26}$$

式中，R 为裂隙扩展的临界扩展阻力，即 $G=R$ 时，裂隙起裂；R'为裂隙失稳扩展的临界扩展阻力，即 $G=R'$时，裂隙处于失稳扩展的临界状态。

假设 $G=R'$时的裂隙长度为 $2a'$，则裂隙长度 a 至 a'区域内的扩展阻力随着裂隙的扩展而增大，它们之间的关系可以表示为[16]

$$R'=R\left(\frac{a'}{a}\right)^n \tag{2.27}$$

裂隙长度为 a'时仍属于稳定扩展阶段，当裂隙长度从 a 扩展至 a'时，此时的裂隙状态为：应力状态 σ'、τ'，裂隙长度 a'，扩展阻力 R'。这一状态既是稳定扩展过程的终止，又是非稳定扩展过程的开始。因此裂隙长度为 a'时，也满足关系式(2.25)。此时由 σ'、τ'、C'_τ、R'、a'代替相应的参数，联立式(2.27)而成为

$$\sigma'^2 f(\sigma') + [1 - C'_\tau f(-\sigma')]^2 \tau'^2 = \frac{ER'}{(1-\nu^2)\pi a'} = \frac{ER(a')^{n-1}}{(1-\nu^2)\pi a^n} \tag{2.28}$$

进一步可以表示为

$$a' = \left\{\frac{(1-\nu^2)\pi}{ER}\{\sigma'^2 f(\sigma') + [1 - C'_\tau f(-\sigma')]^2 \tau'^2\}\right\}^{\frac{1}{n-1}} a^{\frac{n}{n-1}} \tag{2.29}$$

2.4.3　共面裂纹扩展机理

由 2.4.2 节可知，对于单裂隙试样，当围压较低时，预制裂隙先产生沿最大主压应力方向扩展的拉伸裂纹，然后由于围压的存在，拉伸裂纹的扩展受到限制，从而使试样可能发生剪切破坏；当围压中等时，由于围压相对较高，预制裂隙产生向最大主应力方向的拉伸裂纹受到进一步抑制，而表现为自相似扩展特点；当围压较高时，试样的破坏主要以自相似扩展为主。对于两裂隙试样，不考虑反翼裂纹的影响，共面裂纹的扩展也呈现出与单裂隙试样一致的规律，即低围压时的弯折拉伸扩展向中高围压时的自相似扩展转变，但两预制裂隙的相互作用对共面裂纹的影响极大，围压较高时，有时将抑制自相似扩展的产生。

1. 中低围压条件下

根据图 2.32 中单裂隙试样的受力分析图，分解在裂隙面 AB 上的正应力与剪应力分布为

$$\begin{cases} \sigma_n = \sigma_1 \cos^2\theta + \sigma_3 \sin^2\theta \\ \tau_n = \dfrac{1}{2}(\sigma_1 - \sigma_3)\sin(2\theta) \end{cases} \tag{2.30}$$

试样的破坏满足莫尔-库仑强度准则，根据图 2.32 所示，裂纹面上实际产生摩

擦滑动的有效剪应力为

$$\tau_{\mathrm{eff}}=(\sigma_1-\sigma_3)\cos\theta\sin\theta-\tau_{\mathrm{c}}-f(\sigma_1\cos^2\theta+\sigma_3\sin^2\theta) \tag{2.31}$$

式中，f 为试样的内摩擦系数；τ_{c} 为试样的黏聚力。

单裂隙试样发生滑动的临界条件为

$$\tau_{\mathrm{eff}}=0 \tag{2.32}$$

将式(2.31)和式(2.32)联立求解，并整理可得

$$\sigma_1=\frac{\sigma_3\sin\theta\cos\theta-\tau_{\mathrm{c}}-f\sigma_3\cos^2\theta}{f\sin^2\theta+\sin\theta\cos\theta} \tag{2.33}$$

由式(2.33)可知，当 $\theta_0=\arctan(f+\sqrt{f^2+1})$ 时，σ_1 取最小值，因此摩擦滑动产生的临界应力条件为

$$\sigma_{1\mathrm{cs}}=\frac{\sigma_3\sin\theta_0\cos\theta_0-\tau_{\mathrm{c}}-f\sigma_3\cos^2\theta_0}{f\sin^2\theta_0+\sin\theta_0\cos\theta_0} \tag{2.34}$$

当 $\sigma_1<\sigma_{1\mathrm{cs}}$ 时，预制裂隙不会产生摩擦滑动，试样表现为弹性特性；当 $\sigma_{1\mathrm{cs}}\leqslant\sigma_1<\sigma_{1\mathrm{c}}$ 时，裂隙开始产生摩擦滑动和自相似扩展，此时试样表现为非弹性特性。

根据断裂力学理论，单裂隙试样由 τ_{eff} 诱导的Ⅱ型裂纹的平均张开位移为

$$b_1=\frac{1}{4a}\int_{-\frac{a}{2}}^{\frac{a}{2}}\frac{4(1-\nu_0^2)\tau_{\mathrm{eff}}}{E_0}\sqrt{\left(\frac{a}{2}\right)^2-x^2}\,\mathrm{d}x=\frac{\pi a\tau_{\mathrm{eff}}(1-\nu_0^2)}{2E_0} \tag{2.35}$$

当继续加载时，试验中发现部分裂纹将发生自相似扩展，这些裂纹随轴向压力的增加逐渐扩展至某个裂隙长度 a_{b}，特征长度与试样的材料组成密切相关。自相似扩展符合Ⅱ型裂纹扩展特点，根据断裂力学原理及 2.4.1 节公式推导，微裂纹自相似扩展准则可以表示为

$$K_{\mathrm{IIc}}=\frac{1}{2}\{[\sin(2\theta)-f-f\cos(2\theta)]\sigma_1-[\sin(2\theta)+f-f\cos(2\theta)]\sigma_3-2\tau_{\mathrm{c}}\}\sqrt{\frac{\pi a}{2}} \tag{2.36}$$

式中，K_{IIc} 为裂纹扩展面上的Ⅱ型断裂韧度。

根据式(2.36)可以确定方位角为 $\theta_0=\arctan(f+\sqrt{f^2+1})$ 的微裂纹最先发生自相似扩展，因此微裂纹发生自相似扩展的临界应力条件为

$$\sigma_{1\mathrm{c}}=\frac{[\sin(2\theta_0)+f-f\cos(2\theta_0)]\sigma_3+\dfrac{4K_{\mathrm{IIc}}}{\sqrt{2\pi a}}+2\tau_{\mathrm{c}}}{\sin(2\theta_0)-f-f\cos(2\theta_0)} \tag{2.37}$$

当 $\sigma_1<\sigma_{1\mathrm{c}}$ 时，预制裂隙不会发生自相似扩展；当 $\sigma_{1\mathrm{c}}\leqslant\sigma_1<\sigma_{1\mathrm{cc}}$ 时，部分裂纹发生自相似扩展(其中 $\sigma_{1\mathrm{cc}}$ 为预制裂隙发生弯折扩展时的临界应力)。

由式(2.36)可以确定裂纹发生自相似扩展的临界方位角为

$$\begin{cases} \theta_{1c} = \arcsin\left[\dfrac{1+2Af-\sqrt{1+4Af-4A^2}}{2(1+f^2)}\right]^{\frac{1}{2}} \\ \theta_{2c} = \arctan\left[\dfrac{1+2Af+\sqrt{1+4Af-4A^2}}{2(1+f^2)}\right]^{\frac{1}{2}} \end{cases} \tag{2.38}$$

式中，

$$A = \frac{\dfrac{4K_{\mathrm{IIc}}}{\sqrt{2\pi a}} + \tau_c + f\sigma_1}{\sigma_1 - \sigma_3}$$

微裂纹 AB 的平均滑移位移等于有效剪应力 τ_{eff} 诱导的Ⅱ型裂纹的平均张开位移，即

$$b_2 = \frac{1}{4a_b}\int_{-\frac{a_b}{2}}^{\frac{a}{2}} \frac{4(1-\nu_0^2)\tau_{\mathrm{eff}}}{E_0}\sqrt{\left(\frac{a}{2}\right)^2 - x^2}\,\mathrm{d}x = \frac{\pi a_b \tau_{\mathrm{eff}}(1-\nu_0^2)}{2E_0} \tag{2.39}$$

继续加载时试验中发现裂纹经过一段自相似扩展后将发生弯折扩展，这些弯折扩展的方向最终具有向最大主应力靠拢的趋势，随着轴压的继续增加，弯折裂纹将逐渐扩展至某一临界长度，此时裂纹发生不稳定扩展而导致试样破坏。根据发生弯折扩展的条件，可以确定方位角为 $\theta_0 = \arctan(f+\sqrt{f^2+1})$ 的微裂纹最先发生弯折扩展。弯折扩展符合Ⅰ型裂纹扩展特点，根据断裂力学最大周向应力判据 $K_{\mathrm{IIc}}/K_{\mathrm{Ic}} = \sqrt{3}/2$，将其代入式(2.37)，可得微裂纹发生弯折扩展的应力条件为

$$\sigma_{1cc} = \left(1 + \frac{f}{\sin\theta_0\cos\theta_0 - f\cos^2\theta_0}\right)\sigma_3 + \frac{\sqrt{3}K_{\mathrm{Ic}}}{2(\sin\theta_0\cos\theta_0 - f\cos^2\theta_0)\sqrt{\pi\left(\dfrac{a}{2}\right)_b}} + \frac{\tau_c}{\sin\theta_0\cos\theta_0 - f\cos^2\theta_0} \tag{2.40}$$

式中，K_{Ic} 为裂纹扩展面上的Ⅰ型断裂韧度。

由式(2.40)可以确定裂纹发生自相似弯折扩展的临界方位角为

$$\begin{cases} \theta_{1cc} = \arcsin\left[\dfrac{1+2Bf-\sqrt{1+4Bf-4B^2}}{2(1+f^2)}\right]^{\frac{1}{2}} \\ \theta_{2cc} = \arctan\left[\dfrac{1+2Bf+\sqrt{1+4Bf-4B^2}}{2(1+f^2)}\right]^{\frac{1}{2}} \end{cases} \tag{2.41}$$

式中，

$$B = \frac{\dfrac{2\sqrt{3}K_{\mathrm{Ic}}}{\sqrt{\pi a_b}} + \tau_c + f\sigma_1}{\sigma_1 - \sigma_3}$$

继续加载时，试样中的微裂纹贯通而失稳。

2. 高围压条件下

根据单裂隙试样破裂图片分析，高围压条件时，裂纹的扩展主要以自相似扩展为主(如 A2-3、C2-3、A3-3 试样等)，则试样的破坏过程经历了克服摩擦滑动的临界应力状态、自相似扩展状态及失稳扩展状态三个阶段，前两阶段与中低围压条件下的裂纹扩展机理大致相同，仍然可用式(2.34)和式(2.37)求得裂纹扩展时的临界应力条件，而第三阶段的自相似失稳扩展时，仍符合Ⅱ型剪切破坏的特点，所不同的是Ⅱ型扩展初期克服的断裂韧性已解决，失稳阶段仅是Ⅱ型扩展的断裂韧变问题。

因此，高围压条件下，裂纹发生失稳扩展的应力条件可以表达为

$$\sigma_{1c}=\frac{[\sin(2\theta_0)+f-f\cos(2\theta_0)]\sigma_3+\dfrac{2K_{\mathrm{II}cc}}{\sqrt{\pi c}}+2\tau_c}{\sin(2\theta_0)-f-f\cos(2\theta_0)} \tag{2.42}$$

式中，$K_{\mathrm{II}cc}$ 为试样的Ⅱ型断裂韧度。

对于单一裂隙，分解在原生裂隙 AB 上的正应力和剪应力用式(2.30)表示，该式中忽略了平行裂纹的相互作用，试验表明，只有当裂纹分布密度较小时(如 N 系列)，可将微裂隙视为稀疏分布，此时忽略裂纹间相互作用才是可行的。

为了揭示岩石类材料的裂纹扩展机理，采用渐进法[17]研究平行裂纹间的相互作用，渐进法通过将远场应力场和其他裂纹对第 m 条裂纹的附加应力$\sigma_{ij}^{\prime(m)}$ 叠加起来考虑裂隙间的相互作用。如图 2.34 所示，根据渐进法的假设，当远场应力为正应力时，作用在第 m 条裂纹上的附加应力为

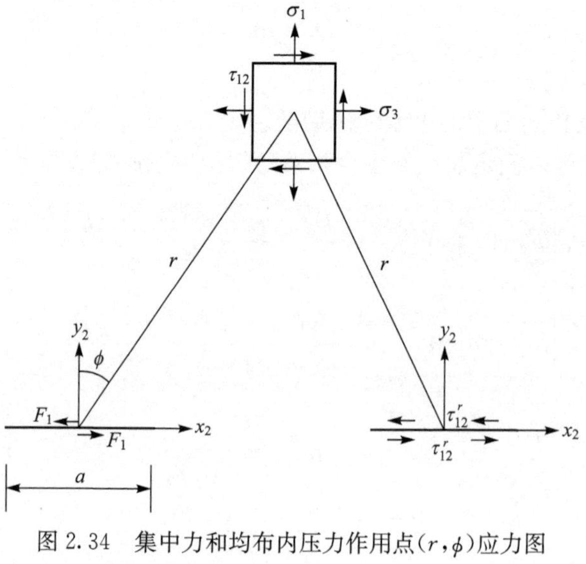

图 2.34 集中力和均布内压力作用点(r,ϕ)应力图

$$\sigma_{ij}^{\prime(m)}=\sum_{k=1}^{N}\Lambda_{ij(\sigma)}(\sigma_{ij}^{r}+\sigma_{ij}^{\prime(k)}) \tag{2.43}$$

式中，$\Lambda_{ij(\sigma)}$为影响因子，可以认为是集中力 F_0 或均布内压力 σ_{ij}^{r} 作用在点(r,ϕ)的应力。

$$\begin{bmatrix}\sigma_{11}'\\ \tau_{12}'\end{bmatrix}=\Gamma\left(\frac{a}{2r}\right)^{2}\begin{bmatrix}-\cos(2\phi)-\frac{1}{2}\cos(4\phi)\\ \frac{1}{2}[\sin(4\phi)-\sin(2\phi)]\end{bmatrix} \tag{2.44}$$

当集中力作用时，$\Gamma=\dfrac{2F_0}{\pi a}$；当均布内压力作用时，$\Gamma=\sigma_{11}^{r}$。

同理，如图 2.34 所示，当远场应力为剪应力时，作用在第 m 条裂纹上的附加应力为

$$\sigma_{ij}^{\prime(m)}=\sum_{k=1}^{N}\Lambda_{ij(\tau)}(\tau_{12}^{r}+\sigma_{ij}^{\prime(k)}) \tag{2.45}$$

式中，$\Lambda_{ij(\tau)}$为影响因子，可以认为是集中剪力 F_1 或均布内压力 τ_{12}^{r} 作用在点(r,ϕ)的应力。

$$\begin{bmatrix}\sigma_{11}'\\ \tau_{12}'\end{bmatrix}=\Gamma\left(\frac{a}{2r}\right)^{2}\begin{bmatrix}\frac{1}{2}[\sin(4\phi)-\sin(2\phi)]\\ \frac{1}{2}\cos(4\phi)\end{bmatrix} \tag{2.46}$$

当集中力作用时，$\Gamma=\dfrac{2F_1}{\pi a}$；当均布内压力作用时，$\Gamma=\tau_{12}^{r}$。

因此，对于两裂隙平行分布，如图 2.35 所示，考虑裂纹间相互作用时分解在原生裂隙 AB 上的剪应力和正应力为

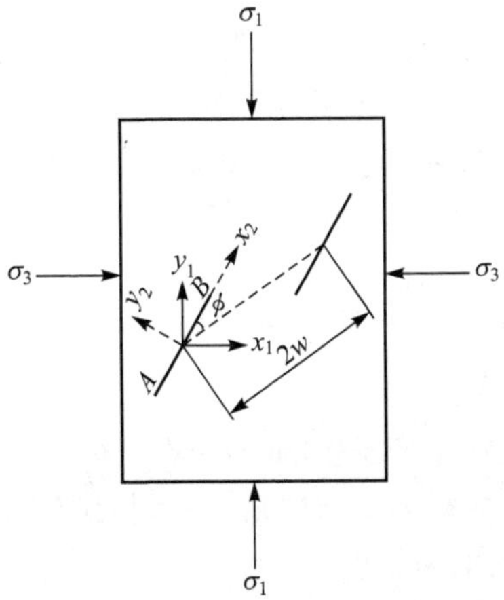

图 2.35　平行分布的两裂隙模型

$$\begin{cases}\sigma_{11}'^{r}=A_3\sigma_{11}^{r}+A_1\tau_{12}^{r}\\ \tau_{12}'^{r}=A_2\tau_{12}^{r}+A_1\sigma_{11}^{r}\end{cases}\tag{2.47}$$

式中，

$$A_1=\frac{[\sin(4\phi)-\sin(2\phi)]\left(\dfrac{\pi a}{4\sqrt{3}w}\right)^2}{2-[\sin(4\phi)-\sin(2\phi)]\left(\dfrac{\pi a}{4\sqrt{3}w}\right)^2}\tag{2.48}$$

$$A_2=\frac{\cos(4\phi)\left(\dfrac{\pi a}{4\sqrt{3}w}\right)^2}{2-\cos(4\phi)\left(\dfrac{\pi a}{4\sqrt{3}w}\right)^2}\tag{2.49}$$

$$A_3=\frac{1}{1+\left(\dfrac{\pi a}{4\sqrt{3}w}\right)^2\left[\cos(2\phi)+\dfrac{1}{2}\cos(4\phi)\right]}\tag{2.50}$$

裂纹发生摩擦滑动满足莫尔-库仑强度准则，则预制裂隙 AB 发生摩擦滑动的有效剪应力为

$$\tau_{\text{eff}}=\tau_{12}'^{r}-\tau_{\text{c}}-f\sigma_{11}'^{r}\tag{2.51}$$

裂纹摩擦滑动的临界应力条件为 $\tau_{\text{eff}}=0$，因此，根据式(2.25)可以确定发生摩擦滑动的方位角范围为$(\theta_{1\text{f}},\theta_{2\text{f}})$，同样可以确定发生摩擦滑动的最小应力条件 $\sigma_{1\text{cs}}$。当 $\sigma_1<\sigma_{1\text{cs}}$ 时，预制裂隙不会产生摩擦滑动，试样表现为弹性特性；当 $\sigma_{1\text{cs}}\leqslant\sigma_1<\sigma_{1\text{c}}$ 时，裂隙开始产生摩擦滑动和自相似扩展，此时的试样表现为非弹性特性。

预制裂隙 AB 上的平均张开位移为

$$b_1=\frac{1}{4a}\int_{-a/2}^{a/2}\frac{4(1-\nu_0^2)\tau_{\text{eff}}}{E_0}\sqrt{\left(\frac{a}{2}\right)^2-x_2^2}\,\mathrm{d}x_2=\frac{\pi a\tau_{\text{eff}}(1-\nu_0^2)}{E_0}\tag{2.52}$$

当继续加载时，观察到预制裂隙之一发生自相似扩展，这些裂纹随轴向压力的增加逐渐扩展至特征长度 a_{b}，特征长度取决于脆性材料的微观结构，如颗粒或空洞的尺寸和形状等。根据断裂力学原理，微裂纹自相似扩展准则可以表示为

$$a_{22}K_{\text{II}}^2=S_{\text{c}}\tag{2.53}$$

式中，$K_{\text{II}}=(\tau_{12}'^{r}-\tau_{\text{c}}-f\sigma_{11}'^{r})\sqrt{\dfrac{\pi a}{2}}$，是Ⅱ型应力强度因子；$S_{\text{c}}=\dfrac{(1+\nu_0)(1-2\nu_0)}{2\pi E_0}K_{\text{Ic}}^2$，$K_{\text{Ic}}$ 为弱面的Ⅰ型断裂韧度。

根据式(2.53)可以确定损伤发生的临界应力为 $\sigma_{1\text{c}}$，当 $\sigma_1<\sigma_{1\text{c}}$ 时，预制裂隙不会发生自相似扩展；当 $\sigma_{1\text{c}}\leqslant\sigma_1<\sigma_{1\text{cc}}$ 时，某一预制裂隙将发生自相似扩展(其中 $\sigma_{1\text{cc}}$ 为预制裂隙发生弯折扩展时的临界应力)。

为了确定预制裂隙发生自相似扩展导致的应变，必须首先确定预制裂隙发生

自相似扩展的方位角范围，根据式(2.53)可以确定某一预制裂隙发生自相似扩展方位角的取值范围。

根据式(2.53)，预制裂隙 AB 由于自相似扩展引起的平均张开位移 b_2 等于 τ_{eff} 诱导的Ⅱ型裂纹的平均张开位移，则

$$b_2=\frac{1}{4a_{\mathrm{b}}}\int_{-\frac{a_{\mathrm{b}}}{2}}^{\frac{a}{2}}\frac{4(1-\nu_0^2)\tau_{\mathrm{eff}}}{E_0}\sqrt{\left(\frac{a_{\mathrm{b}}}{2}\right)^2-x_2^2}\,\mathrm{d}x_2=\frac{\pi a_{\mathrm{b}}\tau_{\mathrm{eff}}(1-\nu_0^2)}{2E_0}\tag{2.54}$$

当继续加载时，部分自相似扩展的裂纹将发生弯折扩展。弯折裂纹的扩展角可基于应变能密度因子理论计算[18]，应变能密度因子计算公式为

$$S=a_{11}K_{\mathrm{I}}^2+2a_{12}K_{\mathrm{I}}K_{\mathrm{II}}+a_{22}K_{\mathrm{II}}^2+a_{33}K_{\mathrm{III}}^2\tag{2.55}$$

式中，

$$\begin{cases}a_{11}=\dfrac{1+\nu_0}{8\pi E_0}[(3-4\nu_0-\cos\varphi)(1+\cos\varphi)]\\ a_{12}=\dfrac{1+\nu_0}{8\pi E_0}(\cos\varphi-1+2\nu_0)(2\sin\varphi)\\ a_{22}=\dfrac{1+\nu_0}{8\pi E_0}[4(1-\cos\varphi)(1-\nu_0)+(1+\cos\varphi)(3\cos\varphi-1)]\\ a_{33}=\dfrac{1+\nu_0}{2\pi E_0}\end{cases}\tag{2.56}$$

预制裂隙自相似扩展+弯折扩展裂纹符合Ⅰ-Ⅱ复合型裂纹，式(2.55)可以写成

$$S=a_{11}K_{\mathrm{I}}^2+2a_{12}K_{\mathrm{I}}K_{\mathrm{II}}+a_{22}K_{\mathrm{II}}^2\tag{2.57}$$

根据应变能密度因子理论的基本假设，当应变能密度达到最小值时，裂纹开始扩展，则

$$S_{\min}=S_{\mathrm{c}}=\frac{(1+\nu_0)(1-2\nu_0)}{2\pi E_0}K_{\mathrm{Icc}}^2$$

式中，S_{c} 为应变能密度因子。

考虑平行裂纹之间的相互作用，将图 2.36 所示的平行分布的弯折裂纹模型简化为图 2.37 所示的等效模型，则图 2.37 所示裂纹尖端 q 和 q_1 的应力强度因子可以表达为

$$K_{\mathrm{I}}=\frac{(B_3\sin\varphi+B_1\cos\varphi)F}{\sqrt{\pi(l+l^*)}}-\sqrt{\pi l}\left\{\frac{1}{2}(\sigma_1-\sigma_3)\sin[2(\theta+\varphi)]B_1-[\sigma_1\cos^2(\theta+\varphi)+\sigma_3\sin^2(\theta+\varphi)]B_3\right\}\tag{2.58}$$

$$K_{\mathrm{II}}=\frac{(B_1\sin\varphi+B_2\cos\varphi)F}{\sqrt{\pi(l+l^*)}}-\sqrt{\pi l}\left\{\frac{1}{2}(\sigma_1-\sigma_3)\sin[2(\theta+\varphi)]B_2-[\sigma_1\cos^2(\theta+\varphi)+\sigma_3\sin^2(\theta+\varphi)]B_1\right\}\tag{2.59}$$

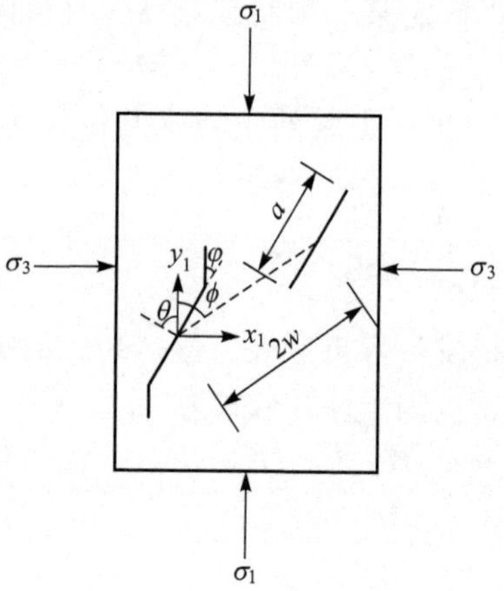

图 2.36 平行分布的弯折裂纹模型

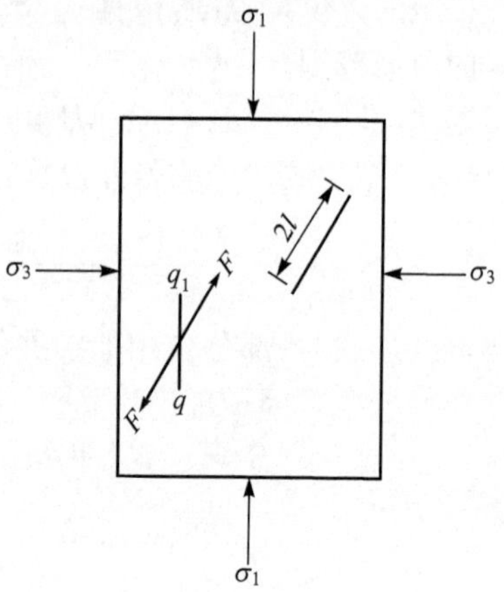

图 2.37 平行分布的弯折裂纹等效模型

式中，

$$B_1=\frac{[\sin(4\phi)-\sin(2\phi)]\left(\frac{\pi l}{2\sqrt{3}w}\right)^2}{2-[\sin(4\phi)-\sin(2\varphi)]\left(\frac{\pi l}{2\sqrt{3}w}\right)^2} \tag{2.60}$$

$$B_2=\frac{\cos(4\phi)\left(\frac{\pi l}{2\sqrt{3}w}\right)^2}{2-\cos(4\phi)\left(\frac{\pi l}{2\sqrt{3}w}\right)^2} \tag{2.61}$$

$$B_3=\frac{1}{1+\left(\frac{\pi l}{2\sqrt{3}w}\right)^2\left[\cos(2\phi)+\frac{1}{2}\cos(4\phi)\right]} \tag{2.62}$$

根据断裂力学应变能密度因子理论，裂纹将沿应变能密度因子最小的方向扩展，此时有$\frac{\partial S}{\partial \varphi}=0$，$\frac{\partial^2 S}{\partial \varphi^2}>0$，根据式(2.57)～式(2.59)、$S_{\min}=S_c$，以及应变能密度理论求得纯Ⅱ型扩展时的弯折裂纹的扩展角为 $\varphi_c=\arccos\frac{1-2\nu_0}{3}$，联立求得归一化(无量纲)的裂纹长度 $\tilde{l}=\frac{l}{a_b}$。

根据 qq_1 截面沿预制裂隙方向力的平衡，可以得到微裂纹弯折扩展时原生裂隙发生摩擦滑动的有效剪应力为

$$\tau_{\text{eff1}}=\tau_{\text{eff}}-\tilde{l}_1\sin\varphi\left\{-[\sigma_1\cos^2(\theta+\varphi)+\sigma_3\sin^2(\theta+\varphi)]B_3\right.$$

$$+\frac{1}{2}(\sigma_1-\sigma_3)\sin[2(\theta+\varphi)]B_1\Big\}+\tilde{l}_1\cos\varphi\Big\{\frac{1}{2}(\sigma_1-\sigma_3)\sin[2(\theta+\varphi)]B_2$$

$$-[\sigma_1\cos^2(\theta+\varphi)+\sigma_3\sin^2(\theta+\varphi)]B_1\Big\} \tag{2.63}$$

预制裂隙 AB 的平均张开位移 b_3 为

$$b_3=\frac{1}{4a_b}\int_{-\frac{a_b}{2}}^{\frac{a}{2}}\frac{4(1-\nu_0^2)\tau_{\text{eff1}}}{E_0}\sqrt{\left(\frac{a_b}{2}\right)^2-x_2^2}\,\mathrm{d}x_2=\frac{\pi a_b\tau_{\text{eff1}}(1-\nu_0^2)}{2E_0} \tag{2.64}$$

当弯折裂纹扩展到某一长度时，由于围压的存在将停止扩展，从而转变为剪切裂纹扩展，由于剪切裂纹间的相互作用，剪切裂纹相互连接、汇合并最终形成宏观剪切裂纹。图 2.38 所示的平行分布的剪切裂纹模型可以表示为图 2.39 所示的等效模型。如图 2.39 所示，建立局部坐标系 x_2y_2，其中 y_2 轴平行于法线，γ 为Ⅱ型裂纹与 x_2 轴的夹角。

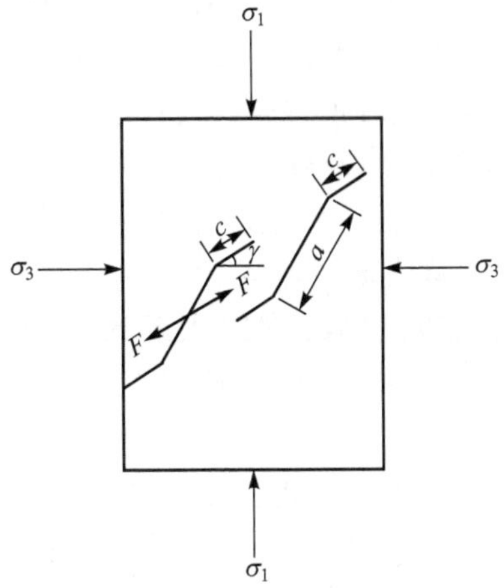

图 2.38　平行分布的剪切裂纹模型

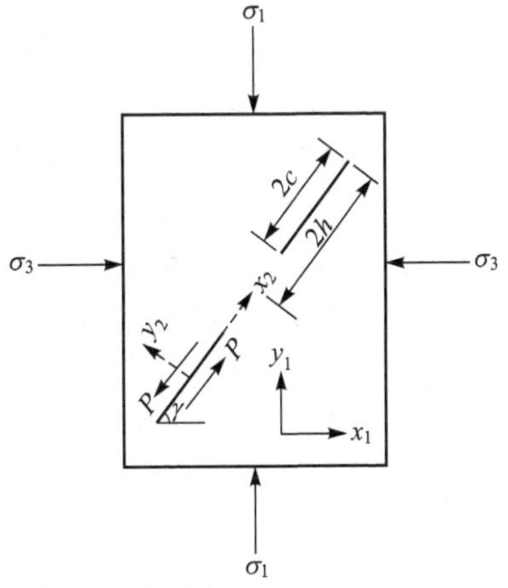

图 2.39　平行分布的剪切裂纹等效模型

当 $\gamma=\gamma_0=\arctan(f+\sqrt{f^2+1})$ 时，试样剪切破坏所需的轴向力最小。图 2.38 所示的Ⅱ型裂纹的应力强度因子为[19]

$$K_{\text{Ⅱ}}=[(\sigma_1-\sigma_3)\sin\gamma\cos\gamma-f(\sigma_1\cos^2\gamma+\sigma_3\sin^2\gamma)]\sqrt{2h\tan\frac{\pi c}{2h}} \tag{2.65}$$

裂纹Ⅱ型剪切破坏失稳扩展准则为

$$S=a_{22}K_{\text{Ⅱ}}^2=S_{\text{cc}} \tag{2.66}$$

式中，

$$S_{\text{cc}}=\frac{(1+\nu_0)(1-2\nu_0)}{2\pi E_0}K_{\text{Ⅰcc}}^2$$

剪切失稳破坏与自相似扩展失稳破坏类似，则预制裂隙的平均张开位移为

$$b_4=\frac{1}{2c}\int_{-c}^{c}\frac{4(1-\nu_0^2)M}{E_0}\sqrt{c^2-x_2^2}\,\mathrm{d}x_2=\frac{\pi M(1-\nu_0^2)}{E_0} \tag{2.67}$$

式中，

$$M=[(\sigma_1-\sigma_3)\cos\gamma\sin\gamma-f(\sigma_1\cos^2\gamma+\sigma_3\sin^2\gamma)]\sqrt{2h\tan\frac{\pi c}{2h}}$$

2.4.4 反翼裂纹形成机理

根据 2.4.3 节试验结果，反翼裂纹是三轴压缩试验条件下张开贯通裂隙扩展的主要裂纹之一。反翼裂纹的起裂位置处于试样的局部劈拉应力区，是预制裂隙前缘的高集中压应力区与试样端部压应力区共同作用的结果，反翼裂纹既不同于直接拉伸应力作用下的二维张性裂纹（Ⅰ型裂纹），也不同于压剪应力作用下的二维复合裂纹，而属于局部劈拉应力作用下的压张性裂隙[18]。为更加深入地探究反翼裂纹产生的机理，试验中分别选取与 A0-2、A2-2 和 A3-2 试样中裂隙特征分布相同的 3 个试样进行对比研究，即在 A0-2($\alpha=0°$，$\sigma_3=14$MPa)、A2-2($\alpha=60°$，$\sigma_3=14$MPa)和 A3-2($\alpha=90°$，$\sigma_3=14$MPa)这 3 个试样达到峰值强度进入软化阶段即停止试验。根据 6 个试样的破坏迹线的对比分析，它们呈现出以下特点：①峰值后即停止试验的 3 个试样中均没有产生反翼裂纹，但试样已经产生宏观的剪切破裂面；②产生反翼裂纹的 3 个试样其反翼裂纹虽然沿试样表面贯通，但均没有形成断开的两部分，即反翼裂纹的贯通是自表面往试样内部发展的，其他产生反翼裂纹的试样也大部分表现出此特点；③反翼裂纹表面迹线呈现出曲折非线性的扩展特点，既有撕裂迹象，也有拉伸迹象，少部分也表现出剪切痕迹。

岩石材料的抗拉强度是抗压强度的 1/20～1/10，是抗剪强度的 1/10～1/5。可见，岩石在受力情况下的破裂首先是拉破裂，然后才是剪破裂和压破裂。根据破坏迹线特点①可知，试样在峰值时产生的破坏为宏观的剪切破坏，而此时还没有宏观反翼裂纹产生，则可以排除反翼裂纹是拉裂纹的可能。2.3 节的试验分析表明：试样的全应力-应变曲线表现出多峰值特点，每一次峰值应力的跌落对应一次裂隙的贯通，试样第一次宏观剪切破裂后，其后续的峰值强度有些大于第一次峰值，有些小于第一次峰值，即反翼裂纹扩展力既有可能大于第一次裂纹扩展力，也可能小于第一次裂纹扩展力，上述特点②反翼裂纹线并没有从试样中脱落则表明，现有的应力水平仍较低，无法导致其完全破裂，因此这一“较低”的应力水平可能是压应力也可能是反平面剪切力，而特点③也正好证实了反平面剪切力和压应力存在的可能性。

2.4.5 小结

本节运用断裂力学、细观力学相关理论，结合能量守恒定理、渐进法原理等，采用定性和定量相结合的分析方法，研究了裂纹起裂、扩展、聚合和贯通的机理。重点探讨了单裂隙岩体沿结构面滑动破坏的条件、裂隙扩展的应力条件以及不同围压条件下裂纹自相似扩展、弯折扩展机理，同时，对反翼裂纹扩展的机理进行了简单分析，得到的主要结论如下：

(1) 岩体沿结构面滑动破坏满足的条件为：裂隙角度 $\alpha\in(45°,90°)$，在此范围内，当裂隙角度接近 90°时，沿原生裂隙滑动破坏的主导因素由裂隙长度和围压共同决定，但裂隙长度较小时，围压必须足够大，而裂隙长度较大时，围压则可相应降低。

(2) 根据莫尔-库仑强度准则，定性分析了单裂隙角度、围压大小对裂隙岩体破坏特性的影响。

(3) 利用断裂力学最大能量释放率准则，推导了裂隙扩展的应力临界条件为 $\sigma^2 f(\sigma)+[1-C_\tau f(-\sigma)]^2\tau^2=\dfrac{ER}{(1-\nu^2)\pi a}$。

(4) 利用细观力学、断裂力学原理分别推导了中低围压条件下和高围压条件下单裂隙岩体产生滑动扩展、自相似扩展、弯折扩展的条件；同时，利用渐进法原则分析了两裂隙岩体的相互作用影响，并结合断裂力学进行了裂纹扩展机理分析。

(5) 对张开贯通裂隙试样在三轴压缩试验条件下最常见的反裂纹产生的机理进行了定性研究，即反翼裂纹既不同于常见的拉伸裂纹，也不同于压剪应力作用下的复合裂纹，它是三维裂隙试验中特有的裂纹类型，可能是预制裂隙尖缘的高集中压应力区与围压共同作用的结果，既有压裂纹特点，也有反翼裂纹特点。

2.5　裂隙岩体的渗流特性研究

2.5.1　裂隙试样渗透试验

试验机仍然采用 MTS815.03 电液伺服岩石试验系统，渗透试验工作原理及设备如图 2.40 所示。试验时，首先在试样上、下两端各放置一块透水板，透水板上面分布着许多均匀的小孔，当水压通过透水板施加在试样表面上时是均匀的；同时，为确保水流调节的通道，在上、下透水板中心各开有一个竖向小孔。MTS 试验机测定试样渗透率采用瞬态法。根据试验要求，设计好试验过程中施加的各压力大小。试验开始时，首先施加一定的轴压 P_1、围压 P_2 和孔压 P_3（始终保持 $P_3<P_2$），然后降低试样下端的水压值 P_4（开始时 $P_4=P_3$，开始后 $P_4<P_3$），在试样两端形成渗透压差 ΔP（$\Delta P=P_3-P_4$，设备最大渗透压差≤2MPa，渗透试验时一般取 1.5MPa 左右），从而引起水体通过试样渗流。在渗流过程中，ΔP 不断减小，ΔP 减小的速率与岩石种类、岩石结构、试样高度（渗流路径）、试样截面尺寸大小、流体

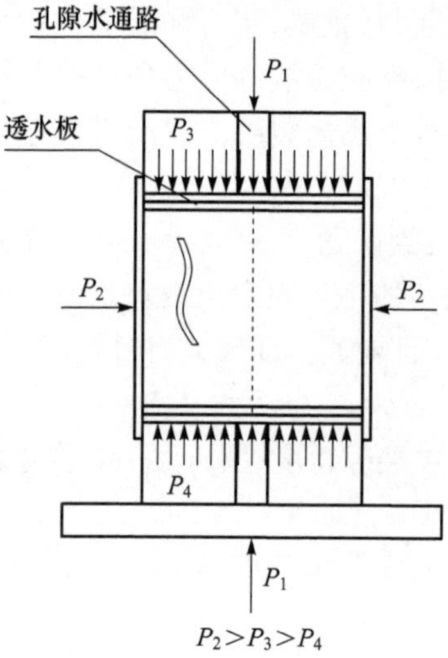

(a)

(b)

图 2.40 渗透试验工作原理及设备

黏度与密度以及应力状态和应力水平等有关。根据试验过程中计算机自动采集的数据，岩石渗透率计算公式为

$$k=\frac{1}{5n}\sum_{i=1}^{n}526\times10^{-6}\times\lg\frac{\Delta P_{i-1}}{\Delta P_i} \tag{2.68}$$

式中，n 为数据采集行数；ΔP_{i-1} 为第 $i-1$ 行渗透压差；ΔP_i 为第 i 行渗透压差。

渗流试验前，所有试样在纯水常温环境下浸泡使之达到完全饱水状态。

2.5.2 渗透水压对裂隙岩体强度的影响

岩体(岩石)中结构面的存在会劣化岩石的强度特性，而一旦裂隙中充填水介质，必将影响岩石的力学特性，水对岩体(岩石)的影响主要包括力学作用和侵蚀作用。就力学作用而言，赋存于岩体裂隙中的渗压水对裂纹尖端而言具有水力劈裂作用，往往用作用于微细裂纹表面的分布水压力来反映；从水对岩体(岩石)的侵蚀作用来看，裂隙内赋存的水分子沿晶体薄弱区逐渐浸入基质内，使得基质内的矿物质逐渐被水分子包围，导致矿物颗粒间的相互吸引力(即范德瓦耳斯力)减小，颗粒间的胶结作用降低。

表 2.8 给出了围压 $\sigma_3=14\text{MPa}$、$\Delta P=1.5\text{MPa}$ 时渗流试验与常规三轴压缩试验测定或计算的相关力学参数。从表 2.8 的相关试验数据的对比分析可知：

(1) 对于完整试样 W 系列(无裂隙)，相比于常规三轴压缩试验，渗流试验的峰值应力、轴向应变、横向应变、变形模量、弹性模量和泊松比均有不同程度的降低，

表 2.8 渗流试验与同围压条件下常规三轴压缩试验相关数据对比一览表

试样系列	试样编号	试验类型	峰值应力 $(\sigma_1-\sigma_3)$ /MPa	轴向应变 $\varepsilon_1/10^{-3}$	横向应变 $\varepsilon_3/10^{-3}$	变形模量 E_{50}/GPa	弹性模量 E/MPa	泊松比 ν	$\frac{三轴加载-渗流加载}{三轴加载}\times 100$				
									峰值应力	轴向应变	变形模量	弹性模量	泊松比
W	W-2	三轴加载	131.867	0.0119	0.0057	12.877	15.819	0.135	2.76	4.20	−9.85	9.88	11.85
	WS-2	渗流加载	128.232	0.0114	0.0026	14.145	14.258	0.119					
A2	A2-2	三轴加载	85.864	0.0091	0.0012	8.586	14.859	0.105	3.03	12.09	−20.60	11.21	12.38
	AS2-2	渗流加载	83.267	0.0080	−0.0011	10.355	13.194	0.092					
A3	A3-2	三轴加载	98.615	0.0096	0.0008	9.456	15.152	0.108	3.45	22.92	−51.94	−2.44	6.48
	AS3-2	渗流加载	95.212	0.0074	−0.0013	14.365	15.521	0.101					
B	B-2	三轴加载	112.641	0.0101	0.0018	10.166	15.532	0.103	9.43	12.87	−6.76	8.42	23.30
	BS-1	渗流加载	102.025	0.0088	−0.0008	10.853	14.224	0.079					
C2	C2-2	三轴加载	68.086	0.0162	−0.0022	4.014	6.807	0.040	17.21	62.96	−189.74	−57.84	−27.5
	CS2-2	渗流加载	56.370	0.0060	−0.0011	11.63	10.744	0.051					

其下降比例分别为 2.76%、4.20%、54.39%、9.88%和 11.85%，而变形模量则增加了约 9.85%。

(2) 对于裂隙试样 A2 系列($\alpha=60°, a=13mm$)，渗流试验的峰值应力、轴向应变、弹性模量及泊松比均有不同程度降低，其下降比例分别为 3.03%、12.09%、11.21%和 12.38%，而变形模量则增加了约 20.60%，横向应变由常规三轴压缩时的受压(正值)变为渗流加载时的受拉(负值)。

(3) 对于裂隙试样 A3 系列($\alpha=90°, a=13mm$)，渗流试验的峰值应力、轴向应变和泊松比均降低，其下降比例分别为 3.45%、22.92%和 6.48%，而变形模量和弹性模量则分别增加了约 51.94%和 2.44%，横向应变从常规三轴压缩试验时的 0.0008×10^{-3}(压应变)变为渗流加载时的 -0.0013×10^{-3}(拉应变)，这与 A2-2 试样变化规律一致。

(4) 对于裂隙试样 B 系列($\alpha=90°, a=26mm$)，渗流试验的峰值应力、轴向应变、弹性模量和泊松比均降低，其下降比例分别为 9.43%、12.87%、8.42%和 23.30%，而变形模量增加了约 6.76%，横向应变从常规三轴压缩试验时的 0.0018×10^{-3}(压应变)变为渗流加载时的 -0.0008×10^{-3}(拉应变)，这与 A2-2、A3-2 试样变化规律一致。

(5) 对于裂隙试样 C2 系列($\alpha=60°, a=26mm$)，渗流试验仅峰值应力和轴向应变降低，其下降比例分别为 17.21%和 62.96%，而变形模量、弹性模量和泊松比均增加，增长比例分别为 189.74%、57.84%、27.5%，横向应变从常规三轴压缩试验时的 -0.0022×10^{-3}(拉应变)增加到渗流加载时的 -0.0011×10^{-3}(拉应变)。

综上所述，裂隙内的渗透水压也同样会导致裂隙岩体强度的劣化。相比于无渗流试验，各系列试样渗流试验的峰值强度均降低，其降低的幅度与试样内裂隙的角度和长度相关，总体而言，裂隙长度越长，渗流试验后的峰值强度降低越多；裂隙内的渗透水压同样会导致其峰值应变降低，而峰值应变降低的幅度与裂隙几何参数密切；而对于参数变形模量，渗流试验测定的变形模量均高于同条件下的常规三轴压缩试验的变形模量，这反映出渗透水压作用时，应变对渗透水压的敏感程度高于强度，峰值应变与峰值强度的降低幅度也验证了这一观点；参数弹性模量与泊松比的变化没有统一的趋势。

从断裂力学角度分析，岩体裂隙内赋存的水分子在渗透水压作用下软化了岩体矿物颗粒，导致岩体的断裂韧度降低，使得裂隙尖端起裂与扩展阻力 R 降低；因此，进入裂隙尖端微裂纹区的渗压水具有降低岩桥介质的细观断裂韧带的软化作用，即降低岩桥介质对裂隙尖端微细裂纹起裂与扩展的阻力 R。

考虑到三维计算的复杂性，仍然将其简化为图 2.32 所示的平面应变状态，假设岩石已经充分饱和，岩块本身不导水，裂隙内填满水介质，渗透水压为 P，则作用在岩块上的分布力包括裂隙结构面内外层传递的有效应力 σ'_{ij} 和渗透水压 P，计算

岩块变形时采用总应力，而计算裂隙变形时采用有效应力，即

$$\sigma'_{ij}=\sigma_{ij}-P\delta_{ij} \tag{2.69}$$

考虑裂隙内的渗透水压时，根据莫尔-库仑强度准则，则 AB 面内的正应力和剪应力为

$$\begin{cases}\sigma_{\mathrm{w}}=\dfrac{1}{2}(\sigma_1+\sigma_3)-\dfrac{1}{2}(\sigma_1-\sigma_3)\cos(2\beta)-P\\ \tau_{\mathrm{w}}=\dfrac{1}{2}(\sigma_1-\sigma_3)\sin(2\beta)\end{cases} \tag{2.70}$$

根据断裂力学原理，其裂隙尖端应力强度因子为

$$\begin{cases}K_{\mathrm{I}}=-\sigma\sqrt{\pi a}\\ K_{\mathrm{II}}=\tau\sqrt{\pi a}\end{cases} \tag{2.71}$$

但在实际的抗压试验中，岩石试样内的裂纹存在由张开到闭合直至扩展破坏的过程。因此，要研究岩石抗压强度试验中裂纹对强度的影响，必须从闭合裂纹着手。由式(2.70)可知，在压缩状态下闭合裂纹既受到垂直于裂纹面的压应力 σ 作用，又受到平行于裂纹面的剪应力 τ 作用，因此裂隙表面会存在与 τ 方向相反的摩擦阻力的作用，其大小为

$$F=C_{\mathrm{i}}+f_{\mathrm{i}}\sigma_{\mathrm{w}} \tag{2.72}$$

式中，C_{i}、f_{i} 分别为裂纹面上的黏聚力和摩擦系数。

平行于裂纹结构面所受合力为

$$\tau_{\alpha}=\tau_{\mathrm{w}}-F=\tau_{\mathrm{w}}-C_i-f_i\sigma_{\mathrm{w}} \tag{2.73}$$

将式(2.70)和式(2.73)代入式(2.71)，可得

$$K_{\mathrm{II}}=\left\{[\sin(2\beta)+f_i\cos(2\beta)-f_i]\frac{\sigma_1}{2}-[\sin(2\beta)+f_i\cos(2\beta)+f_i]\frac{\sigma_3}{2}+pf_i-C_i\right\}\sqrt{\pi a} \tag{2.74}$$

同时，沿垂直裂纹方向还存在正应力，它对剪切断裂起遏制作用，而由式(2.70)知，裂隙水压力显然抵消了一部分正应力，起到裂纹劈裂作用，由式(2.71)可得

$$K_{\mathrm{I}}=-\left[\frac{\sigma_1+\sigma_3}{2}-\frac{\sigma_1-\sigma_3}{2}\cos(2\beta)-P\right]\sqrt{\pi a} \tag{2.75}$$

对受压条件下的剪切断裂采用如下简单判据[19]：

$$\lambda_{12}K_{\mathrm{I}}+K_{\mathrm{II}}=K_{\mathrm{IIc}} \tag{2.76}$$

式中，λ_{12} 为压剪系数；K_{IIc} 为压缩状态下的剪切断裂韧度。

将式(2.74)和式(2.75)代入式(2.76)，可得裂纹初裂强度为

$$[\sigma_1]=\frac{\sin(2\beta)+f_i\cos(2\beta)+f_i+\lambda_{12}[1+\cos(2\beta)]}{\sin(2\beta)+f_i\cos(2\beta)-f_i-\lambda_{12}[1-\cos(2\beta)]}\sigma_3$$

$$+\frac{2(\lambda_{12}-f_i)}{\sin(2\beta)+[\cos(2\beta)-1]f_i-\lambda_{12}[1-\cos(2\beta)]}P_i$$

$$+\frac{2K_{\mathrm{IIc}}/\sqrt{\pi a}+2C_i}{\sin(2\beta)+[\cos(2\beta)-1]f_i-\lambda_{12}[1-\cos(2\beta)]} \tag{2.77}$$

式(2.77)即是由断裂力学理论推导的裂隙岩体内渗透水压对强度影响的判据。从上面的推导过程可以看出:作用于微裂纹表面的水压力使裂纹尖端的应力强度因子提高,诱导微裂纹起裂,并加速完成稳定扩展阶段进而进入失稳扩展阶段,击穿韧带,相互贯通,导致主裂纹向前扩展,因而起劈裂作用。

2.5.3　渗透水压对裂隙岩体破裂的影响

从式(2.69)可以看出,岩石孔隙中渗透水压的存在,减小了岩体的有效应力,但偏应力($\sigma_1-\sigma_3$)不变,根据莫尔-库仑强度准则,岩体更易达到极限强度;同时,孔隙水在裂隙内的压力扩容作用,加剧了裂纹的劈裂过程。因此,仅从岩体的受力特性来看,水压力的作用相当于减小了围压。岩体随着围压的增加,表现出从脆性破坏向延性破坏的特征,而岩体裂隙内渗透水压的存在,将使得岩体的脆性增加而延性降低。

由 2.3 节裂隙试样的试验可知,围压作用下,单裂隙试样的破坏模式主要有三种:拉-剪复合破坏模式、单一斜面剪切破坏模式和 X 形剪切破坏模式。

从水力梯度分布上看,受有效应力分布和破裂单元演化的影响,单元渗透率空间分布变化较大,水力梯度的非线性分布趋于明显。在试样整个加载过程中,随着裂纹的萌生、扩展、演化,水流量逐步汇聚于裂纹,即变形破裂的局部化导致孔隙水压力分布的非线性,水压力的分布反过来又改变有效应力场的分布和裂纹的扩展模式,因此试样下部位置更容易破坏[20]。

为了更加清晰地探究渗透水压对裂隙岩体破裂特性的影响,图 2.41～图 2.46 给出了渗流加卸载试验与常规三轴压缩试验破坏后的宏观破裂面图片。

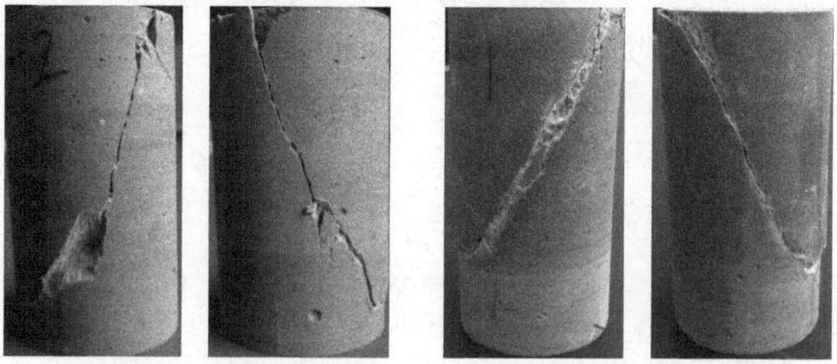

(i) 正面　　(ii) 背面　　(i) 正面　　(ii) 背面

(a) W-2(常规三轴压缩试验)　　(b) WS-2(渗流加载试验)

图 2.41　W 系列同围压下渗流加载试验与常规三轴压缩试验破坏图片对比

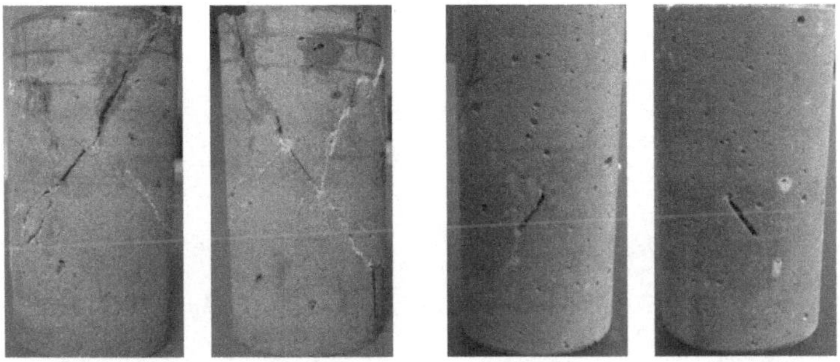

(i) 正面　(ii) 背面　(i) 正面　(ii) 背面

(a) A2-2(常规三轴压缩试验)　(b) AS2-2(渗流加载试验)

图 2.42　A2 系列同围压下渗流加载试验与常规三轴压缩试验破坏图片对比

(i) 正面　(ii) 背面　(i) 正面　(ii) 背面

(a) A3-2(常规三轴压缩试验)　(b) AS3-2(渗流加载试验)

图 2.43　A3 系列同围压下渗流加载试验与常规三轴压缩试验破坏图片对比

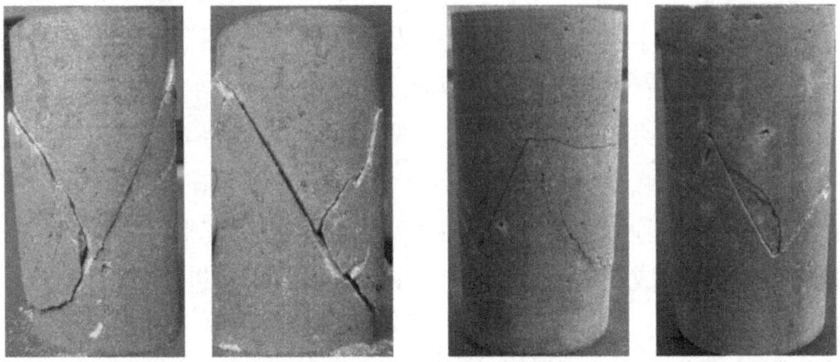

(i) 正面　(ii) 背面　(i) 正面　(ii) 背面

(a) C2-2(常规三轴压缩试验)　(b) CS2-2(渗流加载试验)

图 2.44　C2 系列同围压下渗流加载试验与常规三轴压缩试验破坏图片对比

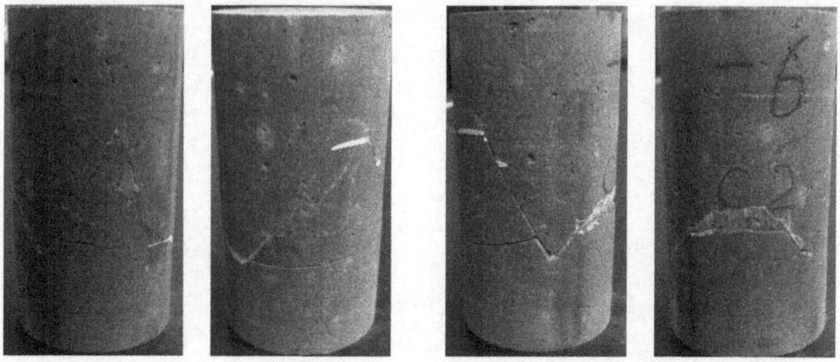

(a) 正面　(b) 左侧面　(c) 背面　(d) 右侧面

图 2.45　CSX2-2 试样渗流卸载试验破坏图片

(a) 正面　(b) 左侧面　(c) 背面　(d) 右侧面

图 2.46　WSX-2 试样渗流卸载试验破坏图片

(1) 对于完整试样 W 系列，从图 2.41 可以看出，渗流加载试验与常规三轴压缩试验试样的宏观主破裂带均为单一的斜面剪切破坏，对于渗流加载试样，主破裂带为沿出水端面至进水端侧面的单一斜面剪切破坏，与常规三轴压缩试验试样外表面剪切破坏为曲线型不同，渗流加载剪切破坏带有一定“厚度”，且此厚度范围内破碎剧烈，在两剪切贯通处周围试样破碎严重，特别是出水端破坏处出现了许多平行大主应力方向的裂纹，试样破裂表面呈现远离端部趋势，拉伸迹象明显。

(2) 对于裂隙试样 A2 系列($\alpha=60°$，$a=13$mm)，如图 2.42 所示，相比于 A2-2 试样的常规三轴压缩试验，AS2-2 试样的渗流加载试验宏观破裂面形成不明显，仅在出水端的裂纹尖端形成细小的贯通至侧面的裂纹和在进水端的裂纹尖端形成横向破裂裂纹。

(3) 对于裂隙试样 A3 系列($\alpha=90°$，$a=13$mm)，如图 2.43 所示，渗流加载试样的宏观主破裂带为单一斜面剪切破坏，而常规三轴压缩试样的宏观主破裂带为 X 形剪切破坏，即在孔隙水压力的作用下，渗流试验与常规三轴压缩试验对试样的破坏呈现不一样的特征。

(4)对于裂隙试样 C2 系列($\alpha=60°$，$a=26$mm)，如图 2.44 所示，从宏观破坏

图片来看，常规三轴压缩与渗流加载的破坏模式完全不同，常规三轴压缩的 C2-2 试样的主要宏观破坏面为接近纯剪切的滑动破坏，而渗流加载的 CS2-2 试样的主要宏观破坏面为反翼裂纹破坏。

(5) 关于渗流卸载试验，对于完整试样 W 系列，如图 2.46 所示，WSX-2 试样渗流卸载没有明显的宏观破裂面，但试样表面出现众多平行于大主应力的裂纹，且从上至下的贯通裂纹极少，从外观看，试样两端面的破碎剧烈，且出水端的破裂程度大于进水端，而与图 2.41 所示的渗流加载破坏图片对比来看，常规三轴压缩与渗流加载破坏模式一致，而渗流卸载的破坏模式与之完全不一致；对于裂隙渗流试样，如图 2.45 所示，CSX2-2 的宏观主破裂带与 CS2-2 一致，均为反翼裂纹扩展贯通破坏，在预制裂隙尖端亦有明显的横向拉裂纹产生，但其与常规三轴压缩的 C2-2 试样的破坏对比来看，根据 2.3 节的分析，C2-2 试样的破坏更加接近剪切破坏特性，可见渗流加卸载与常规三轴压缩的破坏模式是不一致的，这表明了渗透水压对裂隙岩体破裂的影响。

根据以上分析，饱和裂隙岩体渗流试验的破坏规律与裂隙几何参数、应力路径关系密切，对于完整饱和岩石，常规三轴压缩与渗流加载破坏模式基本一致，中等围压时产生宏观的单一剪切破坏模式，渗流卸载时则产生外表面的众多拉伸裂纹的劈裂破坏；对于裂隙岩体，当裂隙长度相对较小时，其主要宏观破裂面基本为斜面的剪切破坏；当裂隙长度相对较大时，则呈现出完全不同的破坏模式；裂隙内水压力的存在会使得试样表面产生宏观拉伸破坏裂纹，也改变了试样的破裂模式。

2.5.4　饱水裂隙岩体的渗流规律

图 2.47～图 2.58 分别给出了渗流试验时各试样的渗透率、应力、应变的试验结果曲线。

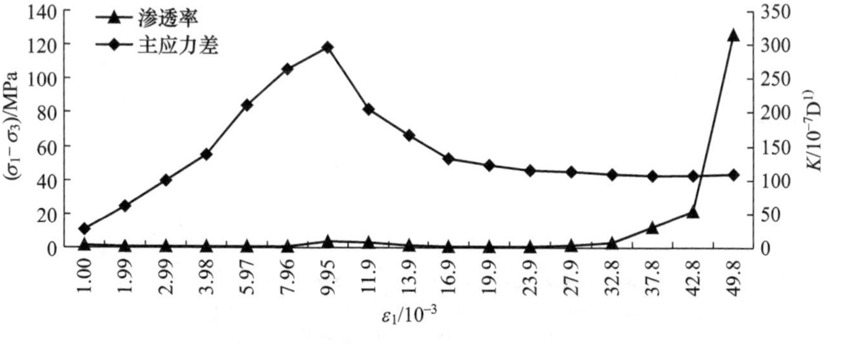

图 2.47　WS-2 试样渗透率与主应力差随轴向应变变化曲线

1) 1D=0.986 923×10^{-12}m^2。

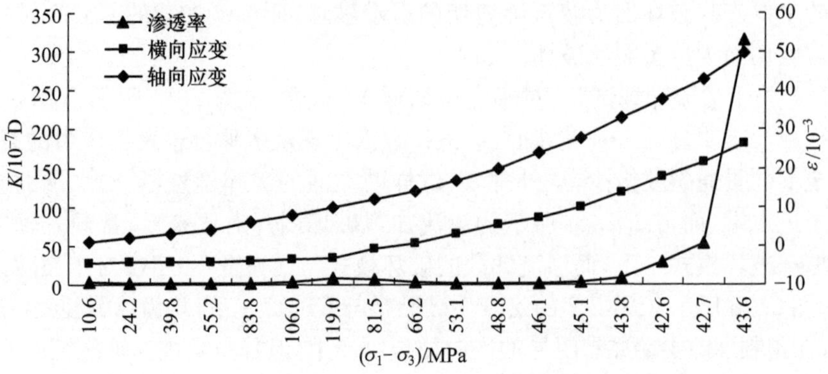

图 2.48　WS-2 试样渗透率与应变随主应力差变化曲线

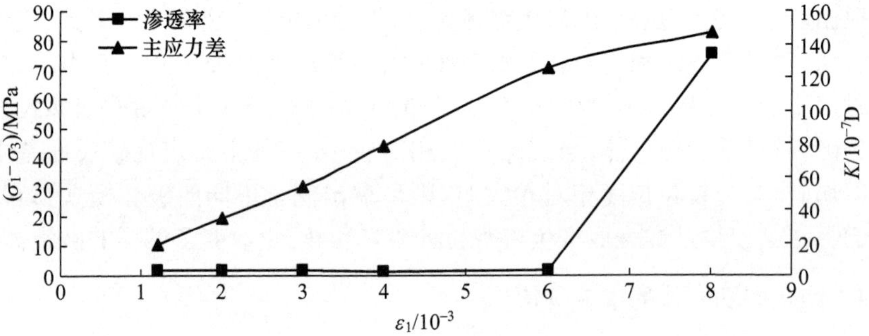

图 2.49　AS2-2 试样渗透率与主应力差随轴向应变变化曲线

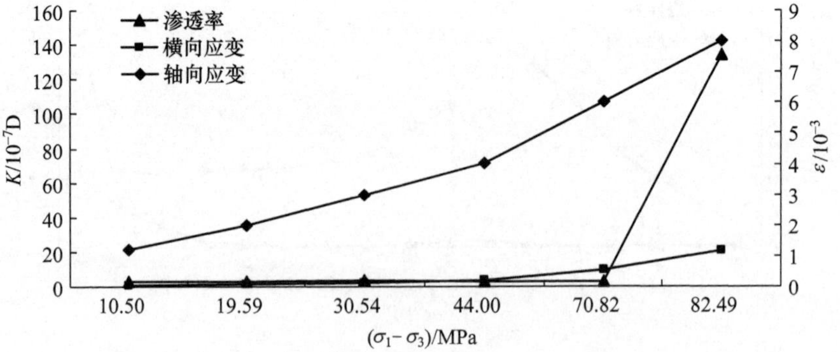

图 2.50　AS2-2 试样渗透率与应变随主应力差变化曲线

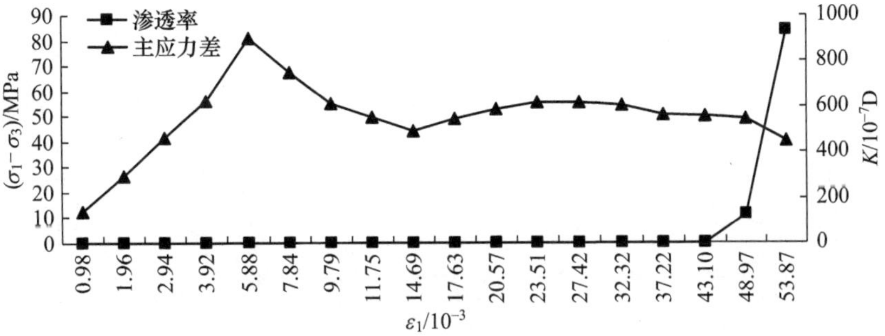

图 2.51　AS3-2 试样渗透率与主应力差随轴向应变变化曲线

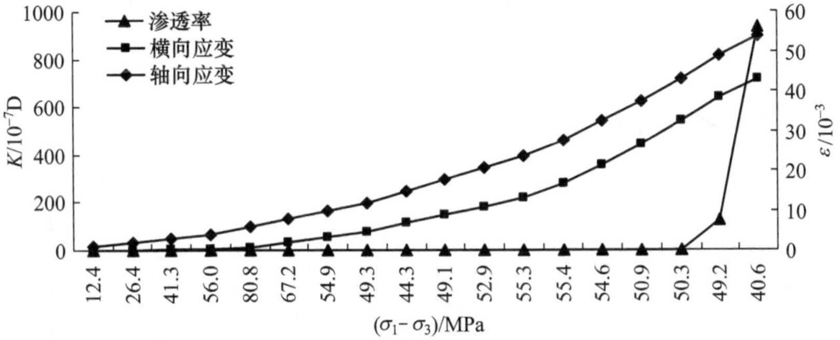

图 2.52　AS3-2 试样渗透率与应变随主应力差变化曲线

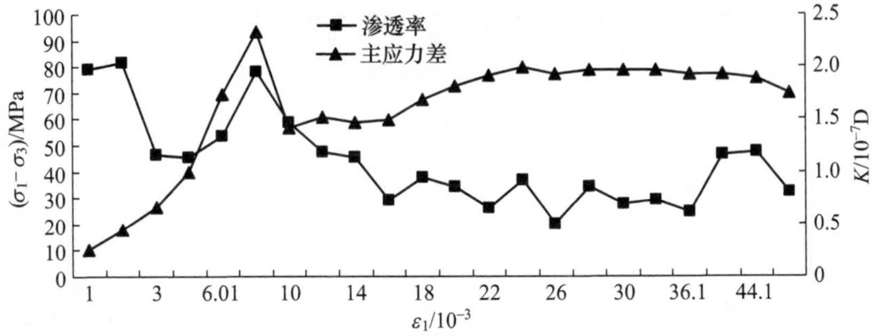

图 2.53　BS-2 试样渗透率与主应力差随轴向应变变化曲线

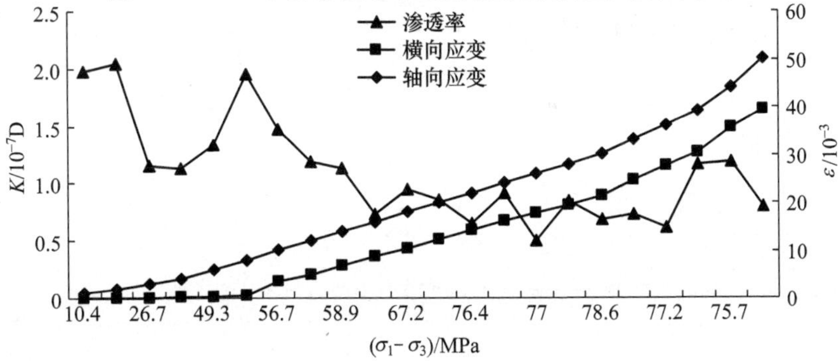

图 2.54　BS-2 试样渗透率与应变随主应力差变化曲线

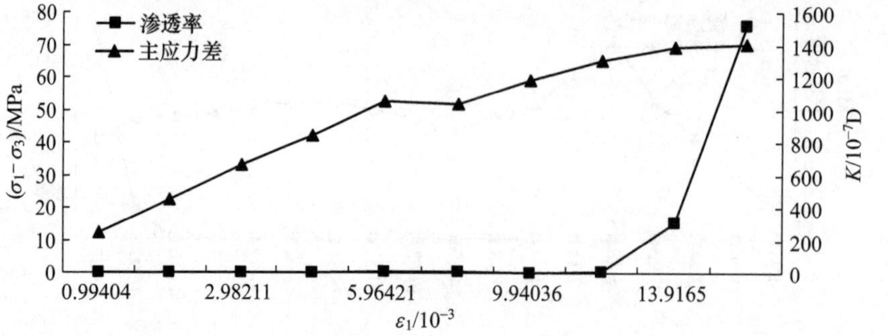

图 2.55　CS2-2 试样渗透率与主应力差随轴向应变变化曲线

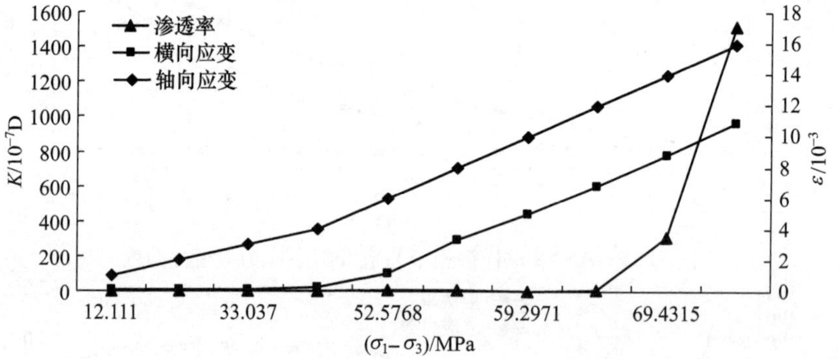

图 2.56　CS2-2 试样渗透率与应变随主应力差变化曲线

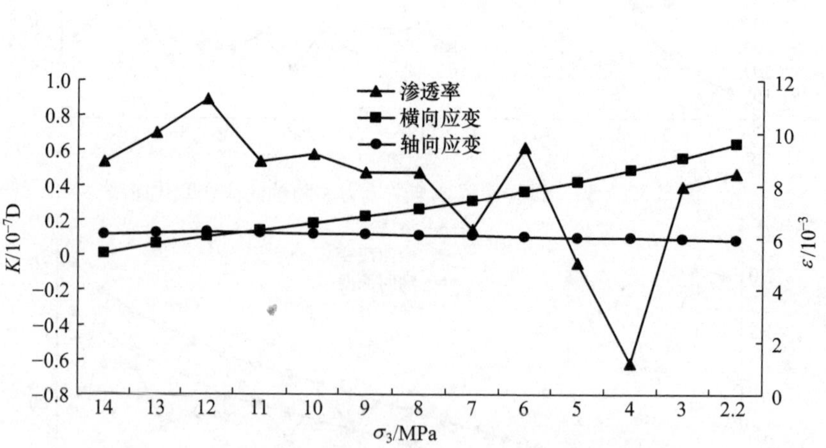

图 2.57　WSX-2 卸围压试样渗透率与应变随围压变化曲线

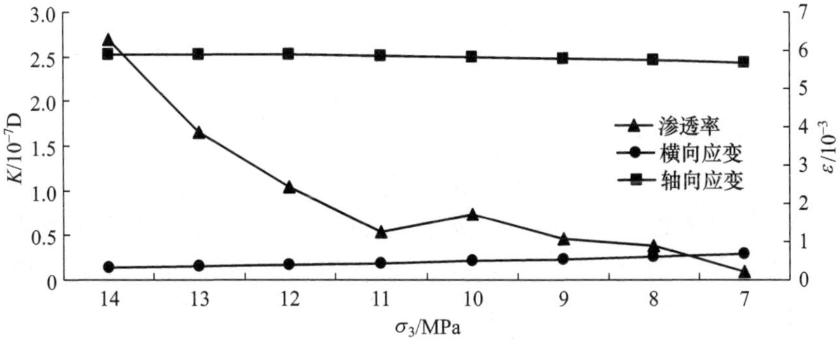

图 2.58　ASX3-2 卸围压试样渗透率与应变随围压变化曲线

(1) 从图 2.47 中的 WS-2 试样、图 2.51 中的 AS3-2 试样和图 2.53 中的 BS-2 试样的渗透率曲线来看，其曲线可以概括为：①初始压密阶段，试样内部结构在垂直于主应力的原始微孔隙出现闭合或压密，试样渗透性出现随轴向应力的增长而下降的趋势；②线弹性变形阶段，随着轴向应力的增加，试样渗透率呈现缓慢增加趋势，但变化幅度很小，仅从渗透率值可以体现，说明试样在外载荷与孔隙压力联合作用下，内部结构出现微裂隙萌生和原始孔隙扩展，导致渗透性发生相应变化；③弹塑性变形与峰值强度阶段，随着轴向应力的继续增加，试样内部结构的微裂纹合并，逐渐演变成宏观裂缝，试样出现破裂，渗透率出现较大增加；④应变软化阶段，破裂后的试样在应力作用下张开贯通裂隙重新被压密闭合，试样渗透率又出现降低，随着时间推移，破裂岩块沿破裂面产生错动和凹凸体的爬坡效应，以及孔隙水压力软化、侵蚀及力学效应，使宏观裂隙面上、下两端试样破碎加剧，渗流通道变宽，轴向应变和横向应变增加，当形成宏观破裂带时，渗透率急剧增加，达到峰值。

(2) 图 2.49 的 AS2-2 试样，在渗透率采集点范围内其渗透率已经出现了急剧增加的趋势，从理论上来看试样的宏观破裂面已经形成，结合图 2.42 的破坏图片分析，认为该试样渗透率的急增是因为试样一个尖端的横向贯通裂纹与另一尖端的侧面贯通裂纹形成宏观破裂面，从渗透率增加的比例看，这一宏观破裂面相对隙宽较窄，这与宏观裂纹贯通面的微细裂纹迹线重合。严格来说，AS2-2 试样的渗透率试验设计的数据采集点过少，导致试验的破裂没有完全形成。

(3) 图 2.55 的 CS2-2 试样，从破坏图片来看，其宏观破裂面已经形成，但其渗透率-轴向应力-应变曲线与 AS2-2 类似，渗透率出现了急增，峰值强度却没有降低，从渗透率的角度分析，两试样渗透率激增均出现在试样峰值强度前，与 WS-2、AS3-2、BS-2 等试样渗透率出现激增的时机不同。

(4) 对于渗流卸围压试验，CSX2-2 试样渗透率在采集过程中丢失，故无渗透率相关数据及曲线。ASX3-2 卸围压试样表面没有任何新生裂纹线，即没有形成宏观破裂面。从图 2.58 可以看出，当卸围压开始时(对应三轴渗流加载试验峰值强度的 70%左右)，其横向应变和轴向应变基本没有变化，渗透率曲线也仅在较小范围内(1 个数量级)呈现出随着围压的降低而逐渐降低的趋势，因此 ASX3-2 试样的卸围压渗流试验没有导致试样的破坏。对于卸围压渗流试样 WSX-2，从图 2.57 可以看出，当卸围压开始时(对应三轴渗流加载试验峰值强度的 70%左右)，试样的轴向应变基本没有变化，其横向应变随着围压的降低而增加，渗透率的变化也较小，基本在 1 个数量级范围内变化，渗透率曲线波动较多，基本没有规律性。结合图 2.46 的破裂图片分析，该试样没有明显的宏观破裂面，但试样表面出现众多平行于大主应力的裂纹，且从上至下的贯通裂纹却极少。从外观看，试样两端面的破碎剧烈，且出水端的破裂程度大于进水端。综合以上分析 WSX-2 试样破坏的原因，认为卸围压开始时，试样基本处于弹性变形阶段，卸围压时，横向产生鼓胀拉伸(表 2.8 的横向应变为负值也说明了这一点)，渗透水压自上而下逐渐增强，即出水端的水压大于进水端，水压与围压的综合效应则表现为进水端横向压力小于出水端横向压力，即导致出水端的破碎程度大于进水端(图 2.46 说明了这一点)，而正是由于横向压力主要作用于试样表面，卸围压开始时试样仍处于弹性变形阶段，最终破坏呈现出试样表面一定厚度的碎裂状态。

综合以上各试样的渗透试验分析，可以概括出裂隙岩体渗流的规律如下：

(1) 饱和裂隙岩体的渗透率变化规律相当复杂，与裂隙几何特性、应力路径等关系密切。特别是渗透率激增的状况，既可能发生在峰值强度出现前(如 CS2-2 试样)，也可能与峰值强度几乎同时出现(如 AS2-2 试样)，还可能出现在峰值强度后(如 WS-2、AS3-2、BS-2 试样)；渗透率在激增前，岩体渗透率一般较低，而在激增位置上，岩体渗透率一般直接跳跃到最大值，或接近最大值，激增时渗透率曲线斜率很大。

(2) 对于渗流卸围压试验，取同规格试样渗流加载峰值强度的 70%卸围压时，基本不会导致试样的整体卸围压破坏，即使试样的宏观表面有新生裂纹破坏痕迹，其原因可能与裂隙水压与围压的共同作用有关，对试样的破裂影响仅体现在试样表面一定厚度范围内，且仍没有形成有效的渗流通道。

(3) 试验结果表明，虽然裂隙试样的渗透性受裂隙几何特性、应力路径、裂隙水压力等多种因素的影响，但其渗透率曲线比较单一，因此可采用数学表达式来表述岩体应力、应变过程渗透性的变化规律。

在外部荷载或动力扰动后，裂隙岩体的微观几何形状将发生改变，矿物颗粒的重新排列导致岩体的孔隙率和渗透性改变。在岩体渗流场-应力场完全耦合的分析中渗透率是一个变量，通常把渗透率表示成应力、应变或者孔隙率的函数，而孔隙率一般又可用应力或应变的函数来表示，所以渗透率最终可以表示成应力或应变的函数。本节的饱和试样渗透率试验呈现如下的规律：加载初期的渗透率变化较小，试样峰值破坏前后渗透率出现急增(如 WS-2、AS2-2、AS3-2、CS2-2 试样)。

图 2.59～图 2.62 给出了 WS-2、AS2-2、AS3-2、CS2-2 试样的渗透率随轴向应变的变化趋势拟合图。从图中可以看出，它们的渗透率与轴向应变满足较明显的规律变化趋势，各试样的渗透率与轴向应变满足

$$K = \exp(a + b\varepsilon_1) \tag{2.78}$$

式中，a、b 为相关参数。

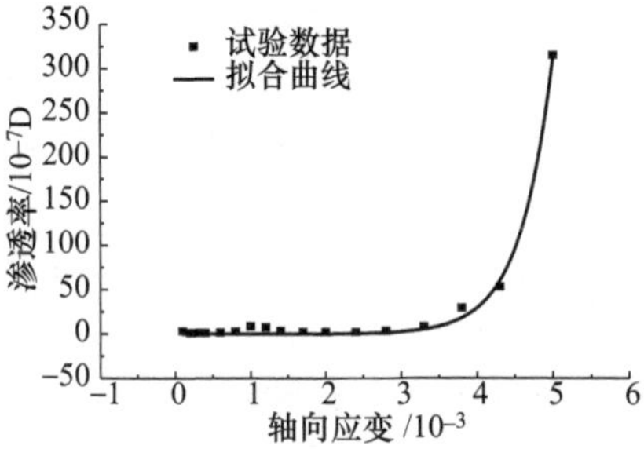

图 2.59　WS-2 试样渗透率-轴向应变拟合曲线

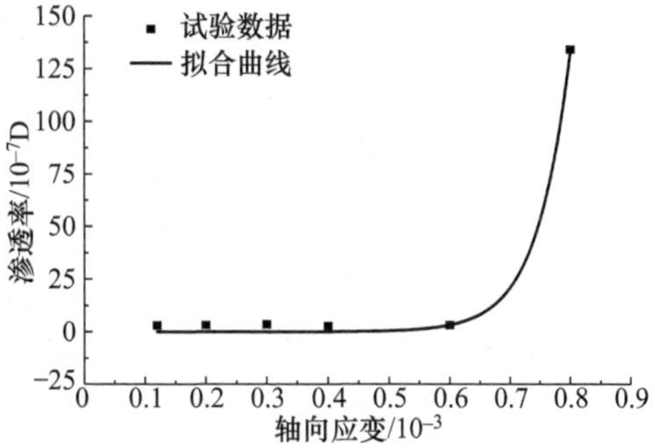

图 2.60　AS2-2 试样渗透率-轴向应变拟合曲线

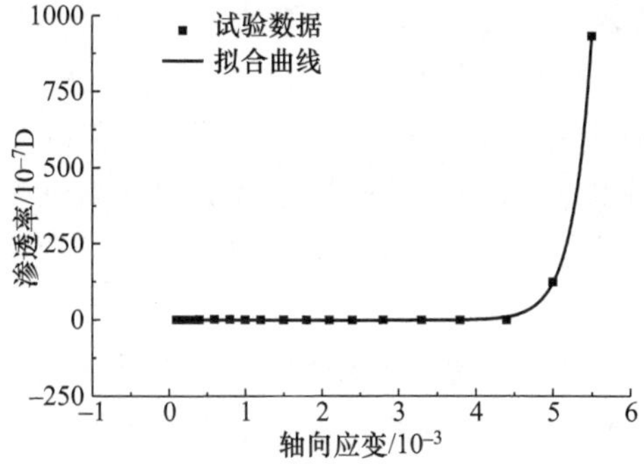

图 2.61　AS3-2 试样渗透率-轴向应变拟合曲线

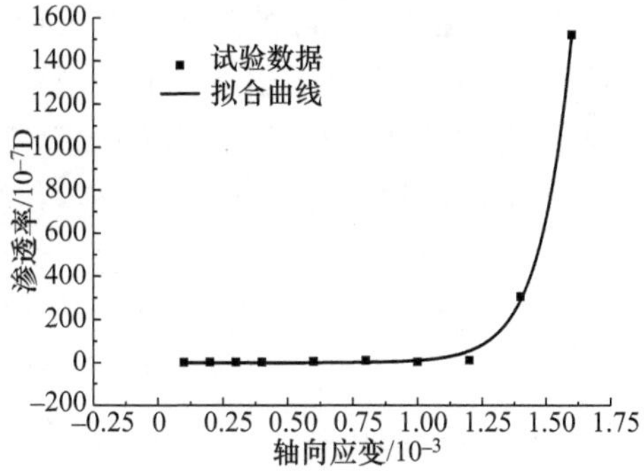

图 2.62　CS2-2 试样渗透率-轴向应变拟合曲线

经过拟合后的曲线公式满足式(2.78)的统一形式，各试样的参数及拟合的线性相关性如表 2.9 所示。表 2.9 中各试样的线性相关性均在 0.995 以上，表明饱和试样的渗透率与轴向应变满足以自然对数 e 为底的指数函数关系。

表 2.9　渗透率应变拟合曲线的相关参数

试样编号	a	b	R^2	拟合公式
WS-2	−5.9986	2.3505	0.99598	$K=\exp(a+b\varepsilon_1)$
AS2-2	−9.9394	18.5473	0.99727	
AS3-2	−15.3855	4.0407	0.99986	
CS2-2	−5.9647	8.3082	0.99882	

根据广义的胡克定律，轴向应变 ε_1 可以表示为

$$\varepsilon_1 = \frac{\sigma_1 - 2\nu\sigma_3}{E} \tag{2.79}$$

将式(2.79)代入式(2.78)，可得饱和裂隙模型试样的渗透率演化方程为

$$K = \exp\left(a + b\frac{\sigma_1 - 2\nu\sigma_3}{E}\right) \tag{2.80}$$

2.5.5 小结

本节在对岩石渗流特性进行充分研究的基础上，开展了含裂隙模型试样的渗流加卸载试验，得到的主要结论如下：

(1) 试验结合理论研究了渗透水压对岩石(体)强度的影响，即裂隙水压力的存在导致岩石裂隙尖端的断裂韧度降低。

(2) 渗流试验验证了裂隙水压力的存在，将导致峰值应力和轴向应变降低，而变形模量增加，且其影响程度与裂隙几何关系密切。

(3) 渗流试验表明，裂隙水压力的存在，有可能导致裂隙试样破裂模式的改变，其改变程度与裂隙的几何关系密切，当裂隙尺寸较小时，裂隙水压力对破坏模式的影响不大，试验围压条件下表现为单一的斜面剪切破坏；当裂隙尺寸较大时，相比于常规试样的常规三轴压缩试验，其破坏模式发生了根本改变，常规三轴压缩试验产生沿结构面剪切破坏的试样，在饱水渗流试验中的破坏模式为斜面剪切＋横向拉伸，常规三轴压缩试验产生沿结构面的剪切破坏的试样在饱水渗流试验中的破坏模式为反翼裂纹贯通＋横向拉伸贯通。

(4) 饱和裂隙岩体渗流试验过程中都将出现渗透率激增现象，该激增现象出现的时机既可能在峰值应力前，也可能在峰值应力后，特殊情况下也有可能与峰值应力同时出现。

(5) 结合渗透率与轴向应变的变化规律，数值拟合了饱和模型试样渗透率与应力环境的关系式。

2.6 裂隙岩体渗流-应力-损伤耦合模型研究

2.6.1 裂隙岩体渗透率方程

等效连续介质模型[21]在裂隙岩体研究中是一种简单而行之有效的模型，将自然界中被裂隙切割的岩体等效为连续介质模型，其渗流性就是各向异性问题，应用达西定律时，其渗透率就不是一个标量，而是一个个量，即渗透率方程是介质点坐标的连续函数。

为建立裂隙岩体的渗透率方程，引入体积表征单元，它与总计算区域相比足够小，同时它又足够大到包含许多裂隙，使得在宏观意义上具有平均性，假设表征单元内裂隙概化为 K 组，其中第 k 组的单元法向分量为 $n_i^{(k)}$，平均张开位移为 b_k，含有 $N^{(k)}$ 条半径为 $a^{(k)}$ 的圆盘裂隙。忽略岩块的导水性，水流仅在裂隙中流动。并假设可按流量相等原理，将裂隙系统等效为具有各向异性的模拟连续介质，其表观流速 v_i 与水力梯度 J_i 之间服从达西定律：

$$v_i = K_{ij} J_j \tag{2.81}$$

式中，K_{ij} 为裂隙岩体渗透率。

根据流量相等原则，则表观流速 v_i 与裂隙内流速 $v_i^{(k)}$ 的关系为

$$v_i = \frac{1}{V}\int_V v_i \mathrm{d}V = \frac{1}{V}\int_{V^{(k)}} v_i^{(k)} \mathrm{d}V^{(k)} \tag{2.82}$$

设 $J_i^{(k)}$ 是沿第 k 组裂隙的水力梯度，如果认为总水力梯度 J_j 在表征单元内均匀分布，则

$$J_i^{(k)} = (\delta_{ij} - n_i^{(k)} n_j^{(k)}) J_j \tag{2.83}$$

则一个具有张开位移 $b^{(k)}$ 的裂隙内流速 $v_i^{(k)}$ 可根据达西定律求得

$$v_i^{(k)} = \frac{g b^{(k)2}}{12\mu C^{(k)}} J_j \tag{2.84}$$

式中，$C^{(k)}$ 为裂隙面的粗糙度修正系数。

假设岩体内的裂隙呈圆形分布，则每一个圆的空隙体积为 $\pi a^{(k)2} b^{(k)}$，于是第 k 组裂隙的总空隙体积为

$$V^{(k)} = \pi a^{(k)2} b^{(k)} N^{(k)} \tag{2.85}$$

式中，$N^{(k)}$ 为表征单元内第 k 组裂隙的条数。

将 k 组裂隙叠加，考虑裂隙网络的连通性可得到渗透单元的表观流速 v_i 为

$$v_i = \sum_{k=1}^{K} \frac{g}{12\mu C^{(k)}} \pi a^{(k)2} b^{(k)} \lambda^{(k)} \rho_V^{(k)} (\delta_{ij} - n_i^{(k)} n_j^{(k)}) J_j^{(k)} \tag{2.86}$$

与达西定律相比较，可得裂隙岩体渗透率的表达式为

$$K_{ij} = \sum_{k=1}^{K} \frac{g}{12\mu C^{(k)}} \pi a^{(k)2} b^{(k)} \lambda^{(k)} \rho_V^{(k)} (\delta_{ij} - n_i^{(k)} n_j^{(k)}), \quad i,j=1,2,3 \tag{2.87}$$

式中，$\lambda^{(k)}$ 为第 k 组裂隙的网络连通率；$\rho_V^{(k)}$ 为第 k 组裂隙密度；μ 为地下水运动黏滞系数；$C^{(k)}$ 为第 k 组裂隙面的粗糙修正系数；$b^{(k)}$ 为第 k 组裂隙初始张开位移；$a^{(k)}$ 为第 k 组裂隙等效圆半径；n_i、n_j 为裂隙面法向分量；δ_{ij} 为 Kronecker Delta 参数，其值为 $\delta_{ij} = \begin{cases} 1, & i=j \\ 0, & i \neq j \end{cases}$。

裂隙岩体渗透率与所处的应力状态是密切相关的，裂隙面法线 N 与 x、y、z 轴

的方向余弦为 l、m、n 上的法向有效应力 σ_{ne} 为

$$\sigma_{ne}=\sigma_n-\beta p=\sigma_x l^2+\sigma_y m^2+\sigma_z n^2+2\tau_{xy}lm+2\tau_{yz}mn+2\tau_{xz}nl-\beta p \tag{2.88}$$

裂隙面的法向变形为

$$\Delta b=-b\left[1-\exp\left(-\frac{\sigma_{ne}}{K_n}\right)\right] \tag{2.89}$$

考虑三维应力对裂隙岩体渗透率的耦合作用，则裂隙岩体渗透率 K_{ij} 可表示为

$$\begin{aligned} K_{ij} &= \sum_{k=1}^{K}\frac{g\pi a^{(k)2}(b^{(k)}+\Delta b)^3}{12\mu C^{(k)}}\lambda^{(k)}\rho_V^{(k)}(\delta_{ij}-n_i^{(k)}n_j^{(k)}) \\ &= \sum_{k=1}^{K}\frac{g\pi a^{(k)2}b^{(k)3}}{12\mu C^{(k)}}\lambda^{(k)}\rho_V^{(k)}(\delta_{ij}-n_i^{(k)}n_j^{(k)})\exp\left[\frac{3(\sigma_n-\beta p)}{K_n}\right] \end{aligned} \tag{2.90}$$

式(2.90)是考虑渗流-应力耦合效应的裂隙岩体渗透率方程。

2.6.2 渗透率随岩体裂隙损伤的演化特征

渗透率与岩体的应力状态是息息相关的，从宏观上来看，随着岩体应力状态的改变，原有裂隙的张开位移必将发生改变，具体表现在：①当裂隙面与远场主应力垂直时，随着荷载的增加，裂隙面逐渐闭合，使得裂隙面方向的渗透率降低。②当裂隙面与远场主应力平行时，随着荷载的增加，由于水压力作用，裂隙将劈裂扩张，使得该方向的渗透率突然增大。③当裂隙面与远场主应力成任意角度时，加载时裂隙处于压剪应力状态；当垂直于裂隙面的法向应力不仅小于裂纹面闭合荷载，而且未达到压剪起裂的临界值时，此时仅发生裂隙面的张开位移改变；当垂直于裂隙面的法向应力小于裂纹面闭合荷载，但是达到压剪起裂的临界值时，此时裂隙将发生压剪起裂，并形成分支翼裂隙；当垂直于裂隙面的法向应力不仅大于裂纹面闭合荷载，而且达到压剪起裂的临界值时，此时原有裂隙将在闭合后发生压剪起裂，并形成分支翼裂隙。以上的各种可能都将导致裂隙岩体的渗透率发生较大变化。④对于多裂隙岩体，当相邻裂隙间岩桥的抗剪强度达到极值时，岩桥将发生破坏，导致相邻裂隙贯通，这将使岩体的渗透率发生十分复杂的变化。⑤裂隙水压力的作用，将导致裂隙张开位移增大，并且还将加速裂隙的扩展。结合试验成果，仅考虑在压剪应力状态下裂隙岩体的渗透率演化特征。

(1) 当 $\sigma_n\leqslant\sigma_1^e$（$\sigma_n$ 为裂隙面上的法向应力，σ_1^e 为裂隙面闭合荷载），且 $K_{\mathrm{II}}<K_{\mathrm{IIc}}$（$K_{\mathrm{II}}$为压剪断裂裂隙端部的应力强度因子，$K_{\mathrm{IIc}}$ 为岩体压剪断裂韧度）时，裂隙不扩展，仅裂隙面法向变形改变。根据式(2.89)，可得

$$\Delta b^{(k)}=-b_0^{(k)}\left[1-\exp\left(-\frac{\sigma_n-p}{K_n}\right)\right] \tag{2.91}$$

由式(2.90)有

$$K_{ij}=\sum_{k=1}^{K}\frac{g\pi a^{(k)2}(b_0^{(k)}+\Delta b^{(k)})^3}{12\mu C^{(k)}}\lambda^{(k)}\rho_V^{(k)}(\delta_{ij}-n_i^{(k)}n_j^{(k)}) \tag{2.92}$$

式中，b_0 为裂隙初始张开位移。

(2) 当 $\sigma_n>\sigma_1^e$，且 $K_{\rm II}<K_{\rm IIc}$ 时，裂隙面部分闭合，引入一个表征裂隙面连通面积与总面积的比值 β，则渗透水压作用等效为 βp，但裂隙不扩展，此时，裂隙面法向变形改变。

$$\Delta b^{(k)}=-b_0^{(k)}\left[1-\exp\left(-\frac{\sigma_n-\beta p}{K_n}\right)\right] \tag{2.93}$$

(3) 当 $\sigma_n\leqslant\sigma_1^e$，且 $K_{\rm II}>K_{\rm IIc}$ 时，裂隙面未闭合前就发生了裂隙扩展，假设翼裂纹的扩展长度为 $l^{(k)}$，$l^{(k)}$ 可以根据式(2.64)求得，进而可以求得由于翼裂隙的产生而引起的裂隙平均张开位移。

$$\Delta b_i^{(k)}=\frac{2(1-\nu_0^2)}{E_0}\left\{\frac{4a^{(k)}\tau_{\rm eff}\cos\theta}{\pi l^{(k)}}\int_0^{l^{(k)}}\ln\left[\frac{l}{x}+\sqrt{\left(\frac{l}{x}\right)^2-1}\right]{\rm d}x-\frac{\pi}{2}\sigma_3 l^{(k)}\right\} \tag{2.94}$$

式中，θ 为裂隙法向与最小主应力 σ_3 方向的夹角；$\tau_{\rm eff}$ 为裂隙面有效剪切力，$\tau_{\rm eff}=\tau-C-f(\sigma_n-p)$，其中 C 为黏聚力，f 为裂隙面的滑动摩擦系数。

裂隙面剪胀引起的法向变形为

$$\Delta b_\varphi^{(k)}=b_0^{(k)}\left[1-\exp\left(-\frac{\sigma_n-p}{K_n}\right)\right]-\frac{\tau_{\rm eff}}{K_s}\tan\varphi \tag{2.95}$$

式中，φ 为剪胀角；K_s 为切向刚度。

裂隙面法向总变形为

$$\begin{aligned}\Delta b^{(k)}&=\Delta b_\varphi^{(k)}+\Delta b_l^{(k)}\\&=b_0^{(k)}\left[1-\exp\left(-\frac{\sigma_n-p}{K_n}\right)\right]-\frac{\tau_{\rm eff}}{K_s}\tan\varphi+\frac{2(1-{\nu_0}^2)}{E_0}\\&\quad\cdot\left\{\frac{4a^{(k)}\tau_{\rm eff}\cos\theta}{\pi l^{(k)}}\int_0^{l^{(k)}}\ln\left[\frac{l}{x}+\sqrt{\left(\frac{l}{x}\right)^2-1}\right]{\rm d}x-\frac{\pi}{2}\sigma_3 l^{(k)}\right\}\end{aligned} \tag{2.96}$$

则此时裂隙岩体的渗透率方程可将式(2.96)代入式(2.92)计算得出。

(4) 当 $\sigma_n>\sigma_1^e$，且 $K_{\rm II}>K_{\rm IIc}$ 时，裂隙面闭合后才发生裂隙扩展，假设翼裂纹的扩展长度为 $l^{(k)}$，$l^{(k)}$ 可以根据式(2.64)求得，与前面不同的是，此时裂隙面的有效剪切力 $\tau_{\rm eff}$ 为：$\tau_{\rm eff}=\tau-C-f(\sigma_n-\beta p)$。则裂隙面剪胀引起的法向变形、裂隙面法向总变形及渗透率由式(2.95)、式(2.96)与式(2.92)分别试算得出。

(5) 若任意相邻裂隙间的岩桥抗剪强度达到极值，产生岩桥的断裂破坏，此时裂隙岩体的渗透率变化则极其复杂，与渗透率的关系为[22]

$$K_{ij}=\sum_{k=1}^{K}\frac{g\pi a^{(k)2}b_0^{(k)3}}{12vd_i}\lambda^{(k)}\rho_V^{(k)}(\delta_{ij}-n_i^{(k)}n_j^{(k)}) \tag{2.97}$$

式中，d_i 为裂隙岩体中第 i 组裂隙的平均间距。

2.6.3 含水裂隙岩体损伤演化方程

根据试验分析及裂隙扩展理论分析可知，处于压剪应力状态岩体中的裂隙随外部荷载的增加将依次经历闭合、摩擦滑动、压剪起裂、翼裂纹扩展，最后形成贯通的宏观裂隙，岩体损伤破坏。根据增量理论，受压裂隙岩体的变形 $d\varepsilon_{ij}$ 可分解为岩石母体的变形 $d\varepsilon_{ij}^0$ 和裂隙的损伤变形 $d\varepsilon_{ij}^m$ 之和[23]，即

$$d\varepsilon_{ij}=d\varepsilon_{ij}^0+d\varepsilon_{ij}^m \tag{2.98}$$

岩石母体的线弹性应变增量为

$$d\varepsilon_{ij}^0=S_{ijkl}^0 d\sigma_{ij} \tag{2.99}$$

式中，S_{ijkl}^0 为岩石母体的弹性柔度系数。

裂隙滑移、起裂和扩展而引起的损伤应变增量可以利用 Rice 热力学理论求解，Rice 热力学理论可表示为[23]

$$d\varepsilon_{ij}^m=\frac{1}{V_0}\sum_{H=1}^{m}\frac{\partial f_a(\sigma,H)}{\partial\sigma_{ij}}d\xi_a \tag{2.100}$$

式中，$f_a(\sigma,H)$为共轭于内变量 ξ_a 的热力学广义力；m 为裂隙数；σ_{ij} 为应力；H 为内变量的当前状态；V_0 为代表性单元体积。

如图 2.63 所示，通过二维应力状态分析可推导出含水裂隙岩体的损伤演化方程。在 x-y 坐标下，裂隙与 x 轴的夹角为 θ，在 x_1-y_1 坐标下，裂隙与 x_1 轴（最小主应力方向）的夹角为 α。

在 x_1-y_1 坐标系下的非弹性损伤应变增量为

$$d\boldsymbol{\varepsilon}_0=[d\varepsilon_{11}^m\ \ d\varepsilon_{33}^m\ \ 0] \tag{2.101}$$

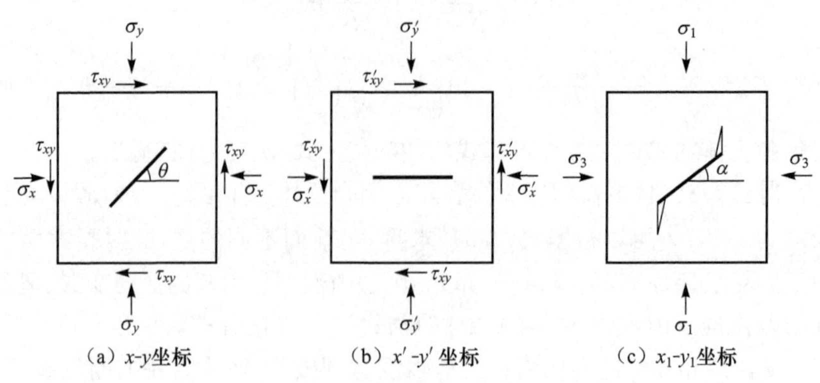

图 2.63　平面裂隙应力状态的三种变换形式

在 x'-y'坐标系下的非弹性损伤应变增量为

$$\mathrm{d}\boldsymbol{\varepsilon}'=[\mathrm{d}\varepsilon'_{11}\ \ \mathrm{d}\varepsilon'_{33}\ \ \mathrm{d}V'_{13}] \tag{2.102}$$

根据坐标变换原理，$\mathrm{d}\boldsymbol{\varepsilon}'$和 $\mathrm{d}\boldsymbol{\varepsilon}_0$ 的关系为

$$\mathrm{d}\boldsymbol{\varepsilon}'=\boldsymbol{B}^{\mathrm{T}}\mathrm{d}\boldsymbol{\varepsilon}_0 \tag{2.103}$$

在 x-y 坐标系下的非弹性损伤应变增量为

$$\mathrm{d}\boldsymbol{\varepsilon}=[\mathrm{d}\varepsilon_{11}\ \ \mathrm{d}\varepsilon_{33}\ \ \mathrm{d}V_{13}] \tag{2.104}$$

根据坐标变换原理，同理有 $\mathrm{d}\boldsymbol{\varepsilon}$ 和 $\mathrm{d}\boldsymbol{\varepsilon}'$满足

$$\mathrm{d}\boldsymbol{\varepsilon}=\boldsymbol{A}^{\mathrm{T}}\mathrm{d}\boldsymbol{\varepsilon}' \tag{2.105}$$

联立式(2.103)和式(2.104)，则有

$$\mathrm{d}\boldsymbol{\varepsilon}=\boldsymbol{A}^{\mathrm{T}}\boldsymbol{B}^{\mathrm{T}}\mathrm{d}\boldsymbol{\varepsilon}_0 \tag{2.106}$$

式中，

$$\boldsymbol{A}=\begin{bmatrix}\cos^2\theta & \sin^2\theta & \sin(2\theta)\\ \sin^2\theta & \cos^2\theta & -\sin(2\theta)\\ -\dfrac{1}{2}\sin(2\theta) & \dfrac{1}{2}\sin(2\theta) & \cos(2\theta)\end{bmatrix} \tag{2.107a}$$

$$\boldsymbol{B}=\begin{bmatrix}\cos^2\alpha & \sin^2\alpha & \sin(2\alpha)\\ \sin^2\alpha & \cos^2\alpha & -\sin(2\alpha)\\ -\dfrac{1}{2}\sin(2\alpha) & \dfrac{1}{2}\sin(2\alpha) & \cos(2\alpha)\end{bmatrix} \tag{2.107b}$$

完整岩石的柔度系数为 C^0_{ijkl} 为

$$C^0_{ijkl}=\frac{1+\nu_0}{E_0}\delta_{ik}\delta_{jl}-\frac{\nu_0}{E_0}\delta_{ij}\delta_{kl} \tag{2.108}$$

当岩体中分布有任意方向的 n 组裂隙时，根据坐标变换和叠加原理，求得的裂隙变形产生的附加柔度系数为 C^{d}_{ijkl}，则压剪应力状态下

$$C^{\mathrm{d}}_{ijkl}=\sum_{i=1}^{n}\boldsymbol{G}_i^{\mathrm{T}}\Delta\boldsymbol{G}_i\boldsymbol{G}_i \tag{2.109}$$

在二维状态下，$\boldsymbol{G}_i^{\mathrm{T}}$ 和 $\Delta\boldsymbol{G}_i$ 分别为

$$\boldsymbol{G}_i^{\mathrm{T}}=\begin{bmatrix}\cos^2\alpha_i & \sin^2\alpha_i & \dfrac{1}{2}\sin(2\alpha_i)\\ \sin^2\alpha_i & \cos^2\alpha_i & -\dfrac{1}{2}\sin(2\alpha_i)\\ \sin(2\alpha_i) & -\sin(2\alpha_i) & \cos(2\alpha_i)\end{bmatrix} \tag{2.110a}$$

$$\Delta\boldsymbol{G}_i=\begin{bmatrix}0 & 0 & 0\\ 0 & \dfrac{C_n^i\alpha_i}{2K_n^ib_id_i} & 0\\ 0 & 0 & \dfrac{C_s^i\alpha_i}{2K_s^ib_id_i}\end{bmatrix} \tag{2.110b}$$

式中，α_i 为第 i 组裂隙走向与 x 轴的夹角；C_n^i、C_s^i 分别为第 i 组裂隙面的传压、传剪系数。

对于裂隙岩体，裂隙的存在对柔度系数的影响主要取决于裂隙的相对大小及裂隙面的传压、传剪系数及法向、切向刚度。因此，压剪应力状态下裂隙岩体的初始等效损伤柔度系数为

$$C_{ijkl}^{0\text{-d}}=C_{ijkl}^{0}+C_{ijkl}^{\text{d}} \tag{2.111}$$

将式(2.108)和式(2.109)代入式(2.111)，则有

$$C_{ijkl}^{0\text{-d}}=C_{ijkl}^{0}+C_{ijkl}^{\text{d}}=\frac{1+\nu_0}{E_0}\delta_{ik}\delta_{jl}-\frac{\nu_0}{E_0}\delta_{ij}\delta_{kl}+\sum_{m=1}^{n}\boldsymbol{G}_{\text{m}}^{\text{T}}\Delta\boldsymbol{G}_i\boldsymbol{G}_m \tag{2.112}$$

考虑渗透水压影响时，由渗透水压导致裂隙扩展产生的损伤演化的柔度系数用 C_{ijkl}^{ad} 表示，则渗流作用时裂隙岩体的损伤柔度系数为

$$C_{ijkl}^{0\text{-d}}=C_{ijkl}^{0}+C_{ijkl}^{\text{d}}+C_{ijkl}^{\text{ad}} \tag{2.113}$$

式中，C_{ijkl}^{0} 为无损岩体的弹性柔度系数；C_{ijkl}^{d} 为裂隙岩体裂隙变形产生的附加柔度系数；C_{ijkl}^{ad} 为考虑渗透水压裂隙扩展产生的附加柔度系数。

$$C_{ijkl}^{\text{ad}}=\text{d}\varepsilon_{ij}\sigma_{ij}^{-1} \tag{2.114}$$

式(2.114)即是二维情况下含水裂隙岩体损伤方程。

2.6.4 含水裂隙岩体本构方程

渗流对岩体应力场的力学效应，从宏观上看是产生渗透体积力，在有限元分析中则可转化为等效节点力参与各单位应力之间的调整；从裂隙角度看，存在于裂隙内的渗透水压使得裂隙尖端应力强度因子提高，具有劈裂作用；同时，由于渗透水压的作用减小了裂隙面上的正应力，使得裂隙岩体的抗剪强度降低。

当裂隙内无水作用时，根据式(2.98)，裂隙岩体的本构关系可以表示为

$$\varepsilon_{ij}=\varepsilon_{ij}^{0}+\varepsilon_{ij}^{\text{d}}=C_{ijkl}^{0}\sigma_{kl}+C_{ijkl}^{\text{d}}\sigma_{kl} \tag{2.115}$$

式中，$\varepsilon_{ij}^{0}=C_{ijkl}^{0}\sigma_{kl}$ 为无损岩体的应变；$\varepsilon_{ij}^{\text{d}}=C_{ijkl}^{\text{d}}\sigma_{kl}$ 为裂隙岩体损伤系统的应变。

当裂隙内存在渗透水压 P 时，根据前面的假设，岩石本身不导水，则作用在岩体上的分布力包括裂隙面内外层传递的有效应力 σ'_{ij} 和渗透水压 P，计算岩块变形时用总应力，而计算裂隙系统变形时要用有效应力，因此，当裂隙面上的法向应力 σ_n 与 P 同时增长时，裂隙不会压缩，于是根据式(2.115)，渗透单元体的变形可以表示为

$$\varepsilon_{ij}=C_{ijkl}^{0}\sigma_{kl}+C_{ijkl}^{\text{d}}\sigma'_{kl} \tag{2.116}$$

根据有效应力原理，则有

$$\sigma'_{ij}=\sigma_{ij}-\delta_{ij}P \tag{2.117}$$

将式(2.117)代入式(2.116)，可得

$$\varepsilon_{ij}=C_{ijkl}^{0\text{-d}}\sigma_{kl}+C_{ij}^{\text{d}}P \tag{2.118}$$

式中，

$$C_{ij}^{\mathrm{d}}=C_{ijkl}^{\mathrm{d}}\delta_{kl} \tag{2.119}$$

将式(2.113)和式(2.119)代入式(2.118)，可得

$$\varepsilon_{ij}=(C_{ijkl}^{0}+C_{ijkl}^{\mathrm{d}}+C_{ijkl}^{\mathrm{ad}})\sigma_{kl}+C_{ijkl}^{\mathrm{d}}\delta_{kl}P \tag{2.120}$$

式(2.120)即为考虑渗透水压 P 后的含水裂隙岩体的本构方程。

1. 基于等效连续介质理论的渗流场数学模型

等效连续介质渗流场数学模型为[1]

$$\begin{cases}\nabla(K\ \nabla H)+Q=S_s\dfrac{\partial H}{\partial t}, & t\geqslant t_0,(x,y,z)\in\Omega\\ H(x,y,z,t_0)=H_0(x,y,z), & t=t_0,(x,y,z)\in\Omega\\ H(x,y,z,t)=H_1(x,y,z,t), & t\geqslant t_0,(x,y,z)\in\Gamma_1\\ K_x\cos(n,x)\dfrac{\partial H}{\partial x}+K_y\cos(n,y)\dfrac{\partial H}{\partial y}+K_z\cos(n,z)\dfrac{\partial H}{\partial z}\neq q(x,y,z,t), \\ \qquad t\geqslant t_0,(x,y,z)\in\Gamma_2\end{cases} \tag{2.121}$$

式(2.121)写成矩阵形式为

$$\boldsymbol{KH}+\boldsymbol{Q}=\boldsymbol{S}\frac{\mathrm{d}\boldsymbol{H}}{\mathrm{d}t} \tag{2.122}$$

式中，$\boldsymbol{K}$ 为渗透矩阵；$\boldsymbol{Q}$ 为源项列阵；$\boldsymbol{S}$ 为储水矩阵；$\boldsymbol{H}$ 为水头列阵。

对于单独求解地下水渗流问题，式(2.122)中渗透矩阵 $\boldsymbol{K}$ 是已知的，并且在整个计算过程中是不变的。

对于考虑渗流场与应力场耦合时，渗透率 K_{ij} 是变化的，它与裂隙面的张开位移、裂隙面呈圆盘状的半径以及裂隙角度、远场应力及裂隙间的相互作用等相关，根据裂隙单元的不同情况，可分别通过式(2.92)和式(2.97)求解，从这些公式可知，裂隙岩体张开位移是应力和渗透水压的函数，即

$$b=(\sigma,P) \tag{2.123}$$

文献[23]中讨论了裂隙面呈圆盘状半径 a 与应力 σ 和渗透水压 P 的关系，有

$$\begin{aligned}K_{\mathrm{I}}^{(W)}&=\frac{\sqrt{\pi a}}{(1+L)^{3/2}}\left(\frac{2}{\sqrt{3}}T_s^{(原)}+\frac{2}{\sqrt{3}}Pf-\frac{\sigma_3-p}{B_n}L\right)\left[B_nL+\frac{1}{(1+L)^{1/2}}\right]\\&=\frac{\sqrt{\pi a}}{(1+L)^{3/2}}\left\{\left[\left(\frac{2}{\sqrt{3}}T_s^{(原)}-\frac{\sigma_3}{B_n}L\right)+\left(\frac{2}{\sqrt{3}}Pf+\frac{p}{B_n}L\right)\right][B_nL+(1+L)^{-1/2}]\right\}\\&=\frac{\sqrt{\pi a}}{(1+L)^{3/2}}\left(\frac{2}{\sqrt{3}}T_s^{(原)}-\frac{\sigma_3}{B_n}L\right)[B_nL+(1+L)^{-1/2}]\end{aligned}$$

$$+\frac{\sqrt{\pi a}}{(1+L)^{3/2}}\left(\frac{2}{\sqrt{3}}f+\frac{L}{B_n}\right)\left[B_nL+(1+L)^{-1/2}\right]P \tag{2.124}$$

根据式(2.124)可以确定出裂隙岩体在压剪应力状态下的裂隙扩展长度 L，同时，根据裂纹扩展强度准则，当考虑裂隙中的渗透水压时，裂隙扩展后的特征长度可以表示为

$$a'=\left\{\frac{(1-v^2)\pi}{ER}\{\sigma'^2 f(\sigma'+P)+[1-C'_\tau f(-\sigma'+P)]^2\tau'^2\}\right\}^{\frac{1}{n-1}}a^{\frac{n}{n-1}} \tag{2.125}$$

可见，裂隙扩展特征长度与应力 σ 和渗透水压 P 的关系为

$$a=(\sigma,P) \tag{2.126}$$

结合式(2.92)、式(2.97)、式(2.123)和式(2.126)，可以看出渗透率依赖应力状态，即满足

$$K_{ij}=K(\sigma_{ij},P) \tag{2.127}$$

2. 基于等效连续介质理论的应力场数学模型

岩体系统的平衡微分方程为

$$\sigma_{ij,j}+f_i=0,\quad i,j=x,y,z \tag{2.128}$$

其展开式为

$$\begin{cases}\dfrac{\partial\sigma_x}{\partial x}+\dfrac{\partial\tau_{yx}}{\partial y}+\dfrac{\partial\tau_{zx}}{\partial z}+f_x=0\\[2mm]\dfrac{\partial\tau_{xy}}{\partial x}+\dfrac{\partial\sigma_y}{\partial y}+\dfrac{\partial\tau_{zy}}{\partial z}+f_y=0\\[2mm]\dfrac{\partial\tau_{xz}}{\partial x}+\dfrac{\partial\tau_{yz}}{\partial y}+\dfrac{\partial\sigma_z}{\partial z}+f_z=0\end{cases} \tag{2.129}$$

式中，f_x、f_y、f_z 为岩体系统内质量力。

岩体系统的力学边界条件可以表示为

$$\begin{cases}\sigma_x\cos(n,x)+\tau_{yx}\cos(n,y)+\tau_{zx}\cos(n,z)=F_x\\\tau_{xy}\cos(n,x)+\sigma_y\cos(n,y)+\tau_{zy}\cos(n,z)=F_y\\\tau_{xz}\cos(n,x)+\tau_{zy}\cos(n,y)+\sigma_z\cos(n,z)=F_z\end{cases} \tag{2.130}$$

式中，F_x、F_y、F_z 分别为边界上 x、y、z 方向上的面力；σ_x、σ_y、σ_z 分别为 x、y、z 方向上的正应力；$\cos(n,x)$、$\cos(n,y)$、$\cos(n,z)$ 分别为法向分量余弦。

式(2.130)可以写成

$$\sigma_{ij}l_j=F_i \tag{2.131}$$

岩体系统的几何方程为

$$\varepsilon_{ij}=\frac{1}{2}(u_{i,j}+u_{j,i}),\quad i,j=x,y,z \tag{2.132}$$

3. 基于等效连续介质理论的渗流场与损伤场耦合方程

从上面的分析可以知道，岩体系统中的应力场影响岩体裂隙的张开位移、裂隙角度、裂隙长度，而张开位移、裂隙长度、裂隙角度又是渗透率的函数；而裂隙长度、裂隙角度又影响到本构方程，即影响到损伤张量。因此，岩体渗流场与损伤场的耦合就通过应力场建立起来。把等效连续介质渗流模型、应力场数值模型及渗透率、损伤张量与应力场的关系组合在一起，就得到渗流场与损伤场的耦合方程为

$$\begin{cases}\nabla(K\nabla H)+Q=S_s\dfrac{\partial H}{\partial t}\\ P=\gamma H\\ \sigma_{ij}=K_{ijkl}^{0\text{-d}}\varepsilon_{kl}+K_{ijkl}^{0\text{-d}}C_{kl}^{\text{d}}P\\ K_{ij}=K(b,a,n)\\ \underset{\sim}{\Omega}_{ijkl}=K_{ijpq}^{0\text{-d}}:C_{pqkl}^{\text{d}}=\underset{\sim}{\Omega}(a,n)\\ b=b(\sigma_{ij},P)\\ a=a(\sigma_{ij},P)\\ n=n(\sigma_{ij},P)\end{cases} \tag{2.133}$$

2.6.5　小结

本节基于能量守恒定理，针对张开裂隙岩体渗透试验规律，通过理论分析，从增量原理入手，结合 Rice 的热力学理论，对压剪应力状态下的渗透率随裂隙损伤的演化方程进行了推导，建立了裂隙岩体渗透率方程以及含水裂隙岩体的本构方程，并结合等效连续介质理论，建立了含水裂隙岩体渗流场与损伤场的耦合方程。

参考文献

[1] 朱珍德，郭海庆. 裂隙岩体水力学基础[M]. 北京：科学出版社，2007.

[2] 高春玉，徐进，何鹏，等. 大理岩加卸载力学特性的研究[J]. 岩石力学与工程学报，2005，24(3)：456-460.

[3] 李宏哲，夏才初，闫子舰，等. 锦屏水电站大理岩在高应力条件下的卸荷力学特性研究[J]. 岩石力学与工程学报，2007，26(10)：2104-2109.

[4] 张春生，陈祥荣，侯靖，等. 锦屏二级水电站深埋大理岩力学特性研究[J]. 岩石力学与工程

学报,2010,29(10):1999-2009.

[5] 李新平,肖桃李,汪斌,等.锦屏二级水电站大理岩不同应力路径下加卸载试验研究[J].岩石力学与工程学报,2012,31(5):882-889.

[6] 中华人民共和国水利行业标准.水利水电工程岩石试验规程(SL/T 264—2020)[S].北京:中华人民共和国水利部,2020.

[7] 李晓红,卢义玉,康勇,等.岩石力学实验模拟技术[M].北京:科学出版社,2007.

[8] Reyes O,Einstein H H. Failure mechanisms of fractured rock:A fracture coalescence model [C]//Proceedings of the 7th International Congress on Rock Mechanics,Aachen,1991.

[9] Wong R H C,Chau K T. The coalescence of frictional cracks and the shear zone formation in brittle solids under compressive stresses[J]. International Journal of Rock Mechanics and Mining Sciences,1997,34(3-4):335.

[10] 郭彦双,黄凯珠,朱维申,等.辉长岩中张开型表面裂隙破裂模式研究[J].岩石力学与工程学报,2007,26(3):525-531.

[11] 杨圣奇,蒋昱州,温森.两条断续预制裂纹粗晶大理岩强度参数的研究[J].工程力学,2008,25(12):127-134.

[12] 肖桃李,李新平,贾善坡.含2条断续贯通预制裂隙岩样破坏特性的三轴压缩试验研究[J].岩石力学与工程学报,2015,34(12):2455-2462.

[13] 张平,李宁,贺若兰,等.动载下两条断续预制裂隙贯通机制研究[J].岩石力学与工程学报,2006,25(6):1210-1217.

[14] 李世愚.岩石断裂力学导论[M].合肥:中国科学技术大学出版社,2010.

[15] 黄克智.弹塑性断裂力学[M].北京:清华大学出版社,1985.

[16] 李新平.多裂隙岩体的等效连续弹性损伤断裂模型、强度特性及有限元分析[D].武汉:中国科学院武汉岩土力学研究所,1990.

[17] 周小平.卸荷岩体本构理论及其应用[M].北京:科学出版社,2007.

[18] Dyskin A V,Germanovich L N. A model of crack growth in microcracked rock[J]. International Journal of Rock Mechanics and Mining Science & Geomechanics Abstracts,1993,30(7):813-820.

[19] Tada H,Paris P C,Irwin G R. The Stress Analysis of Cracks Handbook[M]. Hoboken:Wiley,2000.

[20] 肖桃李,李新平,贾善坡.深部单裂隙岩体结构面效应的三轴试验研究与力学分析[J].岩石力学与工程学报,2012,31(8):1666-1673.

[21] Ojo O,Brook N. The effect of moisture on some mechanical properties of rock[J]. Mining Science and Technology,1990,10(2):145-156.

[22] Rice J R,Tracey D M. On the ductile enlargement of voids in triaxial stress fields[J]. Journal of the Mechanics and Physics of Solids,1969,17(3):201-217.

[23] 易顺民.裂隙岩体损伤力学导论[M].北京:科学出版社,2005.

第 3 章　深部裂隙岩体的声波试验及其宏细观力学特性

3.1 引　言

裂隙岩体中含有裂缝、节理、断层等宏观裂隙(宏观损伤)和微裂纹、微孔洞等细观裂隙(细观损伤),宏观裂隙和细观裂隙以不同的作用机制影响着裂隙岩体的损伤力学特性。宏观裂隙的存在弱化了岩体的力学性质并使其表现出明显的各向异性特征,同时也改变了弹性波在岩体中的传播与衰减规律。而宏观上表现相对完整的岩体中同时还随机分布有大量的细观裂隙,上述细观裂隙导致了岩体的各向同性损伤。同时在不同的开挖方式下,岩体中宏、细观损伤的演化特征也不尽相同,因此开展裂隙岩体宏、细观损伤力学特性的研究始终是岩体力学研究领域的重要课题。

随着弹性波测试技术在岩石损伤检测领域的广泛运用,研究者发现通过声波试验可以较好地反映裂隙岩体的宏、细观力学特性[1,2]。例如,黄承贤等[1]通过单轴、常规三轴压缩试验得到了岩体中弹性波波速与其应力间的理论关系;Brich[2]对不同围压条件下的岩体进行了弹性波传播特性试验,试验结果表明,随着围压的增加,弹性波波速先增大,而当围压增大到某一临界值时,弹性波波速的增加量反而开始减小。

结合相似理论采用拉压真三轴仪对完整试样和裂隙试样在不同高地应力下进行了三轴压缩(三向受压)、三轴拉压(两向受压一向受拉)加载方式下的弹性波传播特性试验,通过该试验研究了不同加载方式下深部裂隙岩体中弹性波波速、波幅的变化规律,并以此为基础得到了基于宏观裂隙的深部裂隙岩体损伤变量和深部裂隙岩体的宏观损伤演化规律,建立了基于宏观裂隙和细观裂隙耦合的深部裂隙岩体损伤本构模型。

3.2 不同加载方式下弹性波传播特性试验

3.2.1 试验设备

图 3.1 为拉压真三轴仪,该三轴仪由主机结构系统和液压控制系统组成。主机结构系统包含三组相互独立、相互垂直的油压加载系统,其中两组水平放置,另

一组油压加载系统与这两组油压加载系统组成的平面呈垂直放置。单个方向上独立的油压加载结构均由拉杆、套筒、螺母、垫片和加载部件承力板组成，加载部件承力板固定在水平滑板之上，水平滑板由调整支承板控制。拉压真三轴仪主机结构系统中的油路系统可对试验所用试样进行加载和拉伸的控制，其主要组成部分为：5 个循环油缸、柱头高压钢管、高压过油软管、液压稳压器、电动油泵等。整个控制输入系统通过稳压器与电动油压泵相连接，输出端由三组(水平向 2 组、竖直向 1 组)油缸与 5 个加载头相连，并辅以氮气以保证试验过程中油压的稳定性。

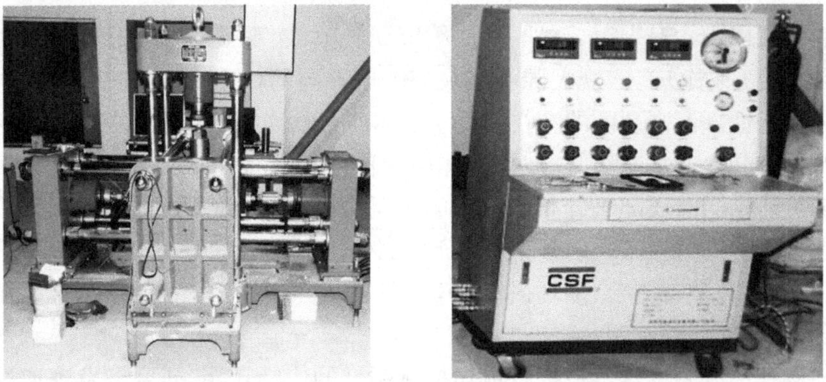

(a) 主机结构系统　　(b) 液压控制系统

图 3.1　拉压真三轴仪

液压控制系统由钢制平台、高压油管、溢流及蓄能控制阀、压力表、气压表、指示灯等组成，其功能是通过控制油路来完成试验中加卸载过程的控制。通过操作控制油压系统可以将油压入油缸，油缸透过由多个模块组成的加载头将荷载均匀地施加在模型试样上，在加载流程中，通过调整油压系统，可使加载头沿着滑轨在水平方向(前后、左右)移动、沿着拉杆在垂直方向移动。在加载头与传力板之间均放置一个钢球，通过钢球的使用，可使任一方向的荷载传力系统与模型试样自动对中，同时可以减少加载头与传力板之间的摩擦，使荷载能够有效输出。在加载油缸和加载压头之间内置有压力传感器，配合测量仪器的使用便可以得到施加荷载的大小。

拉压真三轴仪在水平方向有四个固定在荷载支承梁内侧中央部位的油压缸，在竖直方向有一个安装在竖向荷载支撑梁内部的油压缸，且与水平汽缸垂直正交，每个油缸都以并联的方式与总油路相连，从而实现对单个方向上油缸的单独控制，以满足复合力学试验的要求。该设备的主要特点如下：

(1) 具备单轴、双轴、三轴压缩加载功能。

(2) 具备双轴拉压复合功能(一个方向受压，一个方向受拉)。

(3) 具备三轴拉压复合功能(两个方向受压,一个方向受拉)。

(4) 具备三轴拉压剪复合功能(一个方向受压,一个方向受拉,一个方向受剪)。

(5) 三向荷载独立控制,垂直正交。

图 3.2(a)为 TS3890 型静态电阻应变仪,在测量过程中,该应变仪可以通过电阻应变片将机械量的变化用电量变化的形式表现出来,该变化量经放大后,通过 A/D 转换,就可以直接读出应变,同时该设备可以将测量得到的试验数据通过 USB 串口与计算机直接进行传输和保存。

图 3.2(b)为 TS3890 型静态电阻应变仪测量系统采集界面,该采集系统主要用于设置电阻应变仪的基本参数和控制电阻应变仪的工作状态,且能够按照预先设置的采样频率(试验中采样频率均设置为 0.1ms)显示应变仪测量到的数据。在采集系统的界面可以同时显示 10 个通道的采集数据,也可以将采集的数据以曲线变化的形式显现,通过该采集系统便可以得到试验过程中待测试样测点处的应变值,在此基础上利用通过该应变仪监测拉压真三轴仪中内置传感器得到的应力值便可以最终得到试验中待测试样的应力-应变曲线。

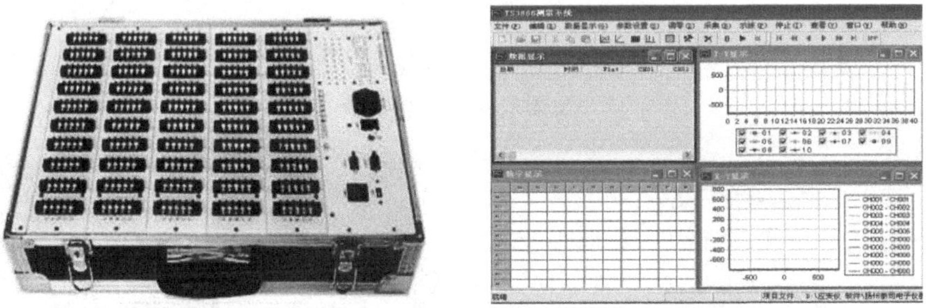

(a) 静态电阻应变仪　　(b) 测量系统采集界面

图 3.2　TS3890 型静态电阻应变仪及测量系统采集界面

LYD-拉压真三轴仪所适用的试样标准尺寸为 15cm×15cm×15cm 和 15cm×15cm×47cm 两种,由于标准试样的尺寸较小,在试验中所采用的电阻应变片尺寸均为 0.5cm×0.3cm,同时试验的主要目的是研究外力作用下岩体中弹性波波速、波幅的变化规律,为了不影响弹性波相关物理量的测试结果,试验中将应变片粘贴在待测试样表面即可。

电阻应变片在标准试样表面的布置情况如图 3.3 所示。从图 3.3(a)可以看出,对于 15cm×15cm×15cm 的标准正方体试样,电阻应变片均粘贴在 *xoy*、*xoz*、*yoz* 三个面上的对角线交点位置。从图 3.3(b)可以看出,对于 15cm×15cm×47cm 的标准长方体试样,电阻应变片同样布置于 *xoy*、*xoz*、*yoz* 三个面上,其中 *xoy* 面上的 3 个电阻应变片沿着线 *ox* 的中轴线 *ab* 以均匀分布的形式粘贴在试样表面;*yoz* 面上的 3 个电阻应变片沿着线 *oz* 的中轴线 *cd* 以均匀分布的形式粘贴在试样表面；xoz 面上的应变片粘贴在该面的对角线交点位置。粘贴在试样表面的电阻应变片如图 3.4 所示。

试验采用图 3.5 所示 Pundit Lab＋弹性波监测系统进行弹性波基本物理参数的监测与记录，该设备具备时间传导、脉冲速度测量、长度以及垂直裂纹表面速度测量功能。工作过程中，一方面 Pundit Lab＋弹性波监测系统可以使用较低的电压实现较宽的发射范围，另一方面该设备通过传输电压和接收机增益的耦合可以在测试过程中采集到最佳的接收信号，以保证试验测量数据的准确性和稳定性，它不仅适用于混凝土和岩石，还适用于石墨、陶瓷、木材等材料的声学参数监测。

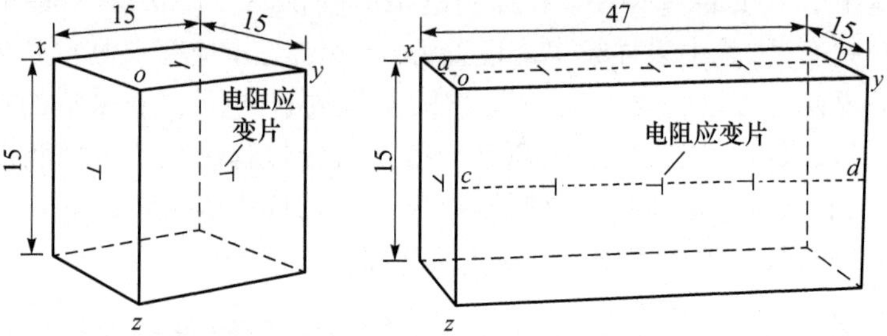

(a) 正方体试样　　(b) 长方体试样

图 3.3　电阻应变片布置图(单位：cm)

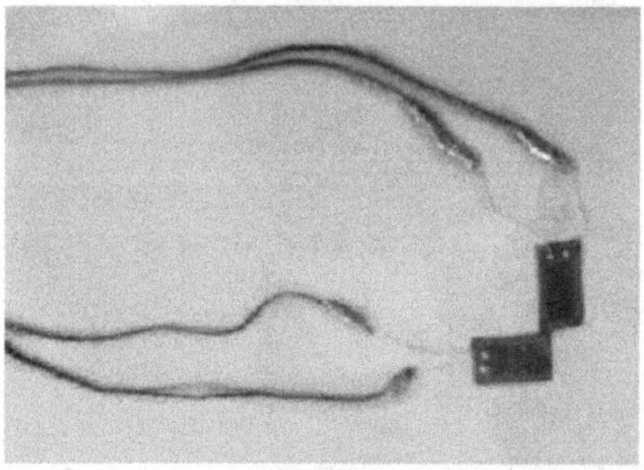

图 3.4　试样表面粘贴电阻应变片

图 3.5　Pundit Lab＋弹性波监测系统

Pundit Lab＋弹性波监测设备可以通过 USB 接口与 PC 端直接相连并利用 Pundit Link 应用程序进行试验参数的设置和数据的记录，并最终将采集到的波形显示在软件上。具体步骤如下：

(1) 将 Pundit Lab＋弹性波监测设备的发射探头、接收探头通过黄油与待测试样两端耦合放置。

(2) 打开计算机上的 Pundit Link 分析软件并在软件开始界面处进行试验参数的设置。

测试距离设置：测试距离即沿待测试样放置的发射探头与接收探头中心点之

间的距离,单位为 m。

弹性波发射频率设置:在试验中发射频率均设置为 500kHz。

脉冲振幅设置:在试验中脉冲振幅均设置为 500V。

采样频率设置:在试验中采样频率(采样间隔)均设置为 0.1ms。

(3) 完成试验参数设置以后,点击 Pundit Link 分析软件界面上的"Start"键,此时弹性波监测设备开始工作,弹性波发射探头会发出周期性脉冲,该脉冲信号在待测试样中以透射的方式进行传播且会被弹性波接收探头接收,弹性波接收探头会将接收到的脉冲信号转换为电信号,并被 Pundit Link 分析软件自动采集并记录。图 3.6 给出了 Pundit Link 分析软件自动保存的波形记录图。

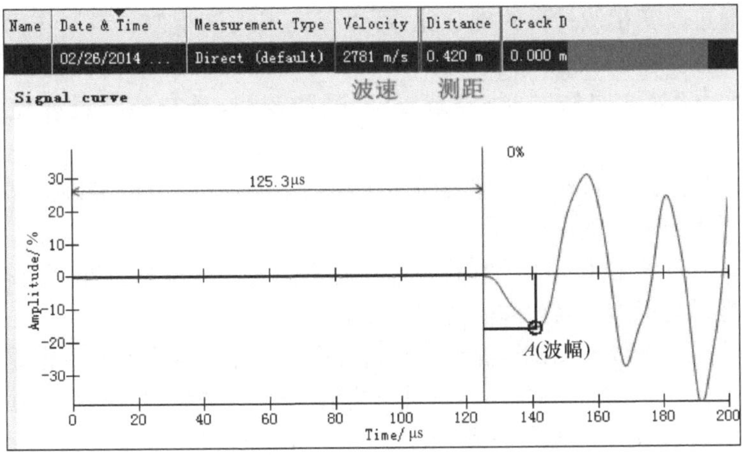

图 3.6 Pundit Link 分析软件自动保存的波形记录图

如图 3.6 所示,在测试软件中设置好测试距离后,Pundit Link 分析软件便会自动计算出待测试样中弹性波波速并显示在软件上,试验中待测试样的弹性波波幅专指弹性波接收探头接收到的首波波幅(图中 A 点处),因此通过 Pundit Link 分析软件的数据分析系统,可以很容易得到弹性波在待测试样中传播的波速和波幅。

3.2.2 试验材料及试样制备

1. 深部裂隙岩体相似材料

室内模型试验由于取材方便,试验效果显著,且可以较好地反映出实际岩体的几何形态以及外部荷载的作用形式,近年来一直是解决复杂岩石力学工程问题的有效手段。岩土工程模型试验的基本原理是以相似理论为基础,结合现场岩体的地质数据以及实际工况还原出现场岩体的真实情况，即岩体的结构特征、赋存环境及外部荷载的作用形式，根据试验结果来确定出原岩的应力、应变、极限状态。

用于制作岩体的相似材料一般由天然材料、人工材料按照一定的配合比组合而成。常见的天然材料有石膏粉、铁粉、石英砂等，常见的人工材料有水泥、酒精、树脂等。大量研究表明，裂隙岩体模型试样相似材料的选取应满足以下基本原则：

(1) 模型试样相似材料与实际工程问题相似，主要的力学、变形性质与原型围岩的岩性以及结构相似。

(2) 在对模型试样进行试验的过程中，模型试验的力学性质稳定，具有较强的抗干扰性。

(3) 通过改变相似材料的配合比，可以保证采用该相似材料制作而成的模型试样的力学参数在较大范围内波动。

(4) 取材容易，制作方便，容易成型，凝结较快，且在凝结过程中不会产生裂缝。

(5) 在制作完成的模型试样表面易于粘贴电阻应变片，能准确测试试验过程中模型试样关键部位的应变。

(6) 节理裂隙在模型试样中的分布与原型围岩中裂隙的分布情况相似，且裂隙的力学性质与原型围岩中裂隙的力学性质相似。

上述几点是选取模型试样相似材料过程中应遵循的基本原则。但是对于理想的均质线弹性材料，除需满足原型材料与模型材料的泊松比相同以外，还需满足受力过程中应力-应变关系基本一致，且模型试样相似材料在卸载完成以后能恢复到原来的状态。若试验中需要研究原型材料的破坏特征，在选材时除了满足上述相似材料选取的基本原则，还需保证模型试样、原型试样的应力-应变关系在整个加载极限范围内基本相同，以符合变形破坏机理的相似条件。

2. 节理裂隙的制作方法

在模型试验中，多年来积累了大量的裂隙岩体宏观裂隙的制作方法，主要有贯通节理裂隙模拟和非贯通节理裂隙模拟两大类。其中运用较广泛的方法主要有预埋金属钢片(待模型材料初凝后抽出以形成贯通节理裂隙)[3,4]、掺入裂纹薄片(云母片、肥皂片、纸片)[5]或者小块堆砌的方法来模拟非贯通裂隙，更有人在原岩中通过制作宏观切口来模拟岩体内部的张开裂隙。

在模型试样中用于制作贯通裂隙的主要方法是预埋金属片法，具体步骤如下：将满足试验要求的金属片以一定的角度预先放置于模型材料中，等到模型材料初凝后抽出即可。基于模型试验要求的不同，预埋金属片的厚度选择范围较大，Wong 等[6]在试验中采用的钢片厚度为 0.3mm，Reyes 等[7]在试验中采用的钢片厚度略小于 0.3mm，Bobet 等[8]在试验中采用的钢片厚度为 0.1mm，刘东燕等[9]在试验中采用的钢片厚度为 0.07～0.2mm。

在模拟导致完整类岩石材料弱化的非贯通节理裂隙方面，常用的方法是模型试样制作的过程中在预先设定的位置插入云母片、肥皂片、纸片等强度较低的填充物以完成非贯通裂隙的制作。陶振宇等[10]在试验中采取云母片、聚乙烯薄片模拟岩体材料中的随机分布裂隙，并对含有随机分布裂隙的岩体进行了力学特性试验研究。范景伟等[11]采用聚乙烯薄片模拟非贯通节理裂隙，以此为基础对含有非贯通裂隙脆性岩体的破坏特性展开了研究。

综上所述，在模型试样非贯通裂隙制作的过程中，需要基本满足以下三点：

(1) 裂隙表面光滑，使得裂隙岩体在受力过程中裂隙面间能产生滑移。

(2) 模型试验中裂隙材料的力学特性要弱于类岩石材料。

(3) 受力过程中裂隙的应力-应变特征与实际岩体中节理裂隙的应力-应变特征基本相似。

3. 相似材料和裂隙材料的选取

室内模型试验以锦屏二级水电站深埋引水隧洞围岩为工程背景，在归纳总结文献[12]关于深埋大理岩物理力学试验研究成果的基础上，基于 Fround 相似理论得到了类岩石材料物理力学参数的取值范围。计算中令模型试样的长度相似常数 $C_L=15$，密度相似常数 $C_\rho=2.2$，应力相似常数 $C_\sigma=33$，深埋引水隧洞围岩和通过相似计算所得到的类岩石材料物理力学参数的取值范围如表 3.1 所示。

表 3.1　原岩、类岩石材料物理力学参数取值表

材料	密度 /(g/cm³)	弹性模量 /GPa	泊松比	抗压强度 /MPa	抗拉强度 /MPa	黏聚力 /MPa	内摩擦角 /(°)
原型材料	2.65～2.8	16.6～28.6	0.14～0.3	183～206	4.6～5.3	18.8～58.6	19～42
模型材料	1.2～1.27	0.5～0.87	0.14～0.3	5.55～6.24	0.14～0.16	0.57～1.78	19～42

在室内模型试验中，通常选取石膏材料用于制作深部岩体的相似材料。Wong 等[13]对采用石膏材料制作而成的模型试样进行了三轴压缩试验，开展了不同应力路径下模型试样的裂纹扩展、破坏机理的研究。潘一山等[14]对石膏制作的深部岩体模型进行了三轴压缩试验，通过试验研究了高地应力条件下岩体的分区破裂化现象。通过大量调研石膏作为模型试样相似材料的研究现状可知，石膏是由石灰膏烧制而成的硬性胶结材料，石膏与水混合后会产生水化反应从而实现硬化，石膏硬化的时间和强度与掺水量、石膏细粉度、温度、搅拌速率等有很大的关系。基于以上特点可知，在利用石膏制作模型试样相似材料时具有质量轻、强度高、易成型等优点，并且石膏材料成型硬化后明显的脆性特征能够较好地反映出岩石材料的

基本力学特性。同时该材料取材容易，价格低廉，加工成型方便，因此被广泛用于制作大坝、混凝土结构的相似材料。

以相似材料满足表3.1中类岩石材料的基本物理力学参数为基础，结合石膏材料作为相似材料的主要优点，本节采用高强度石膏粉作为锦屏二级水电站深埋隧洞围岩的相似材料，同时为了更好地制作出符合试验要求的模型试样，可以通过调节水、石膏、多聚磷酸钠的配合比来改变模型试样的物理力学特性，以使其满足作为深部岩体相似材料的要求。

锦屏二级水电站深埋隧洞围岩中随机分布有不同裂隙角度的非贯通裂隙，为了更好地展开研究，在试验中可以将岩体中随机分布的裂隙等效为成组的平行裂隙来进行研究。如图3.7(a)所示，云母片板(厚度为0.2mm)表面光滑，物理力学特性弱于高强度石膏材料，且图3.7(b)中云母片板法向刚度的测试曲线近似于节理模型中经典的指数函数模型，同时天然云母片板特有的韧性使其能在石膏初凝前按照预先设定的角度插入模型试样中，因此可以选取云母片板作为裂隙岩体模型试样中制作裂隙的材料。

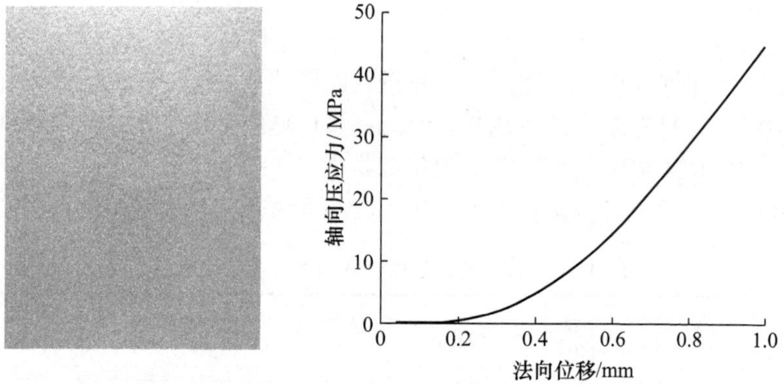

(a) 云母片板　　(b) 法向刚度测试曲线

图3.7　云母片板及法向刚度测试曲线

4. 相似材料标准试样的制备及养护

在对不同配合比条件下相似材料标准试样进行力学特性试验之前，应首先采用不同配合比条件下的相似材料制作出尺寸为15cm×15cm×15cm和15cm×15cm×47cm的标准正方体、长方体试样。为得到准确的试验结果，在相似材料标准试样制备的过程中应遵循以下操作流程：

(1) 在组装完成的钢制模具内壁和底面刷满润滑机油(以便于后期脱模)。

(2) 相似材料按照预先设定的配合比称量好用量(精度为0.01g)置于模具边上。

(3) 将掺有多聚磷酸钠的石膏粉分批倒入称量好的水中，并沿顺时针方向搅拌 3～5min。

(4) 将搅拌均匀的糊状混合料倒入固定放置的钢制模具中，并用搅拌网搅拌 2min 左右，直至膏体内部气泡全部释放，最后将其静置 40min 左右，待石膏试样终凝后脱模。

(5) 将浇筑好的石膏模型试样移置到烘房烘干，制作出的模型试样如图 3.8 所示。

(a) 正方体试样

(b) 长方体试样

图 3.8　相似材料标准试样

3.2.3　相似材料力学试验方案

开展不同配合比条件下相似材料标准试样的力学特性试验以及外力作用下相似材料标准试样与原岩的相似性分析，是确定模型试样相似材料的配合比和进行室内模型试验的基础，对岩体损伤力学特性的研究和进行岩土工程的数值计算具有重要意义。

在 3.2.2 节中确定了模型试样的相似材料由水、石膏、多聚磷酸钠组成。由于深部岩体所处地应力环境特殊，首先对不同水膏比(0.5、0.55、0.6、0.65、0.7、0.75、0.8)条件下的相似材料标准试样进行单轴压缩和单轴拉伸试验，以初步得到满足试验要求的相似材料配合比；其次在得到相似材料具体配合比的基础上，还需要对该配合比条件下的相似材料标准试样开展不同围压条件下的三轴压缩试验，以确保制作模型试样的相似材料能够反映出深部岩体在不同地应力条件下的力学特性。具体方案如下：

在相似材料标准试样的力学特性试验中，首先采用院士试验基地的拉压真三轴仪对尺寸为 15cm×15cm×15cm 的正方体试样进行单轴压缩试验，对尺寸为 15cm×15cm×47cm 的长方体试样进行单轴拉伸试验。在试验中利用拉压真三轴仪自带的应力传感器并结合电阻应变仪便可以得到相似材料标准试样的轴向压

(拉)应力-应变曲线以及单轴抗压、抗拉强度。进而在此基础上对尺寸为15cm×15cm×15cm的正方体试样进行不同围压条件下的三轴抗压强度试验，以得到试样的轴向压应力-应变曲线和三轴抗压强度。对应于深部岩体所处的20MPa、40MPa、60MPa的地应力水平，相似材料标准试样在试验中的围压设置为0.6MPa、1.2MPa、1.8MPa。

试验开始前，首先将相似材料标准试样水平放置于拉压真三轴仪的加载平台上，采用1/4桥的形式将电阻应变片与TS3890电阻应变仪相连；然后将TS3890电阻应变仪测得的应变数据直接传输到计算机监控平台；最后通过控制油压加载台上的气压加载装置和油压加载装置，以0.1kN/级的加载速率对试样施加压应力和拉应力，同时通过电阻应变仪自动记录模型试样测试部位的应变。

1. 试验结果与分析

如图3.9所示，在相似材料标准试样的力学特性试验中，对不同水膏比(0.5、0.55、0.6、0.65、0.7、0.75、0.8)的相似材料正方体试样(尺寸为15cm×15cm×15cm)进行单轴压缩试验，对相似材料立方体试样(尺寸为15cm×15cm×47cm)进行单轴拉伸试验。

(a) 单轴压缩试验　　(b) 单轴拉伸试验

图3.9　相似材料标准试样的力学特性试验

表3.2给出了单轴压缩试验和单轴拉伸试验中得到的不同水膏比条件下相似材料标准试样的力学参数，参照前面模型试验相似材料选取的基本原则，在本节相似材料选取的过程中，以相似材料标准试样在单轴压缩试验中的弹性模量、抗压强度满足模型材料的力学参数取值范围为主，符合其他力学参数范围为辅。经多次试验初步选取水、石膏、多聚磷酸钠的配合比(0.6∶1∶0.55%)来进行相似材料模型试样的制作。

拉压真三轴仪可以对石膏试样进行单轴抗压、单轴抗拉峰值强度前阶段的力学特性试验。图3.10(a)给出了相似材料中水、石膏、多聚磷酸钠的配合比为0.6∶1∶0.55%时，单轴压缩条件下标准试样在峰值强度前阶段的轴向压应力-应变曲线,图 3.10(b)给出了文献[12]中单轴压缩条件下深部大理岩原样的轴向压应力-应变曲线。

表 3.2　不同水膏比下相似材料标准试样的力学参数

水膏比	抗压强度/MPa	抗拉强度/MPa	弹性模量/GPa	泊松比
0.5	8.91	0.73	1.03	0.16
0.55	7.93	0.66	0.90	0.18
0.6	6.42	0.52	0.81	0.20
0.65	5.73	0.33	0.72	0.22
0.7	4.44	0.24	0.64	0.21
0.75	4.03	0.19	0.52	0.19
0.8	3.34	0.14	0.34	0.23

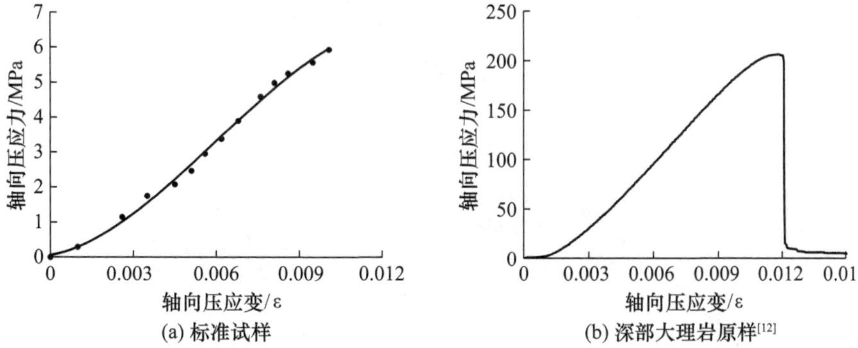

图 3.10　单轴压缩条件下标准试样和深部大理岩原样轴向压应力-应变曲线

对比图 3.10(a)和(b)可以看出,在峰前阶段相似材料标准试样和深部大理岩原样的变形均可划分为孔隙压密、弹性变形、微裂纹稳定扩展、微裂纹非稳定扩展几个阶段,且两者应力-应变关系的发展趋势基本一致。

图 3.11 为相似材料标准试样在单轴压缩、拉伸条件下的破坏特征,可以看出,相似材料标准试样在单轴压缩条件下和单轴拉伸条件下均呈现出典型的脆性张拉破坏特征,该破坏特征与文献[12]中大理岩在单轴压缩条件下表现出的脆性破坏特征一致。

对比表 3.1 和表 3.2 可以看出,石膏材料的物理力学参数基本满足相似计算的要求,同时石膏材料性质稳定,取材方便,不易受到外界环境的影响。综上所述,可以选取水、石膏、多聚磷酸钠(配合比为 0.6∶1∶0.55%)作为深部岩体试样的相似材料。

为验证不同围压条件下相似材料标准试样与深部大理岩的相似性,图 3.12(a)给出了不同围压条件下相似材料标准试样的峰前轴向压应力-应变曲线，图 3.12(b)给出了文献[12]中不同围压条件下深部大理岩原样的轴向压应力-应变曲线。

对比图 3.12(a)和(b)可以看出，整体而言，随着围压的增加，相似材料标准试样和深部大理岩原样的三轴压缩强度不断增加，同时在峰前阶段两者的轴向压应力-应变曲线变化特征基本一致。不同围压条件下相似材料标准试样可以很好地反映不同围压条件下深部大理岩的力学特性，因此可以选取水、石膏、多聚磷酸钠的配合比为 0.6∶1∶0.55%来进行模型试样的制作。

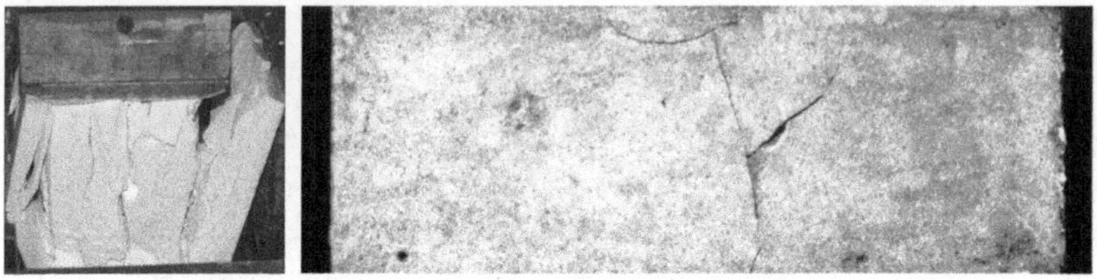

(a) 单轴压缩试验　　(b) 单轴拉伸试验

图 3.11　不同加载方式下相似材料标准试样的破坏特征

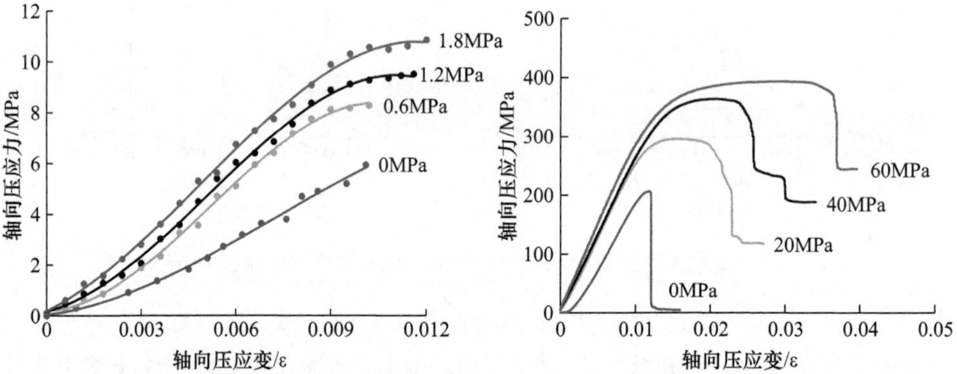

(a) 标准试样　　(b) 深部大理岩原样[12]

图 3.12　不同围压条件下相似材料标准试样和深部大理岩原样轴向压应力-应变曲线

2. 深部裂隙岩体模型试样的制作

在制作深部裂隙岩体模型试样的过程中，首先将搅拌均匀的水、石膏、多聚磷酸钠(0.6∶1∶0.55%)放入钢制模具中，待裂隙岩体相似材料初凝前，将厚度为 0.2mm 的云母片按照预先设定的位置有序插入，最后将模型试样静置 40min 后脱模并移至烘房烘干，从而制作出符合试验要求的深部裂隙岩体模型试样。裂隙试样的尺寸为 15cm×15cm×47cm，深部裂隙岩体中裂隙尺寸、裂隙角度分布情况如表 3.3 所示。

表 3.3　裂隙尺寸和裂隙角度分布情况表

裂隙参数	单裂隙岩体	双裂隙岩体	多裂隙岩体(27 条)
裂隙尺寸	7.5cm×15cm	7.5cm×15cm	2cm×15cm
裂隙角度	0°、30°、45°、60°、90°	0°、30°、45°、60°、90°	0°、30°、45°、60°、90°

深部裂隙岩体模型试样的平行度、平直度和垂直度应符合《水利水电工程岩石试验规程》(SL/T 264—2020)[15]的要求。图 3.13 给出了具有代表性的单裂隙岩体、双裂隙岩体、多裂隙岩体的深部裂隙岩体模型试样。在上述模型试样中：

(1) 单裂隙岩体：裂隙尺寸为 7.5cm×15cm，裂隙厚度为 0.02cm，裂隙角度为 0°、30°、45°、60°、90°。

(2) 双裂隙岩体：裂隙尺寸为 7.5cm×15cm，裂隙厚度为 0.02cm，裂隙角度为 0°、30°、45°、60°、90°。

(3) 多裂隙岩体(27 条)：裂隙尺寸为 2cm×15cm，裂隙厚度为 0.02cm，裂隙角度为 0°、30°、45°、60°、90°。

(a) 单裂隙岩体模型试样　(b) 双裂隙岩体模型试样　(c) 多裂隙岩体模型试样

图 3.13　深部裂隙岩体模型试样

3.2.4　三轴压缩条件下深部裂隙岩体中弹性波传播特性试验

1. 试验过程及数据处理

图 3.14 为三轴压缩条件下深部裂隙岩体的弹性波传播特性试验[16]。为保证试验的稳定性和试验数据的准确性，三轴压缩试验的加载速率和三轴抗压强度的取值范围以相似材料标准试样在单轴压缩条件下的试验结果为参考来确定，加载速率设定为 0.1kN/级。由于油压输出速度难以确定，对三轴压缩试验条件下裂隙岩体峰值点的确定应采取轴向位移的控制形式。具体而言，以完整试样在单轴压缩试验中峰值强度附近的平均轴向压应变来估算和控制待测试样在三轴压缩试验中峰值强度附近的轴向压应变，同时也要结合试验中得到的轴向压应力、压应变随时间的变化曲线来确定试样的峰值强度。

三轴压缩条件下深部裂隙岩体中弹性波传播特性试验的主要步骤如下：

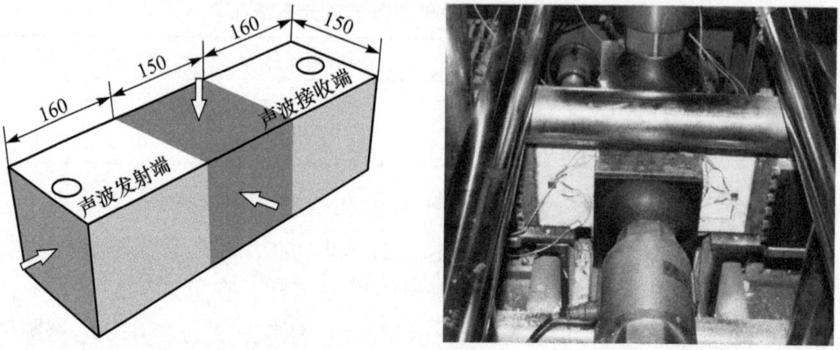

(a) 加载方式与弹性波监测布置图(单位：mm)　　(b) 试验测试图

图 3.14　三轴压缩条件下深部裂隙岩体的弹性波传播特性试验[16]

(1) 首先在裂隙岩体的三个方向上施加一定的预加荷载使岩体与拉压真三轴仪的加载压头紧密接触并固定，然后手动操作油压面板以 0.1kN/级的加载速率施加围压至试验方案中的设定围压 0.6MPa、1.2MPa、1.8MPa（相似计算对应于 20MPa、40MPa、60MPa 的高地应力水平）。

(2) 将弹性波监测设备的发射探头、接收探头通过黄油与打磨光滑试样的两端耦合放置，同时将弹性波监测系统中的测试距离设置为 0.42m，弹性波发射频率设置为 500kHz、脉冲振幅设置为 500V、采样频率设置为 0.1ms。

(3) 在保持围压恒定的条件下，以 0.1kN/级的加载速率逐步增加轴向压应力，直至裂隙岩体发生破坏。系统会自动记录下裂隙岩体的压应力、应变-时间曲线以及弹性波的波速、波幅，其中弹性波波速和波幅的获取方法见 3.2.1 节。每个工况下的岩体试样均进行 3 次试验，取测得的平均值进行分析与研究。

三轴压缩弹性波传播特性试验中深部裂隙岩体的试样编号和试验工况如表 3.4 所示。为更好地分析试验数据，得到明显的试验规律，在试验数据处理过程中对试验中测得的弹性波波速和波幅进行无量纲化处理。令弹性波波速比为$\dfrac{V_{pi}}{V_{p0}}$，弹性波波幅比为$\dfrac{A_{pi}}{A_{p0}}$，其中 V_{p0} 和 A_{p0} 分别为弹性波在轴向压应力为零时的波速和波幅，V_{pi} 和 A_{pi} 分别为弹性波在轴向压应力不断增大过程中的波速和波幅。

表 3.4　深部裂隙岩体试样编号及试验工况表(三轴压缩试验)

裂隙数量	不同裂隙角度下的试样编号					试验围压 /MPa	实际工况 /MPa
	0°	30°	45°	60°	90°		
0	F0-0	F0-0	F0-0	F0-0	F0-0	0.6、1.2、1.8	20、40、60
1	F1-0	F1-1	F1-2	F1-3	F1-4	0.6、1.2、1.8	20、40、60

续表

裂隙数量	不同裂隙角度下的试样编号					试验围压/MPa	实际工况/MPa
	0°	30°	45°	60°	90°		
2	F2-0	F2-1	F2-2	F2-3	F2-4	0.6、1.2、1.8	20、40、60
27	F3-0	F3-1	F3-2	F3-3	F3-4	0.6、1.2、1.8	20、40、60

2. 试验结果分析

以完整岩石、单裂隙岩体(裂隙角度 0°)在围压为 1.2MPa(对应 40MPa 地应力水平)条件下的弹性波传播特性试验为例,图 3.15(a)、图 3.16(a)、图 3.17(a)分别为完整岩石试样在三轴压缩弹性波传播特性试验中的轴向压应力-应变曲线、波速比-轴向压应力和波幅比-轴向压应力曲线,图 3.15(b)、图 3.16(b)、图 3.17(b)分别为单裂隙岩体试样在三轴压缩弹性波传播特性试验中的轴向压应力-应变、波速比-轴向压应力和波幅比-轴向压应力曲线。

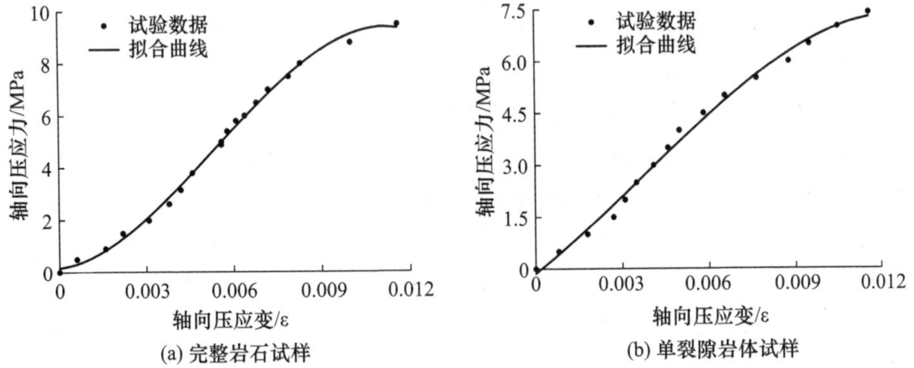

(a) 完整岩石试样
(b) 单裂隙岩体试样

图 3.15　三轴压缩条件下岩体试样轴向压应力-应变曲线

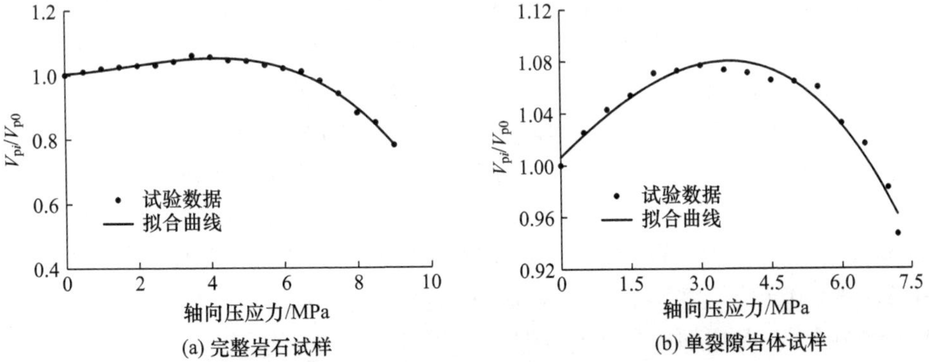

(a) 完整岩石试样
(b) 单裂隙岩体试样

图 3.16　三轴压缩条件下岩体试样中弹性波波速比-轴向压应力曲线

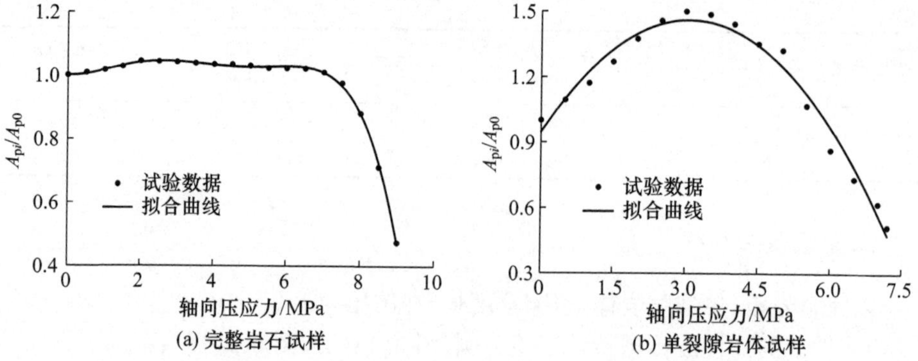

图 3.17 三轴压缩条件下岩体试样中弹性波波幅比-轴向压应力曲线

从图 3.15(a)、图 3.16(a)和图 3.17(a)可以看出，在围压一定、轴向压应力增加的过程中，对于完整岩石，在初始阶段，弹性波波速和波幅略微增加，但是变化幅度较小，变化量小于 3%，该过程中，完整岩石内部的微裂隙、微裂纹由于受到压应力的作用开始闭合，岩体中传播弹性波的波速、波幅增加；随着试验的进行，当轴向压应力为三轴抗压强度的 75%时，弹性波波速和波幅开始明显下降，且波幅下降幅度(最大变化量 50%)远大于波速下降幅度(最大变化量 20%)。

从试验中可以发现，当弹性波波速和波幅开始明显下降时，完整岩石中开始出现宏观裂隙，完整岩石内部微裂隙起裂、扩展、贯通形成的宏观裂隙导致完整岩石中弹性波波速、波幅明显下降。

从图 3.15(b)、图 3.16(b)和图 3.17(b)可以看出，在围压一定、轴向压应力增加的过程中，对于单裂隙岩体，弹性波波速和波幅的变化较为明显。整个加载过程中，深部裂隙岩体中弹性波波速(波幅)的变化可分为四个阶段：

(1) 波速(波幅)快速增加阶段(三轴抗压强度的 0～25%)：该阶段轴向压应力-应变曲线呈现明显的上凹型，曲线的斜率随着轴向压应力的增加缓慢增大。该过程中裂隙岩体内部的细观裂隙和宏观裂隙由于受到压应力的作用开始迅速闭合，从而导致弹性波波速增加了约 5%，波幅增加了约 30%。

(2) 波速(波幅)缓慢增加阶段(三轴抗压强度的 25%～40%)：该阶段轴向压应力-应变曲线的斜率开始变小。此过程中裂隙岩体内部的微裂隙和宏观裂隙继续压缩，裂隙闭合速度相对岩体的初始压密阶段减缓，同时新的裂纹开始起裂扩展，裂隙岩体的变形以弹性应变为主，以少量塑性变形为辅。总体而言，裂隙岩体内部的微裂隙和宏观裂隙进一步压密，从而导致弹性波波速增加了约 3%，波幅增加了约 20%，只是增加速率开始变缓。

(3) 波速(波幅)相对稳定阶段(三轴抗压强度的 40%～55%)：该阶段轴向压应力-应变曲线近似直线。该过程中岩体内部的细观裂隙和宏观裂隙继续扩展，由于轴向压应力和围压的共同作用，此时细观裂隙和宏观裂隙的总体变化量并不大，裂隙岩体中的波速和波幅基本保持稳定。

(4) 波速(波幅)迅速下降阶段(三轴抗压强度的55%～100%)：该阶段轴向压应力-应变曲线的斜率迅速变缓并趋近于零。裂隙岩体内部的微裂纹逐步扩展并与原有的宏观裂隙交汇贯通从而形成新的裂隙网络，从而导致裂隙岩体力学特性迅速劣化，弹性波波速和波幅急剧下降，比最高值分别下降了12%、73%。

通过分析三轴压缩条件下单裂隙岩体中弹性波波速、波幅的变化规律可以发现，当宏观裂隙、细观裂隙闭合时，Pundit Lab＋系统接收探头接收到的弹性波波幅以及测得的弹性波波速增加；当宏观裂隙、细观裂隙张开时，Pundit Lab＋系统接收探头接收到的弹性波波幅及测到的弹性波波速减小。

外力作用下上述弹性波的传播受岩体内部裂隙影响的波动现象可认为是弹性波的裂隙效应，裂隙效应的表现形式主要分为张裂型(波速、波幅减小)和压密型(波速、波幅增加)两种类型。当弹性波传播方向上存在外力作用引起的张裂型裂隙效应时，裂隙边界接触不紧密的部分会增加，同时该不紧密接触面处的颗粒会产生相对滑动，当弹性波穿过该接触面时，一方面不紧密接触面处颗粒相对滑动所引起的摩擦会使得弹性波的部分机械能向热能转化，从而导致试验中测得的弹性波波幅减小；另一方面弹性波在裂隙岩体中传播时遇到的反射、折射或绕射的界面变多，造成弹性波的传播路径增加，从而导致试验中测得的弹性波波速减小。当弹性波传播方向上存在压密型裂隙效应时，裂隙边界接触更为紧密，在上述紧密接触面处的颗粒基本不产生相对滑动，弹性波穿过该接触面时，弹性波的机械能转化为热能的部分相对减少，弹性波的能量损耗很少，从而导致弹性波波幅增加；同时弹性波在裂隙岩体中传播时遇到的反射、折射或绕射的界面变少，造成弹性波的传播路径相对减小，从而导致试验中测得的弹性波波速增加。相较于完整岩石，由于裂隙起裂、扩展而导致的张裂型裂隙效应在裂隙岩体中表现得更为明显；同一岩体试样中，张裂型的裂隙效应比压密型的裂隙效应要强烈得多，弹性波的裂隙效应可以作为判定岩体内部结构发生变化的标志。

对比图3.15～图3.17可以看出，对于完整岩石，在三轴压缩试验的中前期阶段弹性波波速、波幅变化幅度较小，只有在微裂纹开始起裂扩展贯通为宏观裂隙时，弹性波波速和波幅才出现较明显的下降。对于裂隙岩体，在三轴压缩试验中，当岩体中弹性波传播方向上的宏观裂隙压密、闭合时，弹性波波速(波幅)迅速增大，而当这些宏观裂隙开始起裂、扩展直至贯通时，弹性波波速(波幅)下降。因此可以得知，裂隙岩体中宏观裂隙的张开和闭合是引起弹性波波速、波幅明显变化的主要因素。

经回归分析可知，在围压保持恒定的条件下，深部裂隙岩体中弹性波波速与轴向压应力 σ_i 满足以下关系：

$$V_{pi}=\left[-a\left(\sigma_i-\frac{b}{2a}\right)^2+\left(1+\frac{b^2}{4a}\right)\right]V_{p0} \tag{3.1}$$

式中，σ_i 为轴向压应力；a、b 为反映岩体材料的综合性系数，与弹性波波速峰值点出现的位置相关，含不同裂隙数量、裂隙分布角度的裂隙岩体具有不同的 a、b 值。

经回归分析可知，在裂隙岩体所处围压不变的情况下，深部裂隙岩体中弹性波波幅与轴向压应力 σ_i 满足以下关系：

$$A_{pi}=\left[-a_1\left(\sigma_i-\frac{b_1}{2a_1}\right)^2+\left(1+\frac{{b_1}^2}{4a_1}\right)\right]A_{p0} \tag{3.2}$$

式中，a_1、b_1 为反映岩体材料的综合性系数，与弹性波波幅峰值点出现的位置相关，含不同裂隙数量、裂隙分布角度的裂隙岩体具有不同的 a_1、b_1 值。

以单裂隙岩体、双裂隙岩体、多裂隙岩体（裂隙角度均为 0°）在围压为 1.2MPa 条件下的弹性波传播特性试验为例。结合式(3.1)和式(3.2)可以得到弹性波波速、波幅与轴向压应力的关系，如表 3.5 和表 3.6 所示。

表 3.5　弹性波波速与轴向压应力拟合公式

试样编号	拟合公式	相关系数 R^2
F1-0	$V_{pi}=(-0.0087\sigma_i^2+0.0569\sigma_i+1)V_{p0}$	0.913
F2-0	$V_{pi}=(-0.0074\sigma_i^2+0.0499\sigma_i+1)V_{p0}$	0.861
F3-0	$V_{pi}=(-0.0129\sigma_i^2+0.07\sigma_i+1)V_{p0}$	0.962

表 3.6　弹性波波幅与轴向压应力拟合公式

试样编号	拟合公式	相关系数 R^2
F1-0	$A_{pi}=(-0.0627\sigma_i^2+0.464\sigma_i+1)A_{p0}$	0.924
F2-0	$A_{pi}=(-0.0712\sigma_i^2+0.513\sigma_i+1)A_{p0}$	0.859
F3-0	$A_{pi}=(-0.0823\sigma_i^2+0.544\sigma_i+1)A_{p0}$	0.943

3. 弹性波传播衰减规律的影响因素研究

1) 围压对弹性波波速和波幅的影响

以不同围压条件下单裂隙岩体、双裂隙岩体中的三轴压缩弹性波传播特性试验为例，图 3.18(a)和图 3.19(a)为三轴压缩弹性波传播特性试验中单裂隙岩体试样（裂隙角度 0°）在不同围压条件下的波速比-轴向压应力和波幅比-轴向压应力曲线，其中令单裂隙岩体在围压为 0.6MPa、轴向压应力为 0 时的波速比为 1，波幅比为 1。图 3.18(b)和图 3.19(b)为三轴压缩弹性波传播特性试验中双裂隙岩体试样（裂隙角度 0°）在不同围压条件下的波速比-轴向压应力和波幅比-轴向压应力曲线，其中令双裂隙岩体在围压为 0.6MPa、轴向压应力为 0 时的波速比为 1，波幅比为 1。

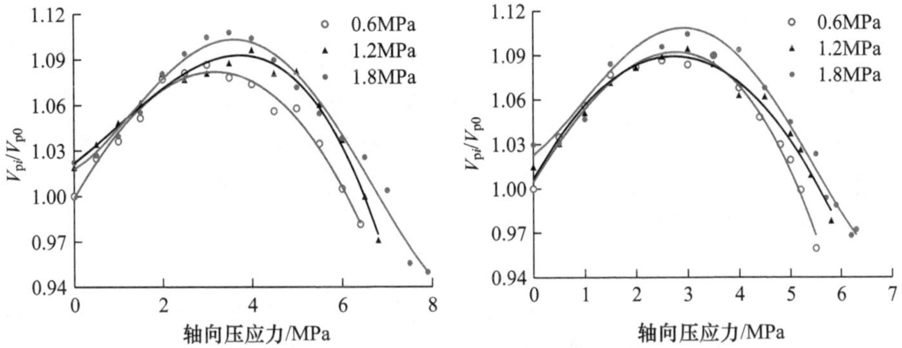

(a) 单裂隙岩体试样　(b) 双裂隙岩体试样

图 3.18　不同围压条件下裂隙岩体试样中弹性波波速比-轴向压应力曲线

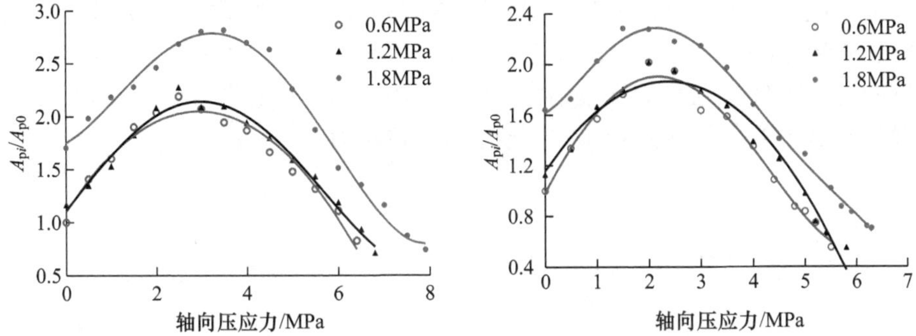

(a) 单裂隙岩体试样　(b) 双裂隙岩体试样

图 3.19　不同围压条件下裂隙岩体试样中弹性波波幅比-轴向压应力曲线

从图 3.18 和图 3.19 可以看出，在轴向压应力一定、围压逐渐增加的过程中，总体而言，裂隙岩体中波速(波幅)的变化主要划分为以下几个阶段：

(1) 在未施加轴向压应力时，裂隙岩体中的宏观裂隙、细观裂隙由于只受到围压的作用而被压密，裂隙效应的形式表现为压密型，且围压越大，压密型的裂隙效应表现得越明显，从而使得试验中测得的弹性波波速和波幅随着围压的增大而迅速增大。

(2) 在轴向压应力不超过 55%的应力水平时，围压对裂隙的作用体现在两方面：使宏观裂隙、细观裂隙压密和限制宏观裂隙、细观裂隙的起裂、扩展。很显然，在该阶段裂隙效应的形式表现为压密型，且围压越大，压密型的裂隙效应表现得越明显，从而使得试验中测得的弹性波波速和波幅随着围压的增大而缓慢增大。弹性波波速在(1.8MPa、0.6MPa)两者间的差值比(1.2MPa、0.6MPa)两者间差值略大，而弹性波波幅在(1.8MPa、1.2MPa)两者间的差值约为中低围压条件下(1.2MPa、0.6MPa)两者间差值的1.8～3倍。

(3) 在轴向压应力超过75%的应力水平时，岩体中的宏观裂隙、细观裂隙开始起裂、扩展，在裂隙岩体表面开始出现明显的宏观裂隙。很显然，在该阶段裂隙效应的形式表现为张裂型，由于轴压过大，围压限制裂隙起裂、扩展的能力相对减弱，围压越小，其限制作用越弱，张裂型的裂隙效应体现得便越明显，于是在试验中会观察到弹性波波速和波幅迅速下降。

2) 裂隙数量对弹性波波速和波幅的影响

以含有不同裂隙数量岩体中的三轴压缩弹性波传播特性试验为例。图3.20(a)和图3.21(a)为三轴压缩弹性波传播特性试验中单裂隙岩体试样(裂隙角度0°)、双裂隙岩体试样(裂隙角度0°)、多裂隙岩体试样(裂隙角度0°)在围压为0.6MPa条件下的波速比-轴向压应力和波幅比-轴向压应力曲线，其中令单裂隙岩体在围压为0.6MPa、轴向压应力为0时的波速比为1，波幅比为1。图3.20(b)和图3.21(b)为三轴压缩弹性波传播特性试验中单裂隙岩体试样(裂隙角度0°)、双裂隙岩体试样(裂隙角度0°)、多裂隙岩体试样(裂隙角度0°)在围压为1.2MPa条件下的波速比-轴向压应力和波幅比-轴向压应力曲线，其中令单裂隙岩体在围压为1.2MPa、轴向压应力为0时的波速比为1，波幅比为1。

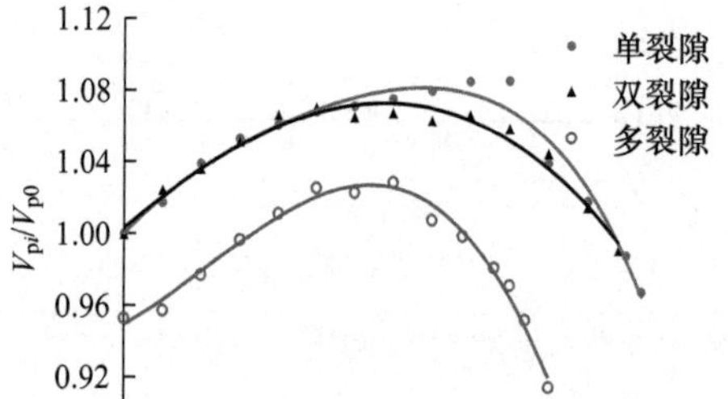

(a) 围压0.6 MPa

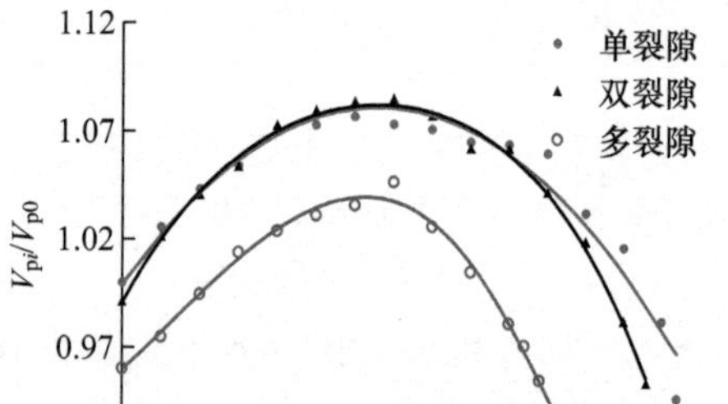

(b) 围压1.2MPa

图3.20 含不同裂隙数量岩体中弹性波波速比-轴向压应力曲线

从图3.20和图3.21可以看出，随着裂隙数量的增加，相同应力状态下裂隙岩体中弹性波波速和波幅减小，双裂隙岩体中的弹性波波速(波幅)比含单裂隙岩体中的略小，波速下降了1%，波幅下降了5%；多裂隙(27条)岩体中弹性波波速(波幅)比单裂隙岩体中的大幅降低，波速下降了10%，波幅下降了50%。裂隙岩体中弹性波的波速和波幅受到弹性波传播路径及裂隙接触面处颗粒库仑摩擦力的影响，相同应力状态下，裂隙岩体单位体积内裂隙数量越多，弹性波的传播路径越长、摩擦引起机械能的耗散越大，从而使得弹性波波速、波幅随着单位体积内裂隙数量的增加而明显减小。

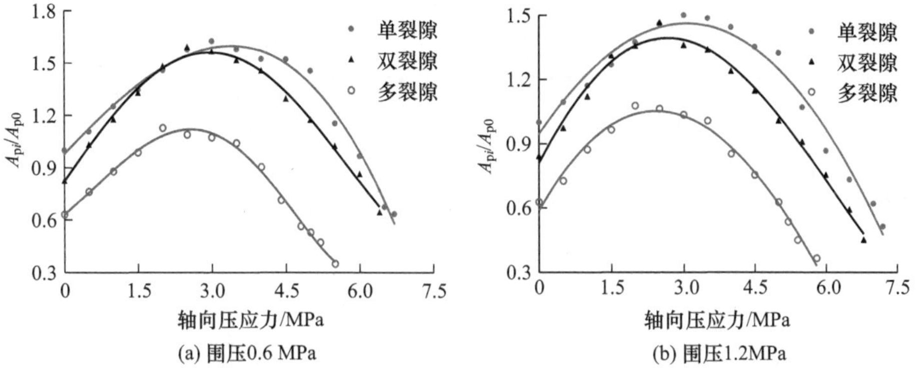

图 3.21　含不同裂隙数量岩体中弹性波波幅比-轴向压应力曲线

3）裂隙角度对弹性波波速和波幅的影响

以含有不同裂隙分布角度岩体中的三轴压缩弹性波传播特性试验为例。图 3.22(a)和图 3.23(a)为三轴压缩弹性波传播特性试验中双裂隙岩体试样（裂隙角度 0°、30°、45°、60°、90°）在围压为 1.2MPa 条件下的波速比-轴向压应力和波幅比-轴向压应力曲线，其中令双裂隙岩体试样（裂隙角度 0°）在围压为 1.2MPa、轴向压应力为 0 时的波速比为 1，波幅比为 1。图 3.22(b)和图 3.23(b)为三轴压缩弹性波传播特性试验中多裂隙岩体试样（裂隙角度 0°、30°、45°、60°、90°）在围压为 1.2MPa 条件下的波速比-轴向压应力和波幅比-轴向压应力曲线，其中令多裂隙岩体试样（裂隙角度 0°）在围压为 1.2MPa、轴向压应力为 0 时的波速比为 1，波幅比为 1。

从图 3.22 和图 3.23 可以看出，在未施加轴向压应力时，随着裂隙岩体中裂隙角度的增加，弹性波波速和波幅减小；在裂隙岩体所承受的轴向压应力、围压相同时，岩体中弹性波的波速、波幅随着裂隙角度的增大而减小。裂隙角度与弹性波波速、波幅之间的关系，可以转换为裂隙在与弹性波传播方向相垂直平面上的投影长度与弹性波波速、波幅间的关系。裂隙在该平面上的投影越长，弹性波在该传播方向上遇到的反射、折射或绕射的界面越多，弹性波的传播路径便越长；同时不紧密接触面的颗粒面积也会增加，使得库仑摩擦力引起机械能的耗散变大，从而导致试验中测得的弹性波波速、波幅随着岩体中裂隙角度的增加而明显减小。反之，裂隙的投影长度越短，裂隙岩体中弹性波波速和波幅的下降程度越小。

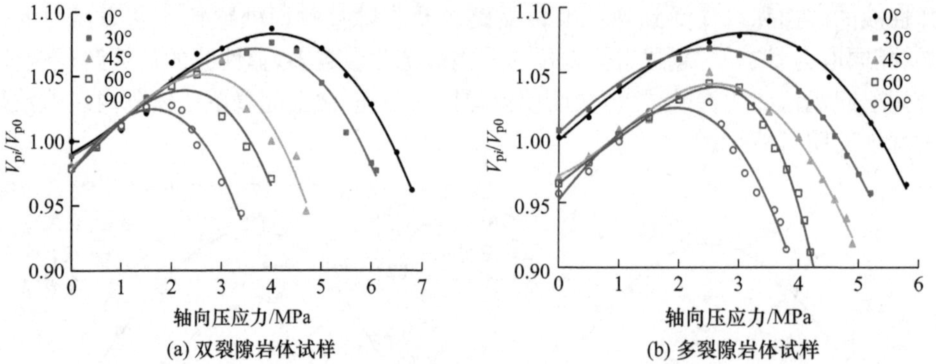

图 3.22　不同裂隙角度下裂隙岩体中弹性波波速比-轴向压应力关系

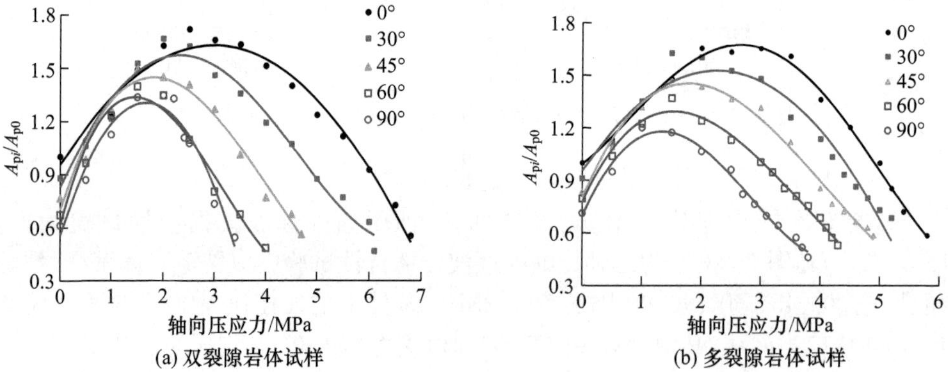

图 3.23　不同裂隙角度下裂隙岩体中弹性波波幅比-轴向压应力关系

3.2.5　三轴拉压条件下深部裂隙岩体中弹性波传播特性试验

1. 试验过程及数据处理

图 3.24 为三轴拉压条件下深部裂隙岩体的弹性波传播特性试验，为保证试验的稳定性和试验数据的准确性，三轴拉压试验中拉应力的施加速率和三轴抗拉强度的取值范围以相似材料标准试样在单轴拉压条件下的试验结果为参考来确定，拉应力的施加速率设定为 0.1kN/级。由于油压输出速度难以控制，因此对三轴拉压试验条件下裂隙岩体峰值点的确定采取轴向位移的控制形式。具体而言，通过单轴拉伸试验中标准试样在峰值强度处轴向拉应变的平均值来控制三轴拉压条件下裂隙岩体峰值强度附近的轴向拉应变，同时也要结合试验中得到的拉应力、拉应变随时间的变化曲线来确定试样的峰值强度。

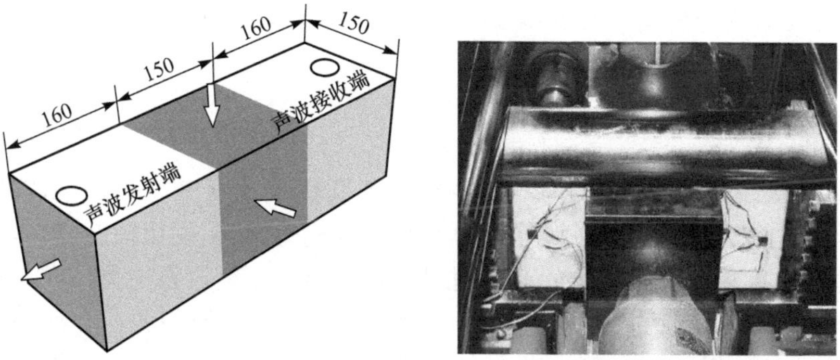

(a) 加载方式与弹性波监测布置图(单位：mm)　　(b) 试验测试图

图 3.24　三轴拉压条件下深部裂隙岩体的弹性波传播特性试验

三轴拉压条件下深部裂隙岩体中弹性波传播特性试验的主要步骤如下：

(1) 与三轴压缩试验类似，首先在裂隙岩体的三个方向上施加一定的预加荷载使裂隙岩体试样与拉压真三轴仪的加载压头紧密接触并固定，然后手动操作油压面板上的控制系统以 0.1kN/级的加载速率施加围压至试验方案中的设定围压 0.6MPa、1.2MPa、1.8MPa(相似计算对应于 20MPa、40MPa、60MPa 的高地应力水平)。

(2) 将弹性波监测设备发射探头、接收探头通过黄油与打磨光滑的试样两端耦合放置，同时将弹性波监测系统中测试距离设置为 0.42m，弹性波发射频率设置为 500kHz、脉冲振幅设置为 500V、采样频率设置为 0.1ms。

(3) 在保持围压稳定的条件下，以 0.1kN/级的拉应力施加速率逐渐施加拉应力，直至试样发生破坏。在试验过程中，系统自动记录下试样的轴向拉应力、应变随时间的变化曲线以及弹性波的波速、波幅。各个工况下的裂隙岩体试样均进行 3 次试验，取测得的平均值进行分析与研究。

三轴拉压弹性波传播特性试验中深部裂隙岩体的试样编号和试验工况如表 3.7 所示。

表 3.7　深部裂隙岩体试样编号和试验工况表(三轴拉压试验)

裂隙数量	不同裂隙角度下的试样编号					试验围压 /MPa	实际工况 /MPa
	0°	30°	45°	60°	90°		
0	F_L0-0	F_L0-0	F_L0-0	F_L0-0	F_L0-0	0.6、1.2、1.8	20、40、60
1	F_L1-0	F_L1-1	F_L1-2	F_L1-3	F_L1-4	0.6、1.2、1.8	20、40、60
2	F_L2-0	F_L2-1	F_L2-2	F_L2-3	F_L2-4	0.6、1.2、1.8	20、40、60
27	F_L3-0	F_L3-1	F_L3-2	F_L3-3	F_L3-4	0.6、1.2、1.8	20、40、60

为了更好地分析试验数据，得到明显的试验规律，对试验中测得的弹性波波速和波幅同 3.2.4 节进行无量纲化处理。

2. 试验结果分析

从图 3.25(a)、图 3.26(a)和图 3.27(a)可以看出，对完整岩石而言，在三轴拉压试验的中前期阶段，弹性波波幅总体呈现下降趋势，但是变化幅度较小，该阶段完整岩石中微裂纹、微孔洞开始起裂、扩展，从而导致完整岩石中弹性波波速和波幅减小。当轴向拉应力为三轴抗拉强度的 80%时，弹性波的波速和波幅迅速下降，该阶段完整岩石中的细观裂隙持续扩展并开始贯通形成明显的宏观裂隙，从而导致弹性波波速、波幅的明显降低。

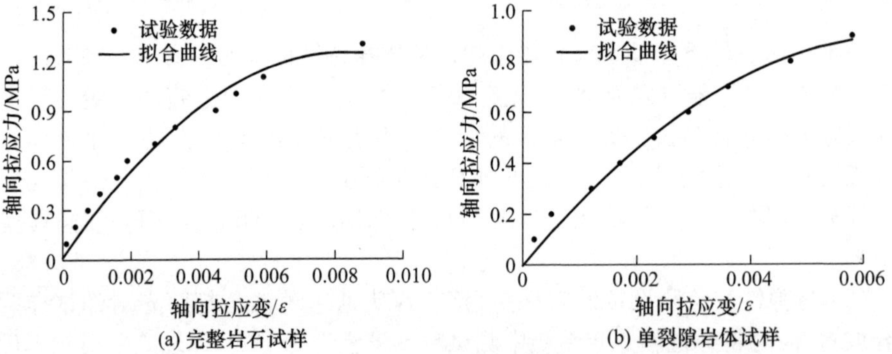

图 3.25　三轴拉压条件下岩体试样轴向拉应力-应变曲线

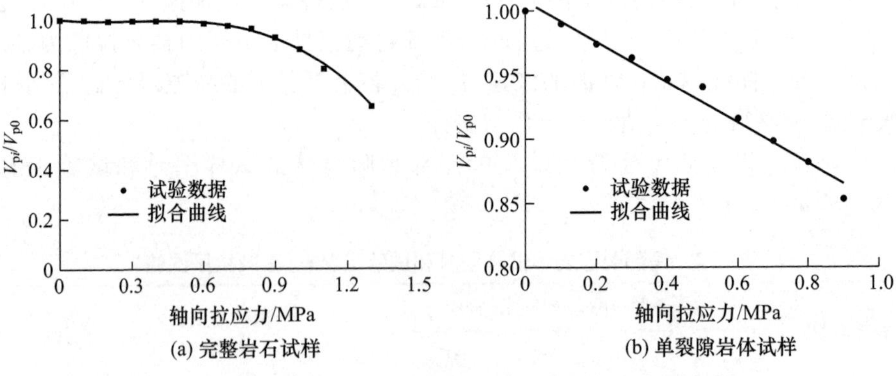

图 3.26　三轴拉压条件下岩体试样中弹性波波速比-轴向拉应力曲线

结合图 3.25(b)、图 3.26(b)和图 3.27(b)可知，对裂隙岩体而言，在围压一定、轴向拉应力增加的过程中，裂隙岩体的轴向拉应力-应变曲线近似线性增加，弹性波波速(波幅)随轴向拉应力的增大而不断变小，表现出明显的线性变化特征。裂隙岩体受到轴向拉应力和围压的共同作用，从而引起弹性波传播方向上的宏观裂隙不断扩展、贯通，使得弹性波的传播路径增加，同时裂隙接触面处颗粒库仑摩擦力引起的机械能耗散增大，表现出张裂型的裂隙效应。

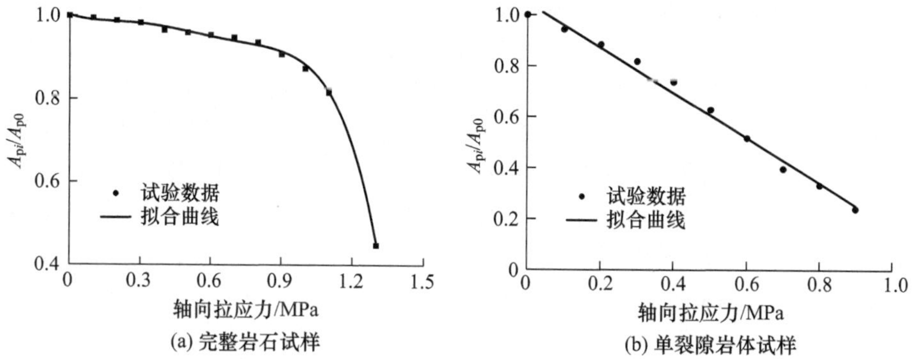

图 3.27　三轴拉压条件下岩体试样中弹性波波幅比-轴向拉应力曲线

经回归分析可知，在围压恒定的条件下，深部裂隙岩体中弹性波波速与轴向拉应力满足以下关系：

$$V_{pi}=(1-a\sigma_{ti})V_{p0} \tag{3.3}$$

式中，σ_{ti} 为轴向拉应力；a 为反映岩体材料的综合性系数，含不同裂隙数量、裂隙分布角度的裂隙岩体具有不同的 a 值。

深部裂隙岩体中弹性波波幅与轴向拉应力满足以下关系：

$$A_{pi}=(1-a_1\sigma_{ti})A_{p0} \tag{3.4}$$

式中，a_1 为反映岩体材料的综合性系数，含不同裂隙数量、裂隙分布角度的裂隙岩体具有不同的 a_1 值。

以单裂隙岩体(裂隙角度 0°)、双裂隙岩体(裂隙角度 0°)在围压为 1.2MPa 条件下的弹性波传播特性试验为例，结合式(3.3)和式(3.4)可得弹性波波速、波幅与轴向拉应力间的关系，如表 3.8 和表 3.9 所示。

表 3.8　弹性波波速与轴向拉应力拟合公式

试样编号	拟合公式	相关系数 R^2
F_L1-0	$V_{pi}=(1-0.163\sigma_{ti})V_{p0}$	0.968
F_L2-0	$V_{pi}=(1-0.192\sigma_{ti})V_{p0}$	0.976
F_L3-0	$V_{pi}=(1-0.263\sigma_{ti})V_{p0}$	0.914

表 3.9　弹性波波幅与轴向拉应力拟合公式

试样编号	拟合公式	相关系数 R^2
F_L1-0	$A_{pi}=(1-0.869\sigma_{ti})A_{p0}$	0.951
F_L2-0	$A_{pi}=(1-1.213\sigma_{ti})A_{p0}$	0.942
F_L3-0	$A_{pi}=(1-1.567\sigma_{ti})A_{p0}$	0.967

3. 弹性波传播衰减规律的影响因素研究

1) 围压对弹性波波速和波幅的影响

以不同围压条件下单裂隙岩体、双裂隙岩体中的三轴拉压弹性波传播特性试验为例。图 3.28(a)和图 3.29(a)为三轴拉压弹性波传播特性试验中单裂隙岩体(裂隙角度 0°)在不同围压条件下的波速比-轴向拉应力和波幅比-轴向拉应力曲线,令单裂隙岩体在围压为 0.6MPa、轴向拉应力为 0 时的波速比为 1,波幅比为 1。图 3.28(b)和图 3.29(b)为三轴拉压弹性波传播特性试验中双裂隙岩体(裂隙角度 0°)在不同围压条件下的波速比-轴向拉应力和波幅比-轴向拉应力曲线,令双裂隙岩体在围压为 0.6MPa、轴向拉应力为 0 时的波速比为 1,波幅比为 1。

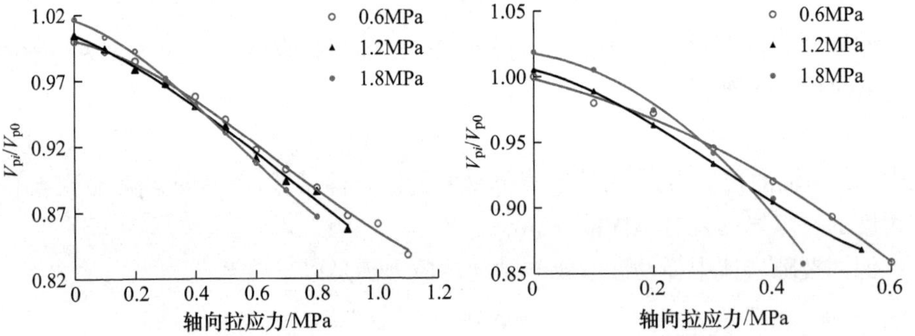

(a) 单裂隙岩体试样　　(b) 双裂隙岩体试样

图 3.28　不同围压条件下裂隙岩体中弹性波波速比-轴向拉应力曲线

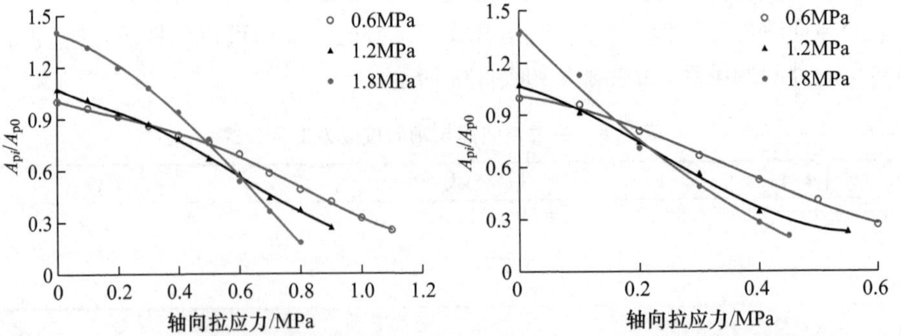

(a) 单裂隙岩体试样　　(b) 双裂隙岩体试样

图 3.29　不同围压条件下裂隙岩体中弹性波波幅比-轴向拉应力曲线

从图 3.28 和图 3.29 可以看出,弹性波波速和波幅的变化与围压密切相关:

(1) 初始阶段,在轴向拉应力为零时,围压的作用使岩体中的细观裂隙、宏观裂隙闭合，裂隙岩体中的弹性波波速和波幅随围压的增大而增大。

(2) 在轴向拉应力不断施加的过程中，裂隙岩体受到轴向拉应力和围压的共同作用，围压作用导致的泊松效应进一步加速了裂隙岩体中细观裂隙、宏观裂隙沿轴向拉应力方向的扩展与贯通。在轴向拉应力一定时，围压越大，裂隙岩体中细观裂隙和宏观裂隙的起裂、扩展现象越明显，弹性波波速和波幅的下降幅度越大。

(3) 在轴向拉应力达到峰值水平的 45%时，高围压条件下的弹性波波速和波幅开始低于低围压条件下的波速和波幅，进一步体现了围压泊松效应对弹性波波速和波幅的影响。

2) 裂隙数量对弹性波波速和波幅的影响

以含不同裂隙数量岩体中的三轴拉压弹性波传播特性试验为例。图 3.30(a)和图 3.31(a)为三轴拉压弹性波传播特性试验中单裂隙岩体(裂隙角度 0°)、双裂隙岩体(裂隙角度 0°)、多裂隙岩体(裂隙角度 0°)在围压为 0.6MPa 条件下的波速比-轴向拉应力和波幅比-轴向拉应力曲线，其中令单裂隙岩体在围压为 0.6MPa、轴向拉应力为 0 时的波速比为 1，波幅比为 1。图 3.30(b)和图 3.31(b)为三轴拉压弹性波传播特性试验中单裂隙岩体(裂隙角度 0°)、双裂隙岩体(裂隙角度 0°)、多裂隙岩体(裂隙角度 0°)在围压为 1.2MPa 条件下的波速比-轴向拉应力和波幅比-轴向拉应力曲线，其中令单裂隙岩体在围压为 1.2MPa、轴向拉应力为 0 时的波速比为 1，波幅比为 1。

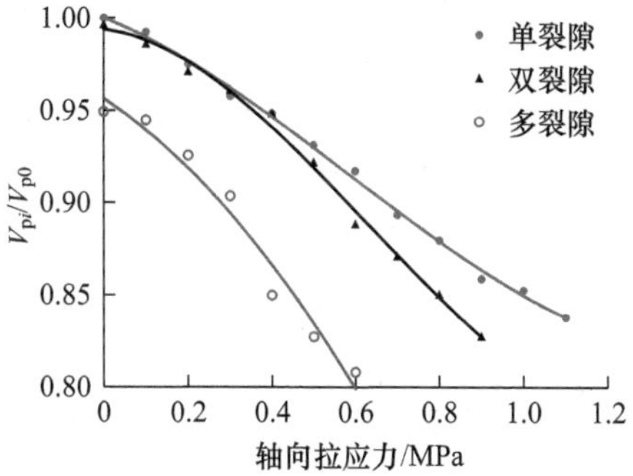

(a) 围压0.6 MPa

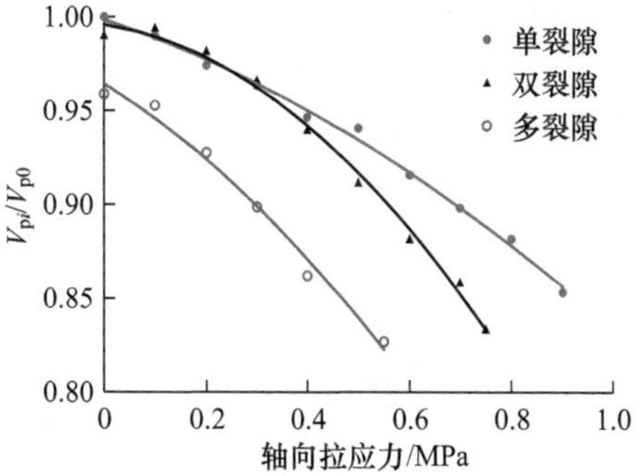

(b) 围压1.2MPa

图 3.30　含不同裂隙数量岩体中弹性波波速比-轴向拉应力曲线

从图 3.30 和图 3.31 可以看出，相同应力状态下裂隙岩体中弹性波波速、波幅随着岩体中裂隙数量的增加而减小，单裂隙岩体中的弹性波波速(波幅)比双裂隙岩体中的略小，多裂隙岩体中弹性波波速(波幅)比单、双裂隙岩体中的大幅降低。裂隙岩体中的弹性波波速和波幅受到弹性波传播路径及裂隙边界颗粒接触面库仑摩擦力的影响，相同应力状态下，裂隙岩体单位体积内裂隙数量越多，弹性波的传播路径越长，库仑摩擦力引起机械能的耗散越大，从而使得弹性波波速、波幅随着单位体积内裂隙数量的增加而明显减小。

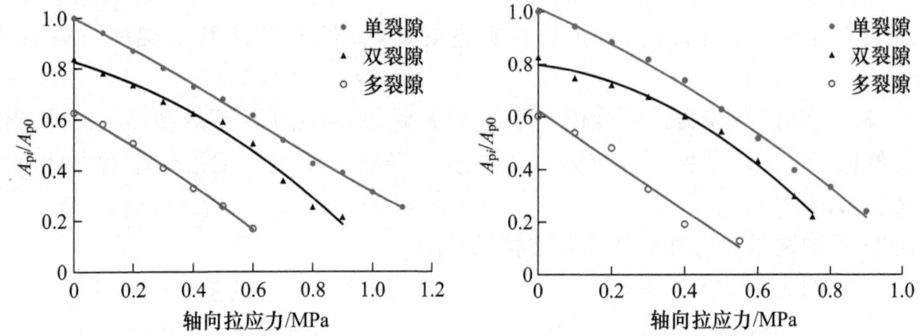

(a) 围压0.6MPa (b) 围压1.2MPa

图 3.31 含不同裂隙数量岩体中弹性波波幅比-轴向拉应力曲线

3) 裂隙角度对弹性波波速和波幅的影响

以含有不同裂隙分布角度岩体中的三轴拉压弹性波传播特性试验为例。图 3.32(a)和图 3.33(a)为三轴拉压弹性波传播特性试验中双裂隙岩体(裂隙角度 0°、30°、45°、60°、90°)在围压为 1.2MPa 条件下的波速比-轴向拉应力和波幅比-轴向拉应力曲线，其中令双裂隙岩体(裂隙角度 0°)在围压为 1.2MPa、轴向拉应力为 0 时的波速比为 1，波幅比为 1。图 3.32(b)和图 3.33(b)为三轴拉压弹性波传播特性试验中多裂隙岩体(裂隙角度 0°、30°、45°、60°、90°)在围压为 1.2MPa 条件下的波速比-轴向拉应力和波幅比-轴向拉应力曲线，其中令多裂隙岩体(裂隙角度 0°)在围压为 1.2MPa、轴向拉应力为 0 时的波速比为 1，波幅比为 1。

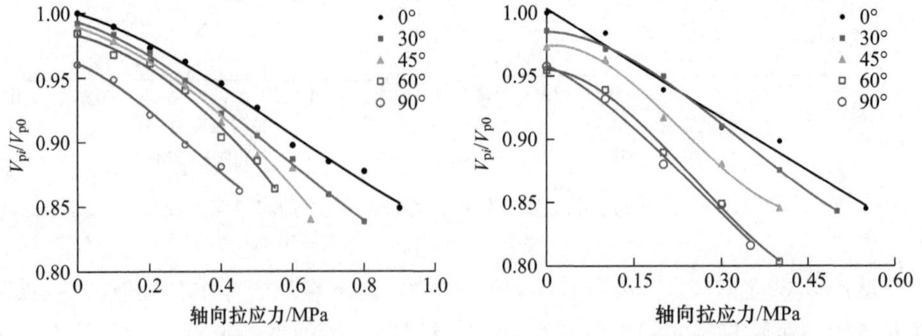

(a) 双裂隙岩体试样 (b) 多裂隙岩体试样

图 3.32 不同裂隙角度下裂隙岩体中弹性波波速比-轴向拉应力曲线

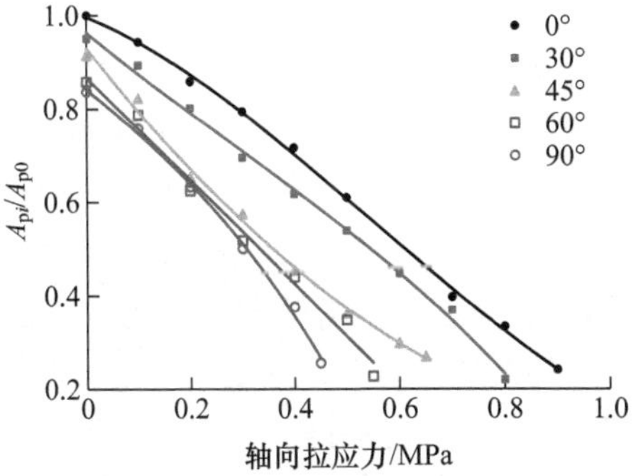

(a) 双裂隙岩体试样

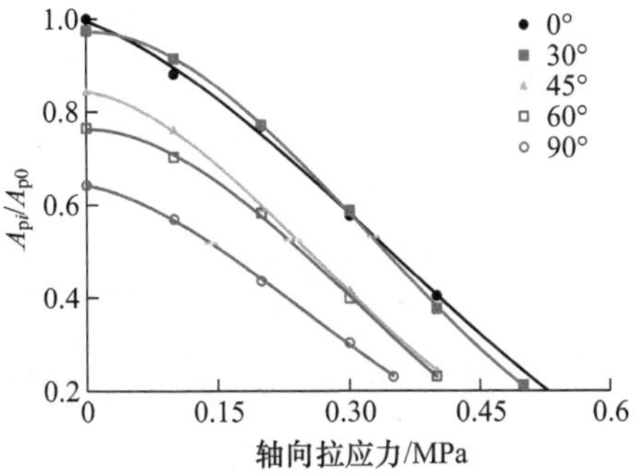

(b) 多裂隙岩体试样

图 3.33　不同裂隙角度下裂隙岩体中弹性波波幅比-轴向拉应力曲线

从图 3.32 和图 3.33 可以看出：①初始阶段，在轴向拉应力为 0 时，随着岩体中裂隙角度的增加，弹性波波速和波幅减小；②试验过程中，在受力状态相同时，随裂隙角度的增加，弹性波波速和波幅减小。裂隙角度与弹性波波速、波幅之间的关系，可以转换为裂隙在与弹性波传播方向相垂直平面上的投影长度与弹性波波速、波幅间的关系。裂隙在该平面上的投影越长，弹性波在该传播方向上遇到的反射、折射或绕射的界面越多，弹性波的传播路径便越长；同时不紧密接触面的颗粒面积也会增加，使得库仑摩擦力引起机械能的耗散变大，从而导致试验中测得的弹性波波速、波幅随着岩体中裂隙角度的增加而明显减小。反之，裂隙的投影长度越短，裂隙岩体中弹性波波速和波幅的下降程度越小。

4. 小结

以锦屏二级水电站深埋隧洞围岩为工程背景，基于相似理论结合相似材料的配合比试验配制了深部裂隙岩体模型试样，在此基础上进行了不同加载方式下深部裂隙岩体的弹性波传播特性试验，主要结论如下：

(1) 对三轴压缩条件下的深部裂隙岩体而言，在围压恒定、轴向压应力增加的过程中，裂隙岩体中弹性波波速和波幅的变化均经历了快速增加(比初始波速、波幅增加约 5%、30%)、缓慢增加(比初始波速、波幅增加约 3%、20%)、相对稳定、迅速下降(比峰值波速、波幅下降 12%、73%)四个阶段。其中，当轴向压应力达到三轴抗压峰值强度的 55%时，弹性波波速和波幅即开始迅速下降；三轴拉压条件下，在围压保持恒定时，岩体中弹性波的波速、波幅均随着轴向拉应力的增大而线性减小。

(2) 深部裂隙岩体中弹性波传播方向上存在张裂型裂隙效应时，一方面，裂隙不紧密接触面处颗粒间的相对滑动所引起的库仑摩擦力会使弹性波机械能向热能转化的部分增加，从而导致试验中测得的弹性波波幅减小；另一方面，弹性波在裂隙岩体中传播时遇到的反射、折射或绕射的界面变多，造成弹性波的传播路径变长，从而导致试验中测得的弹性波波速减小。在弹性波传播方向上存在闭合型裂隙效应时，弹性波波速变大，波幅衰减较弱。对于同一裂隙试样，张裂型的裂隙效应比压密型的裂隙效应更为强烈，弹性波的裂隙效应可以作为判定岩体结构发生变化的重要标志。

(3) 三轴压缩条件下围压不仅压密了宏观裂隙和细观裂隙，同时也限制宏细观裂隙的起裂、扩展，从而导致弹性波波速、波幅随围压的增大而增大；三轴拉压条件下，围压作用引起的泊松效应加速了宏观裂隙、细观裂隙沿轴向拉应力方向的扩展与贯通，从而导致弹性波波速、波幅随围压的增大而减小。三轴压缩、三轴拉压条件下，裂隙岩体单位体积内裂隙数量越多，弹性波的传播路径越长、库仑摩擦力引起机械能的耗散越大，从而使得弹性波波速、波幅随着单位体积内裂隙数量的增加而明显减小。裂隙在与弹性波传播方向相垂直平面上的投影长度越长，弹性波在该传播方向上遇到的反射、折射或绕射的界面越多，传播路径便越长，从而使得弹性波波速、波幅随裂隙角度的增加而减小。

3.3 不同加载方式下深部裂隙岩体宏观裂隙的起裂应力

3.3.1 三轴压缩条件下深部裂隙岩体宏观裂隙的起裂应力

三轴压缩条件下，深部裂隙岩体宏观损伤演化发展的实质是岩体中宏观裂隙起裂、扩展的过程，岩体中宏观裂隙起裂瞬间，裂隙岩体的宏观损伤开始发展，同时随着岩体中宏观裂隙的扩展，岩体内部宏观损伤不断演化和发展。

库仑-纳维尔准则认为，造成岩体剪切破坏的根本原因是作用在岩体破坏面上剪应力的作用，以该特征为基础来建立三轴压缩条件下深部裂隙岩体宏观裂隙的起裂方程，从而最终得到深部裂隙岩体宏观裂隙(损伤)的起裂应力。

如图 3.34 所示，令含有单条裂隙岩体中裂隙的长度为 $2a$，σ_1 为作用在单裂隙岩体上的轴向压应力，$\sigma_2=\sigma_3$ 为作用在单裂隙岩体上的围压，β 为裂纹倾斜角(裂纹与轴向压应力方向的夹角)，θ_0 为裂纹起裂角，f 为裂隙面的等效摩擦系数，裂隙面的抗剪切强度为 τ_c，则岩体中裂隙表面上的法向应力 σ_N 和等效剪应力 τ_f 为

$$\begin{cases}\sigma_N=\dfrac{\sigma_1+\sigma_3}{2}-\dfrac{\sigma_1-\sigma_3}{2}\cos(2\beta)\\ \tau_f=\dfrac{\sigma_1-\sigma_3}{2}\sin(2\beta)-f\sigma_N\end{cases}\tag{3.5}$$

(1) 当 $\tau_f<\tau_c$ 时，裂隙面上的等效剪应力小于该面上的抗剪强度，裂隙不会产生滑移；当 $\tau_f=0$，此时裂纹不存在Ⅱ型模式扩展，是一种特殊的纯Ⅰ型裂纹，即 $K_{\mathrm{I}}\neq0$，$K_{\mathrm{II}}\neq K_{\mathrm{III}}\neq0$，根据应力强度因子的叠加原理和常规写法可知

$$K_{\mathrm{I}}=-\sigma(\sin^2\beta+\lambda\cos^2\beta)\sqrt{\pi a}\tag{3.6}$$

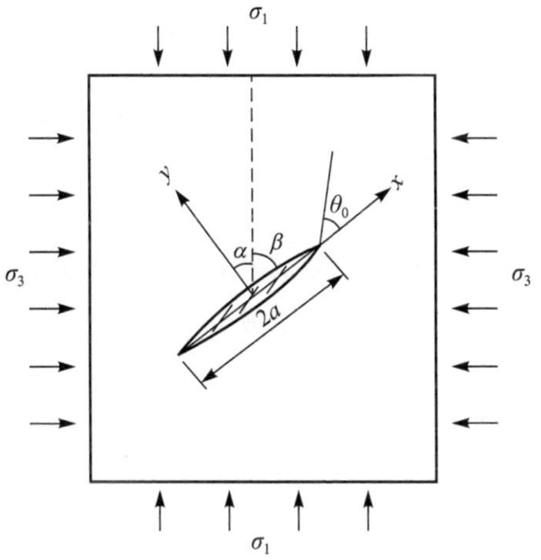

图 3.34　三轴压缩条件下Ⅰ-Ⅱ复合型裂纹图

式中，$\sigma_1=\sigma$，$\sigma_3=\lambda\sigma$，应力强度因子 $K_{\mathrm{I}}<0$，由于裂隙面相互间的不可侵入性，很显然 $K_{\mathrm{I}}<0$ 在物理上不存在任何意义，此时裂隙面之间闭合，裂纹周围不存在应力的奇异性，裂纹对周围的应力场并没有实质性的影响。

(2) 当 $\tau_{\mathrm{f}}>\tau_{\mathrm{c}}$ 时，裂隙面上的等效剪应力大于该面上的抗剪强度，同时由于闭合裂纹面间物质相互间不可侵入，在此情况下，裂隙面之间只产生滑移，属于纯Ⅱ型裂纹，裂纹前缘极坐标系中的应力分量表达式为

$$\begin{cases}\sigma_{xx}=-\dfrac{K_{\mathrm{II}}}{\sqrt{2\pi r}}\sin\dfrac{\theta}{2}\left(2+\cos\dfrac{\theta}{2}\cos\dfrac{3\theta}{2}\right)\\ \sigma_{yy}=\dfrac{K_{\mathrm{II}}}{\sqrt{2\pi r}}\sin\dfrac{\theta}{2}\cos\dfrac{\theta}{2}\cos\dfrac{3\theta}{2}\\ \tau_{xy}=\dfrac{K_{\mathrm{II}}}{\sqrt{2\pi r}}\cos\dfrac{\theta}{2}\left(1-\sin\dfrac{\theta}{2}\sin\dfrac{3\theta}{2}\right)\end{cases} \tag{3.7}$$

根据应力强度因子的叠加原理，可以得到三轴压缩条件下Ⅱ型裂纹的应力强度因子为

$$K_{\mathrm{II}}=-\sigma\left[(1-\lambda)\sin\beta\cos\beta-f(\sin^2\beta+\lambda\cos^2\beta)\right]\sqrt{\pi a} \tag{3.8}$$

令裂纹的断裂韧度为 $K_{\mathrm{II}}=K_{\mathrm{IIc}}$，在三轴压缩条件下，当 $\tau_1=\tau_{\mathrm{c}}$ 裂纹面开始滑移时：$\sigma_1=\sigma_{\mathrm{c}}$，则三轴压缩条件下单裂隙岩体的纯Ⅱ型裂纹的起裂条件为

$$\sigma_1=c\sigma_3+d \tag{3.9}$$

式中，

$$c=\frac{\sin(2\beta)+f[1+\cos(2\beta)]}{\sin(2\beta)-f[1-\cos(2\beta)]}$$

$$d=\frac{2K_{\mathrm{IIc}}}{f[1-\cos(2\beta)]-\sin(2\beta)\sqrt{\pi a}}$$

三轴压缩条件下，当单裂隙岩体所处的围压和轴向压应力满足式(3.5)时，宏观裂隙开始起裂，此时宏观损伤开始发展，式(3.5)中的轴向压应力 σ_1 即是深部裂隙岩体宏观裂隙的起裂应力。

如图 3.35 所示，文献[17]给出了含有多条平行裂隙的岩体在受到预剪面法向应力和水平方向剪切应力时，在试样发生剪切破坏前岩体中裂隙起裂、扩展、贯通的过程。

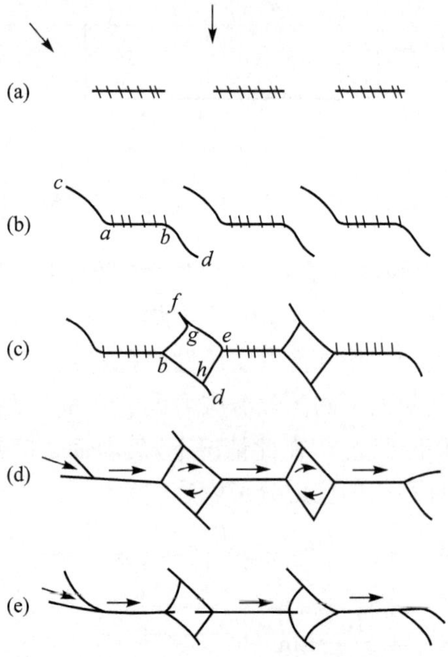

图 3.35　岩体剪切破坏的各个阶段

(1) 岩体中预制裂隙处开始出现羽状裂纹(趋向于斜向推力方向)，如图 3.35(a)所示。

(2) 首先在裂隙的 a 端出现与侧推力平行的张性裂纹 ac，然后在裂隙的 b 端出现张性裂纹 bd，如图 3.35(b)所示。

(3) 随着水平剪切应力的增加，在相邻两条张性裂纹 bd、ef 的正交方向上开始产生两条压性横裂纹 bg、eh，bd、ef、bg、eh 这四条裂纹便形成了明显的菱形方块，如图 3.35(c)所示。

(4) 在裂纹形成菱形方块以后，在水平剪应力继续增加时，菱形方块发生转动，在试验中可以观察到岩体试样开始显现出上抬趋势和剪胀现象，在大裂纹附近又开始出现新的小裂纹，如图 3.35(d)所示。

(5) 当岩体试样的上抬高度达到一定程度时，岩体试样表现出明显的剪胀特征，整个岩体发生切断方块对角线的宏观剪断破坏，如图3.35(e)所示。

从图3.35中多裂隙岩体发生剪切破坏前岩体中裂隙破裂发展过程可以看出，对于受到压剪作用的裂隙岩体，多裂隙岩体中的各个裂隙均以相同的方式起裂、扩展，因此在研究中可以通过建立多裂隙岩体中单个裂隙的起裂条件来代表多裂隙岩体中裂隙的起裂条件。与单裂隙岩体中裂隙尖端区域的应力场相比，多裂隙岩体中的任一裂隙由于受到其他裂隙的作用，裂隙尖端区域的应力场发生了变化，因而对于多裂隙岩体中的任一裂隙尖端区域，参照式(3.8)的形式，其在三轴压缩条件下的Ⅱ型裂纹的应力强度因子可表示为

$$K_{\mathrm{II}}'=-Y\sigma[(1-\lambda)\sin\beta\cos\beta-f(\sin^2\beta+\lambda\cos^2\beta)]\sqrt{\pi a} \tag{3.10}$$

式中，Y 为裂纹间的相互影响因子。

参照式(3.9)可以得到三轴压缩条件下多裂隙岩体的纯Ⅱ型裂纹的起裂条件为

$$\sigma_1=g\sigma_3+h \tag{3.11}$$

式中，

$$g=\frac{\sin(2\beta)+f[1+\cos(2\beta)]}{\sin(2\beta)-f[1-\cos(2\beta)]}$$

$$h=\frac{2K_{\mathrm{IIc}}}{Y\{f[1-\cos(2\beta)]-\sin(2\beta)\}\sqrt{\pi a}}$$

三轴压缩条件下，当多裂隙岩体所处的围压和轴向压应力满足式(3.11)时，宏观裂隙开始起裂，此时宏观损伤开始发展，式(3.11)中的轴向压应力 σ_1 即是多裂隙岩体宏观裂隙(损伤)的起裂应力。

对于深部裂隙岩体在三轴压缩条件下的轴向压应力-波幅比曲线，当深部裂隙岩体中的轴向压应力达到宏观裂隙的起裂应力时，裂隙岩体中原有的宏观裂隙即开始起裂，弹性波波幅开始大幅降低，基于宏观裂隙的岩体损伤开始发展。以此为基础，选取含有不同裂隙分布角度(0°、30°、45°、60°、90°)单裂隙岩体和多裂隙岩体宏观裂隙的起裂应力及其对应的围压对式(3.9)和式(3.11)所表征的深部裂隙岩体宏观裂隙的起裂应力进行验证。

图3.36给出了含不同裂隙分布角度单裂隙岩体、多裂隙岩体的宏观裂隙起裂应力-围压曲线。可以得到：

(1)当岩体中裂隙角度相同时，随着围压的增加，单裂隙岩体、多裂隙岩体中宏观裂隙的起裂应力不断增加，起裂应力-围压曲线呈现出典型的线性关系。该特征与式(3.9)和式(3.11)完全符合，充分说明了3.2.1节中所得到的深部裂隙岩体宏观裂隙起裂方程的准确性。

(2)当岩体所处的围压一定时，随着裂隙角度的增加，裂隙岩体宏观裂隙的起裂应力不断减小，这是由于裂隙角度越大，以轴向压应力方向为法线的平面上的岩体承载能力越弱，从而导致围压相同时宏观裂隙的起裂应力随着裂隙角度的增加

而减小。该特征可以从式(3.9)和式(3.11)中系数的具体表达式得到反映,这从另一方面说明了式(3.9)和式(3.11)的准确性。

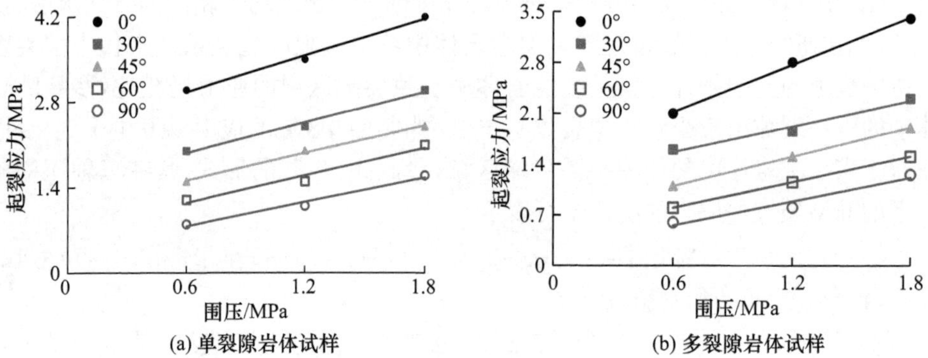

图 3.36 深部裂隙岩体宏观裂隙的起裂应力-围压曲线

3.3.2 三轴拉压条件下深部裂隙岩体宏观裂隙的起裂应力

与三轴压缩试验类似,在三轴拉压条件下深部裂隙岩体宏观损伤发展的实质是岩体中宏观裂隙起裂、扩展的过程,在岩体中宏观裂隙起裂瞬间岩体宏观损伤开始发展,因此岩体中宏观裂隙的起裂必然对应着裂隙岩体的宏观损伤起始点,岩体中宏观裂隙的扩展对应着宏观损伤的演化。

Griffith 强度准则认为,在岩体内部张开型裂纹的尖端会出现应力集中的现象,从而导致岩体材料往往从裂纹尖端开始起裂,按照该特征来建立三轴拉压条件下裂隙岩体中宏观裂隙的起裂方程,从而最终得到深部裂隙岩体的宏观裂隙(损伤)起裂应力。

在三轴拉压条件下,令单裂隙岩体中裂隙的长度为 $2a$,σ_1 为作用在岩体试样上的轴向拉应力,$\sigma_2=\sigma_3$ 为作用在岩体试样上的围压,β 为裂纹倾斜角(裂纹与轴向压应力方向的夹角),如图 3.37 所示。基于叠加原理且考虑裂隙面上的摩擦力,可以得到岩体中裂隙表面的法向应力和等效剪应力为

$$\begin{cases}\sigma_N=\dfrac{\sigma_1+\sigma_3}{2}-\dfrac{\sigma_3-\sigma_1}{2}\cos(2\beta)\\[2ex] \tau_f=\dfrac{\sigma_3-\sigma_1}{2}\sin(2\beta), \qquad \sigma_N<0\\[2ex] \tau_f=\dfrac{\sigma_3-\sigma_1}{2}\sin(2\beta)-f\sigma_N, \quad \sigma_N\geqslant 0\end{cases} \tag{3.12}$$

(1) 当 $\sigma_N<0$ 时,裂隙面表面不存在摩擦力,此时该裂纹属于复合Ⅰ-Ⅱ型裂纹,根据应力强度因子的叠加原理和常规写法可知

$$K_I=\sigma(\cos^2\beta-\lambda\sin^2\beta)\sqrt{\pi a} \tag{3.13}$$

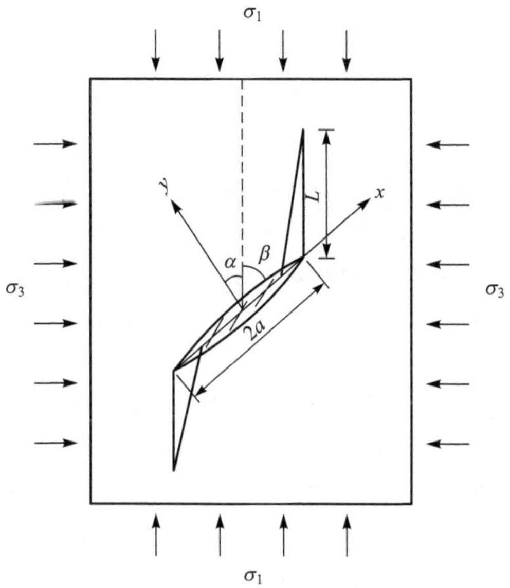

图 3.37　三轴拉压条件下复合Ⅰ-Ⅱ型裂纹图

$$K_{\mathrm{II}}=-\sigma(1+\lambda)\sin\beta\cos\beta\sqrt{\pi a} \tag{3.14}$$

三轴拉压条件下平面复合Ⅰ-Ⅱ型裂纹前缘在极坐标系中的应力分量表达式为

$$\begin{cases}\sigma_r=\dfrac{1}{2\sqrt{2\pi r}}\left[K_{\mathrm{I}}(3-\cos\theta)\cos\dfrac{\theta}{2}+K_{\mathrm{II}}(3\cos\theta-1)\sin\dfrac{\theta}{2}\right]\\ \sigma_\theta=\dfrac{1}{2\sqrt{2\pi r}}\cos\dfrac{\theta}{2}\left[K_{\mathrm{I}}(1+\cos\theta)-3K_{\mathrm{II}}\sin\theta\right]\\ \tau_{r\theta}=\dfrac{1}{2\sqrt{2\pi r}}\cos\dfrac{\theta}{2}\left[K_{\mathrm{I}}\sin\theta+K_{\mathrm{II}}(3\cos\theta-1)\right]\end{cases} \tag{3.15}$$

最大周向拉应力准则是解决岩体中复合Ⅰ-Ⅱ型裂纹起裂角度的有效手段，式(3.12)给出了采用最大周向拉应力准则得到的裂纹起裂角：

$$K_{\mathrm{I}}\sin\theta_0+K_{\mathrm{II}}(3\cos\theta_0-1)=0 \tag{3.16}$$

联立式(3.15)和式(3.16)可以得到起裂角 θ_0 满足以下方程：

$$\frac{1-3\cos\theta_0}{\sin\theta_0}=\frac{\lambda\sin^2\beta-\cos^2\beta}{(1+\lambda)\sin\beta\cos\beta} \tag{3.17}$$

从式(3.17)可以看出，三轴拉压条件下岩体裂纹的起裂角由裂纹倾斜角 β 以及拉压比决定。

(2) 当 $\sigma_N>0$ 且 $\tau_f<\tau_c$ 时，与三轴压缩条件下裂纹不滑移的情况类似，此时裂纹闭合，在裂纹周围不存在应力的奇异性，裂纹对周围的应力场并没有实质性的影响。

当$\sigma_N>0$且$\tau_f>\tau_c$时，裂纹产生滑移破坏，但是在试验中，围压σ_3保持恒定，而轴向拉应力σ_1不断增加，因此从物理意义上而言，在$\sigma_N>0$的情况下，不会出现$\tau_f>\tau_c$的情况，因此不会出现裂纹滑移的现象。

对三轴拉压条件下裂隙岩体的复合Ⅰ-Ⅱ型断裂问题而言，裂纹前缘实际处于双向应力的作用之下，而研究中常用的最大周向拉应力准则只考虑了周向应力σ_θ对裂纹断裂的影响，而未考虑径向应力σ_r对裂纹断裂的影响。而在三轴拉压条件下裂隙岩体复合Ⅰ-Ⅱ型断裂问题的研究中，径向应力σ_r必然会对裂纹断裂造成影响，因此需要建立一种同时考虑周向应力σ_θ和径向应力σ_r对裂纹起裂影响的起裂准则。

岩石在双向受力条件下的屈服强度准则较为常用的有Mohr-Coulomb强度准则、Mises屈服准则、Tresca屈服准则、Griffith强度准则等。上述四种屈服强度准则的前三种是将岩石视为连续介质，岩石中不存在裂纹和应力集中的前提而建立的，不能体现出裂纹尖端的应力集中效应，而Griffith强度准则是基于岩体中裂纹在受力情况下会产生应力集中的现象而建立的，同时该屈服准则的建立以张开型裂纹间不存在摩擦力和其他相互作用力为前提，这点与三轴拉压条件下复合Ⅰ-Ⅱ型裂纹间的主要特征极为相似，在三轴拉压条件下，裂纹张开且裂纹间不存在摩擦力的作用。因此，选取Griffith强度准则为基础来建立三轴拉压条件下裂纹的断裂准则，具体表达式为

$$(\sigma_1-\sigma_3)^2=-8\sigma_t(\sigma_1+\sigma_3) \tag{3.18}$$

式中，σ_1、σ_3为最大主应力和最小主应力；σ_t为垂直于裂纹长轴方向的单轴抗拉强度。

联立式(3.15)和式(3.16)可以得到当$\theta=\theta_0$时，

$$\begin{cases}\sigma_{r\min}=\dfrac{1}{2\sqrt{2\pi r}}\left[K_{\mathrm{I}}(3-\cos\theta_0)\cos\dfrac{\theta_0}{2}+K_{\mathrm{II}}(3\cos\theta_0-1)\sin\dfrac{\theta}{2}\right]\\ \sigma_{\theta\max}=\dfrac{1}{2\sqrt{2\pi r_0}}\cos\dfrac{\theta_0}{2}\left[K_{\mathrm{I}}(1+\cos\theta_0)-3K_{\mathrm{II}}\sin\theta_0\right]\\ \tau_{r\theta}=0\end{cases} \tag{3.19}$$

式(3.19)中，由于$\tau_{r\theta}=0$，可以判定该平面为主平面，其中$\sigma_3=\sigma_{\theta\max}$，$\sigma_1=\sigma_{\theta\min}$。

对于裂纹纯Ⅱ型断裂的韧度：$K_{\mathrm{II}}=K_{\mathrm{IIc}}$，由最大周向应力理论可得其起裂角$\theta_0=70.53°$，将$\theta_0=70.53°$代入式(3.19)，可得

$$\begin{cases}\sigma_{r\min}=0\\ \sigma_{\theta\max}=\dfrac{\sqrt{6}}{3\sqrt{\pi r_0}}K_{\mathrm{IIc}}\\ \tau_{r\theta}=0\end{cases} \tag{3.20}$$

因此由式(3.20)可知单轴抗拉强度为

$$\sigma_t = \frac{\sqrt{6}}{3\sqrt{\pi r_0}} K_{\mathrm{IIc}} \tag{3.21}$$

对于式(3.19)，令

$$\begin{cases} f_t(K_{\mathrm{I}}, K_{\mathrm{II}}, \theta_0) = \cos\dfrac{\theta_0}{2}[K_{\mathrm{I}}(1+\cos\theta_0) - 3K_{\mathrm{II}}\sin\theta_0] \\ f_t(K_{\mathrm{I}}, K_{\mathrm{II}}, \theta_0) = K_{\mathrm{I}}(3-\cos\theta_0)\cos\dfrac{\theta_0}{2} + K_{\mathrm{II}}(3\cos\theta_0 - 1)\sin\dfrac{\theta}{2} \end{cases} \tag{3.22}$$

则三轴拉压条件下，单裂隙岩体宏观裂隙的起裂条件为

$$\frac{3}{16\sqrt{6}} \frac{[f_1(K_{\mathrm{I}}, K_{\mathrm{II}}, \theta_0) - f_3(K_{\mathrm{I}}, K_{\mathrm{II}}, \theta_0)]^2}{f_1(K_{\mathrm{I}}, K_{\mathrm{II}}, \theta_0) + f_3(K_{\mathrm{I}}, K_{\mathrm{II}}, \theta_0)} = -K_{\mathrm{IIc}} \tag{3.23}$$

将式(3.13)和式(3.14)代入式(3.23)，即可得到三轴拉压条件下单裂隙岩体宏观裂隙的起裂方程，当单裂隙岩体所处的围压和轴向拉应力满足式(3.19)时，宏观裂隙开始起裂。

对于三轴拉压条件下多裂隙岩体宏观裂隙的起裂应力，与三轴压缩条件下的推导过程类似，依旧可以通过建立多裂隙岩体中单个裂隙的起裂条件来代表多裂隙岩体中裂隙的起裂条件，参照式(3.13)和(3.14)的形式，三轴拉压条件下Ⅰ、Ⅱ型裂纹的应力强度因子可表示为

$$K'_{\mathrm{I}} = Y_{\mathrm{I}}\sigma(\cos^2\beta - \lambda\sin^2\beta)\sqrt{\pi a} \tag{3.24}$$

$$K'_{\mathrm{II}} = Y_{\mathrm{II}}\sigma(1+\lambda)\sin\beta\cos\beta\sqrt{\pi a} \tag{3.25}$$

式中，Y_{I}、Y_{II}为反映裂隙之间相互影响的系数。

将式(3.24)和式(3.25)代入式(3.22)，可以得到

$$\begin{cases} f'_1(K'_{\mathrm{I}}, K'_{\mathrm{II}}, \theta_0) = \cos\dfrac{\theta_0}{2}[K'_{\mathrm{I}}(1+\cos\theta_0) - 3K'_{\mathrm{II}}\sin\theta_0] \\ f'_3(K'_{\mathrm{I}}, K'_{\mathrm{II}}, \theta_0) = K'_{\mathrm{I}}(3-\cos\theta_0)\cos\dfrac{\theta_0}{2} + K'_{\mathrm{II}}(3\cos\theta - 1)\sin\dfrac{\theta}{2} \end{cases} \tag{3.26}$$

参照式(3.23)可以得到三轴拉压条件下多裂隙岩体宏观裂隙的起裂条件为

$$\frac{3}{16\sqrt{6}} \frac{[f'_1(K'_{\mathrm{I}}, K'_{\mathrm{II}}, \theta_0) - f'_3(K'_{\mathrm{I}}, K'_{\mathrm{II}}, \theta_0)]^2}{f'_1(K'_{\mathrm{I}}, K'_{\mathrm{II}}, \theta_0) + f'_3(K'_{\mathrm{I}}, K'_{\mathrm{II}}, \theta_0)} = -K'_{\mathrm{IIc}} \tag{3.27}$$

三轴拉压条件下，当多裂隙岩体所处的围压和轴向拉应力满足式(3.27)时，宏观裂隙开始起裂，此时宏观损伤开始发展，式(3.27)中的轴向拉应力即是多裂隙岩体宏观裂隙的起裂应力。

对于裂隙岩体在三轴拉压条件下的轴向拉应力-波幅曲线，当裂隙岩体中的轴向拉应力达到宏观裂隙的起裂应力时，裂隙岩体中原有的宏观裂隙开始起裂，弹性波波幅开始大幅降低，基于宏观裂隙的岩体损伤开始发展。以此为基础，选取含有不同裂隙分布角度(0°、30°、45°、60°、90°)单裂隙岩体和多裂隙岩体宏观裂隙的起裂

应力及其对应的围压对式(3.23)和式(3.27)所表征的裂隙岩体宏观裂隙的起裂条件进行验证。从3.2.5节三轴拉压条件下单裂隙岩体、多裂隙岩体的波幅比-轴向拉应力曲线可以看出，当含不同裂隙分布角度的单裂隙岩体、多裂隙岩体上存在轴向拉应力时，裂隙岩体的宏观裂隙即开始起裂，损伤开始发展，此时的轴向拉应力为三轴拉压条件下裂隙岩体宏观裂隙的起裂应力。

式(3.23)和式(3.27)中单裂隙岩体、多裂隙岩体宏观裂隙的起裂条件表明，围压一定时，当裂隙岩体上存在轴向拉应力时，岩体的宏观裂隙即达到起裂应力开始起裂，岩体内部的损伤开始发展，与试验结果相符合，充分说明了式(3.27)中裂隙岩体宏观裂隙起裂方程的准确性。

3.4 不同加载方式下深部裂隙岩体宏观裂隙的扩展长度

不同加载方式下深部裂隙岩体内部宏观裂隙的扩展过程即是裂隙岩体宏观损伤的演化过程。当外力作用下裂隙岩体内部的宏观裂隙开始扩展以后，无论其初始起裂角的大小如何，最终宏观裂隙尖端次生裂纹的扩展方向总是趋向平行于最大压应力方向，这是由于宏观裂隙尖端产生的次生裂纹沿着最大压应力方向扩展时所受到的夹制力最小。本节以此为基础来推导不同加载方式下深部裂隙岩体宏观裂隙的扩展长度。

3.4.1 三轴压缩条件下深部裂隙岩体宏观裂隙的扩展长度

如图3.38所示，三轴压缩条件下单裂隙岩体中裂纹表面的等效剪应力 τ_f 引起了宏观损伤裂纹的扩展。基于前面的分析，在研究中将新生宏观损伤裂纹等效为平行于轴向压应力 σ_1 方向的两条裂纹，裂纹表面的驱动力 T 为

$$T = 2a\left[\frac{\sigma_1 - \sigma_3}{2}\sin(2\beta) - f\sigma_N\right]\sin\beta \tag{3.28}$$

由于次生裂纹平行于轴向压应力 σ_1 的方向，则其尖端的应力强度因子为[18]

$$K_I = \frac{Y_1 T}{\sqrt{\pi L}} + Y_2\sigma_3\sqrt{\pi L} \tag{3.29}$$

式中，Y_1、Y_2 为几何修正因子。

次生裂纹的断裂韧度为 K_{Ic}，则单裂隙岩体中宏观裂隙的扩展长度 L 为

$$L = \frac{1}{\pi}\left(\frac{\sqrt{K_{Ic}^2 - 4Y_1Y_2\sigma_3 T} - K_{Ic}}{2Y_2\sigma_3}\right)^2 \tag{3.30}$$

对于多裂隙岩体，次生裂纹的断裂韧度为 $K'_{Ic} = YK_{Ic}$，则多裂隙岩体中宏观裂隙的扩展长度 L 为

$$L = \frac{1}{\pi}\left(\frac{\sqrt{Y^2K_{Ic}^2 - 4Y_1Y_2\sigma_3 T} - YK_{Ic}}{2Y_2\sigma_3}\right)^2 \tag{3.31}$$

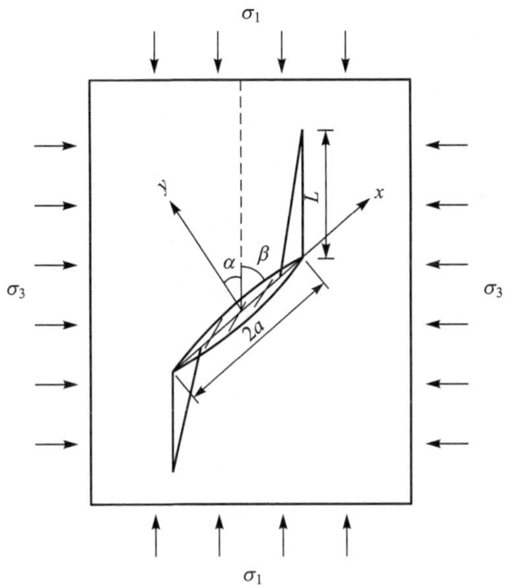

图 3.38　三轴压缩条件下损伤裂纹扩展图

式中，Y 为裂纹间的相互影响因子。

3.4.2　三轴拉压条件下深部裂隙岩体宏观裂隙的扩展长度

如图 3.39 所示，三轴拉压条件下单裂隙岩体中裂纹表面的等效剪应力 τ_f 引起了宏观损伤裂纹的扩展。基于前面的分析，在研究中将新生宏观损伤裂纹等效为平行于轴向压应力 σ_3 方向的两条裂纹，裂纹表面的驱动力 T 为

$$T = 2a\left[\frac{\sigma_3 - \sigma_1}{2}\sin(2\beta)\right]\cos\beta \tag{3.32}$$

由于次生裂纹平行于轴向压应力 σ_3 的方向，则其尖端的应力强度因子为

$$K_{\mathrm{I}} = \frac{Y_1 T}{\sqrt{\pi L}} + Y_2\sigma_1\sqrt{\pi L} \tag{3.33}$$

式中，Y_1、Y_2 为几何修正因子。

次生裂纹的断裂韧度为 K_{Ic}，则单裂隙岩体中宏观裂隙的扩展长度 L 为

$$L = \frac{1}{\pi}\left(\frac{\sqrt{K_{\mathrm{Ic}}^2 - 4Y_1Y_2\sigma_1 T} - K_{\mathrm{Ic}}}{2Y_2\sigma_1}\right)^2 \tag{3.34}$$

对于多裂隙岩体，次生裂纹的断裂韧度为 $K_{\mathrm{Ic}}' = YK_{\mathrm{Ic}}$，则多裂隙岩体中宏观裂隙的扩展长度 L 为

$$L = \frac{1}{\pi}\left(\frac{\sqrt{Y^2K_{\mathrm{Ic}}^2 - 4Y_1Y_2\sigma_1 T} - YK_{\mathrm{Ic}}}{2Y_2\sigma_1}\right)^2 \tag{3.35}$$

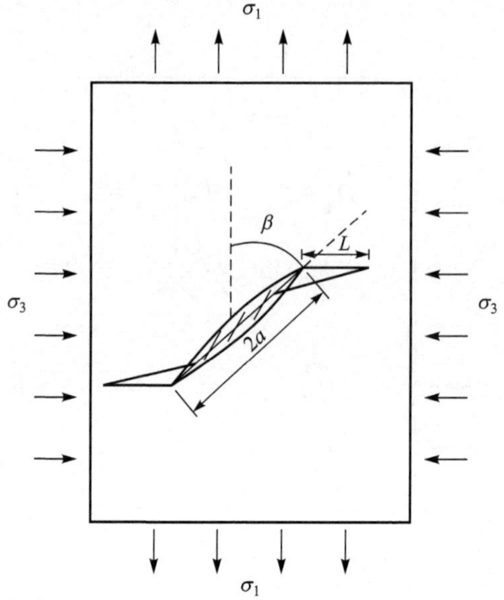

图 3.39 三轴拉压条件下损伤裂纹扩展图

3.5 深部裂隙岩体宏细观损伤本构模型

3.5.1 基于波幅的深部裂隙岩体宏观损伤变量

深部裂隙岩体内部宏观裂隙达到起裂应力开始起裂从而进入损伤发展Ⅱ区。为比较弹性波波速和波幅对裂隙岩体宏观损伤变化的敏感度，以围压0.6MPa、裂隙角度为0°的单裂隙岩体、双裂隙岩体、多裂隙岩体在三轴压缩、拉压弹性波传播特性试验为例，取弹性波在三轴压缩(拉压)试验损伤发展区 t 时刻的波速为 V_{ti}、波幅为 A_{ti}，令弹性波在三轴压缩(拉压)条件下最大波速为 $V_{\max}$，最大波幅为 $A_{\max}$，定义 t 时刻波速变化率 $\alpha_{tV}=(V_{\max}-V_{ti})/V_{\max}$，波幅变化率 $\alpha_{tA}=(A_{\max}-A_{ti})/A_{\max}$，定义 t 时刻的波幅比例系数 k_t 为

$$k_t=\frac{\alpha_{tA}}{\alpha_{tV}} \tag{3.36}$$

图3.40给出了不同加载方式下单裂隙岩体、双裂隙岩体、多裂隙岩体的波速变化率 α_{tV} 与波幅比例系数 k_t 间的关系。当 $\alpha_{tV}>0$ 时，$k_t>1$，即 $\alpha_{tA}>\alpha_{tV}$，这说明在不同加载方式下的弹性波传播特性试验中，当深部裂隙岩体处于损伤发展区时，对应于同一时刻的损伤状态，弹性波波幅的变化率大于弹性波波速的变化率，亦即当裂隙岩体的损伤发生变化时，对应于该损伤过程，弹性波波幅的变化率大于波速的变化率。通过以上分析可以得到，对应于深部裂隙岩体的同一损伤过程，弹性波

波幅较弹性波波速对该过程中岩体损伤变化表现得更为敏感。

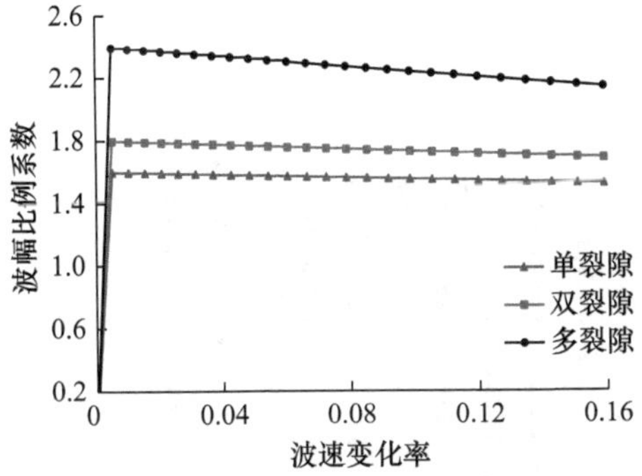

(a) 三轴压缩试验

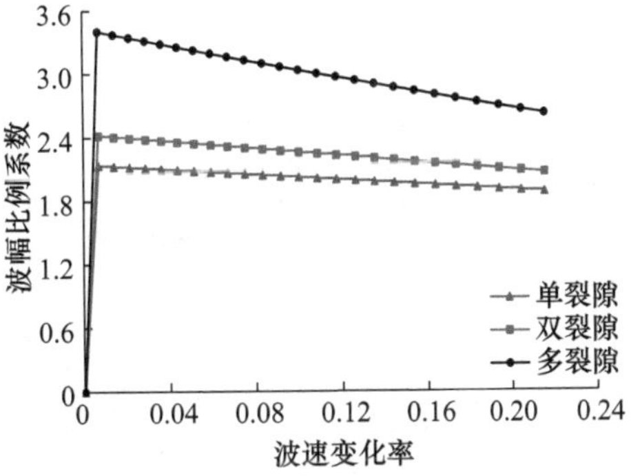

(b) 三轴拉压试验

图 3.40　弹性波波速变化率和波幅比例系数间的关系

采用试验中测得的完整无损岩体的波速和试验过程中测得的损伤岩体的波速描述裂隙岩体的宏观损伤变量，即

$$D_1=1-\left(\frac{V_{pi}}{V_{pf}}\right)^2 \tag{3.37}$$

式中，V_{pf} 和 V_{pi} 为岩石在无损状态和有损状态下的弹性波波速。

由前面的分析可知，在不同加载方式下，裂隙岩体中弹性波的波速和波幅具有极大的相似性，且波幅对深部裂隙岩体宏观损伤的变化比波速表现得更为敏感。基于以上两点，采用弹性波的波幅来表征深部裂隙岩体的宏观损伤变量，参照式(3.37)，利用弹性波波幅描述岩体的宏观损伤变量，即

$$D_1=1-\left(\frac{A_{pi}}{A_{pf}}\right)^m \tag{3.38}$$

式中，A_{pf} 和 A_{pi} 分别为岩石在无损和损伤发展区的弹性波波幅；m 为待定系数，m 取值不同时，宏观损伤变量也不同。

在损伤发展区内，由于式(3.37)和式(3.38)中所表征的损伤变量一致，即 $0<\frac{A_{pi}}{A_{pf}}<\frac{V_{pi}}{V_{pf}}<1$，则有 $m<2$，假设当 m 取值分别为 1.5 和 1.6 时，在损伤发展区内，由式(3.38)中波幅反映的岩体损伤变量和由式(3.37)中波速反映的岩体损伤的对比分析如图 3.41 所示。

从图 3.41 可以看出，损伤变量随着系数 m 值的变化而变化，m 值越大，所得的损伤变量越大，但是由不同 m 值所确定损伤变量的变化趋势与由式(3.37)所得损伤变量的变化趋势基本一致。当 $m=1.6$ 时，基于式(3.38)与式(3.37)所得损伤变量的变化曲线基本相同，因此通过对比弹性波波速(波幅)变化比值与损伤变量间的关系曲线，在利用式(3.38)定义宏观损伤变量时，系数 $m=1.6$。因此，深部

裂隙岩体宏观损伤变量为

$$D_1 = 1 - \left(\frac{A_{pi}}{A_{pf}}\right)^{1.6} \tag{3.39}$$

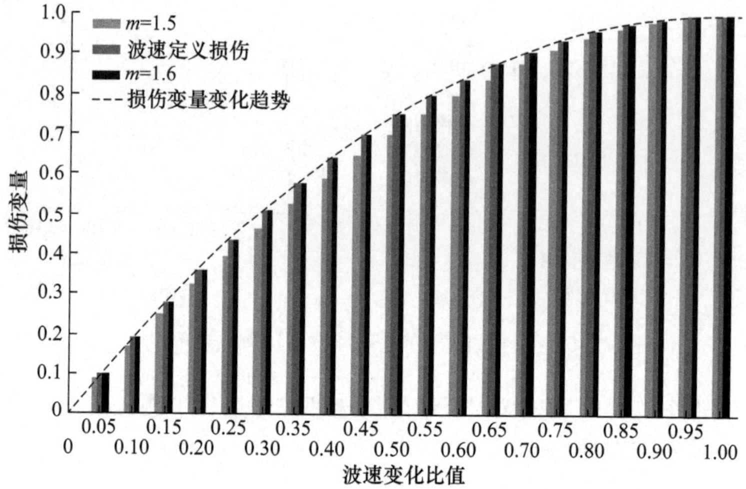

图 3.41 波幅和波速表征的深部裂隙岩体宏观损伤变量的比较

令岩石无损条件下的波幅 A_{pf} 与试验中岩体的初始波幅 A_{p0} 满足 $A_{p0}=\lambda A_{pf}$，结合式(3.2)和式(3.4)可知，三轴压缩和三轴拉压条件下，在围压恒定的情况下，弹性波波幅与轴向压应力、轴向拉应力分别满足

$$A_{pi} = (a\sigma_i^2 + b\sigma_i + \lambda)A_{pf} \tag{3.40}$$

$$A_{pi} = (\lambda - a\sigma_{ti})A_{pf} \tag{3.41}$$

将式(3.40)代入式(3.39)，可以得到三轴压缩条件下(围压恒定)深部裂隙岩体的损伤演化方程：

$$D_1 = 1 - (a\sigma_i^2 + b\sigma_i + \lambda)^{1.6} \tag{3.42}$$

类似地，将式(3.41)代入式(3.39)，可以得到三轴拉压条件下(围压恒定)深部裂隙岩体的损伤演化方程：

$$D_1 = 1 - (\lambda - a\sigma_{ti})^{1.6} \tag{3.43}$$

式中，a、b 为反映岩体材料力学特性的综合性参数，与裂隙岩体所处的围压大小和裂隙分布的角度、数量相关。

3.5.2 宏观损伤演化分析

将不同加载方式下深部裂隙岩体中弹性波波幅代入式(3.39)，可以得到不同加载方式下完整岩石、深部裂隙岩体的宏观损伤变量-应力曲线，如图 3.42 所示。

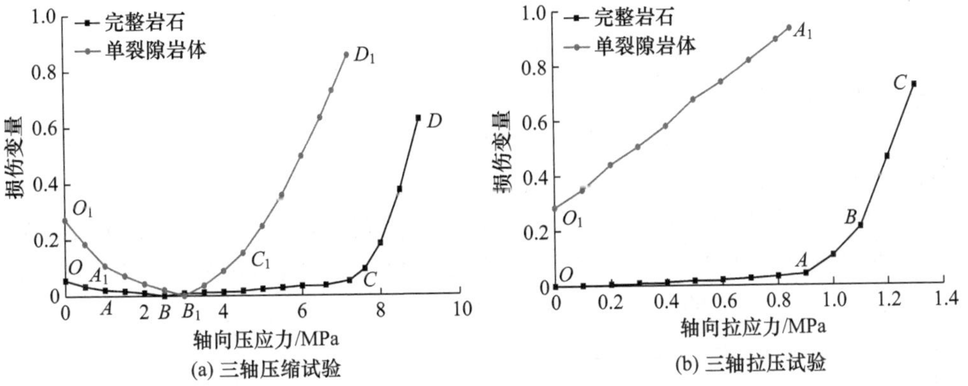

图 3.42　完整岩石、深部裂隙岩体中宏观损伤变量-应力曲线

从图 3.42(a)可以看出,完整岩石在三轴压缩条件下的宏观损伤演化过程主要分为三个阶段:

(1) 加载强化阶段Ⅰ(OAB 段):该阶段完整岩石内部的微裂隙、微孔洞等细观裂隙开始压密、闭合且基本不发生扩展,细观裂隙的闭合引起弹性波波幅略微增加,从而导致岩体的宏观损伤变量以较小幅度减小,宏观损伤变量变化范围为 0.05→0。

(2) 初始宏观损伤阶段Ⅱ(BC 段):该阶段完整岩石中的细观裂隙开始起裂、扩展,岩石细观损伤稳定发展,在岩体表面没有观察到宏观裂隙,细观裂隙的起裂、扩展使得弹性波波幅以很小的幅度降低,从而导致岩体的宏观损伤变量增加,但总体而言基本保持稳定,宏观损伤变量变化范围为 0→0.08。

(3) 宏观损伤加速发展阶段Ⅲ(CD 段):该阶段细观裂隙不断扩展,新生裂隙不断产生、交汇,在裂隙表面开始出现大量的宏观裂隙,宏观裂隙的产生使得弹性波波幅迅速下降,从而导致岩体的宏观损伤变量明显增加,宏观损伤变量变化范围为 0.08→0.65。

从图 3.42(a)可以看出,深部裂隙岩体在三轴压缩条件下的宏观损伤演化过程主要分为三个阶段:

(1) 加载强化阶段Ⅰ($O_1A_1B_1$ 段):该阶段裂隙岩体中的宏观裂隙和细观裂隙开始压密、闭合且基本不发生扩展,宏观裂隙的闭合引起弹性波波幅的大幅增加,从而导致岩体的宏观损伤变量以较大幅度减小,宏观损伤变量变化范围为 0.23→0。

(2) 宏观损伤稳定发展阶段Ⅱ(B_1C_1 段):该阶段裂隙岩体中的细观裂隙和原有的宏观裂隙开始稳定扩展,但细观裂隙并未演化为宏观裂隙,原有宏观裂隙的扩展引起裂隙岩体中弹性波波幅的持续降低,从而导致岩体宏观损伤变量的稳定增加,宏观损伤变量变化范围为 0→0.18。

(3) 宏观损伤加速发展阶段Ⅲ(C_1D_1 段):该阶段裂隙岩体中的细观裂隙和原有的宏观裂隙加速扩展,同时对比完整岩石和裂隙岩体在该阶段的宏观损伤变量曲线可以得到，该阶段裂隙岩体中的细观裂隙并未演化为宏观裂隙，裂隙岩体中原有宏观裂隙的加速扩展和贯通引起弹性波波幅的大幅下降，从而导致裂隙岩体宏观损伤变量的迅速增大，宏观损伤变量变化范围为 0.18→0.85。

从图 3.42(b)可以看出，完整岩石在三轴拉压条件下的宏观损伤演化过程主要分为三个阶段：

(1) 初始宏观损伤阶段Ⅰ(*OA* 段)：该阶段完整岩石中的细观裂隙开始扩展，岩石细观损伤稳定增加，在岩体表面没有观察到宏观裂隙，细观裂隙的闭合使得弹性波波幅以很小的幅度降低，从而导致岩体宏观损伤变量的增加，但总体而言保持基本稳定，宏观损伤变量变化范围为 0→0.05。

(2) 宏观损伤稳定发展阶段Ⅱ(*AB* 段)：该阶段裂隙岩体中的细观裂隙持续扩展并逐渐演化成宏观裂隙，在岩体表面开始观察到少量的宏观裂隙，宏观裂隙的出现引起弹性波波幅稳定下降，从而导致岩体的宏观损伤变量稳定增加，宏观损伤变量变化范围为 0.05→0.2。

(3) 宏观损伤加速发展阶段Ⅲ(*CD* 段)：该阶段细观裂隙和新生的宏观裂隙不断扩展并迅速交汇贯通，在岩体表面开始出现大量的宏观裂隙，这些宏观裂隙的出现使得弹性波波幅迅速下降，从而导致岩体的宏观损伤变量迅速增加，宏观损伤变量变化范围为 0.2→0.7。

从图 3.42(b)可以看出，深部裂隙岩体在三轴拉压条件下的宏观损伤演化过程较为简单，裂隙岩体在受到拉应力作用时岩体中原有的宏观裂隙和细观裂隙即迅速扩展、贯通。通过对比完整岩石和裂隙岩体在该阶段的宏观损伤变量曲线可以得到，该阶段裂隙岩体中的细观裂隙并未演化为宏观裂隙，裂隙岩体中原有宏观裂隙的加速扩展和贯通引起弹性波波幅的大幅下降，从而导致裂隙岩体宏观损伤变量迅速增加。

3.5.3 基于细观裂隙的岩石损伤变量

宏观上表现相对完整的岩石内部，在细观层面上往往随机分布有很多微裂纹、微孔洞等细观裂隙，这些细观裂隙作为初始损伤存在于岩石内部。现阶段，研究人员常采用统计损伤力学理论作为岩石中细观裂隙对岩石损伤力学特性影响研究的重要手段，该理论认为岩石是由无数微元体单元组成，每个微元体单元都具有自身的微元强度，且微元体的强度服从随机分布规律。参照 Nemat-Nasser 等[19]关于细观损伤变量的研究方法，本节以岩石第二强度理论和岩石中微元体的强度服从 Weibull 分布为基础来建立岩石细观损伤本构模型。

假设岩石微元体的强度服从 Weibull 分布规律，则反映岩石微元体强度随机分布的概率密度函数为

$$P(\varepsilon)=\frac{m}{\varepsilon_0}\left(\frac{\varepsilon}{\varepsilon_0}\right)^{m-1}\exp\left[-\left(\frac{\varepsilon}{\varepsilon_0}\right)^m\right] \tag{3.44}$$

式中，$P(\varepsilon)$为岩石微元体强度的概率密度函数；ε 为应变；m、ε_0 为分布参数。

假设岩石中微元体总数量为 N，当岩石处于某一荷载水平 F 作用下时，岩石中微元体发生破坏的数量为 N_d，在此荷载水平 F 作用下，岩石的细观损伤变量 D 为

$$D=\frac{N_d}{N} \tag{3.45}$$

当岩石处于荷载水平 F 作用下时，岩石中微元体发生破坏的数量 N_d 为

$$N_d=N\left\{1-\exp\left[-\left(\frac{\varepsilon}{\varepsilon_0}\right)^m\right]\right\} \tag{3.46}$$

因此，式(3.45)可写为

$$D=1-\exp\left[-\left(\frac{\varepsilon}{\varepsilon_0}\right)^m\right] \tag{3.47}$$

从完整岩石的三轴压缩弹性波传播特性试验和三轴拉压弹性波传播特性试验可以发现，在峰前阶段，图 3.15(a)和图 3.25(a)中轴向压(拉)应力-应变曲线近似服从线性关系，为简化研究过程，令岩石在三轴压缩、拉压试验峰值强度前阶段中的应力-应变关系仍满足胡克定律。

在三轴压缩条件下，围压 $\sigma_2=\sigma_3$，且由于试验中轴向主应力 σ_1 方向上的轴向主应变 ε_1 易于测量，依据胡克定律，三轴压缩条件下岩石最大轴向主应力方向上的压应力 σ_1-压应变 ε_1 的关系为

$$\varepsilon_1=\frac{\sigma_1-2v\sigma_3}{E(1-D)} \tag{3.48}$$

在三轴拉压条件下，围压 $\sigma_2=\sigma_3$，且由于试验中轴向主应力 σ_{1t} 方向上的轴向主应变 ε_{1t} 易于测量，依据胡克定律，类似的在岩石轴向拉应力方向上的拉应力 σ_{1t}-拉应变 ε_{1t} 的关系为

$$\varepsilon_{1t}=\frac{\sigma_{1t}+2v\sigma_3}{E(1-D)} \tag{3.49}$$

将式(3.52)代入式(3.53)，可得三轴压缩条件下岩石的细观损伤本构模型为

$$\ln\left(-\ln\frac{\sigma_1-2v\sigma_3}{E\varepsilon_1}\right)=m\ln\varepsilon_1-m\ln\varepsilon_0 \tag{3.50}$$

将式(3.52)代入式(3.54)，可得三轴拉压条件下岩石的细观损伤本构模型为

$$\ln\left(-\ln\frac{\sigma_{1t}-2v\sigma_3}{E\varepsilon_{1t}}\right)=m\ln\varepsilon_{1t}-m\ln\varepsilon_0 \tag{3.51}$$

式中，$-m\ln\varepsilon_0$ 为直线截距；m 为直线的斜率，通过对三轴压缩、三轴拉压条件下所得到的应力、应变数据进行拟合可以得到。

3.5.4　基于宏细观裂隙耦合的深部裂隙岩体损伤本构模型

高地应力条件下的裂隙岩体内部往往分布有大量的微裂隙、微孔洞等细观裂隙和大型裂隙、节理等宏观裂隙，这两类裂隙的耦合作用极大地劣化了裂隙岩体的物理力学性质，给深埋地下工程施工带来了困扰，因此开展基于宏观裂隙、细观裂隙耦合的损伤变量研究至关重要。本节以应变等价原理为理论基础，结合基于Weibull分布建立的岩石细观损伤变量和基于弹性波传播衰减规律建立的宏观损伤张量，对基于宏、细观裂隙耦合的深部裂隙岩体损伤本构模型进行研究。对宏观裂隙（损伤）和细观裂隙（损伤）进行耦合分析时，对深部裂隙岩体的宏观裂隙和细观裂隙做出以下假设：

（1）试验过程中岩体内部未受损的岩石始终为线弹性材料。

（2）宏观裂隙可以通过肉眼直接观察到，该特征可以作为宏观裂隙与细观裂隙的主要区别，同时基于宏、细观裂隙的分布特征，在研究中将宏观裂隙等效为各向异性损伤，将细观裂隙等效为各向同性损伤。

（3）对宏观损伤变量和细观损伤变量分别采用不同的计算方法，以深部裂隙岩体中弹性波传播特性试验为基础计算深部裂隙岩体宏观损伤变量，以统计损伤力学理论为基础计算深部裂隙岩体细观损伤变量。

如图3.43所示[20]，在对基于宏、细观裂隙耦合的损伤变量进行分析时，首先将只含有细观损伤 D_2 的完整岩石看成深部裂隙岩石的初始损伤，在此基础上，将附加的宏观损伤 D_1 的损伤状态看成试验过程中深部裂隙岩体的宏细观损伤状态，最后基于Lemaitre应变等价原理来求得深部裂隙岩体的宏细观裂隙耦合的损伤变量，而不是简单地将宏观损伤 D_1 和细观损伤 D_2 进行相加。

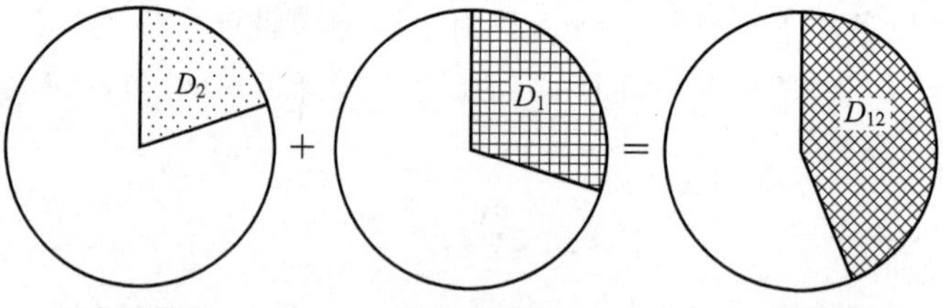

图3.43　基于宏细观裂隙耦合的损伤变量计算图[20]

令未受损岩体的弹性模量为 E_0，在三轴压缩试验和三轴拉压试验的峰前阶段，对于只含有细观损伤 D_2 的裂隙岩体，基于Lemaitre应变等价原理，其等效弹性模量 E_2 为

$$E_2 = E_0(1 - D_2) \tag{3.52}$$

在三轴压缩条件下，轴向主应变可以通过试验直接测得，因此选取轴向主应变

作为主要研究对象，主应力与轴向主应变的关系为

$$\varepsilon_1 = \frac{\sigma_1 - 2v\sigma_3}{E_0(1 - D_2)} \tag{3.53}$$

类似地，在三轴拉压条件下，主应力与轴向主应变的关系为

$$\varepsilon_{1t} = \frac{\sigma_{1t} + 2v\sigma_3}{E_0(1 - D_2)} \tag{3.54}$$

令含有细观损伤 D_2 的岩体的弹性模量为 E_2，在三轴压缩试验和三轴拉压试验的峰前阶段，当附加的宏观损伤 D_1 作用在含有细观损伤 D_2 的岩体上时，基于 Lemaitre 应变等价原理，其等效弹性模量 E_{12} 为

$$E_{12} = E_2(1 - D_1) \tag{3.55}$$

将式(3.57)代入式(3.60)，得到

$$E_{12} = E_0[1 - (D_1 + D_2 - D_1D_2)] \tag{3.56}$$

从式(3.61)可知，基于宏观裂隙和细观裂隙耦合的损伤变量 D_{12} 为

$$D_{12} = D_1 + D_2 - D_1D_2 \tag{3.57}$$

当岩体中只存在宏观裂隙引起的损伤时，$D_2=0$，基于宏观裂隙和细观裂隙耦合的损伤变量 $D_{12}=D_1$，与实际情况相符；当岩体中只存在细观裂隙引起的损伤时，$D_1=0$，基于宏观裂隙和细观裂隙耦合的损伤变量 $D_{12}=D_2$，与实际情况相符；当岩体中不存在宏细观损伤时，$D_1=D_2=0$，基于宏观裂隙和细观裂隙耦合的损伤变量 $D_{12}=0$，与实际情况相同。以上两种特殊情况的对比表明，基于 Lemaitre 应变等价原理得到的宏细观裂隙耦合的损伤变量与实际情况相符，可以用于实际工程的计算。

深部裂隙岩体中宏观裂隙的存在造成了岩体明显的各向异性特征，而在式(3.61)中所得的宏细观裂隙耦合的损伤变量 D_{12} 为轴向压应力(拉应力)方向上的损伤变量值，并不能描述深部裂隙岩体中其他方向上的损伤情况。为了描述深部裂隙岩体在不同方向的损伤情况，使原有损伤变量具有更广泛的适用性，在此引入可以反映深部裂隙岩体各向异性损伤特性的损伤张量 $\boldsymbol{\Omega}$：

$$\boldsymbol{\Omega} = D\boldsymbol{n} \otimes \boldsymbol{n} \tag{3.58}$$

式中，$\boldsymbol{n}$ 为裂隙面的单位法向矢量。

损伤张量 $\boldsymbol{\Omega}$ 的具体形式可以通过以下方式得到：

图 3.44 为单组裂隙岩体的计算模型示意图，裂隙所在平面与 x 轴的夹角为 α，单位法向矢量 $\boldsymbol{n}=(\cos\alpha, \sin\alpha)$，经张量化后，含单组裂隙岩体的宏观损伤张量可表示为

$$\boldsymbol{\Omega} = D\begin{bmatrix} \cos^2\alpha & \sin\alpha\cos\alpha \\ \sin\alpha\cos\alpha & \sin^2\alpha \end{bmatrix} \tag{3.59}$$

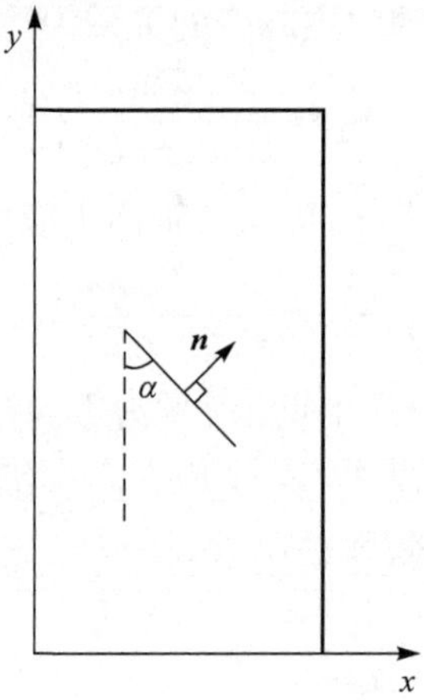

图 3.44 单组裂隙岩体计算模型示意图

对含有两组和两组以上节理的裂隙岩体而言，岩体裂隙的单位法向矢量为 $\boldsymbol{n}_{ij}^{n}$ $(i,j=1,2,3;n=1,2,\cdots,n)$，经张量化后，含多组裂隙岩体的宏观损伤张量可表示为

$$\boldsymbol{\Omega}=\frac{D}{n}\sum_{n=1}^{n}\boldsymbol{n}_{ij}^{n}\otimes\boldsymbol{n}_{ij}^{n},\quad i,j=1,2,3 \tag{3.60}$$

同理，将式(3.57)宏、细观裂隙耦合的损伤变量进行张量化后可以得到

$$\boldsymbol{\Omega}_{12}=\boldsymbol{\Omega}_{12}+D_2-\boldsymbol{\Omega}_{12}D_2 \tag{3.61}$$

式中，$\boldsymbol{\Omega}$ 为宏观裂隙引起的损伤张量；D_2 为细观裂隙引起的损伤变量；$\boldsymbol{\Omega}_{12}$ 为基于宏观裂隙和细观裂隙耦合的损伤张量。

在三轴压缩、拉压试验中的峰前阶段，基于宏观裂隙和细观裂隙耦合的深部裂隙岩体损伤本构模型为

$$\sigma=\boldsymbol{E}_0[I-(\boldsymbol{\Omega}+D_2-\boldsymbol{\Omega}D_2)]\varepsilon \tag{3.62}$$

式中，$\boldsymbol{E}_0$ 为无损完整岩石的弹性张量；$\boldsymbol{\Omega}$ 为深部裂隙岩体中基于宏观裂隙的各向异性损伤张量；D_2 为裂隙岩体中基于细观裂隙的损伤变量。

3.5.5 小结

本节以单组平行裂隙岩体在不同围压条件下的三轴压缩和三轴拉压弹性波传播与衰减规律试验为基础，结合统计损伤力学理论和深部裂隙岩体中弹性波的传播与衰减规律，分别建立了细观损伤本构模型和宏观损伤本构模型，最后基于应变等价原理，建立并验证了能够真实反映深部裂隙岩体损伤力学特性的宏细损伤本构模型。主要结论如下：

(1) 以岩石第二强度理论和岩石中微元体的强度服从 Weibull 分布为基础建立了不同加载方式下完整岩石的细观损伤变量，基于该细观损伤变量可以得到，三轴压缩条件下，当完整岩石达到峰值强度(峰值应变 0.012)发生破坏时，细观损伤

变量为 0.4 左右；三轴拉压条件下，当完整岩石达到峰值强度(峰值应变 0.008)发生破坏时，细观损伤变量为 0.8 左右。

(2) 通过应变等价原理的运用，在对宏观损伤变量张量化的基础上结合统计损伤理论计算的细观损伤变量建立了基于宏观裂隙和细观裂隙耦合的深部裂隙岩体损伤本构模型，基于该模型得到的完整岩石、裂隙岩体在三轴压缩、三轴拉压条件下的轴向应力-应变曲线与室内试验中得到的轴向应力-应变曲线整体趋势一致，三轴压缩条件下峰值强度差值小于 5%，三轴拉压条件下峰值强度差值小于 7.5%，该宏细观本构模型可以较好地反映三轴压缩、三轴拉压条件下深部裂隙岩体的损伤特性。

(3) 三轴压缩条件下，宏细观损伤本构模型的计算曲线与细观损伤本构模型的计算曲线在前期阶段基本一致，但在中后期阶段两者开始分化，前者峰值强度为后者的 70%，宏观裂隙(损伤)在试验前期阶段不发展，该现象表明试验过程中宏观裂隙对岩体损伤的影响主要集中在试验的中后期阶段。三轴拉压条件下，宏细观损伤本构模型的计算曲线与细观损伤本构模型的计算曲线从试验开始阶段便开始分化，前者的峰值强度为后者的 55%，宏观裂隙(损伤)从轴向拉应力开始施加时便开始发展，该现象表明试验过程中宏观裂隙对岩体损伤的影响贯穿于整个试验过程中。

参考文献

[1] 黄承贤，宋大卫. 在围压下岩石弹性波速的研究[J]. 岩土工程学报，1991，13(2)：32-41.

[2] Birch F. The velocity of compressional waves in rocks to 10 kilobars：2[J]. Journal of Geophysical Research，1960，65(4)：1083-1102.

[3] Jia L，Chen M，Zhang W，et al. Experimental study and numerical modeling of brittle fracture of carbonate rock under uniaxial compression[J]. Mechanics Research Communications，2013，50(4)：58-62.

[4] Horii H，Nemat-Nasser S. Brittle failure in compression：Splitting，faulting and brittle-ductile transition[J]. Philosophical Transactions of the Royal Society of London，1986，319(1549)：337-374.

[5] Hoek E，Bieniawski Z T. Brittle fracture propagation in rock under compression[J]. International Journal of Fracture Mechanics，1984，26(4)：276-294.

[6] Wong R H C，Chau K T. The coalescence of frictional cracks and the the shear zone formation in brittle solids under compressive stresses[J]. International Journal of Rock Mechanics and Mining Sciences，1997，34(3-4)：335.

[7] Reyes O，Einstein H H. Failure mechanism of fractured rock：A fracture coalescence model[C]//Proceedings of the 7th International Congress on Rock Mechanics，Aachen，1991：333-340.

[8] Bobet A, Einstein H H. Fracture coalescence in rock-type materials under uniaxial and biaxial compression[J]. International Journal of Rock Mechanics and Mining Sciences, 1998, 35(7):863-888.

[9] 刘东燕,朱可善. 岩石压剪断裂的模型试验研究[J]. 土木建筑与环境工程,1994,19(1):56-62.

[10] 陶振宇,余启华,王宏. 裂隙岩体特性与洞群施工力学问题[M]. 武汉:中国地质大学出版社,1993.

[11] 范景伟,何江达. 含定向闭合断续节理岩体的强度特性[J]. 岩石力学与工程学报,1992,11(2):190-199.

[12] 李新平,肖桃李,汪斌,等. 锦屏二级水电站大理岩不同应力路径下加卸载试验研究[J]. 岩石力学与工程学报,2012,31(5):882-889.

[13] Wong R H C, Lin P, Tang C A. Experimental and numerical study on splitting failure of brittle solids containing single pore under uniaxial compression[J]. Mechanics of Material, 2006,38(1-2):142-159.

[14] 潘一山,李英杰,唐鑫,等. 岩石分区碎裂化现象研究[J]. 岩石力学与工程学报,2007,26(S1):3335-3341.

[15] 中华人民共和国水利行业标准. 水利水电工程岩石试验规程(SL/T 264—2020)[S]. 北京:中华人民共和国水利部,2020.

[16] 李新平,赵航,罗忆,等. 深部裂隙岩体中弹性波传播与衰减规律试验研究[J]. 岩石力学与工程学报,2015,34(11):2319-2326.

[17] 朱维申,何满潮. 复杂条件下围岩稳定性与岩体动态施工力学[M]. 北京:科学出版社,1995.

[18] Hoek E, Brown E T. Practical estimates of rock mass strength[J]. International Journal of Rock Mechanics and Mining Sciences, 1997, 34(8):1165-1186.

[19] Nemat-Nasser S, Obata M. A microcrack model of dilatancy in brittle materials[J]. Journal of Applied Mechanics, 1988, 55(1):24-35.

[20] 赵航,李新平,罗忆,等. 裂隙岩体中弹性波传播特性试验及宏细观损伤本构模型研究[J]. 岩土力学,2017,38(10):2939-2948.

第4章　深部节理岩体中爆炸应力波传播模型试验研究

4.1　引　　言

随着我国水利水电建设和地下资源开采不断走向深部，岩土工程面临着高地应力、高地温、高水压以及强动力扰动的复杂地质环境。当深部岩体中进行能源开采或爆破开挖时，岩体会受到高地应力和爆炸应力波的共同作用，而地应力对完整岩石(块)和节理的变形特性均有着重要的影响[1-3]。天然岩体中含有大量的不连续面，如节理、断层等，这些不连续面的存在对应力波的传播会造成影响。关于应力波在节理岩体中传播规律的理论分析，基于位移不连续理论，结合特征线法和递归分析法，研究者系统研究了应力波类型、入射角度、节理数量和节理间距对应力波传播规律的影响[4-8]。

而深部地下洞室在爆破时，往往还赋存着高地应力的地质环境。因此，考虑地应力的影响，研究者通过试验研究了岩石在动静组合加载条件下的力学特性[9-12]。此外，一些充填节理、断层等软弱结构面因为含有黏土、沙或者岩石碎屑等充填材料，一方面充填材料的低强度以及软弱变形特性会减小充填节理的强度，另一方面充填材料与岩石的差异性造成对应力波在界面处发生多重透反射，因此应力波在充填节理处的传播规律更为复杂[13-15]。

综上发现，已有的研究中针对地应力作用下应力波在节理岩体中传播规律的作用研究较少，也少有含充填节理岩体的相应研究。尤其因为室内试验的难操作性，缺乏爆炸应力波在多条多角度节理岩体中的传播规律的室内试验研究方法。因此，通过理论分析研究考虑结构面接触效应的充填节理对应力波的传播规律，并针对高地应力下节理岩体中爆炸应力波的传播规律，开展室内模型试验，研究了不同地应力大小和分布下爆炸应力波在完整岩石、垂直和斜入射节理岩体的传播规律。同时针对应力波垂直入射情况，理论推导出地应力下应力波入射节理岩体的波动方程并将理论结果与试验结果进行对比验证。为研究地应力作用下应力波在节理岩体中的传播衰减规律提供了一种新的思路。

4.2　应力波在含充填节理岩体中的传播规律

4.2.1　P波在单条充填节理处传播规律的理论研究

对于含充填物的软弱结构面，一般进行简化假设，将充填材料与岩石材料之间的界面作为紧密接触的连续面，位移和应力均连续，而自然岩体中的充填物与岩石间往往是含有空隙的。在应力波的作用下，接触界面的空隙先产生位移变形，然后应力波传到充填材料内部继续传播，同时经过第二个界面的透反射传播到岩石材料中。针对这一问题，提出了三单元模型，考虑接触界面的变形，结合特征线法对P波在软弱结构面处的传播规律进行研究，并对入射波频率、节理充填厚度、接触界面刚度以及充填材料展开参数分析。

如图4.1所示，将岩石材料与充填材料的不完全接触界面等效成位移不连续面模型(displacement discontinuity method，DDM)，则充填结构面可分为三部分：位移不连续面1、位移不连续面2、充填材料，简称三单元模型(three element model，TEM)。两个不完全接触界面等效于常规结构面，满足位移不连续模型，即应力连续而位移不连续，采用线弹性模型对其应力-位移关系进行描述。因此，当应力波在三单元模型处传播时，会引起三部分变形，包括两个接触界面的位移以及充填材料位移。

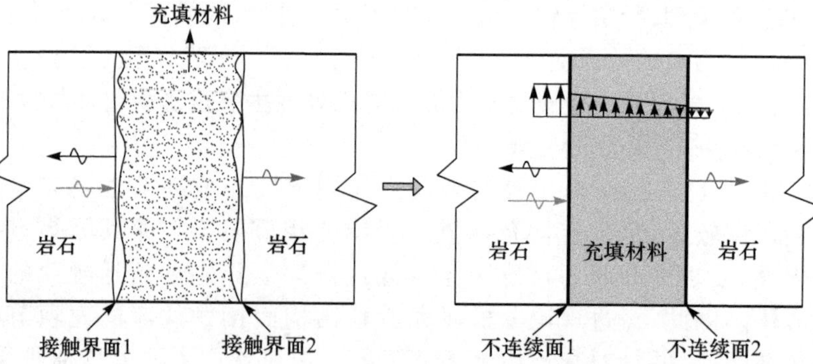

图4.1　充填结构面的三单元模型示意图

特征线方法被广泛用来分析应力波在节理处的传播规律，对于弹性材料，基于波动方程和相容方程，对于在 x-t 平面上的任意一点，存在右行和左行两族特征线。

如图4.2所示，在 AB 和 AD 两条特征线上，各点的速度与应力满足以下关系：

$$z^- v^- (x_i, t_{j+1}) + \sigma^- (x_i, t_{j+1}) = z^- v^+ (x_{i-1}, t_j) + \sigma^+ (x_{i-1}, t_j) \tag{4.1}$$

$$z^+ v^+ (x_i, t_{j+1}) - \sigma^+ (x_i, t_{j+1}) = z^+ v^- (x_{i+1}, t_j) - \sigma^- (x_{i+1}, t_j) \tag{4.2}$$

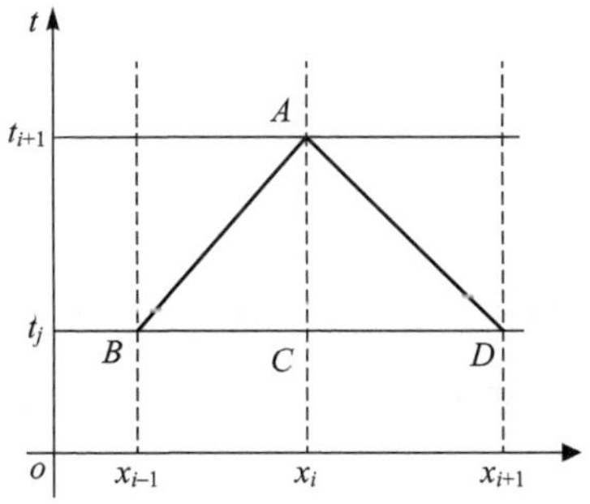

图 4.2　任意一点处左行和右行特征线示意图

式中，z^-、z^+分别为位置 x_i 处两边的波阻抗，即密度与纵波波速的乘积，如对于接触界面 1，$z^-=\rho_r c_{pr}$ 和 $z^+=\rho_f c_{pf}$，对于接触界面 2，z^- 和 z^+ 则正好相反；$v^-(x_i,t_{j+1})$、$v^+(x_i,t_{j+1})$分别表示时间为 t_j、位置 x_i 处的左边和右边的粒子振动速度；$\sigma^-(x_i,t_{j+1})$、$\sigma^+(x_i,t_{j+1})$分别表示时间为 t_j、位置 x_i 处的左边和右边的法向应力。

根据前面假设，即接触界面的应力连续而位移不连续，故有

$$\sigma^-(x_i,t_{j+1})=\sigma^+(x_i,t_{j+1})=\sigma(x_i,t_{j+1}) \tag{4.3}$$

$$u^-(x_i,t_{j+1})-u^+(x_i,t_{j+1})=\frac{\sigma(x_i,t_{j+1})}{k_n} \tag{4.4}$$

式中，k_n 为该接触界面的法向刚度，$u^-(x_i,t_{j+1})$和 $u^+(x_i,t_{j+1})$分别为时间为 t_j、位置 x_i 处的左边和右边的位移。

将式(4.4)对时间 t 进行微分，则有

$$v^-(x_i,t_{j+1})-v^+(x_i,t_{j+1})=\frac{1}{k_n}\frac{\partial\sigma(x_i,t_{j+1})}{\partial t}=\frac{\sigma(x_i,t_{j+1})-\sigma(x_i,t_j)}{k_n\Delta t} \tag{4.5}$$

于是，

$$\sigma(x_i,t_{j+1})=\sigma(x_i,t_j)+k_n\Delta t[v^-(x_i,t_{j+1})-v^+(x_i,t_{j+1})] \tag{4.6}$$

式(4.1)和式(4.2)相加，有

$$\begin{aligned}&z^-v^-(x_i,t_{j+1})+z^+v^+(x_i,t_{j+1})\\&=z^-v^+(x_{i-1},t_j)+z^+v^-(x_{i+1},t_j)+\sigma^+(x_{i-1},t_j)-\sigma^-(x_{i+1},t_j)\end{aligned} \tag{4.7}$$

将式(4.6)代入式(4.7)，可得

$$\begin{aligned}&z^-v^-(x_i,t_{j+1})+k_n\Delta t[v^-(x_{i+1},t_j)-v^+(x_{i+1},t_j)]+\sigma(x_i,t_j)\\&=(k_n\Delta t+z^-)v^-(x_i,t_{j+1})-k_n\Delta tv^+(x_{i+1},t_j)+\sigma(x_i,t_j)\\&=z^-v^+(x_{i-1},t_j)+\sigma(x_{i-1},t_j)\end{aligned} \tag{4.8}$$

联立式(4.7)和式(4.8)，可得

$$v^{-}(x_i,t_{j+1})=[(z^{-}k_n\Delta t+z^{-}z^{+})v^{+}(x_{i-1},t_j)+z^{+}k_n\Delta t v^{-}(x_{i+1},t_j)+(k_n\Delta t+z^{+})\sigma(x_{i-1},t_j)-k_n\Delta t\sigma(x_{i+1},t_j)]/(z^{-}k_n\Delta t+z^{-}z^{+}+z^{+}k_n\Delta t) \tag{4.9}$$

$$v^{+}(x_i,t_{j+1})=[z^{-}k_n\Delta t v^{+}(x_{i-1},t_j)+(z^{-}k_n\Delta t+z^{-}z^{+})v^{-}(x_{i+1},t_j)+k_n\Delta t\sigma(x_{i-1},t_j)-(z^{-}+k_n\Delta t)\sigma(x_{i+1},t_j)-z^{-}\sigma(x_i,t_j)]/(z^{-}k_n\Delta t+z^{-}z^{+}+z^{+}k_n\Delta t) \tag{4.10}$$

结合式(4.6)可得到法向应力，即

$$\sigma(x_i,t_{j+1})=[z^{-}z^{+}v^{+}(x_{i-1},t_{j+1})+z^{-}z^{+}v^{-}(x_i,t_{j+1})+z^{+}\sigma(x_{i-1},t_j)+z^{-}\sigma(x_{i+1},t_j)-(z^{+}-z^{-})\sigma(x_i,t_j)]/(z^{-}k_n\Delta t+z^{-}z^{+}+z^{+}k_n\Delta t) \tag{4.11}$$

根据式(4.9)～式(4.11)，即可知当初始粒子振动速度 $v^{-}(0,t_j)$以及各边界条件如 $v^{+}(x_i,0)$、$v^{+}(x_i,0)$和 $\sigma(x_i,0)$时，即可通过计算机编程计算得到任意一点的法向应力和粒子振动速度。本章采用 MATLAB 软件进行计算。

将 Li 等[16]的薄层模型(TLIM)与 Zhao 等[17]的单节理模型相结合，综合考虑填充材料和接触界面的变形，因此，首先为了验证程序的正确性，采用两种极限情况分别对比验证程序的正确性以及三单元模型与已有模型的差异性。

1）与薄层模型对比分析

在薄层模型中，充填材料与岩石材料的接触界面看成连续模型，因此将刚度值取 100GPa/m，进而忽略结构面的变形影响，其余参数两种方法基本一致。充填材料和岩石的波速分别为 200m/s 和 5830m/s，密度分别为 1700kg/m^3 和 2650kg/m^3。入射波为频率为 100Hz 的正弦波，则两种不同结构面模型的计算结果如图 4.3(a)所示。显然两种模型下其透射波波形及波幅基本一致，其中采用三单元模型的透射波波幅略小，且稍有滞后。说明接触界面的刚度对应力波的传播有影响，同时该程序可行。

2）与不考虑节理充填厚度的不连续模型对比分析

与不考虑充填影响的节理相比，含充填结构面一方面因为充填材料本身的低弹性模量和低强度引起应力波的衰减，另一方面充填结构面一般具有两个界面，应力波在两个界面间会产生多重反射以及界面的变形均会对应力波的传播有重要的影响。将应力波通过三单元模型与位移不连续节理模型的透射波进行对比分析，如图 4.3(b)所示。其中入射波、岩石的密度和波速均与前面相同，为了只对比分析节理面的影响，不考虑充填材料，三单元模型计算中将充填材料的属性与岩石取一致。节理充填厚度分别为 2mm 和 2m，接触界面刚度 k_n 为 9.7GPa/m。其中为了对比分析接触界面数量的影响，将不连续面 2 的刚度值设为较大值 100GPa/m

时的计算结果表示为 TEM-2。如图 4.3(b)所示，当刚度较小时，考虑两个接触界面的透射波明显偏小，且充填厚度对其波幅和波形均影响较大，节理充填厚度为 2mm 的透射波波幅为 0.75m/s，而节理充填厚度为 2m 的透射波波幅为 0.84m/s，且出现了明显的叠加震荡现象。当第二个接触界面的刚度足够大时，与应力波通过单条结构面的透射波相比，节理充填厚度为 2mm 的透射波与其波形完全重合，节理充填厚度为 2m 的透射波在时间上发生滞后，但是波幅完全一致。说明当结构面的刚度足够大时，若结构面两边的材料属性相同，则结构面的影响可以忽略。

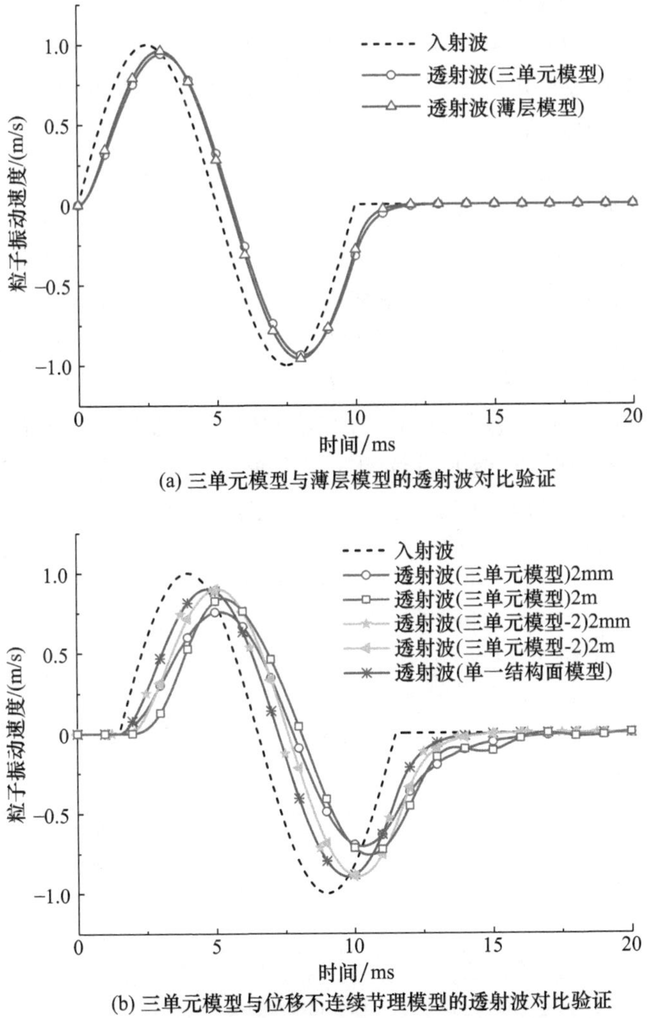

(a) 三单元模型与薄层模型的透射波对比验证

(b) 三单元模型与位移不连续节理模型的透射波对比验证

图 4.3　三单元模型与已有节理模型的对比验证

当三单元模型充填材料与岩石材料相同，且第二个接触界面的刚度足够大时，只考虑第一个接触界面的影响时，三单元模型等效于单一结构面模型。而当三单元模型两个接触界面的刚度足够大,即接触界面影响可忽略,只考虑充填材料的影响时,三单元模型等价于薄层模型。

由上述分析可知,采用三单元模拟含充填的软弱结构面时,对一维 P 波传播规律的影响参数主要包括接触界面的刚度 k_n、节理充填厚度 L、充填材料的属性、入射波的频率 f。对于线弹性充填材料和接触界面,即不考虑塑性变形,入射波波幅的影响不大,因此对这四个参数进行深入分析。将透射波波幅与入射波波幅的比值定义为透射系数。以下研究中,两个接触界面的刚度相同。

(1) 接触界面刚度和频率的影响。

为了考虑接触界面刚度和频率的影响,将刚度作为变量,采用不同频率的入射波进行分析。在研究刚度对应力波传播规律的影响时,定义无量纲的归一化法向刚度 $K_n(K_n=k_n/(z_P w))$,这里 z_P 采用岩石的波阻抗,w 为入射波的圆频率即 $w=2\pi f$。入射波频率分别为 10Hz、100Hz、500Hz、1000Hz 和 10000Hz。对于每一种入射频率,K_n 的取值范围为 0.5~10。充填材料和岩石的波速分别为 200m/s 和 5830m/s,充填材料和岩石的密度分别为 1700kg/m^3 和 2650kg/m^3,节理充填厚度为 2mm。

从图 4.4 可以看出,入射波频率和刚度对应力波传播规律的影响受到彼此的相互作用。随着刚度的增大,透射系数先迅速增大,当 K_n 大于一个临界值 K_{ncri} 时,透射系数增速减缓且稳定至极限值 T_{cri},K_{ncri} 和 T_{cri} 均与频率密切相关。随着入射波频率的增加,K_{ncri} 显著减小。含充填的软弱结构面对高频滤波效应十分明显,随着入射频率的增加,透射系数增加幅度减小,T_{cri} 大幅下降。当入射波频率为 10000Hz 时,随着刚度的增加,透射系数增加幅度较小,基本不变。

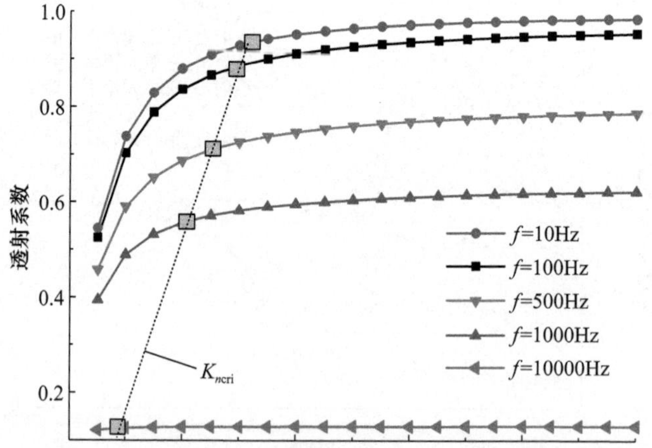

图 4.4 不同入射波频率下透射系数与接触界面归一化法向刚度的关系

(2) 充填材料属性的影响。

充填材料的属性(如密度和波速等)不但影响应力波在岩石与充填材料界面处

的透反射，也影响应力波在其内部传播的时间和衰减。由计算公式可知，充填材料和岩石材料的差异性和波速对应力波传播规律的影响最为重要。考虑到充填材料的波速一方面影响应力波在其内部的传播时间，另一方面影响波阻抗，将岩石材料的波速作为变量分析其对应力波传播规律的影响。将充填材料波速与岩石材料波速的比值定义为波速比(δ)。计算不同接触界面刚度下透射系数与波速比的关系如图 4.5 所示。充填材料密度为 1700kg/m，岩石的波速和密度与前面相同。考虑节理充填厚度的差异性，这里选取 8mm 和 80mm 两种节理充填厚度，入射波频率为 100Hz。

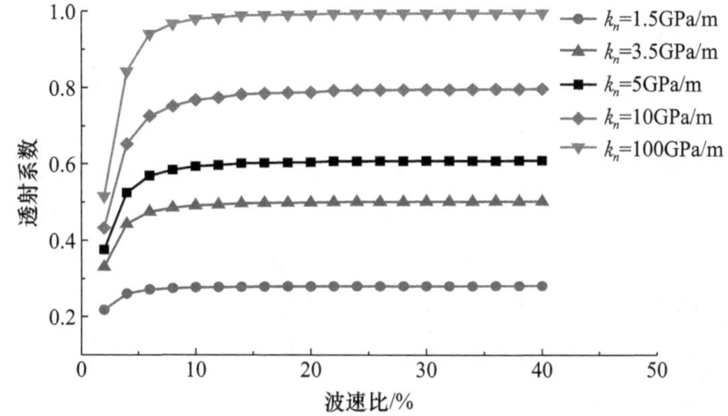

(a) 节理充填厚度8mm

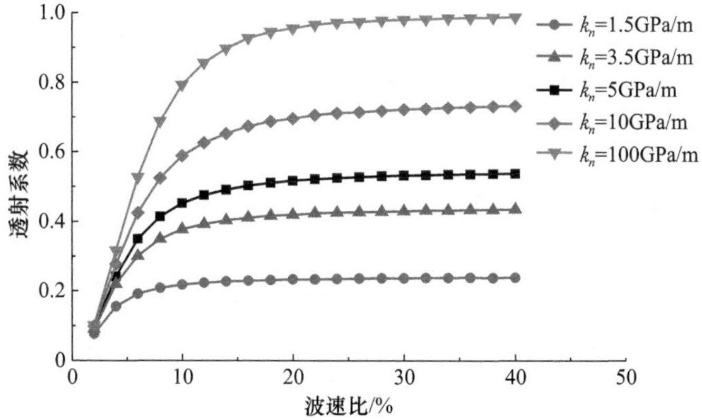

(b) 节理充填厚度80mm

图 4.5　不同接触界面刚度下透射系数与波速比的关系

由 δ 与透射系数的关系可以得出，对于不同的节理充填厚度和刚度，均存在一个临界值 δ_{cri}，将 δ 对透射系数的影响分为两个区间。当 $\delta<\delta_{cri}$ 时(区间 1)，随着 δ 增加，透射系数迅速增加；而当 $\delta>\delta_{cri}$ 时(区间 2)，透射系数对 δ 的依赖性减小，随着 δ 的继续增加，透射系数微弱增加且趋于稳定值 T_{thr}，且 T_{thr} 与接触界面的刚度正相关。说明充填材料对应力波透射规律的影响均存在一个极限值。对于较小的节理充填厚度(8mm),$\delta_{cri}\approx 8\%$,且区间 1 透射系数的增加幅度为 26%～87%,而当节理充填厚度较大时(80mm),$\delta_{cri}\approx 16\%$,当充填材料波速较低时($\delta=10\%$,此时波速约 117m/s),此时透射系数约为 0.1,刚度的影响较小可以忽略,透射系数对充填材料波速非常敏感,区间 1 中透射系数的增幅最大达到 874%($k_n=100$GPa/m),最小约 213%($k_n=1.5$GPa/m)。上述结果表明,充填材料的波速对应力波透射规律的影响存在区间性,且受到节理充填厚度的影响,当充填材料的波速较小时,充填材料属性对应力波传播有着重要的衰减作用,而当充填材料的波速较大时,透射系数主要由节理充填厚度和接触界面刚度决定。

(3) 节理充填厚度的影响。

由上述结果可知,当应力波在含充填材料的软弱结构面传播时,节理充填厚度的影响是不可忽略的。在已有的关于应力波在含充填结构面岩体中传播规律的研究中,节理充填厚度一般小于 10mm,缺乏节理充填厚度更厚的断层或者软弱夹层等结构面的研究。为了更充分地考虑节理充填厚度的影响,本次研究中节理充填厚度范围取为 2～300mm,同样考虑 5 种不同接触界面的刚度。入射波频率为 100Hz,充填材料和岩石的波速分别为 200m/s 和 5830m/s,充填材料和岩石的密度分别为 1700kg/m^3 和 2650kg/m^3。透射系数与节理充填厚度的关系如图 4.6 所示。

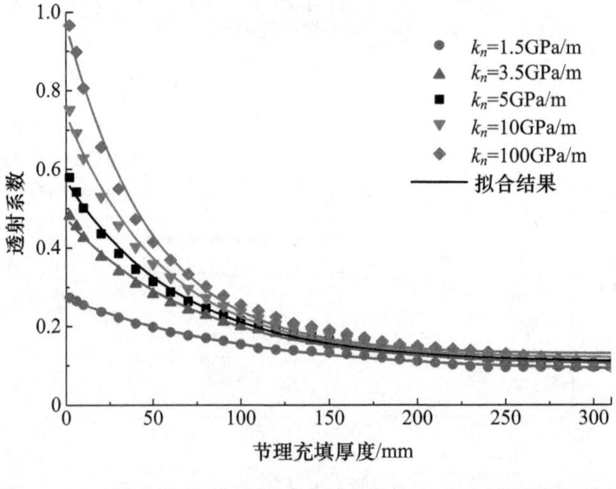

图 4.6　不同接触界面刚度下透射系数与节理充填厚度的关系

随着节理充填厚度的增加,透射系数迅速降低然后趋于稳定。采用函数 $T=T_0+A(1-e^{-\frac{L}{B}})$将透射系数与节理充填厚度的关系进行拟合,拟合结果采用直线表示。拟合程度较高,相关系数均大于 0.993。不同接触界面刚度下的拟合参数如表 4.1 所示。

表 4.1　不同接触界面刚度 k_n 下的拟合参数

k_n/(GPa/m)	T_0	A	B
1.5	0.085	0.19	100.28
3.5	0.10	0.37	74.68
5	0.11	0.46	66.44
10	0.12	0.62	56.32
100	0.13	0.84	48.88

当节理充填厚度大于 200mm 时，无论 k_n 多大，透射系数均趋于 0.1。这说明当节理充填厚度足够大时，如断层或者软弱夹层，软弱结构面的隔振效应较强，即会造成应力波的大幅衰减，吸收了应力波的能量，同时也可能会产生较大的变形而发生破坏。

本节所提出的三单元模型可同时考虑充填材料与岩石的接触界面和充填材料的共同影响，适合节理充填厚度变化较大的软弱结构面。需要说明的是。接触界面以及充填的变形均采用的是线弹性模型，后期会对非线性材料及接触变形进行进一步讨论分析。

4.2.2　P 波在一组平行充填节理岩体中传播规律的数值研究

对于应力波在多个充填节理处的传播规律，由于影响因素更为复杂，试验上操作较为困难。通过离散元软件(universal distinct element code，UDEC)对应力波在含一组平行充填节理处的传播规律进行研究，分析节理充填厚度、节理间距和节理数量对应力波衰减规律的影响，此外，对于节理间距较小的情况，提出了一维等效模型来研究应力波的传播规律。对于有节理充填厚度(含有充填材料)的节理，应力位移连续模型比应力位移不连续模型更适合[16]，如图 4.7 所示。对于应力位移连续模型，节理壁两侧压力位移连续，充填材料的物理特性(如波速、密度)对应力波传播特性有重要影响。

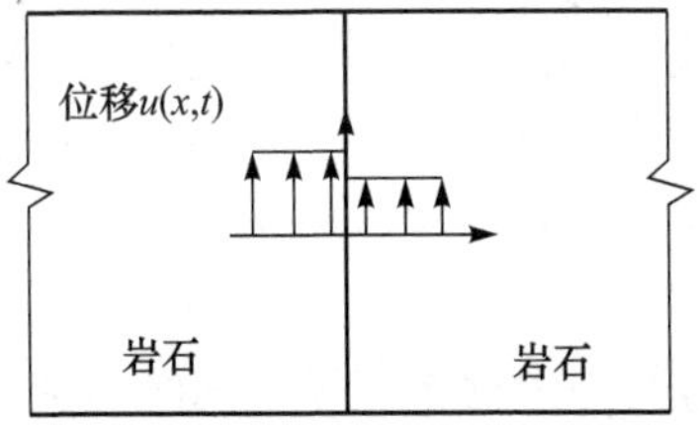

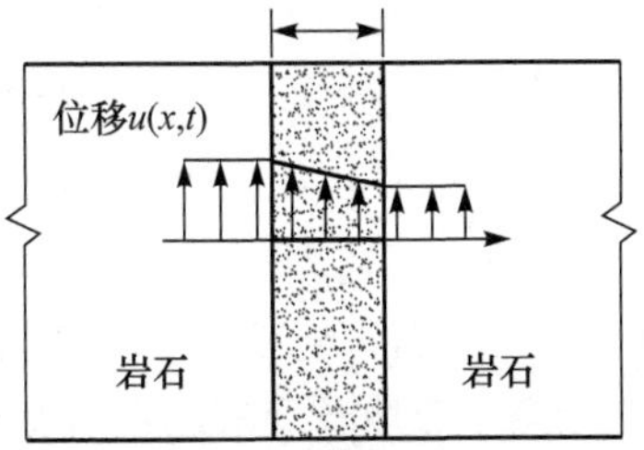

图 4.7　充填节理模型示意图

1. 薄层理论

基于特征线法，将充填节理看成薄层模型，应力波通过单个充填节理的传播方程，其中应力波通过一个节理壁的速度和应力满足

$$
\begin{aligned}
v^{+}(x_i, t_{j+1}) &= v^{-}(x_i, t_{j+1}) \\
&= Av^{+}(x_{i-1}, t_j) + Bv^{+}(x_{i-1}, t_j) + C[\sigma^{+}(x_{i-1}, t_j) - \sigma^{-}(x_{i+1}, t_j)]
\end{aligned}
\tag{4.12}
$$

$$
\begin{aligned}
\sigma^{+}(x_i, t_{j+1}) &= \sigma^{-}(x_i, t_{j+1}) \\
&= z^{+} v^{+}(x_i, t_{j+1}) - z^{-} v^{-}(x_{i+1}, t_{j+1}) + \sigma^{+}(x_{i-1}, t_j) + \sigma^{-}(x_{i+1}, t_j)
\end{aligned}
\tag{4.13}
$$

式中，$A=z^{-}/(z^{-}+z^{+})$；$B=z^{+}/(z^{-}+z^{+})$；$C=1/(z^{-}+z^{+})$；$v^{-}(x_i, t_{j+1})$和$v^{+}(x_i, t_{j+1})$分别为节理壁两侧的粒子振动速度；$\sigma^{-}(x_i, t_{j+1})$和$\sigma^{+}(x_i, t_{j+1})$分别为节理壁两侧的应力；z^{-}和z^{+}分别为节理壁前后的材料波阻抗，如对于第一个节理壁，z^{-}为岩体的波阻抗，z^{+}为充填材料的波阻抗，波阻抗为材料密度与波速的乘积。

2. 等效波阻抗方法

基于应力和速度连续，李夕兵[18]通过等效波阻抗方法，求出了应力波在多层岩体中的传播透射系数，即

$$
T = \frac{2Y}{z_0 + Y} = \frac{2\left[1 + \mathrm{j}\,\dfrac{z_1}{z_0}\tan\gamma\right]}{2 + \mathrm{j}\left(\dfrac{z_0}{z_1} + \dfrac{z_1}{z_0}\right)\tan\gamma}
\tag{4.14}
$$

式中，Y为多层岩体等效波阻抗，单个夹层的等效波阻抗可按式(4.15)求得；z_0、z_1分别为岩石和充填材料的波阻抗；$\gamma=2\pi L/\lambda$，其中，L为节理充填厚度，λ为波长。

$$
Y = \frac{z_0\cos\gamma + \mathrm{j}z_1\sin\gamma}{\cos\gamma + \mathrm{j}\,\dfrac{z_0}{z_1}\sin\gamma}
\tag{4.15}
$$

为了验证UDEC模拟纵波(P波)在充填节理处传播规律的有效性，建立300m×1m的杆状模型，如图4.8所示。因为模拟的是P波的入射，上、下边界固定了y方向的位移。为了消除人工边界的反射影响，左边和右边边界为无反射黏弹性边界。节理位置在$x=130$m处，入射波和反射波监测点分别在$x=10$m和134m处。采用设置两条节理(相当于充填节理的两壁)，并对其中的材料赋予不同的属性来模拟充填节理，两条节理的间距即为节理充填厚度。从左边边界施加半个周期的入射正弦波，频率为100Hz，波幅为1m/s。为了满足计算精度，网格划分尺寸与波长的比值要小于1/8。因此，岩体中网格尺寸划分为2m，而充填节理中由于充填材料的波速较低，

其波长也更小，其网格尺寸划分为 0.01m。为了与理论结果更好地对比，节理充填厚度取值范围为 1～10mm。节理壁采用库仑滑移模型，岩石和充填材料均采用线弹性模型。因为采用的位移应力连续模型，所以节理壁的刚度值和黏聚力设置较大以保证充填节理的位移发生在充填材料内部，岩石和充填材料的物理力学参数如表 4.2 所示。

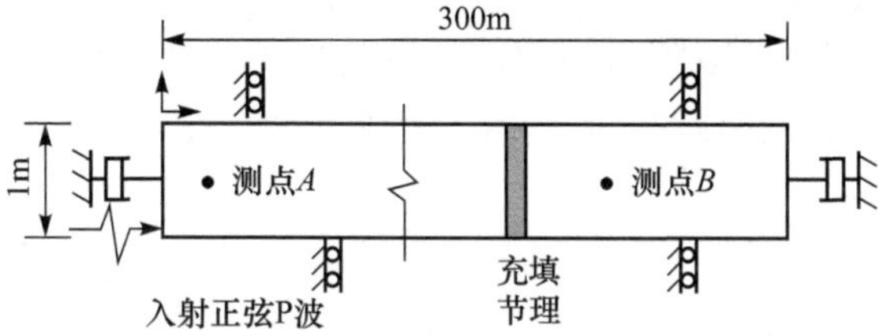

图 4.8　应力波穿过单个充填节理计算模型

表 4.2　岩石和充填材料物理力学参数

参数	密度 ρ/(kg/m^3)	体积模量 K/GPa	剪切模量 G/GPa	P 波波速/(m/s)	S 波波速/(m/s)
岩石	2800	51.8	27	5600	3100
充填材料	1700	0.048	0.020	210	110

节理充填厚度对透射系数影响的理论结果与数值模拟结果对比如图 4.9 所示。

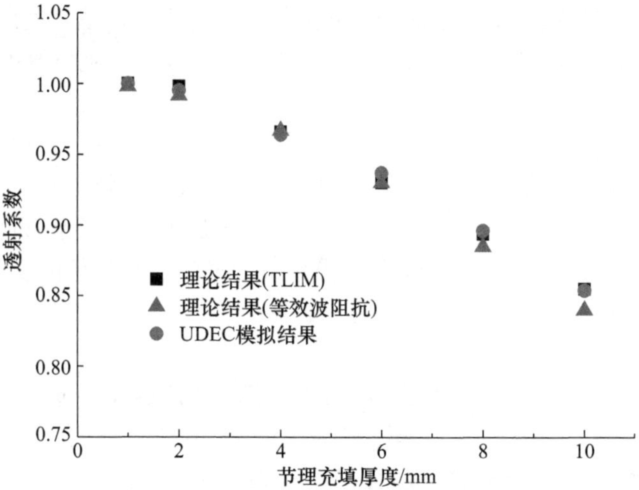

图 4.9　节理充填厚度对透射系数影响的理论结果与数值模拟结果对比

从图 4.9 可以看出，随着节理充填厚度的增加，透射系数减小，且减小幅度增加，说明节理充填厚度对应力波的衰减作用随着节理充填厚度的增加更为明显，不可忽略。数值模拟结果与两种理论结果吻合得较好，说明可采用 UDEC 对应力波在充填节理处的传播规律进行研究。等效波阻抗的结果比 TLIM 和 UDEC 结果略小。

1）节理充填厚度的影响

为了进一步研究应力波在含一组充填节理岩体中的传播规律，在图 4.8 模型的基础上建立如图 4.10 所示的模型。考虑到节理的分布，模型的尺寸增大为 600m×1m，边界条件、入射波的频率和幅值与验证模型参数取值相同。分析参数包括节理充填厚度、节理间距及节理数量。节理充填厚度分别为 2mm、4mm、6mm、8mm、10mm、12mm；将节理间距与波长的比值定义为节理间距比（ξ），ξ 的取值范围为 2%～60%；节理数量 N 取值范围为 2～10。

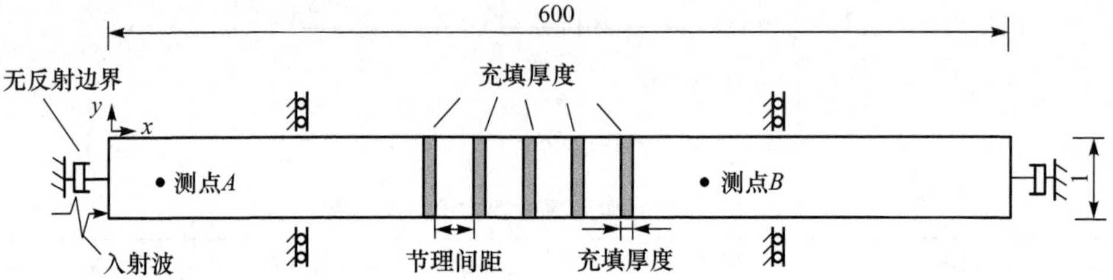

图 4.10 应力波穿过多个充填节理计算模型（单位：m）

图 4.11(a)和(b)分别表示 ξ 为 2%、50%时不同节理数量下透射系数与节理充填厚度的关系。显然，与单个节理相同，对于不同节理数量和节理间距比下的多个充填节理，节理充填厚度的增加均会加大入射波的衰减。节理间距比越大，节理充填厚度和节理数量的影响作用越明显，当 $\xi=2\%$时，节理充填厚度由 2mm 增加到 12mm 时，透射系数降低约 26%，而节理数量的影响较小；当 $\xi=50\%$时，透射系数最大降低了 67%（$N=10$），最小降低了 33%（$N=2$）。当应力波在含多个节理岩体中传播时，透射波是由入射波在节理间发生多重透反射得到的不同时间到达的波叠加所成。根据上述现象推测，当入射波波长远大于充填节理间距时，应力波的衰减规律主要与充填材料及节理充填厚度有关，而节理数量的变化引起的多重透反射作用较小，对应力波的到达时间影响较小。

2）节理间距比的影响

图 4.12 表示节理充填厚度为 4mm 时，不同节理数量下透射系数与节理间距比的关系。可以发现，对于一组平行充填节理，节理间距比的影响作用与无充填节理基本相似，节理数量的增加会加大入射波的衰减。节理间距比存在两个临界值 ξ_{thr} 和 ξ_{cri}。随着间距比 ξ 的增加，透射系数先增加到一个临界值 T_{thr}，然后减小至一个近似稳定值 T_{cri}，对应的节理间距比分别为 ξ_{thr} 和 ξ_{cri}。值得注意的是，当 $\xi<\xi_{thr}$ 时，节理数量的影响较小，而随着节理间距比继续增加，节理数量的影响开始变得明显，随着节理数量的增加，透射系数逐渐减小，但是减小幅度略有降低。

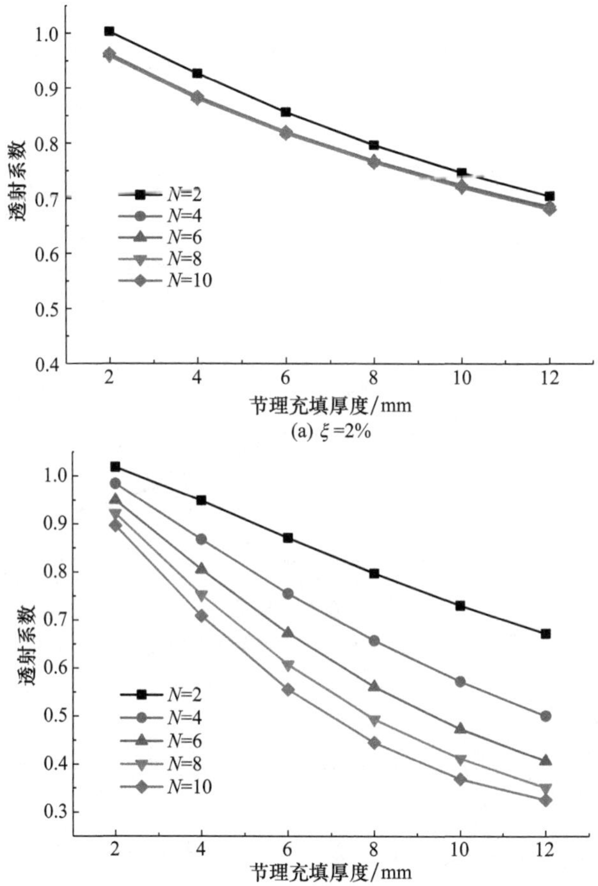

(b) ξ=50%

图 4.11　不同节理数量下透射系数与节理充填厚度的关系

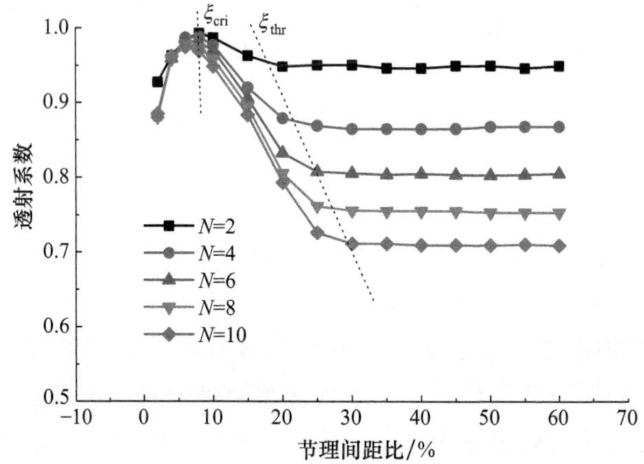

图 4.12　不同节理数量下透射系数与节理间距比的关系

为了研究节理间距比较大时，节理数量对透射系数的影响，将 T_{cri} 与节理数量 N 的关系绘于图 4.13 中。采用式(4.16)所示的指数函数进行拟合，拟合程度较高，相关系数等于 0.999。

$$T_{cri}=T_0+A(1-e^{-\frac{N}{B}}) \tag{4.16}$$

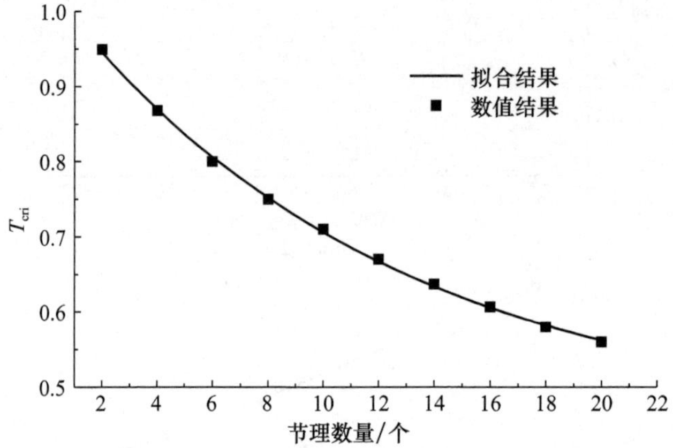

图 4.13 T_{cri} 与节理数量的关系

拟合结果为

$$T_{cri}=1.03-0.584(1-e^{-\frac{N}{12}}) \tag{4.17}$$

式中，T_0、A 和 B 为拟合参数。

当节理间距比较大时，透射系数基本不受节理间距比影响，趋于稳定值 T_{cri}，并可用指数形式对 T_{cri} 与节理数量的关系进行拟合。

3) 充填节理与等效刚度无充填节理的影响

通过入射波、透射波与充填节理两侧的应力-应变关系，反推得到充填节理的变形特性，充填节理的应力和闭合量计算公式分别为

$$\sigma(t)=\frac{E_r}{2c_r}[v_I(t-\Delta t)+v_R(t)+v_T(t)] \tag{4.18}$$

$$u(t)=\int_0^{t_j}[v_I(t-\Delta t)-v_R(t)-v_T(t)]dt \tag{4.19}$$

式中，v_I、v_T、v_R 分别为经过单个充填处的入射波、透射波和反射波的粒子振动速度，计算方法按式(4.12)和式(4.13)。

将应力与法向闭合量的比值定义为无充填节理的法向刚度。由式(4.18)和式(4.19)即可得到对应节理充填厚度的无充填节理的相应等效法向刚度。根据计算发现法向刚度与节理充填厚度相关，随着节理充填厚度的增加，法向刚度减小。经过计算，对于 $L=4$mm、8mm，反推计算出的法向刚度分别为 9.64GPa/m 和

19.2GPa/m。为了考虑节理充填厚度的影响，将一组节理充填厚度分别为 4mm、8mm 与相应刚度的无充填节理对透射系数的影响进行对比分析，结果如图 4.14 所示。

从图 4.14 可以看出，对于采用等效刚度的无充填节理，同样存在两个临界值 T_{thr} 和 T_{cri}，对应的节理间距比分别为 ξ_{thr} 和 ξ_{cri}。节理充填厚度和节理数量的增加均会使 ξ_{thr} 增加和 T_{thr} 减小。随着节理充填厚度的增加，ξ_{cri} 和对应的 T_{cri} 均会减小，而节理数量对 ξ_{cri} 和对应的 T_{cri} 影响较小。

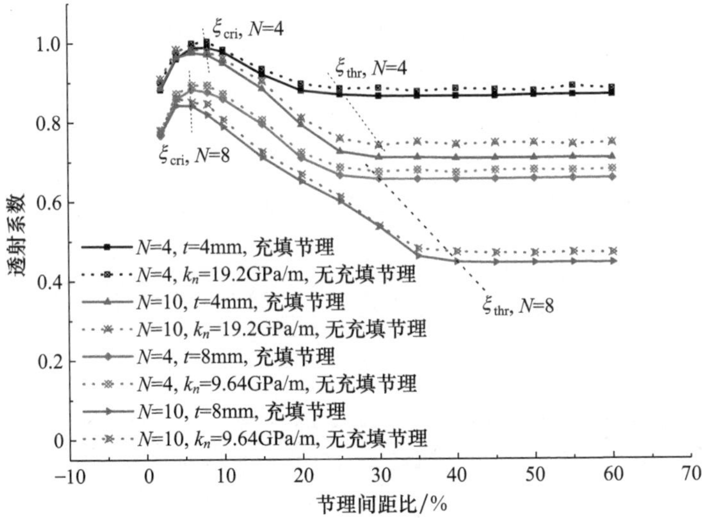

图 4.14　不同节理数量下充填节理和无充填节理的透射系数对比

对于一组平行节理，与等效刚度的无充填节理相比，充填节理的透射系数偏小。究其原因，充填节理由于充填材料和节理充填厚度的作用，会加大对入射波的衰减作用。当 $\xi<\xi_{cri}$（即节理间距较小）时，有无充填对透射系数的影响区别较小，但随着节理间距的增加，区别开始变大，有节理充填厚度的情况下，T_{cri} 值减小，ξ_{cri} 值增加，说明应力波在充填节理内部的多重反射以及充填材料的低波速特性会影响应力波的传播过程和衰减程度。

在前面的计算中，当节理间距较小时，节理数量的影响不明显。当入射波波长远大于节理间距时，可采用等效介质的方法计算应力波在节理岩体中的传播过程。对于含有一组平行无充填节理的岩体，当应力波传播时，岩体的变形主要由节理和岩石共同引起，其中节理的位移即为应力与节理刚度的比值。而在分析充填节理对应力波传播规律的影响时，采用的是应力位移连续模型。因此，含多条充填节理岩体的变形等于岩石和充填材料的变形之和，即等效介质的应变发生在岩石和充填材料内部，节理两侧岩石与充填材料接触面的位移忽略不计。如图 4.15 所示，等效介质范围选用第 1 条充填节理的左侧到第 N 条充填节理的右侧，图中 $N=6$。

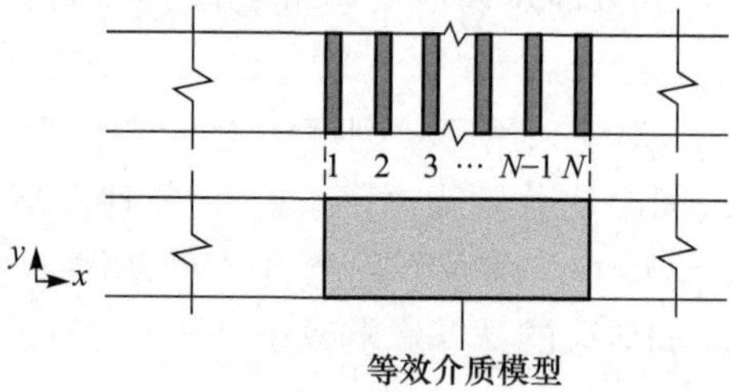

图 4.15 等效介质计算示意图(单位：m)

等效介质的位移计算公式为

$$\Delta u=\frac{\sigma(N-1)(s-L)}{E_{\mathrm{r}}}+\frac{\sigma NL}{E_{\mathrm{f}}} \tag{4.20}$$

该等效介质的弹性模量和密度计算公式分别为

$$E_{\mathrm{e}}=\frac{\sigma}{\varepsilon_{\mathrm{e}}}=\frac{\sigma[(N-1)s+NL]}{\Delta u}=\frac{\sigma[(N-1)s+NL]}{\dfrac{\sigma(N-1)s}{E_{\mathrm{r}}}+\dfrac{\sigma NL}{E_{\mathrm{f}}}}=\frac{E_{\mathrm{r}}E_{\mathrm{f}}((N-1)\xi\lambda_{\mathrm{P}}+NL)}{E_{\mathrm{f}}(N-1)\xi\lambda_{\mathrm{P}}+E_{\mathrm{r}}NL} \tag{4.21}$$

$$\rho_{\mathrm{e}}=\frac{m}{v}=\frac{\rho_{\mathrm{r}}(N-1)s+\rho_{\mathrm{f}}NL}{(N-1)s+NL}=\frac{\rho_{\mathrm{r}}(N-1)\xi\lambda_{\mathrm{P}}+\rho_{\mathrm{f}}NL}{(N-1)\xi\lambda_{\mathrm{P}}+NL} \tag{4.22}$$

式中，E_{e}、ρ_{e} 分别为等效介质的弹性模量和密度；ε_{e} 为等效介质的应变；s、L 分别为节理间距和节理充填厚度；λ_{P} 为 P 波在岩石中传播的波长。下标“r”、“f”分别为岩石和充填材料，即 E_{r}、ρ_{r} 分别为岩石的弹性模量和密度。

当节理间距比 ξ 趋向 0 时，等效介质的弹性模量和密度近似等于充填材料的弹性模量和密度。

4）节理间距的影响

图 4.16 为采用充填节理模型和等效介质模型计算的透射系数与节理间距比的关系曲线，其中入射波频率为 100Hz。可以看出，当 $\xi<5\%$时，两种模型计算得到的透射系数相差较小，等效介质模型计算的透射系数稍小。说明当节理间距比较小时，可以采用等效介质的方法对含多组节理的岩体区域估算对应力波传播的影响。而随着节理间距继续增加，两种方法的差异变大，等效介质模型计算的透射系数偏大，而充填节理模型计算的透射系数减小。说明当节理间距太大时，等效介质模型不再适用，此时计算出的等效介质模量偏大，透射系数偏大。因此，对于节理间距较小的含平行充填节理的岩体，可以应用等效介质的方法对透射波进行分析。

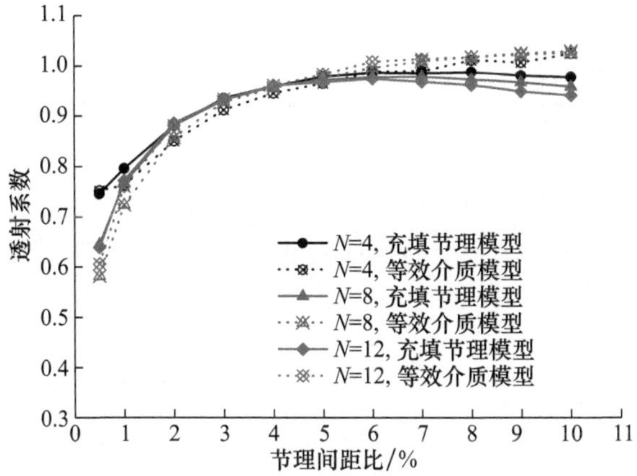

图 4.16　不同节理数量下两种模型计算的透射系数与节理间距比的关系曲线

5）入射波频率与节理充填厚度的影响

入射波频率往往也决定着其在充填节理岩体中的衰减规律，为了研究不同频率入射波下等效介质模型是否适用，讨论 5 种频率下充填节理模型和等效介质模型的透射系数与节理充填厚度的关系，其中节理间距固定为波长的 3%，节理数量 N 均为 12，入射波波幅为 1m/s，计算结果如图 4.17 所示。显然，两种计算方法的结果基本吻合较好，随着节理充填厚度的增加，透射系数近似线性减小。当节理充填厚度较小时（$L<8$mm 时），等效介质模型的计算结果与应力波直接在含一组平行充填节理岩体中传播的透射系数相同，而当节理充填厚度较大时，两种模型的计算结果差异增加，等效介质模型得到的透射系数偏小。因此，当应力波入射频率和节理间距均不大时，可以采用等效介质模型对应力波在该区域的传播进行分析。在实际工程中，也可以通过测量得到的入射波和透射波对一定区域的岩体质量和节理分布情况进行反推评测。

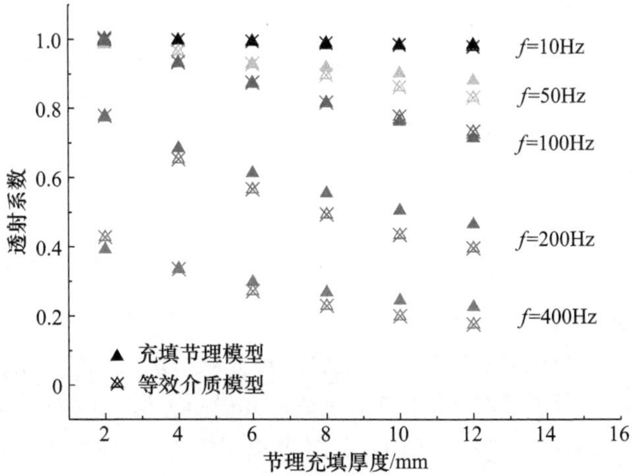

图 4.17　不同入射波频率下两种模型计算的透射系数与节理充填厚度的关系

6）充填材料力学特性的影响

充填材料的大变形往往加大应力波的衰减，其波速的大小同时会影响应力波的传播时间和过程，而对于线弹性材料，波速和弹性模量满足关系式：$E=\rho c_{\mathrm{P}}^{2}$，在下面的研究中，假设充填材料的密度不变，通过改变充填材料的弹性模量来研究两种模型下充填材料的特性对应力波传播的影响。将岩石弹性模量与充填材料弹性模量的比值定义为弹性模量比。不同节理数量下两种模型计算的透射系数与弹性模量比的关系曲线如图 4.18 所示。入射波为频率 100Hz 的半个周期的正弦波，波幅为 1m/s，节理间距比为 3%，节理充填厚度为 4mm。

从图 4.18 可以看出，随着弹性模量比的增加，透射系数非线性减小，但减小幅度逐渐降低，说明充填材料的弹性模量越小，对应力波的衰减作用越强。随着节理数量的增加，相同弹性模量比条件下，透射系数略有降低，对于小间距的充填节理，应力波的衰减主要受到充填材料属性的影响。两种模型的计算结果在弹性模量比较小时基本相同，而当弹性模量比较大时，对于数量较多的充填节理，等效介质模型计算的结果偏小。

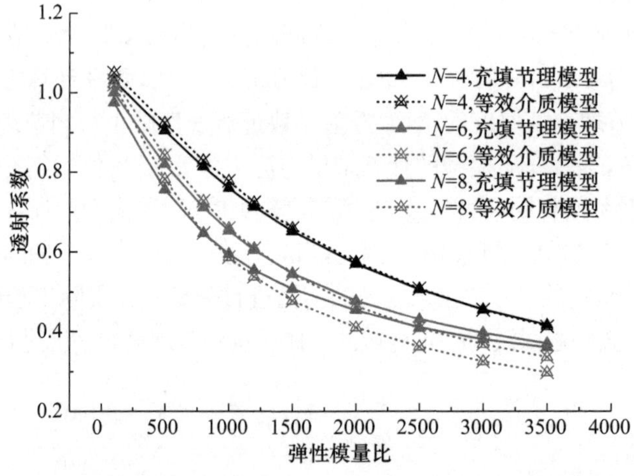

图 4.18　不同节理数量下两种模型计算的透射系数与弹性模量比的关系曲线

4.2.3　小结

本节通过考虑接触界面和充填材料的共同作用，提出了三单元模型，结合特征线法，研究了 P 波在含充填软弱结构面处的传播规律；分析应力波在充填节理处的传播规律时，发现采用应力位移连续模型更适合描述充填节理的力学特性，若已知充填材料的波速和密度，即可展开分析，本节通过离散元模拟方法对应力波在含一组平行充填节理岩体中的传播规律进行了研究；同时提出了等效介质模型对应力波在含多条小间距充填节理岩体中的传播规律进行分析，主要得到以下结论：

(1) P 波在三单元模型处进行传播时，接触界面刚度、充填材料属性以及节理充填厚度均对应力波的衰减有着重要的影响，当入射波频率恒定时，透射系数以及结构面的法向力学特性主要由接触界面刚度、节理充填厚度以及充填材料属性三个参数较弱的一方决定，且三个参数均存在一个阈值($K_{n\text{cri}}$、δ_{cri} 和 L_{cri})，无量纲法向刚度 $K_{n\text{cri}}$ 为 1～2，波速比 δ_{cri} 约为 10%，节理充填厚度 L_{cri} 约为 100mm。将对透射系数的影响分为两个阶段，当 K_n 和 δ 小于对应阈值时，随着参数的增加，透射系数显著增加；当对应参数大于该阈值时，该参数对透射系数的影响减弱，基本可忽略。

(2) 透射系数随着节理充填厚度的增加而迅速减小，采用负指数函数对两者关系进行拟合，拟合程度较高。随着节理充填厚度的增加，透射系数快速减小后趋于稳定，当节理充填厚度大于 100mm 后，充填结构面的隔振效应较强，透射系数约为 0.1，且接触界面刚度的影响可以忽略。而随着节理充填厚度的增加，对于不同的节理间距和节理数量，透射系数均减小。而节理数量对透射系数的影响与节理间距有关，当节理间距较小时，节理数量的影响较小；当节理间距较大时，随着节理数量的增加，透射系数降低。

(3) 节理间距与波长比 ξ 存在两个临界值 ξ_{cri}、ξ_{thr}，当 $\xi<\xi_{\text{thr}}$ 时，随着节理间距的增加，透射系数逐渐增加到峰值 T_{thr}，当 ξ 由 ξ_{thr} 增加到 ξ_{cri} 时，透射系数逐渐减小，当 $\xi>\xi_{\text{cri}}$ 时，随着间距的增加，透射系数基本保持恒定(T_{cri})，这是因为充填节理之间的多重透反射已经分离，对透射波的影响较小。采用指数形式对 T_{cri} 和节理数量的关系进行了拟合，拟合结果较好。采用等效介质模型对小间距充填节理岩体进行分析，发现当充填节理间距小于入射波波长的 5%时，等效介质模型能得到较准确的透射系数。随着入射波频率和节理充填厚度的增加或者充填材料弹性模量的减小，透射系数减小。等效介质模型对节理充填厚度、弹性模量较小的充填节理完全适用，当节理充填厚度增加到 10mm 以上时，等效介质模型计算的结果偏小。

4.3　爆炸应力波在深部节理岩体中传播规律的模型试验研究

4.3.1　试验准备

本次模型试验所对应的原型为高地应力下的节理岩体，研究爆炸应力波在高地应力节理岩体中的传播规律，不针对具体的工程实例。综合选取国内具有代表性的几个深部地下工程围岩的物理力学参数[19,20]，得到原型材料物理力学参数选取范围，如表 4.3 所示。

模型试验的理论基础是相似定理，根据相似定理，模型材料与原型材料之间的相似系数需满足如下条件：

表 4.3 原型材料物理力学参数选取范围

密度/(g/cm³)	弹性模量/GPa	泊松比	抗压强度/MPa	抗拉强度/MPa	黏聚力/MPa	内摩擦角/(°)
2.65～2.8	18.6～32.6	0.18～0.28	100～120	3.8～5.8	18.8～58.6	25～45

$$\begin{cases} C_\sigma = C_\rho C_l \\ C_\nu = C_\varepsilon C_f = 1 \\ C_\sigma = C_E = C_c = C_{pt} = C_{rc} \end{cases} \tag{4.23}$$

式中，C_σ、C_ρ、C_l、C_ν、C_ε、C_f、C_E、C_c、C_{pt}、C_{rc} 分别为模型材料的应力、密度、几何、泊松比、应变、摩擦强度、弹性模量、黏聚力、抗拉强度和抗压强度的相似系数。

本次模型试验研究的是地应力下节理岩体中爆炸应力波的传播问题，对模型材料密度相似比尺要求相对较小。且模型试样的加载方式为卧式加载，试样的自重由加载设备的侧向约束钢梁所承担，因此可以不必考虑材料自重，应力相似系数和几何相似系数可以单独选取，综合考虑试验的精度要求和试验工作量的大小，应力比尺选取为 20，则由原型材料的物理力学参数可以得出模型材料的物理力学参数的选取范围，如表 4.4 所示。

表 4.4 模型材料物理力学参数选取范围

密度/(g/cm³)	弹性模量/GPa	泊松比	抗压强度/MPa	抗拉强度/MPa	黏聚力/MPa	内摩擦角/(°)
1.6～2.4	0.93～1.63	0.18～0.28	5.0～6.0	0.19～0.29	0.94～2.93	25～45

根据表 4.4 所示的模型材料物理力学参数范围，选取的模型材料以水泥砂浆为主，并辅以砂浆王作为添加材料，通过配合比试验选定的模型材料配合比为水泥∶砂∶水∶砂浆王＝1∶4∶1.2∶0.0267。确定出符合模型试验要求的配合比后，分别进行单轴加载试验、劈裂试验、双轴剪切试验及声波测试试验，对模型材料详细的物理力学参数进行测试，如图 4.19 所示。

(a) 单轴加载试验

(b) 劈裂试验

(c) 双轴剪切试验

(d) 声波测试试验

图 4.19　模型材料物理力学参数测试

进行完上述试验之后，确定出模型材料的弹性模量为 5.226GPa，泊松比为 0.203，抗拉强度为 0.613MPa，黏聚力为 1.49MPa，内摩擦角为 23.2°，试样纵波波速为 1980m/s。通过与表 4.4 对比可以发现，模型材料实际的物理力学参数基本符合模型试验的要求。

在高地应力作用下，岩体中的节理处于受压闭合状态，因此模型试样中的节理制作为闭合节理。为保证在模型材料浇筑过程中节理模拟材料不发生变形，采用具有一定强度的厚度为 1mm 的云母片板来模拟模型试样中的节理，如图 4.20 所示。

图 4.20　云母片板

对云母片板进行法向加载试验，得出节理的平均初始刚度为 12GPa/m。Kulhawy[21] 认为节理的剪切刚度 k_s 与法向刚度 k_n 有关，根据大量试验数据提出了它们之间的关系：

$$k_s = \frac{k_n}{2(1-\nu)} \tag{4.24}$$

式中，ν 为岩石泊松比，计算出节理的剪切刚度为 7.53GPa/m。

4.3.2　加载设备及数据测试采集系统

模型试验所采用的设备为岩土工程多功能模型试验装置[22]，如图 4.21 所示，试验机所能满足的最大试样尺寸为 1600mm×1300mm×40mm（长×宽×厚），模型试样的顶面和两侧面主动加载，底面被动加载，能满足不同侧压系数的要求。

按照模型试样的放置方式，试验机的加载方式可分为卧式和立式加载。本次模型试验采用卧式加载方式施加静态荷载，如图 4.22 所示。

图 4.21 岩土工程多功能模型试验装置[22]

图 4.22 卧式加载方式

试验中主要采集的物理量是模型试样不同部位的应变和应力，分别采用了应变传感器和 PVDF 压电式应力传感器。其中应变片为陕西汉中中航电测仪器股份有限公司生产的 BE120-5AA 型应变片，首先将应变片置于 8mm×8mm 的聚乙烯薄板上，然后将应变片连接上屏蔽导线，同时在其表面均匀涂抹砂粒，如图 4.23 所示，以增加其与模型材料之间的匹配度。

模型试样的应力测试采用 PVDF 压电式应力传感器，最大量程为 50MPa。为了保护 PVDF 敏感元件且保证传感器结构受力的均匀合理，设计了由不锈钢制成的圆形保护基板，制作完成的应力传感器的直径为 40mm，厚度为 5mm，如图 4.24 所示。

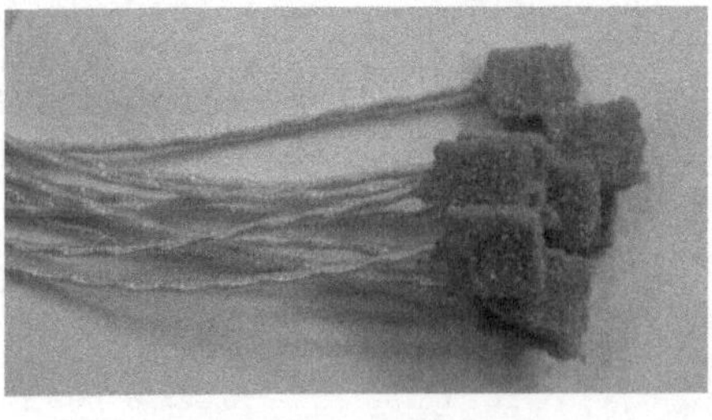

图 4.23 应变传感器

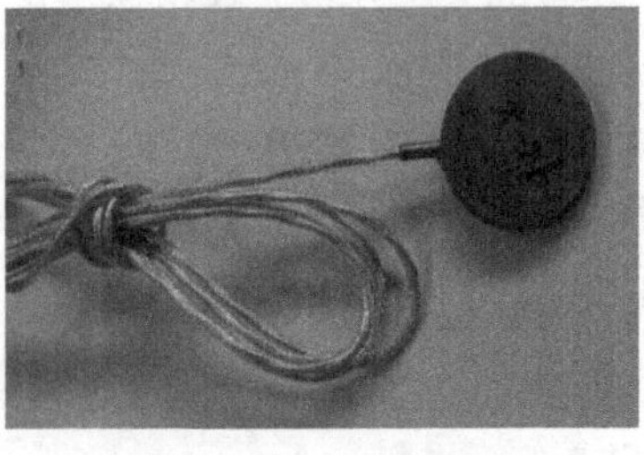

图 4.24 PVDF 压电式应力传感器

模型试样的加载方式为先分级施加静态荷载到试验预设值，稳压之后再施加动态爆炸荷载，在施加动态荷载的瞬间，同时采集模型试样不同位置的应力和应变响应数据。模型试验中的数据采集系统如图 4.25 所示，数据采集系统由动态数据采集仪和电荷放大器组成。

在动态爆炸荷载的施加过程中，模型试样内所埋设的 PVDF 压电式传感器首先将采集到的电压信号通过屏蔽电缆传至电荷放大器，再由动态采集仪进行数据采集、转换和存储，而应变传感器则直接通过屏蔽电缆连接至动态采集仪，采集数据。动态数据采集采用 DH5929 动态应变测试分析系统，数据采集仪器的机箱内共置了 32 个通道,能达到的最大采集频率为 2MHz,可基本达到爆炸应力波测试的频响需求。

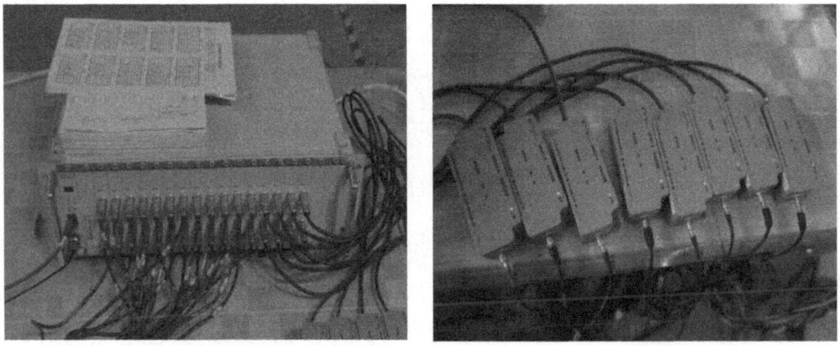

(a) 动态数据采集仪　　(b) 电荷放大器

图 4.25　试验数据采集系统

4.3.3　模型试样设计制作及试验工况

由于天然岩体中节理的分布十分复杂,考虑模型试验中试样制作的可操作性及便利性。在设计模型试样之前,做了如下简化和假设:①在模型试样中,除节理之外,模型材料假设为均质、连续且各向同性的介质;②由于模型试样装药量较小,且试样中传感器布置得离试样边界较远,可不必考虑试样边界反射波的影响;③炸药爆炸产生的应力波与爆生气体常混合在一起,难以将爆炸应力波分离出来单独对其进行研究,因此在模型试样内炸药周围沿试样厚度方向布置了无缝钢管,假设爆生气体从钢管两侧逸出,且其对模型试样的扰动可忽略不计。

出于试验经费及时间等方面的考虑,采用了单个试样多次重复施加爆炸荷载的方案。实施该方案的关键是要保证模型试样内测试区域不产生损伤的累积,使得不同静力荷载作用下分次施加爆炸荷载时的试验数据具有可对比性。因此,在模型试样的爆源周围布置了在厚度方向贯穿试样的无缝钢管,其直径为 160mm,壁厚 4.5mm。无缝钢管的作用在于:①控制试验过程中,每次施加爆炸荷载仅对钢管内可循环浇筑的速干材料造成损伤和破坏;②减小模型试样内钢管外的区域在爆炸应力波作用下产生的扰动。

由于模型试样中所需布置的传感器数量较多,若将所有的测试传感器布置于同一平面,则会影响模型试样的整体性,对测试结果的准确性造成影响,同时考虑到试验中主要采集的物理量是模型试样的应变和应力。因此,利用导爆索柱状装药的结构特性,沿模型试样厚度方向布置了两个测量断面,测试监测断面内测点的应变与应力数据,分别命名为应变测量断面和应力测量断面,如图 4.26 所示。

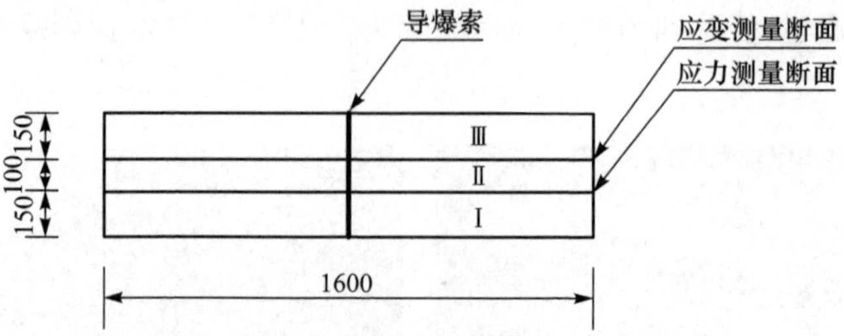

图 4.26　测量断面布置图(单位:mm)

共设计了三个不同的模型试样,以分别研究在不同地应力大小和分布下,爆炸应力波在完整岩石及含有不同节理角度、数量的岩体中的传播及衰减规律。按模型试样中布置的节理角度及数量的不同,分别命名为单节理、双节理及多节理试样。由于模型试样尺寸较大,为充分利用试样的空间同时提高试验效率,在每个试样中的两个测试断面内均布置了 4 条测线,分别为试样中心的爆源与各条边中点的连线方向,即应力波传播的径向方向。为避免模型试样内节理在爆炸荷载作用下发生扩展,且减小应力波在不同测线上节理的反射对其他测线上应力波传播的影响,模型试样内节理长度不宜选取过大,因此节理的长度选为 200mm,在厚度方向贯穿模型试样。

通过试验手段来研究应力波在不同介质中的传播及衰减规律,大多以传播介质内不同位置记录的应力或应变时程曲线峰值的变化来表征。同时由于介质的阻尼作用,应力或应变的峰值大多出现在时程曲线的首波中。为避免应力波在介质边界的反射对采集数据首波的干扰,通过合理选取测点与边界的距离,即可近似消除反射波对首波峰值的影响。以此为依据,来确定模型试样中布置的应力及应变测点与爆源和边界的合理距离。

单节理试样的测点及节理布置如图 4.27 所示,以研究爆炸应力波在完整岩石及含不同角度单节理岩体中的传播规律。模型试样中布置了三条节理,其与爆炸应力波传播方向的夹角分别为 30°、60°和 90°。共布置了 4 条应变测线,分别为 1-2-3-4、5-6-7-8、9-10-11-12 和 13-14-15-16,其中测点编号为 1-2-3-4、5-6-7-8 和 9-10-11-12 这 3 条测线包含有不同角度的节理。此外,还布置了 8 个应力测点,其中 6 个位于预制裂隙前后,编号为 17～22,其余 2 个位于模型试样中完整岩石内的应变测线(13-14-15-16),编号为 23、24。这 8 个应力测点布置于应力测量断面,分别与应变测量断面上应变测点(2、3、6、7、10、11、14、15)在模型试样厚度方向上的投影重合。

双节理试样的测点及节理布置如图 4.28 所示,以研究爆炸应力波在完整岩石及含不同角度双节理的岩体中的传播规律。模型中布置了 6 条节理,其与爆炸应力波传播方向的夹角分别为 30°、60°和 90°,各不同角度的节理数量都为两条。共布置了 4 条应变测线,分别为 1-2-3-4、5-6-7-8、9-10-11-12 和 13-14-15-16,其中测点

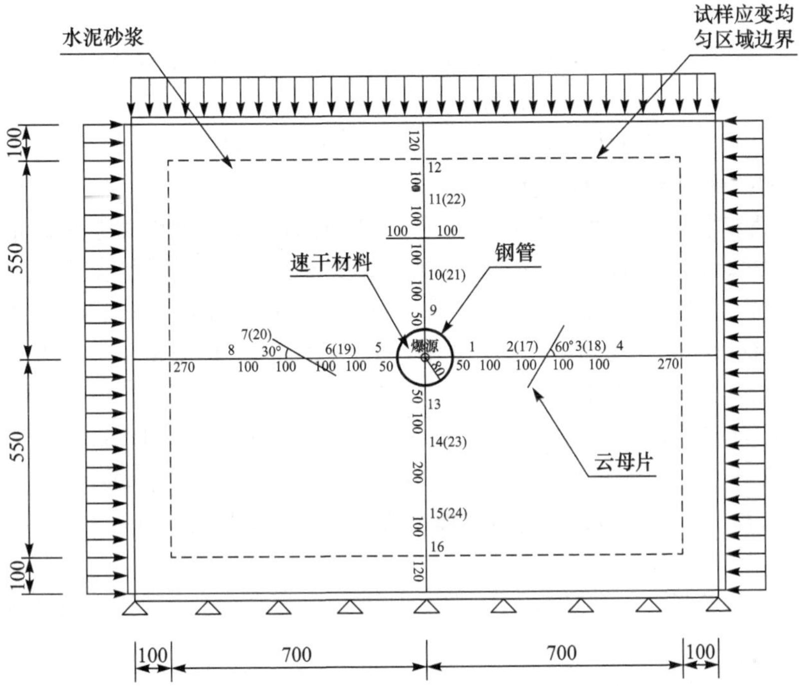

图 4.27　单节理试样测点及节理布置图(单位:mm)

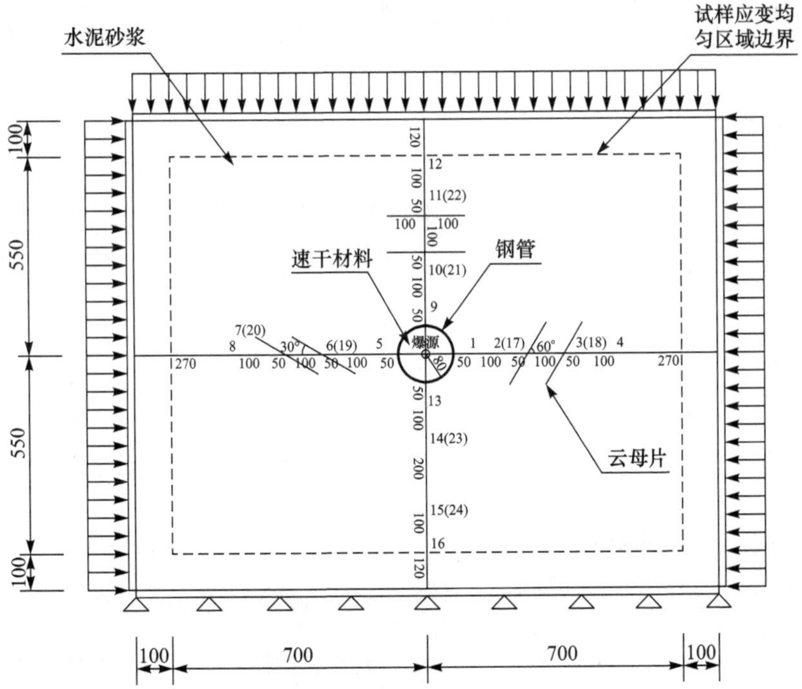

图 4.28　双节理试样的测点及节理布置图(单位:mm)

编号为1-2-3-4、5-6-7-8和9-10-11-12这3条测线中分别包含了不同角度的两条平行节理。此外，还布置了8个应力测点，其中6个位于预制裂隙前后，编号为17～22，其余2个位于完整试样应变测线(13-14-15-16)中，编号为23、24。这8个应力测点布置于应力测量断面，分别与应变测量断面上应变测点(2、3、6、7、10、11、14、15)在模型试样厚度方向投影重合。

多节理试样的测点及节理布置如图4.29所示，以研究爆炸应力波在完整岩石及含不同数量节理的岩体中的传播规律。模型中布置了6条节理，其与爆炸应力波传播方向的夹角都为90°。共布置了4条应变测线，分别为1-2-3-4、5-6-7-8、9-10-11-12和13-14-15-16，其中测点编号为1-2-3-4、5-6-7-8和9-10-11-12这3条测线分别包含1、2、3条节理。此外，还布置了8个应力测点，其中6个位于预制裂隙前后，编号为17～22，其余2个位于完整试样应变测线(13-14-15-16)中，编号为23、24。这8个应力测点布置于应力测量断面，分别与应变测量断面上应变测点(2、3、6、7、10、11、14、15)在模型试样厚度方向上的投影重合。

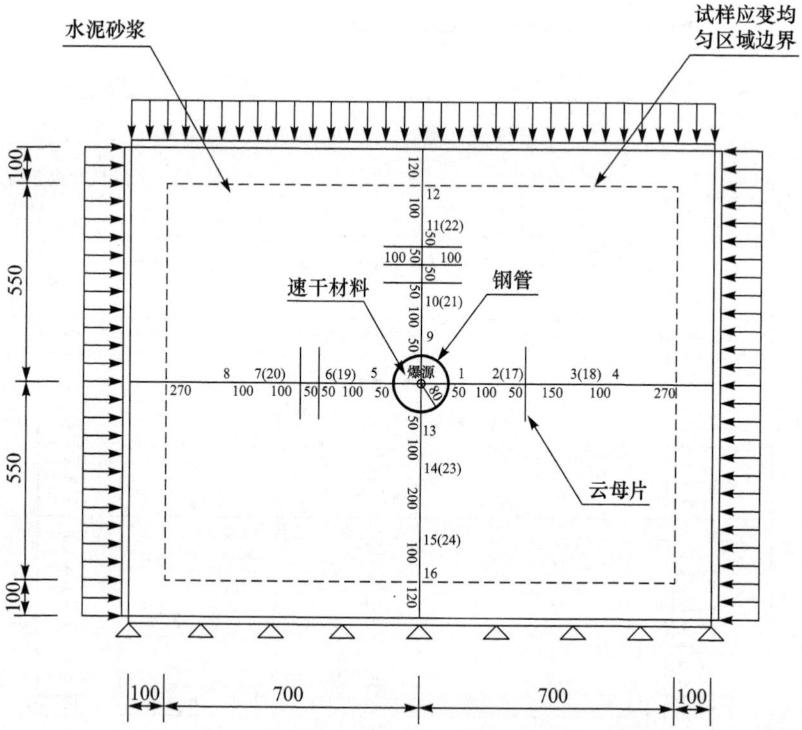

图4.29　多节理试样的测点及节理布置图(单位:mm)

模型试样的制作方法为搅拌均匀的模型材料分层浇筑而成。根据测量断面的布置，单个模型试样一共分为三层进行浇筑，分别为Ⅰ、Ⅱ、Ⅲ层，先支模然后浇筑第一层，浇筑完成后在表面布置应力传感器，布置完毕之后再浇筑第二层，待第二层浇筑完成后在表面布置应变测点，最后浇筑第三层。模型试样制作完成后，常温养护28天，即可开展试验工况。三个模型试样通过约束装置固定好节理之后的模具如图4.30所示，三个模具同时制作完成，再同时分层浇筑模型材料，为了便于埋设应变和应力传感器，需要模型材料达到一定强度后再进行应变和应力传感器的埋设。

(a) 单节理试样模具　(b) 双节理试样模具　(c) 多节理试样模具

图4.30　不同模型试样所采用的模具

首先拼接好三个模型试样的模具，其次将模型材料按照配合比进行配重，且进行充分均匀搅拌，搅拌好的模型材料浇筑至模具内，同时振捣节理附近的材料以防止产生孔洞和气泡。浇筑至设计厚度后，将其表面抹平，静置一天，模型材料表面达到一定的强度后，再埋设传感器。

模型试验中采用电雷管激发导爆索作为爆源来产生爆炸荷载，在试验过程中保持装药量不变，即外部激励荷载恒定。已有研究表明，岩石（体）在循环施加的应力波作用下，当应力波幅值小于岩石静力强度的60%时，岩石（体）的累积损伤很小，可忽略不计[23]。为了减小重复施加的爆炸荷载对模型试样的损伤，试验中采用4根长度为400mm、外径为6mm的工业导爆索，如图4.31所示。导爆索的线装药密度为11gTNT/m，每次爆炸试验的TNT当量约为17.6g。

将工业导爆索捆绑于木质对中支架上，如图4.32(a)所示。确保导爆索固定于无缝钢管中轴线上，使导爆索产生的爆炸荷载在试样内均匀传播。将制作完成的对中支架固定于无缝钢管内，如图4.32(b)所示，随即浇筑加载芯体材料，养护24h并达到试验要求的强度后，即可施加爆炸荷载。

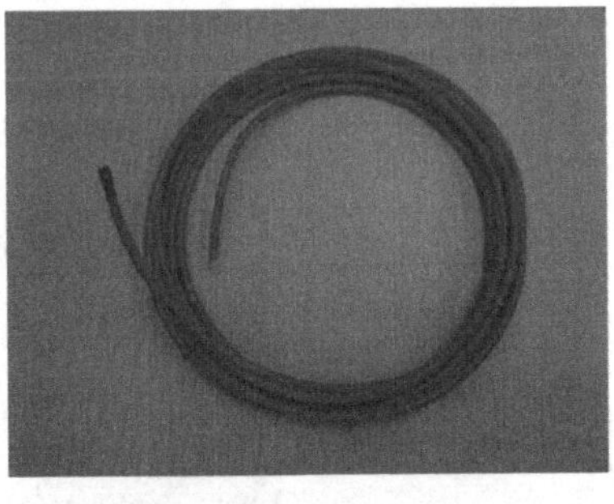

图4.31　工业导爆索

为便于实现重复施加爆炸荷载方案，无缝钢管内浇筑的加载芯体材料采用速干材料，速干材料的选用标准为：养护24h后能凝固成型，并能达到与模型材料相近的强度。选取JT-1速凝型堵漏王和干砂，辅以橡胶粉，并加水搅拌而成，配合比为堵漏王：干砂：橡胶粉：水=1：1.5：0.2：0.88。速干材料养护 24h 后的单轴抗压强度为 5.629MPa，弹性模量为 5.1GPa，泊松比为 0.223，与模型材料的力学参数接近。

(a) 木质对中支架　　(b) 对中支架定位图

图 4.32　导爆索安装示意图

模型试样加载时首先施加静力荷载，3 个加载方向开始施加均布荷载，分 2 级施加至设计值，第 1 级加载至设计值的 1/2 后稳压 15min，第 2 级加载至设计值后再稳压 30min，以便于模型试样充分变形。保持模型试样在稳定的静载作用下，通过起爆网络起爆电雷管来引爆导爆索，同时采用 DH 5960 动态数据采集仪采集爆炸荷载作用下试样内各个测点的动态应力和应变时程曲线，其中动态数据采集仪的采样频率为 2MHz，采样长度为 100ms，负延迟为 20ms。图 4.33 为导爆索起爆瞬间。

图 4.33　导爆索起爆瞬间

模型试验中共制作了 3 个试样，针对爆炸应力波垂直入射节理岩体，设计了多节理试样，当应力波垂直入射节理时，仅节理的法向非线性变形特性对应力波传播造成影响，因此对于多节理试样只考虑双向等围压静力加载工况，设计了 4 个不同大小的等围压水平，如表 4.5 所示。对于爆炸应力波斜入射节理岩体，设计了单节理试样和双节理试样，当应力波斜入射节理时，需同时考虑节理法向和切向力学特性对应力波传播的影响，因此分别考虑了双向等围压及不等围压静力加载工况。不同模型试样所开展的双向等围压静力加载工况均相同，而对于在单节理试样和双节理试样进行的双向不等围压静力加载工况，由于双向不等围压作用下模型试样中横向测线和纵向测线所处的初始应力状态不同，且相互对称，因此设计了两组对称的双向不等围压静力加载工况，如表 4.5 所示。

表 4.5　模型试验工况

模型试样	节理角度	节理数量	原型垂直应力 σ_v/MPa	侧压力系数 λ	炮数
单节理试样	30°、60°、90°	每种角度各 1 个	0	1	8
			15	1	
				2	
			30	0.5	
				1	
				2	
			60	0.5	
				1	
双节理试样	30°、60°、90°	每种角度各 2 个	0	1	8
			15	1	
				2	
			30	0.5	
				1	
				2	
			60	0.5	
				1	
多节理试样	90°	4 个方向依次为 0、1 个、2 个、3 个	0	1	4
			15	1	
			30	1	
			60	1	

模型试验中共进行了 20 个静力加载工况，所有的静力加载工况均采用相同药量的导爆索，以对不同的地应力大小和分布下爆炸应力波在完整岩石及节理岩体中的传播与衰减规律进行研究。

4.4　高地应力下爆炸应力波在节理岩体中的传播规律

4.4.1　爆炸应力波在完整岩石中的传播规律

以不同地应力下爆炸应力波在不同模型试样内无节理测线中的传播规律作为研究对象，来研究地应力对应力波在完整岩石内传播规律的影响。以多节理试样为例，将试样中无节理测线内靠近爆源的P23测点所测波形作为入射波，以P24测点所测波形作为透射波，来定量分析应力波在完整岩石中的传播规律。以不同围压下P23、P24测点开始采集到爆炸荷载的时刻作为共同的时间零点，得出不同围压下的入射波和透射波应力时程曲线如图4.34所示。

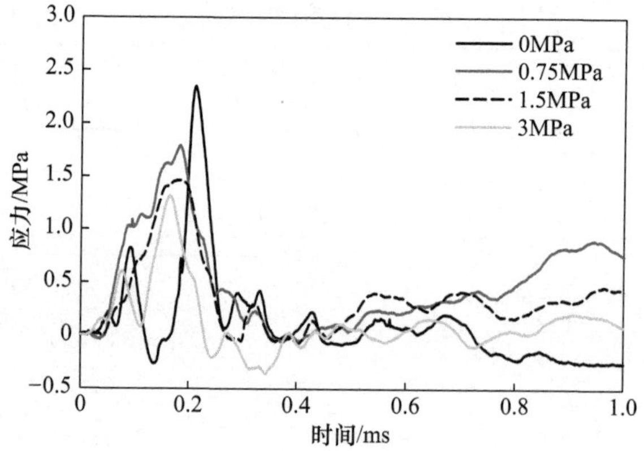

(a) P23测点

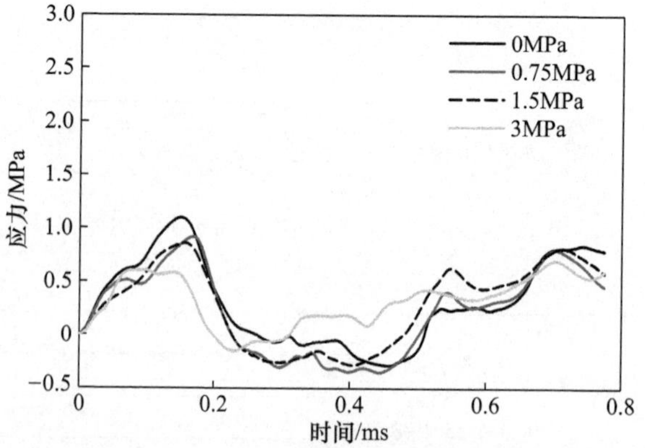

(b) P24测点

图4.34　不同围压下完整岩石中入射波和透射波应力时程曲线

从图4.34可以看出，围压由0MPa增加到3MPa的过程中，P23测点所记录的入射波应力时程曲线峰值依次为2.3MPa、1.74MPa、1.46MPa、1.31MPa，P24测点所记录的透射波应力时程曲线峰值分别为 1.1MPa、0.92MPa、0.86MPa、0.59MPa。因此，随着围压增加，入射波和透射波峰值均减小，说明在等效装药量不变的情况下，在完整岩石中，围压的存在对于爆炸应力波传播引起的模型材料质点振动具有一定的约束作用，围压越高，应力波引起的岩体动态响应越低。为了便于与后续节理岩体的结果对比分析，定义透射波与入射波幅值的比值为应力波在完整岩石中的透射系数，整理出不同围压下，不同模型试样内完整岩石的应力波透射系数如表 4.6～表 4.8 所示。

表 4.6　不同围压下多节理试样内完整岩石应力波透射系数

围压/MPa	入射波幅值/MPa	透射波幅值/MPa	透射系数
0	2.30	1.10	0.478
0.75	1.74	0.92	0.529
1.5	1.46	0.86	0.589
3	1.31	0.59	0.450

表 4.7　不同围压下单节理试样内完整岩石应力波透射系数

围压/MPa	入射波幅值/MPa	透射波幅值/MPa	透射系数
0	2.69	1.40	0.520
0.75	1.74	0.98	0.563
1.5	1.45	0.84	0.579
3	1.18	0.57	0.483

表 4.8　不同围压下双节理试样内完整岩石应力波透射系数

围压/MPa	入射波幅值/MPa	透射波幅值/MPa	透射系数
0	2.74	1.40	0.511
0.75	1.70	0.90	0.529
1.5	1.55	0.87	0.561
3	1.36	0.64	0.471

从表 4.6～表 4.8 可以看出：

(1) 不同围压下应力波在完整岩石中的透射系数均小于 0.6。这是由于模型材料自身含有微小缺陷，其对应力波传播的衰减作用较强。因此，在研究应力波在节理岩体中的传播规律时，不能仅考虑节理的作用而将岩石(块)作为线弹性体来研究，还需要考虑岩石(块)对应力波传播的衰减作用。

(2) 随着围压的增加，透射系数先增大后减小。这是由于在低围压条件(围压小于 1.5MPa)下，围压的增加会使得模型材料内原生的微裂纹和微孔洞闭合，导致应力波在其内部传播的能量损失减小，透射系数增大。而随着围压继续增大至3MPa，模型材料内部已闭合的微裂纹和微孔洞开始扩展，且新的微裂纹和微孔洞萌生，对应力波传播的能量衰减作用随之增大，导致透射系数减小。

前面讨论了双向等围压工况下柱面应力波在完整岩石中的传播衰减规律，而围压的大小和分布都会对应力波的衰减造成影响，且深部地下工程及其内部开挖的洞室、巷道围岩等大多处于差应力状态，因此需对围压的不同分布，即垂向应力和侧压力系数的变化对爆炸应力波在完整岩石中传播规律的影响进行研究。由于仅在单节理及双节理试样中开展了双向不等围压静力加载工况，结合上述两个试样中所开展的不同静力加载工况，来分析侧压力系数的影响，整理出不同垂向应力和侧压力系数下，单节理及双节理试样中完整岩石的应力波透射系数，如表 4.9 所示。

表 4.9 单节理及双节理试样中完整岩石的透射系数

垂向应力/MPa	侧压力系数					
	单节理试样			双节理试样		
	0.5	1	2	0.5	1	2
0.75	—	0.563	0.559	—	0.531	0.551
1.5	0.571	0.582	0.561	0.558	0.560	0.547
3	0.536	0.481	—	0.529	0.474	—

从表 4.9 可以看出，当垂向应力为 0.75MPa，侧压力系数由 1 增加到 2 时，透射系数减小；当垂向应力为 1.5MPa 时，侧压力系数由 0.5 增加到 2 的过程中，透射系数先增大后减小；当垂向应力为 3MPa，侧压力系数由 0.5 增加到 1 时，透射系数减小。在不同的垂向应力下，侧压力系数由 0.5 增加至 1 时，透射系数增加，这是由于随着差应力降低，完整岩石中的微裂纹闭合，应力波作用下能发生滑动的微裂隙数量减少，因此导致衰减相应减小，透射系数增大。随着侧压力继续增加(侧压力系数由 1 增加至 2)，完整岩石中的微裂纹又开始发展，新的微裂隙产生，岩体中微裂隙的总量增加，应力波作用下能发生滑动的微裂隙数量也相应增加，导致衰减增大，透射系数减小。

当侧压力系数为 1，垂向应力分别为 0.75MPa、1.5MPa 和 3MPa 时，所对应的透射系数分别为 0.559、0.582、0.536 和 0.551、0.560、0.529，说明当侧向应力恒定时，透射系数随着垂向应力的增加也呈现出先增大后减小的趋势，同样也是由差应力的变化引起的。

4.4.2 爆炸应力波垂直入射节理岩体的传播规律

为研究不同围压下爆炸应力波垂直入射节理岩体的传播规律，以模型试验中多节理试样为研究对象，如图 4.29 所示。该模型试样中共布置了 4 条测线，按测线上的节理数量依次为单节理岩体测线、双节理岩体测线、多节理岩体测线和完整岩石测线。对于含节理测线,因为各个测线均沿着位于模型试样不同区域节理或节理组的中线布置,当爆炸应力波在测线上传播时,可近似不考虑节理尖端的散射对应力波传播的影响。由模型试验工况可知,多节理试样的静力加载方式为双向等围压加载。试样中心柱状装药结构的导爆索起爆时,所产生的爆炸应力波由试样中心均匀向外传播,在试样内布置的各条测线上爆炸应力波传播方向与节理垂直,因此爆炸应力波在各条测线上传播时可近似认为符合爆炸应力波垂直入射节理岩体。

将试样内单节理、双节理及三节理测线上节理前后的应力测点所测波形分别作为入射波和透射波,以此来研究不同围压下爆炸应力波垂直入射单节理、双节理及三节理岩体的传播规律。整理出不同围压下单节理、双节理及多节理岩体内应力测点的时程曲线,其中单节理岩体内节理前后的 P17 和 P18 测点所记录的应力时程曲线如图 4.35 所示。

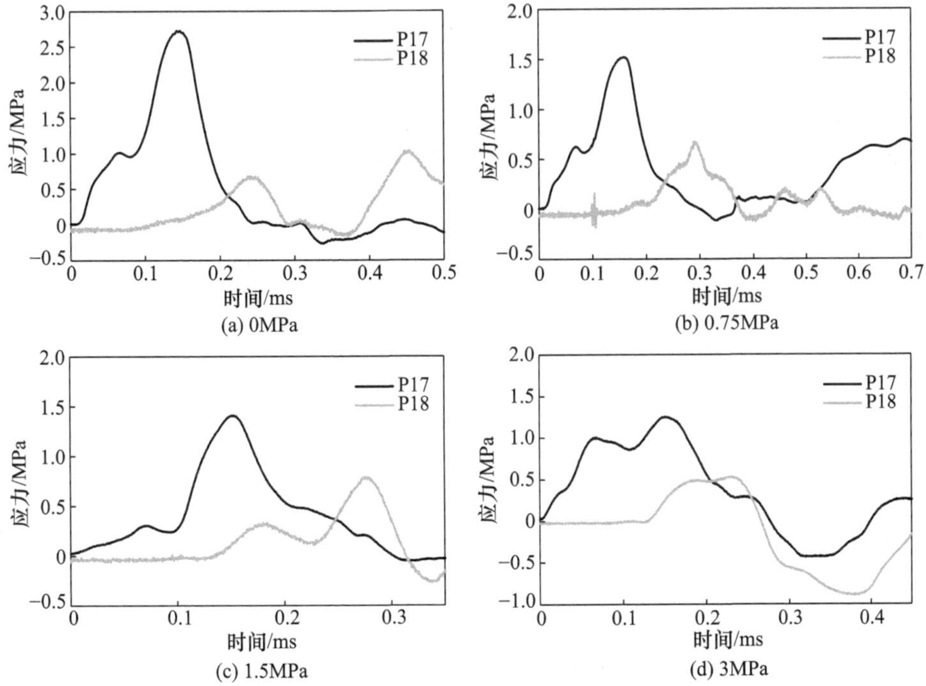

图 4.35　不同围压下单节理岩体内 P17 及 P18 测点应力时程曲线

从图 4.35 可以看出,单节理岩体内 P17 测点所记录的入射波在围压不超过 1.5MPa 时,其首波的波形较为一致,仅在幅值上有所区别,说明模型试验的重复性较好。为消除岩体内节理面反射效应的影响,选取 P17 测点所测的应力时程曲线首波峰值为入射波幅值,同时选取出 P18 测点所测应力时程曲线首波峰值为透射波幅值。整理出不同围压下应力波垂直入射单节理岩体的透射系数,如表 4.10 所示。

表 4.10　不同围压下单节理岩体中爆炸应力波透射系数

围压/MPa	入射波幅值/MPa	透射波幅值/MPa	透射系数
0	2.72	0.68	0.25
0.75	1.52	0.67	0.44
1.5	1.41	0.79	0.56
3	1.25	0.55	0.44

从表 4.10 可以看出，随着围压的增大，单节理岩体中的入射波幅值呈现出减小的趋势，再次表明围压对节理岩体的约束作用，而透射波的幅值先增大后减小。同时可以发现，随着围压的增大，单节理岩体的应力波透射系数也呈现出先增大后减小的趋势。不同围压作用下，双节理岩体内测线上 P19、P20 应力测点所测得的应力时程曲线如图 4.36 所示。

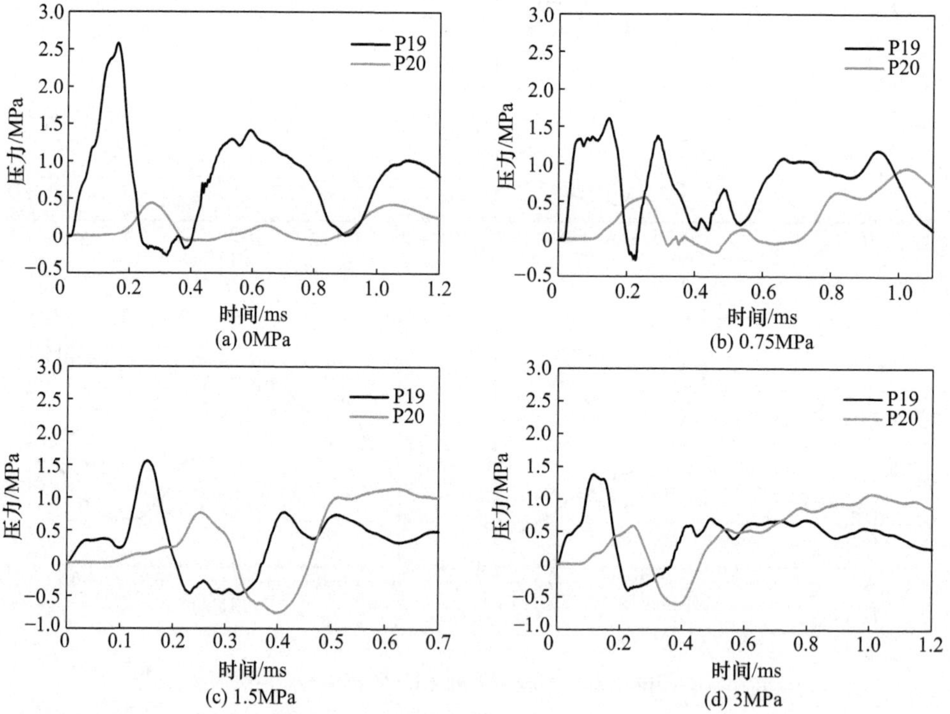

图 4.36　不同围压下双节理岩体内 P19 及 P20 测点应力时程曲线

与单节理岩体相同，取 P19 测点波形 0.3ms 时刻之前的峰值作为入射波幅值，P20 测点则选取首波峰值作为透射波幅值。将不同围压下一维应力波在双节理岩体中的入射波、透射波幅值及透射系数汇总于表 4.11。

表 4.11　不同围压下双节理岩体中爆炸应力波透射系数

围压/MPa	入射波幅值/MPa	透射波幅值/MPa	透射系数
0	2.58	0.44	0.17
0.75	1.60	0.56	0.35
1.5	1.57	0.77	0.49
3	1.37	0.59	0.43

按照上述步骤，整理出不同围压作用下，三节理岩体内 P21 和 P22 应力测点所测得的应力时程曲线如图 4.37 所示。

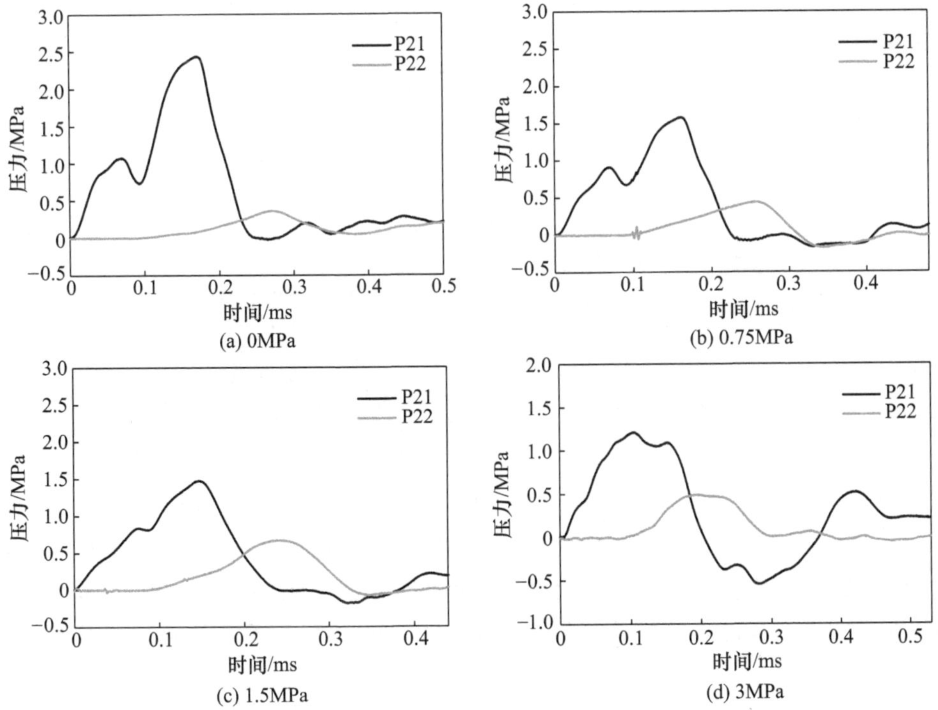

图 4.37　不同围压下三节理岩体内 P21 及 P22 测点应力时程曲线

从图 4.37 可以看出，三节理测线的 P21 测点在围压小于 1.5MPa 时，其首波的波形较为一致，仅在幅值上有所区别，进一步验证了模型试验具有良好的重复性。将应力波垂直入射三节理岩体的入射波、透射波幅值及透射系数整理于表 4.12。

表 4.12　不同围压下三节理岩体中爆炸应力波透射系数

围压/MPa	入射波幅值/MPa	透射波幅值/MPa	透射系数
0	2.43	0.36	0.15
0.75	1.58	0.44	0.28

续表

围压/MPa	入射波幅值/MPa	透射波幅值/MPa	透射系数
1.5	1.48	0.67	0.45
3	1.21	0.49	0.40

从表 4.10～表 4.12 可以看出，在同等围压作用下，完整岩石与含节理岩体内的入射波幅值较为接近，验证了爆炸应力波在模型试样中各个方向传播的均匀性。为直观地分析围压的变化对爆炸应力波垂直入射完整岩石及节理岩体中传播规律的影响，将不同围压下爆炸应力波在完整岩石、单节理岩体、双节理岩体及三节理岩体中透射系数的变化规律进行整理，如图 4.38 所示。

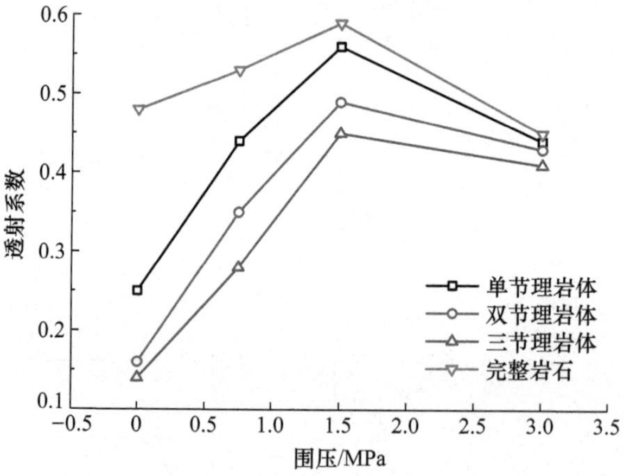

图 4.38 不同围压下爆炸应力波在完整岩石及节理岩体中的透射系数

从图 4.38 可以看出，在同等大小围压作用下，完整岩石的透射系数明显大于节理岩体，说明应力波在节理岩体中传播时，不仅岩石材料对应力波传播产生衰减，而且应力波穿过节理处时也会发生衰减，两者效应发生叠加从而导致透射系数降低。

随着围压的增大，爆炸应力波在完整岩石及节理岩体中的透射系数均呈现出先增大后减小的趋势。在围压由 0MPa 增加至 1.5MPa 时，完整岩石、单节理岩体、双节理岩体及三节理岩体的透射系数分别增加了 22.9%、124%、188%及 200%，推测因为节理随着围压增加产生了闭合，导致刚度迅速增加，对应力波传播的衰减作用减小，导致与岩石材料共同作用下的透射系数急剧上升。

而围压由 1.5MPa 增加至 3MPa 时，完整岩石、单节理岩体、双节理岩体及三节理岩体的透射系数分别下降了 23.7%、21.4%、12.2%和 8.9%。节理岩体中透射系数的下降幅度均小于完整岩石，说明此过程中节理对应力波传播的衰减作用减小，导致与岩石材料共同作用下的透射系数下降更为缓慢。且节理数量越多，节理岩体的透射系数下降幅度越小，说明节理的数量对应力波衰减有着重要的影响。

从图 4.39 可以看出，在同等大小围压作用下，节理数量越多，节理岩体的透射系数越小。这是因为应力波穿越每条节理时均会发生透反射，使得应力波幅值衰减，节理数量越多，对应力波的衰减作用越大，导致透射系数越小。

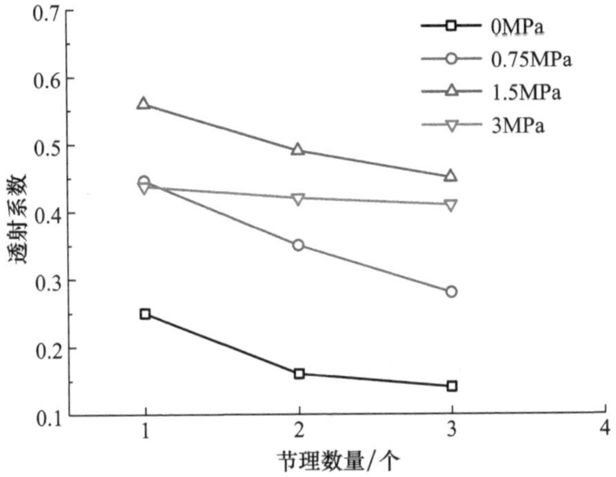

图 4.39　不同围压下节理数量对透射系数的影响

当围压分别为 0MPa、0.75MPa、1.5MPa 和 3MPa，节理数量由 1 增加至 2 时，透射系数的减小幅度分别为 32%、21.5%、12.5%和 4.1%，节理数量由 2 增加至 3 时，减小幅度分别为 12.5%、20%、8.2%和 2.4%。表明无论围压存在与否，随着节理数量的增加，透射系数的减小幅度降低。虽然节理数量的增加会增大节理组对应力波传播的衰减作用，但是当节理数量大于 1 时，应力波穿过节理组时会在节理之间发生多重透反射。节理数量越多，应力波在节理间的多重透反射效应越强，使得应力波穿过节理组后的衰减减小，从而导致透射系数的减小幅度降低。

同时可以发现，不同围压下节理数量对应力波传播规律的影响也不同，围压越大，节理数量的增加所引起的透射系数的减小程度越低，即围压越高，节理数量对应力波传播规律的影响越小。造成这种现象的原因在于，由于节理的非线性变形特性，节理刚度随着围压的增加急剧增大，对应力波的衰减作用随之减小，围压越大，应力波在单条节理处的衰减越小，因此节理数量的变化对应力波透射系数的影响越小。

4.4.3　爆炸应力波斜入射节理岩体的传播规律

基于不同数量、不同角度的节理岩体的模型试验结果，分析不同地应力下爆炸应力波斜入射节理岩体的传播规律。首先定义不同角度和数量的节理前后应力测点所记录的时程曲线峰值的比值为爆炸应力波的透射系数，以此来直观研究爆炸应力波斜入射节理岩体的传播衰减规律，作为对比，同时整理出完整岩石中相对应测点的应力峰值的透射系数。

从图 4.40 可以看出，当围压为 0 时，无论是单节理还是双节理岩体，随着节理角度的增大，即入射角由 60°减小至 0°时，节理岩体的透射系数减小；当围压大于 0 时，随着节理角度的增大，节理岩体的透射系数增大。这是由于节理角度改变，在围压和爆炸应力波作用下，节理的广义法向刚度和应力波入射角度发生变化。

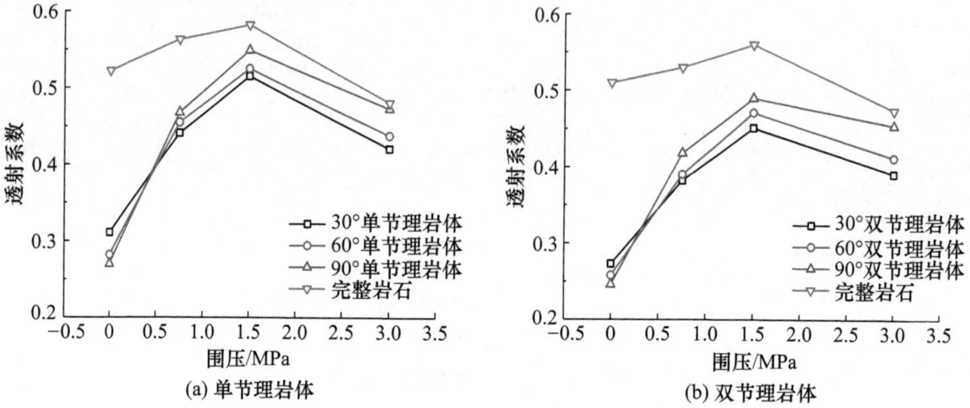

图 4.40 完整岩石及节理岩体的透射系数随围压变化的规律

同时，围压由 0 增加到 1.5MPa 过程中，应力波在含不同角度和数量的节理岩体中的透射系数急剧增大，而在完整岩石中的透射系数缓慢增加。随着围压继续增大到 3MPa，完整岩石和节理岩体的透射系数均降低。造成这种现象的原因在于，应力波从节理前的应力测点传至节理后的应力测点过程中，除了在节理处发生幅值衰减外，还会在完整岩石中产生衰减。在应力波和围压的共同作用下，节理产生非线性变形，随着围压的增加，节理的刚度也相应增加，对应力波的衰减作用减小。同时由 4.3.1 节可知，随着围压的增加，应力波在完整岩石中的衰减先减小后增大，因此导致完整岩石的透射系数先增大随后减小。

而对于节理岩体，随着围压由 0 增加到 1.5MPa，应力波在节理处的衰减减小，同时岩石的物理衰减作用也降低，所以导致节理岩体对应力波的衰减作用降低，透射系数增加。围压由 1.5MPa 增加到 3MPa 时，完整岩石内应力波的物理衰减加大，而节理对应力波的衰减作用继续降低，而试验中节理岩体的透射系数降低，表明岩石对应力波物理衰减作用的增加程度大于节理对应力波衰减作用的减小程度。此外，图 4.40 表明围压越大，完整岩石及节理岩体的透射系数逐步接近，说明随着围压的增大，节理的压密导致其对应力波传播的影响逐渐消失。

围压的不同分布即侧压力系数的变化会对应力波在节理岩体中的传播造成影响。以单节理和双节理试样垂向围压为 1.5MPa 时的工况为例，不同侧压力系数下完整岩石及节理岩体的透射系数变化规律如图 4.41 所示。

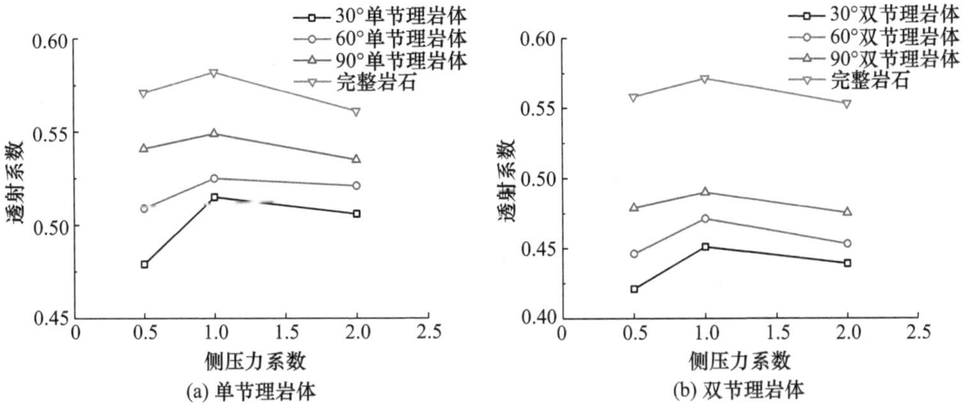

图 4.41　完整岩石及节理岩体的透射系数随侧压力系数变化的规律

从图 4.41 可以看出，在相同轴压作用下，应力波在完整岩石及节理岩体中的透射系数均随着侧压力系数的增大，先增大后减小。这表明节理岩体对应力波的衰减作用与完整岩石相同，随着侧压力系数的增大先减小后增大。

对于 90°节理岩体，侧压力系数的变化并不影响其法向应力，节理对应力波的衰减作用保持不变，因此 90°节理岩体透射系数的变化仅与岩石的衰减作用随侧压力系数的变化有关。由 4.3.1 节的结论可知，完整岩石对应力波的衰减作用随着侧压力系数的增大先减小后增大，因此 90°节理岩体的透射系数呈现出先增大后减小的规律，且相对于 30°和 60°节理岩体，其透射系数的变化幅度较小，曲线较为平缓。对于 30°和 60°节理岩体，随着侧压力系数的增大，节理面上的法向应力增加，节理的刚度同样增大，导致对应力波的衰减作用降低。在侧压力系数由 0.5 增加到 1 时，节理和岩石对应力波的衰减都减小，导致透射系数增大，而随着侧压力系数继续增大，节理岩体的透射系数降低，说明此时岩石对应力波衰减作用的增加程度大于节理衰减作用的减小程度。

由于试验条件的限制，所开展的双向不等围压工况数量有限且系统性不够，因此本节仅对双向等围压静力加载工况下节理的数量和角度对应力波传播规律的影响进行分析。不同围压工况下，单节理及双节理试样中柱面波在含不同角度及数量的节理岩体中的透射系数如图 4.42 所示。

从图 4.42 可以看出，节理数量的增加会导致透射系数降低，表明节理数量越多，节理岩体对柱面波的衰减作用越大。节理数量由 1 增加到 2 时，柱面波穿越节理岩体过程中，在节理之间会发生多重透反射，在某种程度上会增大透射系数。但与此同时，柱面波穿越每条节理时都会产生幅值衰减。由试验结果可知，随着节理数量的增加，透射系数降低，说明节理的增加导致柱面波的衰减作用占据主导地位。当围压为 0 时，随着节理角度的增大，即入射角减小，透射系数随之减小；当围压大于 0 时，随着节理角度的增加，透射系数增大。这是由于节理角度改变时，在围压和柱面应力波作用下，节理的广义法向刚度和柱面波入射角度发生变化。

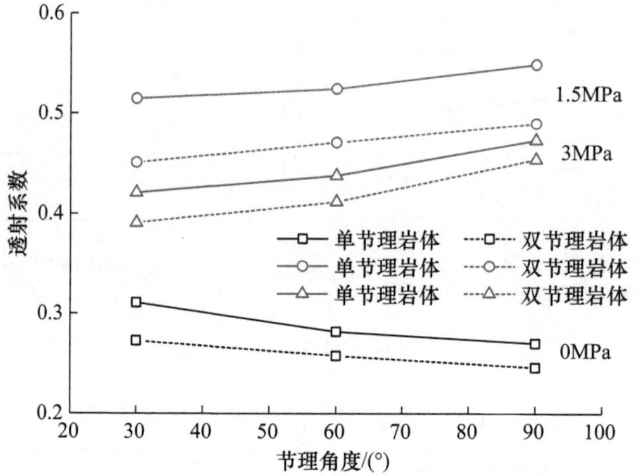

图 4.42　节理的角度和数量对透射系数的影响

4.4.4　小结

本节通过模型试验研究了不同地应力下爆炸应力波在节理岩体中的传播及衰减规律。针对应力波在完整岩石，以及垂直入射和斜入射节理岩体传播规律的各个影响因素，如地应力的大小和分布、节理的数量和角度分别进行了讨论。主要得到以下结论：

(1) 综合分析具有代表性的几个深部地下工程围岩，得出了模型试验原岩的物理力学参数，随后基于相似理论、配合比试验和材料试验来确定出模型材料的配合比及详细的物理力学参数。针对爆炸应力波垂直入射和斜入射节理岩体，同时考虑节理角度和数量对爆炸应力波传播规律的影响，分别设计并制作了单节理、双节理及多节理模型试样。为对不同静载下爆炸应力波在完整岩石和节理岩体中的传播及衰减规律进行测试，利用模型试样中导爆索的柱状装药特性，沿试样厚度方向布置了应力和应变两个监测断面，同时采用动态数据采集系统，对静载和爆炸荷载共同作用下试样内不同位置的动态应力和应变响应数据进行了采集。

(2) 出于试验时间及节省试验经费的考虑，采用了单个模型试样重复施加爆炸荷载的方法。试验中施加的爆炸荷载保持不变，采取单个试样重复施加爆炸荷载的方案，设置了双向等围压和双向不等围压静力加载工况，对不同地应力大小和分布下，爆炸应力波在完整岩石及节理岩体中的传播与衰减规律进行了研究。

(3) 围压由 0 增加到 3MPa 的过程中，完整岩石及节理岩体的入射应力波幅值逐渐减小。说明在装药量不变的情况下,围压的存在对爆炸应力波传播所引起的传播介质质点振动具有一定的约束作用,围压越高,岩石及节理岩体的动态响应越小。

(4) 不同围压下,爆炸应力波在完整岩石中的透射系数均小于 0.6,说明模型材料对应力波的衰减作用较强。随着围压的增加,应力波透射系数先增大后减小。应力波的传播规律与侧压力也密切相关,随着侧压力系数的增加,透射系数先减小后增大。

4.5　应力波在深部节理岩体中的透反射机制

4.5.1　应力波垂直入射节理岩体的传播方程

现阶段节理的力学模型主要分为线性和非线性两大类,线弹性模型常用来描述节理的力学特征,即其应力-位移关系满足线弹性关系。而当节理岩体处于较高的地应力水平或如爆破开挖、岩爆等动力扰动产生的幅值较大的应力波在岩体中传播时,节理往往产生非线性变形。基于室内试验和理论推导,研究者提出了多种描述节理法向非线性变形特性的力学模型。其中,Bandis 等[24] 于 1983 年提出的双曲线型 BB 模型作为描述节理的法向非线性变形特性被广泛应用于各类研究中,其认为节理面上的法向刚度随着闭合量的增加而呈非线性增加,该模型认为作用在节理面上的应力 σ 与节理的闭合量 d 之间的关系为

$$d=\frac{\sigma}{k_{ni}+\sigma/d_{\mathrm{ma}}} \tag{4.25}$$

式中,k_{ni} 为节理的初始法向刚度;d_{ma} 为节理最大闭合量。

存在初始地应力时,非线性变形节理所受到的应力 σ 与闭合量 d 之间的关系如图 4.43 所示。从图中可以看出,当应力波在存在初始地应力下的非线性变形节理处传播时,节理的闭合量 d 可分为两部分:一部分是由初始地应力 σ_{s} 作用下产生的静态闭合量 d_{s};另一部分是由入射应力波 σ_{d} 作用下产生的动态闭合量 d_{d}。

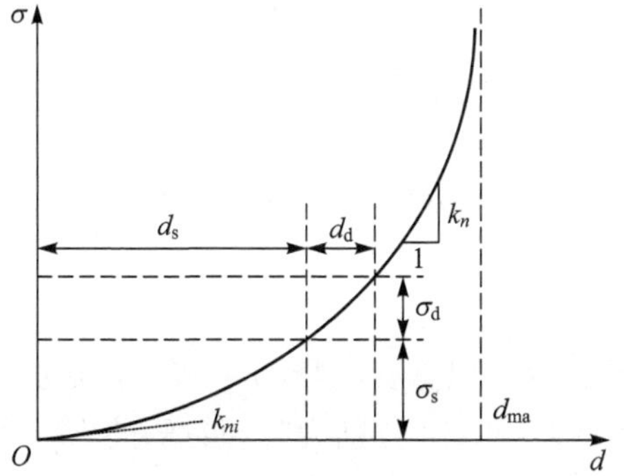

图 4.43　初始地应力下节理的法向变形特性

根据对地应力下一维应力波节理岩体中的传播问题的认识，构建相应的应力波传播模型。存在初始地应力 σ_s 下一维应力波在含有 N 条平行节理的岩体中传播的力学模型如图 4.44 所示，并假设节理两侧岩石的材料属性相同，且都为各向同性的线弹性材料。从图 4.44 可以看出，入射 P 波在第 1 条节理左侧产生反射 P 波，穿越 N 条平行节理之后在第 N 条节理的右侧产生透射 P 波。当入射 P 波波长远大于节理充填厚度时，可以忽略充填厚度对应力 P 波传播的影响。

在整个传播过程中，地应力大小 σ_s 保持不变，在传播的任意时刻，任意一条节理两侧的地应力大小都为 σ_s。应力 P 波在平行节理组内部传播过程中，在节理之间会产生多重透反射，节理两侧会存在沿着节理右侧和左侧传播的 P 波，如图 4.45 所示。

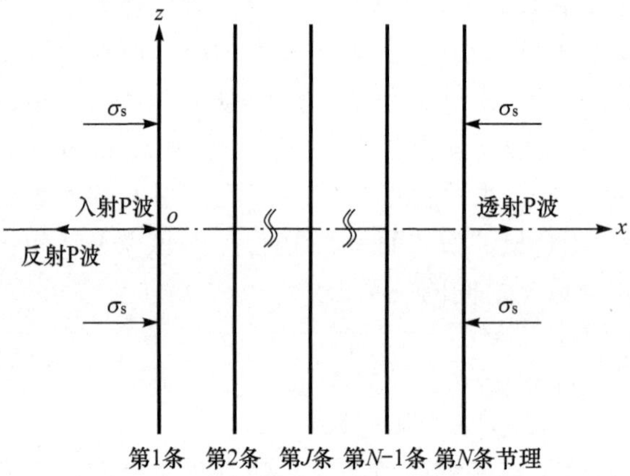

图 4.44　初始地应力下爆炸应力波垂直入射节理岩体的传播模型

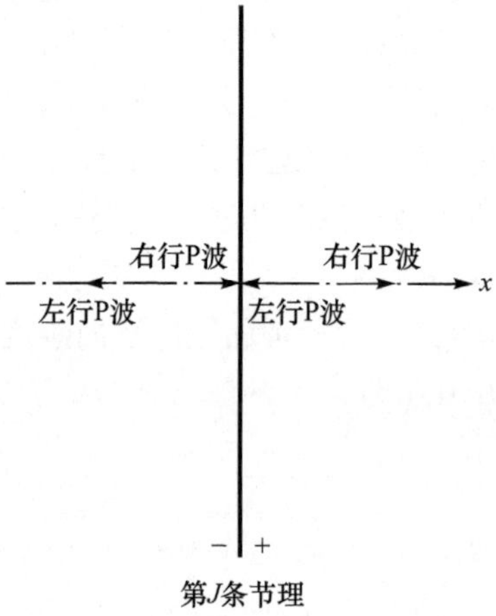

图 4.45　应力波在第 J 条节理处的传播示意图

根据波前动量守恒理论，并结合应力波和节理的相互作用关系[25]，可以得到 P 波垂直入射多条平行节理时，第 J 条节理两侧动应力 σ_d^- 和 σ_d^+ 为

$$\sigma_d^- = z_P v_{RP}^- + z_P v_{LP}^- \tag{4.26}$$

$$\sigma_d^+ = z_P v_{RP}^+ + z_P v_{LP}^+ \tag{4.27}$$

节理面两侧的 P 波质点振动速度 v_n^- 和 v_n^+ 为

$$v_n^- = v_{RP}^- - v_{LP}^- \tag{4.28}$$

$$v_n^+ = v_{RP}^+ - v_{LP}^+ \tag{4.29}$$

式中，符号“－”和“＋”表示节理左右两侧；v_{RP}^- 和 v_{LP}^- 分别为节理左侧的右行和左行 P 波质点振动速度；v_{RP}^+ 和 v_{LP}^+ 分别为节理右侧的右行和左行 P 波质点振动速度；z_P 为岩石的 P 波波阻抗，通过式(4.30)计算：

$$z_P = \rho c_P \tag{4.30}$$

式中，c_P 为 P 波传播速度；ρ 为岩石密度。

根据节理两侧位移不连续理论，即节理两侧压力连续，而节理两侧位移不连续，则有

$$\sigma_s + \sigma_d^- = \sigma_s + \sigma_d^+ = \sigma \tag{4.31}$$

$$u_n^- - u_n^+ = \frac{\sigma}{k_{ni} + \sigma / d_{ma}} \tag{4.32}$$

将式(4.32)对时间求导，并引入广义刚度 k_g，可得

$$k_g = \frac{[k_{ni} + (\sigma_s + \sigma_d^+(i))/d_{ma}]^2}{k_{ni}} \tag{4.33}$$

$$v_n^-(i) - v_n^+(i) = \frac{1}{k_g} \frac{\sigma_d^+(i+1) - \sigma_d^+(i)}{\Delta t} \tag{4.34}$$

式中，$v_n^-(i)$ 和 $v_n^+(i)$ 为 i 时刻节理两侧的质点振动速度；Δt 为时间步长。

联立式(4.26)～式(4.34)可得

$$v_{LP}^-(i) = v_{RP}^+(i) + v_{LP}^+(i) - v_{RP}^-(i) \tag{4.35}$$

$$v_{RP}^+(i+1) = -v_{LP}^+(i+1) + (1-M)v_{RP}^+(i) + (1+M)v_{LP}^+(i) + Mv_{RP}^-(i) - Mv_{LP}^-(i) \tag{4.36}$$

式中，$M = k_g \Delta t / z_P$，同时认为 P 波在多条平行节理的传播过程中，多条平行节理之间的岩石材料为线弹性。因此，节理之间传播的左行和右行 P 波满足时移函数[26]，即

$$v_{RP}^-(i)_J = v_{RP}^+(i - n_P)_{J-1}, \quad \text{对于右行 P 波} \tag{4.37}$$

$$v_{LP}^+(i)_J = v_{LP}^-(i - n_P)_{J+1}, \quad \text{对于左行 P 波} \tag{4.38}$$

同理可得

$$v_{LP}^+(i+1)_J = v_{LP}^-(i+1-n_P)_{J+1} \tag{4.39}$$

式中，n_P 为 P 波在两条相邻节理之间的时移次数，计算式为

$$n_P = \text{int}\left[\frac{S}{\Delta t c_P}\right] \tag{4.40}$$

式中，S 为节理间距；Δt 为时间步长。

联立式(4.35)～式(4.40)，代入初始条件和边界条件，得到透射系数 T_P 为

$$T_P = \frac{\max | v_{RP}^+(i)_N |}{\max | v_{RP}^-(i)_1 |} \tag{4.41}$$

由于岩石模拟材料并不是理想弹性材料，认为模型试验中一维应力波在节理岩体中的衰减由两部分组成：第一部分为节理对应力波传播的衰减；第二部分是模型材料自身对应力波传播的衰减。基于此，一维应力波穿越不同数量节理之后峰值 A_m 的计算式为

$$A_m = T_N T_M A_0 \tag{4.42}$$

式中，A_0 为入射应力波峰值；T_M 为应力波穿越完整岩石后的透射系数，不同围压

下的 T_M 值如表 4.5 所示；T_N 为应力波在不同数量节理处的透射系数。

由式(4.42)可见，将图 4.38 中同等围压下节理岩体的透射系数除以完整岩石的透射系数，即为不同围压下应力波在不同数量节理处的透射系数，如图 4.46 所示。

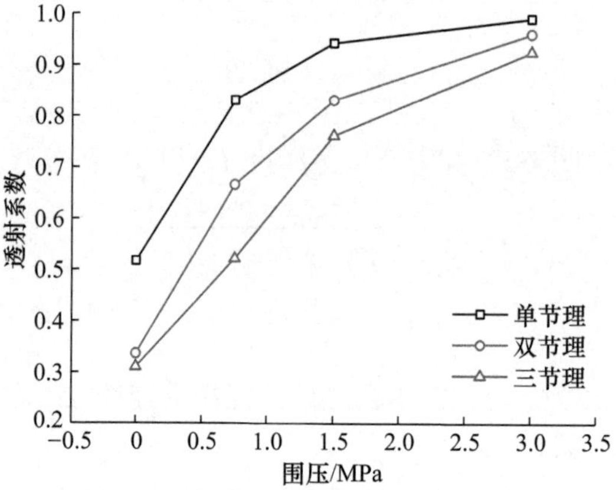

图 4.46　不同围压下爆炸应力波在节理处的透射系数实测值

从图 4.46 可以看出，应力波在不同数量节理处的透射系数均随着围压的增加而增大，这是因为围压增加导致非线性节理刚度变大，对应力波传播的衰减作用减小，从而导致透射系数增大。同时可以发现，随着围压的增加，穿越不同数量节理后应力波的透射系数差距减小，且逐步趋近于 1。说明随着围压的增大，节理的压密导致其对应力波传播的阻碍效应逐渐消失。

从应力波的传播角度，也即通过应力波透射系数来进行对比分析，可从不同的方面来验证所推导的爆炸应力波垂直入射节理岩体传播方程的合理性。具体方法为：结合式(4.41)及所推导出的应力波传播方程，计算出不同围压下，一维应力波穿过单节理、双节理及三节理岩体后透射系数的理论值与实测值，如图 4.47 所示。

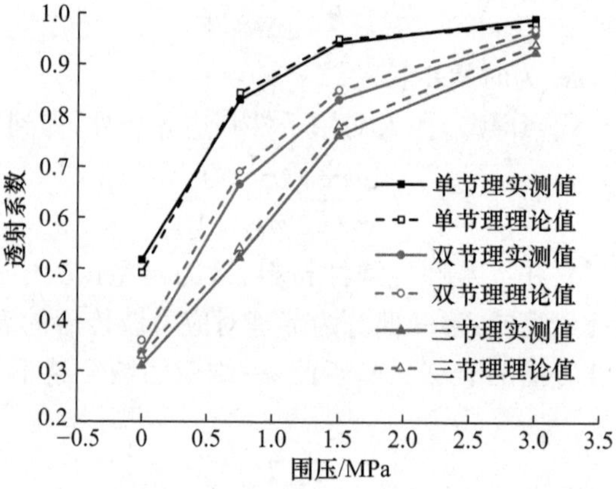

图 4.47　不同围压下爆炸应力波在节理处的透射系数理论值与实测值

从图4.47可以看出，从总体上看，一维应力波在不同数量节理处透射系数理论值和实测值均较为吻合，但应力波在双节理和三节理处透射系数的理论值整体偏大。

造成上述现象的原因在于，当节理数量大于1时，应力波在节理之间会发生多重透反射，导致透射系数增大，但与此同时，不可避免地增加了应力波在节理岩体中的传播路径。而在式(4.42)的推导过程中，假设应力波在节理岩体中传播时，其在岩石和节理处的传播衰减相互独立、互不影响，且同时认为在模型试验中，应力波在节理岩体中岩石内产生的衰减，以同等大小围压下应力波在完整岩石的传播衰减来表征。

从图4.29所示的多节理模型试样不同区域内应力测点的布置可知，试样中应力波在完整岩石和节理岩体中传播的相对距离相等。从图中可以看出，因为未产生多重透反射，所以应力波在单节理岩体和完整岩石中的传播距离相同，通过式(4.42)计算出的应力波在单节理处透射系数的理论值与实测值较为接近。而对于双节理及三节理岩体，由于节理之间的多重透反射，应力波在双节理岩体和三节理岩体中的传播距离大于其在完整岩石中的传播距离，即应力波在双节理及三节理岩体内岩石中实际的透射系数小于式(4.42)的计算值，从而导致计算出的应力波在双节理及三节理处的透射系数理论值相对于实测值偏大。

4.5.2 柱面波在深部节理岩体中的传播方程

柱面波在完整岩石中随着传播距离的增加会产生几何衰减和物理衰减。其中几何衰减是由于柱面波能量空间分布的增大而产生的衰减，柱面波波阵面上的应力和质点振动速度均以 $1/\sqrt{r}$ 衰减[27]，其中 r 为波阵面与波源之间的距离，距离波源 r 的波阵面上的质点振动速度 v_r 为

$$v_r = v_0\left(\frac{r_0}{r}\right)^{1/2} \tag{4.43}$$

式中，r_0、v_0 分别为柱面波初始波阵面的半径和质点振动速度。

柱面波在完整岩石中的物理衰减则是由传播介质内部微裂纹表面的摩擦效应产生的，且柱面波波阵面上的质点振动速度随传播距离的增加呈负指数衰减[28]：

$$v_r = v_0 \mathrm{e}^{-\eta r} \tag{4.44}$$

式中，η 为柱面波物理衰减系数。

综上所述，同时考虑物理衰减和几何衰减时，柱面波在完整岩石中的传播衰减方程为

$$v_r = v_0\left(\frac{r_0}{r}\right)^{1/2} \mathrm{e}^{-\eta r} = v_0 f(r,\eta) \tag{4.45}$$

在模型试样中布置了应力和应变测点，应力测点所记录的是应力波幅值随时间的变化，可直观地体现出柱面波幅值的变化规律。但由于测试条件限制，在试样中各条测线上仅布置了2个应力测点，数据点较少，不足以通过式(4.44)拟合出有

效的柱面波物理衰减系数。由应力波传播理论可知，柱面应力波在模型材料内传播引起某点的径向应力 σ_r 为[27]

$$\sigma_r = \rho c_r v_r \tag{4.46}$$

式中，ρ、c_r 和 v_r 分别为模型材料的密度、径向波速和径向质点振动速度。

同时由弹性力学可知，不考虑切向应变 ε_θ 情况下，可认为模型材料内某点的径向应力 σ_r 与径向应变 ε_r 的关系近似满足

$$\sigma_r \approx E_{\mathrm{d}} \varepsilon_r \tag{4.47}$$

式中，E_{d} 为模型材料的动态弹性模量。

综合式(4.46)和式(4.47)可得

$$\varepsilon_r = \frac{\rho c_r}{E_{\mathrm{d}}} v_r \tag{4.48}$$

根据式(4.48)，并假设试验过程中模型材料的密度、径向波速和动态弹性模量均保持不变，则柱面波波阵面上的径向应变和质点振动速度近似呈正比关系，因此可认为试样内质点径向应变和径向振动速度的物理衰减系数近似相同。

以单节理模型试样为例，围压为 0 时，试样中完整岩石内应变测点 13、14、15、16 的应变时程曲线如图 4.48 所示，横坐标以柱面波传至测点 13 的时刻为零时刻，应变曲线的峰值依次为-232.03×10^{-6}、-138.62×10^{-6}、87.75×10^{-6} 和 52.84×10^{-6}。

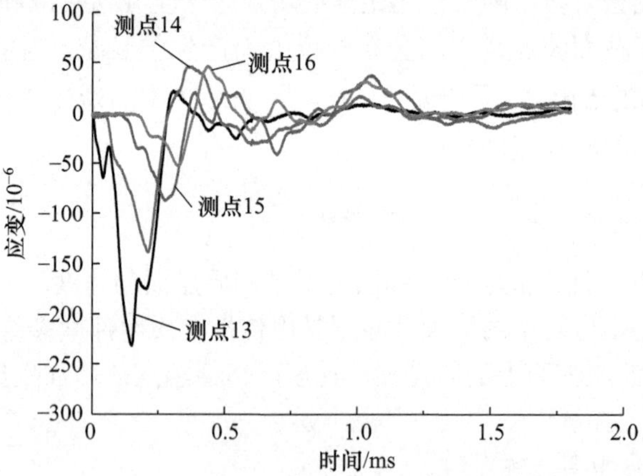

图 4.48 单节理试样中完整岩石内应变测点应变时程曲线

从图 4.48 可以看出，无围压作用下随着柱面波传播距离的增大，各个测点应变峰值逐渐减小。柱面应力波从测点 13 传播至测点 16 时，测点峰值应变的减小幅度为 77.2%。选取试样中完整岩石测线内 4 个应变测点的峰值作为对象，对柱面波在完整岩石中的传播衰减规律进行研究。为便于分析，取测点应变峰值绝对值来进行分析，后续同理。不同双向等围压工况下，单节理试样中完整岩石内测点应变峰值随柱面波传播距离的衰减规律如图 4.49 所示。

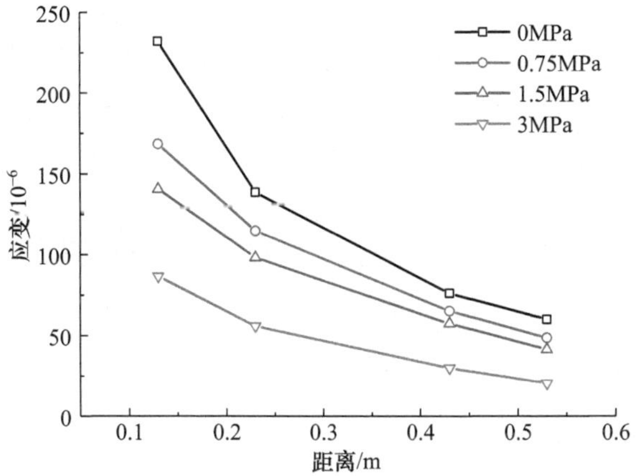

图 4.49　不同围压下单节理试样中柱面波在完整岩石中的衰减规律

柱面波的几何衰减与其波阵面的形状及扩散有关，与传播介质物理力学性质及边界条件无关。将图 4.49 所示的测点峰值应变随柱面波传播距离的衰减消除掉几何衰减的部分，整理出不同围压下单节理试样中柱面波在完整岩石中的物理衰减规律，如图 4.50 所示。

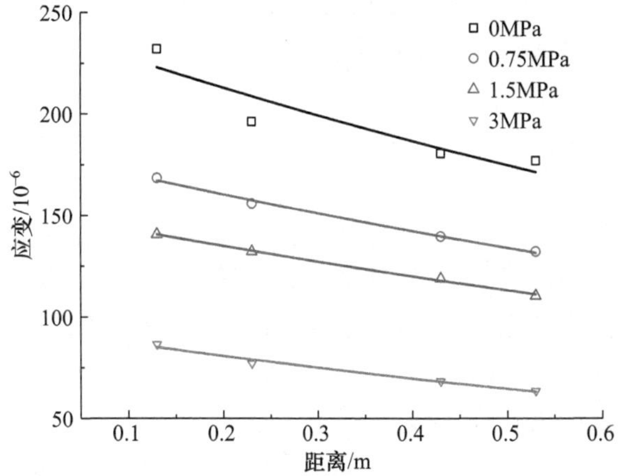

图 4.50　不同围压下单节理试样中柱面波在完整岩石中的物理衰减规律

从图 4.50 可以看出，随着柱面波传播距离的增加，各个测点的峰值应变减小，且模型试样所受围压越大，测点的应变峰值越低。围压由 0 增加到 3MPa，模型试样中柱面波从测点 13 传播至测点 16 时，测点峰值应变的减小幅度分别为 26.8%、25.6%、25.2%和 30.7%，可见柱面波在完整岩石中的物理衰减程度随着围压的增大先减小后增大。将图 4.51 中不同围压下测点的峰值应变通过式(4.49)进行拟合，得出围压由 0 增加至 3MPa 时，单节理试样中柱面波物理衰减系数分别为 0.657、0.601、0.586 和 0.749，同理整理出双节理试样中柱面波的物理衰减系数分别为 0.641、0.623、0.539 和 0.776。将不同围压下柱面波在完整岩石中物理衰减系数的变化规律进行整理，如图 4.51 所示。

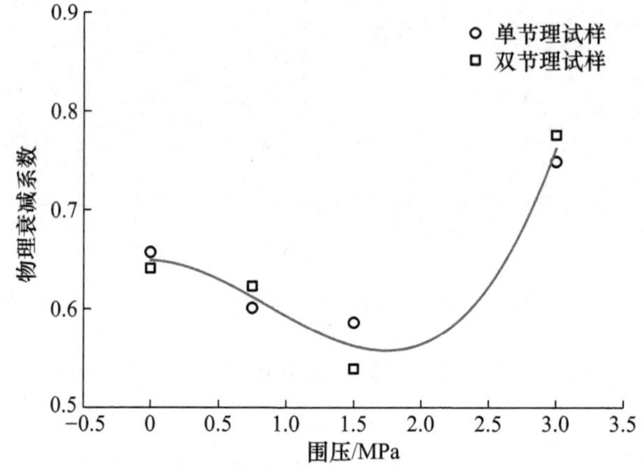

图 4.51　不同围压下柱面波在完整岩石中物理衰减系数变化规律

对图 4.51 所示的围压-物理衰减系数曲线进行回归分析，得出完整岩石中柱面波的物理衰减系数 η 随着围压 σ 的变化关系为

$$\eta = 0.0332\sigma^3 - 0.0859\sigma^2 - 0.0036\sigma + 0.649 \tag{4.49}$$

式中，σ 为双向等围压大小，相关系数为 0.93。

可见，柱面波在完整岩石中的物理衰减程度或物理衰减系数都随着围压的增大先减小后增加。造成这种现象的原因在于，完整岩石内部存在大量的微裂隙，当柱面波在完整岩石中传播时，会驱使微裂隙克服摩擦而产生滑动，在这个过程中，柱面波的一部分能量转化为热能，导致其能量耗散波幅降低。同时，完整岩石中的微孔隙不仅通过改变介质的密度来影响柱面波的传播规律，在被压实过程中同时能有效吸收应力波能量、降低应力波强度。

当围压较低（不超过 1.5MPa）时，促使完整岩石内部微裂纹闭合，导致驱使其产生滑动的摩擦力增加，在同等大小的应力波作用下能发生滑动的微裂隙数量减少，因此柱面波的物理衰减相应减小。而当围压较大，由 1.5MPa 变为 3MPa 时，即由模型材料单轴抗压强度的 25.5%变化至 51.2%，此时完整岩石内部已闭合的微裂纹发生扩展，新的微裂纹开始萌生，导致应力波作用下能发生滑动的微裂隙数量又增加，于是柱面波的衰减又相应增加。

当产生柱面波的线源与节理面平行时，在垂直于柱面波波阵面的平面内，柱面波与节理的相互作用可简化为一个二维问题，需分别考虑节理法向和切向的力学模型。

其中节理的法向力学模型采用 BB 模型(式(4.25)),关于此模型的力学特性如 4.5.1 节所示,此处不再赘述。柱面波在非线性节理处传播规律的理论研究中,节理的法向和切向力学模型大都分别进行选取。不考虑节理在地应力及柱面波作用下在切向发生滑移,此时节理切向变形符合线弹性模型,节理所受到的剪切应力 τ 与节理的切向位移 u 之间满足如下关系:

$$u=\frac{\tau}{k_s} \tag{4.50}$$

式中,k_s 为节理的切向刚度。

存在初始地应力引起的静态切向位移 u_s 时,节理在动态切向荷载 τ_d 下的切向变形特性如图 4.52 所示。

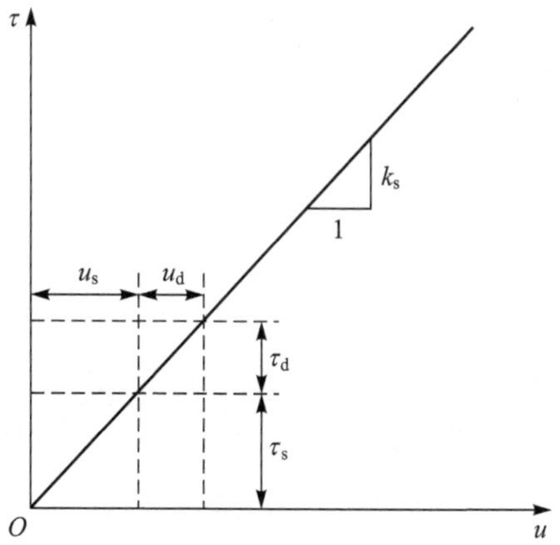

图 4.52　地应力作用下节理切向变形特性

地应力作用下,岩体中的节理处于闭合压密状态,当节理充填厚度相对于应力波波长较小时,可不考虑节理充填厚度对应力波传播的影响。同时基于柱面波与节理相互作用的二维简化,节理在地应力和柱面波共同作用下的受力条件如图 4.53 所示,其中 σ_1 为垂直方向地应力,节理与水平方向地应力的夹角为 θ,λ 为侧压力系数。

根据莫尔圆理论,得到地应力作用下节理面所受的法向应力 σ_θ 和切向应力 τ_θ 分别为

$$\sigma_\theta=\sigma_1(\sin^2\theta+\lambda\cos^2\theta) \tag{4.51}$$

$$\tau_\theta=(1-\lambda)\sigma_1\sin\theta\cos\theta \tag{4.52}$$

与节理相距 S 的波源 O 产生的柱面应力波入射与水平地应力夹角为 θ 的节理,如图 4.54 所示。图中 I_P 为入射波,T_P 和 T_S 为透射 P 波和 S 波,R_P 和 R_S 为反射 P 波和 S 波。

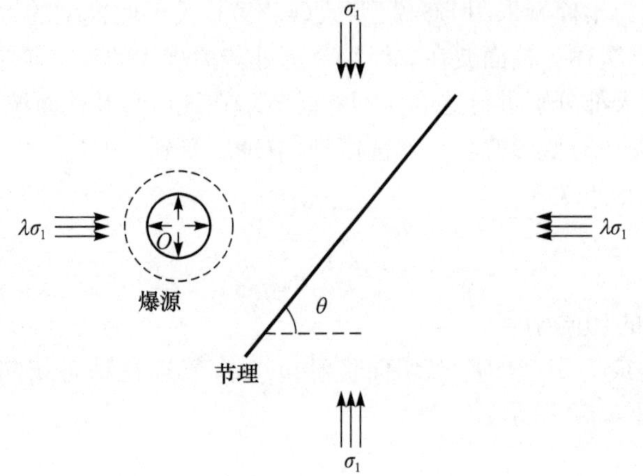

图 4.53　地应力作用下节理受力条件

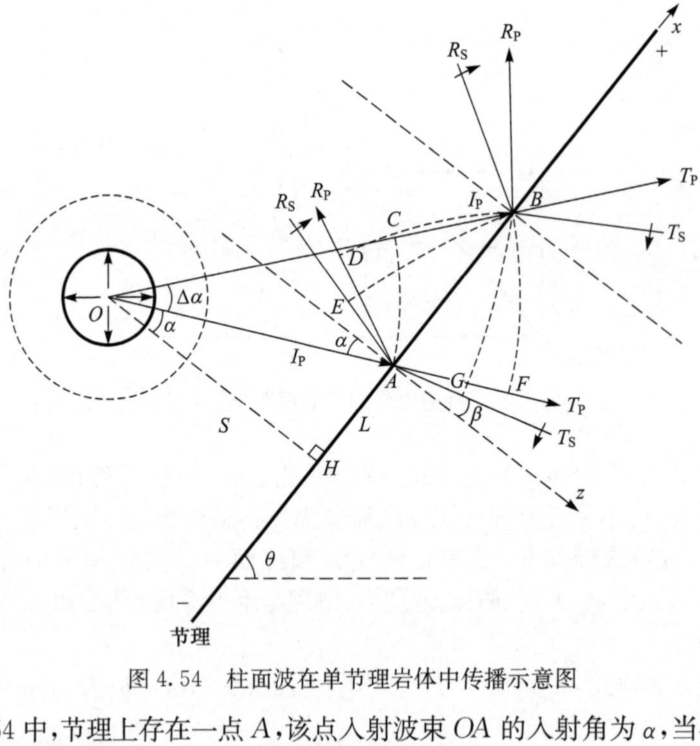

图 4.54　柱面波在单节理岩体中传播示意图

图 4.54 中,节理上存在一点 A,该点入射波束 OA 的入射角为 α,当与 OA 具有微小夹角 $\Delta\alpha$ 的入射波束 OB 到达节理面点 B 时,节理面 AB、入射波波阵面圆弧 AC 与入射波 BC 构成一个微元体。同理圆弧 BD、BE、BF、BG 分别为 R_P、R_S、T_P、T_S 的波阵面,各自与节理面和入射波、反射波构成微元体。根据波阵面动量守恒以及柱面波与节理的相互作用关系可得节理面两侧应力和质点振动速度为[29]

$$\sigma^{-}=z_{P}v_{I_{P}}\cos(2\beta)+z_{P}v_{R_{P}}\cos(2\beta)-z_{S}v_{R_{S}}\sin(2\beta) \tag{4.53}$$

$$\tau^{-}=\frac{z_{P}v_{I_{P}}\sin(2\beta)\tan\beta}{\tan\alpha}-\frac{z_{P}v_{R_{P}}\sin(2\beta)\tan\beta}{\tan\alpha}-z_{S}v_{R_{S}}\cos(2\beta) \tag{4.54}$$

$$\sigma^{+}=z_{P}v_{T_{P}}\cos(2\beta)+z_{S}v_{T_{S}}\sin(2\beta) \tag{4.55}$$

$$\tau^{+}=\frac{z_{P}v_{T_{P}}\sin(2\beta)\tan\beta}{\tan\alpha}-z_{S}v_{T_{S}}\cos(2\beta) \tag{4.56}$$

$$v_{n}^{-}=v_{I_{P}}\cos\alpha-v_{R_{P}}\cos\alpha+v_{R_{S}}\sin\beta \tag{4.57}$$

$$v_{\tau}^{-}=v_{I_{P}}\sin\alpha+v_{R_{P}}\sin\alpha+v_{R_{S}}\cos\beta \tag{4.58}$$

$$v_{n}^{+}=v_{T_{P}}\cos\alpha+v_{T_{S}}\sin\beta \tag{4.59}$$

$$v_{\tau}^{+}=v_{T_{P}}\sin\alpha-v_{T_{S}}\cos\beta \tag{4.60}$$

式中，σ^{-} 和 σ^{+} 分别为节理两侧法向应力；τ^{-} 和 τ^{+} 分别为节理两侧切向应力；v_{I_P} 为入射波引起的质点振动速度；v_{T_P} 和 v_{T_S} 分别为透射P波和S波的质点振动速度；v_{R_P} 和 v_{R_S} 分别为反射P波和S波的质点振动速度；z_P 和 z_S 分别为岩体的P波和S波波阻抗，分别为 $z_P=\rho c_P$ 和 $z_S=\rho c_S$，其中 ρ 为岩石密度，c_P 和 c_S 为岩石中P波和S波的传播速度。

根据位移不连续理论，节理两侧压力连续：

$$\sigma_{\theta}+\sigma^{-}=\sigma_{\theta}+\sigma^{+}=\sigma \tag{4.61}$$

$$\tau_{\theta}+\tau^{-}=\tau_{\theta}+\tau^{+}=\tau \tag{4.62}$$

节理两侧位移不连续，在节理法向：

$$u_{n}^{-}-u_{n}^{+}=\frac{\sigma^{+}+\sigma_{\theta}}{k_{ni}+(\sigma^{+}+\sigma_{\theta})/d_{\mathrm{ma}}} \tag{4.63}$$

节理切向：

$$u_{\tau}^{-}-u_{\tau}^{+}=\frac{\tau_{\theta}+\tau^{+}}{k_{s}} \tag{4.64}$$

式中，u_n^- 和 u_n^+ 分别为节理两侧的法向位移；u_τ^- 和 u_τ^+ 分别为节理两侧的切向位移。

地应力作用下节理的广义法向刚度 k_g 为

$$k_{g}=\frac{[k_{ni}+(\sigma_{\theta}+\sigma^{+})/d_{\mathrm{ma}}]^{2}}{k_{ni}} \tag{4.65}$$

式(4.63)和式(4.64)对时间求导，可得

$$v_{n}^{-}(i)-v_{n}^{+}(i)\approx\frac{1}{k_{g}}\frac{\sigma(i+1)-\sigma(i)}{\Delta t} \tag{4.66}$$

$$v_{\tau}^{-}(i)-v_{\tau}^{+}(i)\approx\frac{1}{k_{s}}\frac{\tau(i+1)-\tau(i)}{\Delta t} \tag{4.67}$$

联立式(4.53)～式(4.67)，同时考虑到柱面波的几何以及物理衰减，将式(4.45)代入，可得

$$\begin{bmatrix} v_{R_P}(i) \\ v_{R_S}(i) \end{bmatrix} = -\boldsymbol{B}^{-1}\boldsymbol{A}v_{I_P}(i)f(r,\eta) + \boldsymbol{B}^{-1}\boldsymbol{C}\begin{bmatrix} v_{T_P}(i) \\ v_{T_S}(i) \end{bmatrix} \tag{4.68}$$

$$\begin{bmatrix} v_{T_P}(i+1) \\ v_{T_S}(i+1) \end{bmatrix} = \boldsymbol{G}^{-1}\boldsymbol{D}v_{I_P}(i)f(r,\eta) + \boldsymbol{G}^{-1}\boldsymbol{E}\begin{bmatrix} v_{R_P}(i) \\ v_{R_S}(i) \end{bmatrix} + \boldsymbol{G}^{-1}\boldsymbol{F}\begin{bmatrix} v_{T_P}(i) \\ v_{T_S}(i) \end{bmatrix} \tag{4.69}$$

式中，

$$\boldsymbol{A} = \begin{bmatrix} z_P\cos(2\beta) \\ z_P\sin(2\beta)\tan\beta/\tan\alpha \end{bmatrix}$$

$$\boldsymbol{B} = \begin{bmatrix} z_P\cos(2\beta) & -z_S\sin(2\beta) \\ -z_P\sin(2\beta)\tan\beta/\tan\alpha & -z_S\cos(2\beta) \end{bmatrix}$$

$$\boldsymbol{C} = \begin{bmatrix} z_P\cos(2\beta) & z_S\sin(2\beta) \\ z_P\sin(2\beta)\tan\beta/\tan\alpha & -z_S\cos(2\beta) \end{bmatrix}$$

$$\boldsymbol{D} = \begin{bmatrix} k_g\Delta t\cos\alpha \\ k_g\Delta t\sin\alpha \end{bmatrix}$$

$$\boldsymbol{E} = \begin{bmatrix} -k_g\Delta t\cos\alpha & k_g\Delta t\sin\beta \\ k_g\Delta t\sin\alpha & k_g\Delta t\cos\beta \end{bmatrix}$$

$$\boldsymbol{F} = \begin{bmatrix} -k_g\Delta t\cos\alpha + z_P\cos(2\beta) & -k_g\Delta t\sin\beta + z_S\sin(2\beta) \\ -k_S\Delta t\sin\alpha + z_P\sin(2\beta)\tan\beta/\tan\alpha & k_S\Delta t\cos\beta - z_S\cos(2\beta) \end{bmatrix}$$

$$\boldsymbol{G} = \begin{bmatrix} z_P\cos(2\beta) & z_S\sin(2\beta) \\ z_P\sin(2\beta)\tan\beta\cot\alpha & -z_S\cos(2\beta) \end{bmatrix}$$

由式(4.68)和式(4.69)，通过迭代计算即可得出透射柱面P波和S波的质点振动速度 $v_{T_P}(i)$和 $v_{T_S}(i)$，柱面波的透射系数为

$$T_k = \frac{\max|v_{T_k}(i)|}{\max|v_{I_P}(i)|}, \quad k = \mathrm{P,S} \tag{4.70}$$

对于多节理岩体，采用与单节理岩体类似的研究方法。首先对地应力作用下多节理岩体中节理组的受力条件进行分析，由静力平衡分析可知，地应力作用下含有成组节理岩体中任一条节理的受力条件不受相邻节理的影响，与单节理岩体相同，此处不再赘述。其次，需分析柱面应力波在含平行节理岩体中的传播路径，应考虑应力波在节理之间的透反射效应。按照模型试验中多节理岩体中节理组的布置方式，应力波在含有 N 条平行节理岩体中的传播力学模型如图 4.55 所示。

图 4.55 为与节理相距 S 的波源 O 产生的柱面应力波，入射波与水平地应力夹角为 θ 的平行节理组，相邻节理的间距均为 ΔS，节理两侧的符号“−”和“+”表示节理的左右两侧。且图中 I_P 为入射柱面波的一个波束，OA 的长度为L，与水平

地应力平行。R_P 和 R_S 为入射波束 I_P 在第 1 条节理左侧产生的反射 P 波束和 S 波束，而 T_P 和 T_S 为第 N 条节理左侧的透射 P 波束和 S 波束。

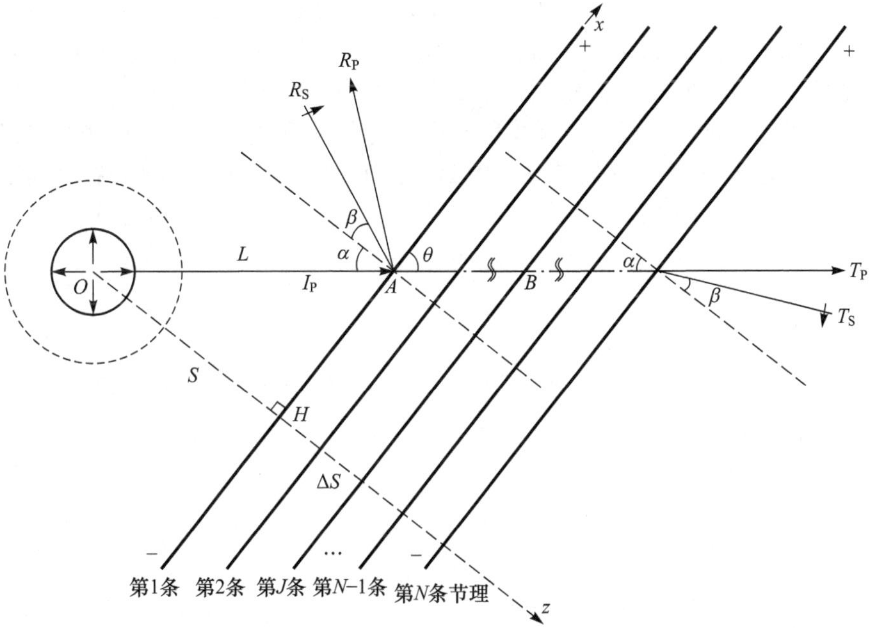

图 4.55　柱面波在多节理岩体中传播示意图

柱面波在多节理岩体中平行节理内部传播时，在节理之间会产生透反射，图 4.55 中第 J 条节理 B 点处两侧会存在沿着节理右侧和左侧传播的柱面波，如图 4.56 所示。

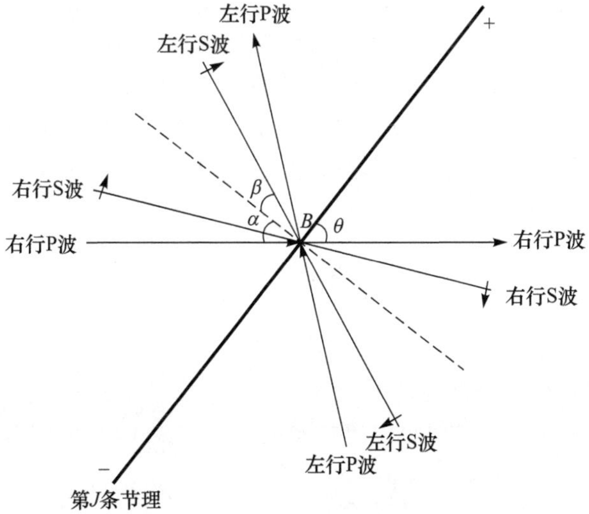

图 4.56　柱面波在第 J 条节理处的传播示意图

从图 4.56 可以看出，由于柱面波在节理之间的透反射效应，在第 J 条节理 B 点处两侧存在右行和左行的柱面 P 波束和 S 波束。由于柱面波在节理组之间传播的复杂性，且由前面的研究和分析可知，在试验和理论推导过程中不考虑节理的厚度对柱面波传播的影响，因此可假设柱面波在节理处透反射后仍保持其波阵面的几何形状不变，即随着透反射波束传播距离的增加，其产生的几何衰减在入射波束的基础上继续增加。在前面推导出的柱面波与单条节理作用关系基础上，同时结合波阵面动量守恒，得出平行节理组中第 J 条节理两侧的应力和质点振动速度为

$$\sigma^- = z_P v_{RP}^- \cos(2\beta) + z_P v_{RS}^- \cos(2\beta) + z_S v_{RS}^- \sin(2\beta) - z_S v_{LS}^- \sin(2\beta) \tag{4.71}$$

$$\tau^- = \frac{z_P v_{RP}^- \sin(2\beta)\tan\beta}{\tan\alpha} - \frac{z_P v_{LP}^- \sin(2\beta)\tan\beta}{\tan\alpha} - z_S v_{RS}^- \cos(2\beta) - z_S v_{LS}^- \cos(2\beta) \tag{4.72}$$

$$\sigma^+ = z_P v_{RP}^+ \cos(2\beta) + z_P v_{LP}^+ \cos(2\beta) + z_S v_{RS}^+ \sin(2\beta) - z_S v_{LS}^+ \sin(2\beta) \tag{4.73}$$

$$\tau^+ = \frac{z_P v_{RP}^+ \sin(2\beta)\tan\beta}{\tan\alpha} - \frac{z_P v_{LP}^+ \sin(2\beta)\tan\beta}{\tan\alpha} - z_S v_{RS}^+ \cos(2\beta) - z_S v_{LS}^+ \cos(2\beta) \tag{4.74}$$

$$v_n^- = v_{RP}^- \cos\alpha - v_{LP}^- \cos\alpha + v_{RS}^- \sin\beta + v_{LS}^- \sin\beta \tag{4.75}$$

$$v_\tau^- = v_{RP}^- \sin\alpha + v_{LP}^- \sin\alpha - v_{RS}^- \cos\beta + v_{LS}^- \cos\beta \tag{4.76}$$

$$v_n^+ = v_{RP}^+ \cos\alpha - v_{LP}^+ \cos\alpha + v_{RS}^+ \sin\beta + v_{LS}^+ \sin\beta \tag{4.77}$$

$$v_\tau^+ = v_{RP}^+ \sin\alpha + v_{LP}^+ \sin\alpha - v_{RS}^+ \cos\beta + v_{LS}^+ \cos\beta \tag{4.78}$$

式中，v_{RP}^- 和 v_{RS}^- 为节理左侧右行的柱面 P 波束和 S 波束的质点振动速度；v_{LP}^- 和 v_{LS}^- 为节理左侧左行的柱面 P 波束和 S 波束的质点振动速度；v_{RP}^+、v_{RS}^+ 和 v_{LP}^+、v_{LS}^+ 分别为节理右侧右行和左行的柱面 P 波束和 S 波束的质点振动速度。

同时从图 4.56 还可以看出，第 J 条节理左侧右行的柱面 P 波束和 S 波束的质点振动速度 v_{RP}^- 和 v_{RS}^- 由第 $J-1$ 条节理右侧右行的柱面 P 波束和 S 波束产生，第 J 条节理右侧左行的柱面 P 波束和 S 波束的质点振动速度 v_{LP}^+ 和 v_{LS}^+ 由第 $J+1$ 条节理右侧右行的柱面 P 波束和 S 波束产生，且柱面波在节理之间的传播满足时移函数[26]，即

$$\begin{cases} v_{RP,J}^-(t) = v_{RP,J-1}^+\left(t - \dfrac{\Delta S}{c_P \sin\theta}\right) \\ v_{RS,J}^-(t) = v_{RS,J-1}^+\left(t - \dfrac{\Delta S}{c_S \cos\beta}\right) \end{cases} \tag{4.79}$$

$$\begin{cases} v_{LP,J}^+(t) = v_{LP,J+1}^-\left(t - \dfrac{\Delta S}{c_P \sin\theta}\right) \\ v_{LS,J}^+(t) = v_{LS,J+1}^-\left(t - \dfrac{\Delta S}{c_S \cos\beta}\right) \end{cases} \tag{4.80}$$

式中，下标 $J-1$、J 和 $J+1$ 分别表示平行节理组中第 $J-1$、第 J 和第 $J+1$ 条节理。

当柱面 P 波束和 S 波束在节理之间传递时，会产生物理衰减和几何衰减。由柱面波在岩石中传播的物理衰减表达式(4.44)可得，在第 $J-1$ 条节理右侧右行的柱面 P 波束和 S 波束传至第 J 条节理左侧，以及第 $J+1$ 条节理左侧左行的柱面 P 波束和 S 波束传至第 J 条节理右侧的过程中，其产生的物理衰减为

$$\begin{cases} v_{\mathrm{RP},J}^{-}=v_{\mathrm{RP},J-1}^{+}\exp\left(-\dfrac{\eta\Delta S}{\sin\theta}\right) \\ v_{\mathrm{RS},J}^{-}=v_{\mathrm{RS},J-1}^{+}\exp\left(-\dfrac{\eta\Delta S}{\cos\beta}\right) \end{cases} \tag{4.81}$$

$$\begin{cases} v_{\mathrm{LP},J}^{+}=v_{\mathrm{LP},J+1}^{-}\exp\left(-\dfrac{\eta\Delta S}{\sin\theta}\right) \\ v_{\mathrm{LS},J}^{+}=v_{\mathrm{LS},J+1}^{-}\exp\left(-\dfrac{\eta\Delta S}{\cos\beta}\right) \end{cases} \tag{4.82}$$

对于柱面波在节理之间的几何衰减，同时从图 4.55 可以看出，柱面波由线源 O 传递至节理组第 1 条节理上 A 点的过程是在均质岩石中进行的，仅产生幅值的衰减。为简化分析问题，以柱面波传递至第 1 条节理上 A 点时的波阵面为初始波阵面，同时结合柱面波在岩石中传播的几何衰减表达式(4.43)，推导出在第 $J-1$ 条节理右侧右行的柱面 P 波束和 S 波束传至第 J 条节理左侧，以及第 $J+1$ 条节理左侧左行的柱面 P 波束和 S 波束传至第 J 条节理右侧过程中的几何衰减为

$$\begin{cases} v_{\mathrm{RP},J}^{-}=v_{\mathrm{RP},J-1}^{+}\sqrt{\dfrac{J-2}{J-1}} \\ v_{\mathrm{RS},J}^{-}=v_{\mathrm{RS},J-1}^{+}\sqrt{\dfrac{J-2}{J-1}} \end{cases} \tag{4.83}$$

$$\begin{cases} v_{\mathrm{LP},J}^{+}=v_{\mathrm{LP},J+1}^{-}\sqrt{\dfrac{J}{J+1}} \\ v_{\mathrm{LS},J}^{+}=v_{\mathrm{LS},J+1}^{-}\sqrt{\dfrac{J}{J+1}} \end{cases} \tag{4.84}$$

同时结合位移不连续模型，将式(4.71)～式(4.78)与式(4.61)～式(4.67)联立，得出柱面波与第 J 条节理力学作用关系的矩阵形式：

$$\begin{bmatrix} v_{\mathrm{LP}}^{-}(i) \\ v_{\mathrm{LS}}^{-}(i) \end{bmatrix}_J=-\boldsymbol{B}^{-1}\boldsymbol{A}\begin{bmatrix} v_{\mathrm{RP}}^{-}(i) \\ v_{\mathrm{RS}}^{-}(i) \end{bmatrix}_J+\boldsymbol{B}^{-1}\boldsymbol{A}\begin{bmatrix} v_{\mathrm{RP}}^{+}(i) \\ v_{\mathrm{RS}}^{+}(i) \end{bmatrix}_J+\begin{bmatrix} v_{\mathrm{LP}}^{+}(i) \\ v_{\mathrm{LS}}^{+}(i) \end{bmatrix}_J \tag{4.85}$$

$$\begin{bmatrix} v_{\mathrm{RP}}^{+}(i+1) \\ v_{\mathrm{RS}}^{+}(i+1) \end{bmatrix}_J=-\boldsymbol{A}^{-1}\boldsymbol{B}\begin{bmatrix} v_{\mathrm{LP}}^{+}(i+1) \\ v_{\mathrm{LS}}^{+}(i+1) \end{bmatrix}_J+\boldsymbol{A}^{-1}\boldsymbol{C}\begin{bmatrix} v_{\mathrm{RP}}^{+}(i) \\ v_{\mathrm{RS}}^{+}(i) \end{bmatrix}_J+\boldsymbol{A}^{-1}\boldsymbol{D}\begin{bmatrix} v_{\mathrm{LP}}^{+}(i) \\ v_{\mathrm{LS}}^{+}(i) \end{bmatrix}_J$$

$$+\boldsymbol{A}^{-1}\boldsymbol{E}\begin{bmatrix} v_{\mathrm{RP}}^{-}(i) \\ v_{\mathrm{RS}}^{-}(i) \end{bmatrix}_J + \boldsymbol{A}^{-1}\boldsymbol{F}\begin{bmatrix} v_{\mathrm{LP}}^{-}(i) \\ v_{\mathrm{LS}}^{-}(i) \end{bmatrix}_J \tag{4.86}$$

式中，

$$\boldsymbol{A}=\begin{bmatrix} z_{\mathrm{P}}\cos(2\beta) & z_{\mathrm{S}}\sin(2\beta) \\ \dfrac{z_{\mathrm{P}}\sin(2\beta)\tan\beta}{\tan\alpha} & -z_{\mathrm{S}}\cos(2\beta) \end{bmatrix}$$

$$\boldsymbol{B}=\begin{bmatrix} z_{\mathrm{P}}\cos(2\beta) & -z_{\mathrm{S}}\sin(2\beta) \\ -\dfrac{z_{\mathrm{P}}\sin(2\beta)\tan\beta}{\tan\alpha} & -z_{\mathrm{S}}\cos(2\beta) \end{bmatrix}$$

$$\boldsymbol{C}=\begin{bmatrix} -k_{\mathrm{g}}\Delta t\cos\alpha+z_{\mathrm{P}}\cos(2\beta) & -k_{\mathrm{g}}\Delta t\sin\beta+z_{\mathrm{S}}\sin(2\beta) \\ -\dfrac{k_{\mathrm{S}}\Delta t\sin\alpha+z_{\mathrm{P}}\sin(2\beta)\tan\beta}{\tan\alpha} & k_{\mathrm{S}}\Delta t\cos\beta-z_{\mathrm{S}}\cos(2\beta) \end{bmatrix}$$

$$\boldsymbol{D}=\begin{bmatrix} k_{\mathrm{g}}\Delta t\cos\alpha+z_{\mathrm{P}}\cos(2\beta) & -k_{\mathrm{g}}\Delta t\sin\beta-z_{\mathrm{S}}\sin(2\beta) \\ -\dfrac{k_{\mathrm{S}}\Delta t\sin\alpha-z_{\mathrm{P}}\sin(2\beta)\tan\beta}{\tan\alpha} & -k_{\mathrm{S}}\Delta t\cos\beta-z_{\mathrm{S}}\cos(2\beta) \end{bmatrix}$$

$$\boldsymbol{E}=\begin{bmatrix} k_{\mathrm{g}}\Delta t\cos\alpha & k_{\mathrm{g}}\Delta t\sin\beta \\ k_{\mathrm{S}}\Delta t\sin\alpha & -k_{\mathrm{S}}\Delta t\cos\beta \end{bmatrix}$$

$$\boldsymbol{F}=\begin{bmatrix} -k_{\mathrm{g}}\Delta t\cos\alpha & k_{\mathrm{g}}\Delta t\sin\beta \\ k_{\mathrm{S}}\Delta t\sin\alpha & k_{\mathrm{S}}\Delta t\cos\beta \end{bmatrix}$$

联立式(4.79)～式(4.86)，通过迭代计算即可得出第 N 条节理右侧透射柱面 P 波和 S 波的质点振动速度 $v_{\mathrm{RP}}^{+}(i)_N$ 和 $v_{\mathrm{RS}}^{+}(i)_N$，则柱面 P 波穿过含 N 条平行节理岩体后的透射系数为

$$T_k=\frac{\max|v_{\mathrm{R}k}^{+}(i)_N|}{\max|v_{I_{\mathrm{P}}}(i)|},\quad k=\mathrm{P,S} \tag{4.87}$$

值得说明的是，在推导地应力作用下柱面波在单节理岩体和多节理岩体中的传播方程过程中，没有考虑节理的长度，即认为节理是无限长的，与试验略有区别。因为在模型试验中为了充分利用模型试样空间，在柱面波传播的不同方向上分别设置了不同角度的节理，为消除不同测线上柱面波在节理面的反射对其他测线上柱面波传播规律的影响，选取的节理长度相对较小。且试样中布置的测点位于节理面的中线上，因此可认为当柱面波沿着节理中线传播时，不受柱面波在节理尖端散射和其他测线上节理面反射效应的影响，满足图 4.54 及图 4.55 所示的柱面应力波在单节理岩体和多节理岩体中传播的力学模型。

由前面可知，模型试验中不同侧压力系数下柱面波传播规律所开展的工况较少，仅能得出定性的结论。因此，本节仅对模型试验中双向等围压工况下，柱面波

在单节理及双节理岩体中的传播规律与理论分析进行对比。对于单节理岩体，首先通过式(4.46)将节理前的压力测点所采集到的应力时程曲线中的首个波形转换成质点振动速度曲线。然后，将转换后的质点振动速度曲线作为入射柱面 P 波代入式(4.68)和式(4.69)，并将式中所包含的柱面波物理衰减系数以式(4.49)代替，代入节理与岩石模型材料的物理力学参数，并通过 MATLAB 进行公式编译，计算得出透射 P 波。最后，考虑透射 P 波传递至节理后测点所产生的几何衰减及物理衰减，得出理论透射波，理论透射波与入射波峰值的比值即为透射系数的理论计算值。

对于双节理岩体，首先得出节理组前测点的质点振动速度曲线。其次通过式(4.45)得出在第 1 条节理右侧与测线交点处的入射柱面 P 波，将其代入式(4.79)～式(4.86)，并将式中所包含的柱面波物理衰减系数通过式(4.49)来确定，最后代入节理与岩石模型材料的物理力学参数，同时考虑透射波传递至节理后测点所产生的几何衰减及物理衰减，并通过 MATLAB 进行公式编译，得出透射系数的理论计算值。通过以上步骤，即可得出不同等围压下，柱面波在单节理岩体和双节理岩体中的透射系数理论值，同时将其与 4.3.3 节中透射系数的实测值进行对比，如图 4.57 所示。由于不同角度节理岩体的柱面波透射系数值相差不大，为便于展示，在图中未给出 60°节理岩体的数据。

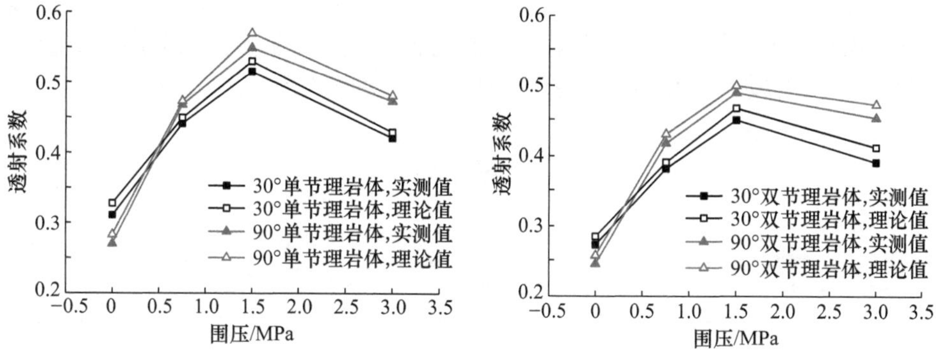

(a) 单节理岩体　(b) 双节理岩体

图 4.57　透射系数实测值和理论值对比

从图 4.57 可以看出，不同围压下柱面波在单节理岩体和双节理岩体中的透射系数理论值与实测值较为吻合。此外，图 4.57 表明节理岩体透射系数的理论值均略大于实测值，这是由于前面所推导的柱面波传播方程中的物理衰减系数由试样内径向应变测点采集的数据拟合得出，并通过柱面波传播及一维弹性力学理论近似等效为质点径向应力及振动速度的物理衰减系数。而柱面波的传播是一个二维过程，根据广义胡克定律，质点径向应力为径向应变和切向应变的函数，仅以径向应变的衰减规律等效径向应力的衰减规律则会造成得出的理论衰减系数偏小，导致理论透射系数偏大。

4.5.3 小结

本节从理论上推导了地应力下应力波垂直和斜入射节理岩体的传播方程，并与试验结果进行了对比，得到如下结论：

(1) 随着围压的增大，应力波垂直入射节理岩体中的透射系数均呈现出先增大后减小的趋势。同等大小围压下，节理数量越多，透射系数越小。无论围压存在与否，随着节理数量的增加，透射系数的减小幅度降低。围压越大，节理数量的增加所引起的透射系数的减小程度越低，也即围压越高，节理数量对应力波传播规律的影响越小。

(2) 不同地应力下柱面波斜入射节理岩体的透射系数与节理数量和角度、双向等围压大小及侧压力系数均有关。随着节理数量的增加，透射系数降低。无静载作用时，透射系数随着节理角度的增大而减小，而在双向等围压静载下，透射系数随着节理角度的增大而增加，且随着围压的增大，不同角度节理岩体的透射系数均先增大后减小。对于双向不等围压静载，当垂直向静载固定时，随着侧压力系数的增加，透射系数也呈现出先增大后减小的趋势。

(3) 对于应力波垂直入射情况，在理论推导出地应力下应力波垂直入射节理岩体的波动方程，而对于斜入射情况，根据模型试样的设计，并基于柱面波传播理论推导出地应力下柱面波在节理岩体中的波动方程。并将理论与试验结果进行了对比验证，两者较为一致，验证了所推导传播方程的合理性。

参考文献

[1] 谢和平，高峰，鞠杨. 深部岩体力学研究与探索[J]. 岩石力学与工程学报，2015，34(11)：2161-2178.

[2] 周宏伟，谢和平，左建平. 深部高地应力下岩石力学行为研究进展[J]. 力学进展，2005，35(1)：91-99.

[3] 王明洋，周泽平，钱七虎. 深部岩体的构造和变形与破坏问题[J]. 岩石力学与工程学报，2006，25(3)：448-455.

[4] Schoenberg M. Elastic wave behavior across linear slip interfaces[J]. Journal of the Acoustical Society of America，1980，68(5)：1516-1521.

[5] Pyrak-Nolte L J，Myer L R，Cook N G W. Anisotropy in seismic velocities and amplitudes from multiple parallel fractures[J]. Journal of Geophysical Research，1990，95(B7)：345-358.

[6] Myer L R，Pyrak-Nolte L J，Cook N G W. Effects of single fractures on seismic wave propagation[C]//Proceedings of ISRM Symposium on Rock Joints. Rotterdam A. A.：Balkema，1990：467-473.

[7]　赵坚,蔡军刚,赵晓豹,等. 弹性纵波在具有非线性法向变形本构关系的节理处的传播特征[J]. 岩石力学与工程学报,2003,22(1):9-17.

[8]　俞缙,宋博学,钱七虎,等. 节理岩体双重非线性弹性介质中的纵波传播特性[J]. 岩石力学与工程学报,2011,30(12):2463-2473.

[9]　王四巍,刘汉东,姜彤. 动静荷载联合作用下冲击地压巷道破坏机制大型地质力学模型试验研究[J]. 岩石力学与工程学报,2014,33(10):2095-2100.

[10]　李夕兵,周子龙,叶州元,等. 岩石动静组合加载力学特性研究[J]. 岩石力学与工程学报,2008,27(7):1387-1395.

[11]　李夕兵,宫凤强,赵坚,等. 一维动静组合加载下岩石冲击破坏试验研究[J]. 岩石力学与工程学报,2010,29(2):251-260.

[12]　宫凤强,李夕兵,刘希灵. 三维动静组合加载下岩石力学特性试验初探[J]. 岩石力学与工程学报,2011,30(6):1179-1190.

[13]　Li J C,Liu T T,Li H B,et al. Shear wave propagation across filled joints with the effect of interfacial shear strength[J]. Rock Mechanics and Rock Engineering,2015,48(4):1547-1557.

[14]　Zhu J B,Zhao X B,Wu W,et al. Wave propagation across rock joints filled with viscoelastic medium using modified recursive method[J]. Journal of Applied Geophysics,2012,86(11):82-87.

[15]　Fan L F,Wong L N Y. Stress wave transmission across a filled joint with different loading/unloading behavior[J]. International Journal of Rock Mechanics and Mining Sciences,2013,60(8):227-234.

[16]　Li J C,Wu W,Li H B,et al. A thin-layer interface model for wave propagation through filled rock joints[J]. Journal of Applied Geophysics,2013,91:31-38.

[17]　Zhao J,Zhao X B,Cai J G. A further study of P-wave attenuation across parallel fractures with linear deformational behaviour[J]. International Journal of Rock Mechanics and Mining Sciences,2006,43(5):776-788.

[18]　李夕兵. 论岩体软弱结构面对应力波传播的影响[J]. 爆炸与冲击,1993,13(4):334-342.

[19]　张春生,陈祥荣,侯靖,等. 锦屏二级水电站深埋大理岩力学特性研究[J]. 岩石力学与工程学报,2010,29(10):1999-2009.

[20]　石安池,唐鸣发,周其健. 金沙江白鹤滩水电站柱状节理玄武岩岩体变形特性研究[J]. 岩石力学与工程学报,2008,27(10):2079-2086.

[21]　Kulhawy F H. Stress deformation properties of rock and rock discontinuities[J]. Engineering Geology,1975,9(4):327-350.

[22]　陈安敏,顾金才,沈俊,等. 岩土工程多功能模拟试验装置的研制及应用[J]. 岩石力学与工程学报,2004,23(3):372-372.

[23]　Li X B,Lok T S,Zhao J. Dynamic characteristics of granite subjected to intermediate loading rate[J]. Rock Mechanics and Rock Engineering,2005,38(1):21-39.

[24]　Bandis S C,Lumsden A C,Barton N R. Fundamentals of rock joint deformation[J]. Inter-

national Journal of Rock Mechanics and Mining Sciences & Geomechanics Abstracts, 1983,20(6):249-268.

[25] Li J C,Ma G W. Analysis of blast wave interaction with a rock joint[J]. Rock Mechanics and Rock Engineering,2010,43(6):777-787.

[26] Li J C. Wave propagation across non-linear rock joints based on time-domain recursive method[J]. Geophysical Journal International,2013,193(2):970-985.

[27] 王礼立. 应力波基础[M]. 北京:国防工业出版社,2005:228-234.

[28] 崔新壮,李卫民,段祝平,等. 爆炸应力波在各向同性损伤岩石中的衰减规律研究[J]. 爆炸与冲击,2001,21(1):76-80.

[29] 柴少波,李建春,李海波. 柱面波在节理岩体中的传播特性[J]. 岩石力学与工程学报,2014,33(3):523-530.

第5章　地下洞室群爆破振动特性现场试验研究

5.1 引　　言

在水电站大型地下厂房爆破开挖过程中，爆破振动会对地下建筑物的安全产生不利影响。在爆炸荷载作用下，爆炸应力波会使洞室围岩的力学性能劣化，从而影响围岩的稳定性。深地下洞室群发电厂房与水工隧洞具有大跨度、高边墙、大埋深的显著特点，洞室空间相互立体交错，同时断面形状多样。洞室间岩柱隔墙较薄，围岩压力大。爆破振动在洞室群中传播时，不但边墙或洞壁等部位发生剪切破坏或者拉伸破坏，同时洞室群对爆破振动的传播也会有多重放大效应以及应力波叠加效应。研究者对地下洞室群的爆破地震效应进行了广泛研究。例如，基于现场试验，谭忠盛等[1]、龚建伍等[2]、李利平等[3]研究了复线隧道施工爆破对既有隧道的影响，提出了小间距段施工爆破的振动监测方法、爆破动力特性及其减振控制技术，研究发现爆破振动监测的质点峰值振动速度可作为偏于安全的边墙临界破坏标准。此外，地形地貌以及地下建筑物的形状对应力波传播也有重要的影响[4-8]。

已有研究大多集中在爆破振动对小间距、小跨度隧道的影响，而针对爆破振动对近距离、大断面的洞室群、出线竖井及高边墙影响的研究相对较少。近距离、大断面的洞室群的围岩夹制性强，爆破振动强度大，且洞室间距小，其爆破开挖与安全控制是研究难点。受竖井及地下洞室高边墙开挖特点限制，测试仪器安装不方便，爆破可能损坏测试仪器，开展爆破振动测试非常困难。尤其是针对爆破振动对竖井以及高边墙等构筑物影响的研究较少。因此，通过现场爆破振动测试和爆破振动数值模拟结合的方法研究爆破振动对近距离、大断面洞室群、出线竖井以及高边墙的安全影响。

5.2　爆破振动安全监测方法

5.2.1　振动监测技术发展状况

20世纪初，研究者就开始对振动测量技术进行探索研究。在他们不断的研究和实践中，振动测量技术逐渐走向成熟，传感测量方法因其独有的优势也逐步发展起来。振动测试主要是获取振动的重要参数，如振幅、频率、速度、加速度及位移等动态参数。将传感器测得的振动信号进行解调并转换为电信号，接着进行信号放大、滤波等处理工作，再将该信号进行分析并显示的整个过程即为动态测量，振动测试属于动态测量。

振动测量技术随着工程中对振动监测需求的与日俱增而不断发展，涌现出大量高质量的测量设备和先进的测量方法。目前，振动测量的方法主要包括机械式、电动式和光学式三类。

(1) 机械式测振仪。早期测量振动主要采用记录式机械振动表，现在有少数工程现场仍在使用千分表式机械振动表。这类测振仪读数不是很方便、精度较低并且振动信号不能传送，因此已将近淘汰。

(2) 电动式传感器。按照工作原理的不同，电动式传感器可分为电容型、电感型、速度型、加速度型、电涡流型等。但是由于电容型和电感型传感器极易受到周围介质的影响，因此目前几乎没有使用。下面简单介绍这几种类型。

① 电容式传感器。电容式传感器可进行非接触测量，主要用于测量振动、位移、压力等，操作简单，灵敏度高，稳定性强，但是对污染的抵抗能力非常差。

② 速度传感器。它的输出可以反映被测物体的振动速度。这种传感器非常便于测量，在 10～1000Hz 频率范围内，测量振动位移或振动速度是非常理想的选择。

③ 压电式传感器。在振动测量中使用较为广泛的压电式传感器主要是压电式加速度计。它是利用压电陶瓷或压电石英晶体作为敏感元件来进行测量的，具有体积小、测量频率范围宽、可用于高频振动的测量等优点，但是不适用于测量低频振动位移。

④ 应变式加速度传感器。它主要是利用半导体应变片或金属丝应变片作为敏感元件来对振动信号进行测量。这种传感器质量轻、体积小、输出阻抗低，适用于桥梁、建筑物及交通工具等振动信号的测量。

⑤ 电涡流式传感器。根据工作原理的不同，可将其划分为高频反射型和低频透射型。它也可以进行非接触测量，并且结构非常简单、灵敏度较高、抗干扰能力强。在科学研究和工业生产中得到了广泛的应用。

(3) 光纤振动传感器。这种传感器采用光学式传感原理，将振动信号转换成光信号来进行测量，它弥补了机械式和电气式传感器的诸多缺陷，测量频率范围广、精度高，并且具有良好的抗干扰能力。

5.2.2 基于光纤光栅测试技术的爆破振动安全监测方法

20 世纪 20 年代，大型机械设备的迅速发展使得机械式测振仪已经无法满足要求，于是研究者开始研究将非电量信号转换为电信号来测量的方法，这样就研究出磁电式传感器。第二次世界大战结束后，研究者又研究出体积小、测量频率宽、动态量程大的压电式传感器，直到现在仍广泛应用于在许多工程项目中。近些年来，微电子技术大力发展，为使振动测量可在各种恶劣的环境下进行，又出现了集成电路式压电传感器、变电容传感器以及电涡流传感器，提高了测量精度和抗干扰能力。随着光纤传感技术的发展，为了利用其抗干扰能力强、传输距离远、灵敏度高的特点，研究者又投入到光学式振动测量方法的研究中。

信号的探测、采集和分析是振动测量的核心。计算机技术的飞速发展使信息处理技术有了突飞猛进的提高，数据的采集和处理技术已逐步走向成熟。但是目前在工程中应用较多的振动测量技术主要还是基于传统的机械式测量方法，绝大多数振动测量系统都是采用的电磁类传感器，其灵敏度较低、测量距离短、抗干扰能力差，远远无法满足工程应用的需求，极大地制约了振动测量领域的进一步发展。这主要表现在以下几个方面：

(1) 传统传感器的有效输出是由部分被测能量组成的，这使得传感器的输出能量较小、内阻较高且灵敏度很低。

(2) 有的传感器在使用之前需要先将其调零，这使得传感器的长期稳定性降低。

(3) 传统传感器的抗干扰能力都不太可观，对常见的随机干扰波都无法起到屏蔽或抑制的作用，并且测量频率范围较窄。

(4) 传统传感器不能实现测量的智能化。

因此，采用新型振动传感器来改善现有振动监测系统中的缺陷是振动测量技术的关键问题。振动测量技术的迅速发展以及工程应用中对高精度测量技术的需求，使得研制高性能的振动传感器来进行振动信号的测量成为必然。光纤传感技术的出现使传感器领域有了突飞猛进的发展，目前已经成功研制出很多光纤振动传感器，克服了传统振动传感器的诸多缺陷，具有测量精度高、范围广、抗电磁干扰能力强、适合各种恶劣环境等优点，受到了业内人士的广泛重视。

1. 光纤光栅监测系统的构成

光纤光栅监测系统中，光纤光栅传感器用来读取特征量信号，光信号经过解调处理发送给微控制单元，微控制单元再将发送来的信号进行再处理，分配给不同的外设，达到监测的目的。

光纤光栅传感器将收集到的信息通过光的变化发送给硬件系统，硬件系统处理后发给上位机，上位机显示结果。在硬件系统中主要包括光开关、解调仪、RS-485 通讯模块、液晶显示模块、Flash 模块和按键模块。光开关模块主要是应对多点监测，一处工程需要对很多点进行监测，所以光开关可以做到多点同时监测。解调仪负责将光信号转换成电信号，它是整个系统中的关键。RS-485 通讯模块是为了将数据更快、更稳、更准确地上传给上位机，以及更加迅速地接收上位机命令。液晶显示模块则是人机接口，能够直观显示监测中某个特征量的具体数值，能直观反映围岩和洞室群的稳定性。Flash 模块则是为了存储传感器必要的参数和系统其他外设所需参数。按键模块是更加方便用户，使其全面了解各个传感器的当前检测状态。光纤光栅监测系统整体框架如图 5.1 所示。

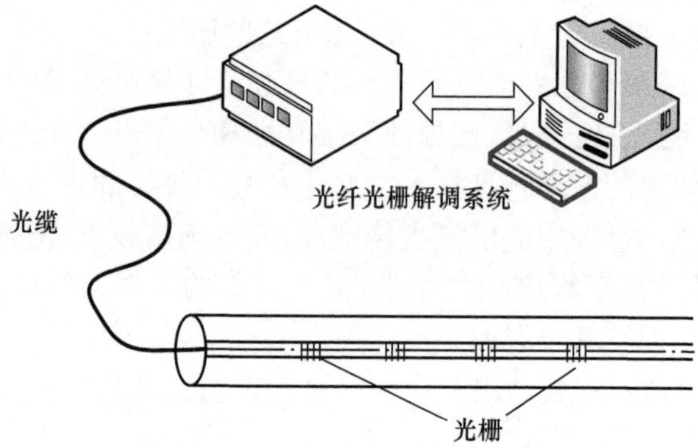

图 5.1　光纤光栅监测系统整体框架

2. 光纤光栅传感原理

光纤光栅是在光纤上利用特殊技术，形成了一排相互平行、等间距的格栅，就制作成了光纤光栅[9]。当利用两互相干涉的紫外光束造成干涉条纹从光纤一侧射入时，在其内部的折射率会发生变化。图 5.2 为光纤光栅制作示意图。

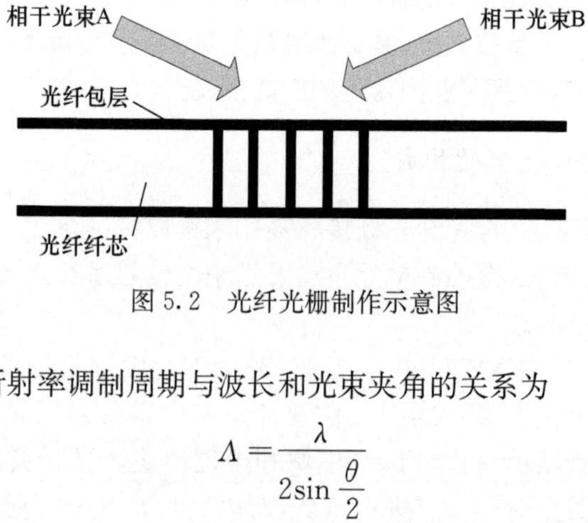

图 5.2　光纤光栅制作示意图

光纤光栅的折射率调制周期与波长和光束夹角的关系为

$$\Lambda = \frac{\lambda}{2\sin\dfrac{\theta}{2}} \tag{5.1}$$

式中，Λ 为光纤纤芯调制周期；λ 为紫外光相干光束的波长；θ 为相干光束之间的夹角。

由式(5.1)可以看出，当相干光束波长 λ 和夹角 θ 不同时，所制作的光纤光栅的折射率调制周期也会相应有所不同。光纤光栅通过改变部分光纤纤芯的折射率发生周期性调制，改变范围仅为 $10^{-5}\sim10^{-3}$，所以其只会改变光源中的一小段光谱，此时光纤光栅就成为光波反射镜。这一发明使光纤光栅逐渐被世人了解，其发展越来越快，优点诸多，如体积小、抗电磁干扰能力强、串联复接能力强、耐久性好、抗腐蚀能力强。

当宽带光源经过光纤光栅时，由于光栅的存在，会反射回一部分光谱，其余部分光谱则全部透射。图 5.3 为光纤光栅传感原理图。

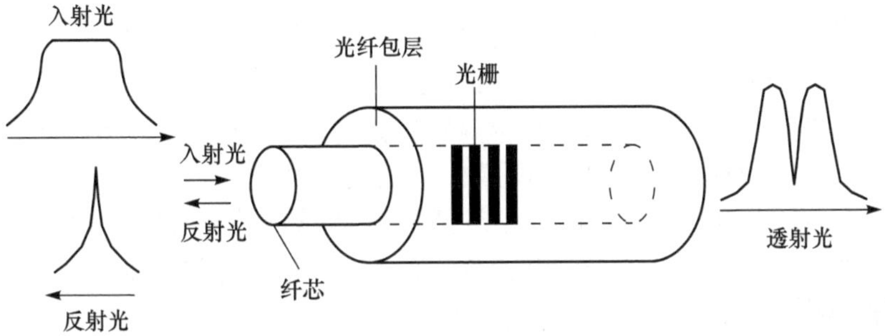

图 5.3　光纤光栅传感原理图

3. 光纤光栅振动传感器结构

以光纤布拉格光栅的振动传感特性为基础口，根据以上分析，我们采用图 5.4 所示结构。在该结构中，由于钢管的弹性模量比较适中，弹性元件以钢管为材料。

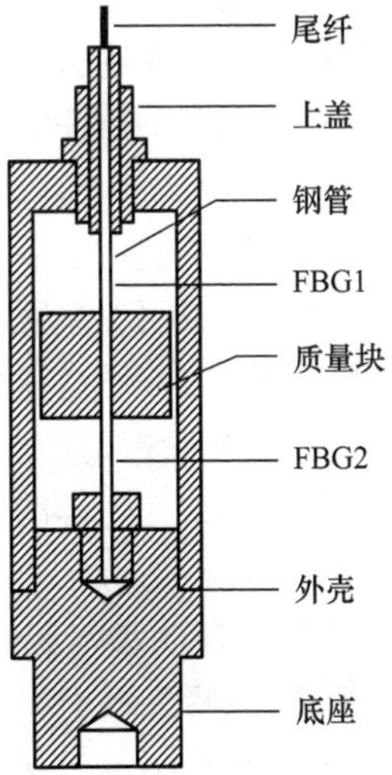

图 5.4　光纤光栅加速度传感器结构图

而质量振子需要密度较大的材料，考虑到铜密度大，故质量块以铜为材料。传统光纤传感器易发生温度漂移，并产生横向干扰，灵敏度也不高。为了克服这些问题，我们在该结构中采用双光栅，也就是以质量振子为中心，在其上、下距离相等的位置装上两个中心波长相近的布拉格光栅(FBG1、FBG2)。

在该传感器结构中，首先将 FBG1 与 FBG2 串联焊接，然后用环氧型黏合剂刚性粘贴在钢管内，再将质量块穿过钢管，并采用激光焊接技术将质量块固定在钢管上两个光栅的正中心，这样钢管、质量块和两个布拉格光栅就构成了整个传感器的弹性系统。

当待测物振动时，固定在其上的传感器也随之发生振动，传感器内弹性系统做受迫振动，使质量块上下移动，其上、下两侧分别产生相反的应变，致使粘贴在质量块上、下两侧的布拉格光栅波长发生互为反向的漂移。两个布拉格光栅的反射谱会交叠在一起，其包络面积发生变化从而导致总反射光强度发生变化，物体振动加速度变化与总反射光强度变化规律一致。光信号输出后经光电转换器转换成电信号输出，再经数据采集系统采集后，在计算机上通过振动监测软件对数据进行分析处理后即可得到被测物体振动的相关参数。

4. 光纤光栅钻孔应力计设计

振弦式应力计主要由钢制空心圆筒、钢弦和内嵌的电磁线圈组成，通常情况下需要预先给钢弦一定的预紧力，将圆筒放入钻孔中，并使其紧密贴合，当圆筒受力时，钢弦会被挤压而发生振动，根据其振动的频率大小便可以测量圆筒的受力情况，进而得到钻孔应力大小。

液压式钻孔应力计主要是将包裹体、导油管、压力-频率转换器等部分连接成一个闭锁的油路系统，当钻孔围岩对包裹体施加压力时，压力-频率转换器会将包裹体内部的液体压力转为对应的电频信号，根据频率的变化量就能得到相应的钻孔应力变化量。

类似于上述两种应力计，光纤光栅钻孔应力计主要由压力枕和光纤光栅压力计组成，使用时，将光纤光栅压力计置入钻孔并施加初始应力，当围岩受到扰动时会挤压压力枕，此时，压力枕会感受到压力并通过压力枕内的液压油传送到光纤光栅压力计，光纤光栅压力计会将压力变化转换为波长的漂移量，通过波长信号解调设备将这部分变化解析出来便可以测得钻孔内部的应力值。

管状结构光纤光栅钻孔应力计主要是指将压力枕设计成一个薄壁不锈钢圆柱形管状结构，外接光纤光栅压力计并与外端头封装制作而成，使用时，将管状结构用作压力感应区，将光栅区用作传感区，将光纤引出并与光纤光栅解调仪连接通信即可。管状结构光纤光栅钻孔应力计外形示意图如图 5.5 所示。

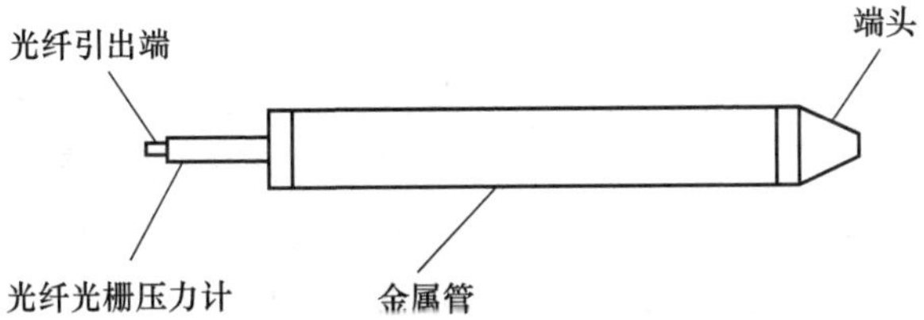

图 5.5　光纤光栅钻孔应力计外形示意图

5. 光纤光栅解调技术

1）直接解调法

运用光谱仪、单色仪或波长计来检测波长是光纤光栅解调最直接的方法，如图 5.6 所示，但这些仪器都存在价格高、体积大、不易携带等缺陷，因此多用于实验室。并且光的波长是直接显示在光谱仪上的，通过光纤光栅波长的变化就可以得到被测物量的相关参数。但是目前光纤光栅传感器的应用发展对测量的分辨率有较高要求，而传统的光谱仪很难满足其需求。对于高分辨率光谱分析仪，虽然其分辨率能够达到要求，但价格相当高，体积也相当大，不适合工程应用。因此，在实际应用中，不大可能用这类光谱仪来测量光纤光栅的波长。还有一个很大的原因是它无法直接输出与波长变化相对应的电信号，这非常不利于记录、存储和显示测量数据。

2）匹配滤波解调法

按照光纤光栅的分布，匹配滤波解调法可划分为单点匹配解调和多点匹配解调。单点匹配解调是以反射式为基础，而多点匹配解调是以透射式为基础。匹配滤波法的工作原理就是指使用两个光纤光栅，其中一个作为量测光纤光栅，另一个作为参考光纤光栅。驱动元件发出的驱动信号可以使参考光纤光栅与量测光纤光栅的波长变化一致，被测物的应力或温度就可以通过测量驱动信号来获得，这样就可以利用参考光纤光栅来实现传感光栅的解调。图 5.7 为光纤光栅匹配滤波解调原理图。

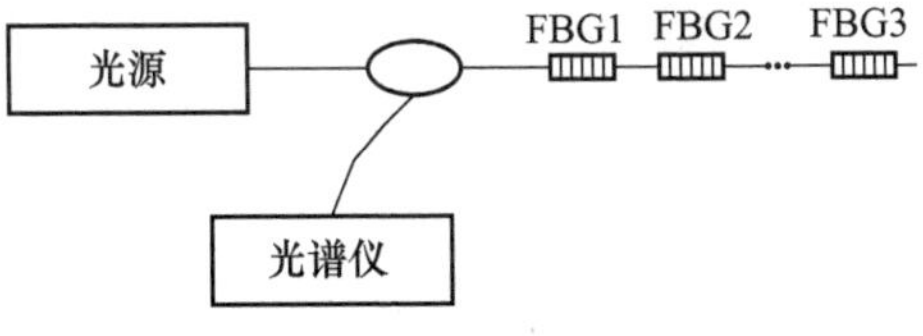

图 5.6　光谱仪检测光纤光栅波长

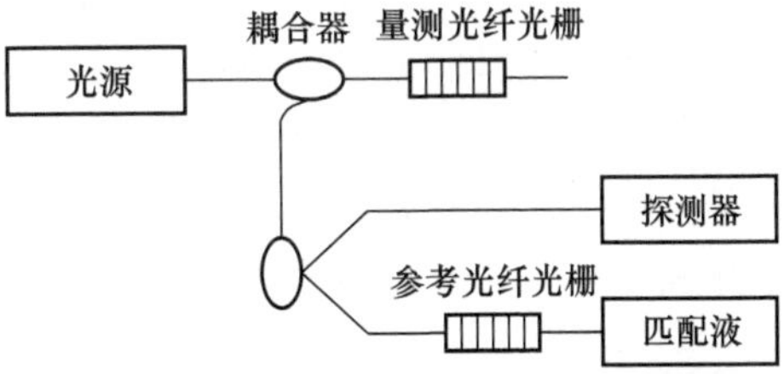

图 5.7　光纤光栅匹配滤波解调原理图

反射型解调是当入射光照射在被测光纤光栅上时发生反射现象，其反射光经过参考光纤光栅后再次发生反射，若这两束反射光波长相同，探测器就会接收到这两束光并将其输出，根据此时的驱动信号就可以测得我们所需要的振动参数。因此，透射型解调的光电探测器不是用来接收反射光，而是用来接收透射光，通过透射光的情况来判断光栅的匹配情况，这样就避免了测量微弱的光强信号。

匹配滤波解调法的优点是成本低、结构简单、精度高且信噪比高等。但由于光路中使用的耦合器较多，造成系统的光损耗增大，并且传感光栅的测量范围受到参考光纤光栅应变量的限制，驱动元件的响应速度也时常无法满足需求。

3）可调谐法布里-珀罗腔法

可调谐法布里-珀罗(F-P)腔法不同于匹配滤波解调法，它用可调谐 F-P 腔代替参考光纤光栅。与光纤光栅工作谱区相比，F-P 腔的自由光谱范围较大，可保证总能检测到光纤光栅的反射信号。F-P 腔起着窄带滤波器的作用，当一定波长范围内的平行光入射到 F-P 腔时，某些满足相干条件的光会发生干涉现象。光纤光栅传感器就是利用 F-P 腔的这个特性来检测反射波长的，其工作原理如图 5.8 所示。

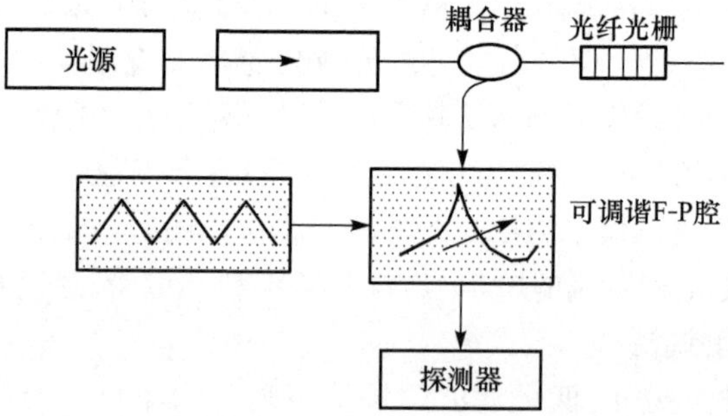

图 5.8　可调谐 F-P 腔解调原理图

光由宽带光源发出，经隔离器入射到光纤光栅后发生反射，该反射光经耦合器照射到可调谐 F-P 腔上，可调谐 F-P 腔利用锯齿波扫描电压，并调整压电元件腔间隔，扫描一定范围内的窄通带。当光纤光栅的反射波长与可调谐 F-P 腔的透射波长相匹配时，光纤光栅反射的信号即可通过，探测器上显示的就是最大光强。

因此，光纤光栅反射峰位置可由可调谐 F-P 腔驱动电压与透射波长关系测得。这种解调方法操作简单、灵敏度高、光能利用率高、F-P 腔调谐范围宽并且系统稳定性很好，因此在工程应用中使用较为广泛，但若要求精细度高，则价格也较昂贵并且滤波损耗也较大。因此，使用这种解调方法的关键就是在保证精度的前提下，采用某些技术来降低系统成本。

5.3　工程背景及概况

溪洛渡水电站是长江流域综合利用规划的金沙江开发的第一期工程之一。坝址位于四川省雷波县和云南省永善县相接壤的溪洛渡峡谷，下游距宜宾市河道里程 184km，是一座以发电为主，兼有防洪、拦沙及改善下游河段通航条件等综合利用效益的巨型水电站。溪洛渡水电站枢纽由拦河大坝、泄洪建筑物、引水发电建筑物及导流建筑物组成，其发电厂房分设在左、右两岸山体内，各装 9 台单机容量 700MW 的水轮发电机组，总装机容量 12600MW。引水发电建筑物由电站进水口、压力引水隧洞、主厂房、主变室、尾水调压室、尾水洞及出口、通风洞、出线洞、地面出线场及地下厂区防渗排水系统等建筑物组成。地下洞室纵横交错，以高跨度、高边墙、多交叉以及结构复杂为特征。溪洛渡水电站导流洞群开挖断面大、洞身长，是目前世界上最大规模的导流洞群。

溪洛渡水电站施工期坝址右岸布置了 3 条（4# ～6#）导流洞。导流洞平面呈单弯道布置，洞身断面为城门洞型，衬砌后净断面尺寸均为 18m×20m（长×宽）。右岸导流洞布置于金沙江右岸山体内，进口高程 368～380m，出口高程 362～364.5m。4# ～6# 导流洞洞身长分别为 1258m、1435m 和 1697m。导流洞洞身主要为 $P2\beta_4$～$P2\beta_6$ 层致密状玄武岩、斑状玄武岩及角砾（集块）熔岩岩性坚硬，单轴抗压强度大于 100MPa，属坚硬-极坚硬岩类。工程区无断层分布，主要结构面为层间、层内错动带和节理裂隙。导流洞部位层间错动带总体不发育，其中 C3 层间错动较弱，多表现为顺层缓倾剪切裂隙密集带，一般带宽 5～30cm，局部最宽可达 50cm（包括影响带），断续延伸。C4 层间错动带断续延伸，主错面波状起伏、粗糙，主错带宽度一般 5～10cm，主要由角砾及少量岩屑组成，影响带宽 10～30cm，结构紧密，工程类型以裂隙岩块型为主，部分为含屑角砾型。C5 层间错动带分布连续，错动面舒缓波状起伏，光滑。见倾向擦痕，主错带宽 5～15cm，主要由角砾及少量岩屑组成，影响带宽 30～50cm，局部可达 1m，总体产状 NE∠30°～50°/SE∠3°～8°，工程类型以含屑角砾型为主，部分裂隙岩块型。

5.4　地下洞室群爆破振动传播规律

5.4.1　现场监测布置方案

为控制爆破地震效应，确保洞室群的安全，需进行现场爆破试验与爆破振动测试。通过爆破振动测试研究得到爆破地震波在相邻导流洞的传播与衰减规律，对爆破振动强度进行预测，采取相应措施降低爆破地震效应，如调整爆破参数等，从而指导近距离、大断面的多条导流洞同时爆破开挖。在保证施工进度的同时确保导流洞的安全。溪洛渡水电站地下导流洞开挖断面大，其爆破开挖分三层，分层示意图如图 5.9 所示。上层开挖主要是先进行导流洞掏槽爆破开挖，然后是边墙扩挖，开挖高度约为 9m；中层开挖为梯段爆破开挖，开挖高度约为 12m；下层开挖采用水平光面爆破与水平浅孔梯段爆破相结合的方法，开挖高度为 2～3m。开挖断面大，围岩夹制性大，爆破开挖干扰大，安全问题突出。

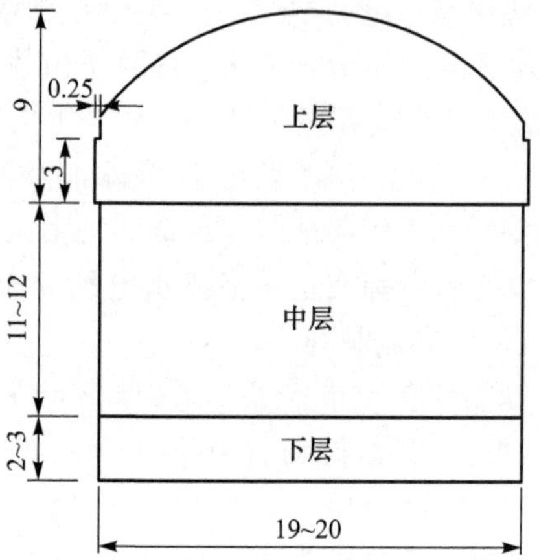

图 5.9　导流洞分层开挖示意图(单位:m)

爆破试验在 5#导流洞中层梯段爆破开挖时进行。中层采用全幅垂直梯段开挖。预裂孔钻孔直径为 90mm 或者 76mm，孔深为 13.0～14.5m，孔距为 0.8m，线装药密度为 450～550g/m，单孔装药量为 5～8kg。主爆孔钻孔直径为 90mm 或者 76mm，孔深为 11.5～13.5m，超深 0.5m，孔距为 2.5m，布孔间排距为 2.5m×2.0m 或者 2.5m×2.5m，正方形布孔，循环进尺为 10m，炸药单耗为 0.45～0.65kg/m^3，单孔装药量为 30～55kg，1 个孔 1 段或者 2 个孔 1 段，单段最大药量不大于 110kg。缓冲孔布置在预裂孔和主爆孔之间，缓冲孔装药量为主爆孔装药量的 0.4～0.6 倍。采用非电导爆管雷管微差接力起爆网路，预裂孔先起爆，主爆孔、缓冲孔后起爆；或者先完成边墙施工预裂，然后进行梯段爆破开挖。具体钻爆参数如表 5.1 所示。中层梯段爆破钻孔布置图如图 5.10 所示。

表 5.1　导流洞中层梯段爆破试验主要钻爆参数

名称	钻孔参数				装药参数		
	孔径/mm	孔深/m	孔距/m	排距/m	单耗/(kg/m^3)	线装药密度/(g/m)	单孔装药量/kg
预裂孔	90/76	13.0～14.5	0.8	—	—	450～550	5～8
主爆孔	90/76	11.5～13.5	2.5	2.0/2.5	0.45～0.65	—	30～55
缓冲孔	90/76	11.5～13.5	2.0/2.5	—	0.30～0.65	—	20～30

1. 爆破振动测试仪器

爆破振动测试系统由测振传感器及数据采集与分析系统组成。采用四川拓普数字设备有限公司生产的 TOPBOX 振动信号自记仪、水平振动速度传感器和垂直

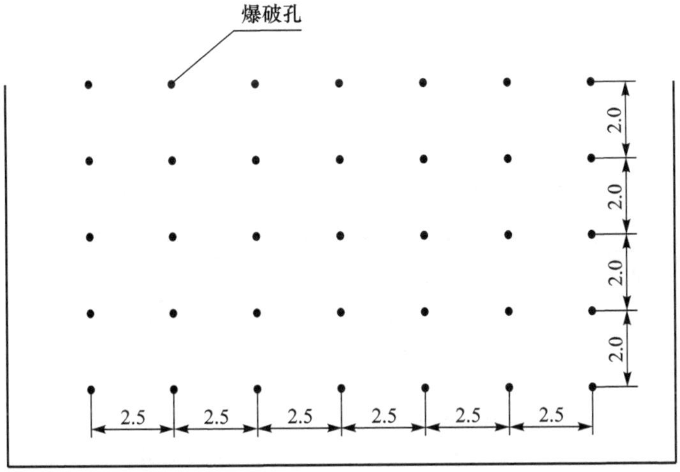

图 5.10　中层梯段爆破典型钻孔布置图(单位:m)

振动速度传感器。通过振动信号自记仪采集水平向质点振动速度和垂直向质点振动速度。现场将振动信号自记仪放在预定的测点上,与传感器连在一起即可。待自记仪触发记录后即可取回,且关闭电源后数据长期不丢失。在现场或事后通过 RS232 标准串口与计算机相连,对波形进行显示、读数、存储、打印、绘制以及所需的数据处理与分析。

2. 测点布置

为研究爆破地震波在导流洞内及相邻导流洞的传播规律,进行了不同的现场试验,分别在爆区导流洞内以及相邻洞室进行布点测试。测点布置分别如图 5.11～图 5.13 所示,典型测点波形及频谱图如图 5.14 所示。图 5.13 布置的相邻洞室迎

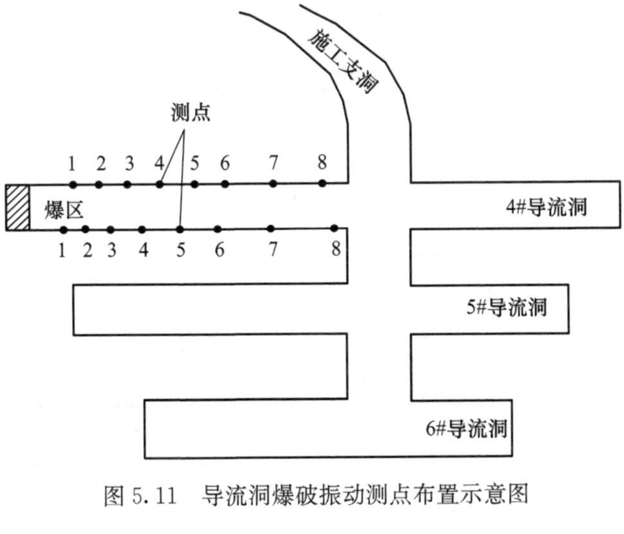

图 5.11　导流洞爆破振动测点布置示意图

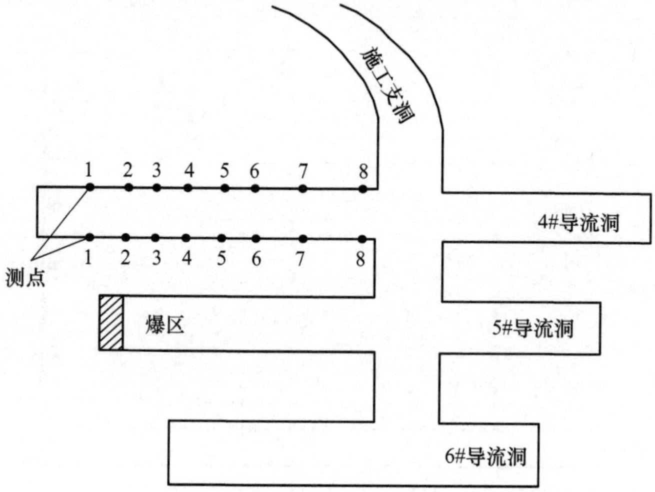

图 5.12　导流洞邻洞爆破振动测点布置示意图

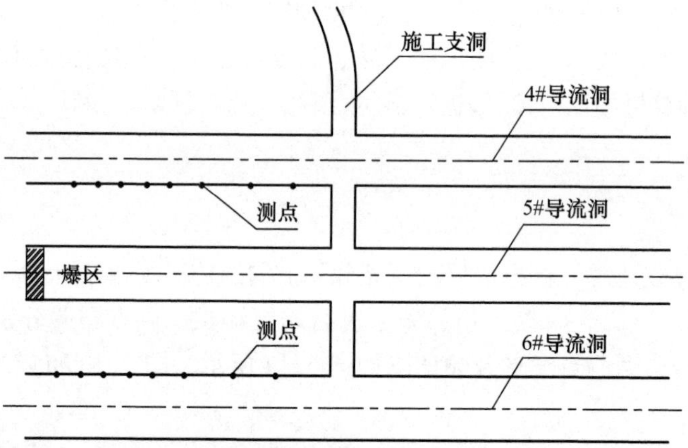

图 5.13　导流洞邻洞迎爆侧直墙爆破振动测点布置示意图

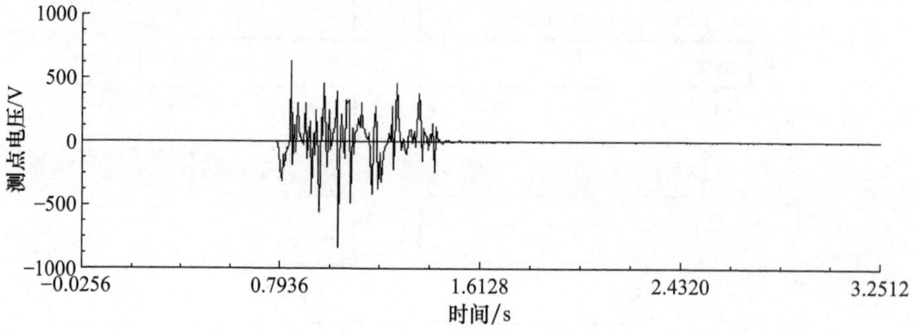

(a)

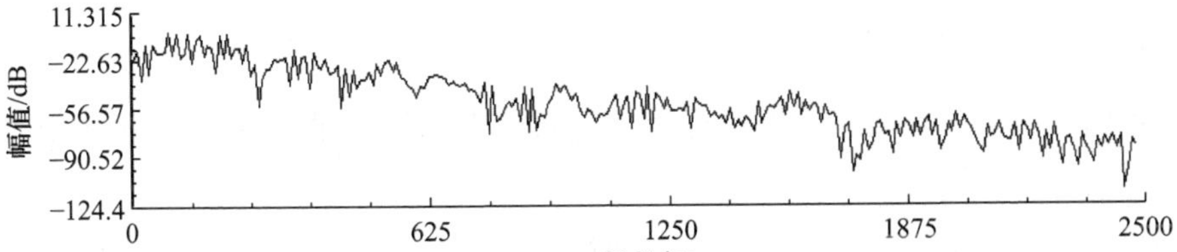

(b)

图 5.14　典型测点波形及频谱图

爆侧直墙爆破质点峰值振动速度测试结果如表 5.2 和表 5.3 所示。

表 5.2　相邻洞室部分测点水平向质点峰值振动速度

序号	爆心距 R/m	单段最大药量 Q/kg	水平向质点峰值振动速度 V_h/(cm/s)
1	40.5	104	7.20
2	54.3	104	4.86
3	58.6	104	4.55
4	70.9	104	3.27
5	43.4	90	5.83
6	50.6	90	4.86
7	67.3	90	3.53
8	74.7	90	2.56
9	46.5	70	3.82
10	54.7	70	3.34
11	58.7	70	2.93
12	67.4	70	2.71
13	76.3	70	2.38
14	92.3	70	1.52
15	125.4	70	1.14

表 5.3　相邻洞室部分测点垂直向质点峰值振动速度

序号	爆心距 R/m	单段最大药量 Q/kg	垂直向质点峰值振动速度 V_v/(cm/s)
1	40.5	104	4.47
2	54.3	104	2.70
3	58.6	104	2.33
4	70.9	104	1.30
5	43.4	90	5.45
6	50.6	90	4.44
7	67.3	90	3.35
8	74.7	90	1.89
9	46.5	70	3.42
10	54.7	70	3.19
11	58.7	70	2.62
12	67.4	70	2.47
13	76.3	70	1.97
14	92.3	70	1.20
15	125.4	70	0.79

5.4.2 现场试验结果分析

我国对爆破振动测试数据进行回归分析时多采用萨道夫斯基经验公式[10,11]。萨道夫斯基经验公式为

$$V=K\left(\frac{\sqrt[3]{Q}}{R}\right)^{\alpha}=K\rho^{\alpha} \tag{5.2}$$

式中，K 为与岩石、爆破方法等因素有关的系数；α 为与地质条件有关的地震波衰减系数；Q 为单段最大药量，kg；R 为测点与爆源的直线距离（简称爆心距），m；ρ 为比例药量，$\rho=Q^{1/3}/R$。

1. 上、下层开挖本洞中爆破振动传播规律

通过图 5.11 和图 5.12 的现场试验，利用萨道夫斯基经验公式对试验数据进行研究分析，得出导流洞爆破时，导流洞主洞内和邻洞内外两侧壁的爆破振动传播与衰减规律。上层质点峰值振动速度经验公式中的参数分别为：$K=131.94$，$\alpha=1.71$；下层质点峰值振动速度经验公式中的参数分别为：$K=128.8$，$\alpha=1.32$。因此，导流洞上、下层爆破对主洞内爆破振动速度衰减公式可用式(5.3)和式(5.4)表示。

上层：

$$V_{本洞}=131.94\left(\frac{\sqrt[3]{Q}}{R}\right)^{1.71} \tag{5.3}$$

下层：

$$V_{本洞}=128.8\left(\frac{\sqrt[3]{Q}}{R}\right)^{1.32} \tag{5.4}$$

根据复杂地下导流洞群动态响应特点，通过对上、下层现场试验进行比较，可以得出如下结论：

(1) 通过上层和下层爆破振动速度的现场试验与研究分析，上层和下层的爆破振动衰减规律存在差异，这是爆破受开挖方式、临空面和周围夹制作用造成的。在相同条件下，临空面少、围岩夹制作用大的部位进行爆破近区产生的质点峰值振动速度比临空面多、夹制作用小的部位产生的质点峰值振动速度大，衰减也快。

(2) 爆破产生的爆炸应力波造成岩石损伤区主要在近区，与近区相比，中远区的损伤影响明显减弱；与爆炸应力波作用相比，爆生气体造成岩石损伤与强度降低程度明显减弱；加大不耦合装药系数或减弱炮孔的填塞会减弱爆破对围岩的影响程度。

(3) 岩石爆破损伤主要为拉伸断裂破坏形式,爆破中产生的裂纹主要以径向为主,爆破对岩石的损伤具有方向性。不同的分段方式和起爆顺序对导流洞群影响差异很大,合理的分段方式和起爆顺序可以有效地降低爆破对导流洞群围岩的影响。

(4) 根据现场试验研究,导流洞群的爆破振动频率为 60～150Hz,与该构筑物的结构频率相差较大,不会产生共振。将一次爆破的所有炮孔分成多段起爆,选择合理的分段方式和起爆顺序,可减弱爆破作用对导流洞群的影响,为避免微差爆破延迟时间不够而产生的延时误差造成应力波叠加,使振动加强,在选择雷管段数时,应加大相邻段别的段位差。由于缓冲孔和光爆孔对邻近隧洞的影响比崩落孔对邻近隧洞的影响要小得多,因此在崩落孔中采用不耦合装药能明显降低邻近隧洞的振动强度。

2. 开挖相邻导流洞迎爆侧直墙的爆破振动衰减规律

根据图 5.13 的现场试验,对测试数据进行回归分析得到爆破地震波沿相邻导流洞迎爆侧直墙的传播与衰减规律。垂直向质点峰值振动速度经验公式中的参数分别为:$K=141.3$,$\alpha=1.50$;水平向质点峰值振动速度经验公式中的参数分别为:$K=157.4$,$\alpha=1.46$。爆破振动衰减规律的经验公式为

$$V_{\mathrm{v}}=141.3\left(\frac{\sqrt[3]{Q}}{R}\right)^{1.50} \tag{5.5}$$

$$V_{\mathrm{h}}=157.4\left(\frac{\sqrt[3]{Q}}{R}\right)^{1.46} \tag{5.6}$$

从爆破振动对近距离、大断面导流洞群的影响可以看出,爆破振动作用下,水平向质点峰值振动速度大于垂直向质点峰值振动速度。因此,水平向质点峰值振动速度可以作为相邻导流洞的爆破振动安全判据。

5.5　地下洞室群爆破振动放大效应

5.5.1　地下洞室群爆破振动邻洞放大效应的现场试验

通过图 5.11 和图 5.12 的现场试验,利用萨道夫斯基经验公式对试验数据进行研究分析,得出导流洞爆破时,导流洞主洞内和邻洞内外两侧壁的爆破振动传播与衰减规律。上层质点峰值振动速度经验公式中的参数分别为:$K=136.52$、157.79,$\alpha=1.68$、1.73;下层质点峰值振动速度经验公式中的参数分别为:$K=177.8$、166.2,$\alpha=1.41$、1.39。因此,导流洞上、下层爆破对邻洞内外侧爆破振动速度衰减公式可用式(5.7)和式(5.8)来表示。

上层：

$$\begin{cases} V_{\text{邻洞内侧}} = 136.52\left(\dfrac{\sqrt[3]{Q}}{R}\right)^{1.68} \\ V_{\text{邻洞外侧}} = 157.79\left(\dfrac{\sqrt[3]{Q}}{R}\right)^{1.73} \end{cases} \tag{5.7}$$

下层：

$$\begin{cases} V_{\text{邻洞内侧}} = 177.8\left(\dfrac{\sqrt[3]{Q}}{R}\right)^{1.41} \\ V_{\text{邻洞外侧}} = 166.2\left(\dfrac{\sqrt[3]{Q}}{R}\right)^{1.39} \end{cases} \tag{5.8}$$

根据复杂地下导流洞群动态响应特点，通过对上、下层现场试验进行比较，可以得出如下结论：

(1) 爆破对岩体稳定性的影响主要体现在对岩体力学性能劣化和岩体完整性降低两方面，其影响程度与距爆破点的距离、导流洞群地质地形分布、装药条件和爆破参数等密切相关。

(2) 随着爆心距的增加，对岩石强度和力学性能的影响逐步减弱，即围岩受损伤或受爆破影响的程度减弱，在不同的爆破条件下都体现了这样一个规律。但在复杂导流洞室群的地形地质条件下（本节研究的导流洞洞壁之间距离为 30～40m)，在其中一条导流洞进行爆破开挖时，由于洞室群之间距离相距较近，爆炸应力波通过洞壁会发生反射和拉伸作用，从而使邻洞的质点振动效应放大。

(3) 根据公式 $V=K(Q^{1/3}/R)^{\alpha}$，对于一定的药量，药量可以简化为一个常数，$Q^{1/3}=b$（常数）；$b=(V/K)^{1/\alpha}R$。上层：在 $R=20\sim50$m，邻洞内侧壁的质点峰值振动速度比导流洞开挖主洞内的大 8%左右，外侧壁则大 10%左右；在 $R=50\sim100$m 时，内侧壁大 12%左右，外侧壁则大 7%左右；在 $R=100\sim200$m 时，内侧壁大 15%左右，外侧壁则大 6%左右。下层：在 $R=20\sim50$m，邻洞内侧壁的质点峰值振动速度比导流洞开挖主洞内的大 14%左右，外侧壁则大 11%左右；在 $R=50\sim100$m 时，内侧壁大 9%左右，外侧壁则大 7%左右；在$R=100\sim200$m 时，内侧壁大 5%左右，外侧壁则大 3%左右。

5.5.2 地下洞室群爆破振动邻洞放大效应的数值模拟

1. 爆炸冲击荷载模型

炸药的爆轰过程是极其复杂的物理化学过程。为方便研究，可以假设爆炸近区的冲击波按某一特定形式变化。确定爆炸冲击荷载模型需要将理论计算、试验以及工程经验相结合并总结得出。爆炸冲击荷载模型的确定直接影响计算结果的准确性。

爆炸荷载实际上是一种具有加载和卸载过程的平滑曲线。常用的方法是将爆炸荷载简化成半经验、半理论的三角形爆炸荷载或指数衰减型荷载,然后施加在孔壁上[12]。

本节采用简化的三角形爆炸冲击荷载模型作为爆破近区的冲击波模型,如图5.15所示。p_m 为爆炸荷载峰值压力,t_1 为爆破荷载达到峰值的时间;t_2 为爆破荷载正压作用时间。爆炸荷载作用持续时间为毫秒级或者数百微秒级[13,14],本节取 $t_1=1\text{ms}$,$t_2=7\text{ms}$。

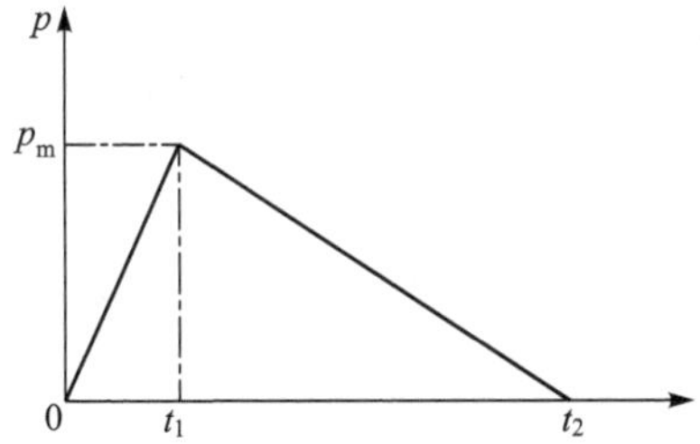

图5.15　爆炸荷载加载曲线

1) 炮孔壁上初始峰值冲击压力的确定

在C-J条件下,炸药的瞬时平均爆轰压力为

$$p_w=\frac{\rho_0 D_0^2}{2(1+k)} \tag{5.9}$$

式中,p_w 为炸药的瞬时平均爆轰压力;ρ_0 为炸药密度;D_0 为炸药爆轰速度;k 为炸药的等熵指数。k 与炸药密度有关,当 $\rho_0<1.2\text{g/cm}^3$ 时,$k=2.1$;当 $\rho_0\geqslant 1.2\text{g/cm}^3$ 时,$k=3$。本节取 $k=3$。

(1) 对于耦合装药条件下,炸药爆炸后对炮孔壁施加荷载,则有

$$p_b=p_w \tag{5.10}$$

式中,p_b 为炮孔壁受到的初始峰值压力。

(2) 对于不耦合装药,爆轰产物迅速膨胀,首先冲击环状间隙中的空气,形成空气冲击波,而后空气冲击波和爆轰产物相继作用在炮孔壁上。空气冲击波首先作用在炮孔壁上,则有

不耦合系数较小时:

$$p_b=p_w\left(\frac{r_e}{r_b}\right)^{2k},\quad p_b\geqslant p_k \tag{5.11}$$

不耦合系数较大时:

$$p_b = p_k\left(\frac{p_w}{p_k}\right)^{\gamma/k}\left(\frac{r_e}{r_b}\right)^{2k},\quad p_b < p_k \tag{5.12}$$

式中，p_k 为爆轰产物膨胀到临界点时的压力；γ 为炸药绝热膨胀阶段的绝热指数，$\gamma=1.2\sim1.4$；r_b 为炮孔半径；r_e 为药卷半径。

空气冲击波后是爆轰产物撞击炮孔壁，孔壁受到的压力明显增大，增大系数 $n=8\sim11$[12]，本节取 $n=10$。对于不耦合系数较小的柱状药包，此时炮孔壁上冲击波峰值压力为

$$p_b = p_w\left(\frac{r_e}{r_b}\right)^{2k}\frac{l_e}{l_b}n \tag{5.13}$$

式中，l_e、l_b 分别为药卷总长度和炮孔装药段长度。

2）粉碎区边缘冲击压力的确定

根据 Mises 屈服准则，将问题看成平面应变问题时，对于冲击波压力作用下处于压缩状态的岩石，其任意一点的应力强度 σ_i 为[13]

$$\sigma_i = \frac{1}{\sqrt{2}}\sigma_r\left[(1+b)^2 - 2\nu_d(1-b)^2(1-\nu_d) + (1+b)^2\right]^{0.5} \tag{5.14a}$$

$$b = \frac{\nu_d}{1-\nu_d} \tag{5.14b}$$

式中，σ_r 为径向应力；ν_d 为动态泊松比，可以近似取静态泊松比的 80% 作为动态泊松比。

σ_{cd} 为岩石的动态抗压强度。若

$$\sigma_i \geqslant \sigma_{cd} \tag{5.15}$$

则岩石将产生粉碎破坏。

炮孔粉碎区边缘的爆炸荷载峰值压力 p_m 为

$$p_m = \sigma_r = p_b\left(\frac{r_b}{R_c}\right)^{\alpha} \tag{5.16}$$

式中，R_c 为炮孔粉碎区半径；α 为冲击波压力衰减系数，$\alpha\approx3$。

由式(5.14)～式(5.16)可得

$$p_m = \sqrt{2}\sigma_{cd}\left[(1+b)^2 - 2\nu_d(1-b)^2(1-\nu_d) + (1+b)^2\right]^{-0.5} \tag{5.17}$$

$$R_c = \left\{\frac{p_b}{\sqrt{2}\sigma_{cd}\left[(1+b)^2 - 2\nu_d(1-b)^2(1-\nu_d) + (1+b)^2\right]^{-0.5}}\right\}^{1/\alpha} r_b \tag{5.18}$$

2. 数值模拟模型及参数

1）数值模型

本节采用 FLAC3D 数值分析软件研究地下洞室群爆破地震波传播与衰减规

律，导流洞计算模型如图 5.16 所示。中间洞室为 5# 导流洞，爆破孔布置在 5# 导流洞内。计算范围内的 4#～6# 导流洞均未衬砌，计算范围（$x\times y\times z$）为 320m×280m×100m。x 方向为垂直洞室轴线水平方向，y 方向为竖直方向，z 方向与洞室轴线平行。考虑到现场爆破施工多采用 2 孔 1 段的分段起爆方式，本节模拟 2 个垂直爆破孔同时起爆。近似取 $l_e \approx l_b = 12$m，炮孔连心线与洞室轴线垂直。考虑到现场爆破开挖较多采用 2 孔 1 段的分段起爆方式，本节模拟 2 个炮孔同时起爆，孔深为 12m，孔距为 2.5m。将简化的三角形爆炸荷载施加在炮孔粉碎区边缘，研究爆破地震波作用下相邻导流洞的振动响应。作用在炮孔壁上的峰值压力 p_b 按照表 5.4 提供的参数并根据式（5.13）进行计算，求得 p_b 后，根据式（5.17）和式（5.18）计算得到：$p_m \approx 0.90$GPa，$R_c \approx 0.63$mm。

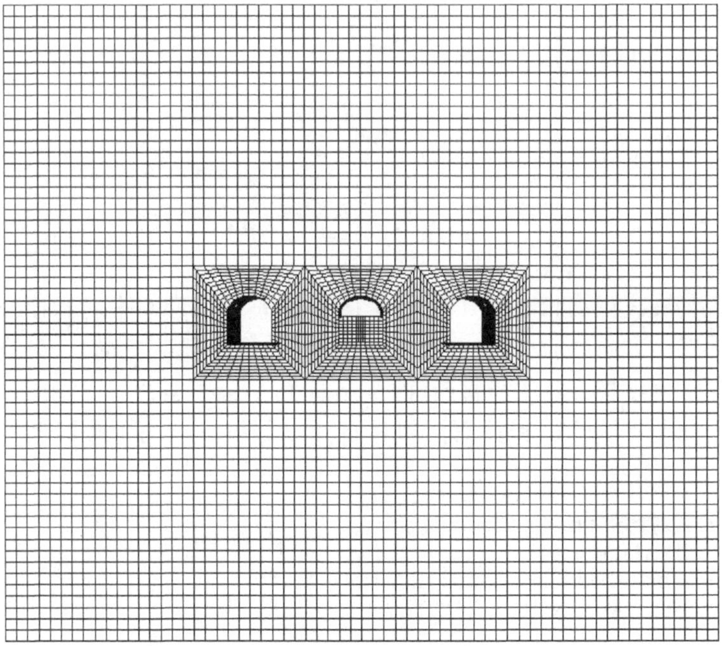

图 5.16　导流洞计算模型

表 5.4　炮孔壁上爆炸冲击波峰值压力计算参数

炸药爆轰速度 D_0/(m/s)	炸药密度 ρ_0/(g/cm^3)	药卷半径 r_e/mm	炮孔半径 r_b/mm
3600	1.2	36	46

2）动力计算参数选取

（1）岩石本构模型的选取。本节采用莫尔-库仑模型作为数值模拟计算的本构模型。岩石材料参数取值如表 5.5 所示[15]。

表 5.5　岩石材料参数[15]

剪切模量 G/GPa	体积模量 K/GPa	密度 ρ/(kg/m^3)	内摩擦角 ϕ/(°)	黏聚力 c/MPa	抗拉强度 σ_t/MPa
20	33.4	2700	50	2.6	4

(2) 阻尼系数的确定。本节采用瑞利阻尼控制模型自振动模式的振幅。临界阻尼比选取为 0.02,岩石中心频率选取为 15Hz。

3. 相邻洞室的振动速度响应规律

沿相邻导流洞轴线方向提取迎爆侧直墙上相应的网格节点,对各节点的峰值振动速度采用萨道夫斯基公式进行回归分析,得到迎爆侧直墙爆破振动速度的传播衰减规律:

$$V_x = 150.7\left(\frac{\sqrt[3]{Q}}{R}\right)^{1.45} \tag{5.19}$$

$$V_y = 78.6\left(\frac{\sqrt[3]{Q}}{R}\right)^{1.30} \tag{5.20}$$

$$V_z = 68.1\left(\frac{\sqrt[3]{Q}}{R}\right)^{1.33} \tag{5.21}$$

由于现场爆破振动测试的方向为两个方向(垂直向和水平向),而数值模拟计算的方向为三个方向(垂直洞轴水平向、沿洞轴方向以及竖直向)。只有现场测试的垂直向与数值模拟计算的竖直向(即 y 方向)一致,根据式(5.5)和式(5.20),可以对比该方向上现场测试和数值模拟各自回归分析得到的爆破振动速度回归趋势,两者的对比如图 5.17 所示。

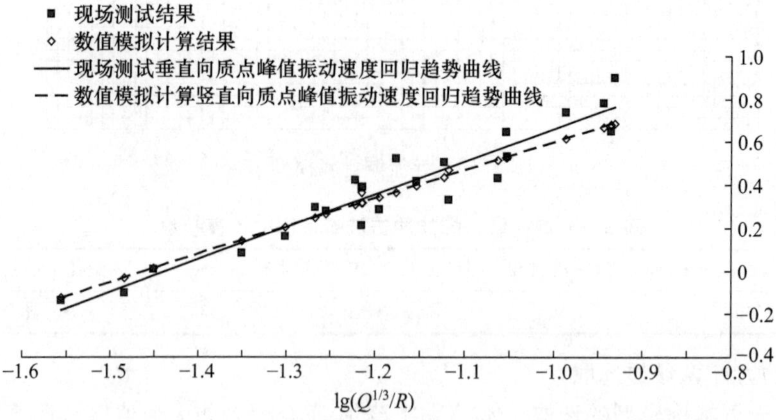

图 5.17　现场测试与数值模拟得到的爆破振动速度回归趋势对比

从图 5.17 可以看出,两者的回归趋势一致性较好。现场测试结果与数值模拟结果相对误差为8%。对比结果证明本节所建立的数值计算模型是较合理的。

相邻洞室的典型横截面(xy平面)记为A,横截面A与5#导流洞内炮孔连心线在同一平面内。数值计算测点布置示意图如图5.18所示(图中1～20为测点编号)。数值计算测点反映相应部位的振动速度、应力和位移。相邻导流洞洞室周边x、y和z向质点峰值振动速度分布如图5.19～图5.21所示。图5.19～图5.21中所示的洞室右侧为迎爆侧。

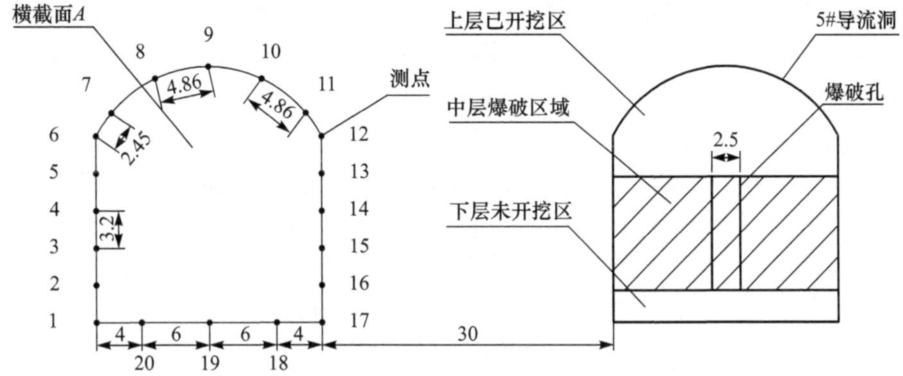

图5.18　数值计算测点布置示意图(单位:m)

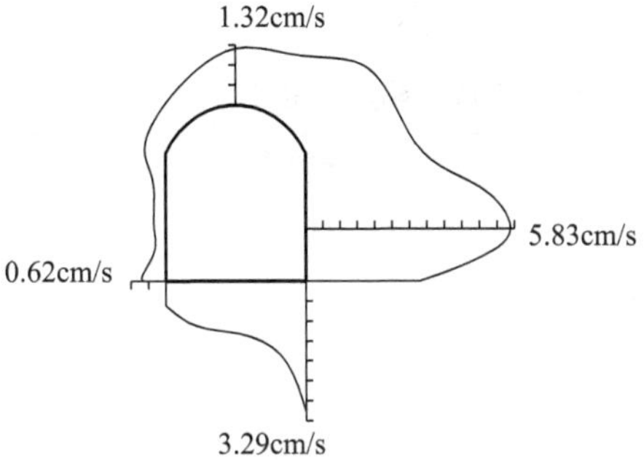

图5.19　相邻导流洞洞室周边x向质点峰值振动速度分布图

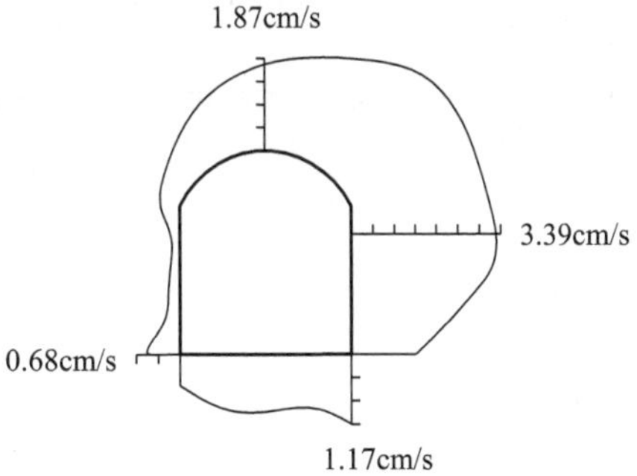

图5.20　相邻导流洞洞室周边y向质点峰值振动速度分布图

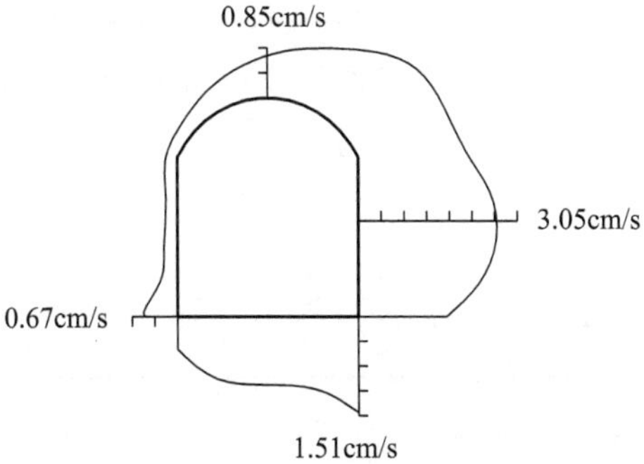

图5.21　相邻导流洞洞室周边z向质点峰值振动速度分布图

从图 5.19～图 5.21 可以看出，洞室迎爆侧质点峰值振动速度远大于背爆侧的质点峰值振动速度；最大质点峰值振动速度出现在迎爆侧直墙中部；迎爆侧质点峰值振动速度约是背爆侧质点峰值振动速度的 1.2～28 倍；x 向质点峰值振动速度最大，该方向的质点峰值振动速度可以作为爆破振动作用下相邻洞室的安全判据。

4. 相邻洞室应力响应规律

由于导流洞群埋深较大，岩体内静应力影响较大，而爆破地震波作用下洞室围岩内将产生动应力，所以应从静载作用和动载作用两方面分析相邻洞室围岩的应力分布，判断洞室产生破坏的危险部位。

1）静载作用下相邻洞室周边的应力分布

由于岩石抗剪强度和抗拉强度远小于其抗压强度，洞室容易出现剪切破坏或者拉伸破坏，因此以横截面 A 为研究对象，考虑该截面上相邻洞室周边剪应力与拉应力的分布，并分析判断洞室容易出现破坏的危险部位。通过数值模拟计算得到静载作用下相邻洞室周边应力集中部位和最大剪应力值及最大拉应力值。洞周各数值计算测点数据如表 5.6 所示（假设拉应力为正值，压应力为负值，且 $\sigma_3 \geqslant \sigma_2 \geqslant \sigma_1$，$\sigma_3$ 为最大主应力，σ_2 为中间主应力，σ_1 为最小主应力）。静载作用下相邻洞室周边应力集中分布情况如表 5.7 所示。

表 5.6　静载作用下数值计算测点的最大剪应力和最大主应力

测点编号	最大剪应力 τ_{max}/MPa	最大主应力 σ_3/MPa
1	2.00	−1.60
3	0.50	0.03
7	2.69	−0.60
9	—	−0.20
11	2.00	−0.60
15	0.50	0.03
17	2.69	−1.60
19	—	0.67

表 5.7　静载作用下相邻洞室周边应力集中分布情况

应力集中部位	应力集中类型	最大剪应力 τ_{max}/MPa	最大拉应力 σ_{tmax}/MPa
拱脚附近	剪应力集中	2.69	—
墙脚		2.69	—
直墙中部	拉应力集中	—	0.03
底板中部		—	0.67

2）动载作用下相邻洞室周边的应力分布

在静载作用下相邻洞室容易产生破坏的危险部位布置相应的计算测点，可以看出动载作用下应力变化明显的部位，测点计算结果如表 5.8 所示，动载作用下相邻洞室周边应力变化结果如表 5.9 所示。

表 5.8　动载作用下数值计算测点的最大剪应力和最大主应力

测点编号	最大剪应力 τ_{max}/MPa	最大主应力 σ_3/MPa
1	2.21	−1.61
3	0.61	0.03
7	2.76	−0.62
9	—	−0.23
11	2.61	−0.66
15	0.72	0.06
17	2.86	−1.69
19	—	0.76

表 5.9　动载作用下相邻洞室周边应力变化结果

应力发生显著变化的部位	最大剪应力 τ_{max}/MPa	最大拉应力 σ_{tmax}/MPa
迎爆侧拱脚	2.61	—
迎爆侧墙脚	2.86	—
迎爆侧直墙中部	—	0.06
迎爆侧底板中部	—	0.76

从计算结果可以看出，静载作用下拱脚附近和墙脚均出现剪应力集中，容易出现剪切破坏，底板中部和直墙中部出现拉应力集中，容易出现拉伸破坏。与拱脚附近处的剪应力相比，动载作用下墙脚的剪应力增加更大，更易发生破坏。

5. 相邻洞室位移响应规律

本小节主要考虑 x 向和 y 向位移，即考虑 xy 平面的位移响应。表 5.10 为静载和动载作用下计算测点的位移及位移变化值。可以看出：

(1) 静载作用下，洞室周边产生的 y 向位移最大，为 12.20～15.80mm，x 向位移较小，为 0.22～0.37mm；y 向最大位移出现在拱顶，约为 15.80mm，直墙产生的 y 向位移为 12.50～14.00mm，底板产生的 y 向位移约为 10.20mm。

表 5.10　静载和动载作用下计算测点的位移及位移变化值

测点编号	x 向位移 D_x/mm	x 向位移变化 ΔD_x/mm	y 向位移 D_y/mm	y 向位移变化 ΔD_y/mm
3	0.22	−0.13	−14.00	−0.01
8	0.03	−0.25	−14.50	−0.03
9	−0.07	−0.30	−15.80	−0.04
10	−0.17	−1.00	−10.20	−0.05
15	−0.37	−1.76	−14.50	−0.06
19	−0.02	−0.50	−10.20	−0.05

(2) 动载作用下,位移变化(相对于静载作用)最大部位为迎爆侧直墙中部;洞室周边 x 向位移比 y 方向位移变化大。迎爆侧直墙中部的 x 向、y 向位移变化最为显著,分别约为 1.76mm 和 0.06mm。

和静载作用产生的位移相比,动载作用引起的位移小很多,因此考虑 xy 平面内相邻洞室产生的总位移影响时,y 向是主要考虑的方向,顶拱是最容易出现破坏的危险部位。

6. 相邻洞室安全稳定性分析

综合前面对相邻洞室周边振动速度、应力以及位移分布规律的分析可知,爆破地震波作用下,相邻洞室最大质点峰值振动速度 V_{max}、最大剪应力 τ_{max}、最大拉应力 σ_{tmax} 和最大位移 D_{max} 出现的部位与时刻均不相同。通过加大爆炸荷载,得到相邻导流洞洞壁最大剪应力、最大拉应力、最大位移与最大质点峰值振动速度的统计关系,如图 5.22～图 5.24 所示。

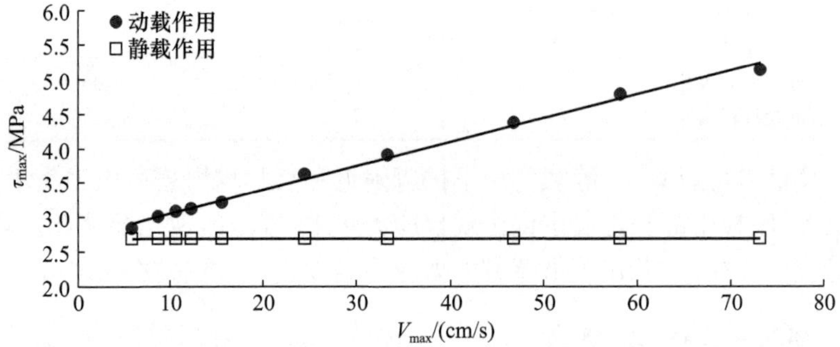

图 5.22 相邻导流洞洞壁最大剪应力与最大质点峰值振动速度统计关系

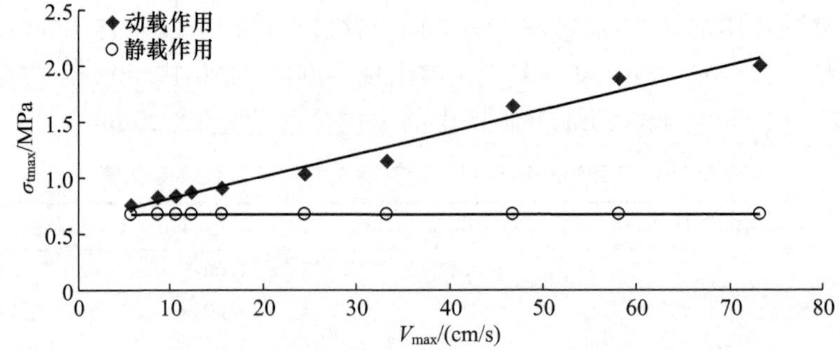

图 5.23 相邻导流洞洞壁最大拉应力与最大质点峰值振动速度统计关系

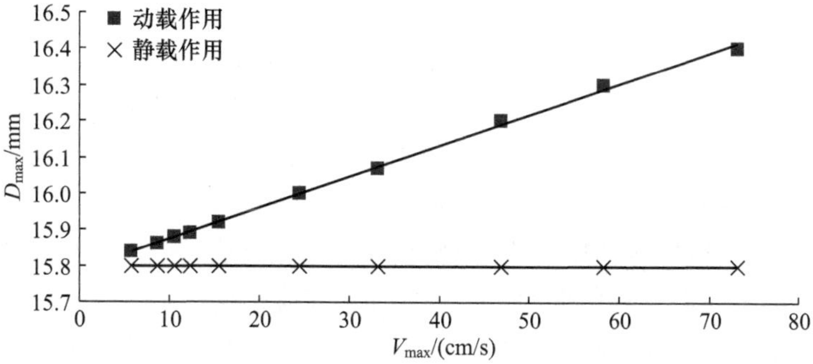

图 5.24　相邻导流洞洞壁最大位移与最大质点峰值振动速度统计关系

从图 5.22～图 5.24 可以看出，相邻导流洞洞壁最大剪应力、最大拉应力、最大位移与最大质点峰值振动速度基本呈线性关系，表明采用质点峰值振动速度作为安全判据是可行的。加大爆炸荷载使得相邻洞室洞壁出现的最大质点峰值振动速度增加到 73.2cm/s 时，相邻洞室洞壁最大剪应力为 5.13MPa，最大拉应力为 2.00MPa，最大位移为 16.40mm。此时，相邻洞室洞壁产生的最大剪应力、最大拉应力和最大位移分别约为静载作用产生的最大剪应力、最大拉应力和最大位移的 1.90、3.00 和 1.04 倍，其中拉应力增加幅度最大。由于岩石抗拉强度较小，随着动荷载的增大，相邻洞室洞壁应最容易出现拉伸破坏。此外，爆炸荷载增大的初始，最大拉应力出现在底板中部，最大质点峰值振动速度出现在直墙中部；随着爆炸荷载继续增大，最大质点峰值振动速度与最大拉应力均出现在迎爆侧直墙中部，因此相邻洞室出现拉伸破坏的部位为迎爆侧直墙中部。

针对溪洛渡水电站地下洞室群工程，根据最大拉应力与最大质点峰值振动速度的统计关系得到拟合曲线方程为

$$\sigma_{tmax}=0.02V_{max}+0.62 \tag{5.22}$$

当洞室围岩的动态抗拉强度 σ_{td} 满足 $\sigma_{td}=\sigma_{tmax}$ 时，此时对应的质点峰值振动速度可以作为爆破振动安全判据。由于岩石的静态抗拉强度与动态抗拉强度相差不大，可以用岩石静态抗拉强度近似代替其动态抗拉强度。考虑到自身洞室爆破开挖和相邻洞室爆破开挖各自产生的爆破地震波作用下，导流洞群围岩不可避免会出现损伤，当完整岩石的静抗拉强度取 4～8MPa，岩体较完整的洞室围岩的抗拉强度可以取 2～3MPa，根据式(5.22)，此时 V_{max}=69～119cm/s，即以质点峰值振动速度为安全判据时，围岩发生破坏的临界质点峰值振动速度为 69～119cm/s；岩体完整程度较差的洞室围岩的抗拉强度可以取 1～2MPa，此时 V_{max}=19～69cm/s，即岩体完整程度较差的围岩发生破坏的临界质点峰值振动速度为 19～69cm/s。

5.5.3　小结

本节根据岩石破坏强度准则与爆炸冲击波理论计算得到炮孔粉碎区边缘的峰

值冲击压力，利用 FLAC3D 数值模拟分析软件将简化的三角形爆炸荷载施加在炮孔粉碎区边缘研究爆破振动对相邻导流洞的影响，计算炮孔周边受到的压力时虽采用了平面应变假设，进行了一定的简化，但是数值计算则是采用三维模式。从计算结果与现场测试结果的对比来看，在地震波传播范围内误差不大，研究成果对类似工程具有一定的指导意义。通过研究得到如下结论：

(1) 相邻洞室迎爆侧的质点峰值振动速度远大于背爆侧，是发生破坏的主要区域。水平向爆破质点峰值振动速度可以作为安全判据。

(2) 从相邻导流洞洞壁最大剪应力、最大拉应力、最大位移以及最大质点峰值振动速度等方面综合考虑，相邻洞室直墙最容易发生拉伸破坏；结合岩石抗拉强度准则可以得到相邻洞室的临界破坏质点峰值振动速度。

(3) 在评价爆破振动作用下埋深较大洞室的稳定性时要同时考虑静应力和附加动应力的影响，即要考虑静应力和动应力之和即岩体总体应力的影响。此外，洞室的形状、大小及洞室群的几何空间分布也是评价地下洞室稳定性时应考虑的重要因素。

5.6　出线竖井的爆破振动高程放大效应

5.6.1　现场爆破试验方案

溪洛渡水电站左岸设 1#、2# 两条出线竖井，分别将 500kV SF6 管道母线引出至地面[16]。出线竖井开挖直径为 14m，爆破开挖直径为 12m。实施爆破后，对于井壁未开挖的岩土体采用机械开挖方式扩挖，以减少爆破对井壁的损伤。竖井底高程为 376.5m，总井深 488.5m。竖井爆破开挖可能造成边墙坍塌，从而引发安全事故。受竖井开挖特点限制，测试仪器安装不方便，爆破可能损坏测试仪器，井内测试非常困难。本节通过对溪洛渡水电站左岸出线竖井 3 组现场爆破试验，探讨爆破地震波在竖井构筑物中的爆破衰减规律，运用有限元分析方法，对竖井爆破开挖进行数值模拟，研究竖井围岩及混凝土衬砌受爆炸荷载作用下的力学机制和变形破坏模式，为竖井的后续施工安全提供安全指导。对于提高施工风险防范能力，以及深化了解爆破振动传播机制与规律，都是十分有意义的。

试验区主要由冰川、冰水堆积(fgl＋glQ21)，成分比较单一，主要由玄武岩块碎石夹角砾砂层组成，内夹 1～5m 孤块石，含量占 20%～30%。碎石粒径以 2～6cm 为主，部分为钙质接触式胶结，结构稍密～中密，地下水不丰富。

本次爆破试验采用孔外微差爆破网路，其中掏槽连续不耦合装药，周边孔间隔不耦合装药，布孔方案如图 5.25 所示。测试采用 TOPBOX 振动信号自记仪和

DZJ-70 型拾震器，在测点位置分别布置垂直方向和水平方向 2 条测线，测点布置在竖井井筒墙壁上，共进行 3 组测试，每组测试布置 3 个测点，试验测点布置示意图如图 5.26 所示。对于不耦合装药条件，在 C-J 爆轰条件下，炸药的瞬时平均爆轰压力为

$$p_{\mathrm{w}}=\frac{\rho_0 D_0^2}{2(1+k)}\left(\frac{d_{\mathrm{e}}}{d_{\mathrm{b}}}\right)^{2k} \tag{5.23}$$

式中，p_{w} 为炸药的瞬时平均爆轰压力；ρ_0 为炸药密度；D_0 为炸药爆轰速度；k 为炸药的等熵指数，一般取 $k=3$；d_{e} 为装药直径；d_{b} 为炮孔直径。这里 $\rho_0=1.2\mathrm{g/cm^3}$，$D_0=3600\mathrm{m/s}$，不耦合系数 $d_{\mathrm{e}}/d_{\mathrm{b}}=0.7$。

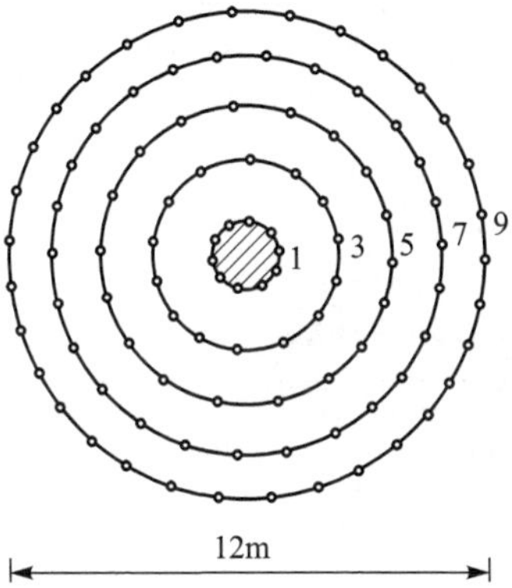

图 5.25　炮孔布置图

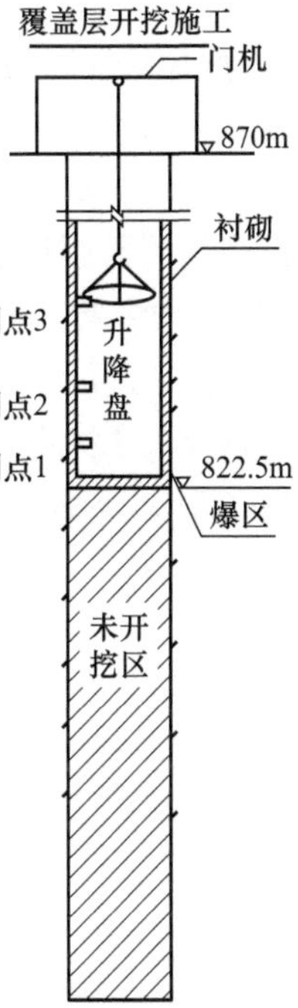

图 5.26　测点布置示意图

5.6.2　竖井开挖的数值模拟

1. 爆破荷载的选取

本节采用与 5.6.1 节相同的简化三角形爆炸冲击荷载模型作为爆破近区的冲击波模型，如图 5.15 所示。即三角形脉冲压力峰值为

$$p_m = p_w \left(\frac{1}{r}\right)^{\alpha} \tag{5.24}$$

式中，p_w 为炸药的瞬时平均爆轰压力；$r=R/R_w$，其中，R 为爆心距，R_w 为装药半径，$R_w=0.032\text{m}$；α 为与岩石及炸药种类有关的常数，$\alpha\approx1.5$。

根据式(5.23)得到炸药爆轰后初始爆轰压力为 $p_w=6.45\text{GPa}$。由现场炮孔布置图 5.25 可知，竖井井壁距离外圈炮孔约为 70 倍炮孔半径，计算得 $p_0=11.2\text{MPa}$。根据文献[13]所述爆破荷载等效施加方法，由式(5.24)计算得到作用在竖井洞壁上的三角形脉冲压力峰值为 8.64MPa。爆炸荷载正压作用时间约为 8ms，$t_1=1\text{ms}$，$t_2=7\text{ms}$。

2. 数值计算模型

根据竖井开挖现场，开挖面距地面高程为 48m，开挖直径为 14m。计算模型采用直角坐标系，xoy 为水平面，z 轴为垂直方向。取 10 倍边界，考虑模型为对称模型，取 1/4 模型，计算区域为 70m×70m×140m，岩石、混凝土材料属于颗粒状胶结材料，此类材料受压屈服强度远大于受拉屈服强度，采用 Drucker-Prager 材料类型可以得到较为理想的结果[17,18]，沿井筒洞壁法线方向施加与时间相关的等效均布压力，施加范围为 2m 进尺的开挖面。边界条件顶部设为自由面，侧面设为对称界面，底面约束法向自由度，半无限边界设为人工阻尼边界，建立模型如图 5.27 所示，模型参数如表 5.11 所示。

图 5.27 竖井模型有限元网格图

表 5.11 岩土材料物理力学参数

密度/(g/cm^3)	体积模量/GPa	剪切模量/GPa	泊松比	黏聚力/MPa	内摩擦角/(°)
2.36	3.82	9.36	0.32	1.4	22

3. 爆破振动衰减规律

爆破振动速度传播与衰减规律一般采用萨道夫斯基公式，但本次测试点是沿着竖井高度方向布置的，高程对爆破地震波的影响效应是不可忽视的。因此，将最高处测点不列入回归分析数据，现场实测数据如表 5.12 所示，采用萨道夫斯基公式进行回归分析。

$$V=K\left(\frac{\sqrt[3]{Q}}{R}\right)^{\alpha}=K\rho^{\alpha} \tag{5.25}$$

式中，V 为质点峰值振动速度，cm/s；K 为与地质、爆破方法等因素有关的系数；Q 为单段最大药量，kg；R 为爆心距；ρ 为比例药量，g/cm^3；α 为与地质条件有关的地震波衰减系数。

表 5.12　现场试验结果

试验编号	单段最大药量/kg	测点水平距离/m	测点高程/m	爆心距/m	质点峰值振动速度/(cm/s)	
					水平向	垂直向
1	9.2	7.0	11.1	13.1	1.43	1.79
			5.2	8.7	3.45	3.94
2	10.0	7.0	11.5	13.5	1.09	1.32
			5.8	9.1	2.76	3.79
3	11.5	7.0	12.6	14.4	1.56	1.89
			6.0	9.2	4.04	4.16

回归分析得相关因子 $r_{\mathrm{h}}=0.9283$，爆破水平向质点振动速度衰减公式为

$$V_{\mathrm{h}}=73.77\left(\frac{\sqrt[3]{Q}}{R}\right)^{2.2635} \tag{5.26}$$

相关因子 $r_{\mathrm{v}}=0.9011$，爆破垂直向质点振动速度衰减公式为

$$V_{\mathrm{v}}=82.622\left(\frac{\sqrt[3]{Q}}{R}\right)^{2.2339} \tag{5.27}$$

根据式(5.26)和式(5.27)，对最高处测点进行预测计算，并与实测结果进行对比，如图 5.28 所示。结果显示，最高处测点与萨道夫斯基回归公式预测结果有较大误差，这是由于竖井爆破振动速度衰减存在高程放大效应。表 5.13 列出了每次试验的最高处测点的测点高程、实测质点峰值振动速度、回归预测质点峰值振动速度及振动速度放大系数。

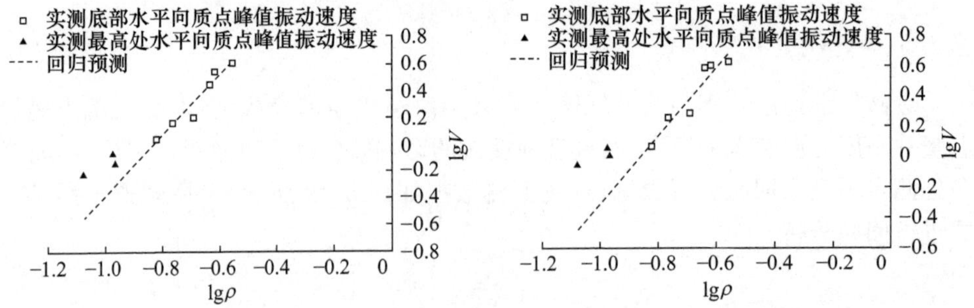

(a) 水平方向　　(b) 垂直方向

图 5.28　回归预测与实测结果对比

表 5.13　回归预测结果与实测结果对比

试验编号	单段最大药量 /kg	测点高程 /m	水平向质点峰值振动速度			垂直向质点峰值振动速度		
			实测 /(cm/s)	预测 /(cm/s)	放大系数	实测 /(cm/s)	预测 /(cm/s)	放大系数
1	9.2	18.2	0.73	0.48	1.49	1.03	0.58	1.78
2	10.0	20.4	0.86	0.47	1.85	1.16	0.55	2.10
3	11.5	24.5	0.61	0.27	2.24	0.89	0.32	2.73

从表 5.13 可以看出，高程对于爆破振动波传播具有明显的放大作用，3 次试验中水平向放大系数在 1.49～2.24，垂直向放大系数在 1.78～2.73。垂直向放大系数比水平向放大系数大，而且高程越大，放大系数越大，高程对爆破振动波的放大效应越明显。考虑到高程对高程放大效应的影响，对萨道夫斯基公式进行修正，增加高程影响因子，采用质点峰值振动速度公式：

$$V=K\left(\frac{\sqrt[3]{Q}}{D}\right)^{\alpha}\left(\frac{\sqrt[3]{Q}}{H}\right)^{\beta} \tag{5.28}$$

对测试数据进行二元回归分析，可得爆破水平向质点振动速度衰减公式为

$$V_{\mathrm{h}}=110.0826\left(\frac{\sqrt[3]{Q}}{D}\right)^{2.5643}\left(\frac{\sqrt[3]{Q}}{H}\right)^{1.1868} \tag{5.29}$$

爆破垂直向质点振动速度衰减公式为

$$V_{\mathrm{v}}=88.3928\left(\frac{\sqrt[3]{Q}}{D}\right)^{1.8310}\left(\frac{\sqrt[3]{Q}}{H}\right)^{1.0486} \tag{5.30}$$

结果显示，回归结果线性关系显著，对于存在高程差的爆破振动速度衰减，采用式(5.29)和式(5.30)对爆破振动速度进行预测，预测结果如表 5.14 所示。从表 5.14 可以看出，采用考虑高程的修正公式预测的质点峰值振动速度误差较小，

竖井爆破质点振动速度衰减公式建议采用修正式(5.28)进行预测。

表 5.14　考虑高程效应的回归预测结果与实测结果对比

试验编号	单段最大药量/kg	测点高程/m	水平向质点峰值振动速度			垂直向质点峰值振动速度		
			实测/(cm/s)	预测/(cm/s)	误差/%	实测/(cm/s)	预测/(cm/s)	误差/%
1	9.2	18.2	0.73	0.68	4	1.03	1.0	3
2	10.0	20.4	0.86	0.73	15	1.16	1.05	9
3	11.5	24.5	0.61	0.66	21	0.89	0.91	7

沿竖井井壁垂直方向提取距离底仓 5m 处模拟质点峰值振动速度波形与试验质点峰值振动速度波形进行对比,如图 5.29 和图 5.30 所示。

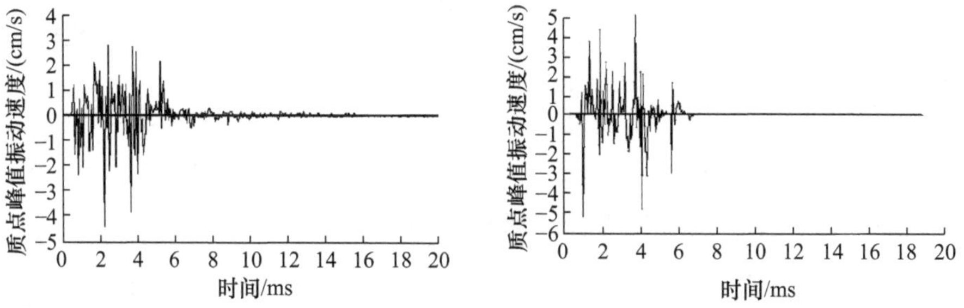

(a) 水平方向　　　　(b) 垂直方向

图 5.29　现场实测质点峰值振动速度时程曲线

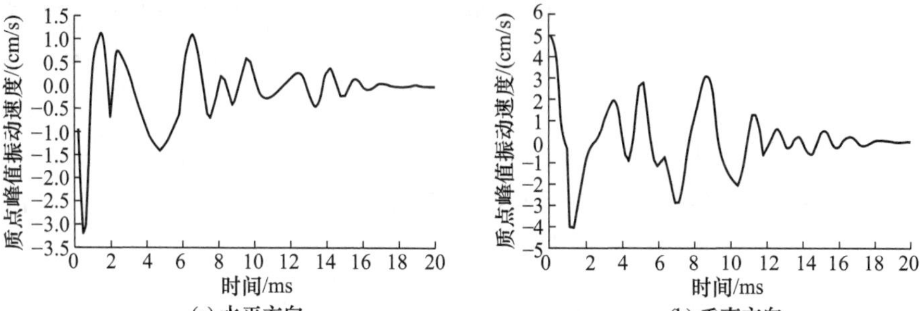

(a) 水平方向　　　　(b) 垂直方向

图 5.30　数值模拟质点峰值振动速度时程曲线

沿竖井井壁垂直方向提取不同距离处节点数值模拟质点峰值振动速度值,对比回归公式预测结果,如图 5.31 所示。从图中可以看出,数值模拟预测与回归预测结果趋势几乎一致。对于平坦地形,采用萨道夫斯基公式回归分析可以得到较为满意的结果,但本次测试测点之间存在较大高程差。当相对高程差较大时,数值模拟结果与回归预测结果存在较大误差。距离爆源为 0～15m 的爆炸近区质点峰值振动速度衰减很快,衰减幅度超过总体幅度的 60%。距离爆源大于 30m 的爆炸远区,衰减幅度不超过 10%。提取距离底仓 4m 断面处质点峰值振动速度图,此处为新浇筑混凝土，垂直向质点峰值振动速度为 5.21cm/s，水平向质点峰值振动速度为 4.54cm/s。根据《爆破安全规程》(GB 6722—2014)[19]，新浇筑混凝土初凝 0～3d 内安全允许振速为 2.0～3.0cm/s。超过混凝土安全允许振速，爆炸荷载产生的微裂隙会贯通混凝土，使混凝土破坏[20]。因此，在底仓处需要设置一套环形钢板支模，一方面起到支护新浇筑混凝土的作用，另一方面可以有效降低爆炸冲击波对新浇筑混凝土的冲击作用，对新浇筑混凝土有一定的防护作用。

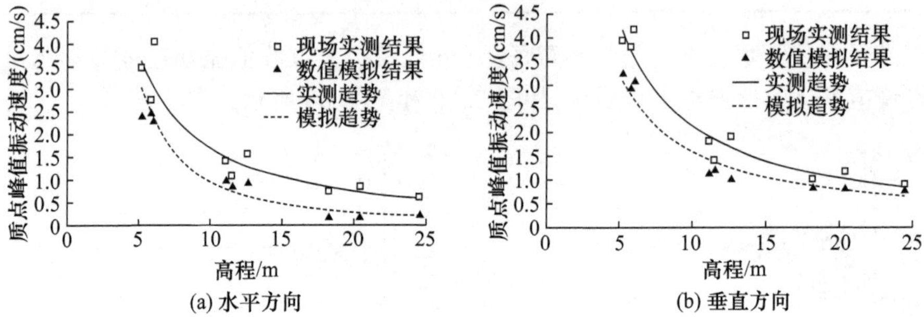

图 5.31　质点峰值振动速度衰减趋势

沿竖井井壁水平方向提取距离爆源不同距离的断面最大主应力和最大剪应力，如图 5.32(a)所示。应力峰值在爆炸近区快速衰减，距离井底 5m 的水平方向最大主应力达到 2.9MPa，最大剪应力达到 1.6MPa，岩石单轴抗拉强度为 2.5MPa，单轴抗压强度为 42.5MPa，对于岩石抗拉强度远小于抗压强度的材料特性，莫尔-库仑强度准则能够解释岩石在 3 向受拉时会破坏，而在 3 向受压时不会破坏的特点。根据莫尔-库仑强度准则，如果莫尔圆与包络线相切或相割，构件研究点将会破坏，对于比较坚硬的岩石，如玄武岩、砂岩、花岗岩等强度包络线近似于双曲线，强度破坏表达式为

$$\tau_2 \geqslant (\sigma+\sigma_t)2\tan^2\phi_1+(\sigma+\sigma_t)\sigma_t \tag{5.31}$$

式中，ϕ_1 为包络线渐近线的倾角；$\tan\phi_1=\dfrac{1}{2}\sqrt{\dfrac{\sigma_c-3}{\sigma_t}}$，$\sigma_c$ 为岩石单轴抗压强度；σ_t 为岩石单轴抗拉强度。

将底仓处边墙应力值代入式(5.31)，结果显示研究点应力值未达到岩体极限抗剪强度。

沿竖井井壁垂直方向提取距离爆源不同距离的断面最大主应力和最大剪应力，如图 5.32(b)所示。距离底仓 4m 处为新浇筑混凝土，初凝～3d 龄期的混凝土抗压强度[21]达到 11.2MPa，抗拉强度达到 1.52MPa，距离底仓 4m 处最大主应力为 3.2MPa，中间主应力为 2.08MPa，最小主应力 0.9MPa。对于混凝土材料，考虑到中间主应力 σ_2 对结构强度的影响，俞茂宏等[22]在双剪强度准则的基础上，提出

了加权双剪强度准则，该准则适用于抗拉压强度不同的材料，又考虑了中间主应力的影响，所以本节采用加权双剪强度准则对混凝土材料应力状态进行分析[23]，其表达式为

当$\sigma_2 \leqslant (\sigma_1 + \alpha\sigma_3)/(1+\alpha)$时，

$$\sigma_1 - \frac{1}{3}(\sigma_2 + 2\sigma_3)\alpha \geqslant \sigma_t \tag{5.32}$$

当$\sigma_2 \leqslant (\sigma_1 + a_3)/(1+\alpha)$时，

$$\frac{1}{3}(2\sigma_1 + \sigma_2) - \alpha\sigma_3 \geqslant \sigma_t \tag{5.33}$$

式中，$\alpha = \sigma_t/\sigma_c$，$\sigma_t$为抗拉强度，$\sigma_c$为抗压强度。

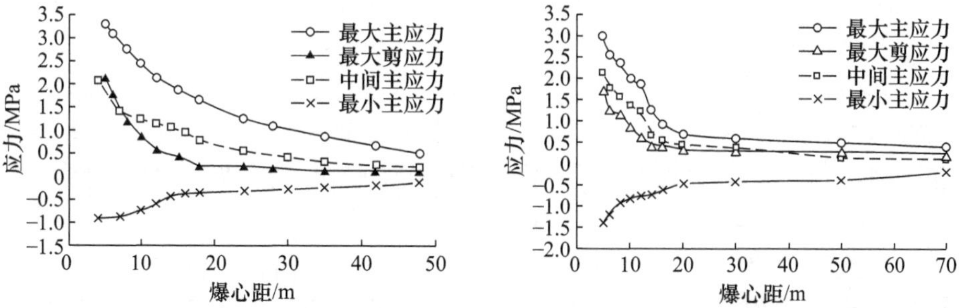

(a) 水平方向　(b) 垂直方向

图 5.32　应力衰减趋势

采用加权双剪强度准则校核结果显示，此处应力值超过混凝土强度极限，此处混凝土存在破坏可能，需要调整爆破网路参数，加强支护措施，以避免混凝土边墙坍塌破坏。

沿竖井井壁水平方向和垂直方向提取不同断面处节点的位移值，如图 5.33 所示。从位移场结果可以看出，随着爆心距的增大，各方向最大位移均逐渐降低，

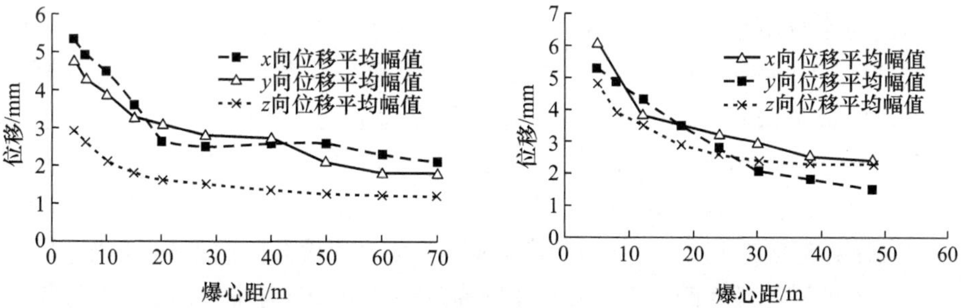

(a) 水平方向　(b) 垂直方向

图 5.33　位移衰减趋势

距离井底5m处，最大位移约为5.4mm；距离井底20m时，最大位移为3.2mm；距离井底70m时，最大位移为2.4mm。随着爆心距的增大，垂直方向x、y向最大位移降低，z向位移在10m处最小，约为2.1mm，随后又逐渐增大，距离井底48m的地表处，位移约为4.6mm。总体位移量较小，一般不将位移值作为爆破振动监测量。

5.6.3 小结

(1) 竖井爆破质点振动速度存在高程放大效应，相对高程差越大，放大系数越大，高程对爆破振动波的放大效应越明显。采用考虑高程的衰减公式较为准确。质点振动速度还受到衰减效应，二者相互作用，爆破振动速度放大系数随高程的增加而增大，当增加到一定临界值，衰减因素占主要因素时，放大系数不再随高程增加而增大。

(2) 数值模拟研究表明，相对高程差不大时，模拟结果与实测结果较为一致；相对高程差较大时，数值模拟结果与回归预测结果有一定误差。模拟结果与实测结果表明，质点振动速度在0～15m爆炸近区衰减较快，衰减幅度超过总体幅度的60%，在大于30m的爆炸远区，衰减幅度不超过10%。

(3) 爆炸荷载作用下竖井围岩整体稳定性良好。底仓新浇筑混凝土衬砌，质点峰值振动速度超过混凝土允许标准，需要优化爆破网路，在底仓新浇筑混凝土边墙设置防护模板。

分析结果表明，爆破引起的总体位移量较小，因此一般不将位移量作为爆破振动监测量。

5.7 地下洞室群主变洞高边墙的爆破振动高程放大效应

5.7.1 现场爆破试验方案

白鹤滩水电站是我国继三峡水电站、溪洛渡水电站之后又一座千万千瓦级的水电站，其地下洞室群规模宏大、工期紧，施工条件非常复杂。为保证洞室内施工管线及已完成和未完成浇筑的岩锚梁不受爆破振动的不利影响，需要探究地下洞室群高边墙上质点爆破振动规律。白鹤滩水电站右岸地下厂房洞室群中，主副厂房洞室总长434m，埋深约550m，开挖高度78m，吊车梁以上宽度为32.2m，以下宽度为29m；主变洞长368m，宽21m，高40.5m；尾水管检修闸门室(简称尾闸室)长374.5m，顶拱开挖最大跨度为15m，开挖高度约为84.1m；主厂房、主变洞及尾闸室平行布置，它们组成典型深埋高边墙大型地下洞室群。地下洞室群发育有$P_2\beta_3^3$层～$P_2\beta_5^1$层隐晶质玄武岩、斜斑玄武岩、杏仁状玄武岩和角砾熔岩，围岩类别以Ⅲ$_1$类为主，约占 80%，Ⅱ类约占 5%，Ⅳ类约占 10%，其余围岩为Ⅲ$_2$类，局部发育小断层、层间错动带以及局部组合块体，围岩整体稳定性较好。根据主变洞的施工进度及开挖情况，变换开挖深度及最大单响药量，在沿着洞室轴线方向且距离底板约 35cm 高的边墙上选取测点，并采用成都交博科技有限公司生产的 L20 型爆破测振仪及配套的三向速度传感器收集 6 次爆破试验数据，试验中 x、y、z 三个方向相互垂直，其中 x 向表示沿洞室轴向，y 向表示垂直于洞室轴线的水平向，z 向为竖直方向。根据萨道夫斯基公式将爆破质点振动速度测试结果进行回归分析，得到如下回归公式：

$$V_x = 57.15\left(\frac{\sqrt[3]{Q}}{R}\right)^{1.31}, \quad 相关系数\ r = 0.83 \tag{5.34}$$

$$V_y = 46.88\left(\frac{\sqrt[3]{Q}}{R}\right)^{1.14}, \quad 相关系数\ r = 0.81 \tag{5.35}$$

$$V_z = 98.40\left(\frac{\sqrt[3]{Q}}{R}\right)^{1.58}, \quad 相关系数\ r = 0.87 \tag{5.36}$$

当爆破区开挖层高程为 602.1～607.1m 时，爆破孔径 90mm，孔深 4.6～6.2m，孔距 3m，排距 3m，药卷直径 70mm，单孔药量 16.5～26kg，总装药量 397kg，进尺 15m。根据图 5.34 所示的测点布置方式，收集拱肩处的质点峰值振动速度，并将其与相同爆心距条件下由式(5.34)～式(5.36)得到的回归分析结果进行对比，结果如表 5.15 所示，其中放大系数为实测值与回归值的比值。

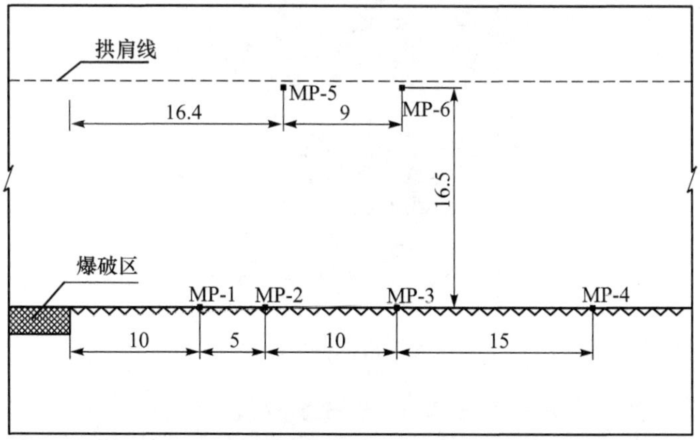

图 5.34　主变洞爆破振动测点布置示意图(单位：m)

表 5.15 实测质点峰值振动速度与回归分析结果对比

测点水平距离/m	测点高程/m	V_x/(cm/s)		V_y/(cm/s)		V_z/(cm/s)		放大系数		
		回归值	实测值	回归值	实测值	回归值	实测值	x 向	y 向	z 向
16.4	16.5	3.84	4.93	4.47	4.99	3.79	5.3	1.28	1.12	1.4
25.4	16.5	2.72	3.53	3.31	3.97	2.5	2.99	1.3	1.2	1.2

从表 5.15 可以看出，地下洞室爆破开挖时，高边墙上的质点峰值振动速度存在高程放大效应。为了进一步分析在相同爆心距条件下，高边墙地下洞室爆破质点振动速度与高程之间的关系，采用 ANSYS/LS-DYNA 动力有限元软件进行数值模拟分析。

5.7.2 主变洞开挖的数值模拟

1. 数值模型

根据主变洞的施工图设计情况，采用 LS-DYNA 建立有限元计算模型，如图 5.35 所示，模型宽 200m，高 200m，厚 200m。为保证计算的准确性，将开挖洞段布置在模型厚度方向中部，洞室尺寸按照实际工程建模，洞室宽 22m，直墙底板到拱肩的高度为 16.8m，模型总共划分为 1763220 个单元，模型六个面边界均设置为无反射边界，其中不同方向三个面施加法向约束，对应的另外三个面根据相关研究情况施加地应力，其中，最大主应力沿洞室轴向，大小取 21.35MPa，竖直方向和水平方向垂直于洞室轴向，主应力大小均取 10MPa，计算时选用塑性随动强化本构模型，岩石力学参数如表 5.16 所示。

图 5.35 主变洞计算模型

表 5.16 岩石力学参数

密度/(kg/m^3)	弹性模量/GPa	泊松比	屈服强度/MPa	切线模量/GPa
2750	50	0.23	100	8

本节采用相同的简化三角形爆炸冲击荷载模型作为爆破近区的冲击波模型，如图 5.15 所示。孔壁的初始爆炸荷载峰值为

$$p_0=\frac{\rho_0 D_0^2}{2(1+k)}\left(\frac{d_e}{d_b}\right)^{2k}\frac{l_e}{l_b}n \tag{5.37}$$

式中，ρ_0 为炸药密度，取 1.2g/m^3；D_0 为炸药爆轰速度，取 3600m/s；d_e、d_b 分别为装药直径和炮孔直径，分别取 0.07m、0.09m；l_e、l_b 为药卷总长度和炮孔装药段长度，分别取 3.56m；5m；n 为爆生气体膨胀之后在炮孔壁产生压力的增大系数，$n=8\sim11$，一般取 10；k 为炸药的等熵指数，此时取 3.0。

等效爆炸荷载峰值为

$$p_e=\frac{2r_b}{a}p_0 \tag{5.38}$$

式中，p_0 为单个炮孔壁的初始爆炸荷载峰值；r_b 为炮孔半径，取 0.045m；a 为孔间距，取 3m。

由式(5.37)和式(5.38)计算得到等效爆炸荷载峰值大小为 12.2MPa。在爆破动力学数值模过程中，一般情况下，爆炸荷载简化为如图 5.36 所示的三角形荷载，荷载上升时间取 1ms，下降时间取 7ms。

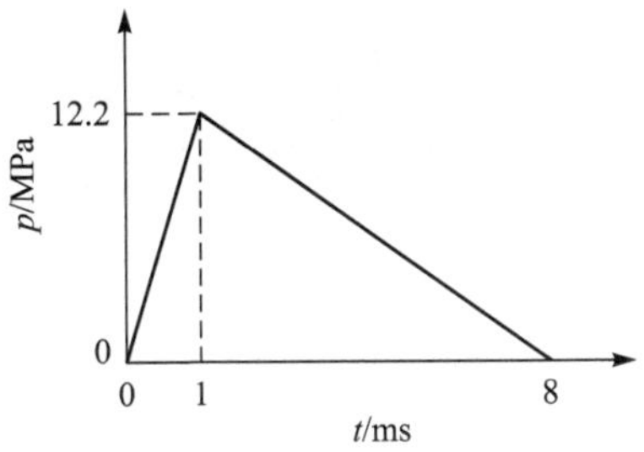

图 5.36　采用的爆炸荷载曲线

2. 结果分析

数值计算过程中采用的是等效加载，因此选择中远区结果进行分析比较可靠，在数值计算结束后，利用 LS-DYNA 的后处理器提取洞室边墙上水平方向和竖直方向 10m 外的质点进行分析。边墙上质点高程和水平距离均可以作为分析变量，为了与试验保持一致，分别提取高程 $H=0$m、5m、10m、15m 时四条测线上的质点峰值振动速度，根据测点水平距离 D 的变化，计算出爆心距 R，以 R 为横坐标，质点峰值振动速度 V 为纵坐标，分别绘出洞室轴向质点峰值振动速度 V_x、径向质点峰值振动速度 V_y 及竖直向质点峰值振动速度 V_z 与爆心距 R 的关系曲线，如图 5.37 所示。

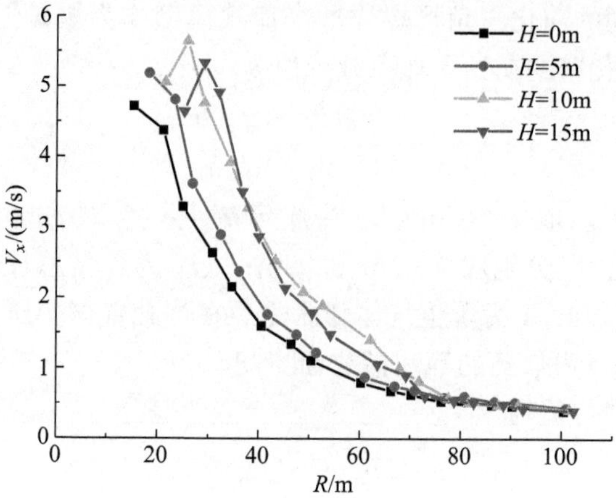

(a) 轴向

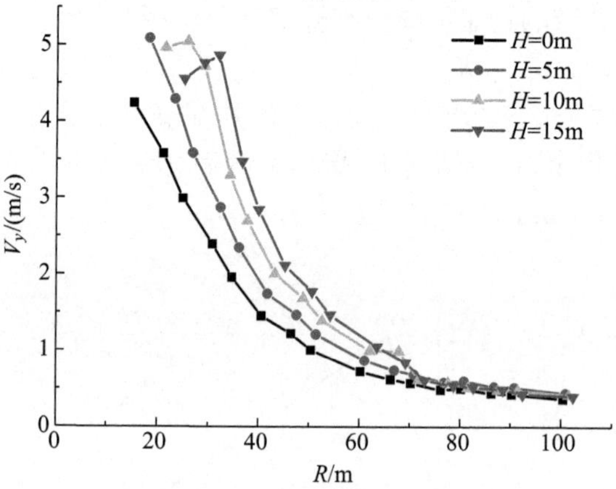

(b) 径向

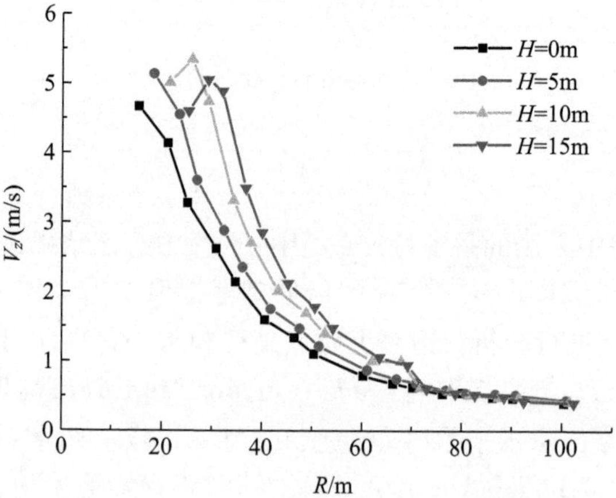

(c) 竖直向

图 5.37　质点峰值振动速度与爆心距关系曲线

由于边墙的直墙段爆破开挖高度有16.5m，因此在竖直向，在 $H=15$m 的测线上，质点的最小爆心距有15m，从图5.37可以看出，当爆心距在30～70m内为某一定值时，随着测点高程的增大，质点峰值振动速度逐渐增大，即洞室高边墙上存在高程放大效应；当爆心距在15～30m内为某一定值时，$H=10$m 及 $H=15$m 两条测线上的质点峰值振动速度也随着高程的增加而增大，但是 $H-15$m 时的放大系数小于 $H=10$m 时。由于 $H=10$m 的地方已经接近洞室拱肩处，它是地下洞室尺寸形状的变化点，从侧面上看，该区域类似于文献[11]中的凹型地貌单元，因此随着爆心距的继续增加（$R>30$m），高程的放大效应逐渐被削弱。即使 $H=15$m 的测线仍然处在洞室轮廓线的变化区域，在地下洞室爆破过程中，洞室轮廓的影响不再明显。

另外，通过观察图5.37中的曲线还可以发现，当爆心距大于70m时，边墙上的不同高程处质点峰值振动速度基本相当，洞室高边墙上的振动放大效应已经不再明显，基本可以忽略。这是由于单次爆破的炸药产生的能量有限，爆炸发生后，能量开始以应力波的形式向外扩散，当爆心距达到某一临界值时，传递过来的应力波能量已经较小，即使存在高程放大效应，传递到高边墙质点上的能量已经不足以使其发生较大振动，高边墙上质点的振动放大效应开始消失。地下洞室（如岩锚梁）施工过程中常常需要一些辅助设施，因此常常会有一些重要电气设备或者管线从洞室轴线方向的高边墙上穿过，并且多数情况下施工采用的是跟进支护，预应力砂浆锚杆对振动较为敏感，水利水电行业内规范都有明确的规定，若得到高程放大效应的影响范围（如本节计算的70m），将有助于爆破施工控制。

为了进一步检验萨道夫斯基公式在地下洞室的高边墙上是否适用，首先采用萨道夫斯基公式对数值模拟得到的不同高程处的质点峰值振动速度进行回归分析，分析结果如表5.17所示。从表5.17可以看出，同一高程质点峰值振动速度回归结果相关性较好，在同一高程测线上，当爆心距发生变化时，质点峰值振动速度仍然呈指数衰减，因此萨道夫斯基公式在高边墙地下洞室爆破开挖过程中仍然适用，但是地下洞室高边墙上不同高程处得到的 K、α 值相差较大。因此，在实际工程中，如果利用萨道夫斯基公式预测地下洞室高边墙上的质点峰值振动速度，应当使测线位于预测点对应高程的同一水平线上。

表5.17　数值模拟得到的质点峰值振动速度回归分析汇总

测点高程 H/m	振动速度方向	K	α	决定系数 R^2
0	x	66.22	1.48	0.983
	y	63.83	1.47	0.983
	z	56.36	1.46	0.983
5	x	108.1	1.6	0.989
	y	106.9	1.61	0.989
	z	100	1.58	0.99

续表

测点高程 H/m	振动速度方向	K	α	决定系数 R^2
10	x	315.5	1.9	0.954
	y	260.6	1.88	0.976
	z	250	1.86	0.975
15	x	533.3	2.1	0.976
	y	507	2.08	0.974
	z	493.2	2.07	0.975
—	x	152.1	1.7	0.923
	y	142.1	1.69	0.937
	z	131.5	1.67	0.924

注："—"项表示将高程分别为 0m、5m、10m、15m 四组测试结果汇总后回归分析得到的结果。

5.7.3 小结

本节通过对白鹤滩水电站右岸主变洞爆破振动试验结果和 LS-DY 数值模拟计算结果的分析，探讨了地下洞室高边墙上的爆破振动衰减规律，得出如下结论：

(1) 实测结果和数值模拟结果均显示，爆破开挖时，主变洞内高边墙上质点振动存在高程放大效应。通过数值模拟可以看出，当主变洞边墙开挖到 16.5m 时，在爆心距 30m 范围内的高程放大效应还受到洞室轮廓或者边墙高度的控制。

(2) 计算结果显示，地下洞室高边墙振动高程放大效应呈现出分区的特点，洞室边墙高度为 16.5m 且爆心距在 30～70m 时，放大效应相对较明显；当爆心距在该区间内保持为某一定值时，随着测点高程的增大，放大系数也随之增大，因此工程实际建设中若该区域有重要设备需要控制振动速度，需专门测试放大系数以调整装药参数。在爆心距大于 70m 的地方，传递到该区域的爆破地震波能量有限，高程放大效应已经非常微弱甚至消失，在该区域内可以用边墙脚处的质点振动速度代替拥有相同爆心距但不同高程处的质点振动速度。

(3) 地下洞室爆破开挖过程中，仍然可以采用萨道夫斯基公式进行振动预测，但是用不同高程处测试结果进行回归分析得到的 K、α 值相差较大，而在同一高程处测试结果回归分析相关性较好，因此在地下洞室高边墙上利用萨道夫斯基公式预测质点振动速度时，应当将测线布置在同一高程上。

5.8　地下厂房岩锚梁爆破振动效应

5.8.1　工程概况

溪洛渡水电站左岸地下厂区位于坝肩上游山体内，水平埋深 300～450m，垂直埋深 340～480m，出露的岩体主要为 $P_2\beta_6$ 层斑状玄武岩，岩体一般新鲜坚硬，硬脆性明显，细微隐性节理发育，围岩类别为Ⅱ、Ⅲ、Ⅳ类，以Ⅲ类为主。岩锚梁位于主厂房第Ⅲ层，第Ⅲ层开挖高度 9.0m(EL392.50～EL383.50m)，岩锚梁高度为 4.75m(EL392.50～EL387.75m)。主厂房开挖工序为分层支护开挖，从顶拱向地板共分为 10 层。压力引水隧洞采用单机单管，设置 9 条压力隧洞，管道间平行布置，其下平段隧洞(中心高程 EL359.00m)垂直于厂房纵轴线与蜗壳相接，如图 5.38 所示。左岸主厂房第Ⅲ层开挖完后，进行第Ⅳ层上、下游边墙施工预裂爆破，以减少以后开挖工序对岩锚梁混凝土浇筑质量的影响。混凝土龄期大于 28d 后，开始第Ⅳ层及以下各层爆破开挖。主厂房岩锚梁混凝土浇筑达到一定龄期(大于 7d)，邻近压力引水隧洞下平段继续爆破开挖。

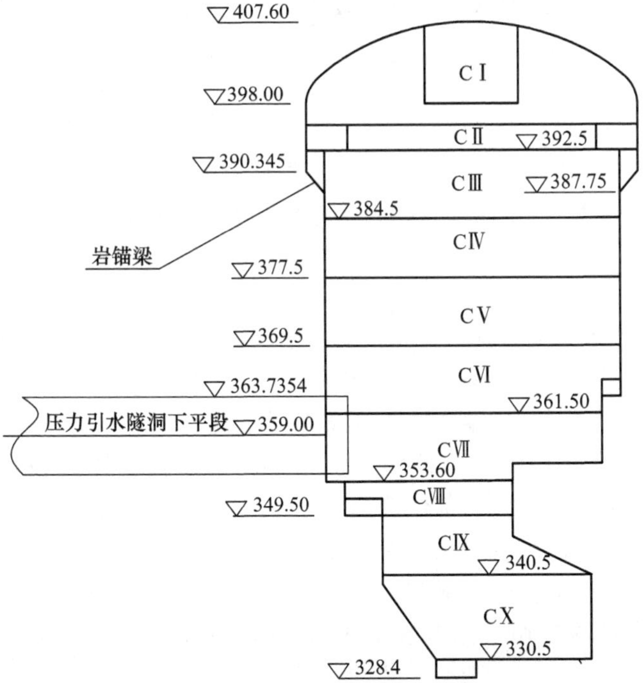

图 5.38　溪洛渡水电站左岸主厂房与压力引水洞下平段相接示意图(单位：m)

5.8.2 现场试验方案

1. 测试目的

在岩锚梁混凝土浇筑中，一般设计要求在强度未达到28d龄期设计强度前不得进行其下层的爆破开挖。根据施工进度要求，地下洞室群整个施工过程中，不能等到所有新浇筑混凝土到达龄期之后再进行爆破施工。地下洞室群爆破开挖和支护连续交叉作业贯穿工程的整个施工过程中。邻近洞室爆破开挖引起的安全问题突出。例如，主厂房岩锚梁混凝土浇筑达到一定龄期(大于7d)，邻近压力引水隧洞下平段继续爆破开挖。为了保证施工进度，同时确保岩锚梁混凝土浇筑质量，对龄期小于28d的不同龄期岩锚梁混凝土浇筑，根据爆破安全标准《爆破安全规程》(GB 6722—2014)中规定的新浇混凝土允许质点峰值振动速度，提出不同的安全控制标准。

振动测试试验是通过测试压力引水隧洞下平段和主厂房爆破开挖对岩锚梁混凝土浇筑的影响，根据监测数据调整起爆参数等，控制岩锚梁混凝土爆破质点峰值振动速度；对测试结果进行分析，得到该地形条件下地下洞室爆破地震波传播衰减规律，结合工程实际，提出降低爆破地震效应措施，在不影响施工进度的同时确保岩锚梁安全。

2. 测试仪器

爆破地震效应测试系统由测振传感器及数据采集与分析系统组成。采用TOPBOX振动信号自记仪、水平向振动速度传感器和垂直向振动速度传感器。

3. 测试方案

在测试点位置分别布置垂直和水平方向两条测线，距离爆源近处测点布置较密，距离爆源远处测点布置较疏些。分两组试验：

(1) 测试邻近压力引水隧洞爆破开挖对岩锚梁混凝土的影响。岩锚梁混凝土龄期达到7d后，压力引水隧洞下平段爆破开挖。爆破振动测试试验的爆破部位选在压力引水隧洞下平段，测试部位选在主厂房迎爆侧(上游侧)岩锚梁混凝土上，测试共布置30个测点。试验测点布置示意图如图5.39所示。压力引水隧洞爆破施工采用导洞开挖法，先开挖导洞，再进行扩边开挖。布置炮孔有掏槽孔、辅助孔和周边孔，炮孔直径为42mm，炮孔深度为3.0～3.5m，最大一段起爆药量Q=24～30kg。

(2) 测试主厂房第Ⅳ层爆破开挖对岩锚梁混凝土的影响。岩锚梁混凝土龄期达到28d后，主厂房开始进行第Ⅳ层爆破开挖。测试试验的爆破部位选在主厂房

第Ⅳ层中部全幅或半幅梯段爆破开挖段。测点布置在上、下游侧岩锚梁混凝土上，测试共布置 40 个测点，试验测点布置示意图如图 5.39 所示。爆破网路采用孔外微差爆破网路，即同段孔中装入同段雷管，孔外根据排间微差延时原理，采用非电导爆管雷管联网。起爆方案为 V 形起爆（全幅开挖）或者对角起爆（半幅开挖）。炮孔直径为 90mm，炮孔深 6～8m，采用 2 个孔 1 段或者 1 个孔 1 段的分段起爆方式，最大一段起爆药量 $Q=17\sim33$kg。

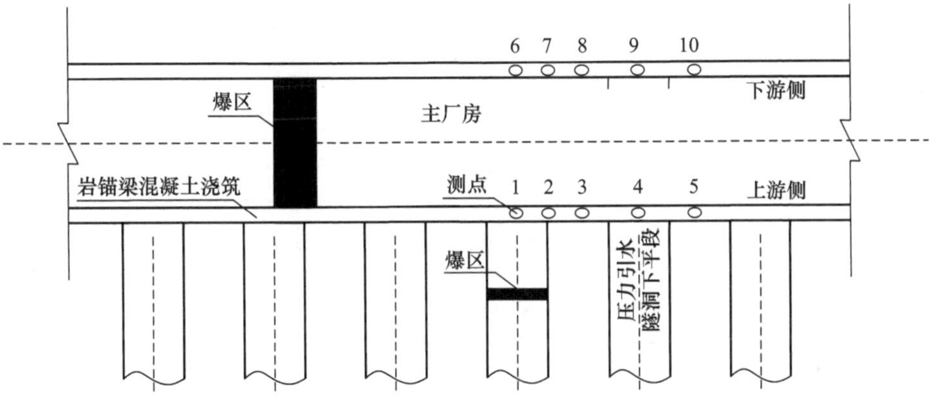

图 5.39　测点布置示意图

根据我国《爆破安全规程》(GB 6722—2014)[19]，爆破振动速度传播衰减规律一般采用

$$V=K\left(\frac{\sqrt[3]{Q}}{R}\right)^{\alpha}=K\rho^{\alpha}$$

式中，V 为质点峰值振动速度，cm/s；K 为与地质、爆破方法等因素有关的系数；Q 为单段最大药量，kg；R 为爆心距；ρ 为比例药量，g/cm^3；α 为与地质条件有关的地震波衰减系数。

采用回归分析理论对爆破振动测试数据进行回归分析，求得振动速度传播衰减经验公式中的 K 值和 α 值，得到爆破地震波在保护区中的传播规律。根据保护对象允许的安全质点峰值振动速度，使用式(5.39)计算每次爆破时允许的最大一段起爆药量 $Q_{\max}$，优化爆破参数，从而使每次在保护对象附近爆破时，将质点峰值振动速度控制在允许范围内。

$$Q_{\max}=R^{3}\left(\frac{[V]}{K}\right)^{3/\alpha}\tag{5.39}$$

式中，$[V]$为保护对象允许的安全振动速度；R 为爆心距。

将岩锚梁爆破质点峰值振动速度测试的部分数据分列于表 5.18 和表 5.19。

表 5.18 邻近压力引水隧洞爆破地震波作用下质点峰值振动速度

序号	最大一段起爆药量/kg	爆心距/m	质点峰值振动速度/(cm/s)	
			垂直向	水平向
1	26	49	2.15	2.75
2	26	50	1.93	2.65
3	26	51	1.80	2.60
4	26	55	1.51	2.31
5	28	36	3.40	4.80
6	28	38	3.21	4.65
7	28	45	2.10	3.23
8	27	55	1.56	2.50
9	27	70	1.17	1.50
10	27	48	2.35	2.94

表 5.19 主厂房爆破地震波作用下质点峰值振动速度

序号	最大一段起爆药量/kg	爆心距/m	质点峰值振动速度/(cm/s)	
			垂直向	水平向
1	27	15	6.81	6.71
2	27	20	4.25	5.25
3	27	40	0.91	1.42
4	27	60	0.52	0.57
5	27	20	6.58	6.45
6	27	30	5.20	3.42
7	27	37	3.40	2.90
8	27	54	2.10	2.13
9	30	15	9.60	9.50
10	30	20	8.80	8.50

对测试数据进行回归分析，得到地下洞室爆破地震波衰减经验公式，并进行比较分析。

(1) 邻近压力引水隧洞爆破开挖对岩锚梁影响规律。

垂直向质点峰值振动速度经验公式中的参数分别为：$K=186.2$，$\alpha=1.62$，相关系数 $r=0.94$，爆破振动衰减规律的经验公式为

$$V_v=186.2\left(\frac{\sqrt[3]{Q}}{R}\right)^{1.62} \tag{5.40}$$

水平向质点峰值振动速度经验公式中的参数分别为：$K=159.7$，$\alpha=1.44$，相关系数 $r=0.95$，爆破振动衰减规律的经验公式为

$$V_{\mathrm{h}}=159.7\left(\frac{\sqrt[3]{Q}}{R}\right)^{1.44} \tag{5.41}$$

(2) 主厂房第Ⅳ层爆破开挖对岩锚梁影响规律。

垂直向质点峰值振动速度经验公式中的参数分别为：$K=111.2$，$\alpha=1.53$，相关系数 $r=0.90$，爆破振动衰减规律的经验公式为

$$V_{\mathrm{v}}=111.2\left(\frac{\sqrt[3]{Q}}{R}\right)^{1.53} \tag{5.42}$$

水平向质点峰值振动速度经验公式中的参数分别为：$K=93.3$，$\alpha=1.44$，相关系数 $r=0.92$，爆破振动衰减规律的经验公式为

$$V_{\mathrm{h}}=93.3\left(\frac{\sqrt[3]{Q}}{R}\right)^{1.44} \tag{5.43}$$

(3) 从表 5.18 测试数据以及经验公式(5.40)和式(5.41)可以看出，在邻近压力引水隧洞开挖引起的爆破振动作用下，岩锚梁水平向质点峰值振动速度比垂直向质点峰值振动速度大，水平向质点峰值振动速度是垂直向质点峰值振动速度的 1.1～1.6 倍。从表 5.19 测试数据以及经验公式(5.42)和式(5.43)可以看出，在主厂房开挖引起的爆破振动作用下，当爆心距 $R<20\mathrm{m}$ 时，垂直向质点峰值振动速度要大于水平向质点振动速度；当 $R>20\mathrm{m}$ 时，水平向质点峰值振动速度大于垂直向质点峰值振动速度。

(4) 对比经验公式(5.40)～式(5.43)中的因素系数 K，可以看出，邻近压力引水隧洞爆破地震波传播衰减经验公式中的 K 值较大。对比爆破质点峰值振动速度回归趋势线，如图 5.40 和图 5.41 所示，在比例药量 ρ 相同的情况下，邻近压力

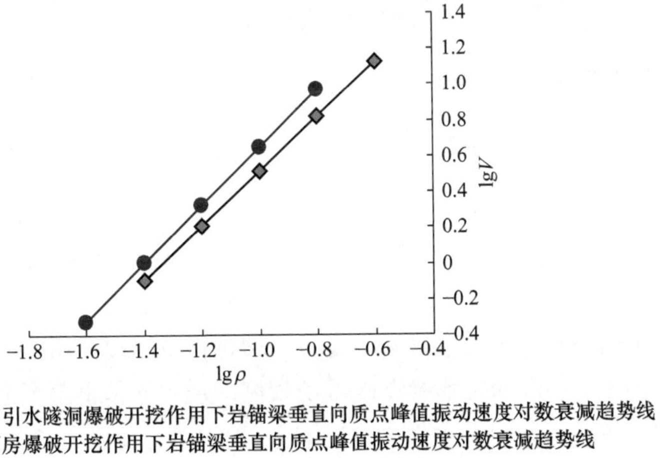

图 5.40　岩锚梁垂直向质点峰值振动速度回归趋势对比

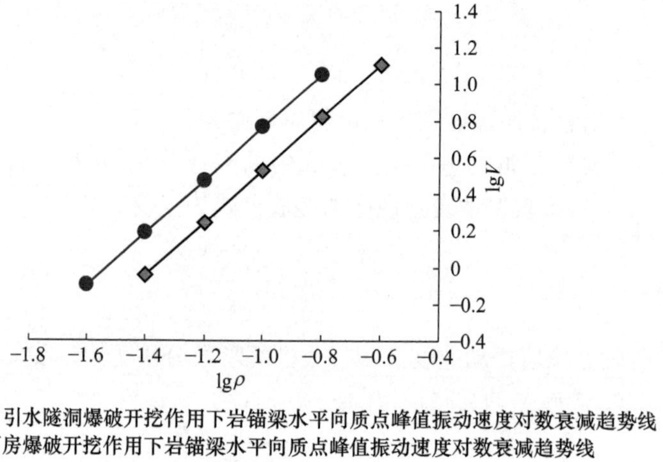

图 5.41 岩锚梁水平向质点峰值振动速度回归趋势对比

引水隧洞爆破开挖引起的岩锚梁振动响应最大。一方面，这与爆破夹制性有关。压力引水隧洞掏槽爆破只有一个爆破自由面，爆破的夹制性大，导致更多的爆炸波能量向岩体内部传播，引起较大的爆破振动强度，K 值较大。而主厂房梯段爆破有两个自由面，爆破夹制性要小些，引起的爆破振动强度也小些，K 值较小。爆破开挖所处的地质条件基本相同时，爆破夹制作用越大，产生的爆破振动也越大，具体表现在振动速度衰减公式中的 K 值较大；夹制作用越小，K 值就越小[5]。另一方面，在第Ⅳ层梯段爆破开挖前先完成了边墙施工预裂，形成了预裂面。预裂面具有一定的减震作用，从而降低主厂房开挖引起的爆破振动强度。

对比经验公式(5.40)～式(5.43)中的爆破地震波衰减系数 α，可以看出，地下洞室爆破地震波水平向质点峰值振动速度衰减系数小于垂直向质点峰值振动速度衰减系数，垂直向质点峰值振动速度衰减较快。

5.8.3 爆破地震效应控制

根据地下洞室爆破地震波传播特点，结合现场施工条件，采取以下措施降低爆破地震效应：

(1) 控制最大一段起爆药量。在其他爆破条件相同的情况下，减少最大一段起爆药量，同一地点的爆破质点峰值振动速度明显降低。根据《爆破安全规程》(GB 6722—2014)中规定的新浇混凝土允许质点峰值振动速度、式(5.39)～式(5.43)中的因素系数 K 和衰减系数 α，求得相应的最大一段起爆药量 Q_{max}，取其中最小值作为不同龄期岩锚梁爆破振动控制的最大一段起爆药量，计算得到的控制最大一段起爆药量如表 5.20 所示。

表 5.20　岩锚梁爆破振动控制的最大一段起爆药量

养护龄期/d	最大一段起爆药量/kg	
	邻近压力引水隧洞爆破开挖	主厂房爆破开挖
1～3	$0.00011R^3 \sim 0.00025R^3$	$0.00033R^3 \sim 0.00077R^3$
3～7	$0.00025R^3 \sim 0.00148R^3$	$0.00077R^3 \sim 0.00442R^3$
7～28	$0.00148R^3 \sim 0.00455R^3$	$0.00442R^3 \sim 0.0127R^3$

注：R 为爆心距，m。

(2) 优化爆破网路，使用微差爆破技术对总药量进行分段能有效降低振动效应。分段越多，振动效应降低越明显。主厂房爆破开挖属于中深孔爆破，总起爆药量较大。根据现场施工条件，采用 2 个孔 1 段或者 1 个孔 1 段，孔内装入同段雷管，孔外根据排间微差延时原理联网。从试验结果看，降震效果良好。

(3) 控制微差爆破延时间隔。微差延时爆破的大部分能量用于岩石破碎，可有效地降低爆破振动效应，却增加了爆破振动的持续时间，也增加了建筑物或者构筑物的破坏因素。排间微差延时间隔越长，地震波持续时间越长[6]。本次测试采集数据的主震相周期为 17～40ms，在避免相邻段主震相叠加的情况下，排间微差延时间隔取 Δt =75～110ms 较为合理。爆破联网应多使用高精度段别雷管。

(4) 增加爆破自由面，减小爆破夹制作用。主厂房梯段爆破采用 V 形或者对角起爆方式，增加了后排起爆炮孔的爆破自由面，降低了爆破振动强度。对于压力引水隧洞掏槽爆破，由于岩石夹制性很大，引起的爆破振动强度也很大。应该增加空眼数量或者增大空眼直径，以加大爆破自由面，减少爆破夹制性，降低掏槽爆破的振动强度。

(5) 采用预裂爆破技术。边墙施工预裂形成的预裂面能降低主厂房开挖引起的爆破振动强度。

5.8.4　小结

爆破振动测试结果表明，在比例药量相同的情况下，邻近压力引水隧洞爆破开挖比主厂房爆破开挖引起的岩锚梁振动强度大。通过对爆破地震波衰减规律和爆破开挖参数等因素进行分析，提出了相应的爆破振动控制措施，减少爆破施工对主厂房岩锚梁混凝土质量的影响，既可以保证压力引水隧洞施工进度和指导主厂房第Ⅳ层以下各层以及母线洞等邻近洞室的爆破开挖，又不影响岩锚梁混凝土浇筑质量。从后期监测数据看，研究成果取得了较好的应用效果，对同类工程的爆破振动控制有参考价值。

参 考 文 献

[1]　谭忠盛，杨小林，王梦恕. 复线隧道施工爆破对既有隧道的影响分析[J]. 岩石力学与工程学

报,2003,22(2):281-285.

[2] 龚建伍,夏才初,郑志东,等. 鹤上三车道小净距隧道爆破振动测试与分析[J]. 岩石力学与工程学报,2007,26(9):1882-1887.

[3] 李利平,李术才,张庆松,等. 小间距隧道爆破动力响应分析[J]. 公路交通科技,2008,25(7):100-106.

[4] 周同岭,杨秀甫,翁家杰. 爆破地震高程效应的实验研究[J]. 建井技术,1997,18(S1):31-35.

[5] 张涛,郭学彬,蒲传金,等. 边坡爆破振动高程效应的实验分析与研究[J]. 有色金属科学与工程,2006,20(4):10-13.

[6] 唐海,李海波. 反映高程放大效应的爆破振动公式研究[J]. 岩土力学,2011,32(3):820-824.

[7] 陈明,卢文波,李鹏,等. 岩质边坡爆破振动速度的高程放大效应研究[J]. 岩石力学与工程学报,2011,30(11):2189-2195.

[8] 蒋楠,周传波,平雯,等. 岩质边坡爆破振动速度高程效应[J]. 中南大学学报(自然科学版),2014,45(1):237-243.

[9] Hill K O,Fujii Y,Johnson D C,et al. Photosensitivity in optical fiber waveguides: Application to reflectton filter fabrication[J]. Applied Physics Letters,1978,32(10):647-649.

[10] 中华人民共和国国家发展和改革委员会. 水工建筑物岩石基础开挖工程施工技术规范(DL/T 5389—2007)[S]. 北京:中国电力出版社,2009.

[11] 张正宇,张文煌,吴新霞,等,现代水利水电工程爆破[M]. 北京:中国水利水电出版社,2003.

[12] 亨利奇. 爆炸动力学及其应用[M]. 北京:科学出版社,1987.

[13] 许红涛, 卢文波, 周创兵, 等. 基于时程分析的岩质高边坡开挖爆破动力稳定性计算方法[J]. 岩石力学与工程学报, 2006,(11):2213-2219.

[14] 夏祥, 李海波, 李俊如, 等. 岭澳核电站二期工程基岩爆破安全阈值分析[J]. 岩土力学, 2008, (11):2945-2951,2956.

[15] 刘汉东. 岩体力学参数优选理论及应用[M]. 郑州:黄河水利出版社,2006.

[16] 李新平,孟建,徐鹏程. 溪洛渡水电站出线竖井爆破振动效应研究[J]. 岩土力学,2011,32(2):474-480.

[17] 姜鹏飞,唐德高,龙源. 不耦合装药爆破对硬岩应力场影响的数值分析[J]. 岩土力学,2009,30(1):275-279.

[18] 张建华,李世禄,王玉杰,等. 爆炸扩腔数值模拟及分析[J]. 武汉科技大学学报,2001,24(2):174-177.

[19] 中华人民共和国国家质量监督检验检疫总局,中国国家标准化管理委员会. 爆破安全规程(GB 6722—2014)[S]. 北京:中国标准出版社,2014.

[20] 易长平,卢文波,舒大强,等. 爆破振动对新浇混凝土灌注桩影响的数值模拟[J]. 爆破,2001,18(1):31-35.

[21] 陈萌,刘立新,彭少民. 预拌混凝土各龄期抗拉和抗压强度换算关系试验研究[J]. 建筑结构,2010,40(2):109-111.

［22］ 俞茂宏，刘继明，Yoshiya O D A，等. 论岩土材料屈服准则的基本特性和创新［J］. 岩石力学与工程学报，2007，(9)：1745-1757.
［23］ 刘国华，王振宇. 爆破荷载作用下隧道的动态响应与抗爆分析［J］. 浙江大学学报（工学版），2004，38(2)：204-209.

第6章 爆破振动作用下围岩动力累积损伤机理研究

6.1 引　　言

深埋地下洞室的爆破开挖，在破碎岩体的同时，对保留岩体也产生强烈的动力扰动作用，这种扰动作用使得围岩内部节理裂隙扩展贯通，并且产生结构面张开滑移现象，导致围岩损伤加深，并进一步引起围岩松动，降低围岩承载力并且增加了围岩的渗透率，从而直接降低了保留岩体质量，增加了支护成本，使得施工和运行中的工程安全性降低。近年来，在我国几个大型、特大型水电工程开挖过程中，围岩损伤问题一直受到较大关注。尤其是重复累积损伤可能导致围岩发生局部失稳灾变，使得深部岩体爆破开挖过程中的围岩损伤成为施工过程中的重点安全控制指标。

岩体爆破损伤理论模型的研究多年来一直是岩石动力学、爆炸力学研究领域的热点和难点问题。伴随着爆破技术的迅速发展和计算机运用的普及化，爆破理论的研究面临着更高层次的要求。损伤力学是断裂力学发展的重要补充和必然结果，它极大地丰富了材料微观单元体、材料破坏理论以及宏观结构变形理论的研究。在来自外部的载荷以及其所赋存的环境作用下，由材料微观结构本身存在的缺陷(裂纹、微孔洞)而导致材料或者结构出现劣化的过程定义为损伤过程。除此之外，在实际工程应用或试验中，围岩体材料本身存在缺陷(初始损伤)，在外部荷载增加和其赋存环境变化的情况下，这些材料从开始变形直至破坏，是一个损伤累积和逐步劣化的过程。

为正确认识材料的损伤破坏过程，综合损伤力学理论以及其他工程学科的知识，在实际研究工作中，研究者往往将材料表现出来的宏观力学特征和细观结构的变化联系起来，以材料微观结构的变化和损伤过程为突破点，从中寻找某些能反映宏观复杂现象的损伤变量，基于此建立起来与材料宏观力学方面的联系，并以此作为工程实践中常用的监测物理量。以损伤理论为基础而建立起来的岩石爆破损伤本构模型，是一个能够较客观反映岩石爆破物理过程的理论模型。

研究者基于理论分析、试验研究得到了多种形式的脆性材料动态损伤本构模型。尤其是对于岩体在冲击荷载作用条件下的材料损伤过程中波速传播衰减规律的研究，将材料微观单元的破坏、宏观物理量的监测、内部体元的损伤演化紧密联系，发展出了用声学参量表征损伤变量的方法，建立了岩体动态损伤本构模型。

岩体材料的动态损伤演化规律在工程实践中有着广泛的应用，而开展岩体材料在高应变率条件下动态力学行为及其损伤演化规律的研究已经成为解答岩体材料爆炸条件下的破坏机理、应力波传播衰减规律等方面科学问题的重要内容。因此，开展岩体材料在爆炸冲击荷载作用下的冲击损伤和累积振动损伤特征，具有极其重要的理论意义和实际应用价值。

6.2 爆破开挖扰动诱发深部裂隙岩体损伤破坏研究

6.2.1 岩体微裂纹发育扩展机制与损伤理论

岩体材料在外部荷载作用的情况下，会引起细观结构缺陷生成或扩展，从而表现出岩体损伤；损伤力学是一门研究材料破坏的学科，它主要集中于介质材料在破坏过程中的损伤演化规律研究。要深入研究岩石介质破坏的内在转化规律及其破裂失稳的根本特征，就要弄清在各级应力状态下，岩石微裂纹的萌生、发展的全过程，探究岩石在整个破裂过程中微裂纹的演化规律。岩石介质在宏观上的失稳破裂与变形过程中微裂隙在岩石内部的萌生、扩展、聚集关系密切[1-4]。

损伤力学可以细分为连续损伤力学、微观损伤力学两个领域，实际工程或者试验研究中，往往认为损伤的发生是当材料的黏聚力在随着荷载的增加不断增大的过程中，其体积单元发生劣化并产生破坏的现象，损伤过程不是一个单独形成的过程，或者单独的物理属性，而是充分采用各种因素进行分析，如考虑到材料的弹性、塑性或者黏性性质[5-8]。

固体材料单元在损伤不断累积的情况下会发生破坏，基于物理的角度来看这种过程属于微小单元破坏累积的过程，基于力学的角度来看属于宏观表象缺陷的扩展与演化发展过程。材料在破坏过程中，伴随着结构的破坏导致材料性能发生变化，如刚度、强度、韧度、稳定性等。损伤力学学科适用范围从最初的蠕变损伤，推广运用到弹性、塑性、黏弹性、脆性及疲劳等损伤现象的分析。应用的材料范围，也从金属扩展到复合材料、陶瓷、混凝土等非金属材料，并相继建立了各向同性或各向异性的连续损伤本构模型，这些开创性的研究为连续损伤力学的发展做出了重要贡献。

Kachanov[9]提出了两种损伤机制。一种是宏观裂纹的形成，它是由微裂纹出现、扩展、汇合、发展而成的。这种损伤破坏没有明显的塑性变形，因而称为脆性损伤。另一种是韧性损伤机制，它是由微孔洞的形成、扩展、汇合、发展而成的。由于这类损伤往往伴随着显著的塑性变形，因此称为韧性损伤机制。这两种机制在不同结构的材料及不同的加载条件下所表现出的性质会有很大差异性，因此从加载方式和材料本身来讲，损伤又可分为弹脆性损伤、弹塑性损伤、疲劳损伤、蠕变损伤、冲击损伤等。针对损伤的分类，力学家提出了一维、三维各向同性损伤理论、各向异性损伤理论、基于微观力学的损伤理论、基于断裂的损伤理论等。

研究者在对以声波波速物理量为损伤变量的研究方面开展了大量的工作。Birch[10]展开了不同静水压力条件下弹性波波速变化规律的研究，研究结果表明，随着围压的增大，弹性波波速不断变大，当围压超过一定值后，波速增加量反而变小。高龙生等[11]对高围压条件下的岩石标本进行了研究，得到了一些较有意义的结论和成果。俞缙等[12]在预制出含不同锯齿形人工裂隙试样的基础上，较系统地研究了应力波在人工裂隙中的传播与衰减规律。李海波等[13]在单轴加载应力路径下对岩石(体)声学参数-应力、岩石强度-波速间的关系进行了一系列的研究，建立起了单轴加载全过程中超声波速、衰减系数与应力之间的联系。李宁等[14]运用数值仿真方法全面分析与研究了具有宏观节理试样的声传播特性与节理的动态响应问题。赵明阶等[15,16]基于损伤力学观点，以完整岩石试样在未受载条件下的波速表征岩石的初始损伤变量，进而建立了岩石在受荷条件下的声学特性模型。

6.2.2 地下洞室爆破开挖动力损伤机理与判据

1. *岩石爆破损伤破坏机理及分区*

岩石在爆炸荷载作用过程中的损伤破坏是高温、高压、高速、瞬态的过程，在爆炸荷载下，岩石损伤与破坏的作用形式分为压剪、拉伸等，其中以拉伸型为主。爆破破岩时炸药的能量是以冲击波和爆生气体这两种方式释放出的，并在中远区衰减为振动波。

根据作用形式的不同，形成了三种岩石爆破破坏理论，即基于爆生气体引起的膨胀压力导致破坏的理论、基于应力波传播至自由面引起反射拉伸破坏的理论、基于冲击波与爆生气体叠加导致破坏的理论。

炮孔中炸药的爆炸会使得炮孔周边岩体受到高强度的冲击波作用，冲击波峰值压力往往远远大于岩石动抗压强度，所以会引起此范围内岩体出现塑性变形或者被压碎，不过这个过程会直接耗费掉爆炸所产生能量的绝大部分，进而会导致冲击波相关参数快速减小，因此炮孔附近的这个区域称为冲击波作用区。

而离炮孔越远，冲击波就越弱，当离炮孔的距离进一步增大时，因为压缩应力波经过了炮孔近区和中等距离区域后，波的能量在传播过程中不断减弱，从而使得波的强度也不断减小到一个较低的程度，最终减弱成弹性波，而此时弹性波波速与岩石声波波速大小相同，这表明弹性波仅会使得介质质点出现弹性振动，岩石在此种弹性波的影响下不会出现破坏，材料介质质点处于振动状态的过程和其从开始振动到静止的过程在时间上是相同的，所以这一范围可以称为弹性振动区。

基于以上分析中所提到的关于炸药爆炸所产生的冲击波对炮孔周边岩体的影响，以及炮孔近区、中等距离区域和较远区域岩体所受影响程度的不同，可知岩石损伤破坏的情况也与其和炮孔的相对位置密切相关，可将它分成三个区域：破坏区、损伤区和弹性区。

2. 爆破动荷载作用下的岩体损伤理论

长期的地质作用对岩体的影响使得岩体出现了断层、节理、裂隙、孔洞等不连续结构面和缺陷，极大地加剧了爆破动荷载对岩体的影响。爆破动荷载导致岩体破裂是岩体中裂纹萌生或者发展，然后互相影响并最终聚合甚至贯通的一个宏观结果。

相对于传统的强度理论，断裂力学一开始就把岩石看成有初始缺陷的非均匀介质，为更接近实际研究岩石中裂纹的萌生和发展打下了基础。然而，在岩石宏观破坏发生之前，岩石中孔洞或者微裂纹等的萌生和扩展对岩石物理力学特性的影响在断裂力学理论的深入探究中仍无较大进展，尤其是其所存在的众多裂纹在发展过程中的互相影响和贯通等情况，在断裂力学理论的分析中始终较难进行。且在多次现场试验研究后发现，在岩石断裂力学理论中，岩石的破坏并不一定发生于裂纹起裂之时。

在断裂力学理论的基础之上，损伤力学逐渐发展并丰富起来，而且在岩石内部微缺陷、微裂纹的发展直至宏观裂纹出现这方面的研究填补了断裂力学的空白。损伤一般定义为物理作用会造成介质细微结构出现改变，从而会导致其中微缺陷或者微裂纹成核，进而发展并聚合，之后便使得材料各方面宏观力学特性出现弱化，呈现岩石的宏观破裂状态。在损伤力学中，用来表征岩体损伤程度的损伤变量有裂纹密度、分形维数和声波波速等，其中，采用裂纹密度作为损伤变量与实际爆破作用引起岩石裂纹开裂的过程较为匹配。

NAG-FRAG 本构模型[17,18]基于动荷载所引起的应力波会导致岩体介质中既有裂纹被激活并发展这一认识，借助裂纹密度来表征动荷载对岩体的影响，并很好地说明了微裂纹成核及生长的过程。

1）微裂纹成核

利用断裂力学理论分析裂纹前端微破裂集结历程，也就是成核。即岩体受拉伸应力波影响时，岩石中微裂纹会因为拉应力的影响而表现出微裂纹成核的现象，垂直于微裂纹面的拉应力将直接影响微裂纹聚合成核的速率，而微裂纹聚合成核的速率也决定了成核的微裂纹数量。微裂纹聚合成核的速率为

$$N = N_0 \exp\left(\frac{\sigma - \sigma_{n0}}{\sigma_1}\right) \tag{6.1}$$

式中，N 为微裂纹聚合成核的速率；N_0 为微裂纹临界成核的速率；σ 为作用于微裂纹面的拉应力；σ_{n0} 为临界成核应力；σ_1 为决定成核速率对于应力大小的灵敏度。

2) 裂纹的扩展

作用在岩石上的拉伸应力波会在岩石裂纹面上产生拉应力，再加之爆生气体对裂纹的作用，裂纹因此而扩展。

$$\frac{\mathrm{d}R}{\mathrm{d}t} = T_1(\sigma + p_c - \sigma_{g0})R \tag{6.2}$$

式中，R 为裂纹的长度；T_1 为裂纹的扩展系数；p_c 为爆生气体压力；σ_{g0} 为裂纹扩展临界应力。

一般利用 Griffith-Irwin 断裂理论可以计算出裂纹长度，然后假设裂纹面法向拉应力将激活半径为 R^* 的裂纹，故有

$$R^* = \frac{\pi K_{\mathrm{Ic}}^2}{4\sigma^2} \tag{6.3}$$

$$\sigma_{g0} = K_{\mathrm{Ic}}\left(\frac{\pi}{4R^*}\right)^{0.5} \tag{6.4}$$

式中，K_{Ic} 为断裂韧度。

基于式(6.2)～式(6.4)，并结合裂纹长度分布即可求出激活裂纹总量。

3) 裂纹之间的相互作用

岩石微裂纹成核理论中，当裂纹刚开始萌生时，由于其密度不够高，各裂纹的相互影响便可不予考虑。每个微裂纹之间的行为可以看成是独立的，但当微裂纹的密度达到一定的阈值时，裂纹间的相互作用便会凸显，会引起岩石在一定程度上的应力松弛。此时，弹塑性变形增量 $\Delta\xi^s$ 和裂纹张开变形增量 $\Delta\xi^c$ 叠加构成了垂直于裂纹面的拉伸应力所引起的变形增量 $\Delta\xi^t$：

$$\Delta\xi^t = \Delta\xi^s + \Delta\xi^c \tag{6.5}$$

在岩石破坏的研究中，裂纹密度与裂纹之间的距离相关，距离越小，密度越大。因此，假设当裂纹被激活而张开时，其中的应力并没有因此而很快减小。且裂纹张开过程中，一般都存在应力松弛时间，此时间的长短取决于应力波在两条裂纹之间传播所需时间：

$$\tau_n = \frac{N^{-1/3}}{c_P} \tag{6.6}$$

式中，N 为材料单位体积中的裂纹总量。

得出应力松弛时间后可以求出裂纹的有效张开变形为

$$\Delta\varepsilon_n^{c} = \Delta\varepsilon_n^{ci} - (\Delta\varepsilon_n^{ci} - \Delta\varepsilon_{n-1}^{ci}) + \exp(-\Delta t_n/\tau_n) \tag{6.7}$$

式中，$\Delta\varepsilon_{n-1}^{ci}$ 为时间增量 Δt_n 开始前的有效张开量。动荷载作用下导致材料出现破坏，从而导致材料出现软化直至应力松弛。

6.2.3　钻爆掘进过程诱发岩体累积损伤机理分析

围岩爆破损伤的实质就是微裂纹的生成与扩展。对于裂纹尖端场的分析应聚焦于距爆源一段距离的包含裂纹的岩石单元作为分析对象，如图 6.1 所示，当爆炸荷载施加在岩体上后，会使得岩石单元受到应力 σ_t，现假设此应力的方向与 y 轴相同，岩石单元存在的椭圆形裂纹与 y 轴夹角为 β，裂纹长度为 $2a$。结合前面阐述的三种基本类型裂纹来判断可发现，此模型为张开裂纹。

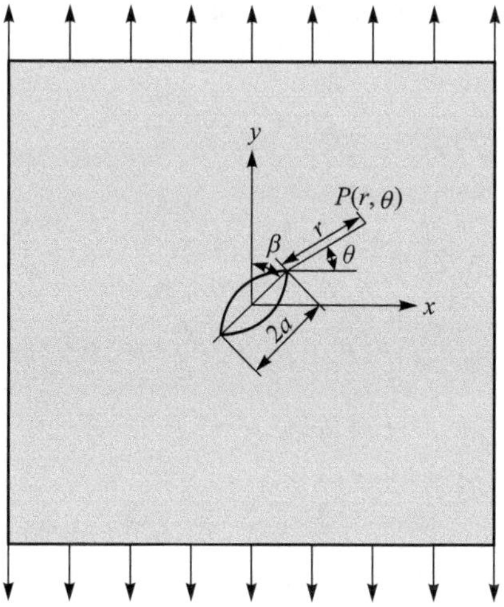

图 6.1　裂纹发展模型简图

模型中岩石单元受到单向拉伸应力，在分析裂纹尖端附近的应力场以及位移场之前，可将裂纹尖端处看成原点，建立极坐标系，那么原点附近任意质点 $P(r,\theta)$ 处的应力场则可表示为

$$\begin{bmatrix}\sigma_{xx}\\ \sigma_{yy}\\ \tau_{xy}\end{bmatrix} = \begin{bmatrix}\dfrac{K_{\mathrm{I}}\sin^2\beta}{\sqrt{2\pi r}}\cos\dfrac{\theta}{2}\left(1-\sin\dfrac{\theta}{2}\sin\dfrac{3\theta}{2}\right)+o(r^{-1/2})\\ \dfrac{K_{\mathrm{I}}\sin^2\beta}{\sqrt{2\pi r}}\cos\dfrac{\theta}{2}\left(1+\sin\dfrac{\theta}{2}\sin\dfrac{3\theta}{2}\right)+o(r^{-1/2})\\ \dfrac{K_{\mathrm{I}}\sin^2\beta}{\sqrt{2\pi r}}\cos\dfrac{\theta}{2}\sin\dfrac{\theta}{2}\cos\dfrac{3\theta}{2}\end{bmatrix} \tag{6.8}$$

式中，K_{I}代表Ⅰ型裂纹的应力强度因子。

通常，应力强度因子的大小和裂纹形态及裂纹周边岩体所受载荷相关，同时，其也影响着裂纹尖端场，更影响了裂纹的发展，其表达式为

$$K_{\mathrm{I}}=\sigma_{\mathrm{t}}\sqrt{\pi a} \tag{6.9}$$

从图6.1可以看出，当此裂纹与y轴夹角$\beta=90°$，即裂纹与拉应力作用方向垂直时，此裂纹尖端附近处拉应力会达到较高水平，且越靠近尖端部位，拉应力越大。从式(6.8)中可知，r越小，相应部位对应的应力也就越大，此时裂纹尖端场可表示为

$$\begin{bmatrix}\sigma_{xx}\\ \sigma_{yy}\\ \tau_{xy}\end{bmatrix}=\begin{bmatrix}\dfrac{K_{\mathrm{I}}}{\sqrt{2\pi r}}\cos\dfrac{\theta}{2}\left(1-\sin\dfrac{\theta}{2}\sin\dfrac{3\theta}{2}\right)+o(r^{-1/2})\\ \dfrac{K_{\mathrm{I}}}{\sqrt{2\pi r}}\cos\dfrac{\theta}{2}\left(1+\sin\dfrac{\theta}{2}\sin\dfrac{3\theta}{2}\right)+o(r^{-1/2})\\ \dfrac{K_{\mathrm{I}}}{\sqrt{2\pi r}}\cos\dfrac{\theta}{2}\sin\dfrac{\theta}{2}\cos\dfrac{3\theta}{2}\end{bmatrix} \tag{6.10}$$

$$\begin{bmatrix}u\\ \nu\end{bmatrix}=\begin{bmatrix}\dfrac{K_{\mathrm{I}}}{4G}\sqrt{\dfrac{r}{2\pi}}\left[(2\kappa-1)\cos\dfrac{\theta}{2}-\cos\dfrac{3\theta}{2}\right]+o(r^{1/2})\\ \dfrac{K_{\mathrm{I}}}{4G}\sqrt{\dfrac{r}{2\pi}}\left[(2\kappa+1)\cos\dfrac{\theta}{2}-\cos\dfrac{3\theta}{2}\right]+o(r^{1/2})\end{bmatrix} \tag{6.11}$$

式中，G为材料剪切模量；κ为材料常数，$\kappa=3-4\nu$(平面应变)，$\kappa=(3-\nu)/(1+\nu)$(平面应力)，ν为介质泊松比。

式(6.10)为Ⅰ型裂纹近场应力表达式，式(6.11)为近场位移表达式。

裂纹尖端场可用极坐标的方式表示为

$$\begin{bmatrix}\sigma_{rr}\\ \sigma_{\theta\theta}\\ \tau_{r\theta}\end{bmatrix}=\begin{bmatrix}\dfrac{K_{\mathrm{I}}}{\sqrt{2\pi r}}\cos\dfrac{\theta}{2}\left(1+\sin^2\dfrac{\theta}{2}\right)+o(r^{-1/2})\\ \dfrac{K_{\mathrm{I}}}{\sqrt{2\pi r}}\cos^3\dfrac{\theta}{2}+o(r^{-1/2})\\ \dfrac{K_{\mathrm{I}}}{\sqrt{2\pi r}}\sin\dfrac{\theta}{2}\cos^2\dfrac{\theta}{2}+o(r^{-1/2})\end{bmatrix} \tag{6.12}$$

$$\begin{bmatrix}u_r\\ v_\theta\end{bmatrix}=\begin{bmatrix}\dfrac{K_{\mathrm{I}}}{4G}\sqrt{\dfrac{r}{2\pi}}\left[(2\kappa-1)\cos\dfrac{\theta}{2}-\cos\dfrac{3\theta}{2}\right]+o(r^{1/2})\\ \dfrac{K_{\mathrm{I}}}{4G}\sqrt{\dfrac{r}{2\pi}}\left[(2\kappa+1)\sin\dfrac{\theta}{2}-\sin\dfrac{3\theta}{2}\right]+o(r^{1/2})\end{bmatrix} \tag{6.13}$$

通过材料力学中的计算方法可求得点$P(r,\theta)$的主应力如下：

$$\begin{bmatrix} \sigma_1 \\ \sigma_2 \end{bmatrix} = \begin{bmatrix} \dfrac{K_{\mathrm{I}}}{\sqrt{2\pi r}} \cos\dfrac{\theta}{2}\left(1+\sin\dfrac{\theta}{2}\right) \\ \dfrac{K_{\mathrm{I}}}{\sqrt{2\pi r}} \cos\dfrac{\theta}{2}\left(1-\sin\dfrac{\theta}{2}\right) \end{bmatrix} \tag{6.14}$$

根据式(6.12)和式(6.13)可知，计算式中存在奇异项 $r^{-1/2}$，因为越靠近裂纹的尖端部位，也就是 r 更接近 0 时，$r^{-1/2}$ 将为无穷大。因此，若岩体中本身就存在裂纹等缺陷，爆炸荷载作用下岩石中存在的裂纹尖端附近就可能形成具有奇异性的应力场。

在强度因子增大至某个临界值时，裂纹将从尖端处发生失稳性扩展进而使得岩石发生破裂，此临界值或者裂纹尖端处出现失稳性扩展所对应的应力场强度因子就是岩石断裂韧度 K_{Id}，此数值直接决定裂纹发展的阈值，被认为是裂纹扩展的判据，其大小一般通过试验确定。然而，大量试验确定的断裂韧度和材料的单轴抗拉强度 σ_{td} 之间存在无量纲的关系，即

$$K_{\mathrm{Id}} = 0.141{\sigma_{\mathrm{td}}}^{1.15} \tag{6.15}$$

爆破开挖过程中，爆破作用下冲击波在岩体中从爆源向四周传播时会持续减弱，炸药爆炸后作用于岩壁上的压力是先急速增大而后减小的，所以作用于岩石单元上的应力 σ_{t} 也是迅速变大后慢慢变小，进而对于存在裂纹或者缺陷的岩石，应力强度因子也急剧变大而后下降，但岩石断裂韧度是常数，所以当应力强度因子增大到等于此常数时，裂纹起裂，而后应力强度因子继续增大，裂纹不断发展并稳定传播。随着裂纹发展一定距离后，由于爆炸荷载作用不断减弱，岩石动应力也不断变小，应力强度因子因此减小，当其减小到小于断裂韧度时，裂纹随即停止扩展。这即为岩石中的裂纹从起裂到稳定扩展再到止裂的全过程。

对于地下工程中多次爆破作用下，岩体中裂纹的动态扩展也是在不断重复同样的过程，但是每次起裂之前，岩体中的裂纹数量和裂纹长度等都与上一次爆破前不同，因为岩石裂纹的开裂扩展到最后断裂是不可逆的，所以多次爆破作用对岩体的裂纹开裂以及扩展的影响是不断累积的，即表现为岩体的累积损伤效应。

在水利水电工程中地下厂房的爆破开挖、隧道工程中往复式爆破开挖、边坡工程以及露天矿山的爆破开挖和地下矿山矿石爆破开采和回采工程中，多次爆破开挖作业中，每一次爆破都相当于对岩体施加一次爆炸动荷载。而岩体本身的构成也是不均匀的，且鉴于其复杂的形成过程以及后续外界环境对其的影响，岩体内部存在着节理、层理、裂隙和裂纹等先天或者后天的缺陷，缺陷的分布和程度都影响着岩石材料的物理力学性质，特别是在工程中十分重视的强度与模量等参数[19]。在此前提下，施加于岩体上的爆炸动荷载会直接导致微裂纹的产生或者既有微裂

纹的进一步开裂扩展和成核，而后聚合变成主裂纹甚至裂纹网络，最终表现为宏观裂纹的出现并进一步贯通，从而呈现为岩石的宏观开裂及扩展。考虑到多次爆破作用下，每次爆破都会对已有的岩体缺陷进行再次扰动，且这些缺陷一般都是由最初的缺陷经过一次次爆破作用演变而来的，故而岩体中的缺陷实质上是记录了每次爆炸动荷载对于岩体的扰动响应，并在最终状态呈现了多次爆破对岩体缺陷的影响，也就是岩体损伤的累积。

考虑到单次爆破中爆炸荷载的施加并不是瞬间完成，所以单次爆破下爆炸荷载加载的整个时间历程对受荷岩体而言也是一个损伤累积的过程。但这不同于多次爆破荷载下岩体的损伤累积过程，因为多次对岩体施加一个小于岩体损伤的门槛值荷载时，仍有可能使岩体破裂[20]。

单次爆破作用对于岩体的损伤主要体现在加载过程中，前一时刻对应的荷载对于岩体损伤的作用会影响到后一时刻对应的荷载对于岩体的损伤，在爆炸荷载施加的过程中，每个时刻对应的爆炸荷载都不一样，所以当某一时刻岩石在其对应荷载下物理力学性质发生了变化之后，下一时刻的爆炸荷载对于岩石的作用会因此而变化，因为作用过程中的对象，即岩体已经发生了变化。

从微观的角度来看，爆炸荷载施加在岩体上会使得既有裂纹发展或者新裂纹萌生，而既有裂纹的发展和新裂纹的萌生都会在一定程度上使岩体所表现出的物理力学性质出现变化，具体到在工程设计施工中常用到的强度、刚度等参数。但是在实际工程设计施工中，这些参数都是作为常量来进行岩体应力变形计算的，而在爆炸荷载施加过程中，这些参数都会随动荷载加载时间而不断改变，所以两者是通过时间变量来建立函数关系的。且动载加载时间的长短以及动载峰值荷载大小都会直接影响到岩体中既有裂纹的发展和新裂纹萌生的加剧，从而进一步劣化了岩体力学特性。爆炸荷载加载完毕之后，岩体呈现出每个时刻对应的爆炸荷载引起岩体裂纹的逐步累积结果，也就是每个时刻对应的爆炸荷载引起岩体损伤的逐步累积结果。

而在水电站地下洞室“平面多工序、立体多层次”的开挖施工中，每次爆破都会形成新的临空面，所以对于研究多次爆破作用下岩体累积损伤机理，每次爆破都会改变其边界条件，而且下一次爆破作业中爆炸荷载产生的应力波在岩石中的传播也因此而不同。与单次爆破不同的是，多次爆破作业中每次爆破开挖的位置是不同的，这就意味着多次爆破作业中爆炸应力波在岩体中传播的起点并不相同，所以多次爆破作用下应力波在岩体中的传播规律越发复杂，岩体的累积损伤机理也更加复杂。

另外，深部地下洞室围岩本身就赋存于较大的地应力场之中。每次爆破施工都会引起开挖处附近岩体应力释放，地应力重分布形成的二次应力场会改变开挖处附近岩体应力分布，有可能会引起岩体中裂纹的扩展，使岩体的物理力学性质发生变化，也更有可能对岩体造成损伤。由于二次应力场使岩体的相关力学参数发生变化，所以后续爆破开挖对于已开挖位置附近的岩体损伤将会由于二次应力场的影响而加剧。

在多次爆破开挖过程中，每次爆破形成的爆炸冲击荷载也许并不能使岩石形成新的裂纹或者促使原有裂纹进一步发展，但是多次爆破作用对于岩体频繁的扰动在某些情况下也有可能会对地下工程的稳定性产生较大影响。例如，大断面的地下洞室开挖，往往其施工期洞室形状极其复杂，局部可能由于应力集中作用而处于极限状态，那么后续爆破的频繁动力扰动会使局部围岩产生动静力组合作用下的损伤加深，甚至发生失稳，进而危及洞室的整体开挖稳定性。

6.3　岩体爆破损伤本构模型研究

为完善爆破理论研究和对爆破技术提供理论基础支持，在岩石爆破本构模型的研究方面，研究者通过深入研究爆破过程及其参数变化的相关规律，进一步揭示爆破破坏作用的本质特征。近年来，在岩体爆破本构模型的研究方面取得了比较大的成果，其成果一方面来自于有限元、离散元为主的数值仿真技术的迅猛发展，另一方面来自于爆破理论发展与爆破技术差距的客观推动作用，包括不同学科技术、不同学科理论间的相互渗透、交叉作用。爆破本构模型主要分为以下几种：基于弹性基本理论建立起来的能处理爆破问题的弹性力学本构理论；基于线弹性断裂力学理论基础建立起来的断裂力学本构模型；基于细观损伤演化理论建立起来的研究损伤演化规律的损伤力学本构关系；基于逾渗转变建立起来的由损伤累积而引申出的逾渗损伤本构模型。

6.3.1　弹性力学本构模型

1. Harries 本构模型

Harries 本构模型是基于弹性应变波理论建立起来的通过深度简化的平面模型，该模型的基础是将岩体视为均质连续性的弹性介质。假设围绕在炮孔轴线中心附近的岩体可看成厚壁质圆筒，爆炸发生时，由于爆炸应力波的作用，在与炮孔轴线相垂直的平面内，质点会产生沿径向方向的位移，在因径向位移作用而引起的切向方向的应变值超过岩体材料动态条件下极限抗拉应变值时，沿着岩石炮孔径向会出现径向裂隙。Harries 本构模型很好地避免了物理模型使用上的难以定量确定以及其在使用过程中的局限性，但在该模型中，没有充分计量岩体中天然节理裂隙分布对应力波传播和对岩体中本身破碎带的影响，因此在计算中会对计算结果的准确性和可靠性带来影响。

2. Favreau 本构模型

Favreau 本构模型是基于弹性应变波理论建立起来的三维方向的弹性模型，针对该模型采用岩石动态抗拉强度作为破坏判据。Favreau 本构模型一方面涵盖了爆炸应力波以及充分综合爆生气体的作用效果，另一方面又具备了准确模拟炸药属性、孔网分布参数等与爆炸应力波作用相关的因素并在一定范围内可以预报出爆破块度效益，在实际工程和研究中得到了广泛运用。

3. BMC 本构模型

BMC 本构模型适用于露天矿台阶的爆破模型，该模型以单位面积的能量为判别依据。基于弹性波介质理论，通过计算应力波的能量沿着岩体内台阶的三维分布规律，进一步假设岩体破坏后形成新的表面，且应力波能量全部转变成推动新的表面所形成的表面能，基于以上理论得到了爆破块度的分布情况。在实际过程中，在天然岩体的基础上进行再爆破即形成了岩体的弱面分布。BMC 本构模型一方面计入了因岩体中传播的应力波所含能量值的不同而导致岩体破坏程度的差异，另一方面计算了应力波在单元岩体中的传播过程，该过程仍然按照应力波在均质岩体中的传播规律来进行处理，缺点在于没有考虑应力波在节理裂隙中的衰减作用效应，因此导致计算结果的准确性难以保证。

6.3.2 断裂力学本构模型

1. Nag-Fpag 本构模型

Nag-Frag 本构模型是经试验研究、理论计算而得到的一种断裂力学本构模型，该模型认为岩体中本身存在的原生裂隙在应力波的作用下会被重新激活而形成新的裂纹，爆生波气体使裂纹进一步产生与扩展，因为爆炸应力波爆炸时产生的应力波激活的裂纹密度、裂纹扩展演化的速度决定着节理岩体在爆破发生时刻的破坏范围及程度。但是该模型在数值仿真计算中主要采用单方向的爆炸应力波传播计算程序进行拟合，存在较大的缺陷。

2. BCM 本构模型

BCM 本构模型是一种基于爆破理论的层状裂纹本构模型，该模型的基本条件是：①岩体中涵盖有以圆盘状分布为主的裂纹；②该模型单位体积内的裂纹数量服从指数分布规律。根据 Griffith 强度准则，对裂纹发生扩展的倾向进行判别，最后得到了临界裂纹的长度。在实际研究工作中，很难对单个裂纹是否起裂和其相关性质进行判别，因此 BCM 本构模型也避免参照岩石单元中裂纹间的相互作用，综合认为，在岩石单元中当材料中裂纹长度超过临界长度时，这些裂纹群均以同一速率进行演化与扩展发育。与此同时，通过引入有效模型理论，可以较合理地解决好裂纹变化对应力场产生的影响。对于含有层理面或者沉积为主的岩体类型，BCM 本构模型中裂纹以水平发展为主的特征可以较好地解释该岩体类型的裂纹发育扩展演化情况。因此，BCM 本构模型具有一定的局限性。

在 BCM 本构模型的基础上，通过引入断裂韧度对 BCM 本构模型进行了进一步修正，在此过程中充分考虑了冲击波的拉剪作用对裂纹尺度的影响与作用，同时也结合一些研究成果较合理地预测出了模型中块度的分布特征。通过数值模拟的反演验算，可以对爆破参数进行修正和完善。

6.3.3　损伤力学本构模型

20 世纪 70 年代，连续介质的损伤力学理论已经广泛运用到实际过程中的指导与理论研究中。Dragon 等[21,22]提出将损伤理论应用到含微裂纹的岩体材料中，通过引入损伤因子这一概念，较合理地体现出应变软化过程中岩体与混凝土弹性阶段的弹性损伤本构关系，同时也考虑到塑性阶段的膨胀率与损伤变量之间的关系，建立了针对此特征过程中连续介质范畴内的损伤力学本构模型理论。Kawamoto 等[23]进一步完善了损伤力学介质模型的构建，并成功引入到节理裂隙岩体的研究中。对节理岩体中裂隙的统计方法也被应用到裂隙岩体损伤本构关系的研究中，通过引入裂隙岩体不同方向上的损伤变量可以较好地反映出裂隙岩体的各向异性特征，最后结合宏观损伤力学的基本理论，在此基础上建立了可以反映岩体各向异性特征的弹塑性损伤力学本构方程。

另外，以宏观损伤变量为基础的损伤力学理论充分考虑了爆炸宏观损伤累积效应，并且通过将损伤变量引入本构方程的模式体现了损伤对岩体力学行为的影响作用。主要研究内容包括裂隙岩体损伤变量的表征、引入含损伤变量的岩体脆性强度预测因子、含损伤因子的弹塑性本构模型建立、损伤演化规律和方程的探讨与研究等。

Grady 等[7]提出了各向同性条件下的岩体爆破损伤 GK 损伤本构模型。在 GK 损伤本构模型中，假设岩体材料中的裂纹分布满足含 2 个参数的 Weibull 分布函数，同时引入单个标量来表述因为爆破拉伸应力波作用导致裂纹发育而对岩体材料造成劣化的程度；然后，将 GK 损伤本构模型成功运用到油页岩在爆炸发生时所出现的岩体材料动态断裂、破碎现象的数值仿真分析中，基于能量平衡理论获取了含有应变率变量的平均化的碎块尺寸表达式。GK 损伤本构模型被广泛运用到岩石爆破工程中，并取得了较好的效果。

Taylor 等[24]基于爆炸应力波对岩体材料的作用定义了岩体裂纹特性的损伤变量，将损伤变量表达式作为影响因子耦合到爆破动力损伤本构模型中，并对爆炸应力波作用下岩体材料的损伤特征进行了分析，认为 TCK 损伤本构模型可以准确推测出拉伸荷载作用条件下的岩体材料动态响应。

Kuszmaul[25]基于 GK 损伤本构模型和 TCK 损伤本构模型提出了全新的 KUS 损伤本构关系，KUS 模型充分计入了单位体积内裂纹数量较多时的荫屏效应的影响：微裂纹在吸收爆炸应力波能量的过程中，围绕在微裂纹周围的材料在应力释放过程中会出现叠加效应，在计算裂纹的激活程度时充分考虑了微裂纹的损伤程度对其造成的影响。KUS 模型结合 Grady 等[7]提出的裂纹尺寸、激活率的基本公式，引入 Taylor 等总结的有效泊松比、裂纹单位体积的数量及有效体积模量之间的关系式，也考虑了损伤随时间的变化率发展过程。计算过程中模型材料的基本力学参数由高应变率条件下准动态的拉伸破坏试验来确定。

在 KUS 损伤本构模型的基础上，Thorne 等[26]充分考虑了激活裂纹的数量对岩石体积变化所起到的影响，并结合多种不同方式对损伤变量进行表征，提高了单位体积内裂纹密度值较高情况下模型的适用性。Yang 等[27]以裂纹的分布情况与损伤变量为出发点，对上述模型进行了进一步修正，结果表明，在裂纹的体积应变值大于某一临界体积应变值时，裂纹才会出现扩展现象，同时充分考虑单位体积内裂纹的数量与作用时间的关系，在定义损伤变量方面引入断裂概率的概念，进一步完善了损伤模型本构理论。

国内爆破理论研究方面，相关研究人员基于损伤力学与断裂力学的基本理论，深入研究了裂隙岩体中裂隙内部的损伤与断裂特征[28,29]，表征了可以反映岩体各向异性特征的损伤张量及损伤应变张量，系统建立了岩体材料的等效损伤断裂本构模型。李新平等[30-34]以大量工程为研究背景，通过爆破振动现场试验、数值仿真试验等方法，对爆破参数设置及爆破损伤范围分布等进行了研究。对于爆破控制的基本力学条件可以分为两个主要部分：一部分是在爆炸已发生时，爆炸引发的拉伸应力波条件下爆孔内壁的保护条件，且爆孔孔壁在动态拉应力集中累加作用下出现孔边线状裂纹，为爆炸应力波远端作用下岩体材料的断裂发育创造了基本条件，爆破工程中炸药药量的选用主要由这部分控制；另一部分是爆炸发生时，爆源远端的准静态气体作用使炮孔壁面断裂演化扩展出现贯通或者因为能量耗散而逐渐止裂，在实际操作中，炮孔间距的设计主要由这部分决定。

表 6.1 对上述相关模型进行了总结与对比分析，并总结了这些模型各自的特征与适用范围。其中，动力损伤问题研究中广泛认可的两种本构模型分别为 GK 损伤本构模型与 KUS 损伤本构模型。

表 6.1　岩石爆破本构模型

类别	模型名称	理论假设	理论方法	主要优缺点
弹性力学模型	BMC 本构模型	应力波能量完全转化为破坏形成新表面的表面能	基于单位表面积的能量理论为破坏准则，结合岩体内应力波能量的三维分布，从而获取爆破块度的分布	在模型中布置足够的点便可近似得到岩体中能量分布情况，忽略了节理面对应力波的衰减作用
	Harries 本构模型	爆炸应力波引起爆孔岩壁迅速扩大，并使与爆源孔轴线垂直的平面质点出现径向位移	视岩石为均质连续弹性体，建立起简化的二维弹性应力波	避免了物理模型的片面性和无法定量的问题；未考虑裂隙对应力波传播、破碎块度的作用，计算结果的准确性受到影响
	Favreau 本构模型	装药室膨胀有限，岩石为典型的各向同性弹性材质	基于爆炸应力波理论建立的三维模型，以岩石动态抗拉强度为破坏准则	考虑了应力波、爆生气体的效果，有模拟爆破设计参数的作用
断裂力学模型	BCM 本构模型	忽略裂纹间的影响，大于临界长度的裂纹均以同等速度扩展，引用有效理论模型化解裂纹对应力场的作用	岩石内分布着大量圆盘状裂纹，且数量服从指数分布	基于裂纹扩展判据得到了临界裂纹长度，仅用于层理或沉积类岩石
	Nag-Frag 本构模型	爆炸应力波会激活裂纹，而爆生气体加剧裂纹扩展	引用裂纹临界扩展力为破坏准则，岩体破坏范围、程度由裂纹数量、扩展速度所控制	可计算得到压力波对炮孔的破坏程度，但是一维模型仿真过于简化
损伤力学模型	KUS 损伤本构模型	激活裂纹的平均半径与碎块的平均半径成正比	裂纹密度 C_d 为裂纹影响区体积与岩石总体积的比值	组成了 KUS 损伤本构模型的完整方程组，使模型与模拟岩石性质方面更接近实际
	GK 损伤本构模型	裂纹扩展速度为一定值，且岩体内微裂纹大小、方向随机分布	激活的钱币状裂纹会使岩石强度降低，且裂纹数量服从 Weibull（两参数）分布	通过任一时刻的损伤破坏面积可以得到平均破碎尺寸，试验参数测定困难
逾渗模型	Kuszmaul 逾渗模型	引入破碎阈值的概念，提出了岩体破碎的逾渗本构理论	岩体的断裂损伤是其内部损伤激活、扩展演化和贯通导致的，且这些微损伤无序分布	理论计算值与实际结果较符合

1. GK 损伤本构模型

GK 损伤本构模型认为岩石中都会存在大量形态和受力都不同的裂纹，即为岩石中的初始裂纹，是在岩石的形成过程中受自然环境的变化而产生的。在一定的外部荷载作用下，这些初始裂纹就会发生一定的扩展而被激活，而被激活的裂纹数一般会服从如下的指数分布：

$$n(\varepsilon)=k\varepsilon_V^m \tag{6.16}$$

式中，$n(\varepsilon)$为单位体积岩石激活的裂纹数；ε_V 为体积应变；k、m 为材料常数。

裂纹激活率为

$$\dot{N}=n'(\varepsilon)(1-D)=km\varepsilon_V^{m-1}\dot{\varepsilon}_V(1-D) \tag{6.17}$$

式中，D 为已发生的开裂引起的岩石强度降低，以计入被掩盖的已经开裂的裂纹；$\dot{\varepsilon}_V$ 为体积应变率。

设裂纹扩展速度 C_g 为常数，则单条裂纹的影响体积 $V(t)$为

$$V(t)=\frac{4}{3}\pi(C_g t)^3 \tag{6.18}$$

t 时刻的损伤 $D(t)$为激活的裂纹数与影响体积的乘积：

$$D(t)=\int N(t)V(t-\tau)\mathrm{d}t \tag{6.19}$$

结合式(6.19)可得

$$D(t)=\frac{4}{3}\pi C_g^3 km\int \varepsilon_V^{m-1}\dot{\varepsilon}_V(1-D)(t-\tau)^3\mathrm{d}t \tag{6.20}$$

同理，单条裂纹的影响面积 $\alpha(t)$为

$$\alpha(t)=2\pi(C_g t)^2 \tag{6.21}$$

总的破坏面积 $A(t)$为

$$A(t)=\int N(\tau)\alpha(t-\tau)\mathrm{d}t \tag{6.22}$$

岩石损伤后，其本构关系可以表示为

$$\sigma_{ij}=K(1-D)\varepsilon\delta_{ij}+2\lambda(1-D)\left(\varepsilon_{ij}-\frac{1}{3}\varepsilon\delta_{ij}\right) \tag{6.23}$$

式中，K 为体积弹性模量；λ 为拉梅常数。

2. KUS 损伤本构模型

KUS 损伤本构模型是由 GK 损伤本构模型改进得到的模型。KUS 损伤本构模型主要是对材料损伤中的岩石处于拉伸状态下的受力进行分析，即岩石的初始裂纹在外荷载的作用下被激活之后，不单单只对这一部分岩石的裂纹扩展有影响，还会带来其周边的岩石应力的改变。裂纹密度为在裂纹影响区的岩石体积与岩石总体积之比，即

$$C_d=Na^3 \tag{6.24}$$

式中，a 为裂纹平均半径；N 为被激活的裂纹数量。

KUS 损伤本构模型假设被激活裂纹的平均半径正比于碎块的平均半径，即

$$a = A\ \frac{1}{2}\left(\frac{\sqrt{20}\,K_{\mathrm{Ic}}}{\rho c_{\mathrm{P}}\dot{\varepsilon}_{V\max}}\right)^{\frac{2}{3}} \tag{6.25}$$

式中，A 为比例系数；$\dot{\varepsilon}_{V\max}$ 为最大体积应变率；ρ 为岩石密度；c_{P} 为岩石中的波速；K_{Ic} 为岩石的断裂韧性。

根据 O'Connell 等[35]的研究，含有裂纹材料的裂纹密度 C_{d}、有效泊松比 $\bar{\nu}$、损伤因子 D 有如下关系：

$$\begin{cases} D = 1 - \dfrac{\bar{K}}{K} \\ D = \dfrac{16}{9}\,\dfrac{1-\bar{\nu}^2}{1-2\nu}C_{\mathrm{d}} \\ C_{\mathrm{d}} = \dfrac{45}{16}\,\dfrac{(2-\bar{\nu})}{(1+\bar{\nu})[10\nu - \bar{\nu}(1+3\upsilon)]} \end{cases} \tag{6.26}$$

式中，上加横线的量表示损伤岩石相应的有效量。

于是，以上公式构成了损伤本构模型的封闭方程组。材料常数由高应变率拉伸断裂试验确定。

$$k = \frac{9}{40m\dot{\varepsilon}^{m-2}}\left(\frac{\rho C}{K_{\mathrm{Ic}}}\right)^2\left[\frac{P(t_{\max})}{3k\dot{\varepsilon}\,\mathrm{e}^{-1/m}}\right]^{-m} \tag{6.27}$$

式中，$P(t_{\max})$为最大拉伸应力；m 为常数，建议 $m=6$。

6.3.4　存在的问题与不足

传统的爆破损伤本构模型如 GK 损伤本构模型和 KUS 损伤本构模型等，都是基于岩体受爆炸荷载而产生体积拉伸应变导致内部发生微裂纹扩展，相应提出了不同的损伤因子或者损伤变量，进而提出了考虑到损伤演化的本构方程。这些传统的爆破损伤本构模型取得了大量的研究成果，但大都只考虑到了岩体拉伸应变下造成的损伤，对在爆炸荷载近区的压剪损伤考虑不够，因此对爆炸荷载下岩体近区损伤范围的确定不够精确。因此，研究者对这些传统的损伤本构模型进行了改进，并提出了新的损伤本构模型。

杨军等[36]在 TCK 损伤本构模型基础上，考虑岩石冲击损伤过程的声波测试衰减规律，构造新的岩石爆破损伤本构模型。将该模型嵌入 LS-DYNA 中，通过岩石冲击损伤试验验证该程序的计算结果，并用新模型实现了岩石台阶爆破数值计算。王志亮等[37]在 TCK 损伤本构模型的基础上将材料双线性及弹塑性本构耦合到一起，并嵌入 LS-DYNA 中，通过半无限岩体中柱形药包爆破实例验证了其合理性与准确性。李新平等[38]基于 Yang-Liu 损伤本构模型，将损伤变量引入弹塑性本构方程中，通过数值模拟方法及现场爆破振动测试，研究了溪洛渡水电站地下厂房爆破损伤范围及判据。左双英等[39]将考虑累积应变和荷载作用时间的 Yang-Liu 率相关动力损伤本构模型与莫尔-库仑弹塑性本构模型进行耦合，将围岩破坏过程中的损伤特性反映在荷载增量迭代计算中，形成了弹塑性动力损伤本构模型，并对一圆形隧道爆破开挖进行模拟，探讨了爆破诱发的质点振动衰减特征及围岩损伤分布规律。

另外，部分研究者将 JHC(JOHNSON_HOLMQUIST_CONCRETE)模型运用到岩体爆破损伤的研究过程中。例如，孟茁超等[40]以爆破漏斗试验为对象，建立基于 JHC 损伤本构模型并考虑岩体拉伸损伤的拉-压动力损伤本构模型，运用 LS-DYNA，在构建动力有限元模型的基础上，研究爆破漏斗的形成过程，分析岩体的动力损伤特征，并与实测数据进行对比。

胡英国等[41]在总结了常用的爆破损伤本构模型的基础上，结合具体工程对这些爆破损伤本构模型进行对比，然后在此基础上依据实测数据验证并改进了爆破损伤本构模型，考虑了压损伤效应，通过 RDA 损伤本构模型对爆炸荷载下的岩体压损伤进行了改进，改进的损伤本构模型既考虑了体积拉伸应变导致的岩体损伤，同时也考虑了压应力作用下的岩体损伤效应。研究结果表明，改进的爆破损伤本构模型数值计算的结果与实测数据更为接近。

1. *岩体动力损伤本构研究*

目前对固体介质在动力作用下的损伤本构模型研究得比较少，基本上研究的都是静力作用下的材料损伤，研究者探讨了混凝土和节理岩体的损伤，李庆斌等[42,43]研究了静力作用下的结构损伤，根据相似性来描述其动力作用下的应力-应变关系。在相似的条件下，给出了类岩石材料单压、单拉状态下的动力损伤本构方程。在双剪应变理论基础上进行了深入的分析研究，确定了单轴拉伸、压缩的阈值，建立了类岩石材料的多轴应力-应变模型，通过此模型建立了相应的损伤演化方程，进而推导出其在多轴状态下的本构方程。

Lee 等[44]通过对类岩石材料里面的断裂能的模拟分析，以混凝土试验块为研究对象，对其进行受压和受拉的试验研究，描述其在不同受力作用下的损伤情况，结合数值模拟方程得出相应的屈服函数，给出其弹塑性动力损伤本构模型。为了得出与实际情形相符合的计算结果，他们也将此模型运用到了一种非线性的地震响应分析中，从而验证了其损伤本构模型的合理性。从模拟计算的过程中可以看出，该模型也存在一定的缺点，就是运算时需要标定许多参数，对计算结果的影响比较大。

杜成斌等[45]认为材料在受到损伤之后，其结构的稳定性和强度等都会有所退化减弱，要确定材料的损伤，需要通过计算得出其塑性应变，进而表征相应的损伤变量，通过塑性与弹性的对比分析，找出其弹性条件下的恢复劲度，从而导出塑性条件下的动力损伤本构模型。

单仁亮等[46]通过对各类岩石进行实际冲击测量,将得出的数据做成曲线进行分析,再结合相应的动力损伤本构模型,得到了岩石冲击破坏情况下的时效损伤本构模型。

张我华等[47]和肖明等[48]基于岩体动力学的相关理论,得出岩体动力学参数的变化与岩体内部的损伤紧密相关,如波在岩体中的传播速度和振动频率等,所以通过纵波的波速来表征岩体的损伤。结合纵波波速计算公式,将完整、损伤岩体的质量、密度、弹性模量、体积以及泊松比等变量因子都代入此损伤变量的方程中,而且将岩体本来所带有的裂缝也计算成损伤因子,再将有节理的岩体代入损伤方程中进行计算,得出其损伤变量变化的同时得到了合理的节理岩体损伤动力本构模型。

岩体本构关系是在试验基础之上得到的经验性结果,并且结合了许多假设条件来保证其结果的合理性。与此同时,在爆破本构模型的研究方面,爆破损伤本构模型为最新研究方向和趋势,具体而言,仍存在以下几方面的问题:

首先,当前主流的损伤力学本构模型多数以集中于微裂纹的损伤研究为重点,以细观损伤力学理论为主体框架,而在实际研究中可以发现,微裂纹型损伤主要引起材料的各向异性性质,而微孔洞型损伤主要导致材料的各向同性损伤特性,因此对后续岩石爆破本构模型的研究应考虑岩石材料的各向异性特征。

其次,岩体宏观结构和微观单元的力学响应与岩体细观层面的诸如空隙、颗粒、颗粒之间的基质及其间的裂纹等基本组成要素息息相关,同时岩体内部初始损伤的程度决定着工程活动中岩体破碎的过程和方式,以上叙述充分证明岩体内部的初始损伤在岩体的损伤演化破坏过程中占有极其重要的地位,岩体中初始损伤的存在具有两方面的意义:一方面,爆炸发生时,爆炸应力波的能量在初始损伤裂纹中的衰减更为明显,引起了应力波破坏的区域减小;另一方面,初始损伤的存在使岩体力学性质劣化,导致岩体屈服强度降低,加速了爆破过程中岩体损伤过程的演化和破碎的发生,这两方面的因素在后续岩体爆破损伤本构模型的研究中需要进一步加深。

再次,爆炸过程中,岩体材料的爆破破坏是爆炸应力波与爆生气体共同作用而引起的,最初爆炸应力波在爆源孔壁的周围形成较多的沿径向方向的裂隙并在其中进行传播,进一步造成老裂纹扩展演化的同时会激发新裂纹的产生,进而由于爆生气体的作用,爆孔孔壁周围的径向压力顺着单个或者多个方向扩展演化成为新的主裂纹,主裂纹不断扩展就表现为宏观断裂。因此,在岩石爆破过程中,破坏的发生是由损伤和断裂两种缺陷的持续累积发展而引起,并不仅仅归结于损伤演化的发展结果,这也是现阶段爆破损伤本构模型所存在的根本性缺陷问题。

因此,在后续的研究工作中,能够将损伤与断裂理论有机结合,现阶段已有研究从非平衡的统计学断裂理论方面着手，引用断裂概率这一概念将损伤与断裂进行了结合，但是这种方式的结合并未真正解决岩体的微观结构参数、宏观断裂物理量与岩体局部损伤之间的关系。

2. *岩体动力损伤判据研究*

目前，关于岩体损伤判据的研究中，大多数专注于静力作用下岩体的损伤判据研究，而对岩体动力损伤判据研究较少。另外，为了方便应用于实际工程中，规范中所提到的爆破动力扰动下岩体损伤的判据往往是用爆破前后岩体内部纵波波速变化作为判别指标。这种判别指标的确方便了实际工程中的使用，但却忽视了爆破开挖动力扰动的过程，不利于动力数值计算中对岩体损伤的判定。再者，目前应用较广的岩体动力损伤判据大多仅考虑岩体受拉情况，却忽视了岩体由于压剪应力诱发的损伤。因此，尚需在岩体损伤动力判据、压剪损伤判据等方面进一步深入探索，以适应岩石力学与工程的发展。

6.4 岩体动力累积损伤的数值计算方法

研究者主要通过试验手段，如 CT 监测、电镜扫描、红外线等对岩体损伤特性进行相应研究[1-12]，这些方法对岩体损伤特征的研究起到了有效的推动作用，但是由于受到目前实验室条件和水平的制约，很多试验不能同时得到诸如应力场高低、损伤变量等多方面的信息进而达不到理想条件下的多样化需求。就上述成果而言，其只对损伤演化过程中微裂纹的分布特征进行探讨研究。然而，岩石损伤演化从微裂纹产生开始，到微裂纹进一步发展成更高层次的细观裂纹，随着细裂纹的交叉联合最终形成宏观的破裂面，期间任一破坏过程的转化都与岩体本身的损伤程度关系密切。因此，研究者从岩体微裂纹的角度入手，研究微裂纹的演化规律、破裂性质的发展规律及其与损伤之间的关系[49-51]。

借助数值模拟方法可以灵活调整各项参数，从而消除外界因素的影响，弥补室内试验无法获得的关键信息。当今数值模拟方法已经成为岩石力学领域的一种重要的辅助方法，我们可以结合损伤力学本构模型和统计理论的相关知识，对岩石损伤演化规律进行研究。但目前如离散元、有限元等数值方法中，往往采用静态的岩体本构模型，一方面不能反映岩体损伤演化过程中的参数劣化过程，另一方面也无法反映动力作用的应变率效应，且将岩石视为均匀介质，因此亟需提出适应于岩体损伤演化的动力本构模型。

针对岩石类材料动力特性方面的研究主要涉及以下三项内容：①有关材料动态力学相关特性的分析；②动力荷载的输入问题（如冲击波加载、地震波输入等）；③材料的动态响应分析。其中，动态力学特性的分析是研究材料动力特性的理论基础，而关于材料的动态性能应变率相关性的规律研究则是岩石动态力学特性研究的重要内容之一。根据大量试验成果得知，在不同的应变率条件下，材料的力学特性也有着根本性的区别。鉴于此，本章从材料应变率角度出发，将应变率作为重要参数代入岩石动态演化变形过程中，建立本构关系，同时利用损伤力学的相关理论知识，并结合连续介质力学的方法，通过表征材料内细部缺陷的损伤变量，构建相应的损伤本构模型，从试验现象出发，宏观探讨损伤对材料力学性质的影响，总结材料损伤演化规律，建立动荷载下岩石类材料变形过程的模拟方法。

6.4.1　改进岩体损伤本构模型损伤演化规则

对于岩体损伤本构模型的研究，主要考虑岩石中拉应变会引起微裂纹的萌生与扩展，进而导致岩体出现拉伸损伤，因此基于裂纹密度来表征损伤变量，不同点在于每种模型所涉及的影响裂纹密度的因素以及对于微裂纹研究的立足点都有所不同，且裂纹密度和损伤变量之间的关联也略有不同。孟茁超等[40]通过对以上几种张拉损伤本构模型进行数值模拟对比分析，并根据实际工程测试结果研究得出，KUS 损伤本构模型计算所得结果更接近于实际情况，适用性更强。上述模型在岩体受压时都认为岩石中微裂纹不扩展，但材料介质表现为理想弹塑性，而实际情况下，炸药爆炸后产生的较大的爆炸荷载会使炮孔附近岩石出现压剪损伤，岩石的压剪损伤必然会引起材料性质的劣化，进而会加剧岩体中裂纹进一步萌生和发展，即加剧岩石的拉伸损伤。

在岩石压剪损伤本构模型研究方面，JHC 压剪损伤本构模型，曹文贵等[52]、王志亮等[53]提出的损伤本构模型，以及 RDA 损伤本构模型[54]等都较为典型，其中，RDA 损伤本构模型考虑了岩石拉伸损伤对岩石抗压强度的影响，进而影响了岩石的压剪损伤，此观点正与岩石的损伤是不可逆的情况相符，因为不同时刻下岩石的损伤取决于拉伸损伤和压剪损伤中较大者，而这一时刻岩石的损伤会影响下一时刻岩石拉伸损伤和压剪损伤的计算，所以两者是相互影响的。

基于此，杨建华等[55]和胡英国等[41]结合典型的拉伸损伤本构模型和压剪损伤模型来开发拉压损伤本构模型，并应用于数值模拟中且取得了较好的效果，但其未考虑应变率的影响，而对于弹塑性材料，应变的变化快慢会影响到材料的塑性行为，高应变率会导致材料的动力硬化行为，所以这种情况下，重视应变率对岩石力学性质的影响是十分必要的。杨军等[36,56]、王志亮等[57]在其所开发的拉压损伤本构模型中虽然考虑了应变率的影响，但是其拉伸损伤本构模型考虑的因素不如 KUS 损伤本构模型全面，存在一定限制。因此，本章考虑爆炸过程中应变率的影响，假设岩体在压缩状态下的力学行为服从塑性随动强化的准则，结合 KUS 拉伸损伤本构模型和 RDA 压剪损伤本构模型中相应的拉伸、压剪损伤变量，改进形成了自定义的岩石爆破拉伸-压剪损伤本构模型，即 KUS-RDA 损伤本构模型，下面简称拉压损伤本构模型。

1. 拉伸损伤演化规则

KUS 损伤本构模型是基于 GK 损伤本构模型、TCK 损伤本构模型发展而来的，还考虑到了当岩体中微裂纹的密度处于较高水平时，会存在一定的荫屏效应。Grady 等[7]的研究发现，对于岩体中存在的微裂纹在荷载作用下被激活的数目 N 可以按照 Weibull 函数来进行统计：

$$N=\xi\varepsilon_V^m \tag{6.28}$$

式中，ξ、m 为材料的 Weibull 分布参数；ε_V 为体积拉伸应变。

Grady 等[7]通过对岩石材料的动态开裂过程进行研究后，提出了岩石破碎块度的计算方法，即微裂纹的平均半径 a 的计算公式：

$$a=\frac{1}{2}\left(\frac{\sqrt{20}K_{\mathrm{Ic}}}{\rho c_{\mathrm{P}}\dot{\varepsilon}_{V\max}}\right)^{2/3} \tag{6.29}$$

式中，K_{Ic} 为 Ⅰ 型断裂韧度；ρ 为岩石密度；c_{P} 为岩石纵波波速，可表示为 $c=\sqrt{\dfrac{3K(1-\nu)}{\rho(1+\nu)}}$；$\dot{\varepsilon}_{V\max}$ 为最大体积拉伸应变率。

在岩体爆破工程中，爆破作用会导致岩体中裂纹的萌生与扩展，进而使得微裂纹的分布、数量以及大小都发生变化，从而岩体中裂纹密度 C_{d} 也因此而改变：

$$C_{\mathrm{d}}=\gamma Na^3 \tag{6.30}$$

式中，γ 为随机分布参数。

因为岩体中裂纹密度由微裂纹分布、数量和大小决定，所以可将式(6.28)和式(6.29)代入式(6.30)，设 $k=\xi\gamma$，计算得到

$$C_{\mathrm{d}}=\frac{5}{2}k\left(\frac{K_{\mathrm{Ic}}}{\rho c\dot{\varepsilon}_{V\max}}\right)^2\varepsilon_V^m \tag{6.31}$$

Kuszmaul[25]将岩体中高密度的微裂纹所存在的荫屏效应作为影响裂纹密度的因素之一，基于此，将式(6.32)进行了改进，改进后的裂纹密度计算公式为

$$C_{\mathrm{d}}=\frac{5}{2}k\left(\frac{K_{\mathrm{Ic}}}{\rho c\dot{\varepsilon}_{V\max}}\right)^2\varepsilon_V^m(1-D_{\mathrm{t}}) \tag{6.32}$$

式中，D_{t} 表示岩石的拉伸损伤变量。

考虑损伤后岩石的有效泊松比 $\bar{\nu}$ 以及有效体积模量 $\bar{K}$ 的计算式为

$$\bar{\nu}=\nu\exp\left(-\frac{16}{9}\theta C_{\mathrm{d}}\right) \tag{6.33}$$

$$\bar{K}=K\left[1-\frac{16(1-\bar{\mu})}{9(1-2\bar{\mu})}C_{\mathrm{d}}\right] \tag{6.34}$$

式中，θ 为相关的材料参数。

在岩石单元体积表现为拉伸的情况下，其相应拉伸损伤变量 D_{t} 为

$$D_{\mathrm{t}}=\frac{16(1-\bar{\nu}^2)}{9(1-2\bar{\nu})}C_{\mathrm{d}} \tag{6.35}$$

2. 压剪损伤演化规则

RDA 损伤本构模型中考虑了岩体在爆破作用下产生的拉伸损伤会弱化岩体各项物理力学参数，尤其是岩石的抗压强度，所以在计算岩石的压剪损伤时应将拉伸损伤作为影响因子代入分析过程。在岩石单元体积表现为压缩的情况下，可利用应变率效应耦合原则得到压剪损伤变量：

$$D_{\mathrm{c}}=\frac{\lambda\dot{W}_{\mathrm{p}}}{1-D_{\mathrm{t}}} \tag{6.36}$$

$$W_{\mathrm{p}}=\int\sigma_{ij}\,\mathrm{d}\varepsilon_{ij}^{\mathrm{p}} \tag{6.37}$$

式中，D_{c} 为压剪损伤变量；λ 为压剪损伤敏感度系数；$\dot{W}_{\mathrm{p}}$ 为塑性功率；W_{p} 为塑性功。

式(6.37)为塑性功的表达式。

3. 塑性随动强化本构模型

在岩土介质中，静力分析大多基于各向同性强化本构来进行，循环荷载和动力分析则基于随动强化本构、混合强化本构这两种本构来进行。特别是在爆破过程中，近区岩体应变较大的情况下，应变率效应十分明显，所以分析地下爆破工程中的动力问题时，采用塑性随动强化本构和工程实例中的状况则更加相符。塑性随动强化本构中材料屈服的条件为

$$\phi=\sigma_i^2-\sigma_{\mathrm{y}}^2=0 \tag{6.38}$$

式中，ϕ 为判定变量；σ_i 为正应力；σ_{y} 为屈服应力。

在计算过程中，不同时刻的应力分量都是先依据弹性模型应力-应变关系来得出的：

$$\sigma_{ij}^{*}=\sigma_{ij}^{n}+E_{ijkl}\Delta\varepsilon_{kl} \tag{6.39}$$

式中，σ_{ij}^{*} 为 $t=t_{n+1}$ 时刻的临时应力；σ_{ij}^{n} 为 $t=t_n$ 时刻的应力；E_{ijkl} 为弹性模量；$\Delta\varepsilon_{kl}$ 表示应变增量。

计算出临时应力之后，可进一步据此计算偏应力 S_{ij}^{*}，即

$$S_{ij}^{*}=\sigma_{ij}^{*}-\frac{1}{3}\sigma_{kk}^{*} \tag{6.40}$$

$$\xi_{ij}^{*}=S_{ij}^{*}-\alpha_{ij}^{n} \tag{6.41}$$

式中，α_{ij}^{n} 即 $t=t_n$ 时刻屈服面中心的移动量。

式(6.38)可变为

$$\phi=\frac{3}{2}\xi_{ij}^{*}\xi_{ij}^{*}-\sigma_{\mathrm{y}}^{2}=\sigma_{i}^{2}-\sigma_{\mathrm{y}}^{2} \tag{6.42}$$

根据式(6.38)判断是否进入屈服阶段，当 $\phi\leqslant 0$ 时，代表还处于弹性阶段，$t=t_{n+1}$ 时刻的临时应力为真实应力，不需要修正，可继续计算 σ_{ij}^{n+1}。

但是当 $\phi>0$ 时，说明材料进入了塑性硬化阶段，有效塑性应变$(\varepsilon_{\mathrm{eff}}^{\mathrm{p}})^{n+1}$ 也因此需要进行修正，计算公式为

$$(\varepsilon_{\mathrm{eff}}^{\mathrm{p}})^{n+1}=(\varepsilon_{\mathrm{eff}}^{\mathrm{p}})^{n}+\frac{\sigma_{i}-\sigma_{\mathrm{v}}^{n}}{3G+E_{\mathrm{p}}}=(\varepsilon_{\mathrm{eff}}^{\mathrm{p}})^{n}+\Delta\varepsilon_{\mathrm{eff}}^{\mathrm{p}} \tag{6.43}$$

之后对偏应力进行修正，从而使偏应力按比例返回到新的屈服面上，修正公式及新的屈服面中心公式如下：

$$S_{ij}^{n+1}=S_{ij}^{*}-\frac{3G\Delta\varepsilon_{\mathrm{eff}}^{\mathrm{p}}}{\sigma_{i}}S_{ij}^{*} \tag{6.44}$$

$$G=\frac{E}{2(1+\nu)} \tag{6.45}$$

$$\alpha_{ij}^{n+1}=\alpha_{ij}^{n}+\frac{(1-\beta)E_{\mathrm{p}}\Delta\varepsilon_{\mathrm{eff}}^{\mathrm{p}}}{\sigma_{i}}\xi_{ij}^{*} \tag{6.46}$$

则当前时刻，即 $t=t_{n+1}$ 时刻，应力 σ_{ij}^{n+1} 可表示为

$$\sigma_{ij}^{n+1}=S_{ij}^{n+1}+(p^{n+1}+q)\delta_{ij} \tag{6.47}$$

式中，q 为人工体积黏性阻尼。

塑性随动强化本构模型表达式为

$$\sigma_{\mathrm{y}}=\left[1+\left(\frac{\dot{\varepsilon}}{C}\right)^{\frac{1}{P}}\right](\sigma_{0}+\beta E_{\mathrm{p}}\varepsilon_{\mathrm{eff}}^{\mathrm{p}}) \tag{6.48}$$

$$E_{\mathrm{p}}=\frac{E_{0}E_{\tan}}{E_{0}-E_{\tan}} \tag{6.49}$$

式中，$\dot{\varepsilon}$ 为应变率；C、P 为 Cowper-Symonds 中应变率相关参数，一般根据材料应变率特性决定，$C=2.5\mathrm{s}^{-1}$，$P=4$[27]；σ_0 表示岩石初始屈服应力；β 为硬化系数，当 $\beta=0$ 时表示塑性随动强化，当 $\beta=1$ 时表示各向同性强化，当 $0<\beta<1$ 时表示混合强化，本章选择塑性随动强化进行计算，故取 $\beta=0$；E_{p}、E_0 及 $E_{\tan}$ 表示塑性强化模量、弹性模量和切线模量。

当材料处于强化阶段时，相应有效塑性应变 $\varepsilon_{\mathrm{eff}}^{\mathrm{p}}$ 可表示为

$$\varepsilon_{\mathrm{eff}}^{\mathrm{p}}=\int_0^t\left(\frac{2}{3}\dot{\varepsilon}_{ij}^{\mathrm{p}}\dot{\varepsilon}_{ij}^{\mathrm{p}}\right)^{1/2}\mathrm{d}t \tag{6.50}$$

$$\dot{\varepsilon}_{\mathrm{eff}}^{\mathrm{p}}=\dot{\varepsilon}_{ij}-\dot{\varepsilon}_{ij}^{\mathrm{e}} \tag{6.51}$$

式中，$\dot{\varepsilon}_{ij}^{\mathrm{p}}$、$\dot{\varepsilon}_{ij}^{\mathrm{e}}$ 分别为塑性应变率和弹性应变率。

4. KUS-RDA 损伤演化方程

在爆炸冲击荷载作用于岩体中时，岩石会有对应的响应，即拉伸损伤和压剪损伤，这两种损伤反映到岩石最终所表现的物理力学状态就是岩石出现损伤，即物理力学参数的劣化，而此种劣化是不可逆的，在单次爆破中下一时刻的应力、应变计算都会以上一时刻岩体的物理力学参数为基础，在多次爆破中下一次爆破的应力、应变计算也会以上一次爆破后岩体的物理力学参数为基础。因此，在某一时刻下的岩石损伤应取决于拉伸损伤和压剪损伤这两者中较大值，即

$$D=\max(D_{\mathrm{t}},D_{\mathrm{c}}) \tag{6.52}$$

考虑到使用拉伸损伤变量计算公式涉及的体积模量 K 以及泊松比 ν 等岩石参数，应根据岩石损伤情况对此岩石参数进行劣化：

$$\bar{K}=K(1-D) \tag{6.53}$$

$$\bar{\nu}=\nu\exp\left(-\frac{16}{9}\theta C_{\mathrm{d}}\right) \tag{6.54}$$

材料的其他参数(如剪切模量 G 和弹性模量 E)可根据式(6.46)和式(6.56)进行计算：

$$K=\frac{E}{3(1-2\nu)} \tag{6.55}$$

可得出劣化后的剪切模量和弹性模量如下：

$$\bar{G}=\frac{3(1-2\bar{\nu})}{2(1+\bar{\nu})}\bar{K} \tag{6.56}$$

$$\bar{E}=\frac{9\bar{K}\bar{G}}{3\bar{K}+\bar{G}} \tag{6.57}$$

多次爆破作用下出现损伤的岩石服从增量型 Hooke 定律，所以岩体损伤的增量型本构关系可表示为

$$\mathrm{d}\sigma_{ij}=\bar{K}\mathrm{d}\varepsilon_{kk}\delta_{ij}+2\bar{G}\mathrm{d}e_{ij} \tag{6.58}$$

式中，ε_{kk} 为体积应变；δ_{ij} 为 Kronecker 函数；e_{ij} 为偏应变。

6.4.2 自定义拉压损伤本构模型嵌入动力有限元程序

1. KUS-RDA 拉压损伤本构模型嵌入流程

通过 LS-DYNA 中的自定义接口，可把 KUS-RDA 拉压损伤本构模型嵌入动

力有限元程序中，嵌入流程共分为四个步骤：

(1) 计算单元体积应变 ε_V。

(2) 若体积应变 $\varepsilon_V>0$，则表示单元处于体积拉伸状态，计算拉伸损伤 D_t，反之则表示单元处于体积压缩状态，计算其压剪损伤 D_c。

(3) 取拉伸损伤 D_t 和压剪损伤 D_c 两者中较大值作为此时刻单元的损伤 D，并计算损伤后的材料参数。

(4) 更新材料参数后返回，根据弹塑性本构关系进行计算，然后从步骤(1)再往下执行程序。

KUS-RDA 拉压损伤本构模型嵌入流程如图 6.2 所示。

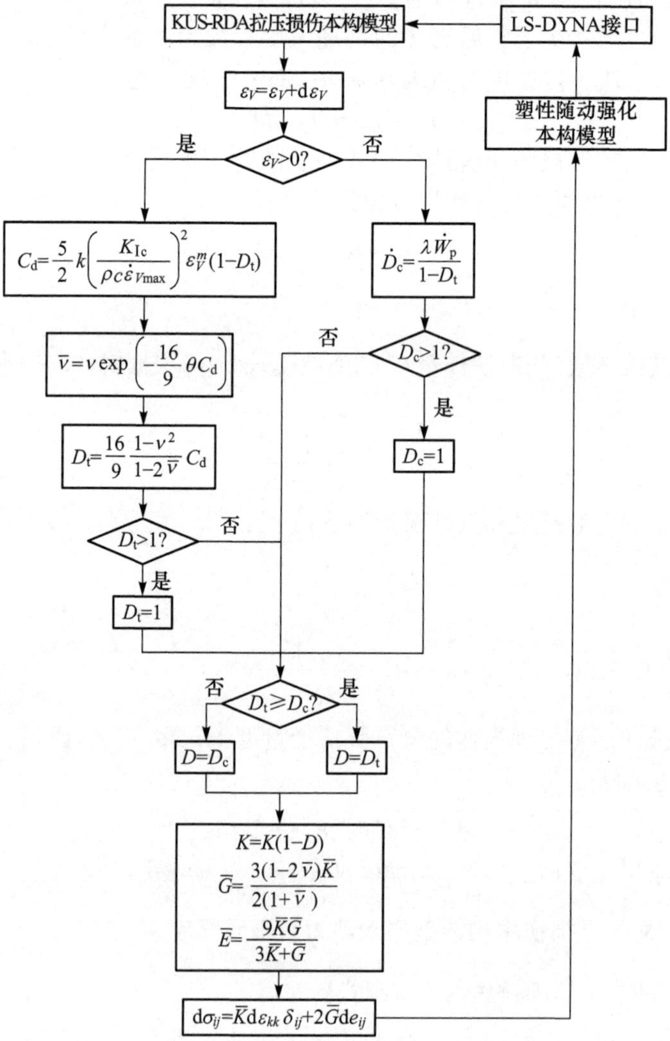

图 6.2 KUS-RDA 拉压损伤本构模型嵌入流程图

2. 控制方程

基于拉格朗日算法，初始状态下在笛卡儿坐标系中某质点 $X_\alpha(\alpha=1,2,3)$ 移动到同一坐标系中另一位置 $x_i(i=1,2,3)$ 的过程中与时间相关的变形可依据轮换坐标系 X_α 和时间 t 表示为

$$x_i=x_i(X_\alpha,t) \tag{6.59}$$

在初始时刻，即 $t=0$ 时，

$$x_i(X_\alpha,0)=X_\alpha \tag{6.60}$$

$$\dot{x}_i(X_\alpha,0)=V_i(X_\alpha) \tag{6.61}$$

式中，V_i 为初始速度。

动量方程：

$$\sigma_{ij,j}+\rho f_i=\rho\ddot{x}_i \tag{6.62}$$

满足牵引边界条件：

$$\sigma_{ij}n_i=t_i(t) \tag{6.63}$$

式中，σ_{ij} 表示柯西应力；ρ 表示物体当前密度；f_i 表示单位质量的体积力；$\ddot{x}_i$ 表示加速度。

质量守恒方程：

$$\rho V=\rho_0 \tag{6.64}$$

式中，ρ_0 为物体初始密度；V 为相对体积。

变形梯度 F_{ij} 为

$$F_{ij}=\frac{\partial x_i}{\partial X_j} \tag{6.65}$$

能量方程：

$$\dot{E}=Vs_{ij}\dot{\varepsilon}_{ij}-(p+q)\dot{V} \tag{6.66}$$

式中，s_{ij}、p 为偏应力和压力。

$$s_{ij}=\sigma_{ij}+(p+q)\delta_{ij} \tag{6.67}$$

$$p=-\frac{1}{3}\sigma_{ij}\delta_{ij}-q=-\frac{1}{3}\sigma_{kk}-q \tag{6.68}$$

式中，q 为体积黏性系数；δ_{ij} 为 Kronecker 函数(如果 $i=j$，则 $\delta_{ij}=1$，反之则 $\delta_{ij}=0$)。

能量方程与时间结合，用于状态评价方程和总体能量平衡的计算。

3. 阻尼设置

本节使用的阻尼形式是瑞利阻尼，其是基于黏滞阻尼的假设，将整体刚度矩阵和质量矩阵进行线性组合得出的，表达式为

$$\boldsymbol{C}=\alpha\boldsymbol{M}+\beta\boldsymbol{K} \tag{6.69}$$

$$\xi_i = \frac{\alpha}{2\omega_i} + \frac{\beta\omega_i}{2} \tag{6.70}$$

式中，$\boldsymbol{C}$ 为整体阻尼矩阵；$\boldsymbol{M}$ 为整体质量矩阵；$\boldsymbol{K}$ 为整体刚度矩阵；α、β 分别为瑞利阻尼的参数，其作用是在显示动力计算过程中避免非真实的振荡；ω_i 为频率；ξ_i 为阻尼比。

6.4.3 基于岩体爆破破坏分区理论的损伤本构模型验证

1. 单孔爆破作用下岩石破坏分区

根据当前岩石爆破破坏分区理论，单孔爆破作用下，爆源附近岩体出现破坏或损伤的区域一般可以分为粉碎区和裂隙区，即压碎区和破裂区，基于压碎区和破裂区形成的机理，结合前面拉伸损伤变量和压剪损伤变量的定义，可认为自定义损伤本构模型计算出的压剪损伤区域对应于压碎区，拉伸损伤区域对应于破裂区。对于爆破作用下岩石压碎区和破裂区范围的研究已有大量成果，表 6.2 统计了部分岩石粉碎区及裂隙区范围的典型研究成果[58-64]。

表 6.2 岩石粉碎区及裂隙区范围典型研究成果统计

文献	粉碎区半径/装药半径	裂隙区半径/装药半径
Donzé 等[58]	5	—
Hagan[59]	1～10	—
郭文章等[60]	2～3	—
林秀英[61]	3～7	—
戴俊[62]	1～3	10～15
高金石等[63]	2	70～100
夏祥等[64]	3	73

2. 单孔爆破数值计算模型

为验证自定义损伤本构模型的合理性，建立数值计算模型来计算单孔柱状装药爆破作用下炮孔周边岩体的损伤情况，如图 6.3 所示。模型尺寸为 5m×5m×4m(长×宽×高)，炮孔直径为 40mm，深度 1.5m，采用柱状药包，炸药采用 2# 岩石炸药，炸药密度为 1050kg/m^3，岩石的纵波波速为 4640m/s。考虑到对称性，模型左边界、前边界和底面边界均施加法向位移约束，为消除爆炸应力波在模型中传播时在边界上产生的反射，对右边界以及后边界施加无反射边界条件，模型顶面是自由面。模型材料采用武钢程潮铁矿磁铁矿的物理力学参数，如表 6.3 所示，损伤计算参数 k 可取为 2.33×10^{24}，m 可取为 7，K_{Ic} 可取为 0.901MN/m$^{2/3}$ [65]。

图 6.3 数值计算模型

表 6.3 模型中岩石物理力学参数

密度/(kg/m³)	泊松比	弹性模量/GPa	切线模量/GPa	初始屈服应力/MPa	抗压强度/MPa	抗拉强度/MPa
4120	0.31	14.93	0.15	55	111	5.55

爆炸荷载作用下岩体受影响的程度一般取决于爆炸产生的峰值荷载以及爆炸荷载的持续作用时间，在数值模拟计算中将爆炸荷载曲线简化成三角形的荷载曲线加载于炮孔壁上。爆炸荷载的压力时程曲线如图 6.4 所示。在爆破工程中，炸药爆炸过程中形成的冲击波作用时间一般从 1μs 到 0.1s，爆炸过程中生成的爆生气体作用的时间稍长，从 1ms 到 0.1s，基于爆炸过程数值模拟方面的研究以及工程实际情况，可取爆炸荷载从 0 加载到峰值的时间$t_1=2.5$ms，爆炸荷载加载结束时间 $t_2=17$ms。由爆炸过程中的爆轰波所产生，但爆轰波不只是冲击波，还伴有快速化学反应区。C-J 理论将爆轰波简化为含有化学反应的强间断面，并给出了在 C-J 条件下爆轰波能稳定传播的结论。作用于炮孔上的简化荷载峰值 p_b 为

$$p_b=\frac{\rho_0 D_0^2}{2(1+k)}\left(\frac{d_e}{d_b}\right)^{2k}\left(\frac{l_e}{l_b}\right)^{k} n \tag{6.71}$$

式中，ρ_0 为炸药密度，g/cm³；D_0 为炸药爆轰速度，m/s；k 为炸药的等熵指数，一般

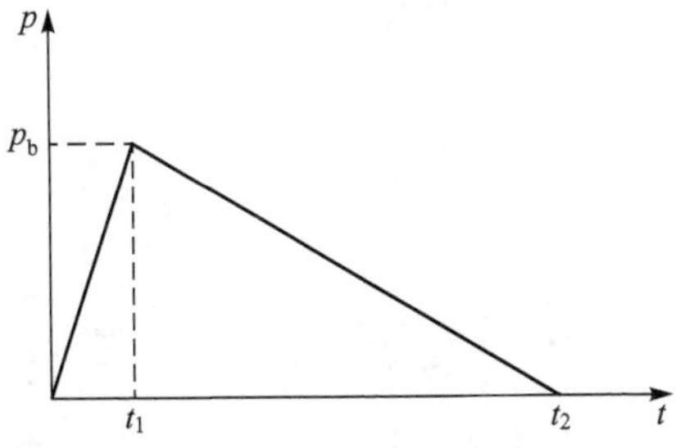

图 6.4 爆炸荷载的压力时程曲线

取为 3；d_e 为装药直径，mm；d_b 为炮孔直径，mm；l_e 为药卷总长度，m；l_b 为炮孔装药段长度，此处 $l_e=l_b$，m；n 为爆生气体膨胀之后在炮孔壁产生压力的增大系数，$n=8\sim11$，一般取 10。

3. 数值计算结果分析

取柱状药包直径分别为 27mm、29mm、32mm 和 35mm 四种工况进行数值模拟计算，四种装药直径对应的爆轰速度分别为 3175m/s、3186m/s、3257m/s 和 3425m/s。计算得出了不同工况下岩体拉伸损伤、压剪损伤和总损伤云图，如图 6.5 所示。

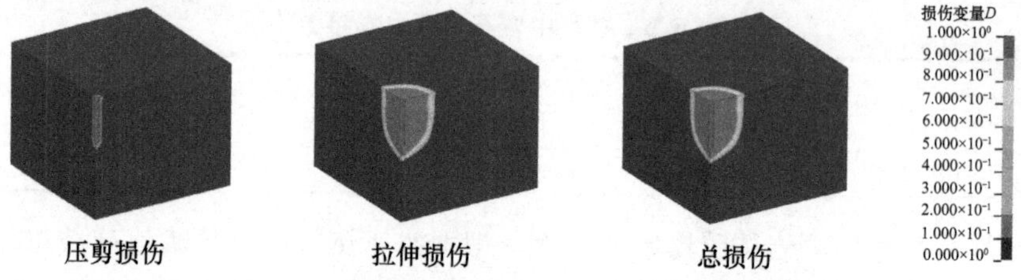

(a) 装药直径为27mm

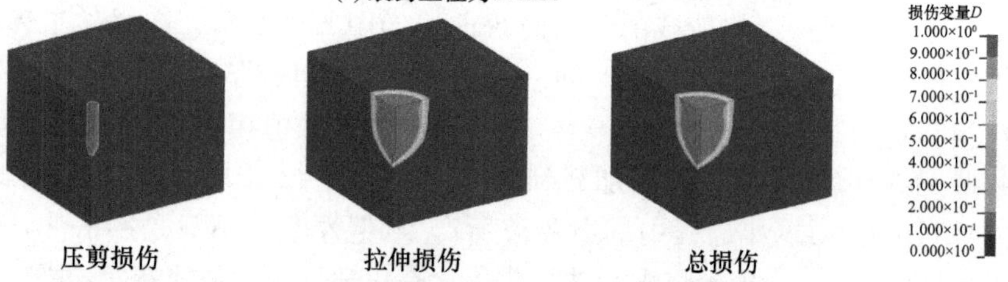

(b) 装药直径为29mm

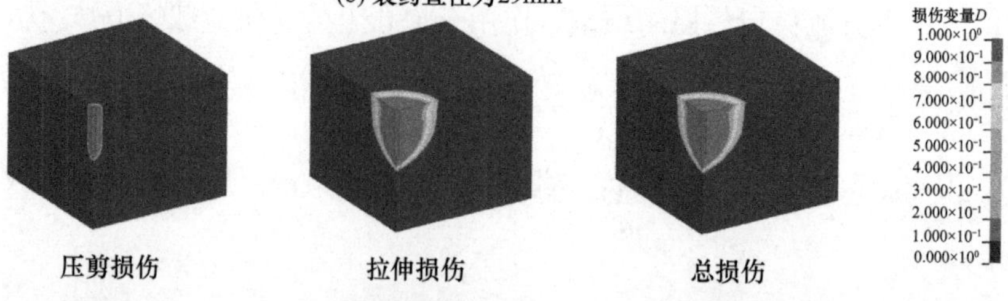

(c) 装药直径为32mm

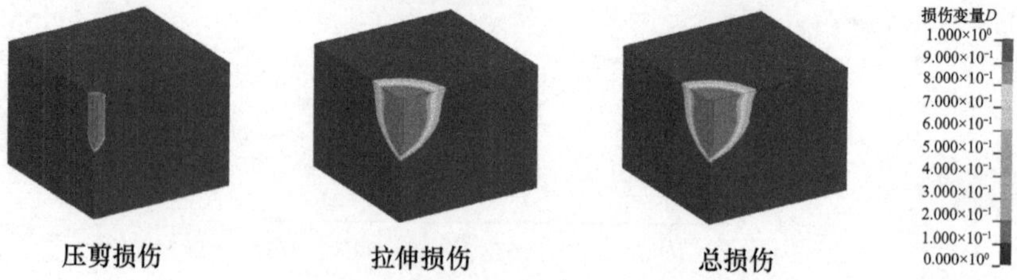

(d) 装药直径为35mm

图 6.5 不同工况下炮孔周边岩体不同类型损伤云图

通过四种工况下压剪损伤、拉伸损伤和总损伤的范围可知，压剪损伤的范围远小于拉伸损伤的范围，这与岩石爆破破坏分区中粉碎区远小于裂隙区的规律相符合，紧邻炮孔处小范围内岩体既有压剪损伤又有拉伸损伤，且总损伤范围即为拉伸损伤的范围，这说明爆炸冲击荷载对于岩体的损伤是以拉伸损伤为主的。

基于 Grady 等[7]、夏祥等[65,66]的研究，岩体在爆炸作用下的损伤阈值可取为 0.2。因此，可使用后处理软件得出各个工况下岩体在爆破作用下产生的压剪损伤和拉伸损伤的具体范围，也即是粉碎区和裂隙区的具体范围，如表 6.4 所示。

表 6.4　不同装药直径下粉碎区和裂隙区范围

装药直径/mm	p_b/GPa	粉碎区半径/m	裂隙区半径/m	损伤深度/m	粉碎区半径与装药半径之比	裂隙区半径与装药半径之比
27	1.25	0.093	0.977	0.326	6.9	72.4
29	1.93	0.119	1.093	0.364	8.2	75.4
32	3.65	0.146	1.269	0.423	9.1	79.3
35	6.91	0.172	1.440	0.480	9.8	82.3

分析表 6.4 中数据可知，粉碎区半径与装药半径之比介于 6.9～9.8，此结果与唐红梅等[67]对于岩石粉碎区与装药半径之比的研究结果较为一致；裂隙区半径与装药半径之比则介于 72.4～82.3，此结果与 Zhang 等[68]对于岩石裂隙区与装药半径之比的研究结果也较为一致。

此外，各个工况下炮孔底部损伤深度与损伤半径的比值也接近于 1∶3，这与文献[24]、[68]中的研究结果一致。这说明本章提出的 KUS-RDA 拉压损伤本构模型所得到的结果能符合岩石爆破破坏分区的一般规律，从而在理论上验证了此拉压损伤模型的合理性。

6.4.4　小结

本节研究了不同加载方式下，岩体材料在自身变形不断累积进而导致内部损伤演化并最终破坏的力学特征。从材料应变率角度出发，将应变率作为重要参数代入岩石动态演化变形过程中，建立本构关系，同时利用损伤力学的相关理论知识，并结合连续介质力学的方法，通过表征材料内细部缺陷的损伤变量，构建相应的损伤本构模型，从试验现象出发，宏观上探讨损伤对材料力学性质的影响，总结材料损伤演化规律，建立动荷载下岩石类材料变形过程的模拟方法。得出的主要结论如下：

(1) 在动力有限元计算过程中，利用工程实际的几何尺寸建立三维有限元模型，并在计算中调用改进后的动力损伤本构模型。需指出的是，本构模型中利用

F_d 判断损伤时，其阈值的选取要根据实际工程中岩体损伤的动力响应情况而定。

(2) 考虑爆炸过程中应变率的影响，假设岩体在压缩状态下的力学行为服从塑性随动强化的准则，结合 KUS 拉伸损伤本构模型和 RDA 压剪损伤本构模型中相应的拉伸、压剪损伤变量，改进形成了自定义岩石爆破拉伸-压剪损伤本构模型，即 KUS-RDA 损伤本构模型，简称拉压损伤本构模型。

(3) 通过 LS-DYNA 中的自定义接口，把 KUS-RDA 拉压损伤本构模型嵌入动力有限元程序进行二次开发和计算。

(4) 通过数值模拟计算，各个工况下炮孔底部损伤深度与损伤半径的比值接近于 1∶3，所得出的结果能符合岩石爆破破坏分区的一般规律，在理论上验证了此拉压损伤本构模型的合理性。

6.5 深部岩体爆破开挖动力损伤本构模型与参数验证

6.5.1 动力损伤本构模型的参数确定

1. 导流洞中层爆破开挖数值模拟

本节根据溪洛渡水电站中间 5# 导流洞中层梯段开挖单段炮孔爆破建立数值计算模型，梯段爆破单段炮孔数量为 2 个，靠近 5 号导流洞中轴线对称分布，两个炮孔之间的距离为 2.5m，炮孔的长度为 12m，单个炮孔装药量为 35kg，不考虑洞室围岩中的节理裂隙等工程软弱面，建立后模型的范围为 300m×300m×100m（宽×高×深），中间 5# 导流洞中层开挖时，相邻 4#、6# 导流洞已经开挖完毕，完成了初期支护，在数值计算中不考虑初期衬砌。采用 Solid164 单元模拟岩体结构，单元总数量为 787800，岩体的材料参数如表 6.5 所示。为了更好地显示炮孔位置，图 6.6 显示了从轴线中点剖分的半模型。图 6.7 为炮孔的网格细化图。

表 6.5 导流洞围岩材料参数

密度/(kg/m^3)	弹性模量/GPa	泊松比	抗压强度/MPa	切线模量/GPa	黏聚力/MPa	内摩擦角/(°)
2700	50	0.25	100	8	2.6	50

在关于爆炸和冲击下岩体结构动态响应的数值模拟中，爆炸荷载的确定关乎数值计算的准确性，实际爆破工程中，炮孔内的药卷爆炸的过程非常复杂，很难通过现场或者室内试验对爆炸过程产生的荷载变化进行精确的记录。现阶段在爆炸数值模拟过程中，为了节省计算时间，各种简化的爆炸荷载加载方式应运而生，其中最常用的是在数值模型中将简化的三角形爆炸荷载施加于模型中的炮孔内壁

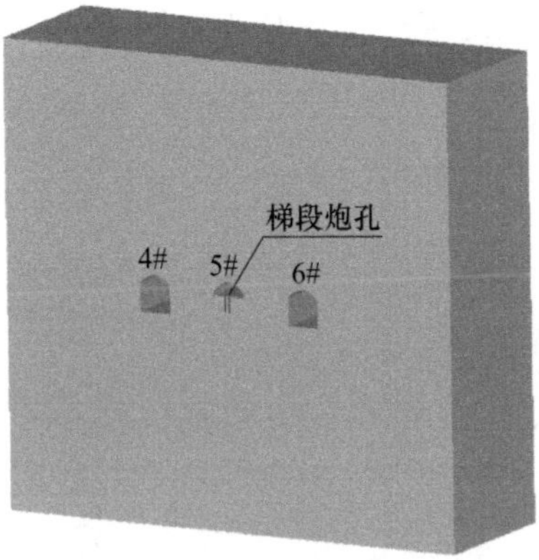

图 6.6　数值模拟模型示意图

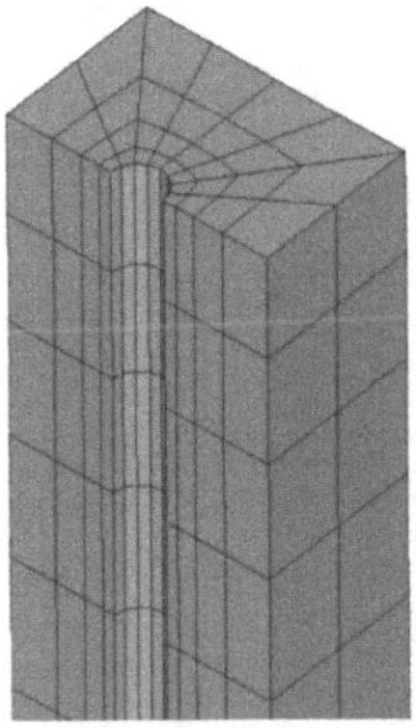

图 6.7　炮孔周围岩体单元网格细化图

上。对应于本节的数值模型，模拟的深孔梯段炮孔的直径为 90mm，径向不耦合装药药卷直径为 70mm，轴向也为不耦合装药，炮孔堵塞段为 2m，直径 70mm 的药卷密度为 1.2g/cm^3，炸药爆轰速度为 3600m/s。

目前关于炮孔爆炸荷载的计算主要采用 C-J 爆轰理论。该理论通过炸药系统爆炸反应热的变化来计算在 C-J 条件下炮孔内药卷爆炸时表面产生的瞬时平均爆轰压力[69]，即

$$p_0 = \frac{\rho_0 D_0^2}{2(1+k)} \tag{6.72}$$

式中，p_0 为炸药的瞬时平均爆轰压力，Pa；ρ_0 为炸药密度；D_0 为炸药爆轰速度，m/s；k 为炸药的等熵指数，一般取 3。

爆破工程中为了减少爆破开挖对于预留岩体的损伤效应，大多都采用不耦合装药，计算出炸药爆轰在药卷表面产生的瞬时平均压力 p_0 之后，该爆轰压力传递到炮孔壁上的压力 p_b 由 p_0 及炮孔具体的装药参数确定，如炮孔的径向不耦合系数、炮孔在轴线方向为连续装药或间隔装药以及由其确定的轴向不耦合系数大小等，孔壁的峰值压力 p_b 为[69]

$$p_b = p_0 \left(\frac{d_e}{d_b}\right)^{2k} \left(\frac{l_e}{l_b}\right)^{k} n \tag{6.73}$$

式中，d_e 为光爆孔内装药直径；d_b 为光爆孔直径；l_e 为光爆孔药卷总长度；l_b 为光爆孔装药总长度；n 为爆生气体膨胀之后在炮孔壁产生压力的增大系数，$n=8\sim11$，一般取 10。

计算孔壁的峰值压力，取 $l_e=0.6l_b$，得出孔壁的峰值压力 $p_b\approx0.93$GPa。确定出单孔爆炸荷载峰值之后，还需继续确定出爆炸荷载的峰值到达时间和整个爆炸荷载的作用时间，相关研究表明，对于三角形爆炸荷载中峰值到达时间取为 2.5ms，而整个爆炸荷载的作用时间取为 17ms。施加的三角形爆炸荷载示意图如

图 6.8 所示。根据溪洛渡水电站导流洞区域地应力分布特点，计算中取三向远场地应力均为 10MPa。

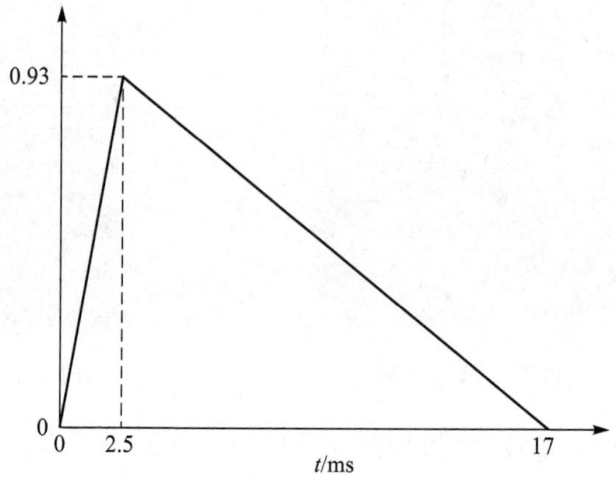

图 6.8 爆炸荷载示意图

2. 基于不同材料本构模型的数值计算

数值计算中，在相同边界条件及外部荷载作用下，材料本构模型的选取对计算结果的影响很大，不同的材料本构模型得出的计算结果相差甚远。因此，本节在前面所建立的数值模型以及确定的边界条件基础之上，采用两种不同的常用材料本构模型分别进行计算。计算完毕后，在模型中选取爆炸振动现场测试中实际测点对应的单元节点作为研究对象，选取的节点随着爆心距的增大依次为：1# ～7#，节点的选取示意图如图 6.9 所示。选取节点之后，在 LS-DYNA 后处理软件 LS-PREPOST 中得到节点的水平向和垂直向的振动速度时程曲线，然后找出各个节点的水平向与垂直向峰值振动速度，最后与实测值进行对比分析，选取最优的本构模型。

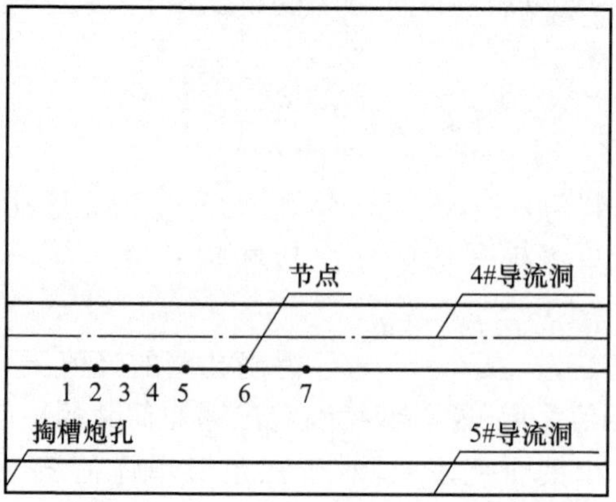

图 6.9 模型节点选取示意图

1）塑性随动强化本构模型

提取出各个测点的水平向、垂直向质点峰值振动速度，整理后如表 6.6 所示。

表 6.6　相邻洞室迎爆侧直墙测点水平向、垂直向质点峰值振动速度（随动强化模型）

节点编号	爆心距 R/m	数值模拟对应的最大药量 Q/kg	水平向质点峰值振动速度 V_h/(cm/s)	垂直向质点峰值振动速度 V_v/(cm/s)
1	46.8	70	3.80	3.53
2	55.1	70	3.41	3.21
3	59.4	70	2.94	2.68
4	66.8	70	2.76	2.49
5	76.4	70	2.39	1.99
6	91.6	70	1.54	1.23
7	125.4	70	1.16	0.78

对表 6.6 内的数据通过萨道夫斯基经验公式进行拟合，可以得到爆破地震波在邻近导流洞洞壁上的水平方向和垂直方向的衰减规律。

水平方向：

$$V_h = 90.5\left(\frac{\sqrt[3]{Q}}{R}\right)^{1.28} \tag{6.74}$$

垂直方向：

$$V_v = 204.8\left(\frac{\sqrt[3]{Q}}{R}\right)^{1.62} \tag{6.75}$$

2）理想弹塑性本构模型

提取出各个测点的水平向、垂直向质点峰值振动速度，整理后如表 6.7 所示。

表 6.7　相邻洞室迎爆侧直墙测点水平向、垂直向质点峰值振动速度（理想弹塑性模型）

节点编号	爆心距 R/m	数值模拟对应的最大药量 Q/kg	水平向质点峰值振动速度 V_h/(cm/s)	垂直向质点峰值振动速度 V_v/(cm/s)
1	46.8	70	3.80	3.53
2	55.1	70	3.41	3.21
3	59.4	70	2.94	2.68
4	66.8	70	2.76	2.49
5	76.4	70	2.39	1.99
6	91.6	70	1.54	1.23
7	125.4	70	1.16	0.78

对表 6.7 内的数据通过萨道夫斯基经验公式进行拟合，可以得到爆破地震波

在邻近导流洞洞壁上的水平方向和垂直方向的衰减规律。

水平方向：

$$V_{\mathrm{h}}=63.1\left(\frac{\sqrt[3]{Q}}{R}\right)^{1.15} \tag{6.76}$$

垂直方向：

$$V_{\mathrm{v}}=259.9\left(\frac{\sqrt[3]{Q}}{R}\right)^{1.69} \tag{6.77}$$

3）两种不同材料本构模型得出的结果对比

采用两种不同的材料本构模型进行数值计算后，分别将其结果与实测的水平向、垂直向质点峰值振动速度进行对比，如表 6.8 和表 6.9 所示。

表 6.8 采用随动强化模型数值计算结果与实测质点振动数据对比

节点编号	水平向质点峰值振动速度(cm/s)	垂直向质点峰值振动速度/(cm/s)	实测水平向质点峰值振动速度/(cm/s)	实测垂直向质点峰值振动速度/(cm/s)	水平向质点峰值振动速度误差/%	垂直向质点峰值振动速度误差/%
1	3.8	3.53	3.82	3.52	0.52	0.28
2	3.41	3.21	3.34	3.19	2.1	0.63
3	2.94	2.68	2.93	2.62	0.34	2.29
4	2.76	2.49	2.71	2.47	1.85	0.81
5	2.39	1.99	2.38	1.97	0.42	1.02
6	1.54	1.23	1.52	1.2	1.32	2.5
7	1.18	0.76	1.14	0.79	3.51	3.8

表 6.9 采用理想弹塑性模型数值计算结果与实测质点振动数据对比

节点编号	水平向质点峰值振动速度/(cm/s)	垂直向质点峰值振动速度/(cm/s)	实测水平向质点峰值振动速度/(cm/s)	实测垂直向质点峰值振动速度/(cm/s)	水平向质点峰值振动速度误差/%	垂直向质点峰值振动速度误差/%
1	3.68	3.79	3.82	3.52	3.66	7.67
2	3.24	3.45	3.34	3.19	2.99	8.15
3	2.78	2.81	2.93	2.62	5.12	7.25
4	2.68	2.31	2.71	2.47	1.11	6.48
5	2.31	2.11	2.38	1.97	2.94	7.11
6	1.62	1.31	1.52	1.2	6.58	9.17
7	1.23	0.75	1.14	0.79	7.89	5.06

通过对比分析上述两种不同的材料本构模型，可以看出采用随动强化模型的数值计算结果无论在测点水平向还是垂直向质点峰值振动速度上，与实测数据的

接近程度都好于理想弹塑性模型的数值计算结果。这是因为随动强化模型考虑到了岩体材料在爆炸荷载作用下的应变率效应，能更准确地反映出岩体的动态力学特性。

3. 改进后的损伤本构模型损伤阈值确定

由前述内容可知，多次爆破作用下出现损伤的岩石服从增量型 Hooke 定律，所以岩体损伤的本构关系可表示为式(6.59)。上述计算是在体积拉应变作用下，考虑到损伤效应的岩体本构模型。而对于爆破近区，虽然岩体的抗压强度远大于抗拉强度，但在爆破近区产生的爆炸荷载较大，会产生压剪损伤。因此，采用主应力差与围岩单轴抗压强度的比值作为围岩损伤和破坏的评价指标，既可以较好地反映动力扰动过程中围岩的应力状态变化，又能与动力有限元数值较好地结合，因此将 F_{d} 作为岩体损伤的评价指标，具体形式为

$$F_{\mathrm{d}}=\frac{\sigma_1-\sigma_3}{\sigma_{\mathrm{cd}}} \tag{6.78}$$

式中，σ_1、σ_3 为岩体最大、最小主应力；σ_{cd} 为岩体的动态抗压强度。

在自定义损伤本构模型中，将 F_{d} 嵌入 FORTRAN 语句中，在该子步内完成岩体单元应力状态更新后，通过式(6.78)求出 F_{d} 值。根据实际的工程地质情况，结合现场的质点振动速度和 F_{d} 范围分布导出导流洞岩体的损伤阈值 C，并将 F_{d} 大于某一特定值 C 作为岩体损伤区的判据，再对确定的各个等效模量进一步折减，即

$$E'=C_{\mathrm{fd}}\bar{E},\quad K'=C_{\mathrm{fd}}\bar{K},\quad G'=C_{\mathrm{fd}}\bar{G} \tag{6.79}$$

式中，C_{fd} 为折减系数，其取值为

$$C_{\mathrm{fd}}=\begin{cases}1, & F_{\mathrm{d}}\leqslant C\\ (F_{\mathrm{d}}-C+1)^{-\alpha}, & F_{\mathrm{d}}>C\end{cases} \tag{6.80}$$

式中，F_{d} 由每一子步中实时计算获得，而 C 和 α 则由现场实际工况测得，由于 α 的取值较为复杂，此处假设为 0.2。

由式(6.80)可知，当 F_{d} 值未超过损伤阈值 C 时，该本构模型的应力-应变关系仅考虑损伤因子的作用，而当 F_{d} 值大于损伤阈值 C 时，自定义损伤本构模型中的应力-应变关系计算公式为

$$\mathrm{d}\sigma_{ij}=K'\mathrm{d}\varepsilon_{kk}\delta_{ij}+2G'\mathrm{d}e_{ij} \tag{6.81}$$

在自定义损伤本构模型中，损伤阈值 C 的确定正确与否对自定义损伤本构模型的准确性具有重要的意义。损伤阈值 C 拟采用如下技术手段进行确定：首先根据实际的洞室工程地质情况，以及洞室爆破开挖方式，建立模型并进行数值计算，得出洞室围岩 F_{d} 的分布范围；其次结合现场的实测爆破质点振动速度、F_{d} 分布范

围及水工隧洞安全振速规范导出导流洞岩体的损伤阈值 C，并将 F_d 大于某一特定值 C 作为岩体损伤的判据。

通过表 6.8 和表 6.9 可以看出，在爆炸荷载作用下岩体材料采用随动强化模型得出的结果与实测数据比理想弹塑性模型更为接近，因此在采用随动强化模型的计算结果基础上，在爆破开挖洞室围岩上选取不同的测点，提取出各个测点的最大质点峰值振动速度，并在后处理中将各个测点的 F_d 值提取出来，如图 6.10 所示。

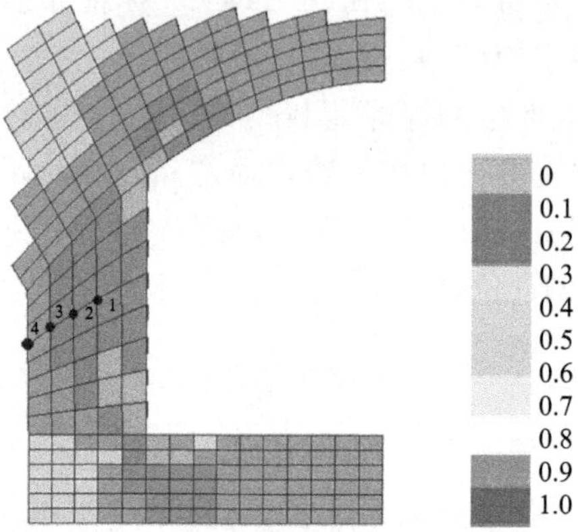

图 6.10 采用随动强化模型计算的围岩单元不同 F_d 值分布剖面图

如图 6.10 所示，沿着侧墙中部布置一条测线，选取测线上的 4 个节点，编号由测点距围岩表面距离由小到大依次为 1～4，再提取出这 4 个测点由靠近到远离直墙的最大质点峰值振动速度依次为 18.32cm/s、15.37cm/s、12.54cm/s、9.84cm/s。根据《爆破安全规程》(GB 6722—2014)[70]，可知界定围岩损伤的安全振速为 10cm/s，因此测点 3 与测点 4 之间的单元所代表的围岩振动速度刚好处于损伤判据阈值，而计算结果表明此单元的 $F_d=0.35$。因此，将自定义损伤本构模型中的损伤阈值 C 选取为 0.35，再代入自定义损伤本构模型中。

利用以上计算得出的初步参数，并基于第 3 章中改进的动力损伤本构模型，重新进行数值计算，可以得出 4 个测点的峰值振动速度依次为 20.83cm/s、15.74cm/s、12.39cm/s、9.22cm/s，测点 3 与测点 4 之间的单元所代表的围岩振动速度刚好处于损伤判据阈值，而计算结果表明此单元的 $F_d=0.33$，并依此修正损伤本构模型中的损伤阈值 C_1，重新进行数值计算。

共进行了 10 次数值计算迭代，其中第 1 次到第 10 次迭代的 F_d 值分别为 0.35、0.33、0.322、0.318、0.315、0.308、0.305、0.303、0.302、0.301。如图 6.11 所示，F_d 值通过 9 次迭代近似趋近于 0.3，因此 0.3 就可作为自定义损伤本构模型中的损伤阈值 C，这样就确定了自定义损伤本构模型中的关键参数损伤阈值 C，认为采用此参数的动力损伤本构模型适合于本工程岩体的数值计算分析。

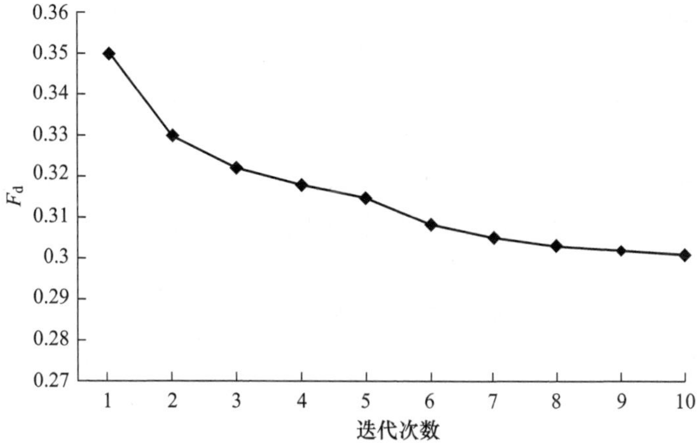

图 6.11　F_d 值随迭代次数的变化规律

6.5.2　改进后的自定义损伤本构模型的验证

本节采用的自定义损伤本构模型(即改进后的 KUS 损伤本构模型)由 6.5.1 节确定,计算完毕后提取出各个测点的水平向质点峰值振动速度和垂直向质点峰值振动速度,结果如表 6.10 所示。

表 6.10　相邻洞室迎爆侧直墙测点水平向、垂直向质点峰值振动速度

节点编号	爆心距 R/m	数值模拟对应的最大药量 Q/kg	水平向质点峰值振动速度 V_h/(cm/s)	垂直向质点峰值振动速度 V_v/(cm/s)
1	46.8	70	3.79	3.53
2	55.1	70	3.38	3.20
3	59.4	70	2.92	2.65
4	66.8	70	2.74	2.48
5	76.4	70	2.41	1.98
6	91.6	70	1.53	1.21
7	125.4	70	1.16	0.77

对表 6.10 中的数据通过萨道夫斯基经验公式进行拟合,可以得到爆破地震波在邻近导流洞洞壁上的水平方向和垂直方向的衰减规律。

水平方向:

$$V_h = 101.3\left(\frac{\sqrt[3]{Q}}{R}\right)^{1.32} \tag{6.82}$$

垂直方向:

$$V_v = 193.1\left(\frac{\sqrt[3]{Q}}{R}\right)^{1.60} \tag{6.83}$$

从表 6.11 可以看出，自定义损伤本构模型计算结果都与实测数据相差不大，但在精确程度上有所不同，岩石采用自定义损伤本构模型计算得出的计算结果与实测数据最为接近。通过萨道夫斯基公式对于实测的爆破地震传播与衰减规律和采用三种不同本构模型计算结果中的爆破地震波衰减规律进行了回归拟合，拟合出的萨道夫斯基经验公式参数如表 6.12 所示。由此可见，在这三种本构模型计算结果中，自定义本构模型结果拟合出的萨道夫斯基经验公式中的 K、α 值与实测数据也最为接近。

表 6.11　采用自定义损伤本构模型计算结果与实测质点振动数据对比

节点编号	水平向质点峰值振动速度/(cm/s)	垂直向质点峰值振动速度/(cm/s)	实测水平向质点峰值振动速度/(cm/s)	实测垂直向质点峰值振动速度/(cm/s)	水平向质点峰值振动速度误差/%	垂直向质点峰值振动速度误差/%
1	3.79	3.53	3.82	3.52	0.78	0.28
2	3.38	3.20	3.34	3.19	1.19	0.31
3	2.92	2.65	2.93	2.62	0.34	1.14
4	2.74	2.48	2.71	2.47	1.11	0.41
5	2.41	1.98	2.38	1.97	1.26	0.51
6	1.53	1.21	1.52	1.2	0.66	0.83
7	1.16	0.77	1.14	0.79	1.75	2.53

表 6.12　采用不同本构模型计算结果回归参数对比

参数		实测数据	自定义损伤本构模型	随动强化模型	理想弹塑性模型
水平向	K	164.3	101.3	90.5	63.1
	α	1.46	1.32	1.28	1.25
垂直向	K	136.1	193.1	204.8	259.9
	α	1.49	1.60	1.62	1.69

从表 6.12 可以看出，随动强化模型的计算精度不如自定义损伤本构模型高，但是比理想弹塑性本构模型高很多，原因在于随动强化模型相比理想弹塑性模型考虑到了岩体材料的应变率效应对其屈服强度的影响，因此精度有了一定提高。而自定义本构模型在数值计算过程中，将爆破产生的损伤效应代入了各个时间步之间，考虑了不可逆的损伤效应对岩体物理力学参数的折减，而且同时考虑到了岩体材料的应变率效应，从而使得计算结果更加符合实际情况。

6.5.3　小结

通过现场爆破质点振动速度测试，得到了导流洞上层中导洞爆破开挖时产生的爆炸地震波在开挖洞室本身以及邻近导流洞的传播及衰减规律，将爆破质点振动速度测试的结果反馈给现场施工人员，指导导流洞上层爆破开挖设计与施工。通过现场进行的爆破质点振动速度监测，对监测点振动速度数据、单段最大药量与爆心距进行相关性分析，确定与爆破场地和装药结构等特征相关的系数，获得地震波衰减规律。根据地震波衰减规律，通过调整爆破参数，使后续的爆破地震效应降低。得出的主要结论如下：

(1) 采用回归分析理论对洞内岩体爆破开挖测试数据进行回归分析。求得地下洞室岩体爆破开挖质点振动速度传播经验公式中的 K、α 值，进行相关性和显著性检验，得出爆破地震波在该部位的传播规律，并进行爆破对围岩的影响分析。

(2) 为确定爆破开挖过程中爆破振动衰减规律，对主厂房的光面爆破、预裂爆破以及保护层爆破开挖进行了多组爆破振动测试，每组测试布置多个测点，每个测点两条测线，为铅垂方向和平行洞轴方向，沿地下厂房轴向靠边墙布置，记录的爆破振动信号用专用软件进行分析处理，并得到距爆心 10m 处的最大质点峰值振动速度值。

(3) 通过计算，确定了自定义损伤本构模型中的损伤阈值，采用此参数的动力损伤本构模型适合于本工程岩体的数值计算分析。

(4) 自定义损伤本构模型在数值计算过程中，将爆破产生的损伤效应代入了各个时间步之间，考虑了不可逆的损伤效应对于岩体物理力学参数的折减，而且同时考虑到了岩体材料的应变率效应，从而使得计算结果更加符合实际情况。

6.6　深埋地下厂房爆破开挖围岩损伤特性

随着科学技术的不断更新，地下工程开挖的方式也不断变化，新型的开挖方式(如掘进机等)逐渐被引入实际工程中，但现阶段使用最多以及用途最广的还是钻孔爆破法，其具有经济、高效的优点，但相对于掘进机等新型的开挖方式，还存在一些不足之处，如炸药运输及装填的安全性需要提高、对于爆破开挖区外的岩体的损伤等。

6.6.1　围岩损伤监测手段研究现状

1. 声发射损伤监测

材料中局域源快速释放能量产生瞬态弹性波的现象称为声发射，有时也称为应力波发射。材料在应力作用下的变形与裂纹扩展，是结构失效的重要机制。这种直接与变形和断裂机制有关的源，称为声发射源。近年来，流体泄漏、摩擦、撞击、燃烧等与变形和断裂机制无直接关系的另一类弹性波源，称为其他或二次声发射源。

现代声发射技术以20世纪50年代初发现的Kaiser效应为标志。Kaiser效应就是对材料进行重复加载时，只有荷载达到材料先前所受的最大荷载后，才会有明显的声发射产生。在脆性岩石中声发射的Kaiser效应也普遍存在。

20世纪50年代前后，美国、苏联、德国等国家首先应用声发射技术对各种金属矿、煤矿以及隧道工程的安全稳定问题进行监测和预报。60年代以后，南非、日本、波兰等国家也开展了岩石声发射技术的研究工作，研究的内容还扩大到边坡稳定、岩爆等方面。

在我国，声发射技术的研究从20世纪70年代开始，目前已在材料工程、压力容器评价、结构完整性评估、地应力测量、工程结构稳定性监测等领域取得可喜成果。

2. 钻孔摄像技术

长期以来，钻孔岩芯测定方法是各类岩土工程中广泛采用的探测岩体结构完整性不可缺少的重要手段之一，在工程基础勘察方面发挥了巨大的作用，为工程的设计和施工提供了第一手地质资料。然而，由于地质条件的特殊性和复杂性，如软弱或破碎岩体、溶洞、断层和破碎带等，以及钻探技术的局限性，如机械扰动导致的低取芯率或零取芯率，往往使这种方法失去了其准确性，有时甚至可能导致错误的结果。

20世纪80年代末，发展起来的数字全景钻孔摄像技术，实现了对钻孔空间信息的获取、量测、存储、分析、管理、平面和三维显示，为地质勘探、工程安全监测及工程质量检测提供了新的手段。数字全景钻孔摄像系统的关键是全景技术(截头的锥面反射镜)和数字技术(数字视频和数字图像)的突破。全景技术实现了360°钻孔孔壁的二维表示，叠加方位信息后形成的平面图像称为全景图像；数字技术实现了视频图像的数字化，通过全景图像的逆变换算法，还原真实的钻孔孔壁，形成钻孔孔壁的数字柱状图像。

近年来，钻孔摄像相关技术在道路、岩土模型试验、土体剪切带识别、地基离心试验、隧道模型试验等方面得到越来越多的应用，靖洪文等[71]用钻孔摄像测试技术研制了全景数字摄像及图像处理系统，在用声波法测试困难的煤系地层巷道中成功地取得了煤层、泥岩和砂岩组合围岩中松动圈分布的数据，为研究煤层巷道的稳定性提供了依据。目前，对于数字钻孔摄像技术的研究和应用主要集中在地质勘探和工程地质检测领域，并取得了良好的效果。

数字式全景钻孔摄像系统的结构由硬件和软件两部分组成。

硬件部分由全景摄像探头、控制箱、深度脉冲发生器、视频记录器、计算机、绞车及专用电缆等组成。全景摄像探头是该系统的关键设备，它的内部包含有可获得全景图像的截头锥面反射镜、提供探测照明的光源、用于定位的磁性罗盘以及微型 CCD 摄像机。全景摄像探头采用了高压密封技术，最深可探测到 1000m。深度脉冲发生器是该系统的定位设备之一，它由测量轮、光电转角编码器、深度信号采集板以及接口板组成。

深度是一个数字量，它有两个作用：一是确定探头的准确位置；二是对系统进行自动探测的控制。数字全景钻孔摄像系统通过电缆将数字全景探头放入工程钻孔中，来获取钻孔内岩壁的光学图像。全景探头自带光源，对孔壁进行实时照明和拍摄，孔壁图像经锥面反射镜变换后形成全景图像，其探测深度位置则由井口支架处的深度测量轮来定位和计算。全景图像与罗盘方位图像一并进入摄像设备，摄像设备将摄取的图像经专用电缆线传输至位于地面的视频分配器中，一路进入视频像器，记录探测的全过程，另一路进入计算机内进行数字化。位于绞车上的测量轮实时测量探头所处的位置，并通过接口板将深度值置于计算机内的专用端口中，由深度值控制捕获卡的捕获方式。在连续捕获方式下，全景图像被快速地还原成平面展开图，并实时地显示出来，用于现场记录和监测，在静止捕获方式下，全景图像被快速地存储起来，用于现场的快速分析和室内的统计分析，所有的光电信号都可以通过电缆传输到计算机或其他存储设备，并利用系统自制软件进行分析处理，以观测和分析钻孔中地质体的各种特征和细微变化，为工程提供直观和丰富的地质信息。

软件部分功能如下：①用于室内的统计分析及结果输出；②图像数据来源于实时监视系统的结果；③具有连续播放能力，能够对图像进行处理，形成各种结果图像；④优化还原变换算法，保证探测的精度；⑤具有计算与分析能力，包括计算结构面产状、隙宽等；⑥能够对探测结果进行统计分析，并建立数据库。

3. 超声波测速法

围岩松动圈及损伤区有许多实测方法，超声波测速法是最为常用的方法。声发射监测仪器的作用是接收声发射信号并把接收到的信号经过处理传送到显示设备。声发射从接收到传送至计算机需要使用四种设备，即声发射传感器、信号放大器、滤波器、信号转换器。

声发射传感器的作用是将传送到物体表面的弹性波变换成电信号。对于不同材料，其发出的声发射信号的频率相差很大；甚至同种材料由于研究的范围不同，所需要监测的声发射信号频率也不一样。因此，根据监测对象选用具有合适响应频率的传感器。根据室内岩石力学试验选择响应频率范围在 $10^4\sim10^6$ 的传感器比较合适，在此基础上选择包括其在内的现场传感器响应频率为 1～1000kHz。

根据声发射参数本身的内涵及对声发射信号描述方式和研究角度的不同，声发射参数可以分为基本参数和特征参数两类。基本参数是指通过测试仪器直接得到时域或频域参数;特征参数是指从基本参数序列中提取出来的有关过程或状态变化的信息,是研究者根据自己的研究对象和研究目的,借助数学方法和相关理论所定义或构造的再生式声发射参数。

基本参数和特征参数又可进一步分为过程参数和状态参数。过程参数是对整个声发射过程或某个子过程的描述,是过程总体行为的反映,而状态参数反映的是在声发射过程中某一状态下(瞬间)的声发射行为,是瞬时量。常用的声发射基本参数中,累积参数(如累积事件数、振铃计数、累积释能量等)和统计参数(如幅度分布、频率分布、上升时间分布等)都属于过程参数;而声发射事件率、声发射率、释能率等属于状态参数。

随着超声波测试技术在岩石工程中的广泛应用,运用超声波研究岩石损伤特性对岩石超声波测试技术进入定量化具有重要的意义。实践表明,不同损伤程度的岩石具有不同的声学特性和不同的超声波传播参数,因此研究岩石声学特性随开采过程的参数变化,可以得到相应的围岩损伤演化规律。借助损伤力学的观点,用岩石在未受荷载条件下的超声波速定义岩石的初始损伤变量;然后基于作者提出的岩石在受荷载条件下的声学特性模型,建立岩石损伤演化模型;从而给出运用岩石超声波速估计岩石强度的近似方法,表明岩石的声波变化率在一定程度上反映了岩石的损伤程度。

6.6.2 开挖损伤评估计算研究现状

对于开挖损伤区岩体爆破损伤程度和范围的确定,目前理论研究远远落后于工程实践的需要,一般采取事后测试或过程监测的方法。主要包括三个方面:①基于现场测试结合工程经验进行预测;②基于等效柔度张量法、等效弹性模量法和等效孔洞体积法,对岩体开挖损伤演化、变形的时效进行预测;③基于非线性理论、随机过程理论和时变力学理论对施工过程进行计算机仿真模拟,预测后续开挖损伤状态。

损伤的生长过程可以再现灾变的孕育、发生过程,具有非常深刻的物理力学背景,通过计算机仿真再现岩体损伤演化过程,成为目前研究围岩损伤演化的有效手段之一,是当前国内应用较为广泛的方法。例如,利用人工神经网络预测超塑变形时的空洞损伤程度,对岩石基础复合材料支护大尺度采空区动力损伤演化趋势进行统计预测,将遗传算法与神经网络结合进行变形演化特征识别与时效变形智能预测;利用分形维数的计算模型预测爆破块度分布基于支持向量机理论的预测岩体爆破振动损伤效应;利用时间序列分析法对工程技术中随时间的推移而具有随机性的问题进行统计分析,将基于弹性纵波波速定义初始损伤量,利用渐进性数值模型反演开挖过程中围岩的宏观力学参数。

爆破开挖过程中，会对洞室开挖轮廓线外的保留岩体造成损伤效应，而如何通过数值模拟计算出损伤单元的分布图，对解决爆破对于岩体的损伤效应具有重大的意义。本节根据保留围岩单元的 F_d 来确定爆炸荷载作用岩体之后的损伤范围，也就是满足 $F_d>0.3$ 的岩体单元即被认为是处于损伤状态的岩体单元。

在模拟岩体爆破损伤效应的动力有限元计算程序中，根据有限元计算原理，将外部荷载施加于岩体结构的过程分为许多个荷载步，每个荷载步中，岩体单元内部的应力都处于变化之中，因此必须对每个荷载步内的单元进行受力状态判断，只要待判断单元的 $F_d>0.3$，则该单元就为爆炸荷载作用下岩体内的损伤单元，这些损伤单元的集合就是岩体的损伤区域。

对此，本章通过 FORTRAN 语言编制了相应的程序，可对每个时间子步内的单元进行检验，得出开挖洞室保留围岩单元的最大 F_d 值分布图，在此基础上进行损伤单元的判断，选取出损伤单元分布区域。

6.6.3　动静荷载组合作用下岩体损伤特征

在深部的地下岩体开挖工程中，岩体在承受很大地应力的同时，还会受到爆破振动等动荷载的影响。一般情况下，高应力条件下的爆破开挖会对附近的岩体造成破坏和损伤。破坏区内的岩体完全失去了承载能力，损伤区内的岩体承载能力降低，渗透性明显增加。

在实际的爆破开挖过程中，岩体内部原有的裂纹首先会在炮孔连线的方向上扩展，当达到一定的程度，即两炮孔间的裂隙贯通时，可能会引起岩体碎块的抛离，形成新的开挖面。同时，初始地应力的存在会改变爆破时所产生的应力波的传播规律，引起应力波传播过程中稀疏波及反射拉伸波的波头发生变化，压缩波头得到了加强，使得压缩破碎区的范围增大。对于更深部的岩体，岩石的强度显著增加，岩体处于高压缩变形或者破坏极限状态。此时，爆破会对围岩产生更大的破坏和扰动，甚至会引起岩爆等灾害。动静力组合荷载下对岩体的损伤在具体的试验研究中也有所研究，三轴压缩动静力组合下，岩石会出现一些变形特征：

(1)弹性模量的变化。这是因为原始的岩体内部存在着或多或少的微裂纹，当三个方向的压力加到一定程度时，这些微裂纹闭合，使得岩石变得致密坚硬，其弹性模量也会增大。在围压不变的情况下，随着轴向压力的不断增大，岩石逐渐变得致密，通常情况下，这一阶段为弹性阶段。当轴向压力超过弹性阶段后，岩体内的微裂纹会在闭合的基础上重新开始发育，而且随着裂纹数量的增多和发展，加重了岩石的损伤，此时，岩石的弹性模量降低。

(2)应变率的变化。岩石应变率的变化可以反映出岩石在受力情况下变形的快慢。其中，平均应变率反映了岩石整体变形的快慢，最大应变率反映了岩石变形最快的某一瞬间。当围压不断增大时，岩体内部的裂纹逐渐闭合，致密度变高，岩石的平均应变率降低，最大应变率也降低。在进入损伤阶段后，轴向压力的增大使得岩石损伤加重，小的扰动会使岩石发生很大的位移，使得岩石的最大应变率增大，岩体发生破坏。

结合地下厂房Ⅰ层中导洞开挖进行数值模拟计算，将三向地应力都设置为10MPa时，所得到的静力场作用下围岩损伤如图6.12(a)所示，围岩静载与爆炸荷载组合作用下的围岩损伤如图6.12(b)所示。

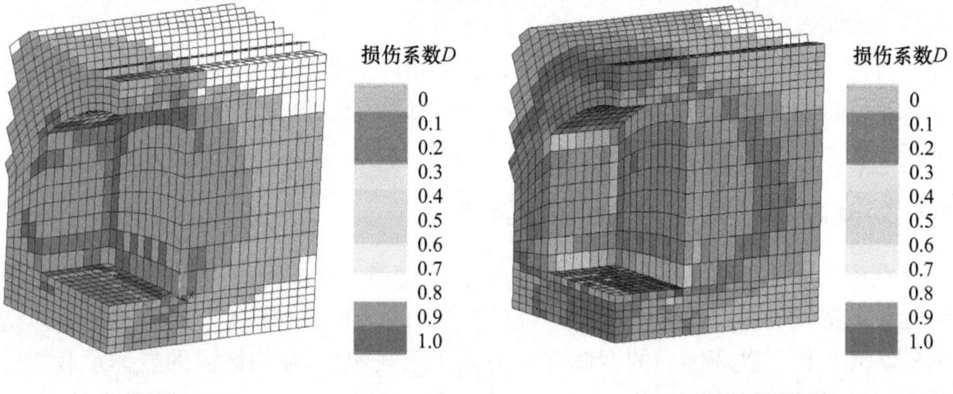

(a) 静载作用下　　(b) 动静荷载组合作用下

图6.12　不同荷载条件下岩体损伤分布图

从图6.12可以看出，损伤程度较大的部位出现在拱脚和墙角，这些部位围岩在地应力作用下的应力集中程度较大；施加爆炸荷载之后，在动静力荷载组合作用下边墙和顶拱产生较大损伤区。在开挖掌子面周围选取5个断面，对应的与掌子面的距离分别为4m、2m、0m、−2m、−4m。开挖洞室沿洞轴线各个断面损伤单元分布剖面图如图6.13所示。

从图6.13可以看出，随着断面距掌子面距离的变化，断面上损伤分布的形状和深度均逐渐变化。在各断面上，损伤分布以洞壁和顶拱为主，虽然在静力作用下墙角和拱角均出现损伤，但在动静力组合作用下，动应力的影响较大且较为明显，静力场中形成的损伤区加深程度不大，反而边墙中部和拱顶损伤深度增加较大。

另外，爆炸应力波向掌子面前方传播时，与洞壁自由表面相互作用，形成反射拉伸效应，因此掌子面前方损伤更大，而在掌子面后方，由于岩体尚未开挖，应力波向掌子面内部传播，反而未引起更大损伤区。

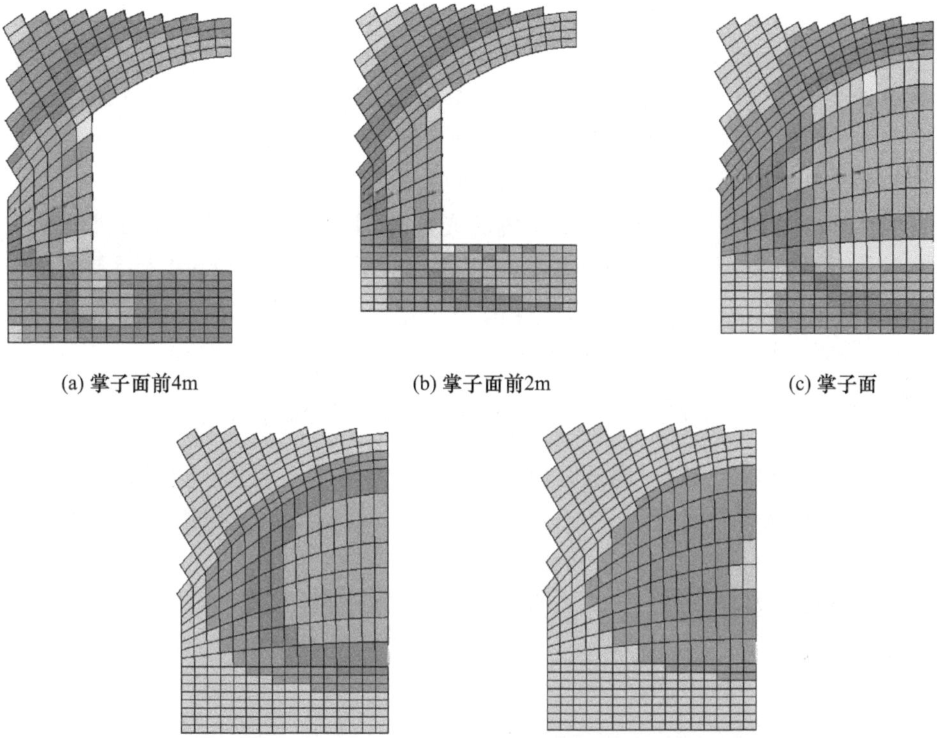

(a) 掌子面前4m (b) 掌子面前2m (c) 掌子面

(d) 掌子面后2m (e) 掌子面后4m

图 6.13 爆破开挖后各断面损伤单元分布剖面图

6.6.4 基于动力损伤本构模型计算结果的爆破开挖参数优化

1. 爆破开挖参数设计原理

地下工程隧洞进行爆破开挖过程中，为了减小对隧洞周边保留岩体的扰动损伤效应，在开挖参数设计中靠近待开挖断面的周边大都布置光面炮孔。光面爆破既可以使开挖轮廓足够平整，减少爆破开挖之后超欠挖工程量，又可以减小对轮廓线外保留岩体的开挖扰动，增加开挖之后岩壁的稳定性，确保施工安全及为后期的支护工作提供便利，广泛运用于地下隧洞工程中全幅及分层开挖中上层全幅爆破开挖。

光面爆破的原理是沿着开挖轮廓线布置间距较小的一圈炮孔，这些炮孔相对于掏槽及崩落炮孔装药量小，而且采用不耦合装药，爆破段位于掏槽及崩落炮孔之后，同时起爆以形成沿光面炮孔连心线的平整光面。由于光面爆破孔采用药量较小的不耦合装药，单孔产生的爆炸荷载较小，而且炮孔之间的间距不大，同时起爆后爆生主裂纹沿着相邻炮孔连心线方向优先发展，裂纹形成后炮孔内的爆轰压力迅速降低，当此压力低于岩石的抗压强度时，只会对开挖轮廓线外的保留岩体内部引起少许径向微裂纹。当光面炮孔孔径一定时，孔内的不耦合装药系数越小则产生的径向微裂纹数量和长度均明显降低，但不耦合系数过小则会导致轮廓线保留岩体表面半孔率降低，发生欠挖现象，增大后续工作量。

虽然光面爆破要求沿着轮廓线布置的光爆孔同时起爆，但是由于爆破器材产生的误差不可避免，光爆孔不可能在同一时间起爆，先起爆的炮孔在其周围的岩体内产生大量的径向微裂纹，为后续起爆的相邻炮孔的爆生裂纹提供优先的扩展方向，最后形成沿开挖轮廓线的贯通裂纹。

2. 装药结构、炮孔布置及起爆网路对爆炸荷载的影响

影响光面爆炸荷载以及爆破效果的主要参数为不耦合系数、炮孔间距、最小抵抗线、周边眼密集系数和装药集中度。光面爆炸荷载的大小及作用形式与上述这几种参数密切相关，各个参数的物理意义分别如下。

光面炮孔不耦合系数 D 一般指炮孔的径向不耦合系数，为炮孔直径与其内部装药卷直径之比，即

$$D=\frac{d}{d_0} \tag{6.84}$$

式中，d 为光爆孔直径；d_0 为光爆孔内部药卷直径。

随着不耦合系数的增加，光面爆炸荷载的峰值发生衰减，在实际工程中不耦合系数 D 一般取 1.25～2.0。

为了减小爆破开挖对于岩体的扰动效应，光爆孔大都采用轴向间隔装药，采用装药集中度来表征间隔装药的程度，以单位长度的装药量大小来表示，对于隧洞光爆开挖一般取 0.04～0.4kg/m。

光爆孔间距是影响光面爆破效果的主要因素，根据实际的工作经验，两个光爆孔之间的间距一般选取为 12～15 倍的炮孔直径。光爆孔间距的选取对是否能形成光滑的开挖轮廓面很重要，选取得过小会导致对于轮廓线外岩体的损伤过大，过大则待开挖岩体爆破质量变差，发生欠挖现象影响后续施工。

将光爆孔的间距与其最小抵抗线的比值定义为光爆孔的密集系数。光爆孔的密集系数对光面爆破效果影响最大。当密集系数为 1 时，可以形成达到光面爆破效果的爆破漏斗；当密集系数大于 1 时，会发生欠挖现象；当密集系数小于 1 时，会发生超挖现象。其余的爆破参数为炮孔直径、孔深与角度等，国内地下工程爆破开挖中周边光爆孔的直径范围为 35～50mm。光爆孔的孔深由爆破开挖进尺决定，布置在设计轮廓线上，垂直布孔。

3. 爆破开挖参数优化分析

光面爆破是通过不耦合装药的光爆孔爆破使得炮孔周围的裂纹沿着预定方向扩展成缝，拟达到完整切割待爆破开挖区域及保留区域岩体的目的。它和基于爆破理论基础上的普通爆破开挖在开挖目的、作用机制和爆破质量分级上都不尽相同。

式(6.72)可得，等效光面爆炸荷载的大小与径向、轴向不耦合系数、炸药性质、炮孔直径和炮孔间距有关，最终施加在数值模型上的等效光面爆炸荷载 P_e 为

$$p_e=\frac{\rho_0 D_0^2}{2(1+k)}\left(\frac{d_e}{d_b}\right)^{2k}\left(\frac{l_e}{l_b}\right)^{k} n \tag{6.85}$$

式中，a 为光爆孔连心线距离；d_e/d_b 为光爆孔径向不耦合系数；l_e/l_b 为光爆药卷总长度与光爆孔装药段长度的比值；k 为炸药的等熵指数，一般取 3；ρ_0 为炸药密度；D_0 为炸药爆轰速度；n 为爆生气体膨胀之后在炮孔壁产生压力的增大系数，$n=8\sim11$，一般取 10。

6.6.5　基于动力损伤本构模型的地下厂房爆破开挖参数校核

1. 施工预裂爆破数值模拟

预裂爆破的数值模拟采用动力有限元方法计算，采用与表 6.5 相同的岩体力学参数及动力损伤本构模型，其中模型宽 105m、高 108m、深 30m，总共划分为 405980 个单元和 426491 个节点。由于地下厂房设计轮廓以轴线对称，采用对称模型进行计算，在对称面上施加对称边界，其他外边界轮廓面上施加无反射边界以消除动力荷载反射对计算带来的误差。网格划分采用局部加密、等比放大的方法进行，其中，将预裂爆破孔的半孔壁网格划分为 4 段，并依照施工实际的装药结构计算爆炸荷载并将爆炸荷载施加在炮孔壁上进行动力计算。计算模型如图 6.14 所示。

为了研究预裂爆破中不同孔距变化引起的围岩损伤效应，在计算中采用两种不同的预裂孔距和装药直径。其中，工况一是按照实际装药和布孔结构进行计算得到的爆炸荷载，工况二则是将预裂孔距和线装药密度均增大一倍。

为确定预裂爆破振动衰减规律，获得合理的爆破参数，对主厂房第Ⅱ层的预裂爆破进行爆破振动监测，测点沿地下厂房轴向靠边墙布置，记录的爆破振动信号用专用软件进行分析处理。爆心距为 10m 处，边墙底部测点的最大质点峰值振动速度对比如表 6.13 所示。

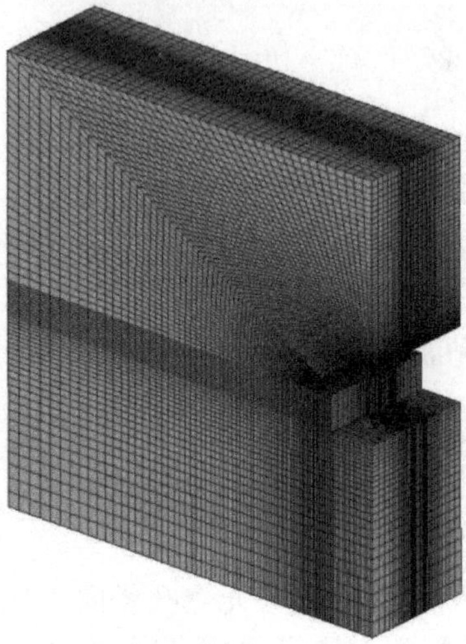

图 6.14　数值模型示意图

表 6.13　施工预裂试验爆心距为 10m 处质点的最大质点峰值振动速度

工况	爆心距为 10m 处质点的最大质点峰值振动速度/(cm/s)	
	垂直方向	水平方向
实测数据	14.0	7.53
工况一	12.81	8.36
工况二	14.34	10.27

各工况的围岩变形及损伤计算结果如图 6.15 所示。

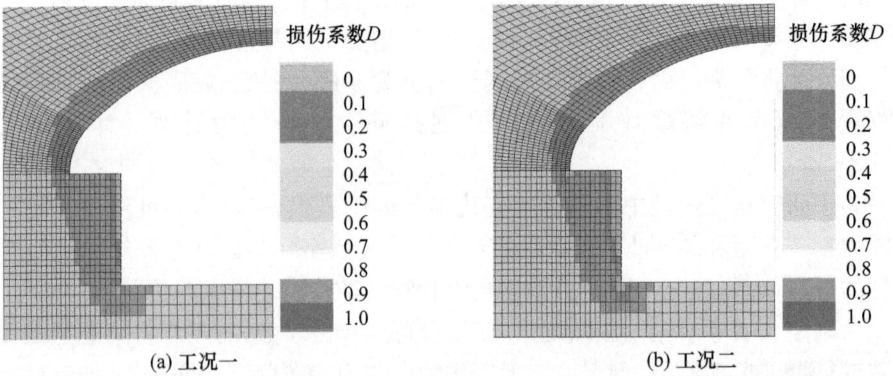

(a) 工况一　　(b) 工况二

图 6.15　不同工况损伤单元分布图

在施工过程中，为了提高施工效率，往往会考虑减少预裂孔数量、扩大孔径和单孔装药量，从爆破振动速度的角度分析，这种施工方法通常不会增大爆破的单响药量，因此理论上对于远区已经开挖洞段或喷锚支护等部位不会产生更大的损伤，然而，对于开挖洞段本身的围岩则有较大的影响。

分析表明，当按照设计推荐的爆破参数进行作业时，保留岩体部分损伤程度较轻，深度也较浅。而将预裂孔间距增大一倍，且线装药密度增加一倍的情况下，围岩损伤区的深度和范围明显增大，然而，在开挖过程中保留有 3m 的保护层，增大单孔药量后，预裂爆破未对最终保留岩体造成损伤。在实际施工过程中，若保留有一定厚度的保护层，则可以适当增大炮孔直径和间距，若保护层较薄或采用不留保护层的新工艺，则需要加密炮孔间距，减小炮孔直径，减弱单孔药量，以防止对保留岩体的损伤。

2. 梯段爆破数值模拟

预裂爆破的数值模拟采用动力有限元方法计算，采用与表 6.5 相同的岩体力学参数及动力损伤本构模型，其中模型宽 105m、高 108m、深 30m，总共划分为 401 422 个单元和 415 739 个节点。由于地下厂房设计轮廓以轴线对称，采用对称模型进行计算，在对称面上施加对称边界，其他外边界轮廓面上施加无反射边界以消除动力荷载反射对计算带来的误差。网格划分采用局部加密、等比放大的方法进行，其中将主爆孔进行完整建模，并依照实际的爆破网路，对其中最大单响所对应的炮孔内壁施加爆炸荷载，并将根据装药结构计算所得的爆炸荷载施加到炮孔壁内，从而模拟群孔爆破的动力扰动效果。计算模型如图 6.16 所示。

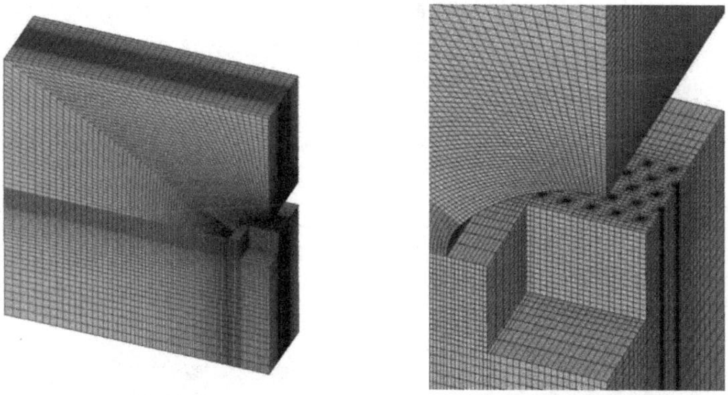

(a) 整体模型　　(b) 细部放大

图 6.16　地下厂房Ⅱ层梯段爆破开挖模型

对推荐的爆破参数进行数值分析，以评估其是否符合对围岩保护和控制损伤范围的要求，经过对称后的掌子面的损伤单元分布图如图 6.17 所示。可以看出，由于预裂缝的存在，梯段爆破引起的损伤范围并未深入边墙保护层，而是在底板中心处产生较大损伤，符合生产要求。

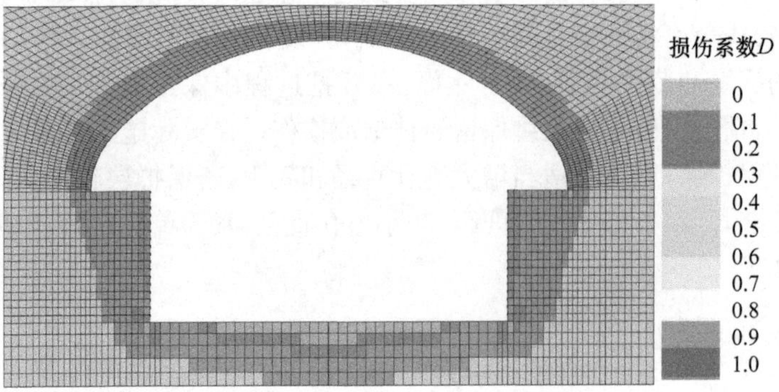

图 6.17　损伤单元分布图

6.6.6　深埋地下厂房边墙保护层爆破开挖损伤规律研究

本节的数值模拟针对的是溪洛渡水电站地下厂房保护层爆破开挖中的光爆孔爆破，尝试利用数值方法分析不同孔间距及装药参数，为参数优化提供理论支持。

1. 地下厂房保护层光面爆破开挖数值模拟

根据地下厂房保护层开挖实测资料，以及地下厂房的空间尺寸，建立如图 6.18 所示的数值模型，模型的单元数量共 446585 个，采用 Solid164 单元进行数

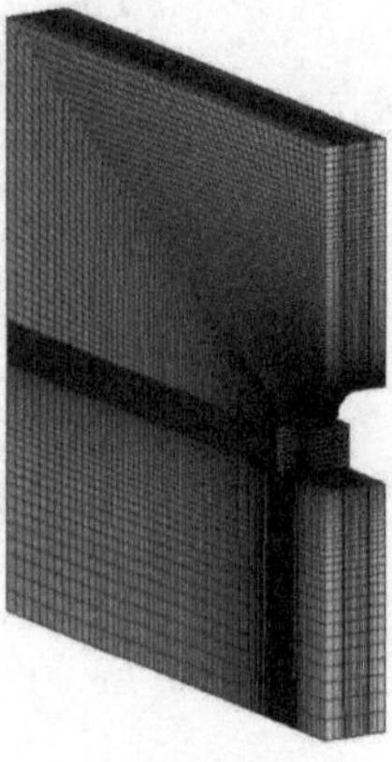

(a) 整体模型

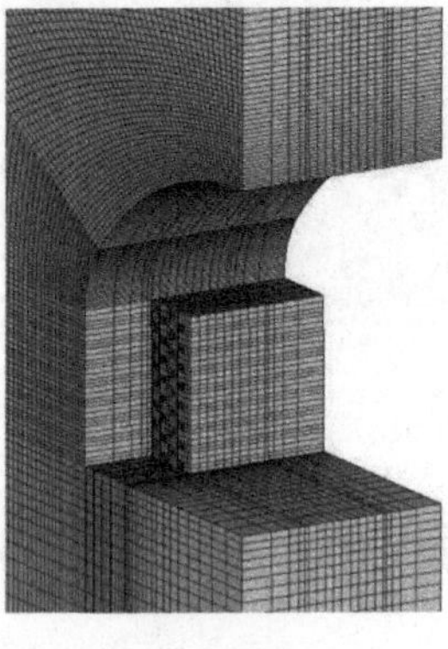

(b) 细部放大

图 6.18　地下厂房Ⅱ层边墙保护层开挖计算模型

值模拟。由于地下厂房设计轮廓以轴线对称，采用对称模型进行计算，在对称面上施加对称边界，其他外边界轮廓面上施加无反射边界以消除动力荷载反射对计算带来的误差。网格划分采用局部加密、等比放大的方法进行，其中，将各炮孔进行完整建模，并将依据装药结构计算所得的爆炸荷载施加到炮孔壁内，从而模拟群孔爆破的动力扰动效果，并依照实际的爆破网路，对其中最大单响所对应的炮孔内壁施加爆炸荷载。

数值计算采用的本构模型为本章中自定义损伤本构模型。地应力及约束加载示意图如图 6.19 所示，其中模型的前后也施加了垂直前后面的法向约束。

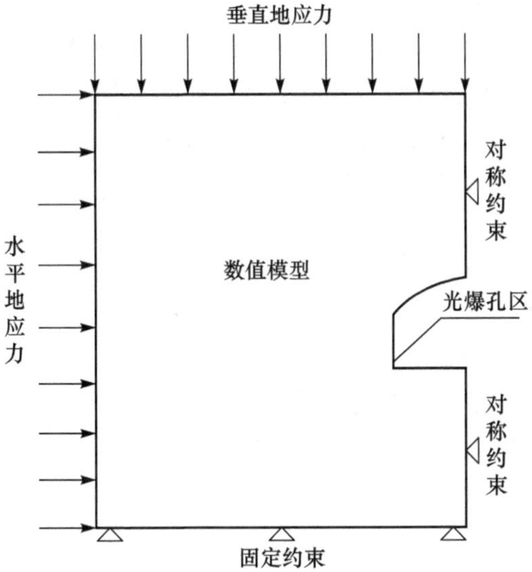

图 6.19　地应力及约束加载示意图

光面爆破开挖中由于光爆孔爆破直接接触保留岩体，光面爆破开挖对保留岩体的损伤效应主要由光面炮孔爆破作用产生。地下厂房中采用的光爆药卷的密度为 0.95g/cm^3，爆轰速度为 3200m/s，采用 25mm 的药卷，不耦合系数为 0.5，炮孔装药段长度为 4m。

通过式(6.73)计算出单个光爆孔爆炸荷载峰值为 320.5MPa。模型中部分光爆孔的布置图如图 6.20 所示。数值计算中炮孔压力直接施加在光爆孔内壁上，施加简图如图 6.21 所示。由于炮孔直径相比整个模型宽度仅为千分之一，为协调计算速度和模拟精度之间的关系，将炮孔周边近似简化为多边形进行加载，随着应力波向炮孔外传播，相对我们重点研究的高边墙部位来说则不会有明显影响。

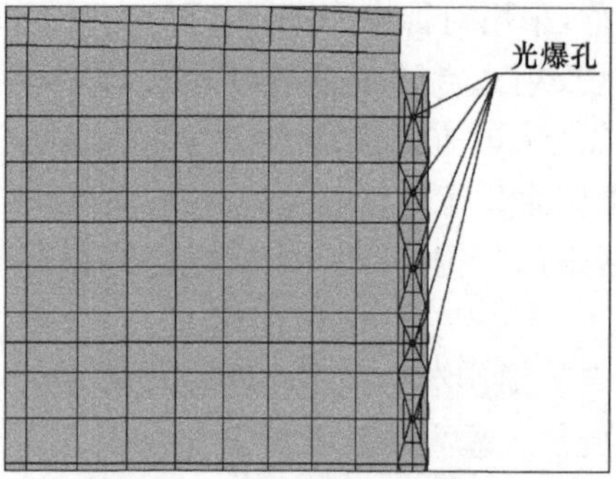

图 6.20　部分光爆孔布置图

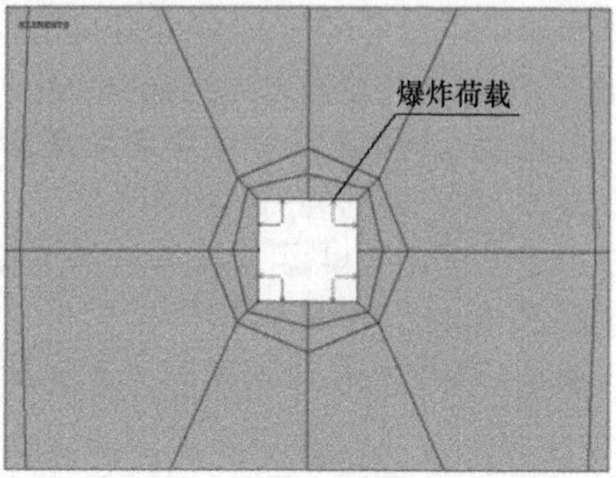

图 6.21　光面炮孔荷载施加简图

数值计算中施加的地应力大小为 10MPa，不同之处在于爆炸荷载峰值的区别，本节数值模型上施加的地应力及爆炸荷载曲线如图 6.22 所示。整个数值计算的计算时域为 1s，其中地应力在整个计算过程中一直作用于岩体结构，而爆炸荷载施加的时间段为 0.5～0.517s，爆炸荷载的峰值时间为 0.5023s。

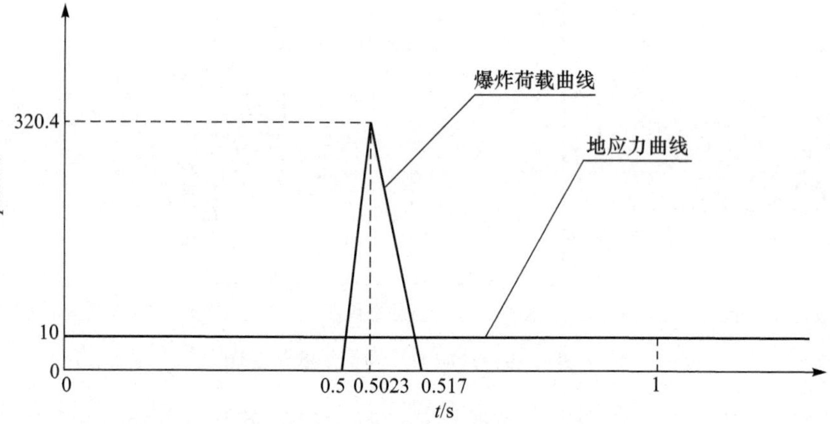

图 6.22　地应力及爆炸荷载施加曲线图

如何通过数值模拟计算出损伤单元的分布图，对解决爆破对于岩体的损伤效应具有重大的意义。本章根据寻找单元的 F_d 值来确定出爆炸荷载作用岩体之后的损伤范围。在模拟岩体爆破损伤效应的动力有限元计算过程中，将外部荷载作用于岩体结构的过程分为许多个荷载步。每个荷载步中，岩体单元内部的应力都处于变化之中，因此必须对每个荷载步内的所有单元进行受力状态判断，即计算出单元的 F_d 值分布图。在此基础上，对每个荷载步进行一次循环，最终可以得出所有单元在所有荷载步中出现过的最大 F_d 值分布图。对此本节通过 FORTRAN 语言编制了相应的程序。

由于数值模型内部的全部单元数量非常巨大，如果要在每一时步搜索所有的单元,需要占用的计算时间会相当长,因此只需对光面爆破开挖的地下厂房围岩周边单元进行搜索分析。采用上述方法,对于模型数值计算前的地应力单独加载时造成的围岩损伤范围进行搜索,得出的结果如图 6.23 所示。

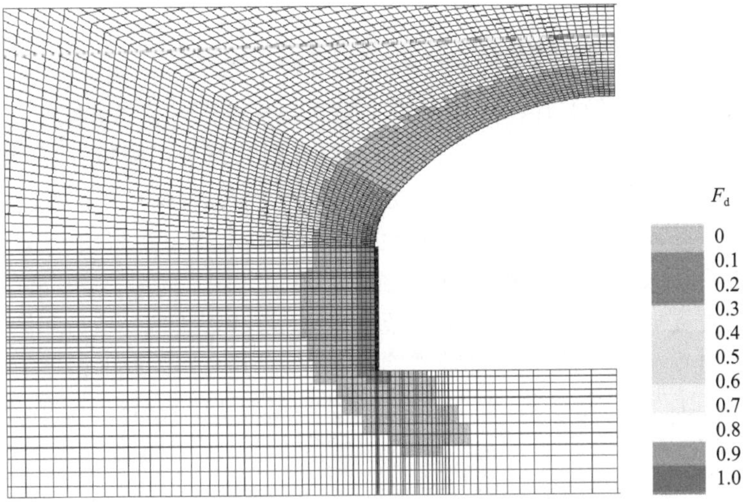

图 6.23　地应力作用下围岩 F_d 值分布图

计算得到的围岩主应力分布图如图 6.24 所示。可以看出,围岩在墙角和拱脚处有明显的应力集中,在地应力静载作用下易产生压剪损伤区,足以说明自定义损伤本构模型中对压剪应力的考虑是非常必要的,同时压剪应力集中区与静载作用下的损伤分布部位也较为一致。

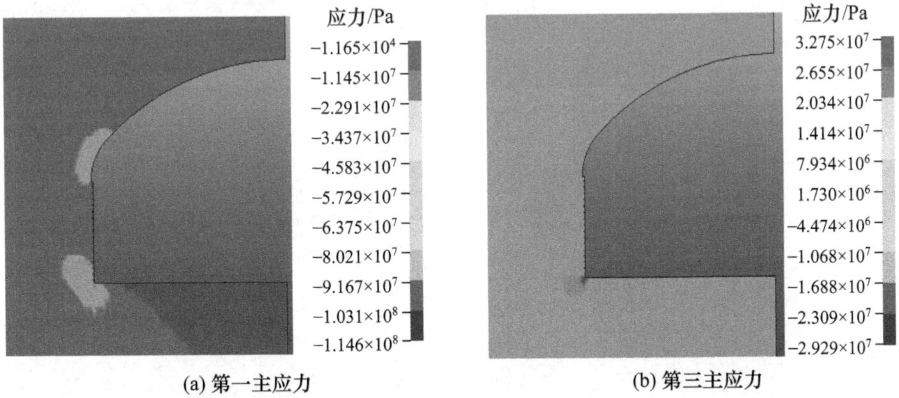

图 6.24　开挖完成后围岩主应力分布图(注:以拉应力为正)

根据本章中本构模型参数确定过程可知，当单元的 F_d 最大值大于 0.3 时，即可认为该单元为损伤单元。图中满足损伤的单元很少，且分布于拱脚及墙角部位，损伤深度分别为 0.18m 和 0.21m。图中 F_d 值处于 0.1～0.2 的区域分布最大，位于洞室拱顶至墙角部位轮廓线之后，而 0.2～0.3 的部位位于直墙轮廓线外侧。

2. 水平光爆孔装药直径对保留岩体损伤范围的影响

为研究不同大小的爆炸荷载对保护层围岩损伤范围的影响，本节采用四种不同的工况进行对比分析。采用 0.5m 水平光爆孔距进行数值模拟计算，其中，假设炸药起爆后炮孔壁上的爆炸荷载峰值大小分为四种情况，分别为 160MPa、320MPa、640MPa、960MPa，对应的药卷直径为 22mm、25mm、28mm、30mm，根据不同的爆炸荷载大小依次确定为工况 1 至工况 4。

数值计算完成后，对围岩单元进行搜索得出围岩单元的 F_d 值分布图。由于数值模型为三维模型，但数值模型加载沿着 z 方向均匀分布，因此取模型沿着 z 方向边长的中点剖面为研究对象，得出各个工况下断面围岩单元的 F_d 值分布图，如图 6.25 所示。

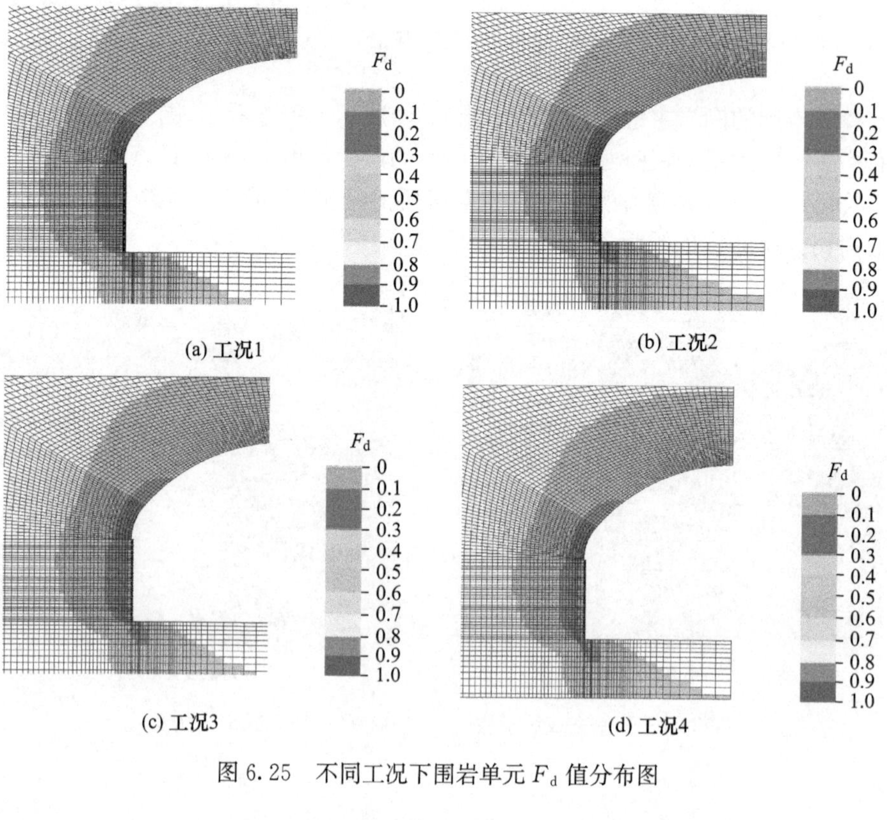

(a) 工况1　(b) 工况2　(c) 工况3　(d) 工况4

图 6.25　不同工况下围岩单元 F_d 值分布图

由上述各个工况下的保护层围岩的 F_d 值分布图可知，结合确定的参数可知当 $F_d>0.3$ 时认为岩体损伤。综合上述四种不同的药卷直径对应工况下围岩损伤单元分布图可见，围岩损伤均位于水平光爆孔的周围，且随着药卷直径的增大而加深。将四个工况中墙角的损伤情况与 6.6.5 节中地应力作用下墙角的围岩损伤进行对比后发现，墙角的损伤深度变化比其他部位小。将不同爆炸荷载作用下洞室围岩各个关键部位的损伤深度数据提取出来，结果如表 6.14 所示。

表 6.14　不同工况下围岩损伤深度表

爆炸荷载/MPa	损伤深度/m		
	墙角	边墙中部	拱脚
仅二次应力场作用	0.13	0	0.11
22mm 药卷爆破＋二次应力场	0.58	0.58	0.88
25mm 药卷爆破＋二次应力场	0.58	0.89	1.77
28mm 药卷爆破＋二次应力场	0.89	1.2	2.64
30mm 药卷爆破＋二次应力场	1.2	1.52	3.53

当爆炸荷载一定时，不同的装药结构下直墙的最大损伤范围基本相同。对于围岩拱脚部位的损伤范围，变化最大的就是沿着洞室轮廓线上起拱线围岩表层分布损伤单元分布长度。而对于墙角附近的损伤单元，其损伤范围主要位于墙角两侧部位，当爆炸荷载大小为 160MPa 和 320MPa 时，其损伤范围变化不大，而当爆炸荷载增大到 640MPa 时，其损伤范围迅速增大。同时提取出拱脚、边墙中部和墙角部位最大损伤深度与爆炸荷载之间的关系，如图 6.26 所示。

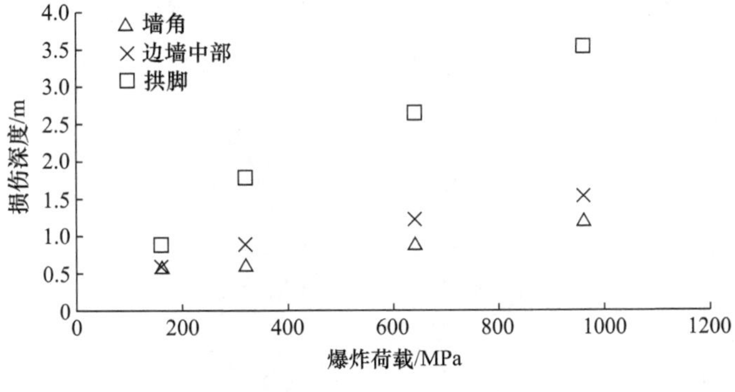

图 6.26　不同测点处围岩最大损伤深度随爆炸荷载变化图

本节采用孔距为 1m 的水平光爆孔进行数值模拟计算，其中，假设炸药起爆后炮孔壁上的爆炸荷载峰值大小分为四种不同情况，分别为 160MPa、320MPa、640MPa、960MPa，对应的药卷直径为 22mm、25mm、28mm、30mm，工况编号随着爆炸荷载的增大依次确定为工况 5 到工况 8。

数值计算完成后，对围岩单元进行搜索得出围岩单元的 F_d 值分布图。为了研究保护层水平光面爆破过程中诱发的最大损伤范围，取模型加载洞段的中部剖面为研究对象，得出各个工况下断面围岩单元的 F_d 值分布图，如图 6.27～图 6.32 所示。

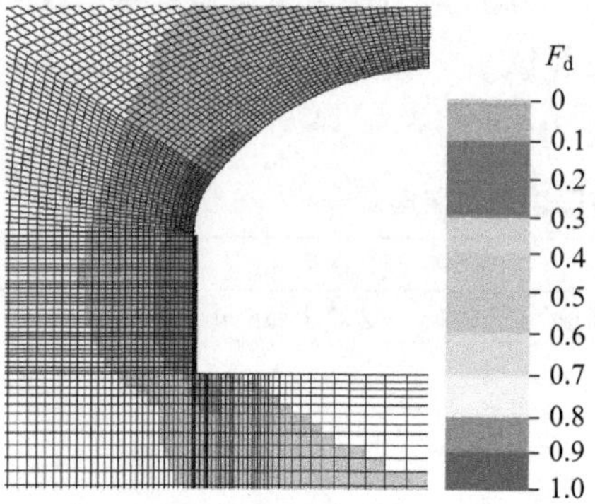

图 6.27　工况 5 围岩单元 F_d 值分布图

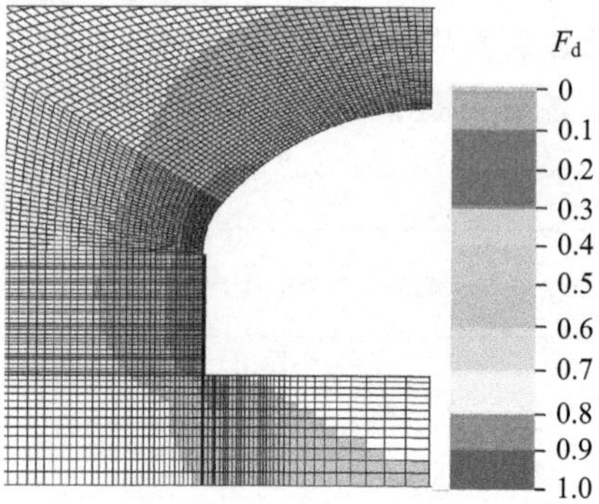

图 6.28　工况 6 围岩单元 F_d 值分布图

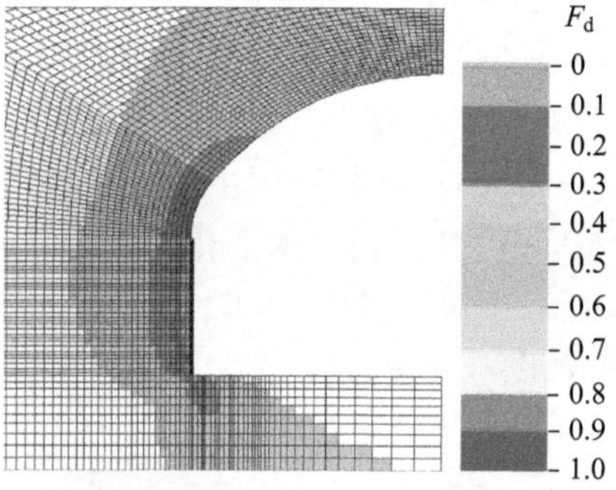

图 6.29　工况 7 围岩单元 F_d 值分布图

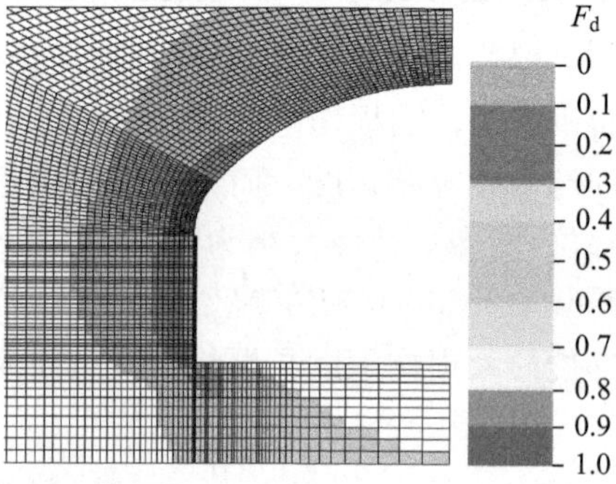

图 6.30　工况 8 围岩单元 F_d 值分布图

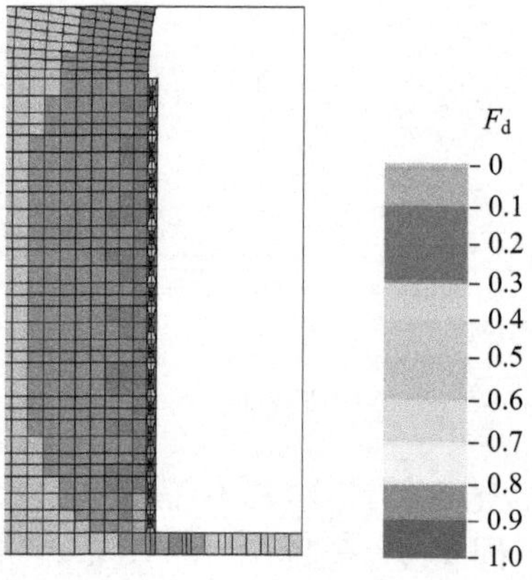

图 6.31　20MPa 爆炸荷载作用下大孔距水平光爆孔围岩单元 F_d 值分布图

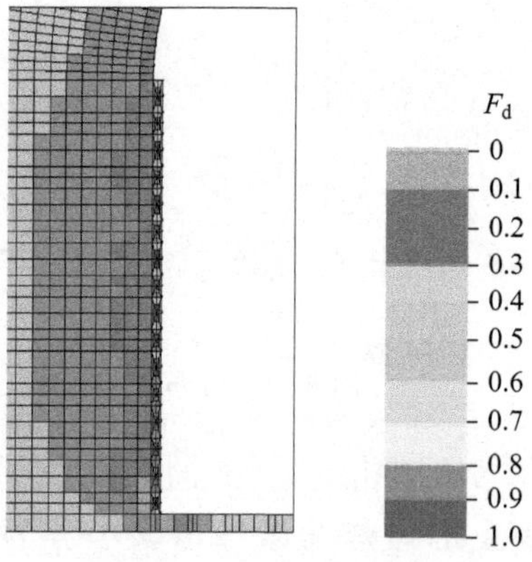

图 6.32　320MPa 爆炸荷载作用下小孔距水平光爆孔围岩单元 F_d 值分布图

从图 6.27 和图 6.30 可以看出，通过将 0.5m 孔距与 1m 孔距的不同计算结果进行对比，不难发现，爆破损伤是以炮孔装药为中心向外延伸，当孔距增大后，损伤区域逐渐离散，形成锯齿状的损伤区。从断面上各点爆破损伤的最大深度来看，两种工况结果较为一致，但分布形状有所不同。

在一些工程中，时常出现炸药型号单一问题，施工人员偶尔会以 32mm 的药卷代替 25mm 的药卷进行装填，并且认为采用增大孔距的方式同样可以控制损伤深度。通过以上两种工况计算对比可知，不同于爆源远区由地震波诱发的损伤，爆源近区的损伤深度更多的是由装药直径所控制，增大孔距虽然可以控制损伤区的形状，但总体上还是增大了损伤区面积和深度，不利于围岩稳定。

6.6.7　小结

针对爆破开挖导致的保留区外岩体的损伤范围进行的大量研究发现，在地下洞室群多个工作面之间的爆破开挖中难免存在相互影响的情况，对洞室群之间爆破开挖的相互影响进行定量研究，并借助数值模拟的手段开展。得出的主要结论如下：

(1) 基于自定义损伤指标量和损伤本构模型开展损伤计算，对开挖洞室围岩单元以及邻近洞室围岩单元的最大 F_d 值进行研究分析，选取出损伤单元分布区域。随着断面距掌子面距离的变化，断面上损伤分布的形状和深度均逐渐变化。在动静力组合作用下，动应力的影响较大且较为明显，静力场中形成的损伤区加深程度不大，反而边墙中部和拱顶损伤深度增加较大。

(2) 爆炸应力波向掌子面前方传播时，与洞壁自由表面相互作用，形成反射拉伸效应，因此掌子面前方损伤深度更大，而在掌子面后方，由于岩体尚未开挖，应力波向掌子面内部传播，反而未引起更大损伤区。

(3) 通过单孔爆炸荷载的计算公式及简化的爆炸荷载施加公式，分析得出等效光面爆炸荷载的大小与径向、轴向不耦合系数、炸药性质、炮孔直径和炮孔间距有关，从而确定数值模拟施加的等效光面爆炸荷载的取值。不同于爆破远区由地震波诱发的损伤，爆源近区的损伤深度更多的是由装药直径所控制，增大孔距虽然可以控制损伤区的形状，但总体上还是增大了损伤区面积和深度，不利于围岩稳定。

参 考 文 献

[1]　蒋玉川，胡兴福. 复合型裂纹扩展的最大塑性区尺度准则[J]. 四川大学学报(工程科学版)，2005，37(4)：11-14.

[2]　任伟中，王庚荪，白世伟，等. 共面闭合断续节理岩体的直剪强度研究[J]. 岩石力学与工程

学报,2003,22(10):1667-1672.

[3] 汤连生,张鹏程,王洋.岩体复合型裂纹的扩展规律Ⅱ.有水作用条件下[J].中山大学学报(自然科学版),2003,42(1):90-94.

[4] 汤连生,张鹏程,王洋.岩体复合型裂纹的扩展规律Ⅰ.无水作用条件下[J].中山大学学报(自然科学版),2002,41(6):90-94.

[5] Lemaitre J. How to use damage mechanics[J]. Nuclear Engineering and Design, 1984, 80(2):233-245.

[6] 韦立德,杨春和,徐卫亚.考虑体积塑性应变的岩石损伤本构模型研究[J].工程力学,2006,(1):139-143.

[7] Grady D E, Kipp M E. Continuum modelling of explosive fracture in oil shale[J]. International Journal of Rock Mechanics and Mining Sciences & Geomechanics Abstracts, 1980, 17(3):147-157.

[8] Kemeny J, Cook N G W. Effective moduli, non-linear deformation and strength of a cracked elastic solid[J]. International Journal of Rock Mechanics and Mining Sciences & Geomechanics Abstracts, 2015, 23(2):107-118.

[9] Kachanov L M. Introduction to Continuum Damage Mechanics[M]. Belgium: M. Nijhoff, 1986.

[10] Birch F. The velocity of compressional waves in rocks to 10 kilobars: 2[J]. Journal of Geophysical Research, 1960, 65(4):1083-1102.

[11] 高龙生,葛焕称.中国大陆岩石标本在高压下的弹性波速的初步研究[J].地球物理学报,1975,18(1):28-40.

[12] 俞缙,钱七虎,宋博学,等.不同应力波穿过多条非线性变形节理时的透射特性[J].工程力学,2012,29(4):1-6.

[13] 李海波,吴绵拔.龙门石窟文物区岩体波动测试与分析[J].岩土力学,1995,16(3):43-48.

[14] 李宁,葛修润.岩体节理在动荷作用下的有限元分析[J].岩土工程学报,1994,16(1):29-38.

[15] 赵明阶,吴德伦.单轴加载条件下岩石声学参数与应力的关系研究[J].岩石力学与工程学报,1999,18(1):50-54.

[16] 赵明阶,吴德伦.单轴受荷条件下岩石的声学特性模型与实验研究[J].岩土工程学报,1999,21(5):540-545.

[17] Seaman L, Curran D R, Shockey D A. Computational models for ductile and brittle fracture[J]. Journal of Applied Physics, 1976, 47(11):4814-4826.

[18] Seaman L, Curran D R, Murri W J. A continuum model for dynamic tensile microfracture and fragmentation[J]. Journal of Applied Mechanics, 1985, 52(3):593-600.

[19] 杨小林,王树仁.岩石爆破损伤断裂的细观机理[J].爆炸与冲击,2000,(3):247-252.

[20] 宗琦,杨吕俊.岩石中爆炸冲击波能量分布规律初探[J].爆破,1999,16(2):1-6.

[21] Dragon A, Halm D, Désoyer T. Anisotropic damage in quasi-brittle solids: modelling, computational issues and applications[J]. Computer Methods in Applied Mechanics and Engi-

neering,2000,183(3-4):331-352.

[22] Dragon A,Halm D. A mesocrack damage and friction coupled model for brittle materials [J]. Studies in Applied Mechanics,1998,46(98):321-336.

[23] Kawamoto T,Ichikawa Y,Kyoya T. Deformation and fracturing behaviour of discontinuous rock mass and damage mechanics theory[J]. International Journal for Numerical & Analytical Methods in Geomechanics,1988,12(1):1-30.

[24] Taylor L M,Chen E P,Kuszmaul J S. Microcrack-Induced Damage Accumulation in Brittle Rock under Dynamic Loading[J]. Computer Methods in Applied Mechanics and Engineering,1986,55(3):301-320.

[25] Kuszmaul J S. A new constitutive model for fragmentation of rock under dynamic loading [C]//Proceedings of the 2nd International Symposium on Rock Fragmentation by Blasting,Colorado,1987:412-423.

[26] Thorne B J,Hommert P J,Brown B. Experimental and computational investigation of the fundamental mechanisms of cratering[C]//Proceedings of the 3rd International Symposium on Rock Fragmentation by Blasting,Brisbane,1990:26-31.

[27] Yang R,Bawden W F,Katsabanis P D. A new constitutive model for blast damage[J]. International Journal of Rock Mechanics and Mining Sciences & Geomechanics Abstracts, 1996,33(3):245-254.

[28] 朱瑞赓,李新平. 控制爆破的断裂控制与参数确定[J]. 爆炸与冲击,1994,14(4):314-318.

[29] 褚怀保,杨小林,梁为民,等. 煤体爆破作用机理模拟试验研究[J]. 煤炭学报,2011,36(9):1451-1456.

[30] 李新平,朱瑞赓,朱维申. 裂隙岩体的损伤断裂理论与应用[J]. 岩石力学与工程学报,1995,14(3):236-245.

[31] 罗忆,李新平,徐鹏程,等. 考虑累积损伤效应的围岩变形特性研究[J]. 岩土力学,2014,35(11):3041-3048.

[32] 李新平,汪斌. 基于爆破相似律的地下厂房爆破振动速度分析[J]. 武汉理工大学学报,2011,33(2):91-95.

[33] 李新平,陈俊桦,李友华. 某地下厂房岩锚梁爆破振动测试与研究[J]. 武汉理工大学学报,2009,31(16):66-71.

[34] 张成良,李新平,曹俊峰. 地下洞室群爆破地震波传播的现场试验研究[J]. 爆破,2007,24(4):71-76.

[35] O'Connell R J,Budiansky B. Seismic velocities in dry and saturated cracked solids[J]. Journal of Geophysical Research,1974,79:5412-5426.

[36] 杨军,金乾坤. 应力波衰减基础上的岩石爆破损伤模型[J]. 爆炸与冲击,2000,20(3):241-246.

[37] 王志亮,郑明新. 基于 TCK 损伤本构的岩石爆破效应数值模拟[J]. 岩土力学,2008,29(1):230-234.

[38] 李新平,陈俊桦,李友华,等. 溪洛渡电站地下厂房爆破损伤范围及判据研究[J]. 岩石力学

与工程学报,2010,29(10):2042-2049.

[39] 左双英,肖明,续建科,等.隧道爆破开挖围岩动力损伤效应数值模拟[J].岩土力学,2011,32(10):3171-3176.

[40] 孟苗超,周科平.基于拉-压损伤模型的爆破漏斗动力响应分析[J].中南大学学报(自然科学版),2012,43(7):264-269.

[41] 胡英国,卢文波,陈明,等.岩石爆破损伤模型的比选与改进[J].岩土力学,2012,33(11):3278-3284.

[42] 李庆斌.混凝土静、动力双剪损伤本构理论[J].水利学报,1995,(2):27-34.

[43] 李庆斌,张楚汉,王光纶.单轴状态下混凝土的动力损伤本构模型[J].水利学报.1994,12(3):55-60.

[44] Lee J,Fenves G L. A plastic-damage concrete model for earthquake analysis of dams[J]. Earthquake Engineering & Structural Dynamics,2015,27(9):937-956.

[45] 杜成斌,苏擎柱.混凝土坝地震动力损伤分析[J].工程力学,2003,20(5):170-173.

[46] 单仁亮,薛友松,张倩.岩石动态破坏的时效损伤本构模型[J].岩石力学与工程学报,2003,22(11):1771-1776.

[47] 张我华,邱战洪,余功栓.地震荷载作用下坝及其岩基的脆性动力损伤分析[J].岩石力学与工程学报,2004,23(8):1311-1317.

[48] 肖明,张雨霆,陈俊涛,等.地下洞室开挖爆破围岩松动圈的数值分析计算[J].岩土力学,2010,31(8):2613-2618.

[49] Minor H E,Louah M,Azari Z,et al. Brittle mixed-mode(Ⅰ+Ⅱ)fracture:Application of the equivalent notch stress intensity factor to cracks emanating from notches[J]. Strength of Materials,2002,34(6):570-577.

[50] Chao Y J,Liu S. On the failure of cracks under mixed-mode loads[J]. International Journal of Fracture,1997,87(3):201-223.

[51] Einstein H H,Baecher G B. Probabilistic and statistical methods in engineering geology [J]. Rock Mechanics and Rock Engineering,1983,16(1):39-72.

[52] 曹文贵,方祖烈.岩石损伤软化统计本构模型之研究[J].岩石力学与工程学报,1998,17(6):628-633.

[53] 王志亮,黄景忠,范书群,等.岩石爆破中塑性压剪损伤的数值模拟[J].火炸药学报,2006,29(5):1-4.

[54] Furlong J R,Alme M L,Davis J F. Modeling the dynamic load/unload behavior of ceramics under impact loading[R]. Arlington:R & D Associate,1990.

[55] 杨建华,卢文波,胡英国,等.隧洞开挖重复爆炸荷载作用下围岩累积损伤特性[J].岩土力学,2014,(2):511-518.

[56] 杨军,高文学,金乾坤.岩石动态损伤特性实验及爆破模型[J].岩石力学与工程学报,2001,20(3):320-323.

[57] 王志亮,王建国,李永池.单临空面岩体中爆破诱发损伤的数值分析[J].岩土力学,2006,27(2):219-223.

[58] Donzé F V, Bouchez J, Magnier S A. Modeling fractures in rock blasting[J]. International Journal of Rock Mechanics and Mining Sciences, 1997, 34(8): 1153-1163.

[59] Hagan T N. Rock breakage by explosives[J]. Acta Astronautica, 1979, 6(3): 329-340.

[60] 郭文章,王树仁,张奇,等. 节理岩体爆破的破裂规律分析[J]. 振动与冲击,1999,18(2):30-34.

[61] 林秀英. 岩体爆破效应的测定与预测方法[J]. 西南工学院学报,2000(3):53-56.

[62] 戴俊. 柱状装药爆破的岩石压碎圈与裂隙圈计算[J]. 辽宁工程技术大学学报,2001,20(2):144-147.

[63] 高金石,张继春. 爆破破岩机理动力分析[J]. 金属矿山,1989,(9):7-12.

[64] 夏祥,李海波,李俊如,等. 岩体爆生裂纹的数值模拟[J]. 岩土力学,2006,27(11):1987-1991.

[65] 夏祥,李俊如,李海波,等. 广东岭澳核电站爆破开挖岩体损伤特征研究[J]. 岩石力学与工程学报,2007,26(12):2510-2516.

[66] 李俊如,夏祥,李海波,等. 核电站基岩爆破开挖损伤区研究[J]. 岩石力学与工程学报,2005,24(S1):4674-4678.

[67] 唐红梅,周云涛,廖云平. 地下工程施工爆破围岩损伤分区研究[J]. 振动与冲击,2015,34(23):202-206.

[68] Zhang Y Q, Hao H, Lu Y. Anisotropic dynamic damage and fragmentation of rock materials under explosive loading[J]. International Journal of Engineering Science, 2003, 41(9): 917-929.

[69] 卢文波,陶振宇. 预裂爆破中炮孔压力变化历程的理论分析[J]. 爆炸与冲击,1994,14(2):140-147.

[70] 中华人民共和国国家质量监督检验检疫总局,中国国家标准化管理委员会. 爆破安全规程(GB 6722—2014)[S]. 北京:中国标准出版社,2014.

[71] 靖洪文,李元海,梁军起,等. 钻孔摄像测试围岩松动圈的机理与实践[J]. 中国矿业大学学报,2009,38(5):43-47,67.

第7章　动静力组合作用下的深部围岩变形稳定机理

7.1 引　　言

随着装机规模的持续提高，特大型水电站的深埋地下洞室群复杂空间结构日趋庞大，隧洞与厂房埋深、跨度与高度也不断增大。溪洛渡水电站地下洞室群岩体开挖方量超过1700万m^3；白鹤滩水电站设计装机总容量1600万kW，将仅次于三峡水电站，其地下洞室群实测地应力高达33.39MPa，主厂房开挖跨度34m、长度483m、深部岩体开挖量2500万m^3、地下洞室群总长217km；乌东德水电站左岸地下主厂房高度达89.8m。

特大型水电站深部地下洞室群具有大跨度、高边墙、大埋深，以及各洞室空间布置紧凑、相互立体交错、断面形状多样、工序设计严密、施工工艺繁复、开挖方量巨大、验收标准严苛、工期要求紧迫等显著特点，且常受到地质构造复杂、节理裂隙发育、地应力量级高、爆破扰动强烈、围岩损伤与破坏控制困难等问题困扰，极易诱发围岩超欠挖、损伤圈过大、劈裂、片帮、环向拉裂、岩层错动、挤压片状碎裂等多种施工期围岩大变形与破坏，甚至诱发塌方、岩爆等施工灾害，导致人员伤亡、设备损失和工程停滞。

二滩水电站地下厂房垂直埋深300～500m，厂房区域最大主应力多在18～26MPa，最大为38.4MPa，最小为17.2MPa。监测资料表明[1]，现场变形一般以突发性为主，并与每层开挖台阶高度相关：钻孔爆破开挖过程中台阶高度、开挖进尺设置过大，将会造成围岩中一次释放的弹性应变能过大，导致岩体大变形甚至岩爆。例如，在2#尾调室南端进行的高程1010～989m一次性贯穿钻爆开挖作业，就引发了剧烈岩爆，造成上游边墙中上部变形一次性增加30～60mm，同时还诱发了主变室上游边墙中上部产生60～90mm的变形，下游边墙产生了10～50mm的变形；2#机窝进行的高程998.0～979.8m一次性贯穿钻爆开挖作业，也使得主厂房中下部岩体产生较大变形，其中最大增量为24～41.5mm。

拉西瓦地下厂房垂直埋深225～429m，厂房区域最大主应力为29MPa左右，钻爆开挖作业曾多次引起不同部位围岩中产生轻微～中等型岩爆。例如，在进行主厂房Ⅵ层至Ⅷ层钻爆开挖的过程中，厂右0+96附近顶拱下游侧10～20cm厚的岩块连同钢纤维混凝土喷层脱落，面积达12m^2；随后，主变室对应区域附近顶拱上游也发生类似现象，面积达 6m^2，岩块厚 15～30cm[2]。

锦屏二级水电站地下厂房埋深超过 400m，厂房区域最大主应力一般在 10.1～22.9MPa，钻爆开挖作业同样引发块体失稳、岩爆等现象。厂右 0+263 安装间上游边墙中预埋的多点位移计的监测曲线中可以观察到明显的位移突变[3]，自 2008 年 2 月 25 日起，所监测到的变形在 4 天内增加了 8.12mm。

溪洛渡水电站左岸地下厂房埋深为 340～480m，厂房区域最大主应力为 16～18MPa，围岩变形曲线明显呈现出阶跃式发展趋势[4]。围岩中预埋的多点位移计的监测资料表明[5]，伴随左岸主厂房顶拱厂横 0+068 上、下游半幅同时扩挖，围岩中明显观察到向临空面的松动位移，且在 7 天内产生了 4.32mm 的变形增量。

其他如锦屏一级水电站地下厂房[6-10]（埋深 160～420m，地应力水平 20～36MPa）、官地水电站地下厂房[11]（埋深 200～420m，地应力水平 25～35MPa）等大埋深、高地应力地区的地下厂房在钻爆开挖过程中也可以观察到明显的位移突变。例如，锦屏一级水电站地下厂房上游测 f_{14} 断层通过的部位变形较大，即结构面存在明显的张开位移，围岩预埋多点位移计的监测曲线也多表现出位移突变。

深部地下洞室群高地应力条件下的钻爆开挖过程中，爆破破岩附带的巨大能量对围岩产生剧烈扰动作用。表面上看来，爆炸应力波直接作用于岩体，引起岩体表面的损伤破坏，并在内部结构面上产生透反射效应。但实际上，深部岩体在高地应力与结构面的协同作用下，以及爆破开挖的动力扰动和损伤作用下，易造成岩体大变形和失稳。因此，研究深部地下洞室群开挖过程中的变形与失稳机理，对提高爆破开挖施工安全与质量、降低开挖成本有较大的工程指导意义。

7.2　基于超低摩擦理论的深部围岩块体位移机理分析

与浅部岩体不同，深部岩体是以非均匀非连续的块系构造存在的[12]，具有高地应力、含能及非协调变形等新的特性。受到这些特性的影响，在深部的地下工程施工过程中，会出现一系列在浅部工程中未出现过的新的科学现象，而常用的弹塑性力学等理论难以很好地解释这些新的问题，需要寻找并建立新的方法[13-16]。不规则的超低摩擦效应就是这些新的科学现象中主要的动力特征科学现象之一。

超低摩擦效应指的是块体受到外部荷载的动力扰动时，当扰动能量达到某一程度时，互相接触的两个块体之间产生的一种摩擦“消失”的现象，且这种现象是在与外部动力荷载相垂直的方向上发生的。这种效应的产生，可能是以相互作用的块体之间的“接触”断开为前提的。这也使得传统连续介质力学中的弹性横波和纵波的线性传播理论失去了支撑。

在深部岩体工程的施工中,外界开挖扰动会导致岩体内的裂隙不断扩展延伸,趋于贯通,使得原本完整的岩体被切割并逐渐向块系介质转化。在后续的扰动作用下,岩体产生振动,初始的平衡状态被打破,导致结构面间的摩擦约束作用减弱,从而诱发了超低摩擦效应。由于摩擦力的减弱,岩体受到的约束作用也不断减弱,稳定平衡被破坏,导致岩体在短时间内发生滑移运动,可能会引发岩爆、冲击地压、变形突变等动力灾害,对工程的安全施工构成巨大威胁。鉴于此,深部块系岩体超低摩擦效应的研究具有实际应用价值。同时,对于建立非线性、非协调、非连续的块体力学理论及其在变形突变、岩爆、冲击地压等领域的研究也具有重要的理论意义[17-19]。

7.2.1 超低摩擦现象的理论研究

1. Hertz 理论撞击能的力学转化

在块系块体模型试验中,所用的块体试样的尺寸和材料都是相同的,这意味着块体之间的波速比等于 1,此时,如果将块体看成刚体,相邻块体接触界面上受到的法向应力与考虑块体的变形作用时受到的法向应力差值小于 10%,因此在建立块系块体超低摩擦效应的一维动力计算模型进行理论分析时,完全可以将块体看成刚体。

在块体超低摩擦效应试验中,冲击荷载是通过掉落的钢球撞击块体表面来产生的,不同高度上掉落的钢球产生的冲击荷载不一样。在进行理论分析研究时,首先需要将钢球掉落碰撞块体表面时产生的冲击能进行转化,等效成作用块体受到的表面压力。由于钢球掉落的高度不大,在与块体产生碰撞时的速度较低,碰撞作用的时间也小于钢球和块体两者的固有周期,且两者均为线弹性体。在这些条件的基础上,可根据准静态弹性接触的 Hertz 定律,不考虑碰撞作用所引发的系统的振动,将冲击能 W 等效转化成如图 7.1 所示的作用时间为 t_0 的半正弦式的作用力 $P(t)=P_m\sin(\omega t)$。

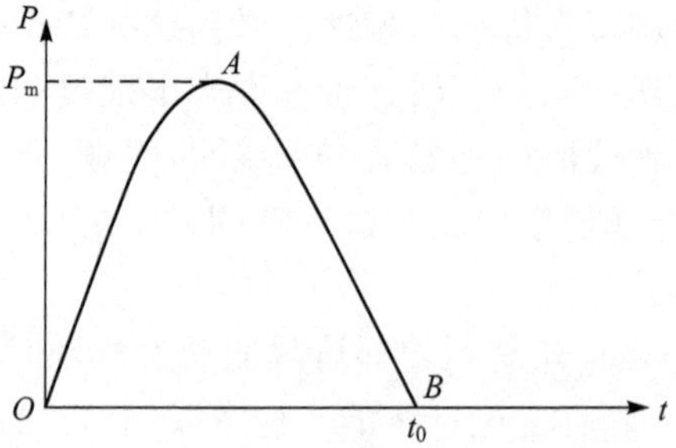

图 7.1 Hertz 理论撞击能力学转化作用形式

根据 Timoshenko 关于碰撞接触区的压力分布方程,有

$$\begin{cases} P_{\mathrm{m}} = \dfrac{1.14V_0^2}{k_1\alpha_{\mathrm{m}}} \\ \omega = 1.068\,\dfrac{V_0}{\alpha_{\mathrm{m}}} \end{cases} \tag{7.1}$$

$$\begin{cases} \alpha_{\mathrm{m}} = \left[\dfrac{15\pi V_0^2(\delta_1+\delta_2)m_1m_2}{16(m_1+m_2)}\right]^{\frac{2}{5}}\left(\dfrac{R_1+R_2}{R_1R_2}\right)^{\frac{1}{5}} \\ t_0 = 4.53\left[\dfrac{(\delta_1+\delta_2)m_1m_2}{m_1+m_2}\right]^{\frac{2}{5}}\left(\dfrac{R_1+R_2}{V_0R_1R_2}\right)^{\frac{1}{5}} \end{cases} \tag{7.2}$$

式中，m_1 为钢球的质量；m_2 为块体的质量；$\delta_1=(1-\nu_1^2)/(\pi E_1)$，$\delta_2=(1-\nu_2^2)/(\pi E_2)$，$\nu_1$、$\nu_2$ 分别为钢球和块体的泊松比，E_1、E_2 分别为钢球和块体的弹性模量；V_0 为碰撞体的撞击速率，$V_0=\sqrt{2W/m_1}$；$k_1=(m_1+m_2)/(m_1m_2)$；R_1、R_2 分别为钢球和块体的曲率半径。

2. 垂直冲击和水平静力共同作用理论模型

在以上工作的基础上，建立了如图 7.2 所示的一维竖向块系动力理论模型，假设块体均为单位质量 m，且尺寸相等，在最上层的块体 1 的上表面施加冲击扰动力 $P(t)=P_{\mathrm{m}}\sin(\omega t)$。冲击扰动产生的能量在块体之间会进行传递并被消耗，为模拟该过程，在块体之间设置弹簧来模拟能量在相邻块体间的传递，弹簧刚度系数为 k；设置阻尼器模拟间隙界面对能量的阻滞作用，阻尼系数为 c。模型的受力过程为：首先受到水平静力的作用，在达到平衡状态之后，再受到垂直冲击荷载的作用。在冲击荷载的扰动作用下，块系块体首先会产生受迫振动，持续的时间为 t_0，之后进入自由振动阶段，然后在摩擦力的作用下逐渐恢复稳定。

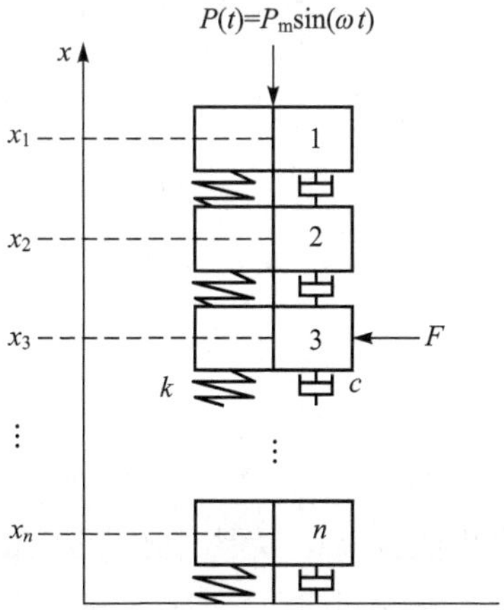

图 7.2　超低摩擦效应的一维块体动力模型

通过受力分析，在法向上有平衡方程组：

$$\begin{cases} m\ddot{x}_1 = k(x_1 - x_2 - l) + c(\dot{x}_1 - \dot{x}_2) - mg + P_{\mathrm{m}}\sin(\omega t) \\ m\ddot{x}_2 = k(x_2 - x_3 - l) + c(\dot{x}_2 - \dot{x}_3) - k(x_1 - x_2 - l) - c(\dot{x}_1 - \dot{x}_2) - mg \\ \vdots \\ m\ddot{x}_i = k(x_i - x_{i+1} - l) + c(\dot{x}_i - \dot{x}_{i+1}) - k(x_{i-1} - x_i - l) - c(\dot{x}_{i-1} - \dot{x}_i) - mg \\ \vdots \\ m\ddot{x}_n = k(x_n - l) + c\dot{x}_n - k(x_{n-1} - x_n - l) - c(\dot{x}_{n-1} - \dot{x}_n) - mg \end{cases} \tag{7.3}$$

式中，m 为块体质量；x_i 为块体 i 中心点的纵坐标；l 为弹簧的自由长度；g 为重力加速度。

将式(7.3)进行简化合并，以矩阵的形式表达为

$$m\ddot{\boldsymbol{x}} = \boldsymbol{K}\boldsymbol{x} + \boldsymbol{C}\dot{\boldsymbol{x}} - \boldsymbol{F}(t) - \boldsymbol{b} \tag{7.4}$$

式中，

$$\boldsymbol{K} = \begin{bmatrix} k & -k & 0 & 0 & \cdots & 0 & 0 \\ -k & 2k & -k & 0 & \cdots & 0 & 0 \\ 0 & -k & 2k & -k & \cdots & 0 & 0 \\ \vdots & \vdots & \vdots & \vdots & & \vdots & \vdots \\ 0 & 0 & 0 & 0 & \cdots & 2k & -k \\ 0 & 0 & 0 & 0 & \cdots & -k & 2k \end{bmatrix} \tag{7.5}$$

$$\boldsymbol{C} = \begin{pmatrix} c & -c & 0 & 0 & \cdots & 0 & 0 \\ -c & 2c & -c & 0 & \cdots & 0 & 0 \\ 0 & -c & 2c & -c & \cdots & 0 & 0 \\ \vdots & \vdots & \vdots & \vdots & & \vdots & \vdots \\ 0 & 0 & 0 & 0 & \cdots & 2c & -c \\ 0 & 0 & 0 & 0 & \cdots & -c & 2c \end{pmatrix} \tag{7.6}$$

$$\boldsymbol{F}(t) = \begin{bmatrix} P_{\mathrm{m}}\sin(\omega t) \\ 0 \\ \vdots \\ 0 \end{bmatrix}, \quad \boldsymbol{b} = \begin{bmatrix} mg + kl \\ mg \\ \vdots \\ mg \end{bmatrix}, \quad \boldsymbol{x} = \begin{bmatrix} x_1 \\ x_2 \\ \vdots \\ x_n \end{bmatrix} \tag{7.7}$$

在水平方向上，块体产生运动时的方程为

$$m\ddot{u} = ma = F - \mu_{\mathrm{d}} N(t) \tag{7.8}$$

式中，u 为块体水平运动产生的位移；a 为块体水平运动时产生的加速度；F 为块体受到的水平静力；μ_{d} 为块体与块体间的动摩擦系数；$N(t)$为块体间受到的法向力。

块体 3 上受到的法向力表达式为

$$N(t)=k(x_3-x_4-l)+c(\dot{x}_3-\dot{x}_4)-k(x_2-x_3-l)-c(\dot{x}_2-\dot{x}_3)-mg \quad (7.9)$$

将式(7.9)代入平衡方程式(7.8)，可以得到块体3的水平位移为

$$s=\int_0^t\int_0^t \frac{F-\mu_d N(t)}{m}\mathrm{d}t\,\mathrm{d}t \quad (7.10)$$

3. 垂直和水平双向冲击理论模型

将前面动力模型中块体受到的水平静力替换成水平冲击荷载，建立如图7.3所示的考虑延时的双向冲击的一维块系块体动力模型，研究块体在垂直和水平双向冲击荷载作用下的水平位移响应。

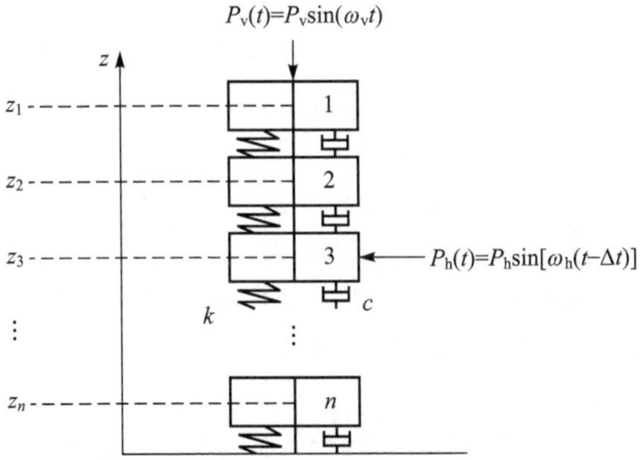

图7.3　考虑延时的双向冲击的一维块系块体动力模型[8]

整体的思路为：通过计算得到竖向冲击作用下块体3受到的法向力 $N(t)$，进而可以计算出块体3受到的水平摩擦力，然后考虑块体受到的水平冲击作用，将两个冲击作用联合起来，得到块体产生的水平位移。同样地，由于水平冲击作用在块体上的速度较低，碰撞的时间也小于块体与小球的固有周期，因此也可以将水平冲击能量采用式(7.1)和式(7.2)转化成半正弦冲击力的形式。假设垂直冲击荷载和水平冲击荷载作用的时间间隔为 Δt，即两个冲击荷载作用之间有延迟。块体受到的垂直冲击荷载为 $P_v(t)=P_v\sin(\omega_v t)$，水平冲击荷载为 $P_h(t)=P_h\sin[\omega_h(t-\Delta t)]$。式(7.3)经过推导可得

$$m\ddot{y}=Ky+C\dot{y}+F(t) \quad (7.11)$$

根据文献[8]的分析，块体3受到的法向力为

$$N(t)=\frac{2P_v l^2}{\omega_v(\gamma t)^{2/3}}\sqrt{\frac{k}{m}}\,\frac{1}{\pi}\int_0^\infty \sin\left(\zeta z+\frac{z^3}{3}\right)\exp(-\mu z^2)z\,\mathrm{d}z \quad (7.12)$$

式中，$\gamma=\frac{c_1 l^2}{8}\left(1+\frac{3\lambda^2}{mk}\right)$；$\mu=\frac{at}{(\gamma t)^{2/3}}$，$a=\frac{\lambda l^2}{m}$；$\zeta=\frac{3l-c_1 t}{(\gamma t)^{1/3}}$，$c_1=l\sqrt{\frac{k}{m}}$；$m$ 为单个块体的质量；k 为模拟能量传递的弹簧的刚度系数；l 为弹簧的自由长度。

在试验中，花岗岩块体的摩擦系数 μ_s 是可以测定出来的，在知道块体受到的法向力和块体间的摩擦系数后，可以计算得到块体 3 受到的水平摩擦力为

$$F_h(t)=\frac{2P_v l^2\mu_s}{\omega_v(\gamma t)^{2/3}}\sqrt{\frac{k}{m}}\frac{1}{\pi}\int_0^{\infty}\sin\left(\zeta z+\frac{z^3}{3}\right)\exp(-\mu z^2)z\mathrm{d}z \tag{7.13}$$

因此，块体 3 上受到的水平力为

$$\begin{aligned}H(t)&=P_h(t)-F_h(t)\\&=P_h\sin[\omega_h(t-\Delta t)]-\frac{2P_v l^2\mu_s}{\omega_v(\gamma t)^{2/3}}\sqrt{\frac{k}{m}}\frac{1}{\pi}\int_0^{\infty}\sin\left(\zeta z+\frac{z^3}{3}\right)\exp(-\mu z^2)z\mathrm{d}z\end{aligned} \tag{7.14}$$

在双向冲击的作用下，块体在水平方向上会产生往复运动。在初始阶段，正弦曲线式的水平冲击荷载不断变大，当其超过了块体受到的水平摩擦约束，即块体受到的水平合力大于 0 时，块体的加速度也大于 0，由于水平合力与时间相关，数值大小是在不断变化的，因此块体做变加速运动。当块体受到的水平合力小于 0 时，块体的加速度小于 0，此时块体做变减速运动，并逐渐恢复稳定。该运动过程如图 7.4 所示[8]。块体在整个运动过程中所产生的位移即为总的水平位移，也即变加速运动和变减速运动产生的水平位移之和。

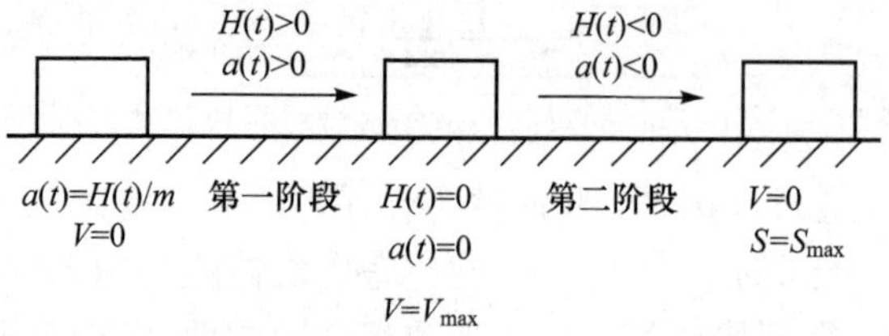

图 7.4 块体第一次同向运动过程示意图[8]

为了求出块体所产生的总的水平位移，首先需要求出块体受到的水平合力为 0 时所对应的第一阶段的运动时间 t_1，则

$$P_h\sin[\omega_h(t-\Delta t)]-\frac{2P_v l^2\mu_s}{\omega_v(\gamma t)^{2/3}}\sqrt{\frac{k}{m}}\frac{1}{\pi}\int_0^{\infty}\sin\left(\zeta z+\frac{z^3}{3}\right)\exp(-\mu z^2)z\mathrm{d}z=0 \tag{7.15}$$

因此，第一阶段块体做变加速运动产生的水平位移 S_1 为

$$S_1=\int_0^{t_1}\int_0^{t_1}\frac{H(t)}{m}\mathrm{d}t\mathrm{d}t \tag{7.16}$$

第一阶段结束时刻，块体的运动速率为

$$V_{\max}=\int_0^{t_1}\frac{H(t)}{m}\mathrm{d}t \tag{7.17}$$

第二阶段块体做变减速运动的速度 V_2 为

$$V_2 = \int_0^{t_2} \frac{H(t)}{m} \mathrm{d}t \tag{7.18}$$

因此，第二阶段块体产生的水平位移 S_2 为

$$S_2 = \int_0^{t_2} \int_0^{t_2} \frac{H(t)}{m} \mathrm{d}t\,\mathrm{d}t \tag{7.19}$$

块体在两个阶段产生的总的水平位移为

$$S = S_1 + S_2 \tag{7.20}$$

7.2.2　爆炸荷载作用下深部块体变形运动

深部岩体所存在的真实状态是具有不同等级的块系结构，这些等级不同的岩块组合在一起便构成了深部的岩体。这一假设已经通过大量的地球物理和地质力学方面的研究成果所证明。由于深部岩体内裂纹的存在及扩展、相互之间的作用、微观性质等特征，传统的连续介质力学难以求解这类问题，需要建立新的方法。从微观上来研究，深部岩体可作为一种含能的介质储存一定的能量，并且在某些情况下可以反映在宏观的水平上。而这部分储存的能量在受到外界的扰动之后，可能会造成岩体的突变大变形[20]。

当爆炸产生的荷载较大时，构造块体在扰动下会产生滑移运动，并在外界约束下发生变形，造成块体界面间的稳定状态被破坏，诱发块体产生水平残余位移并在新的位置达到稳定平衡，形成了残余应变。在动力的扰动作用下，块体会产生滑移运动，岩石块体间相接触的界面会产生变形，且存在以下几种不同的机制[21]：

(1) 单个岩块的无变形惯性运动。这种机制产生的主要原因是在动力扰动的作用下，块体的平衡条件被破坏并向着自由面产生运动，或者是块体向着岩体内部已有的软弱夹层发生运动，软弱夹层的强度不足以抵抗块体的侵入，无法阻碍块体的运动。

(2) 构造块体的变形。假设在产生变形的初始阶段，所有具有不同尺寸等级的岩块在地应力的作用下处于密合的状态。当外界产生的动力扰动荷载较强时，块体会发生变形。在初始阶段，当块体产生的变形较小时，产生的变形是可逆可恢复的；当块体产生的变形较大时，产生的变形是不可逆但可协调的；当块体产生的变形继续增大，超过一定的限度时，产生的变形是不可逆非协调的。

(3) 构造扰动前后应力波参数的不同造成的断层或裂隙处的相对位移。岩体内部存在大量的裂隙、结构面等，岩体可以看成块系岩体的集合。岩块与岩块之间是相互接触的，岩块本身对爆炸效应带来的影响非常小，而岩块之间相接触的结构面等对爆炸效应的影响较大。简单地，结构面的存在会影响爆炸产生的应力波的传播，会对应力波产生透射和反射作用。

(4) 间断面在弹性应变能释放时所产生的构造破坏或滑移。在外界冲击荷载的作用下,只会起到应力重新分配或刺激节理强度特性的作用。

Kocharyan 等[22]建立了简化之后的块体刚性运动模型,将岩体内的立方形块体看成一个节理,如前面所述,这些正方体岩块具有的构造等级不同,在无外界扰动的情况下,岩块在各因素的协调作用下会处于稳定的平衡状态。当受到不平衡的外力作用时,块体的稳定状态被破坏,在动力扰动的驱使下会产生相对运动,且其运动速度为

$$V_{\text{brel}}(t)=V(t_*)-V(t)-\int_{t_*}^{t}a_{fi}(\tau)\mathrm{d}\tau \tag{7.21}$$

块体产生的相对位移为

$$\Delta W=\int_{t_*}^{t_{**}}V_{\text{brel}}(\tau)\mathrm{d}\tau=\int_{t_*}^{t_{**}}\left[V(t_*)-V(\tau)-\int_{t_*}^{t}a_{fi}\mathrm{d}t\right]\mathrm{d}\tau \tag{7.22}$$

式中,a_{fi} 为块体产生运动时的加速度;t_* 为块体开始产生滑移运动时的时刻;t_{**} 为块体恢复稳定平衡的时刻。

块体在冲击荷载作用下的变形过程可描述如下:岩体可以看成具有不同层次的构造单元所组成的一个集合体,单元与单元之间存在裂隙,且裂隙被强度较弱的材料所填充。当介质受到爆炸冲击的扰动作用时,从细观的角度上来讲,介质具有由各种性质不同的软弱面所组成的裂隙网,空间中不同方向、不同位置的断层和裂纹组成了裂隙网,构造单元的尺寸通过每个系统来决定。当外界荷载产生的扰动作用较弱,产生的应力幅值小于块体之间填充材料的强度参数时,岩体所展现出的外观特征是均匀且连续的介质,因此,对于这种变形行为可以通过经典的弹性理论进行解释与描述。当外界荷载产生的扰动作用加强时,从微观的角度上来看,所生成的应力场的不均匀性也在增加,岩体所展现出的特征转变成不均匀的介质,因此根据非均匀系统行为所具有的一般规律,可以形成耗散的宏观结构的变形单元。

7.2.3 边墙围岩块体超低摩擦效应模型

1. 剪切滑移理论

剪切滑移理论认为岩体内存在潜在的破坏面,且该平面上任一点处受到的绝对剪切应力符合一定的前提时,会产生剪切破坏,或者沿着不连续界面产生滑移:

$$\tau\geqslant\tau_{\text{p}}=\mu_{\text{s}}\sigma_n+C_0 \tag{7.23}$$

式中,$\tau_{\text{p}}=\mu_{\text{s}}\sigma_n+C_0$ 为滑移面受到的最大静摩擦力;μ_{s} 为静摩擦系数;σ_n 为破坏面或不连续界面上受到的法向应力;C_0 为岩体的黏聚力。

当不连续面在外界的扰动下产生滑移时,界面间的静摩擦系数 μ_{s} 就跌落成动摩擦系数 μ_{d},界面上受到的摩擦力也由静摩擦力跌落至动摩擦力。不连续的滑动面或发生破坏的平面上的黏聚力就转变成零。在破坏开始的时刻或滑移开始之后

的阶段，在剪切面上存在一个驱动剪应力 $\tau-\mu_{\mathrm{d}}\sigma_n$（$\tau_{\mathrm{d}}=\mu_{\mathrm{d}}\sigma_n$ 称为滑移面的动摩擦力），且该驱动剪应力是不平衡的，同时，将 $\tau-\mu_{\mathrm{d}}\sigma_n$ 定义为过剪切应力 τ_{ess}，即

$$\tau_{\mathrm{ess}}=\tau-\mu_{\mathrm{d}}\sigma_n \tag{7.24}$$

静止平衡状态下的过剪切应力为

$$\tau_{\mathrm{ess}}^{\mathrm{s}}=\tau-\mu_{\mathrm{s}}\sigma_n-C_0 \tag{7.25}$$

由此可见，莫尔-库仑强度准则就是式(7.25)中的 $\tau_{\mathrm{ess}}^{\mathrm{s}}\geqslant 0$ 的情况。同时，也可以说明，当岩体内部某一点受到的剪应力 τ 使静止平衡状态下受到的过剪切应力大于零时，岩石便会产生变形甚至被破坏或沿着不连续面发生不可逆的滑移。

2. 边墙围岩块体超低摩擦效应诱发机理

在长期的地质演变过程中，岩体的内部会逐渐生成各种不连续的结构面和缺陷等，岩体结构的完整性也因此受到影响。同时，在地下工程的爆破开挖过程中，爆破动载会导致岩体破裂，使得岩体中存在的原生裂纹不断萌生与发展，且振动的速度越大，裂纹的发展速度和频率增加越快，然后互相影响，最终聚合甚至贯通，将岩体切割成嵌入式的块体。

假设地下洞室在爆破开挖的过程中，受爆破扰动的影响，岩体内部由于裂隙的贯通，在洞室的边墙围岩内形成了一个如图 7.5 所示的嵌入的方形块体。由于剪切强度（摩擦力，不考虑结构面间的黏结强度）的存在会锁住块体，从而使整个系统达到稳定。受到附近区域爆破开挖的动力扰动作用时，系统的状态会发生改变。下面从受力状态和能量守恒两个角度对块体受到爆破扰动后的稳定性进行分析。

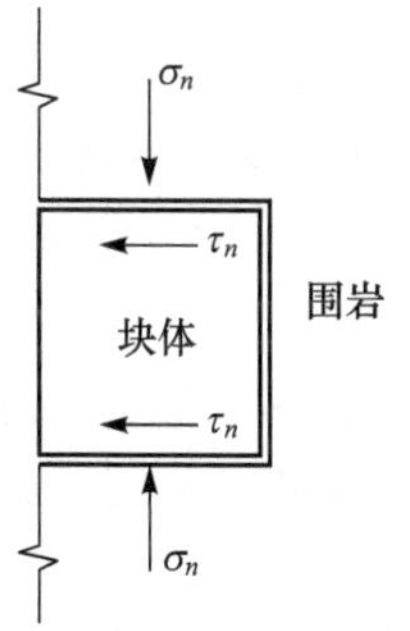

图 7.5　地下洞室围岩中嵌入的块体模型

1) 受力状态

爆破开挖扰动前，在地应力及块体与围岩间摩擦力的约束作用下，块体处于稳定状态。块体与围岩相接触的结构面上受到的剪切应力 σ_{s} 为

$$\sigma_s = \frac{1}{2}E\varepsilon \tag{7.26}$$

式中，E 为岩体的弹性模量；ε 为块体产生的应变，由于块体处于稳定状态，应变是定值，也即 σ_s 为定值。

块体与围岩间接触界面处的最大摩擦力 F_{max}（不考虑岩块与围岩间接触界面处的黏聚力）为

$$F_{max} = \mu_s \sigma_n A \tag{7.27}$$

式中，μ_s 为接触界面上的静摩擦系数；A 为块体与围岩相接触的面积。

在爆破的动力扰动作用下，块体系统的受力状况发生改变。由于摩擦系数的大小与接触界面的粗糙程度息息相关，粗糙程度的改变会直接影响摩擦系数的变化。在块体与围岩相对疏松的某些时刻，表面粗糙度的影响变小，接触面处的最大摩擦力迅速降低，块体的临界平衡条件变化并产生运动。此时，界面上受到的法向应力变为 $\sigma_n(t)$，剪切应力变为 $\sigma_s(t)$。在块体产生滑移的临界状态，块体与围岩间的最大摩擦力 $F_{max}(t)$ 和剪切力 $F_s(t)$ 变为

$$F_{max}(t) = \mu_s[\sigma_n(t) + \sigma_n]A \tag{7.28}$$

$$F_s(t) = [\sigma_s(t) + \sigma_s]A \tag{7.29}$$

设 $\Phi(t) = F_{max}(t) - F_s(t)$，在块体产生滑移的临界状态，有 $\Phi(t) = 0$，即结构面上的剪切应力与摩擦阻力的合力为 0。在块体产生运动的初始时刻，结构面处的实际摩擦力由静态力跌落至动摩擦力 $F_d(t)$：

$$F_d(t) = \mu_d[\sigma_n(t) + \sigma_n]A \tag{7.30}$$

式中，μ_d 为结构面间的动摩擦系数。

由于超低摩擦效应的影响，动摩擦系数 μ_d 变小，当 $F_s(t) - F_d(t) > 0$，块体产生运动时的加速度大于零，块体做变加速运动，速度增大，位移逐渐增加。反之，μ_d 增大，当 $F_s(t) - F_d(t) < 0$ 时，块体做变减速运动。随着法向应力不断衰弱，μ_d 的幅值也在随时间不断减小，超低摩擦效应逐渐减弱，μ_d 恢复至原始数值。在某一时刻，水平合力为零，即 $F_s(t) - F_d(t) = 0$，此时块体的加速度为零，之后块体的加速度变为负值，块体运动的速度不断减小直至恢复稳定，整个超低摩擦效应过程结束。在这个过程中，块体产生滑移运动，在到达新的平衡状态时可能会产生水平残余位移。

通过上述分析可以看出，边墙围岩块体在爆破扰动下产生超低摩擦效应是块体与围岩间法向应力的重分布和接触界面间动摩擦系数不断发生变化共同作用的结果。

2）能量守恒

爆破扰动在促使岩块由稳定状态转变成失稳的过程中起着至关重要的作用。地下岩体是由构造岩块构成的，在扰动的作用下，岩块产生振动。在稳定状态，块

体系统本身拥有一个定常能量场。扰动作用相当于是在这个原有的定常能量场上叠加了一个等效的势能。在叠加的势能的促使作用下，原有的定常场开始转变为块体低周期、大振幅的运动[23,24]。

将图 7.5 所示的围岩块体计算模型抽象为图 7.6 所示的简化模型[25]。

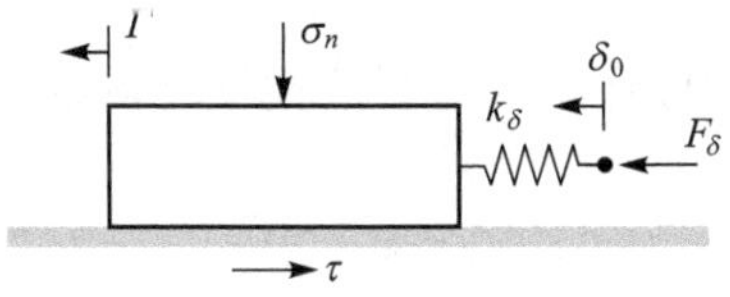

图 7.6　岩块的剪切稳定性简化计算图[25]

爆破开挖扰动前，在地应力的作用下，块体处于稳定的平衡状态，此时系统的总能量为

$$U=-W_\delta+U_\tau \tag{7.31}$$

受到爆破扰动作用后，图 7.6 所示系统的有效势能为

$$U_{\mathrm{eff}}=U+W_{\mathrm{d}}=-W_\delta+U_\tau+W_{\mathrm{d}} \tag{7.32}$$

式中，U_{eff} 为系统有效势能；U 为系统的总能量；W_δ 为围岩压力在系统内部做的功；U_τ 为剪切力 F_τ 做的功；W_{d} 为爆破扰动作用产生的等效平均振动动能。根据文献[26]有

$$W_{\mathrm{d}}=\frac{1}{2}M\bar{v}^2=\frac{\bar{f}^2}{2M\omega^2} \tag{7.33}$$

式中，M 为块体的质量；f 为爆破扰动力，对于 $f=f_1\cos(\omega t)+f_2\sin(\omega t)$ 的扰动形式，$\bar{f}^2=\dfrac{f_1^2+f_2^2}{2}$，$f_1$、$f_2$ 均为坐标的函数。从数量上讲，扰动荷载 f 不比定常场 U 弱，但是这个力引起的位移一般较小。

根据变分原理，当式(7.32)的一阶变分 $\delta U_{\mathrm{eff}}\geqslant 0$ 时，系统处于不稳定的非平衡状态。假设在静态时，块体在围岩的回弹压力 F_δ 的作用下产生了位移 Γ，围岩的回弹位移为 δ_0，则围岩提供的加载力为

$$F_\delta=k_\delta(\delta_0-\Gamma) \tag{7.34}$$

对 Γ 取变分，由于

$$\frac{\partial}{\partial\Gamma}(v^2)=\frac{\partial}{\partial\Gamma}\left[\left(\frac{\partial\Gamma}{\partial t}\right)^2\right]=2\frac{\partial}{\partial t}\left(\frac{\partial\Gamma}{\partial t}\right)=2\frac{\partial^2\Gamma}{\partial t^2} \tag{7.35}$$

因此

$$\frac{\mathrm{d}U_{\mathrm{eff}}}{\mathrm{d}\Gamma}=-k_\delta(\delta_0-\Gamma)+F_\tau(\Gamma)-M\frac{\partial^2\Gamma}{\partial t^2} \tag{7.36}$$

即块体失稳时，需要满足的条件为

$$M\frac{\partial^2 \Gamma}{\partial t^2} \geqslant F_\tau(\Gamma) - F_\delta = F_s \tag{7.37}$$

式中，$M\frac{\partial^2 \Gamma}{\partial t^2}$为块体在扰动的作用下产生运动时所产生的惯性力；$F_s$为块体运动所需要克服的阻力，即当块体产生运动时的惯性力可以克服受到的界面的阻力时，块体将产生失稳运动。

对式(7.37)两边进行积分，可以得到

$$\frac{1}{2}M\bar{v}^2 \geqslant \int_{\Gamma_0}^{\Gamma}[F_\tau(\Gamma) - F_\delta]\mathrm{d}\Gamma \tag{7.38}$$

通过分析可知，爆破扰动的主要作用是有助于接触块体受到的摩擦约束作用，即协助块体克服摩擦阻力的影响，块体因超低摩擦效应产生的运动(或产生的残余位移)主要是由围岩压力所做的功和块体与围岩接触界面间摩擦力做功的关系决定的。即块体受到爆破扰动时产生的超低摩擦效应主要是块体与围岩间动摩擦系数的不断变化和法向应力的重分布共同作用的结果。

7.2.4 超低摩擦效应数值模拟方法实现

在利用 LS-DYNA 对超低摩擦效应进行数值模拟研究之前，需要验证软件的可行性。本章运用 LS-DYNA 对块体的超低摩擦效应试验进行反演，研究块系块体在垂直冲击作用下的响应，得出块体的位移变化特征，然后与已有的试验结果进行对比分析，从而验证 LS-DYNA 在研究超低摩擦效应问题上的可行性。

1. 几何尺寸与网格划分

Oparin 等[25-27]所提出的块系块体超低摩擦效应的试验模型由六块花岗岩块体试样垒积组成，单块体尺寸为 300mm×120mm×90mm。本章在该试验的基础上利用 LS-DYNA 建立了数值模拟模型。为最大限度地还原试验，得到与试验相似的现象，在建模中采用相同尺寸和数量的块体。

模型建立完成之后，网格划分的优劣直接关系到计算结果的精确性和需要花费的时间，不合理的网格形态可能会导致计算结果较差，甚至造成计算无法进行，因此选择正确的网格划分方法非常重要。在 ANSYS 中通常采用的是映射网格划分和自由网格划分这两种方法。由于所建立的块系块体模型是由六块尺寸相同的长方体组成的，排列整齐明显，形状非常规则，适合采用映射网格划分的方法。

在划分单元网格时，需要选择合理的单元尺寸。这是由于若划分的单元网格较稀疏，计算的精度会较差；若划分的单元网格较密集，尽管计算结果的精度会提高，但是计算需要花费的时间也会大幅增加。因此，在满足计算要求的前提下，通过分析，选定单元的尺寸为 30mm×30mm×30mm。最终建立和划分网格之后的数值模型如图 7.7 所示。

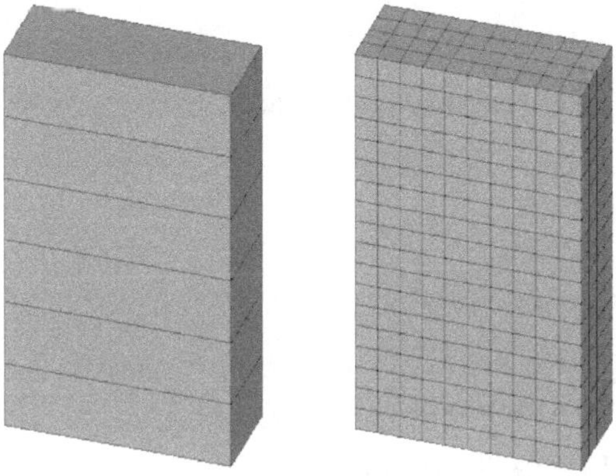

图 7.7　块系块体模型示意图

2. 材料参数

数值建模中，需要对模型赋予具体的材料参数。不同的材料参数会导致最终的计算结果有所差异，因此需要选用合适的材料参数。在块系块体的超低摩擦试验中，选用的是花岗岩材料。因此，在选择参数时，为尽可能地使模拟计算结果与试验结果相吻合，同样选用花岗岩材料，具体的参数根据文献[28]确定，如表 7.1 所示。

表 7.1　花岗岩材料力学参数表

密度/(kg/m^3)	弹性模量/GPa	泊松比	抗压强度/MPa	切线模量/GPa
2600	50.8	0.11	100	22.9

3. 块体间的接触

在试验中，为了保证试样之间的紧密接触和块体系统的整体稳定性，使得试验更加贴近实际，得到的结果更加符合一般性的规律，在试验之前对块体的表面只进行了简单的平整配合，没有进行特殊的抛光处理而改变表面的粗糙度。

试验中的每个块体试样与相邻的块体之间是相互接触的，块体之间通过接触而相互作用。为此，在进行数值建模的过程中，采用软件中的 surface-to-surface 功能，将两个相邻的块体互相接触的表面设置为接触面。此外，由于在数值建模中，难以真实地还原块体试样的表面特征，尤其是粗糙度。块体表面的粗糙程度直接关系到摩擦力的大小。而在建立的模型中，块体表面一般都是平滑的。因此，需要在设定接触的时候设置一定数值的动静摩擦系数。

4. 边界条件与力学阻尼

试验中，为了排除外界的扰动因素，如人员走动时引起的地面振动，通常采用将最下层的试样通过橡胶隔振垫固定在地面上的方法。类似地，在 LS-DYNA 动力学分析中，为了减小从边界上反射回来的反射波对模拟结果的影响，在模型的边界上施加无反射条件。

在试验中，块体受到垂直冲击作用后，系统会产生振荡，然后逐渐恢复稳定。在数值模拟中，为了让振荡的块体尽快稳定下来，需要对块系系统设置阻尼。LS-DYNA 动力学分析中自带了各种形式的阻尼，由于超低摩擦效应问题涉及的是动力计算，需要采用主要用于动力计算部分的瑞利阻尼。其具体的表现形式是将整体质量矩阵和整体刚度矩阵进行线性组合得出的，表达式为

$$\boldsymbol{C}=\alpha\boldsymbol{M}+\beta\boldsymbol{K} \tag{7.39}$$

$$\xi_i=\frac{\alpha}{2\omega_i}+\frac{\beta\omega_i}{2} \tag{7.40}$$

式中，$\boldsymbol{K}$ 为整体刚度矩阵；$\boldsymbol{M}$ 为整体质量矩阵；$\boldsymbol{C}$ 为整体阻尼矩阵；α、β 分别为瑞利阻尼的参数，在显式动力计算中起避免非真实振荡的作用；ω_i 为频率；ξ_i 为阻尼比。

5. 施加荷载

在试验中，通过微位移传感器测量块体 3 的水平位移变化来反映块体受到垂直冲击作用后的动力响应，继而研究块体试样与相邻试样之间的摩擦力变化。块体 3 受到上面两个块体的重力作用，因此在数值建模中，通过在块体 3 上施加垂直向静荷载来模拟块体受到的上面两个块体传递过来的压力。

根据 Hertz 定律，将冲击能转化成作用时间为 t_0 的半正弦式作用力。在 LS-DYNA 中，荷载是以应力的方式进行施加的，根据块体的尺寸将动荷载转化成动应力，施加在最上层块体上。

7.2.5　岩体超低摩擦数值模拟可行性验证

为验证 LS-DYNA 在研究超低摩擦现象中的可行性，模拟了块体模型在受到不同的垂直冲击作用下的动力响应，并将模拟得到的结果与试验结果进行对比。

图 7.8 给出了水平静力为零时，块体 3 在两种不同的垂直冲击荷载作用下的水平位移时程曲线。从图中可以看出，当冲击荷载较大时，块体只在原点位置产生

振荡,之后逐渐回到原点并恢复稳定。当冲击荷载较小时,块体在离原点 0.06μm 的地方达到平衡,产生了残余位移。

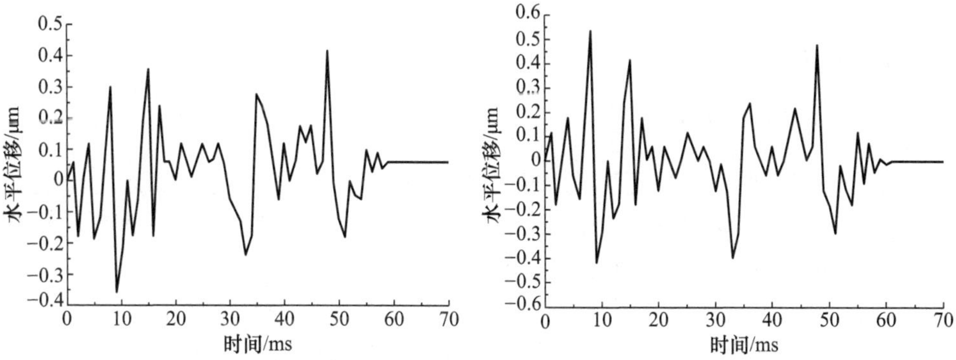

(a) σ_m=1.5Pa　(b) σ_m=95Pa

图 7.8　不同垂直冲击荷载作用下块体 3 的水平位移时程曲线

通过分析可以得出,块体受到外界动力扰动作用时,当竖向冲击作用较小时,块体不会产生残余位移,当竖向冲击作用较大时,块体产生了残余位移。这表明,块体产生残余位移时对应着一个临界冲击能 W_{v0}。当竖向冲击能小于临界冲击能,即 $W_v<W_{v0}$ 时,块体只是在平衡的位置做类似于准正弦式的振荡,不会偏离原平衡位置而产生残余位移。而当竖向冲击能超过临界冲击能,即 $W_v>W_{v0}$ 时,块体才会偏离原平衡位置并产生残余位移。由此说明块体在不同能量的冲击作用下的响应不同,系统受到的影响也不同。

图 7.9 为试验中在不同垂直冲击能作用下块体 3 的水平位移时程曲线。将试验结果与数值模拟得到的结果进行对比分析,虽然在数值上有所差异,但变化的趋势特征非常相似,都可以在一定程度上反映超低摩擦现象。而产生差异的原因主要是材料参数、块体间的接触作用、模拟与试验方式不同,因此这种差异在定性研究上是可以接受的。

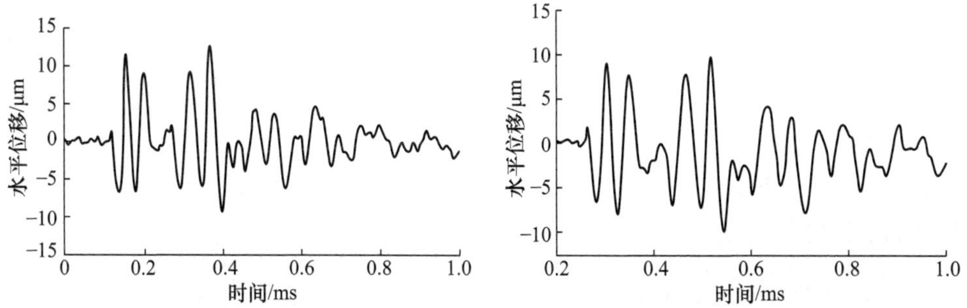

(a) W_v=45.16mJ　(b) W_v=54.33mJ

图 7.9　不同垂直冲击能作用下块体 3 的水平位移时程曲线

7.3 深部围岩块体超低摩擦效应的数值模拟研究

7.3.1 数值分析模型的建立

1. 材料模型的选取

结构材料在受到爆炸荷载或冲击作用时，在短时间内会产生大的变形，应变率比只受静荷载作用时的情况明显提高。本节研究爆炸荷载作用下块体产生的超低摩擦效应，因此选用非线性塑性材料模型。这种材料模型可以运用在包含应变率效应的各向同性塑性随动强化材料中。相关的材料动力试验结果表明，随着应变率的提高，材料的力学特性表现为应力-应变关系更复杂，产生动态屈服时的应力相对于静态屈服时的应力有明显的提高。

2. 块体与围岩接触的处理

在涉及岩体结构面的问题中，以往的研究一般不考虑结构面间的相互滑动和摩擦，而采用完全黏结的边界条件[29]。实际中，岩体内会存在一些构造结构面，其黏聚力很小，甚至可以忽略。岩体开挖时，爆炸产生的应力波在岩体内部进行传播，当岩体内存在结构面时，应力波的传播会受到影响，应力波在结构面上会产生一个切向分量，可能会导致结构面两侧的岩层发生相互滑动。在研究块系岩体的超低摩擦效应中，爆破扰动会诱发块体产生运动，若不考虑块体与围岩间的摩擦，这显然不符合实际。因此，在数值计算中，考虑块体与围岩接触界面间的摩擦作用更加符合实际。

模拟块体与围岩间的结构面，在前面的研究分析中不考虑结构面间的黏结力，因此假设结构面无黏结强度，并设定动静摩擦系数。结构面的刚度是自身的属性，法向刚度 k_n 和切向刚度 k_s 由程序自动计算[30]，公式为

$$k_n = \frac{f_s A^2 K}{V} \tag{7.41}$$

$$k_s = \frac{f_s A^2 G}{V} \tag{7.42}$$

式中，A 为接触面积；K 为岩石的动体积模量；V 为接触体积；G 为岩石的动剪切模量；f_s 为罚函数。

3. 爆炸荷载的施加方法

块体间产生超低摩擦效应的一个主要原因是受到一定能量的冲击作用。在研

究爆破扰动诱发块体产生超低摩擦效应时，若爆炸荷载作用的区域离块体所在部位较远，则超低摩擦效应可能不明显。为更好地研究超低摩擦效应的一些特征与现象，在块体所在位置的下方区域施加爆炸荷载，模拟下面层级保护层的爆破开挖。

在LS-DYNA中，通常采用两种被广泛应用的方法模拟爆炸荷载。第一种方法是在理论分析与室内试验的基础上，得到简化之后的爆炸荷载的压力时程曲线，然后等效施加在炮孔壁上。第二种方法是流固耦合的方法，由于流固耦合的方法需要将炸药参数设置到数值模型的炮孔内部单元上，而炮孔的尺寸与整体模型的尺寸相比太小，在保证单元长细比的前提下会造成单元数量过多，影响计算时间，甚至导致数值计算无法进行[30,31]。因此，综合考虑，选用简化之后的等效荷载方法对岩体受到的爆炸作用进行模拟。

采用将等效的三角形荷载曲线简化施加在爆破开挖作用的区域，即块体所在位置下方的一系列单元，如图7.10所示。简化曲线中爆炸荷载升压、正压作用的时间参照文献[32]确定，取爆炸荷载上升的时间为2.3ms，持续的总时间为17ms。爆炸荷载的峰值大小是本章数值模拟研究中考虑的一个因素，因此先以 p_b 表示。同时，地下岩体都处于一定的初始应力状态，因此在模型的边界上模拟施加水平向和垂直向的地应力。

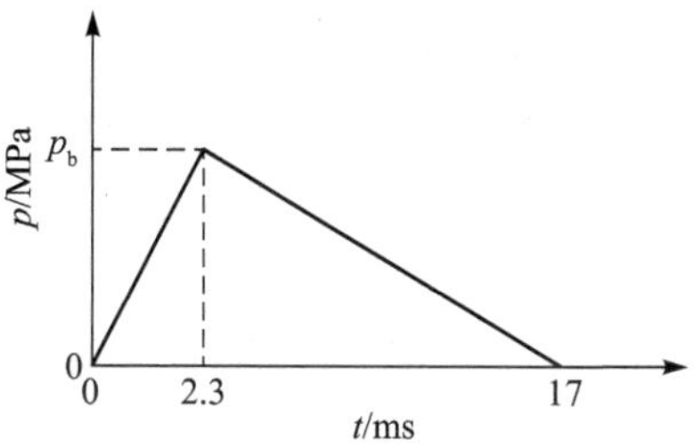

图7.10 爆炸荷载的压力时程曲线(超低摩擦效应数值模型)

4. 模型参数确定

所建的模型尺寸为100m×100m，洞室的跨度为20m，高度为22m，其中直墙部分高度为18m，如图7.11(a)所示。在边墙的围岩内嵌入一个尺寸为1m×1m的块体，其底边距洞室设计底板高度为16m。开挖高度为6m，采用8节点等参单元划分网格，采用随动强化本构模型计算，共划分为320755个节点、254000个单元，完成后的模型示意图如图7.11(b)所示。

本次模拟的岩石材料力学参数如表7.2所示[31]。

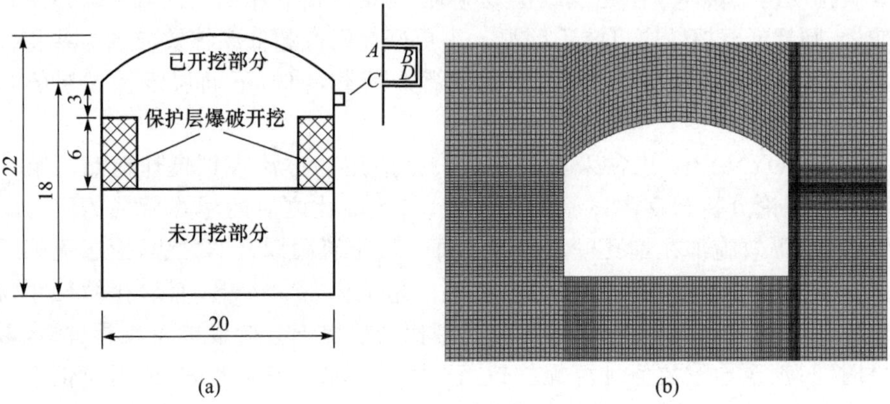

图 7.11 模型示意图(单位:m)

表 7.2 岩石材料力学参数[31]

密度/(kg/m^3)	弹性模量/GPa	泊松比	抗压强度/MPa	切线模量/GPa	内摩擦角/(°)
2700	50	0.25	100	8	50

7.3.2 爆破扰动下块体的动力响应

在模型上施加大小均为 10MPa 的水平向和垂直向地应力,并在块体所在部位的下层级边墙区域施加简化的等效爆炸荷载,峰值取 50MPa,模拟保护层的爆破开挖。对模拟结果进行分析,以验证爆破扰动诱发边墙围岩内的块体产生了超低摩擦效应。为叙述方便,设定块体向围岩侧(后面简称内侧)产生的位移为负值,向临空面(后面简称外侧)产生的位移为正值。块体与围岩接触单元的法向应力,正值表示受拉,负值表示受压。块体自身产生的变形量,正值表示块体受到拉伸变形,负值表示块体受到压缩变形。

1. 块体水平位移

图 7.12 为块体上 3 个监测节点(*BCD* 块体的四个角节点,如图 7.11 所示)产生的水平位移时程曲线。从图中可以看出,在地应力的单独作用下,块体会向着外侧的临空面产生一定的初始水平位移,然后处于稳定状态,这说明此时块体与围岩接触界面上的剪切力不足以克服摩擦力作用。受到爆破扰动之后,块体上监测节点的水平位移均呈现出准正弦式的波动,并逐渐偏离原平衡位置,产生了水平残余位移。由此可以得出,在爆破扰动的作用下,当剪切力不足以克服最大静摩擦力时块体就产生了位移,说明动力作用下块体间的接触有一定程度的张开。

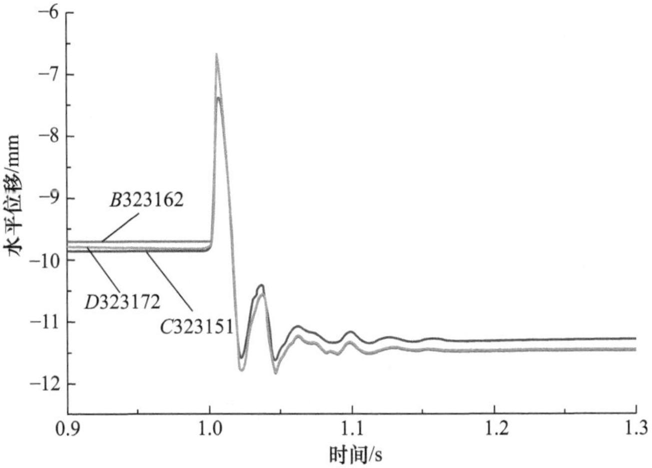

图 7.12　块体上 3 个监测节点的水平位移时程曲线

在受到垂直冲击扰动和水平静力的共同作用下，超低摩擦试验块体的水平位移时程曲线如图 7.13 所示[8]。可以看出，在受到爆破扰动作用之后，数值模拟中的块体和试验中的块体均产生了准正弦振荡，并在达到新的平衡位置后同样做周期振荡，位移幅值均有所衰减，均产生了残余位移，曲线的变化趋势极其相似，表明块体在受到爆破扰动后产生了超低摩擦效应。

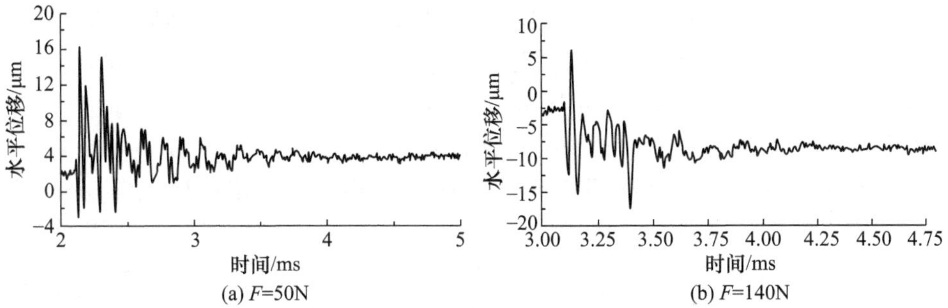

图 7.13　超低摩擦试验块体的水平位移时程曲线[8]

2. 块体与围岩接触界面上应力特征

由前面的叙述可知，在地应力的单独作用下，块体逐渐达到稳定状态。受到爆破扰动作用后，块体产生了运动，这个过程中块体的受力状态会发生改变。图 7.14 为块体与围岩接触界面单元上的法向应力时程曲线。

从图 7.14 可以看出，在地应力作用下，块体与围岩接触界面上单元的法向应力逐渐增大且趋于稳定。受到爆破扰动后，接触界面上单元的法向应力在扰动下发生准周期的正弦曲线式振荡，且幅值逐渐减小，最终达到稳定状态。

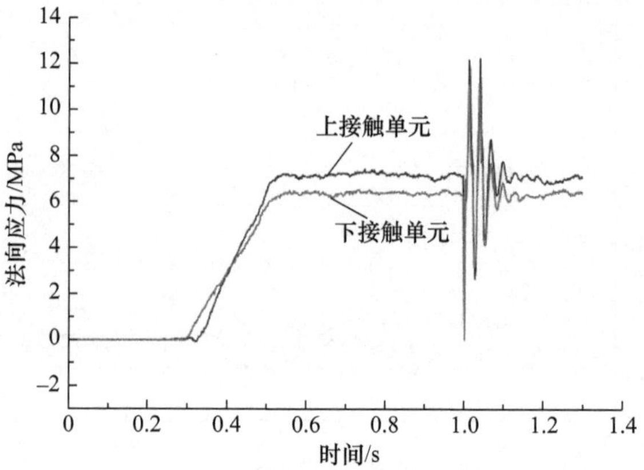

图 7.14　块体与围岩接触界面单元上的法向应力时程曲线

结合图 7.12 可知，当块体只受到初始地应力作用时，在 0.5～1s，地应力达到平衡之后，此时块体受到的压应力大小为 7MPa 左右，虽然块体受到了由地应力传递过来的剪切应力，但块体并未产生滑移运动。这是因为块体受到的法向应力较大，接触界面上的摩擦力也较大，剪切应力不足以克服摩擦力。受到爆破动力扰动后，法向应力呈现准周期性的变化，当法向应力减小时，块体与围岩间的压紧程度减弱，相对脱离，动摩擦系数 μ_d 的幅值也随之减小，导致块体受到的摩擦力减小，当块体受到的剪切应力超过接触界面上的摩擦阻力时，块体的平衡状态被破坏，开始产生加速运动。同理，当法向应力增大时，块体被压紧，动摩擦系数 μ_d 增大，摩擦力变大，剪切应力不足以克服摩擦力，块体产生减速运动。由于这种法向应力与动摩擦系数的准周期性变化，块体所产生的加速与减速运动也在不断交替变化，块体在水平方向上产生的位移也呈现出周期性的变化。随着法向应力的逐渐衰减并最终达到稳定值，水平方向上的剪切应力难以克服摩擦阻力，块体运动的速度逐渐降为零，超低摩擦现象消失，块体在水平方向上的滑移运动停止。块体重新恢复稳定的状态，并在此过程中产生了水平残余位移。

由此可以看出，爆破扰动诱发块体产生超低摩擦效应的主要原因是块体受到的法向应力重分布和动摩擦系数不断改变的联合作用。这与文献[33]中的数值计算研究成果一致。以上分析表明，边墙围岩内嵌入的块体在受到爆破扰动后，会产生超低摩擦效应。

7.3.3　不同爆炸荷载对超低摩擦效应的影响

块体超低摩擦试验的结果说明，不同的垂直冲击能对系统造成的影响不同。为此，本节通过改变爆炸荷载的大小，研究块体的动力响应，通过分析块体的水平位移和法向应力变化规律，进一步揭示爆炸冲击能量对超低摩擦效应的影响。

1. 水平位移变化规律

图 7.15 为在相同的地应力条件，不同爆炸荷载作用下块体受到爆破扰动后产生的水平位移时程曲线。为了便于直观地分析爆炸荷载大小对块体超低摩擦效应的影响规律，将块体受到爆破扰动之前产生的位移进行清零处理。

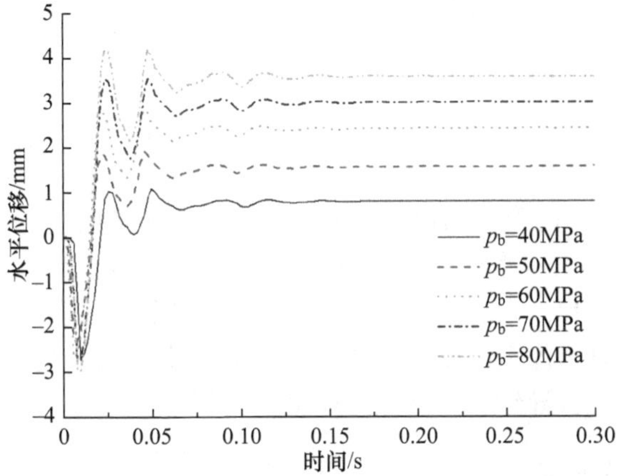

图 7.15　不同爆炸荷载作用下块体的水平位移时程曲线

从图 7.15 可以看出，不同爆炸荷载作用下，块体在水平方向上产生的位移时程曲线变化趋势十分相似。受到爆破扰动作用后的初始时刻，块体均向内侧产生了一定的瞬时位移，然后开始偏离原来的平衡位置，在新的平衡位置上位移呈现出准正弦式的变化，幅值逐渐减小，最终保持稳定不变。爆炸荷载大小不同，块体达到的新的平衡位置也不同，也即产生的水平残余位移不同，具体的数值如表 7.3 所示。爆炸荷载越大，块体产生的水平残余位移也越大，具体的对应变化规律如图 7.16 所示，随着爆炸荷载的增大，块体产生的水平残余位移近似线性增大，表明超低摩擦效应也更加明显。

表 7.3　不同爆炸荷载作用下块体的水平残余位移

爆炸荷载/MPa	水平残余位移/mm
40	0.82
50	1.65
60	2.44
70	3.02
80	3.61

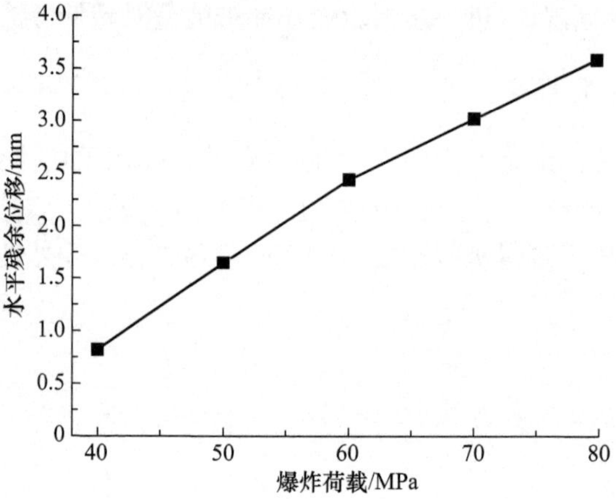

图 7.16 爆炸荷载和水平残余位移关系曲线

从图 7.16 可以看出，在爆炸荷载频率不变的情况下，即爆炸荷载的升压和持续的时间不变，随着爆炸荷载峰值的增大，曲线所围起来的三角形面积也增大，即爆破产生的能量越大，导致超低摩擦效应更加明显。

2. 法向应力变化规律

图 7.17 为块体与围岩接触的单元在不同爆炸荷载作用下的法向应力时程曲线。从图 7.14 可以看出，在地应力单独作用下，块体受到的法向应力会达到稳定，因此为了更直观地观察不同的爆破扰动对块体与围岩接触界面单元法向应力的影响，只给出了 0.9～1.3s 的法向应力时程曲线。

从图 7.17 可以看出，由于地应力条件相同，块体在爆破扰动之前的受力状态是一样的，受到的初始地应力大小相同，且块体上表面受到的法向应力总体上均比下表面大，表明块体的受力不均匀，在稳定状态时可能会发生变形作用。块体受到爆破扰动作用后，法向应力幅值在冲击扰动的作用下发生振荡，形式类似于正弦式的准周期变化，随着应力幅值的逐渐减小，最终达到稳定状态。在大约 1.05s 之前，法向应力幅值的衰减幅度不明显，1.05s 之后，法向应力幅值突然减小。这是由于爆炸荷载从开始施加到结束的时间为 23ms，块体先是处于受迫振动阶段，之后转变为自由振动阶段。同时，在不同的爆炸荷载作用下，接触界面上法向应力幅值的衰减程度不同。爆炸荷载越大，法向应力幅值的衰减程度越大，由此导致接触面间摩擦力减小的程度也越大，超低摩擦效应也更加明显，块体运动过程中的加速运动阶段的加速度也越大，产生的残余位移也越多。该分析也可以用来解释爆炸荷载与块体产生的水平残余位移之间的规律。

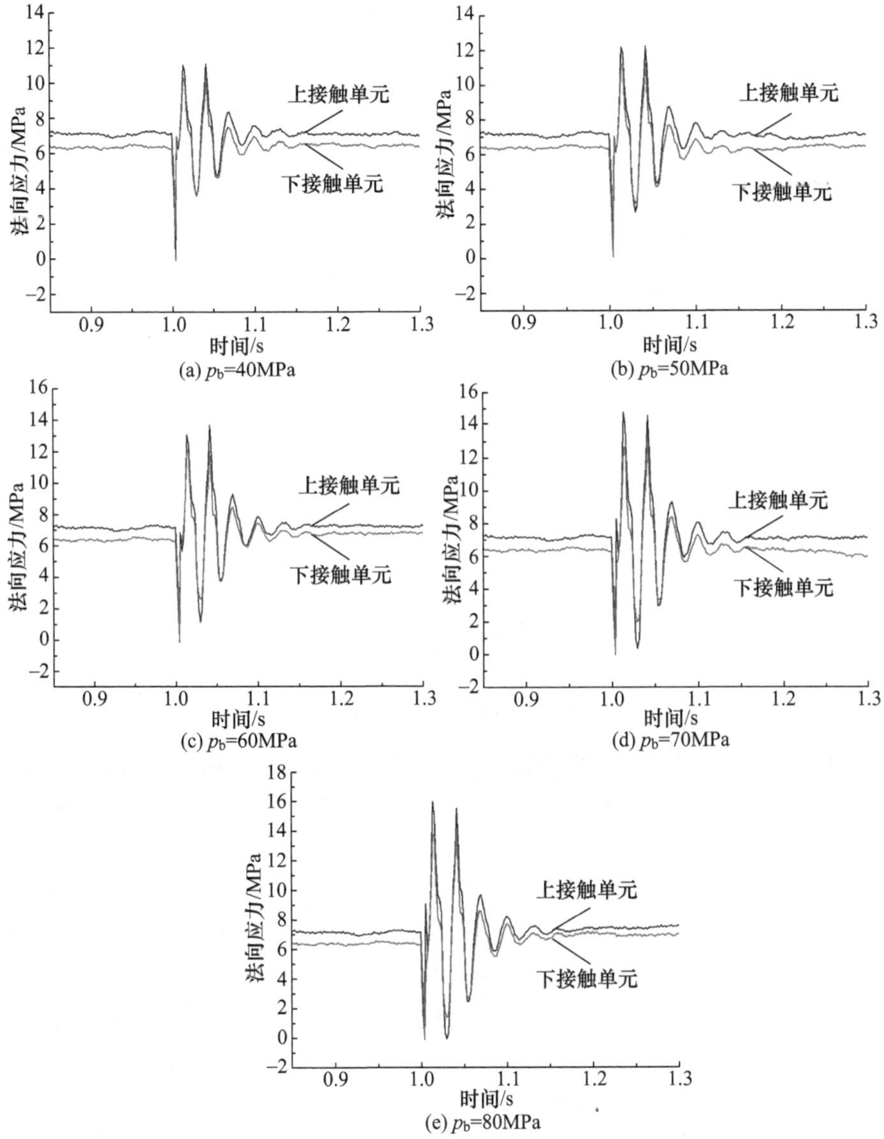

图 7.17　不同爆炸荷载作用下块体的法向应力时程曲线

3. 块体自身变形特征

在法向应力和摩擦力的约束下，块体自身会产生变形，在变形的过程中，既有能量的耗散也有弹性应变能的储存。从宏观上来看，岩石可以抽象成无限小且连续的介质；从微观上来分析，岩石由单元体组成，且这些单元体包含足够的缺陷。由于每个单元体含有的缺陷不同，其物理力学特性也不一样，因此储存的弹性应变能也不同[34]。通过分析不同爆炸荷载作用下块体受到的法向应力可知，块体上、下表面的受力不均匀，也表明块体产生了变形。选取块体上的四个角节点(图 7.11 中 A、B、C、D 四点)，通过研究两节点之间的相对位移来判别块体的变形情况，从而可以分析块体储存能量的某些特征。图 7.18 为不同爆炸荷载作用下块体产生的变形。

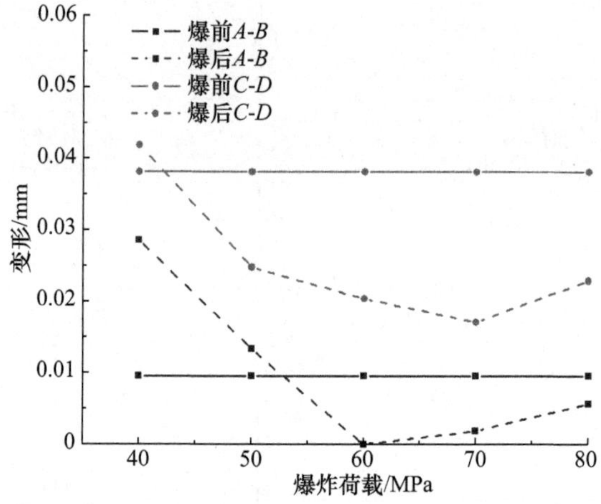

图 7.18　不同爆炸荷载作用下块体产生的变形

从图 7.18 可以看出，爆破扰动之前，在地应力的单独作用下，块体的自身变形是一个定值，块体的上、下表面均处于拉伸变形状态，且下表面受到的拉伸变形比上表面要大。受到爆破扰动达到新的稳定状态之后，块体的变形仍是以拉伸变形为主，但变形量发生了改变。当爆炸荷载较小时，爆破扰动之后的拉伸变形比扰动之前大，且下表面受到的拉伸变形作用仍然比上表面要大。随着爆炸荷载的增大，块体的拉伸变形呈现先减小后增大的抛物线式变化。

只有地应力时，在法向应力和摩擦力的约束下，块体产生了拉伸变形作用，且在摩擦力的约束下积聚一定的弹性应变能，拉伸变形越大，块体积聚的弹性应变能越多。在爆破扰动诱发超低摩擦效应时，摩擦力减弱，约束作用被解除，块体首先需要恢复到无变形状态，这个过程会消耗部分能量。超低摩擦现象消失之后，块体逐渐达到稳定状态。由于组成块体的各单元体受到的力学特性是不一样的，恢复稳定状态之后，在摩擦力的约束下块体依然产生了拉伸变形。这是由于爆炸冲击传递过来的能量，虽然一部分因摩擦作用被耗散，但另一部分会以弹性应变能的形式继续储存在块体上，反映在块体产生的拉伸变形中。

7.3.4　水平向地应力对超低摩擦效应的影响

在施加爆炸荷载之前，块体只受到初始地应力的作用。爆炸荷载施加之后，块体受到地应力和爆破扰动的动静组合作用。块体与围岩接触界面上法向应力的重分布是诱发超低摩擦效应的原因之一。因此，地应力不同，块体受到的法向应力不同，接触界面间的摩擦力也会发生变化，超低摩擦效应的减弱程度也会不一样，以此可研究地应力对超低摩擦效应的影响。

1. 水平位移变化规律

图 7.19 为垂直向地应力 10MPa 保持不变，不同水平向地应力下块体的水平位移时程曲线。同样，为了便于直观地分析水平向地应力对摩擦效应的影响规律，将块体受到爆破扰动之前产生的位移进行清零处理。

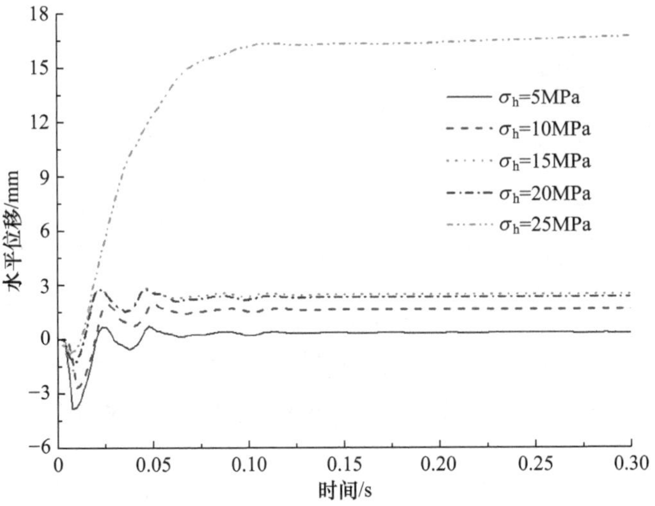

图 7.19　不同水平向地应力下块体的水平位移时程曲线($\sigma_v=10$MPa)

从图 7.19 可以看出，块体在受到爆破扰动后，产生的水平位移时程曲线的变化趋势相似。在向内侧产生了一定的瞬时位移之后，开始偏离初始平衡位置并在新的平衡位置产生准正弦波动，在恢复稳定之后，均产生了一定的水平残余位移。当水平向地应力 $\sigma_h=25$MPa 时，块体在偏离原来的平衡位置达到新的平衡位置之后并未产生正弦式的波动，在微弱的波动之下恢复了稳定，并产生较大的水平残余位移。

不同水平向地应力下块体的水平残余位移如表 7.4 所示，变化规律如图 7.20 所示。可以看出，随着水平向地应力的增大，块体产生的水平残余位移近似呈抛物线式增大，且增加的速度较快，表明超低摩擦效应更加明显。这是因为在垂直向地应力保持不变的情况下，水平向地应力越大，块体受到的水平向切应力也越大，在相同的爆炸荷载作用下，超低摩擦效应越明显，块体越容易运动，因此最终产生的水平残余位移也越大。

表 7.4　不同水平向地应力下块体的水平残余位移

水平向地应力/MPa	水平残余位移/mm
5	0.30
10	1.62
15	2.47
20	2.23
25	16.69

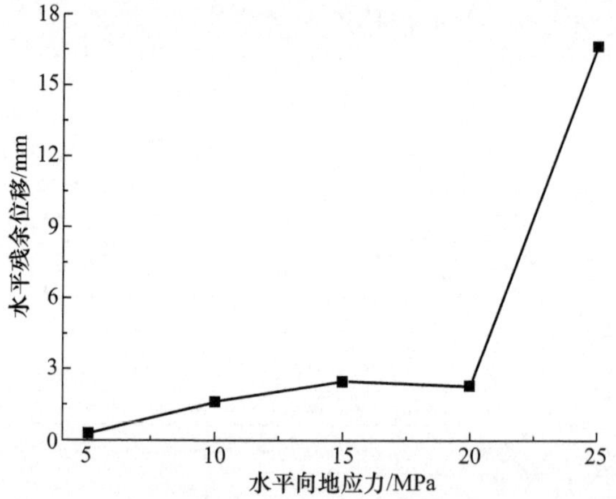

图 7.20　水平向地应力与块体水平残余位移关系曲线

在块系块体的超低摩擦试验中，对试验系统施加垂直向的冲击扰动和水平向静力时，块体会产生水平残余位移。施加的水平静力越大，块体产生的残余位移也越大，呈现抛物线式增大的趋势[35,36]。模型中，块体受到的水平向地应力作用与试验中的水平静力类似，都是促使块体产生运动滑移。因此，数值模拟结果与试验结果在变化趋势上是一致的，从而进一步说明 LS-DYNA 在研究超低摩擦效应上的可行性。

2. 法向应力变化规律

图 7.21 为不同水平向地应力下块体的法向应力时程曲线。同时，为了更直观地观察不同水平向地应力条件下，爆破扰动对块体与围岩接触界面单元法向应力的影响，只给出了 0.9～1.3s 的法向应力时程曲线。

从图 7.21 可以看出，水平向地应力不同，块体受到的初始法向应力也不同。受到爆炸荷载作用后，接触界面的法向应力在爆炸荷载的作用下发生振荡，幅值逐渐减小，最终达到稳定，变化形式类似于准周期的正弦曲线。而图 7.21(d)、(e)中

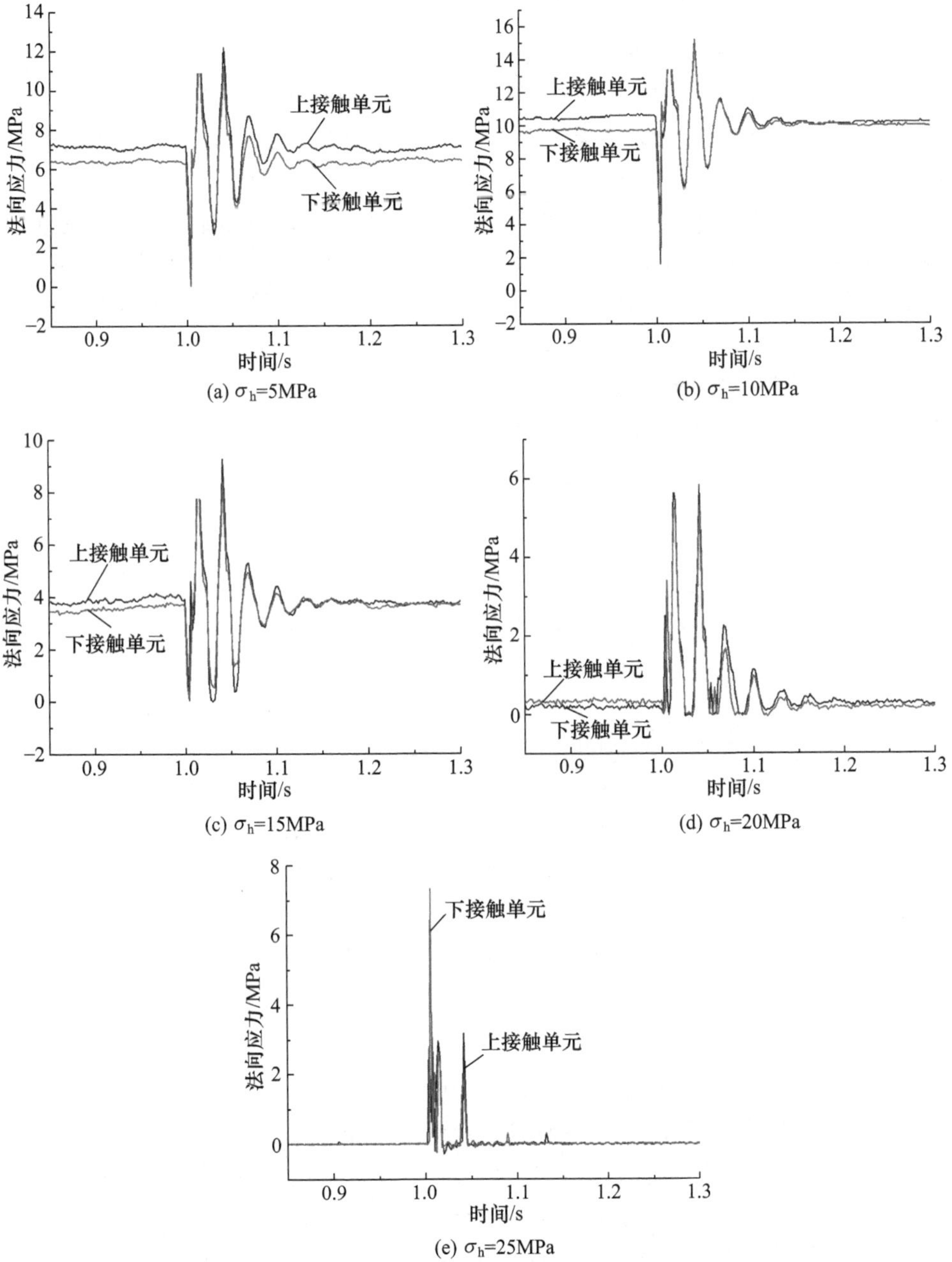

(a) σ_h=5MPa　(b) σ_h=10MPa　(c) σ_h=15MPa　(d) σ_h=20MPa　(e) σ_h=25MPa

图 7.21　不同水平向地应力下块体的法向应力时程曲线

法向应力的衰减形式与图 7.21(a)～(c)有所差异。一般性地，受到爆破扰动作用后，块体与围岩相接触的单元的法向应力在周期性的变化中，会呈现出相对原平衡状态的法向应力增大和减小的变化。而图 7.21(d)和(e)的工况中，初始法向应力几乎为零，在周期性的变化中，法向应力相对于原平衡状态几乎只有增大，没有减小。这是由于在垂直向地应力不变的情况下，水平向地应力越大，模型整体受到的挤压程度越大，由于洞室断面的存在，洞室边墙侧壁受到拉伸作用，导致块体与围岩之间的压紧程度变弱。这一点可以从块体受到的初始法向应力反映。

如图 7.22 所示，随着水平向地应力的增大，块体受到的初始法向应力近似线性减小，当水平向地应力超过一定的数值后，初始法向应力几乎减小到零。块体受到的初始法向应力越小，块体与围岩间的相对压紧程度在受到爆破扰动时也会变的越弱，法向应力减小的幅度越大，超低摩擦效应也越明显，块体更容易产生滑移。因此，最终块体产生的水平残余位移也更大。这个分析也可以用来说明块体产生的水平残余位移随水平向地应力的增大呈现抛物线式增大的关系。

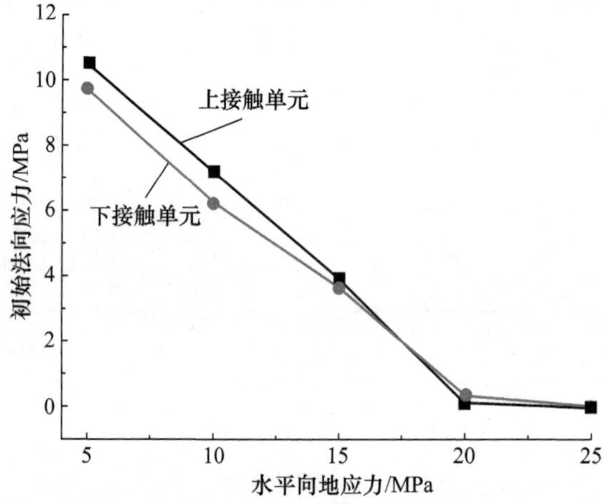

图 7.22　水平向地应力与块体初始法向应力关系曲线

3. 块体自身变形特征

图 7.23 为不同水平向地应力下，块体在受到爆破扰动前后自身的变形，由此可分析块体在发生超低摩擦效应的过程中储存弹性能的某些特征。

从图 7.23 可以看出，保持垂直向地应力 10MPa 不变，在爆破扰动前后的平衡状态下，块体均产生了拉伸变形。当水平向地应力较小时，块体下表面受到的拉伸程度比上表面小；当水平向地应力较大时，块体下表面受到的拉伸程度比上表面大。同时，爆破扰动前块体上、下表面受到的拉伸变形作用均比爆破扰动后明显。此外，随着水平向地应力的增大，块体上、下表面产生的拉伸变形在爆破扰动前后均呈现近似抛物线状减小的趋势。这是由于，水平向地应力越大，洞室边墙受到张拉的作用越强，导致块体与围岩间的挤压作用减弱，围岩对块体的摩擦约束作用也减弱，块体产生的变形不容易被“锁”住，因此产生的变形作用较弱，趋于无约束无变形的自由状态。

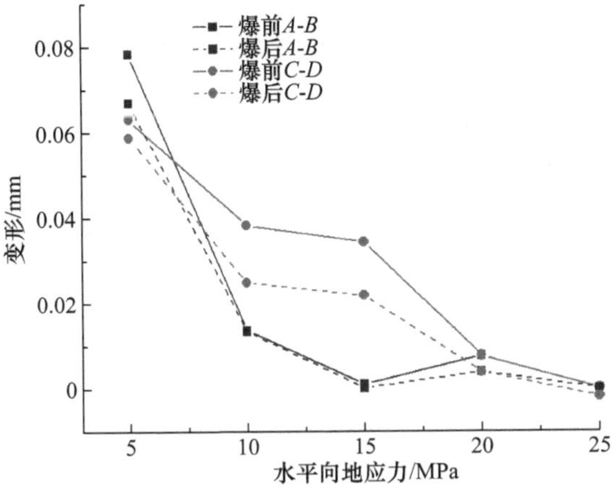

图 7.23　爆破扰动前后水平向地应力与块体自身变形关系曲线

从能量的角度上分析，在初始地应力平衡状态，块体都产生了变形，积聚了弹性应变能。受到爆破扰动后，约束作用被解除，块体产生超低摩擦效应并产生了水平残余位移。由于爆破作用对整个块体系统输入的能量是相同的，水平向地应力越大，块体产生的残余位移越大，更多的能量在块体产生运动中被摩擦作用所消耗。因此，最终块体系统剩余的能量也越少，而剩余的能量是储存在块体的变形中，块体的变形也越小。

爆破扰动之后块体上、下表面的变形比单独地应力的稳定状态时要小，这是由于块体产生运动的过程中，摩擦作用消耗的能量大于爆破扰动传递过来的能量，因此块体积聚的能量被部分消耗了，剩余的能量减少，变形也减小。

7.3.5　垂直向地应力对超低摩擦效应的影响

1. 水平位移变化规律

图 7.24 给出了水平向地应力 10MPa 保持不变时，不同垂直向地应力下块体的水平位移时程曲线。同样地，为了便于直观地分析垂直向地应力对摩擦效应的影响规律，将块体受到爆破扰动之前产生的位移进行清零处理。

从图 7.24 可以看出，当垂直向地应力接近或超过水平向地应力时，块体在受到爆破扰动后会产生准正弦振荡，位移时程曲线变化形式相似，并偏离原来的平衡位置，产生一定的水平残余位移后在新的平衡位置稳定下来。当垂直向地应力为 5MPa 时，块体在偏离原来的平衡位置达到新的平衡位置之后并未产生正弦式波动，并产生较大的水平残余位移。这是因为在保持水平向地应力不变的情况下，垂直向地应力越大，块体受到的法向应力也越大，动摩擦系数的变化幅度越小，超低摩擦效应越不明显。在相同的爆炸荷载作用下，块体更不容易产生运动，因此最终产生的水平残余位移也越小，甚至向围岩内侧产生了水平残余位移。

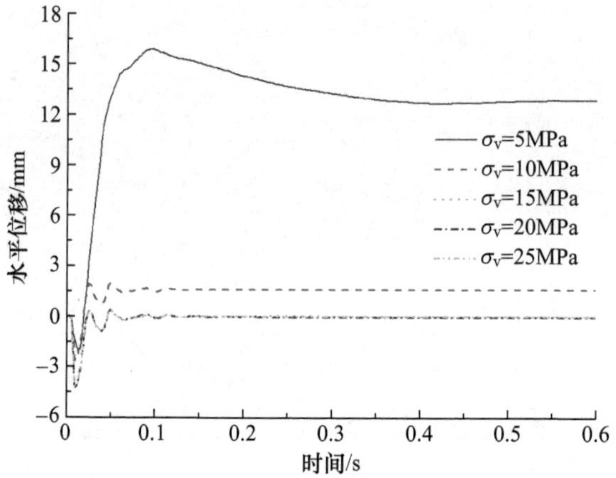

图 7.24　不同垂直向地应力下块体的水平位移时程曲线（$\sigma_h = 10\text{MPa}$）

不同的垂直向地应力条件下，块体产生的水平残余位移如表 7.5 所示，与垂直向地应力之间的对应关系如图 7.25 所示。可以看出，随着垂直向地应力的增大，块体产生的水平残余位移近似抛物线式减小，直到几乎为零，甚至只产生振荡，不产生残余位移。

表 7.5　不同垂直向地应力下块体的水平残余位移

垂直向地应力/MPa	水平残余位移/mm
5	12.88
10	1.62
15	0.04
20	−0.03
25	0.01

2. 法向应力变化规律

垂直向地应力不同，块体受到的初始法向应力也不同，通过改变垂直向地应力的大小来研究不同状态下超低摩擦效应的变化规律。图 7.26 给出了块体与围岩接触的单元在不同垂直向地应力下的法向应力时程曲线，且为便于观察，只给出了 0.9～1.3s 的法向应力时程曲线。

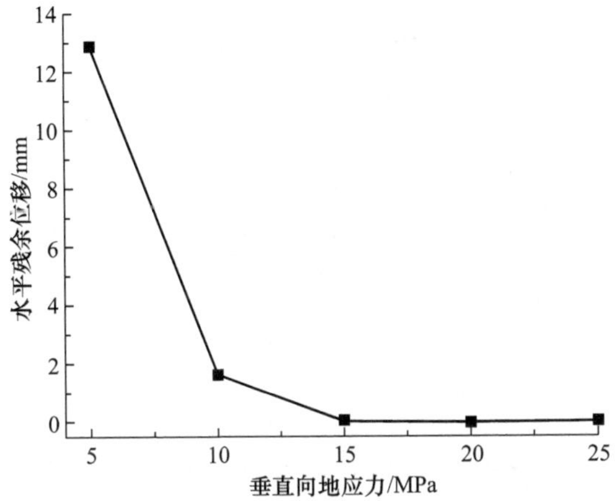

图 7.25　垂直向地应力与块体水平残余位移关系曲线

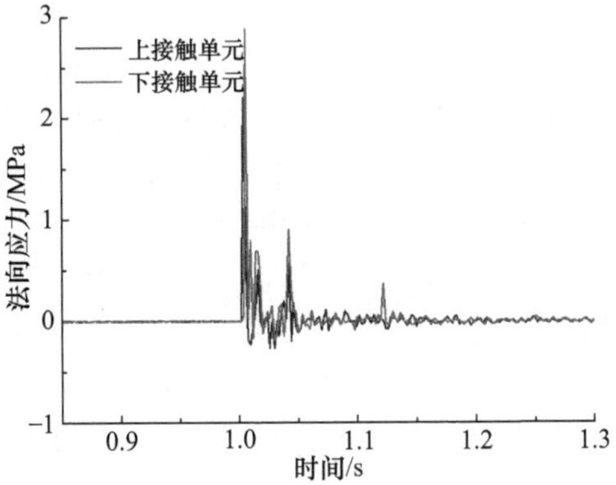

(a) σ_v=5MPa

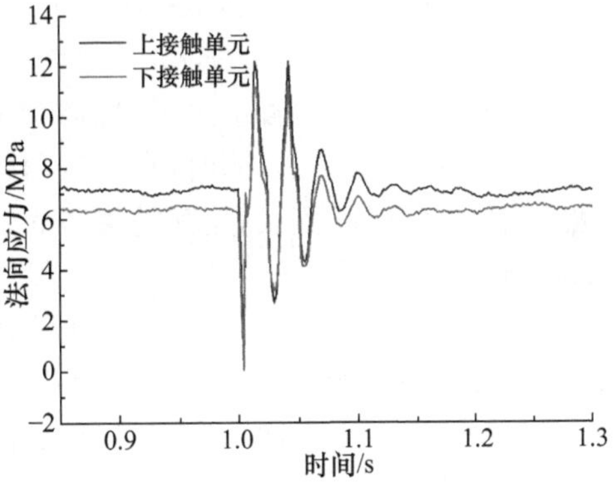

(b) σ_v=10MPa

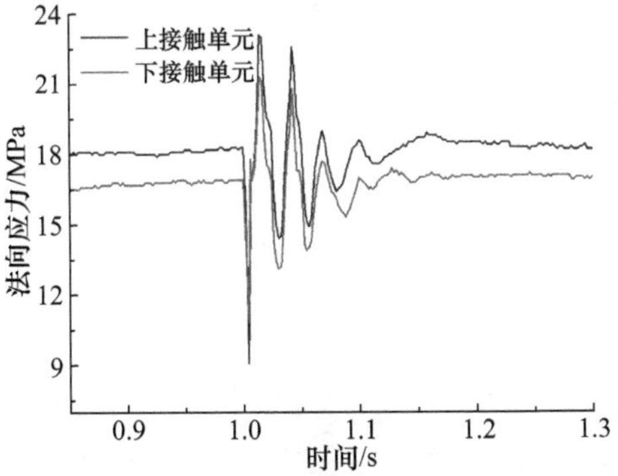

(c) σ_v=15MPa

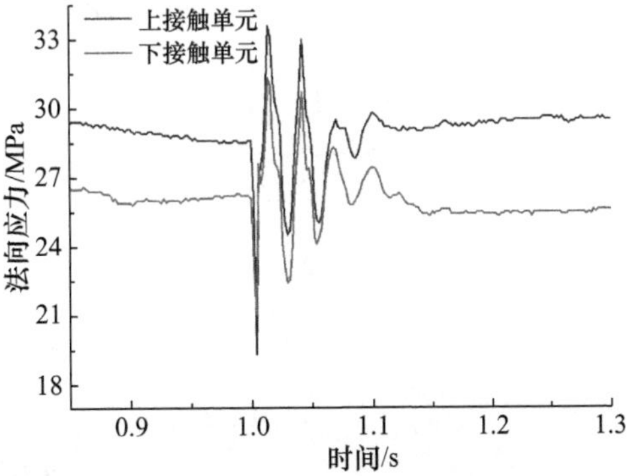

(d) σ_v=20MPa

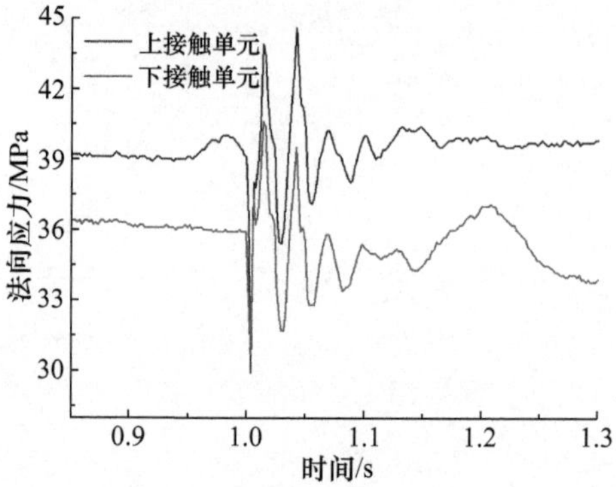

(e) σ_v=25MPa

图 7.26　不同垂直向地应力下块体的法向应力时程曲线

从图 7.26 可以看出，在冲击荷载的作用下，块体受到的法向应力产生类似于准周期的正弦曲线式变化，且幅值逐渐减小，最终达到稳定。与其他工况不同，图 7.26(a)中原稳定状态的法向应力几乎为零，在受到扰动之后，相对于原平衡状态，法向应力几乎只出现增大，没有减小。这是由于当模型受到的垂直向地应力小于水平向地应力一定程度之后，块体会呈现出与上述水平向地应力与法向应力对应的相似的规律特征。同时，在垂直向地应力为 25MPa 的工况中，法向应力的衰减达到稳定的时间更长，尤其是块体下表面的单元，在相同的时间内还处在小波动的状态。

垂直向地应力不同，块体受到的初始法向应力不同。在垂直向地应力为 5MPa 时，块体受到的初始法向应力几乎为零。随着垂直向地应力的增大，块体受到的初始法向应力也增大，变化规律如图 7.27 所示，块体受到的初始法向应力随

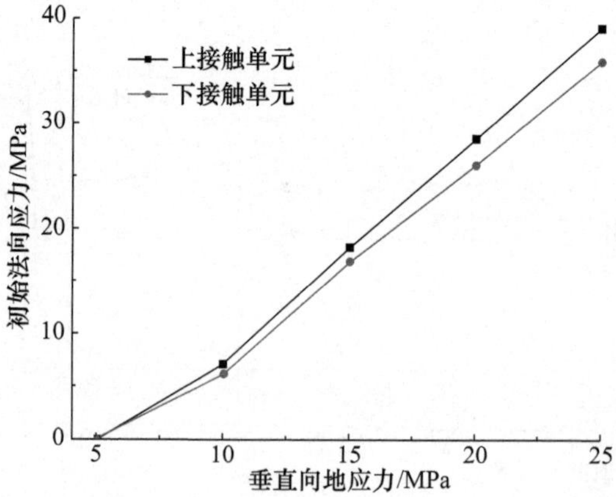

图 7.27　垂直向地应力与块体初始法向应力关系曲线

垂直向地应力的增大近似线性增大。块体受到的初始法向应力越大，块体与围岩间的相对压紧程度越紧密，受到爆破扰动时，超低摩擦效应变得明显，块体不容易产生滑移。因此，最终块体产生的水平残余位移也更小。该分析过程与块体产生的水平残余位移与垂直向地应力之间的对应特征是吻合的。

3. 块体自身变形特征

图 7.28 为不同垂直向地应力下，块体在受到爆破扰动前后自身的变形，由此可分析块体在发生超低摩擦效应的过程中储存弹性能的某些特征。

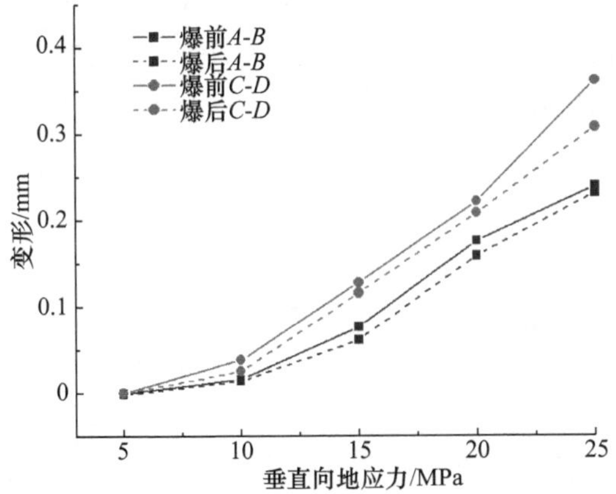

图 7.28　爆破扰动前后垂直向地应力与块体自身变形关系曲线

从图 7.28 可以看出，保持水平向地应力 10MPa 不变，在爆破扰动前后的稳定状态，块体均受到拉伸作用，且块体下表面受到的拉伸程度均比上表面大。同时，爆破扰动前块体上、下表面受到的拉伸变形作用均比爆破扰动后明显，表明在超低摩擦效应的过程中，块体释放了积聚的部分能量。此外，垂直向地应力不断增大，块体上、下表面产生的拉伸变形也随之逐渐增加。这是由于垂直向地应力越大，块体与围岩间受到的挤压作用越强，围岩对块体的摩擦约束作用增强，块体产生的变形更容易被“锁”住保留。因此，块体受到的变形作用更加显著。

从能量的角度上分析，在初始地应力平衡状态，块体都产生了变形，积聚了弹性应变能。从能量守恒的角度分析超低摩擦效应的产生可知，爆破扰动能量相当于是在原有的定常能量场上叠加了一个等效的势能 W_d，由于爆破的能量相同，块体的变形越大时系统场的总体有效能量 U_{eff} 也越大。随着垂直向地应力的增大，块体产生的残余位移逐渐减小，相对更少的能量在块体产生运动的过程中被摩擦作用消耗。因此，最终块体系统剩余的能量也越多，而剩余的能量是储存在块体的变形中的，块体的变形也就越大。

同样地，爆破扰动之后块体上、下表面的变形比单独地应力的稳定状态时要小，这是由于块体产生运动的过程中，摩擦作用消耗的能量大于爆破扰动传递过来的能量，因此块体积聚的能量被部分消耗了，剩余的能量减少，变形也减小。

7.3.6 块体尺度对超低摩擦效应的影响

1. 水平位移变化规律

图 7.29 为相同地应力条件下，不同尺度(块体边长用 L 表示)下块体的水平位移时程曲线。为了便于直观地分析块体尺度对摩擦效应的影响规律，将块体受到爆破扰动之前产生的位移进行清零处理。

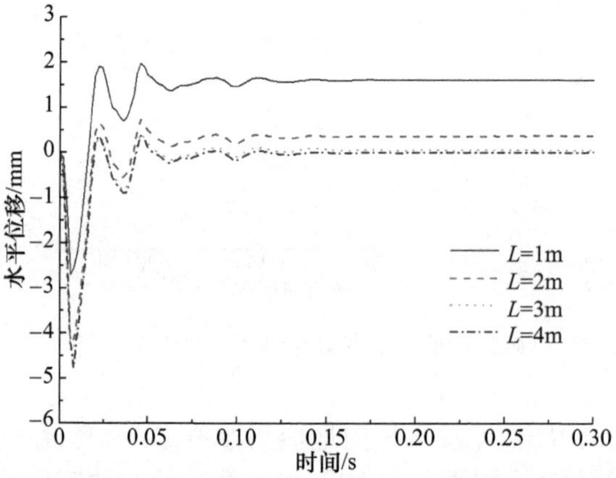

图 7.29　不同尺度下块体的水平位移时程曲线

从图 7.29 可以看出，不同尺度的块体，受到爆破扰动之后，水平位移都会产生准正弦式波动，且会向内侧产生一定的瞬时位移，然后偏离原来的稳定位置在新的位置恢复稳定，最终均产生了水平残余位移。不同尺度的块体产生的水平残余位移也不同，其变化规律如表 7.6 和图 7.30 所示，随着块体尺度的增大，块体产生的水平残余位移近似抛物线式减小，直到为零。这是由于块体的尺度越大，块体与围岩相接触的面积越大，受到的动静摩擦作用也越强。在相同量级的爆破扰动作用下，块体的超低摩擦效应变得不明显，产生的水平残余位移也就越小。尽管大尺度的块体受到的摩擦约束作用变强，但在受到爆破扰动之后还是产生了超低摩擦现象。由此可知，超低摩擦效应的产生没有尺寸效应，这与文献[35]的试验结论相吻合。

表 7.6　不同尺度下块体的水平残余位移

块体边长/m	水平残余位移/mm
1	1.62
2	0.39
3	0.06
4	0.02

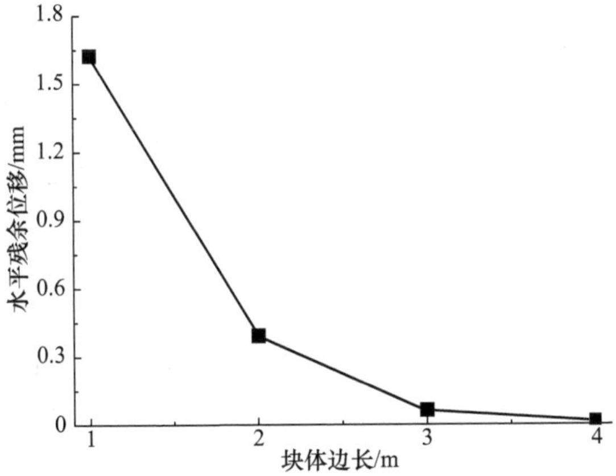

图 7.30　块体尺度与水平残余位移关系曲线

2. 法向应力变化规律

块体的尺度不同，与围岩接触的面积就不同，虽然地应力条件相同，但块体的受力状态会有所差异。通过研究不同尺度的块体受到的法向应力状态，来研究超低摩擦效应的变化规律。图 7.31 给出了不同尺度的块体在地应力和爆破扰动的作用下，块体与围岩接触单元的法向应力时程曲线。

从图 7.31 可以看出，在爆破扰动作用下，块体受到的法向应力呈现类似准周期的正弦式波动，随着幅值不断减小，块体达到稳定状态。同时，从曲线的第一个波幅可以明显看出块体在扰动时产生振动的特征有所差异，块体的尺寸越大，振动越明显。这是由于块体的尺寸越大，其下表面距离施加爆炸荷载的区域越近，受到的冲击作用越强。在振动结束之后，块体进入自由振动阶段，随着波动幅度的逐渐减小，达到稳定。同时，在图 7.31(a)～(c)中，块体上表面受到的法向应力总体上比下表面要大。在图 7.31(d)中，块体的下表面受到的法向应力反而比上表面大。

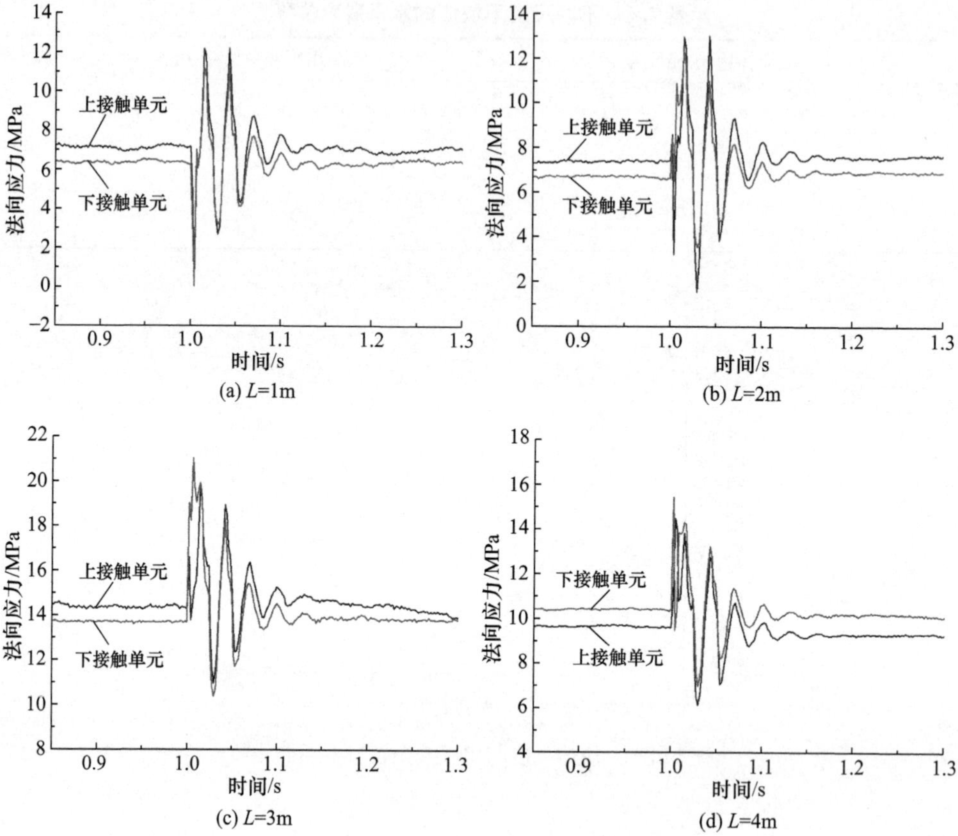

图 7.31　不同尺度下块体的法向应力时程曲线

3. 块体自身变形特征

图 7.32 给出了地应力和爆炸荷载幅值相同的条件下，不同尺度的块体在受到

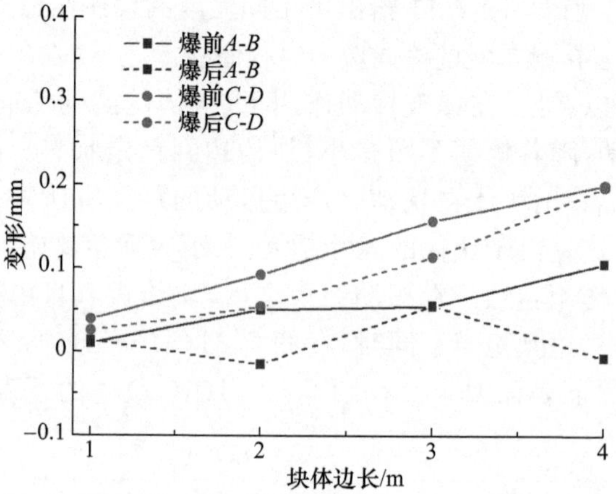

图 7.32　爆破扰动前后块体尺度与块体自身变形关系曲线

爆破扰动前后自身的变形。

从图 7.32 可以看出，在爆破扰动前后的稳定状态，块体均产生了变形，且以拉伸为主，在某些尺度下块体甚至产生压缩变形，且变形随着块体尺度的增大大体上呈现增大的趋势。不同尺度的块体，在爆破扰动前后的稳定状态，下表面的变形幅度均比上表面大。同时，单独地应力的稳定状态下块体上、下表面的变形作用大体上都比受到扰动之后的稳定状态要明显。产生变化的原因也可以从能量的角度进行分析，由于过程相同，这里不再重复说明。

7.3.7　小结

（1）对边墙围岩内嵌入的块体在爆破扰动下的动力响应进行模拟研究，通过块体产生的水平位移和受到的法向应力随时间的变化关系，验证了洞室边墙围岩块体受到爆破扰动时超低摩擦现象的存在，通过分析揭示了该现象出现的主要原因是块体受到的法向应力重分布和界面动摩擦系数不断改变的共同作用。

（2）模拟研究了爆炸荷载对块体超低摩擦效应的影响，结果表明，随着爆炸荷载的增大，块体产生的水平残余位移近似线性增大，块体受到的法向应力幅值变化范围增大，超低摩擦效应更加明显。在单独地应力与受到爆破扰动后的稳定状态，块体均受到拉伸变形作用。

（3）模拟研究了水平向地应力对块体超低摩擦效应的影响，结果表明，随着水平向地应力的增大，块体在水平方向上产生的残余位移呈现抛物线式增大的趋势，块体受到的初始法向应力逐渐减小，爆破扰动诱发的超低摩擦效应更加明显。在单独地应力作用下块体受到的拉伸作用均比爆破扰动后的稳定状态明显。

（4）模拟研究了垂直向地应力对块体超低摩擦效应的影响，结果表明，随着垂直向地应力的增大，块体产生的水平残余位移逐渐减小，块体受到的初始法向应力逐渐增大，超低摩擦效应变得不明显。同时，稳定状态下块体的拉伸变形随垂直向地应力的增大逐渐增大，且爆破扰动前块体上、下表面受到的拉伸变形作用均比爆破扰动后明显。

（5）研究了块体尺度与超低摩擦效应之间的变化规律，不同尺度的块体受到爆破扰动后均产生了超低摩擦效应，说明超低摩擦效应的产生没有尺寸效应，这与已有的试验成果一致。随着块体尺度的增大，爆破扰动诱发块体在水平方向上产生的残余位移逐渐减小，超低摩擦效应更加不明显。

7.4　开挖瞬态卸荷引起的节理岩体松动模拟试验

深部岩体钻爆开挖过程中的爆炸荷载和开挖荷载瞬态过程将引起岩体的动力

响应。本节基于岩体松动效应的室内模拟试验，通过数值方法重现试验并验证数值模型的可靠性，从而以数值试验的方法研究爆炸荷载和瞬态卸荷作用下结构面的张开现象和松动效应，并且由浅部问题向深部问题过渡，分析研究高地应力条件下爆炸荷载和开挖荷载引起的岩体松动效应，确定主要影响因素。

深部岩体开挖荷载瞬态卸荷引起的岩体松动效应，主要受到地应力与结构面的协同控制，而岩体的开挖响应主要包含岩体的开裂、结构面的扩展与张开。相关研究成果表明，高地应力条件下开挖荷载瞬态卸荷引起的地下厂房围岩总体变形中，张开位移所占比例明显大于岩块的弹性回复变形，且明显受地应力水平的影响，而且由于地应力瞬态卸荷过程的持续时间极短。因此，研究开挖荷载瞬态卸荷引起岩体松动现象，对探索位移突变现象意义重大。由于开挖卸荷过程持续时间短，应力应变过程计算复杂，仅针对一维条件下的开挖荷载瞬态卸荷机理设计了模型试验，以求通过这种方式探索卸荷过程中节理岩体的变形特性。

7.4.1 节理岩体开挖瞬态卸荷松动室内试验

1. 试验原理

诸如节理岩体这类多平行结构面的岩体松动问题，近年来得到广泛的关注。节理岩体的瞬态卸荷实际上可以理解为岩体初始地应力的快速释放，它是应力实实在在的卸除，与塑性力学的卸载是有区别的。由于岩体弹性应变能的急剧释放，将在开挖轮廓面上激发向保留岩体内部传播的卸载应力波，对岩体产生张拉作用，由于岩体中存在各种不连续的地质结构面，在这些结构面上卸载波将发生透反射，毫无疑问，卸载应力波的张拉作用和透反射作用将导致岩块的弹性回复、滑移以及弱面的张开，亦即使岩体产生松动。

相关理论计算表明，岩体卸荷产生的变形包括岩块的应变位移和节理面的张开位移，且在脆性岩体中围岩的总体变形更多由后者贡献。实际上，岩体弹性模量、完整性和地应力场水平都是影响卸荷松动的重要因素，松动变形值近似与初始地应力值的平方成正比。

仅考虑摩擦力做功，根据能量守恒定理，可以得到计算岩块的刚体位移公式为

$$\Delta = \frac{1}{2}\frac{\sigma_{\mathrm{h}}^{2}}{E\rho g f} - \frac{1}{2}\frac{\sigma_{\mathrm{h}} l}{E} \tag{7.43}$$

根据式(7.43)可以判断节理面是否张开，从而针对不同边界条件求解式(7.43)来得到岩块的位移。从式(7.43)可以看出，岩体的松动位移与地应力水平有直接关系，为验证这一理论，设计了以下装置来模拟单轴卸荷条件下节理岩体的开挖松动效应。

2. 节理岩体开挖瞬态卸荷松动模拟系统设计

如图 7.33 所示，整个节理岩体开挖瞬态卸荷松动模拟系统包括反力墩、加载装置、加载装置支撑台、节理岩体模型、设置有位移刻度标记的试验台、过渡块。两个反力墩分别固定在加载系统支撑台与试验台的外侧，为整个系统提供反力。其中，加载装置包括前置油缸(6B)、后置油缸(6C)、承压板(9)和液压站，前置油缸与后置油缸均为双作用油缸，且水平放置于加载装置支撑台(18)上，以保证加载装置中承压法兰的中心与节理岩体中心在同一水平直线上；前置油缸加载端接承压板用以对过渡块施加压力，其另一端与后置油缸的加载端固定连接，后置油缸的另一端则固定在加载系统支撑台上，可用来调节前置油缸的位置；试验台(17)采用混凝土浇筑制成，长 1.2m、宽 0.5m、高 0.4m，其上部宽边的中间设置的槽(16)尺寸为：长 1.0m、宽 0.1m、高 0.1m，用来放置节理岩体模型；过渡块放置于过渡块垫盒(19)上。

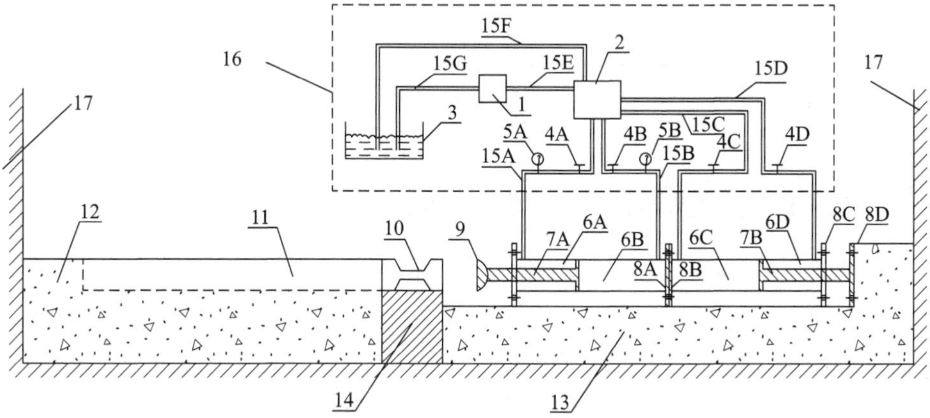

图 7.33　节理岩体开挖瞬态卸荷松动模拟系统

1. 油泵；2. 液压站控制系统；3. 油箱；4. 阀门；5. 压力表；6. 油缸；7. 活塞；8. 连接板；9. 承压板；10. 过渡块；11. 节理岩体模型槽；12. 试验台；13. 加载装置支撑台；14. 过渡块垫盒；15. 高压油管；16. 液压站；17. 反力墩

试验设计了单节理模型(见图 7.34)和多节理模型(见图 7.35)两种工况，节理岩体模型对应的截面尺寸均为 0.1m×0.1m，其中单节理岩体模型为 1 个长 0.9m、宽 0.1m、高 0.1m 的长方体和 1 个长 0.1m、宽 0.1m、高 0.1m 的长方体；多节理岩体为 1 个长 0.5m、宽 0.1m、高 0.1m 的长方体和 5 个长 0.1m、宽 0.1m、高 0.1m 的长方体。其中试样均放置在混凝土槽内，而岩块试样前面放置一块过渡块(图 7.33 中的 15)，以传递、卸除轴向压力，防止试样受到直接破坏，并且利用它实现应力的快速卸荷。

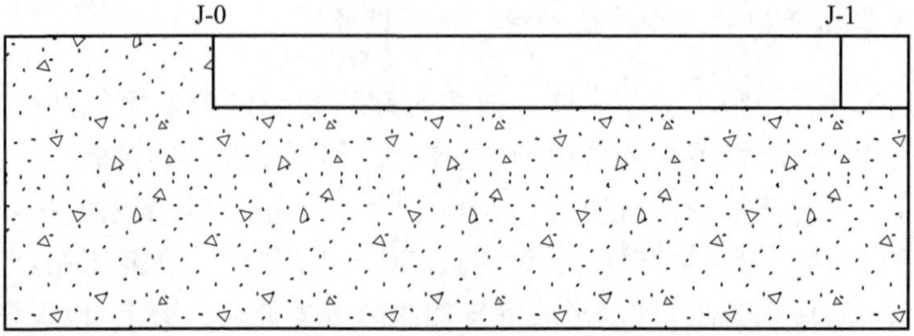

图 7.34　单节理岩体模型及节理编号情况

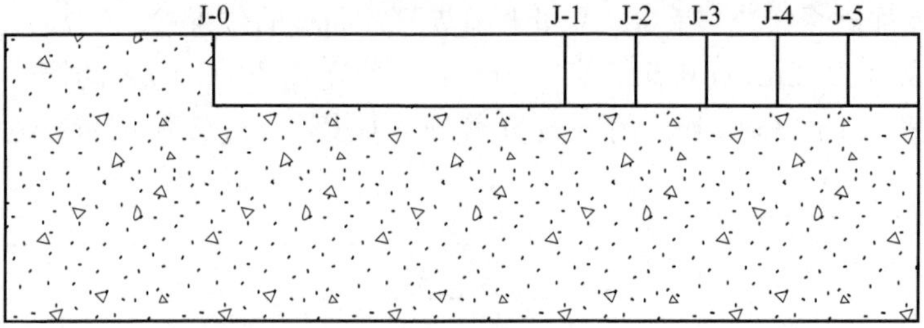

图 7.35　多节理岩体模型及节理编号情况

3. 试验模型材料的选择与相似分析计算

试样的原型为花岗岩，其弹性模量 E_p 取 50GPa，水平向地应力 σ_h = 30MPa，密度 ρ_p = 2.7×10^{3}kg/m^3，尺寸为 1m×1m×1m。

母岩试样的材料与岩块试样相同，从而更好地模拟实际工程中岩体的力学性能。取水膏比为 4∶9 的石膏作为相似材料。材料特性见表 7.7，尺寸为 10cm×10cm×10cm(长×宽×高)，放置在预制混凝土的槽内，侧面受到预制混凝土块的约束，以确保试样卸荷后仅沿水平轴向运动。

试验前，测定试样材料的弹性模量、泊松比、密度、声波速度等参数，如表 7.7 所示。

表 7.7　模型材料与原型材料力学参数

材料	弹性模量/GPa	泊松比	密度/(kg/m^3)	纵波速度/(m/s)	横波速度/(m/s)	静摩擦系数	动摩擦系数
原型材料	50.00	0.200	2700	4303	2777	1.200	0.700
模型材料	1.74	0.203	1653	1025	661	0.397	0.370

注：原型静动摩擦系数为综合参考各类结构面摩擦系数所得，后续章节将进一步研究摩擦系数的影响。

瞬间卸载过程中水平位移 Δ 可由式(7.43)来描述，即模型和原型方程都满足式(7.43)，现把模型与原型中各物理量分别以下标 m 和 p 标出，可写出它们各物理量之间的函数关系。

$$\Delta_{\mathrm{m}}=\frac{1}{2}\frac{\sigma_{\mathrm{Hm}}^{2}}{E_{\mathrm{m}}\rho_{\mathrm{m}}g_{\mathrm{m}}f_{\mathrm{m}}}-\frac{1}{2}\frac{\sigma_{\mathrm{Hm}}l_{\mathrm{m}}}{E_{\mathrm{m}}} \tag{7.44}$$

$$\Delta_{\mathrm{p}}=\frac{1}{2}\frac{\sigma_{\mathrm{Hp}}^{2}}{E_{\mathrm{p}}\rho_{\mathrm{p}}g_{\mathrm{p}}f_{\mathrm{p}}}-\frac{1}{2}\frac{\sigma_{\mathrm{Hp}}l_{\mathrm{p}}}{E_{\mathrm{p}}} \tag{7.45}$$

写出原型与模型的相似常数：

$$C_{\sigma}=\frac{\sigma_{\mathrm{p}}}{\sigma_{\mathrm{m}}},\quad C_{l}=\frac{l_{\mathrm{p}}}{l_{\mathrm{m}}},\quad C_{E}=\frac{E_{\mathrm{p}}}{E_{\mathrm{m}}},\quad C_{\Delta}=\frac{\Delta_{\mathrm{p}}}{\Delta_{\mathrm{m}}},\quad C_{\rho}=\frac{\rho_{\mathrm{p}}}{\rho_{\mathrm{m}}},\quad C_{f}=\frac{f_{\mathrm{p}}}{f_{\mathrm{m}}},\quad C_{g}=\frac{g_{\mathrm{p}}}{g_{\mathrm{m}}}$$

将相似常数代入式(7.45)，借助相似转换可将式(7.45)改写为

$$C_{\Delta}\Delta_{\mathrm{m}}=\frac{1}{2}\frac{C_{\sigma}^{2}}{C_{E}C_{\rho}C_{g}C_{f}}\frac{C_{\mathrm{Hm}}^{2}}{E_{\mathrm{m}}\rho_{\mathrm{m}}g_{\mathrm{m}}f_{\mathrm{m}}}-\frac{1}{2}\frac{C_{\sigma}C_{l}}{C_{E}}\frac{\sigma_{\mathrm{Hm}}l_{\mathrm{m}}}{E_{\mathrm{m}}} \tag{7.46}$$

比较式(7.44)和式(7.46)，可知

$$C_{\Delta}=\frac{C_{\sigma}^{2}}{C_{E}C_{\rho}C_{g}C_{f}}=\frac{C_{\sigma}C_{l}}{C_{E}} \tag{7.47}$$

由式(7.47)得到相似指标式：

$$\frac{C_{\sigma}C_{l}}{C_{E}C_{\Delta}}=1 \tag{7.48}$$

$$\frac{C_{\sigma}}{C_{\rho}C_{g}C_{l}C_{f}}=1 \tag{7.49}$$

根据原型和模型的尺寸和材料参数及式(7.48)和式(7.49)计算得到模型相似常数，如表 7.8 所示。

表 7.8　模型相似常数计算结果

C_{ρ}	C_{g}	C_{l}	C_{f}	C_{E}	C_{σ}	C_{Δ}
1.63	1.00	10.00	3.10	28.74	50.63	17.62

试验时所施加的初始应力与卸荷所得张开位移值分别乘以相似常数即得到所模拟原型的初始地应力大小和张开位移大小。

7.4.2　节理岩体开挖瞬态卸荷松动试验过程

1. 模型试验中的过渡块

随着深部岩体工程的发展，岩体动力特性的试验研究也得到广泛开展[37-43]。

然而，对于如节理岩体这样含结构面岩体瞬态卸荷方面的试验研究却较少，其中主要的难点就在于如何模拟在高地应力条件下受压岩体的快速卸荷。试验中，为了实现受高压应力岩体试样的快速卸荷，根据不同的力学机理，设计了三种过渡块形式，分别为：①石膏材料的变截面过渡块；②基于钢丝拉断的机械式过渡块；③岩石长条的压断式过渡块。经过试验确定第三种过渡块的可靠性较好。

如图 7.36 所示，岩石长条压断式过渡块采用岩石长条两端安装加载板的方式使荷载均匀分布到试样上，以期利用向加载板加压使岩条压断的方式达到快速卸荷的效果。

(a) 单个加载板概念图　　(b) 实物照片

图 7.36　岩石长条压断式过渡块

在实际过程中还在试样与加载板间设置了一个垫块（与试样材料同），对试样进行保护。这种方法的好处在于：岩条材料与实际工程中岩体相近，且易发生脆性断裂，更接近于实现快速卸荷的条件；缺点则是岩条需要岩石材料和专业的设备进行加工，且由于截面积较小（1～4cm^2），一般加工的成品率较低。图 7.37 为成功卸荷后的岩条断裂形态。

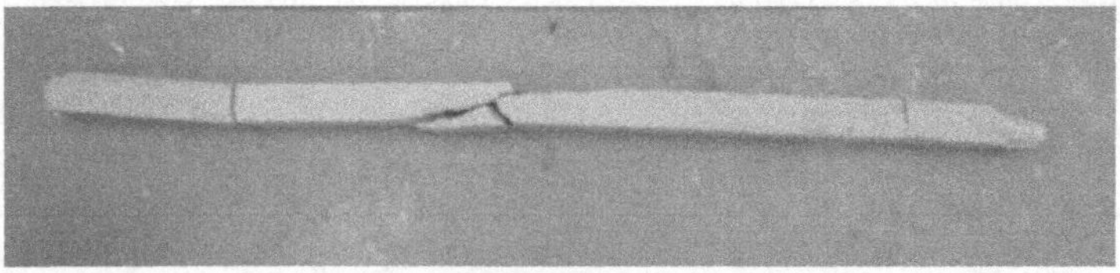

图 7.37　成功卸荷后的岩条断裂形态

如图 7.38 所示，在实际加载过程中，岩条受压后首先产生压缩变形，但继续加载后则突然发生断裂，两端的加载板相向碰撞掉落，而试样前的垫块则快速弹出掉落，整个过程仅持续不到 300ms，其中岩条断裂的过程不足 40ms。从图 7.39 可以看出，结构面的张开非常明显，证明岩石长条压断式过渡块不但达到快速卸荷的效果，而且卸荷后试样间的节理面松动效果也比较明显，可以利用这种方法来进行开挖瞬态卸荷松动模拟。

(a) t=0

(b) t=40ms

(c) t=80ms

(d) t=120ms

(e) t=160ms

(f) t=200ms

(g) t=240ms

(h) t=280ms

图 7.38　岩条式过渡块卸荷过程

(a) 试验前

(b) 试验后

图 7.39 卸荷前后结构面的张开情况对比(组合图)

2. 初始地应力瞬态卸荷模拟试验步骤及位移观测

通过选择不同长度和截面积的岩条,结合岩条过渡块的受力破碎,可改变试样卸荷时的初始荷载大小,从而模拟不同地应力条件的卸荷情况。

将相应的单节理工况或多节理工况试样放入混凝土槽中,在试样与加载端之间放置过渡块,并确保各试样、过渡块与加载油缸在同一轴线上,记录节理岩体模型试样各端部的初始位置。利用加载系统对试样加压直至过渡块破碎,荷载瞬间卸除,记录卸荷瞬间液压站上的液压表读数,并换算成节理岩体试样中相应的卸荷应力大小,利用游标卡尺分别对各试样端部的位置变化进行测量。

7.4.3 多节理岩体卸荷

高地应力条件下多节理岩体瞬态卸荷的模拟试验得到的节理面张开位移结果如表 7.9 所示。

表 7.9 多节理岩体卸荷节理面张开位移观测数据记录表

岩条尺寸		卸荷应力/MPa	张开位移/mm				
长度/mm	截面积/mm^2		顶端 J-0	节理面 J-1	节理面 J-2	节理面 J-3	节理面 J-4
217.55	187.17	0.18	0.58	4.06	1.17	3.62	2.57
217.88	296.23	0.54	18.45	18.09	5.22	14.57	30.50
226.60	211.75	0.16	0.09	5.00	1.76	6.49	3.48
227.12	220.83	0.15	1.30	4.46	1.31	4.02	3.28
234.87	313.59	0.39	2.83	9.33	3.84	10.10	13.06
241.15	234.13	0.23	0.13	5.00	1.97	7.18	5.99

续表

岩条尺寸		卸荷应力/MPa	张开位移/mm				
长度/mm	截面积/mm²		顶端 J-0	节理面 J-1	节理面 J-2	节理面 J-3	节理面 J-4
241.46	252.62	0.12	1.18	5.00	2.50	7.50	6.05
245.89	259.21	0.21	0.87	4.76	1.51	5.47	3.47
247.12	276.83	0.13	2.72	8.61	2.98	8.67	8.56
247.25	281.50	0.13	2.34	5.07	2.61	8.53	6.44
248.95	323.09	0.48	18.24	12.63	4.18	12.67	18.14
249.41	214.73	0.18	1.09	4.09	0.98	3.54	2.13
262.11	231.48	0.07	0.93	0.91	0.07	1.05	1.03
271.62	214.34	0.13	1.14	2.40	0.22	2.57	1.94
286.48	250.32	0.07	0.74	2.32	0.03	1.98	1.32
298.13	264.17	0.19	1.03	0.07	0	0.89	0.29
323.42	429.17	0.20	0.53	3.00	0.89	3.59	1.94

对试验中试样的卸荷初始应力的平方与所测节理面张开位移结果进行线性回归分析，如图 7.40 所示。

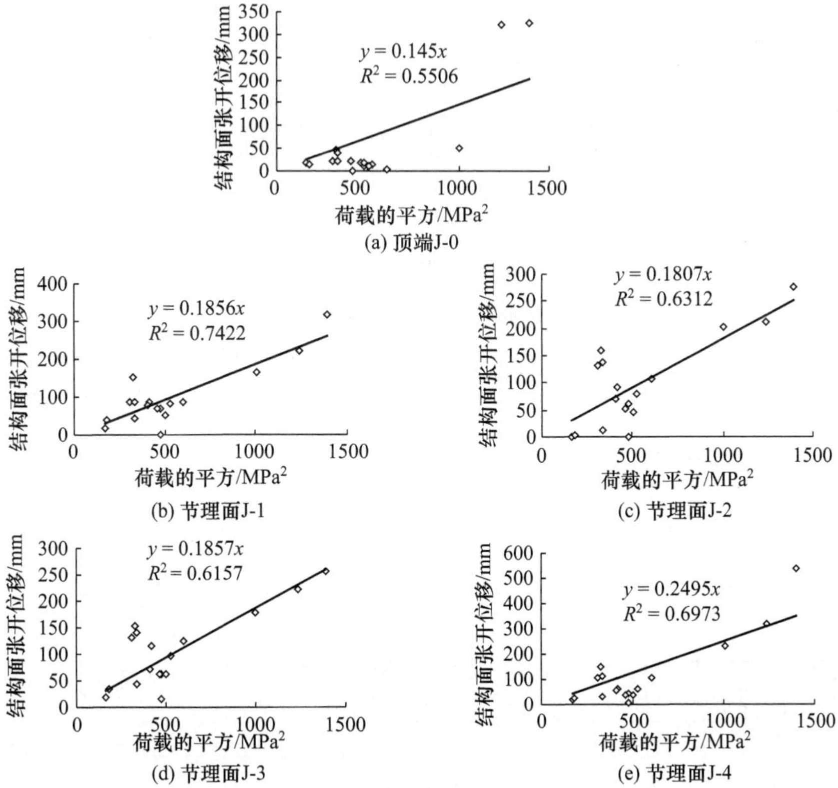

(a) 顶端J-0

(b) 节理面J-1　　(c) 节理面J-2

(d) 节理面J-3　　(e) 节理面J-4

图 7.40　多节理岩体瞬态卸荷试验结果回归分析

通过对回归分析结果的计算发现，地应力瞬态卸荷产生的节理面张开位移大小与卸荷初始应力的平方的正比关系拟合较好。结构面岩体的开挖卸荷形成的多节理岩体中节理面的张开位移基本存在以下规律：

(1) 总体上讲，越靠近开挖卸荷区域的结构面瞬态卸荷张开位移越大，越远离开挖卸荷区域的结构面张开位移越小。

(2) 结构面的张开位移与结构面的分布特征有较大关系。如表 7.10 所示，在单结构面的试验中，利用回归分析结果计算得到的节理面 J-1 的张开位移与多节理面试验中节理面 J-1～J-4 的张开位移之和十分接近。这说明，在单轴开挖卸荷过程中，若结构面的性质相似，规模大小相同，则同一方向上平行结构面的数量对岩体表面的位移变化影响较小，而总的张开位移量被按照(1)中所述规律分布到各结构面上。

表 7.10　利用回归分析结果试算实际工程中瞬态卸荷引起的节理张开位移

节理部位	张开位移/mm			
	5MPa	10MPa	20MPa	40MPa
顶端 J-0	3.63	14.50	58.00	232.00
节理面 J-1	4.64	18.56	74.24	296.96
节理面 J-2	4.52	18.07	72.28	289.12
节理面 J-3	4.64	18.57	74.28	297.12
节理面 J-4	6.24	24.95	99.80	399.20
节理面 J-1～J-4 合计	20.04	80.15	320.60	1282.40

按照这一规律，考虑同样规模的卸荷条件下实际地下厂房高边墙开挖工程的二维或者三维空间中有限长度结构面的情况，同样规模的卸荷条件下，当结构面较少且距离高边墙较近时，结构面的张开位移会更明显。加上结构面与高边墙表面之间的岩体更加单薄，使得结构面两端更易产生扩展，甚至贯穿到高边墙表面。

7.4.4 岩体松动试验的数值模拟分析

1. 计算模型与网格划分

模拟松动试验的动力有限元计算模型如图 7.41 所示，采用 8 节点等参单元，建立节理岩体模型槽、节理岩体等关键部件的模型，并在槽的后方和下方各建立 1m 的边界，槽深与节理岩体模型高度均按照试验取值，为 0.1m。将多节理岩体试验数值模拟计算模型网格化分后共包含有 20330 个节点和 15200 个单元。本节通过试验测得室内模型试验中所用节理岩体模型的力学参数，在数值计算中选取各部件力学参数为：密度 2200kg/m^3，弹性模量 22GPa，泊松比 0.2。

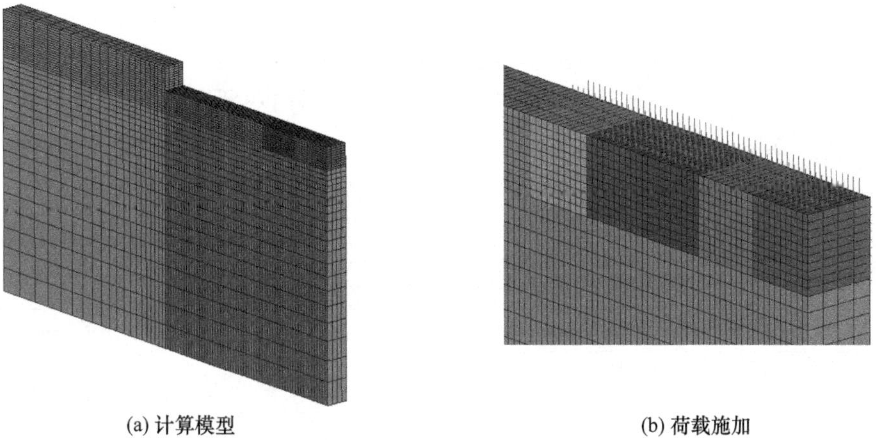

(a) 计算模型　　(b) 荷载施加

图 7.41　多节理岩体试验数值模拟计算模型

在有限单元法中利用接触的方法在模型中创建结构面，并利用节理刚度的概念表现结构面的变形机制，能较好地适用于试验的数值模拟。而在有限单元法中，对结构面的计算主要是采用罚函数法，节理的法向刚度和切向刚度由程序自动计算，计算公式为

$$\begin{cases} k_n = \dfrac{f_s A^2 K}{V} \\ k_s = \dfrac{f_s A^2 G}{V} \end{cases} \tag{7.50}$$

式中，k_n、k_s 分别为接触的法向刚度和切向刚度，Pa；f_s 为罚系数，一般取 $f_s = 0.1$；A 为接触面积，m^2；V 为接触体积，m^3；K 为岩石的动体积模量，Pa；G 为岩石的动剪切模量，Pa。

在计算中，对岩体结构面的处理采用罚函数法，利用接触刚度来描述结构面的应力-应变关系。为更好地模拟试验过程，整个分析过程中不考虑结构面上的黏聚力，且按照实际测得的数据将结构面间的静摩擦系数设为 0.397，动摩擦系数设为 0.370。

2. 室内试验的数值模拟重现

通过动力有限元计算将试验工况进行模拟，验证数值模型的可靠性。计算时所采用的荷载是按照试验中的较大值来取的，在各试样上施加重力加速度 $9.87m/s^2$，在试样加载端施加水平向初始地应力 0.5MPa，并且进行卸荷作用，计算结果表明，各块体不但产生不同的水平位移，而且还在垂直平面内产生一定量的转动，这是由于试验槽的底板与试样块体间存在明显的摩擦力，对块体产生了垂直平面内的力矩,使得节理岩体试样块体上方向外位移更大,且由于各块体相互之间存在摩擦,最终各块体间相互依靠而达到平衡,这与试验结果较为类似。在试验中为便于测量最终的位移量而将试样还原为水平放置,但在调整时尽量保持试样质心的位置不变,从而忽略了这种倾斜或转动。

将各相邻的节理岩体试样块体的位移量相减,即可得到各节理面的张开位移,并将实际室内试验结果一起列于表 7.11。

表 7.11 数值重现的各节理面水平向张开位移值

节理面编号	数值模拟结果/mm	室内试验结果/mm
J-1	12.74	12.63
J-2	13.61	4.18
J-3	13.76	12.67
J-4	19.82	18.14

通过比较可以看出,各结构面张开位移的试验结果与数值模拟结果存在一定的差别,这主要来源于以下两个方面:①节理岩体的模型试样放置于试样槽中,与槽两侧的边壁存在一定的碰撞和摩擦,导致试验结果比数值模拟结果略小;②室内试验中,卸荷主要是依靠过渡块来完成,而过渡块的破坏过程持续时间非常短,从摄影资料上看破坏过程持续不足 40ms,难以精确确定荷载的卸荷速率,而在数值模拟中可以较精准地控制卸荷过程的持续时间,且理论上会略小于室内试验的卸荷持续时间,因此室内试验结果要略小于数值模拟结果。

然而,对比室内试验和数值模拟的结果,各结构面间的变形关系以及变形值的量级都基本一致,可以认为数值模拟对研究瞬态卸荷松动有较好的可靠性,而且相比之下,数值模拟还存在以下优点:①室内试验未在节理岩体试样施加垂直向地应力,从根本上说还是针对水平向地应力的卸荷影响,而在数值模拟中,可以在节理岩体试样上方施加垂直向地应力,以模拟深部高三维地应力问题;②数值模拟可以不受过渡块材料特性的约束,研究不同地应力量级及卸荷速率的影响;③数值模拟中不仅可以研究水平向地应力瞬态卸荷的影响,还可以研究多方向地应力瞬态卸荷的影响。

3. 数值模拟试验工况设置及计算结果

在实际的室内试验中,难以对节理岩体模型施加垂直向荷载,因此尝试在数值模型中施加垂直向的荷载,从而模拟深部岩体开挖过程中节理岩体所受的垂直向荷载,包括洞室开挖前的初始地应力和开挖后的二次应力场。工况设置如表 7.12 所示。张开位移的计算结果如图 7.42 所示。

表 7.12　工况列表

工况编号	垂直向地应力		水平向地应力		水平向地应力卸荷		二次扰动		
	模型值/MPa	原型值/MPa	模型值/MPa	原型值/MPa	起始时刻/ms	结束时刻/ms	起始时刻/ms	结束时刻/ms	扰动类型
工况 1	0.25	12.66	0.50	25.32	2.3	17	72.3	87	垂直向地应力卸荷
工况 2	0.25	12.66	0.50	25.32	2.3	17	72.3	87	结构面剪切破坏
工况 3	0.50	25.32	0.50	25.32	2.3	17	72.3	87	垂直向地应力卸荷
工况 4	0.50	25.32	0.50	25.32	2.3	17	72.3	87	结构面剪切破坏
工况 5	0.50	25.32	0.50	25.32	2.3	17	72.3	87	垂直向地应力卸荷
工况 6	0.50	25.32	0.50	25.32	2.3	17	71.15	78.5	结构面剪切破坏
工况 7	1.00	50.64	0.50	25.32	2.3	17	72.3	87	垂直向地应力卸荷
工况 8	1.00	50.64	0.50	25.32	2.3	17	72.3	87	结构面剪切破坏

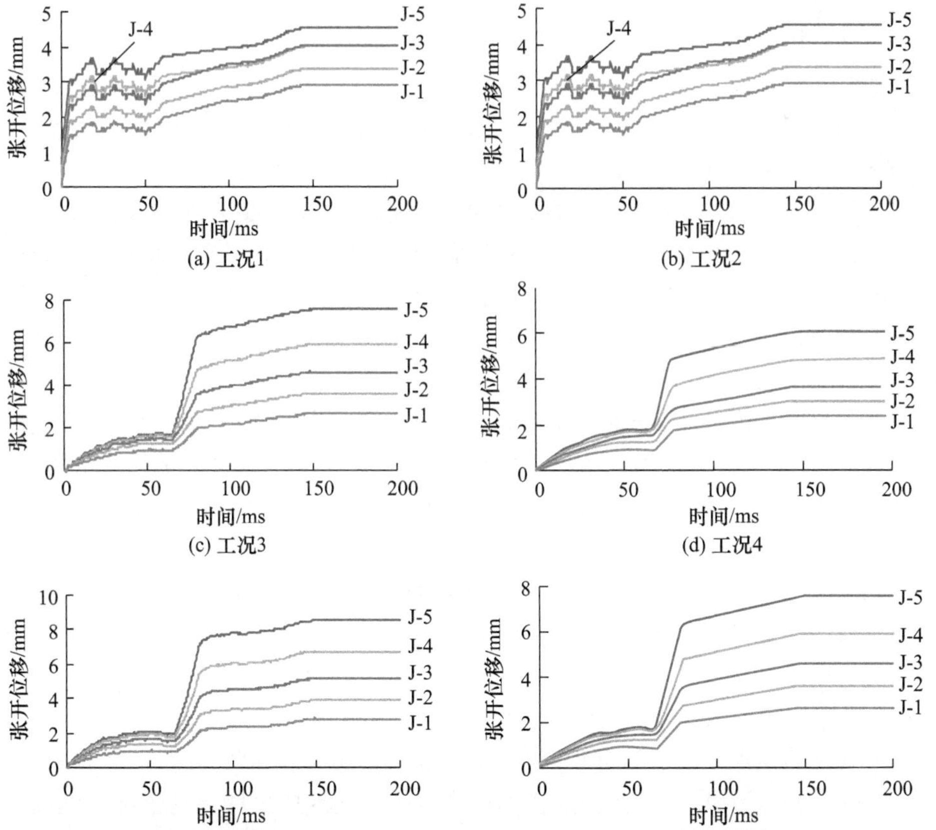

(a) 工况1　(b) 工况2

(c) 工况3　(d) 工况4

(e) 工况5　(f) 工况6

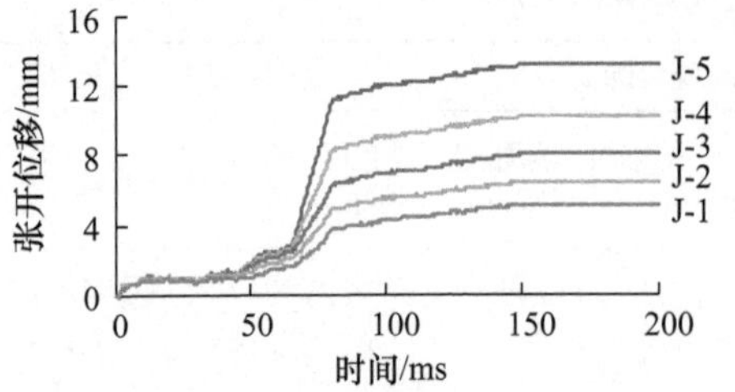

(g) 工况7

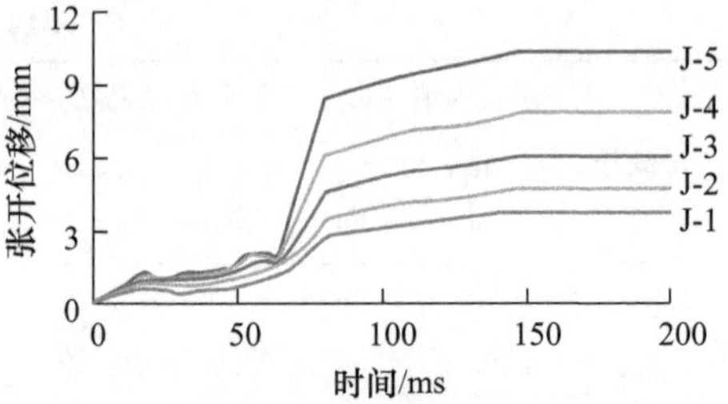

(h) 工况8

图 7.42　数值模拟计算结果曲线图

为了更好地模拟实际工程中结构面滑移的变化过程，在计算中将结构面的初始摩擦力设置为较大值，而在 70ms 左右的时刻将其突然改变为较小的值，从而反映出深部岩体开挖过程中结构面的剪切破坏过程对岩块应变能的释放作用。计算中假设粗糙结构面受到剪切破坏前的静摩擦系数为 1.1、动摩擦系数为 0.9；破坏后静摩擦系数为 0.4、动摩擦系数为 0.3。

1) 相同的水平向地应力下卸荷对岩体变形的影响

通常在高地应力条件下岩体开挖过程中，往往认为地应力侧压力系数对岩体变形突变的影响最大。在本节的计算中，将水平向地应力设置为常量，通过改变垂直向地应力的大小研究不同侧压力系数下岩体节理的张开位移。

从图 7.42 可以看出，70ms 前的各节理面张开位移均处于 2mm 左右，但随着垂直向地应力的逐步增大，70ms 时各节理面的张开位移有一定的减小，从量级上看，侧压力系数由 2 减小为 1 时，节理面张开位移减小约 50%，而当侧压力系数减小到 0.5 时，节理面张开位移减小 40%左右，且各节理面的张开位移差也有明显缩小。

从能量的角度分析，若垂直向地应力不产生卸荷作用，也不考虑结构面的剪切破坏效应，则水平向地应力卸荷所释放的岩体弹性应变能会完全转化为抵抗摩擦力做功所消耗的内能。然而，从应力量级上看，由于静动摩擦系数分别设置为 1.2 和 1.1，当垂直向地应力小于或等于水平向地应力时，卸荷作用较容易导致岩体的滑移；而当垂直向地应力为水平向地应力 2 倍时，结构面几乎难以滑移，且摩擦力也大于岩体的弹性恢复力，围岩难以变形，因此大量能量仍以弹性应变能的形式储存在围岩中。

2) 垂直向地应力卸荷和持续时间的影响

通常在地下厂房高边墙开挖时，围岩以水平向地应力卸荷为主，而在垂直方向上，往往因为开挖后围岩受到挤压作用而产生垂直向地应力增大的情况。然而，在侧压力系数较大的情况下，岩体开挖也会导致高边墙表面围岩垂直向地应力卸荷的情况。虽然，在大多数开挖过程中，水平向和垂直向地应力的变化是同时发生的，但为了更好地研究垂直向地应力释放对围岩位移的影响，故将垂直向地应力的卸荷起始时间设置在水平向地应力卸荷后70ms。

通过观察比较工况1、工况3、工况5、工况7中70ms以后的张开位移变化可以发现，当结构面表面法向应力卸载时，围岩张开位移进一步增大。初始侧压力系数为2的工况下，由于水平初始地应力处于明显优势，其卸荷作用消耗了大部分弹性应变能，而使得垂直向地应力再次卸荷时，各结构面的张开位移增加量较小；然而，在侧压力系数较小的工况7中，结构面几乎难以滑移，且摩擦力也大于岩体的弹性恢复力，围岩难以变形，因此大量能量仍以弹性应变能的形式储存在围岩中，此时，当垂直向地应力释放时，大量的弹性应变能得以随之释放，产生较大的二次滑移速度，从而产生较大的张开位移。

这里需要指出的是，在计算过程中，垂直向地应力释放速度较快，容易在节理岩体内部产生垂直向下传播的稀疏波，因此会使得底部结构面的法向接触力产生波动，加剧滑移过程。

而对比工况3和工况5可以发现，卸荷速率的增大虽然增大了结构面的张开位移，但在卸荷速率加倍的条件下，结构面张开位移的增加量却不足30%，说明水平向卸荷完成后开始发生的垂直卸荷过程非常复杂，尚有一些未考虑到的影响因素。

3）结构面摩擦系数的影响

在实际工程中，结构面的摩擦系数往往差别较大。图7.43给出了深部岩体中的几种摩擦系数较大的结构面类型。从图中可以看出，岩体微裂隙面受到Ⅰ型断裂破坏进而扩展贯通为对局部岩体有较大影响的主要裂隙。这种裂隙往往由于受拉应力作用而张开扩展，但由于地质运动仍然处于闭合状态，裂隙面较不平整，且相互咬合。在这种情况下，结构面的滑移受到不平整面咬合作用的约束，其剪切强度较高。而其中一部分虽然剪切强度较小，但依然表现为较大摩擦系数。而压裂破坏或者剪胀破坏的岩体结构面也都存在较大的摩擦系数。若岩体裂隙受到Ⅱ型或Ⅲ型断裂破坏，结构面相互摩擦产生剪切滑移，导致结构面较为平滑，则摩擦系数较小。

以上两种结构面广泛存在于自然界中，且在工程条件下会相互转化。在数值模拟中，可以对多种结构面进行模拟，研究不同摩擦系数对节理岩体松动变形的影响。尤其是在动力有限元过程中，可以设置在特定的时间段内令结构面的摩擦系数减小，从而将结构面的破坏过程也作为一种扰动效应加以研究。

通过对比工况1、工况3、工况5、工况7和工况2、工况4、工况6、工况8，可以发现剪切破坏作用下各节理面的张开位移增量均有减少，相比于垂直应力释放，结构面的剪切破坏虽然也能减小滑移面上的摩擦力，释放岩体剩余的弹性变形能，但摩擦破坏后的结构面上仍然存在摩擦力。静、动力摩擦系数分别为0.4和0.3，在较大的结构面法向力的作用下依然可以产生不可忽视的摩擦耗散作用。

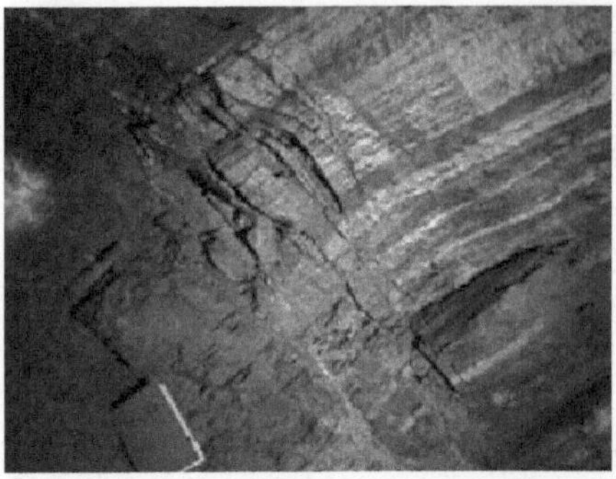

(a) 拉裂型

(b) 压裂型

(c) 剪胀型

图 7.43 几种摩擦系数较大的岩体结构面

7.4.5 小结

本节利用室内模拟试验方法对一维高地应力条件下瞬态卸荷引起的岩体松动效应进行了研究，以验证开挖荷载瞬态条件下结构面的张开现象和松动效应，随后利用动力有限元数值模拟方法重现了试验，并借助数值计算模型研究了水平向地应力卸荷后垂直向地应力卸荷的影响，以及结构面破坏对其滑移变形的影响。

通过对多节理岩体松动模拟试验结果的分析可以得到以下结论：

(1) 试验主要利用岩石长条压断式过渡块模拟高地应力的快速卸载，能较好地模拟节理面的张开位移。同时，通过不同尺寸的岩条可以模拟出不同地应力水平下的瞬态卸荷松动效应。

(2) 对高地应力条件下多节理岩体瞬态卸荷松动室内试验模拟中节理面张开位移结果的分析表明，地应力瞬态卸荷产生的节理面张开位移大小与卸荷的初始应力的平方存在一定的正比关系，这一结论与相关理论计算得到的结论较为一致。

(3) 从高地应力条件下多节理岩体瞬态卸荷松动模拟试验中，各节理面上张开位移与初始地应力平方的线性回归结果来看，节理面距离卸荷部位越远，同一地应力水平下瞬态卸荷引起的节理面张开位移越小。由此可以推断，地下厂房高边墙内部的平行结构面距离表面越近，则引起的单一结构面张开位移越大，对围岩的安全稳定问题越突出。

(4) 通过数值模拟方法重现试验过程，计算结果较为可靠，借助数值计算模型研究了垂直向地应力的存在对水平向地应力卸荷的影响。其中随着垂直向地应力的逐步增大，各节理面的二次张开位移大小存在一定的减小，而当侧压力系数由 2 减小到 0.5 时，水平向卸荷条件下节理面张开位移明显减小，且各节理面的张开位移差也有明显缩小。

(5) 分析了水平向地应力卸荷后垂直向地应力卸荷的影响，当垂直向地应力为水平向地应力的 2 倍时，结构面几乎难以滑移，且摩擦力也大于岩体的弹性恢复力，围岩难以变形，因此大量能量仍以弹性应变能的形式储存在围岩中，而在侧压力系数较大时，水平向卸荷则能释放岩体的大部分弹性应变能。

(6) 结构面破坏导致摩擦系数减小，进而导致摩擦力减小，这种影响与垂直向地应力卸荷类似。然而，摩擦系数减小后，摩擦力依然对岩体结构面滑移变形起到阻碍，导致节理面张开位移较小。

7.5　考虑累积损伤效应的围岩变形特性研究

在当前水电工程、矿山开采、交通工程和核电基础工程中，岩石开挖仍广泛采用爆破方法。爆破开挖虽然经济、高效，但在破碎抛掷岩体的同时，也会不可避免地对近区岩体产生扰动和损伤。在水工隧洞爆破开挖中，虽然常在轮廓线上采用光面爆破技术，但爆炸荷载仍然对开挖轮廓以外的保留岩体存在着不同程度的损伤。

在压缩荷载作用下，岩石中的初始损伤周围将形成显著的局部应力集中，因而通常的起始扩展裂纹多在初始损伤附近产生，并形成岩石的损伤局部性。在后续的爆破开挖过程中，爆炸应力波对已开挖洞段中围岩产生进一步扰动，诱发初始损伤区裂隙的进一步生长，裂纹由端部延伸、扩展。在此过程中，相邻的裂纹继续扩展贯通，导致岩石损伤再进一步加深。由于裂纹的扩展也必将导致岩体产生扩容效应，在实际工程中，损伤程度的加深也在一定程度上表现为变形的增加。

李新平等[44,45]通过现场爆破振动测试和数值模拟方法，研究了地下厂房爆破损伤范围及判据，并得到相应部位爆破质点临界损伤振动速度，研究成果有效地应用到实践中，对类似爆破开挖工程具有一定的指导意义。而基于围岩的累积损伤效应，进一步考虑不同区域围岩的力学参数对同类工程的研究有较大意义。

在隧洞开挖尤其是全断面开挖过程中，往往采用 3～5m 的循环进尺，这就意味着某一区域的围岩将受到多次爆破开挖扰动，这种推进式往复爆破作业对岩体将产生累积损伤效应。在循环爆破开挖条件下，岩体的力学性能将比单次损伤条件下更加劣化,从而势必影响围岩变形特性。确定爆破开挖过程中产生的岩体损伤范围及预留保护层的尺寸,对于加快施工进度、分析岩体的稳定性及制定安全加固措施是十分重要的。

爆破诱发围岩损伤变形特性是解决爆破破岩和围岩保护之间矛盾的关键问题之一。岩体的宏观缺陷与岩石细观损伤存在密切关系,而损伤变量是两者间相互联系的纽带,是岩体损伤力学定量分析的前提[46]。因此,正确分析爆炸荷载作用下的岩体特征进而采取合理的控制方式是工程中关注的问题。

近年来,随着对岩体损伤力学、岩体本构关系认识的深入,以及数值分析方法的发展,关于爆破诱发的岩体损伤效应研究成果较多,研究者对爆炸荷载作用下岩体损伤变量的定义、爆炸损伤模型、损伤演化和特性进行了研究[47-49],其中重要的有诸如 Grady 等[50,51]、Taylor 等[52]的研究工作。这些研究极大促进了岩石爆破损伤理论的发展。

边坡、隧洞、矿井等岩土工程的失稳过程都伴随着岩体的扩容现象,尤其是隧洞开挖完成后,由于应力重分布作用,围岩表面径向应力得到释放,而切向应力增加,形成三向不等的静压力作用,在受到爆炸荷载的动力作用后,岩体内部裂纹进一步扩展,使岩体体积膨胀,产生扩容效应。

Cai 等[53,54]通过分析大量洞室开挖后所形成的围岩特性,得到地下洞室开挖脆性岩石裂纹起裂和裂纹损伤的应力阈值。陈宗基等[55]讨论了与时间有关的扩容,并建立了本构方程;而且对花岗岩和辉长岩试样进行了各种围压和各种温度的试验来确定扩容参数。姚国圣等[56]考虑岩体的扩容和塑性软化特性,推导出均匀介质中软岩巷道应力和变形的理论解答,分析结果表明,考虑岩体的扩容和塑性软化特性使得分析更加准确。吴刚[57]基于岩体加卸载试验的研究表明,同类型岩体在相同的主差应力作用下,卸荷产生的扩容量比加荷的更大。吉小明等[58]考虑了隧道围岩塑性区的岩体将会发生扩容的性质,提出了考虑岩体扩容性质的塑性区位移计算的方程式。阳生权等[59]结合现场爆破地震波测试,初步研究了爆破地震累积效应,利用岩体应力记忆效应理论,采用振动速度波形单位等效面积简单分析了多波作用机理。孟凡兵等[60]建立了爆炸荷载作用下中夹岩累积损伤新计算方法,并进行了现场测试验证。闫长斌等[61]基于围岩损伤的声波测试和回归分析,建立了多次爆破作用下岩体损伤与声速变化的对应关系。

而在隧洞开挖过程中,光面爆破应用较多,且往往利用小孔距和小药量的爆破参数设计减小对围岩的损伤效应,不会如梯段开挖那样设计保护层,而是在开挖完成后进行锚固灌浆等支护作业,对损伤岩体进行加固。然而,在实际工程中,支护作业有时会较多地滞后于开挖作业,再加之爆破的反复扰动作用,所产生的围岩累积损伤效应可能导致围岩出现较大的变形甚至失稳。

考虑多次爆破的累积损伤效应,爆炸荷载的多次扰动作用诱发了围岩中裂纹的扩展及损伤区的加深，而关于由此引发的岩体扩容效应研究较少。本节基于爆炸荷载的重复作用产生的累积损伤效应和岩体的扩容特性，将爆炸动力扰动与围岩变形增长相联系，研究爆破振动、围岩损伤与变形三者的相互关系。

7.5.1　隧洞爆破开挖损伤变形监测

乌东德水电站位于云南省禄劝县和四川省会东县交界的金沙江干流上，右岸隶属云南省昆明市禄劝县，左岸隶属四川省凉山州会东县，是金沙江下游河段四座水电站（乌东德水电站、白鹤滩水电站、溪洛渡水电站、向家坝水电站）中最上游的梯级电站，多年平均发电量 401.1 亿 kW·h。水电站施工导流采用河床一次拦断全年围堰、隧洞导流的方式，共布置 5 条导流洞，其中左岸布置 2 条，右岸布置 3 条。其中，左岸 1#、2# 导流洞洞身段平行布置，断面尺寸（衬后）为 16.5m×24.0m（宽×高），轴线间距 42～50m，洞顶上覆岩体厚度 80～633m。左岸 1#、2# 导流洞特征如表 7.13 所示。

表 7.13　左岸导流洞特征

导流洞	洞长/m	断面尺寸/(m×m)	断面形式
1#	1702.7	16.5×24.0	城门洞形
2#	1630.0	16.5×24.0	

导流洞群施工工期紧，而且导流洞爆破开挖中，相邻的导流洞之间施工会面临多个工作面平行施工的局面。如图 7.44 所示，导流洞开挖分成上、中、下三层，其中上层开挖高度为 9.5m，为了不影响施工进度，上层开挖采用先中部掏槽开挖，再两侧扩挖的方式。为了保证施工期的围岩稳定，对导流洞爆破开挖诱发的围岩振动速度及施工期围岩收敛变形情况进行密切监测，以分析评估围岩稳定情况。

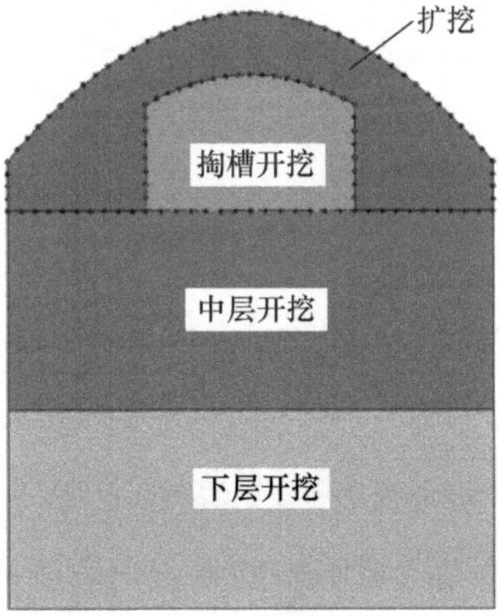

图 7.44　导流洞开挖程序

由于中下层爆破采用先中部拉槽，再台阶爆破的方式开挖，单次爆破涉及范围较广，而上层开挖每次仅有 3m 左右的循环进尺，再加上上层扩挖爆破距离保留围岩更近，爆炸荷载对保留岩体的作用更为直接，因此选择对上层开挖两侧扩挖进行重点分析，讨论爆破振动、围岩损伤与变形之间的关系。

7.5.2 乌东德水电站左岸导流洞爆破振动监测

左岸导流洞上层开挖扩挖爆破的炮孔布置图如图 7.45 所示，其中单段最大药量为 32kg。为保证爆破开挖作业对围岩的扰动在合理范围内，对已开挖洞段的围岩进行质点振动速度监测。

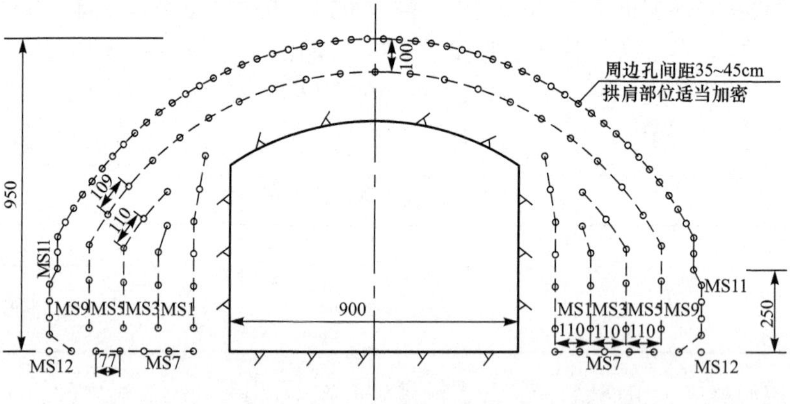

图 7.45 左岸导流洞上层开挖扩挖爆破炮孔布置图(单位:cm)

为保证仪器安全，并较为全面地获得不同爆心距处爆破质点振动速度波形，测试点布置在距离开挖掌子面 30m 处，且相邻测点相距 10m，共布置 6 个测点，导流洞两侧各 3 个。1# 导流洞爆破振动测点布置图如图 7.46 所示。

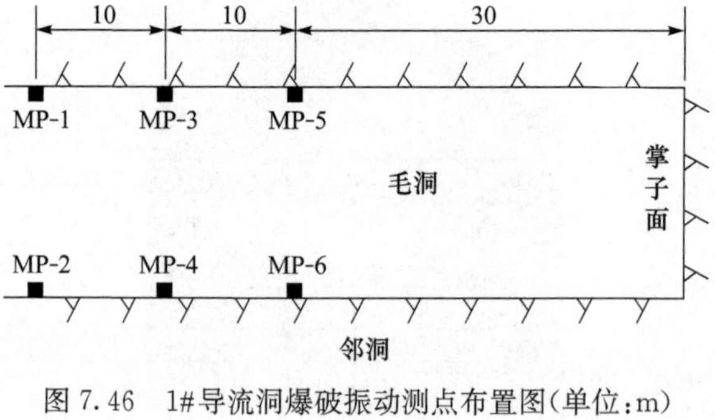

图 7.46 1# 导流洞爆破振动测点布置图(单位:m)

如图 7.47 所示，采用全站仪对围岩的垂直向收敛变形进行监测，其中将洞顶中点、左右侧边墙 1.5m 高部位作为上层开挖过程中的三个收敛变形测点，利用锚杆将反光片固定在测点上，并采用 Leica TS30 全站仪进行激光测量。

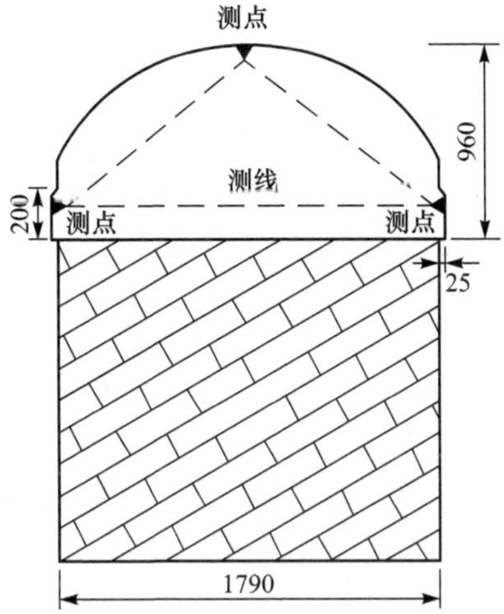

图 7.47　收敛监测断面测点布置(单位:cm)

在实际监测过程中，由于爆破开挖掌子面近区振动较大，极可能将锚杆及贴片振落，不适合安装监测点。因此，监测断面布置在掌子面后方 15m 处。

7.5.3　爆破开挖累积效应数值计算

1. 计算模型及参数选择

根据导流洞的施工设计，采用 LS-DYNA 建立如图 7.48 所示的有限元计算模型，模型宽 50m、高 50m、厚 25m。为保证计算的准确性，将开挖洞段布置在模型厚度方向中部，并对开挖区域网格划分进行加密，且网格尺寸以渐变方式向两端增大。模型按照实际工程建模，采用两条平行导流洞布置，以研究邻洞开挖后对本洞的影响。

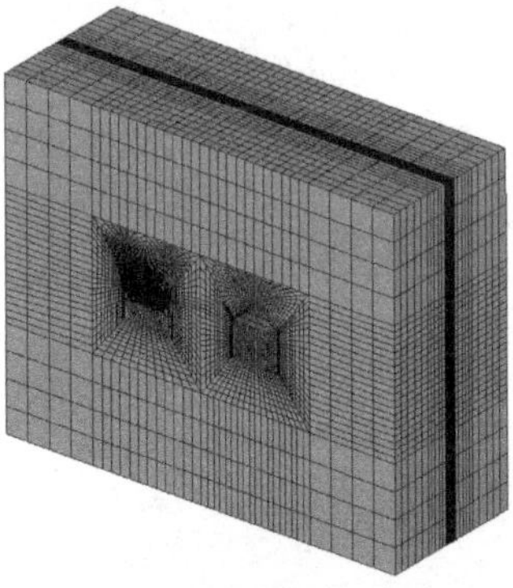

(a) 整体模型

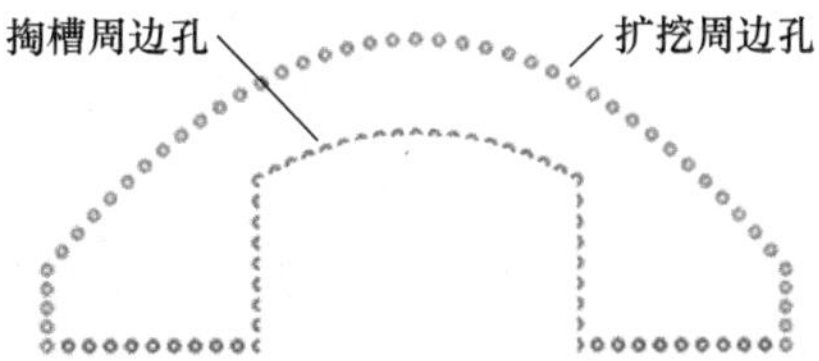

(b) 上层掏槽开挖及扩挖周边孔

图 7.48　计算模型

为简化研究过程，并突出对最终开挖轮廓外保留岩体影响的研究，仅对上层开挖的扩挖爆破进行模拟。如图 7.48(b)所示，上层掏槽已经结束，按照理想情况，在掏槽开挖边界残留半壁孔。岩体物理力学参数如表 7.14 所示。

表 7.14 岩体物理力学参数(爆破开挖累积效应数值模型)

动弹性模量/GPa	岩体密度/(kg/m^3)	动泊松比	动抗压强度/MPa	c/MPa	φ/(°)
35.3	2690	0.2	91.2	1.8	54

2. 爆炸荷载的施加

为了更准确地反映爆炸荷载对爆破近中区的影响，对隧洞横截面开挖边界预留的半壁炮孔进行精细建模，并对炮孔周边网格进行加密。计算前，事先将模型中扩挖区岩体删除，并在开挖边界上剩余的半壁孔内施加爆炸荷载。爆炸荷载的压力时程曲线如图 7.49 所示。

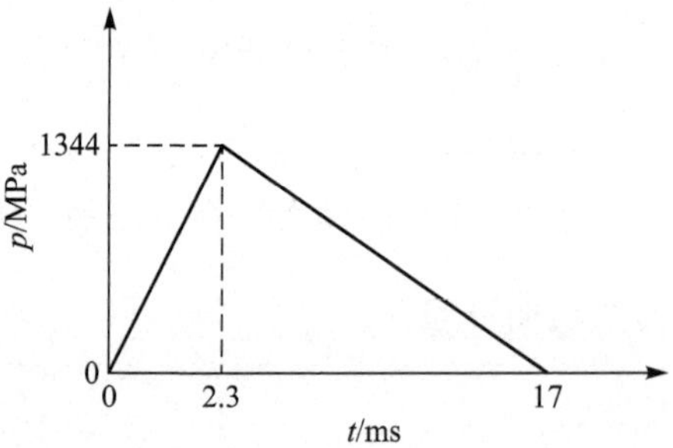

图 7.49 爆炸荷载的压力时程曲线(爆破开挖累积效应数值模型)

如图 7.49 所示，爆炸荷载采用三角形加载形式施加，随时间的变化关系参照文献[62]确定，计算中炸药密度取 1000kg/m^3，炸药爆轰速度取 3200m/s。

3. 计算结果及对比

岩体强度准则的选取是岩体损伤模拟中的重要环节。Cai 等[54]提出的深埋地下洞室开挖脆性岩石裂纹起裂和裂纹损伤的应力阈值，计算结果与实测结果一致性较好，该方法根据围岩的应力状态，判断损伤区的大小，其裂纹起裂和裂纹损伤应该分别对应于损伤区和破坏区。

考虑岩体的动力强度特性后，压剪破坏条件下采用式(7.51)作为判断围岩损伤与破坏范围的强度准则[54]：

$$\text{损伤}: B\sigma_{\text{cd}} \geqslant \sigma_1 - \sigma_3 \geqslant A\sigma_{\text{cd}}$$

$$\text{破坏}: \begin{cases} \sigma_1 - \sigma_3 = B\sigma_{\text{cd}} \\ \sigma_3 \leqslant -\sigma_{\text{td}} \end{cases} \tag{7.51}$$

大量的试验表明，对于完整或轻度节理岩体，A、B 的取值范围分别为 0.4～

0.5 和 0.8～0.9；对于中度或重度节理岩体，A、B 的取值范围分别为 0.5～0.6 和 0.9～1.0。

对动力计算每一时步的结果中每一单元的应力情况进行判定，从而得到如图 7.50 所示的单次爆破损伤影响范围。

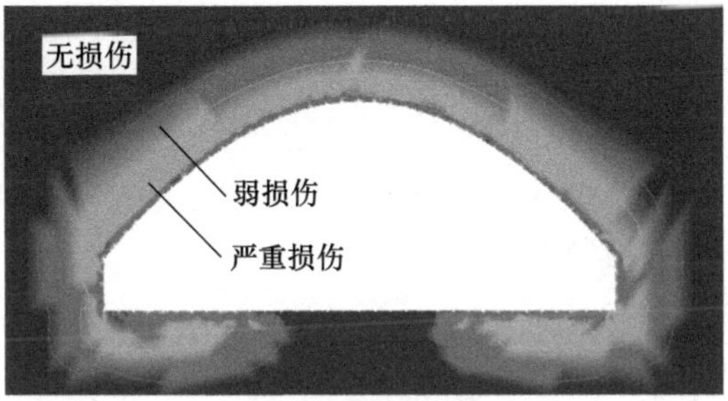

(a) 开挖区域中心截面损伤云图

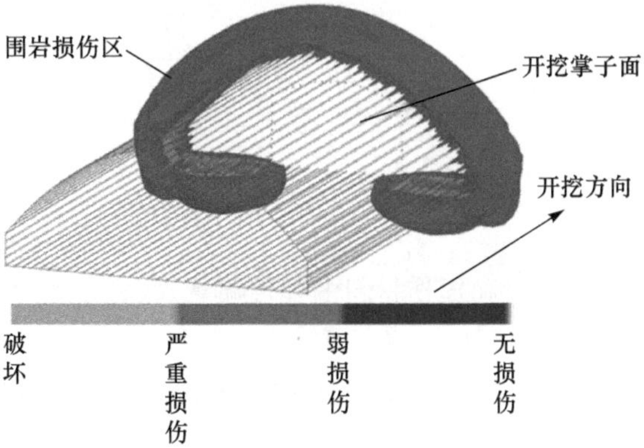

(b) 开挖掌子面附近围岩三维损伤云图

图 7.50　单次爆破损伤影响范围

从图 7.50 可以看出，爆破开挖区域中心截面(见图 7.50(a))中，爆破损伤区存在两个明显的分区，即严重损伤区和弱损伤区。总体损伤深度约 2.4m，其中靠近洞壁 1.25m 为严重损伤区。从三维损伤云图(见图 7.50(b))可以看出，损伤不仅限于掌子面之后，而是已经波及已开挖洞段。在纵剖面方向，损伤区延伸的范围比横截面方向小，约向开挖区外延伸 2.2m，其中严重损伤区范围约 1.2m。

上述计算中未考虑围岩的累积损伤效应，采用的是完整岩石参数。实际上，对于已开挖洞段，从第一次爆破开挖开始，就已经产生一定程度的损伤，且损伤范围与图 7.50 中所示类似，为了较为准确地考虑岩体损伤后的参数劣化，对岩体累积损伤后的参数变化进行研究。

7.5.4 考虑累积损伤效应的围岩变形计算

1. 围岩累积损伤效应

岩体内总是存在着各种天然节理裂隙、孔洞、裂纹等原始“缺陷”，这可视为岩体原有的初始损伤，爆破破坏是在此基础上进行的。因此，爆破应力波作用后的岩体损伤由两部分组成：一是岩体原有的初始损伤 D_0；二是爆破应力波作用促使裂纹扩展导致的爆破损伤 ΔD。

利用弹性模量损失系数 D 表示岩体的损伤程度，考虑爆破对岩体弹性常数产生的影响，根据应变等价原理[63]：

$$\varepsilon=\frac{\tilde{\sigma}}{E}=\frac{\sigma}{\tilde{E}} \tag{7.52}$$

由损伤理论：

$$\tilde{\sigma}=\frac{\sigma}{1-D}\longrightarrow \varepsilon E=\frac{\varepsilon\tilde{E}}{1-D} \tag{7.53}$$

可得

$$D=1-\frac{\tilde{E}}{E} \tag{7.54}$$

式中，E、$\tilde{E}$ 分别为无损材料和损伤材料的弹性模量；σ、$\tilde{\sigma}$ 分别为材料的(全)应力和有效应力。

因此，在爆破应力波作用下，用弹性模量变化表示的相对损伤变量为

$$D_0=1-\frac{E'}{E}=1-\left(\frac{v_m}{v_0}\right)^2 \tag{7.55}$$

式中，E、E'分别为爆破前后岩体的弹性模量；v_0、v_m 分别为爆破前后岩体的声波速度。

式(7.55)进而可以改写为

$$D_0'=1-\left(\frac{v_0-\Delta v_0}{v_0}\right)^2=1-(1-\eta_0)^2 \tag{7.56}$$

式中，Δv_0 为爆破前后岩体声速的变化值；η_0 为爆破后岩体的声速降低率。

比较第 i 次爆破前后弹性模量的变化，由式(7.54)可得

$$E_i=(1-D_i)E_{i-1} \tag{7.57}$$

将式(7.56)代入式(7.57)，可得

$$E_i=(1-\eta_i)^2E_{i-1} \tag{7.58}$$

式中，E_i 为经过 i 次爆破损伤作用后围岩的弹性模量($i\geqslant1$)；η_i 为第 i 次爆破引起

的声速降低率。

因此，循环爆破作用下，岩体爆破损伤不断增大，但每一次爆破后岩体的爆破损伤都可以用声速降低率来描述。

2. 循环爆破累积损伤诱发岩体参数劣化

采用钻孔声波观测方法判断爆破影响或基础岩体开挖质量。岩体爆破开挖引起的损伤效应判断标准如下：

(1) $\eta \leqslant 10\%$，无影响或影响甚微。

(2) $10\% < \eta \leqslant 15\%$，影响轻微。

(3) $\eta > 15\%$，有影响或基础岩体开挖质量差。

由此假设爆破次数为 n，假设弱损伤区 $\eta = 10\%$，严重损伤区 $\eta = 15\%$，则可以推导爆破开挖累积损伤区域的岩体弹性模量，而考虑多次爆破的累积影响，可初步计算出损伤区弹性模量。

通过数值计算得到 4 次循环爆破后纵剖面上围岩累积损伤效应，如图 7.51 所示。每次循环爆破后，对所有单元进行损伤判定，并基于式(7.58)计算各损伤区弹性模量。由于各次弹性模量弱化均在前一次损伤弱化的基础上进行，多次的不同程度损伤叠加形成的弹性模量分布如图 7.51 所示。其中颜色由深到浅表示累积损伤的程度由深到浅，在本例中累积损伤表现为弹性模量的下降。

由计算结果可以看出，爆破循环作业对各次爆破的中间截面部位产生的累积损伤效应最为明显，而在开挖掌子面继续前进的同时，后续爆破将对已开挖洞段保留围岩继续产生损伤效应，使得围岩损伤程度继续加深，但影响深度变化较小。

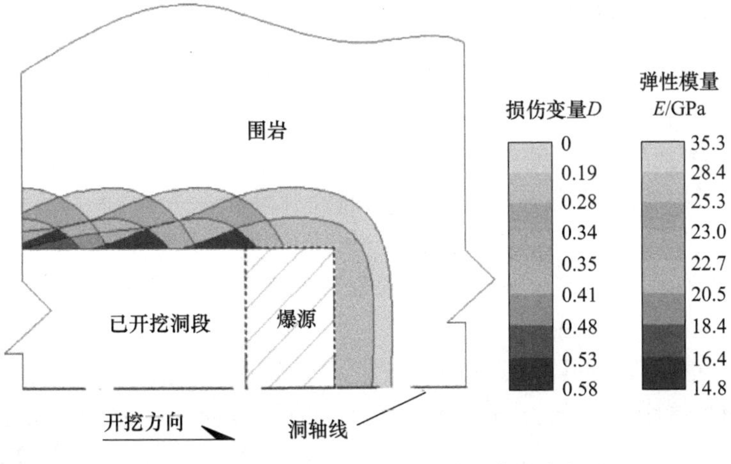

图 7.51　基于累积损伤计算的弹性模量分布图

3. 爆破振动速度对比

对所选洞段上层开挖中的单次扩挖爆破进行监测，其中各测点均布置在边墙底部，如图 7.46 所示。左岸 1# 导流洞上层扩挖现场实测爆破质点峰值振动速度及数值模拟结果如表 7.15 所示。

表 7.15 左岸 1# 导流洞上层扩挖现场实测爆破质点峰值振动速度及数值模拟结果

测点编号	实测爆破质点峰值振动速度/(cm/s)		质点峰值振动速度(考虑围岩累积损伤效应)/(cm/s)		质点峰值振动速度(不考虑围岩累积损伤效应)/(cm/s)	
	垂直向	水平向	垂直向	水平向	垂直向	水平向
1	3.15	2.44	3.29	2.52	3.52	2.58
2	3.52	3.32	3.89	3.57	4.69	4.13
3	4.70	3.50	5.55	4.12	6.98	4.74
4	4.66	3.36	5.31	3.70	6.71	4.43
5	6.54	6.23	6.78	6.57	7.44	7.51
6	6.70	6.71	6.88	6.93	10.05	8.24

通过分析可以看出，爆破质点峰值振动速度值低于《爆破安全规程》(GB 6722—2014)[64]中 7～15cm/s 的要求，但比较实测值、考虑围岩累积损伤效应的模拟值以及未考虑围岩累积损伤效应的模拟值，显然考虑围岩累积损伤效应更接近于实际情况。而相比导流洞两侧测点的爆破峰值振动速度，各计算工况均表明靠邻洞一侧的质点峰值振动速度较大，这点与实测情况基本一致。

4. 围岩变形情况对比

以左岸 1# 导流洞 2 导 0+475 断面上层扩挖收敛变形为例，由于此断面开挖过程中，中导洞掌子面推进比扩挖掌子面超前约 50m，更利于排除中导洞开挖的影响。实际监测到的围岩收敛变形曲线如图 7.52 所示，各测点布置如图 7.46 所示。从图 7.52 可以看出，爆破开挖过程中，所研究洞段围岩受到之后 5 个爆破循环作业的影响，变形较为明显，总变形达到 2mm；而从第 6 个爆破循环开始，围岩变形达到基本收敛，后续开挖影响较小，而通常开挖 7～10 天后(在本例中为 7～10 个爆破循环)开始进行大规模支护。

实际开挖中获取的监测数据存在一定误差，因此曲线变化并不光滑，但规律十分清晰，而数值计算得到的变形曲线相对更加平滑。从图 7.52 可以看出，不考虑累积损伤的情况下，由于开挖导致岩体几何形状变化，监测断面受力分布变化，导致围岩变形，并且在第 6 个循环之后变形逐渐趋缓。而考虑爆破开挖累积损伤效应后，围岩变形在第 10 个循环之后才逐渐趋缓，这与实测数据较为接近，说明在研究爆破开挖诱发的隧洞围岩变形时，不应忽略围岩累积损伤效应及围岩参数劣化。

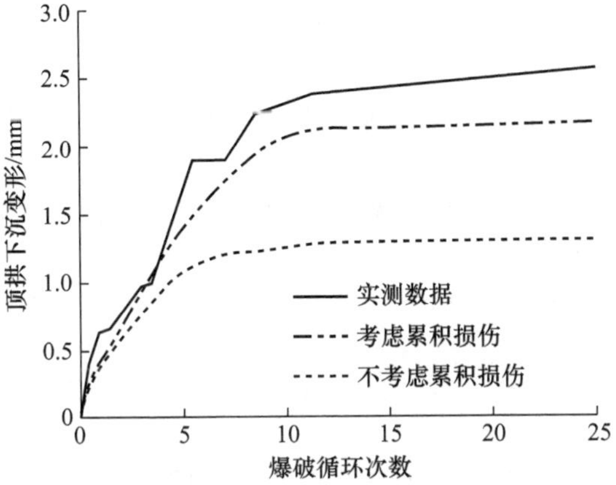

图 7.52　左岸 1# 导流洞 2 导 0+475 断面上层扩挖收敛变形曲线

7.5.5　小结

本节通过引入损伤判据及损伤变量，考虑计算中产生的不同程度的损伤区域的岩体参数劣化，并将劣化后的参数引入相应损伤单元进行后续爆破开挖数值模拟计算，从而对岩体爆破开挖累积损伤效应进行模拟。通过比较乌东德水电站导流洞的实测数据以及数值模拟计算结果，发现考虑累积损伤的计算结果无论从爆破质点振动速度还是围岩变形的角度分析，均更接近于实测值。因此，在对爆破开挖的分析模拟中，应考虑围岩的多次循环爆破累积损伤效应。然而，本节并未对相应围岩进行实际钻孔取样或声波测试，未能对劣化后的围岩参数进行精确测试，故模拟结果与实测值仍有一定差距，将在后续研究中进行完善。

参 考 文 献

[1]　蔡德文. 二滩地下厂房围岩的变形特征[J]. 水电站设计，2000，16(4)：54-61.

[2]　江权，冯夏庭，苏国韶，等. 高地应力下拉西瓦水电站地下洞室群稳定性分析[J]. 水力发电学报，2010，29(5)：132-140.

[3]　江权，侯靖，冯夏庭，等. 锦屏二级水电站地下厂房围岩局部不稳定问题的实时动态反馈分析与工程调控研究[J]. 岩石力学与工程学报，2008，27(9)：1899-1907.

[4]　冯小磊，施云江，易丹. 溪洛渡水电站左岸地下洞室群安全监测与分析[J]. 人民长江，2010，41(20)：28-31.

[5]　宋燕敏，李金河，李建川. 溪洛渡水电站左岸地下厂房安全监测资料分析[J]. 人民长江，

2007,38(10):71-73.

[6] 胡志刚.锦屏一级水电站地下厂房施工期围岩变形分析[J].人民长江,2009,40(18):97-98.

[7] 李彦臣.锦屏一级水电站地下厂房安全监测技术[J].云南水力发电,2009,25(S1):117-121.

[8] 李仲奎,周钟,汤雪峰,等.锦屏一级水电站地下厂房洞室群稳定性分析与思考[J].岩石力学与工程学报,2009,28(11):2167-2175.

[9] 魏进兵,邓建辉,王俤剀,等.锦屏一级水电站地下厂房围岩变形与破坏特征分析[J].岩石力学与工程学报,2010,29(6):1198-1205.

[10] 谢国权,孙文良.锦屏一级水电站地下厂房围岩松弛变形机理分析与治理[J].水利水电技术,2010,41(2):17-21.

[11] 董志宏,丁秀丽,卢波,等.官地水电站地下厂房施工期围岩安全监测分析[J].人民长江,2009,40(17):81-83.

[12] 钱七虎.深部岩体工程响应的特征科学现象及"深部"的界定[J].东华理工大学学报(自然科学版),2004,27(1):1-5.

[13] Kurlenya M V,Adushkin V V,Oparin V N. Alternating reaction of rocks to dynamic action[J]. Geotectonics,1992,26(2):323-329.

[14] Kurlenya M V,Oparin V N,Eremenko A A. Relation of the linear dimensions of rock to crack opening in the structural hierarchy of masses[J]. Journal of Mining Science,1993,29(3):197-203.

[15] 顾金才,顾雷雨,陈安敏,等.深部开挖洞室围岩分层断裂破坏机制模型试验研究[J].岩石力学与工程学报,2008,27(3):433-438.

[16] 何满潮,谢和平,彭苏萍,等.深部开采岩体力学研究[J].岩石力学与工程学报,2005,24(16):2803-2813.

[17] Kurlenya M V,Oparin V N. Problems of nonlinear geomechanics. Part Ⅰ[J]. Journal of Mining Science,1999,35(3):216-230.

[18] Kurlenya M V,Oparin V N. Problems of nonlinear geomechanics. Part Ⅱ[J]. Journal of Mining Science,2000,36(4):305-326.

[19] Goodman R E. Methods of Geological Engineering in Discontinuous Rocks[M]. Eagan: West Publishing Company,1976.

[20] 王洪亮,葛涛,王德荣,等.块系岩体动力特性理论与实验对比分析[J].岩石力学与工程学报,2007,26(5):951-958.

[21] 范新,王明洋,谭可可.爆炸荷载作用下深部块体变形运动规律研究[J].岩石力学与工程学报,2007,26(5):1019-1025.

[22] Kocharyan G G,Spivak A A,Budkov A M. Movement of rock blocks during large-scale Underground Explosions. Part Ⅱ:Estimates by analytical models,numerical calculations,and comparative analysis of theoretical and experimental data[J]. Journal of Mining Science,2001,37(2):149-168.

[23] 王明洋,李杰,李凯锐. 深部岩体非线性力学能量作用原理与应用[J]. 岩石力学与工程学报,2015,34(4):659-667.

[24] Wang M,Li J,Ma L,et al. Study on the characteristic energy factor of the deep rock mass under weak disturbance[J]. Rock Mechanics and Rock Engineering,2016,49(8):3165-3173.

[25] Kurlenya M V,Oparin V N,Vostrikov V I. Pendulum-type waves. Part Ⅱ:Experimental methods and main results of physical modeling[J]. Journal of Mining Science,1996,32(4):245-273.

[26] Oparin V N,Balmashnova E G,Vostrikov V I. On dynamic behavior of "self-stressed" block media. Part Ⅱ:Comparison of theoretical and experimental data[J]. Journal of Mining Science,2001,37(5):455-461.

[27] Kurlenya M V,Oparin V N,Vostrikov V I. Effect of anomalously low friction in block media[J]. Journal of Applied Mechanics and Technical Physics,1999,40(6):1116-1120.

[28] 刘琳,王志国,艾立新,等. 基于 FLAC 数值模拟的边坡稳定性分析[J]. 现代矿业,2014,28(3):62-64.

[29] 李夕兵. 论岩体软弱结构面对应力波传播的影响[J]. 爆炸与冲击,1993,13(4):334-342.

[30] 罗忆,卢文波,周创兵,等. 高地应力条件下地下厂房开挖动态卸荷引起的变形突变机制研究[J]. 岩土力学,2011,32(5):1553-1560.

[31] 李新平,陈俊桦,李友华,等. 溪洛渡电站地下洞室群爆破地震效应的研究[J]. 岩石力学与工程学报,2010,29(3):493-501.

[32] 罗忆,李新平,董千,等. 动静力组合作用下深埋隧洞开挖卸荷诱发围岩动力损伤诱因研究[J]. 岩石力学与工程学报,2015,34(S1):3365-3371.

[33] 吴昊,方秦,王洪亮. 深部块系岩体超低摩擦现象的机理分析[J]. 岩土工程学报,2008,30(5):769-775.

[34] 郭建强,赵青,王军保,等. 基于弹性应变能岩爆倾向性评价方法研究[J]. 岩石力学与工程学报,2015,34(9):1886-1893.

[35] 何满潮,钱七虎,等. 深部岩体力学基础[M]. 北京:科学出版社,2010.

[36] 李利萍,潘一山,马胜利,等. 深部开采岩体超低摩擦效应实验研究[J]. 采矿与安全工程学报,2008,(2):164-167.

[37] 王建伟,李俊如,周青春,等. 单轴压缩下软岩的动态力学特性试验研究[J]. 岩土力学,2004,25(1):1-4.

[38] 马春德,李夕兵,陈枫,等. 单轴动静组合加载对岩石力学特性影响的试验研究[J]. 矿业研究与开发,2004,24(4):1-3.

[39] 吴文,徐松林,杨春和,等. 盐岩冲击特性试验研究[J]. 岩石力学与工程学报,2004,23(21):3613.

[40] 夏昌敬,谢和平,鞠杨. 孔隙岩石的 SHPB 试验研究[J]. 岩石力学与工程学报,2006,25(5):896-900.

[41] 刘世奇,李海波,李俊如. 轴向拉伸情况下岩石的动态力学特性试验研究[J]. 岩土工程学

报,2007,29(12):1904-1907.

[42] 吕晓聪,许金余,葛洪海,等.围压对砂岩动态冲击力学性能的影响[J].岩石力学与工程学报,2010,29(1):193-201.

[43] 朱泽奇,盛谦,冷先伦,等.大岗山花岗岩动态力学特性的试验研究[J].岩石力学与工程学报,2010,29(S2):3469-3474.

[44] 李新平,汪斌.基于爆破相似律的地下厂房爆破振动速度分析[J].武汉理工大学学报,2011,33(2):91-95.

[45] 李新平,陈俊桦,李友华,等.溪洛渡电站地下厂房爆破损伤范围及判据研究[J].岩石力学与工程学报,2010,29(10):2042-2049.

[46] Valliappan S,Murti V,Zhang W. Finite element analysis of anisotropic damage mechanics problems[J]. Engineering Fracture Mechanics,1990,35(6):1061-1071.

[47] Wu C,Hao H. Numerical prediction of rock mass damage due to accidental explosions in an underground ammunition storage chamber[J]. Shock Waves,2006,15(1):43-54.

[48] Hao H,Wu C,Zhou Y. Numerical analysis of blast-induced stress waves in a rock mass with anisotropic continuum damage models. Part 1:Equivalent material property approach [J]. Rock Mechanics and Rock Engineering,2002,35(2):79-94.

[49] Hao H,Wu C. Scaled-distance relationships for chamber blast accidents in underground storage of explosives[J]. Fragblast,2001,5(1-2):57-90.

[50] Grady D E,Kipp M E. Continuum modelling of explosive fracture in oil shale [J]. International Journal of Rock Mechanics and Mining Sciences & Geomechanics Abstracts,1980,17(3):147-157.

[51] Kipp M E,Grady D E. Numerical studies of rock fragmentation[R]. Albuquerque: Sandia National Laboratories,1980.

[52] Taylor L M,Chen E P,Kuszmaul J S. Microcrack-induced damage accumulation in brittle rock under dynamic loading[J]. Computer Methods in Applied Mechanics and Engineering,1986,55(3):301-320.

[53] Cai M,Kaiser P K,Martin C D. Quantification of rock mass damage in underground excavations from microseismic event monitoring[J]. International Journal of Rock Mechanics and Mining Sciences,2001,38(8):1135-1145.

[54] Cai M,Kaiser P K,Tasaka Y,et al. Generalized crack initiation and crack damage stress thresholds of brittle rock masses near underground excavations[J]. International Journal of Rock Mechanics and Mining Sciences,2004,41(5):833-847.

[55] 陈宗基,康文法,黄杰藩.岩石的封闭应力,蠕变和扩容及本构方程[J].岩石力学与工程学报,1991,10(4):299-312.

[56] 姚国圣,李镜培,谷拴成.考虑岩体扩容和塑性软化的软岩巷道变形解析[J].岩土力学,2009,30(2):463-467.

[57] 吴刚.岩体在加、卸荷条件下破坏效应的对比分析[J].岩土力学,1997,18(2):13-16.

[58] 吉小明,黄秋菊.考虑岩石扩容性质的隧道围岩塑性区位移分析[J].石家庄铁道大学学报

(自然科学版),1999,12(4):80-82.

[59] 阳生权,廖先葵,刘宝琛. 爆破地震安全判据的缺陷与改进[J]. 爆炸与冲击,2001,21(3):223-228.

[60] 孟凡兵,林从谋,蔡丽光,等. 小净距隧道爆破开挖中夹岩累积损伤计算方法及其应用[J]. 岩土力学,2011,32(5):1491-1494.

[61] 闫长斌,徐国元,杨飞. 爆破动荷载作用下围岩累积损伤效应声波测试研究[J]. 岩土工程学报,2007,29(1):88-93.

[62] 戴俊. 岩石动力学特性与爆破理论[M]. 2 版. 北京:冶金工业出版社,2013.

[63] Lemaitre J. How to use damage mechanics[J]. Nuclear Engineering and Design,1984,80(2):233-245.

[64] 中华人民共和国国家质量监督检验检疫总局,中国国家标准化管理委员会. 爆破安全规程(GB 6722—2014)[S]. 北京:中国标准出版社,2014.

第8章 深埋地下洞室群关键部位精量化控制爆破方法

8.1 引 言

通常情况下，采用一般爆破方法破碎岩石往往出现爆区内破碎不均、爆区外损伤严重的局面，使原有裂隙扩展或产生新裂隙，导致围岩稳定性降低，或出现超挖、欠挖。而水电站地下洞室群断面形式多、空间结构复杂，深部岩体应力条件复杂。尤其是岩锚吊车梁基础开挖更是对爆破损伤要求极为严格，亟需针对这些问题，采取一定的措施合理利用炸药的爆炸能，既满足工程的开挖设计轮廓形状要求，又能将爆破造成的损伤控制到规定范围，实现精量化爆破施工效果[1]。

传统的预裂爆破，就是首先起爆布置在设计轮廓线上的预裂爆破孔药包，使各周边孔沿设计轮廓线形成相互贯通的裂缝，与原岩体分割开来，这条裂缝用以反射爆破地震应力波，再在该人工裂缝的屏蔽下进行主体开挖部位的爆破。沿开挖边界布置的密集炮孔，一般可以采取不耦合装药或装填低威力炸药，以减弱主爆破对保留岩体的破坏。传统的光面爆破，则是通过正确确定爆破参数，尤其是正确选择周边孔的钻爆参数与装药结构，减弱周边孔的装药量，先爆除主体开挖部位的岩体，然后再同时起爆布置在设计轮廓线上的周边孔药包，将光爆层炸除，从而减轻爆破对围岩的扰动和破坏。深埋地下洞室群关键部位的精量化控制爆破主要是在预裂爆破和光面爆破的基础上深度研发形成的新型施工工艺体系。

水电站深埋地下洞室群是引水发电的核心所在，其重要性无可争辩。尤其是其所处的深部岩体环境，常表现出施工期的高地应力、高地温、高岩溶水压力及开挖动力扰动的特殊复杂力学环境，以及运行期的难监测、难评估和难维护特点。因此，亟待突破其关键部位的开挖轮廓和损伤范围的精量化控制爆破技术，通过研究切槽技术、时序控制技术、定向断裂技术、非对称不耦合装药技术等，形成更高质量、更高效率的深埋地下洞室群关键部位精量化控制爆破成套施工技术体系。

8.2 V形切槽光面爆破试验研究

8.2.1 V形切槽孔尖端动应力集中效应

切槽爆破主要是采用机械成槽的方法，在已钻好的圆孔中用装有切槽钻头的钎杆再做切槽处理。根据断裂力学理论，对圆形炮孔做了二次切槽处理之后，炮孔炸药爆炸后会在切槽孔尖端产生应力集中效应。当切槽孔尖端的集中应力达到岩石的抗拉强度后，岩石便会沿预制 V 形槽方向断裂扩展。该 V 形槽犹如一个能量导向的沟槽，炸药爆炸瞬间产生的极强的爆炸应力波和爆生气体被导入预定方向，从而导致岩石首先沿切槽方向劈裂失稳。与此同时，圆弧孔壁侧面爆炸作用力急剧下降，孔壁所受压力迅速减弱。其结果是，炮孔在爆炸作用下产生的径向裂纹只沿预定方向起裂扩展，而孔壁其余部位所受的应变峰值大幅度减小，且作用时间极短，对围岩的损伤程度大幅降低。

切槽孔会产生两个力学效应：一方面切槽孔尖端会产生应力集中，使得裂缝沿切槽方向扩展；另一方面在切槽根部附近区域会形成一个压应力和低拉应力区域，即新裂缝生长的抑制区，可抑制孔边其他方向新裂缝的生成。这样可保证裂缝沿切槽方向延伸较长距离，进而可以达到增大炮孔间距的目的。当切槽孔装药引爆后，产生的爆炸应力波会在切槽孔尖端表面发生绕射和反射，出现应力集中作用，裂纹尖端发生较大塑性变形。当爆炸荷载使切槽孔尖端积聚了一定程度的应变能时，裂纹会优先在预定方向起裂、扩展和贯通。根据岩石断裂力学理论，一旦裂缝端部应力强度因子大于岩石断裂韧度即开始起裂，反之则止裂。

在径向不耦合柱状装药条件下，孔壁的峰值压力为

$$p_{\mathrm{b}}=\frac{\rho_0 D_0^2}{2(1+k)}\left(\frac{d_{\mathrm{e}}}{d_{\mathrm{b}}}\right)^{2k} n \tag{8.1}$$

式中，ρ_0 为炸药密度；D_0 为炸药爆轰速度；d_{e} 为装药直径；d_{b} 为炮孔直径；k 为炸药的等熵指数（当 $\rho_0<1.2\mathrm{g/cm^3}$ 时，$k=2.1$；当 $\rho_0\geqslant 1.2\mathrm{g/cm^3}$ 时，$k=3$）；n 为爆轰气体产物膨胀之后在炮孔壁产生压力的增大系数，$n=8\sim 11$，一般取 10。

如图 8.1 所示，切槽深度一般为炮孔直径的 1/8，这里取 12mm，为了能够获得较好的定向效果，取切槽角度为 60°[2]。图 8.2 为切槽孔壁爆炸荷载分布示意图，在孔壁圆形部分主要受压力作用，而在切槽孔尖端孔壁主要受拉力作用。

从图 8.2 可以看出，炸药起爆瞬间炮孔壁受到均匀压力 p，切槽孔尖端 A 处会因为切槽孔壁受压而产生切向拉应力。图 8.3 为图 8.2 中切槽孔尖端 A 的受力分解示意图。要从切槽孔尖端 A 处产生裂缝就必须满足

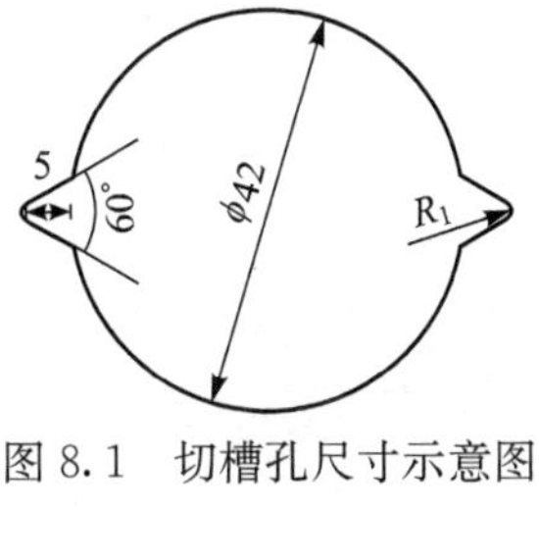

图 8.1　切槽孔尺寸示意图

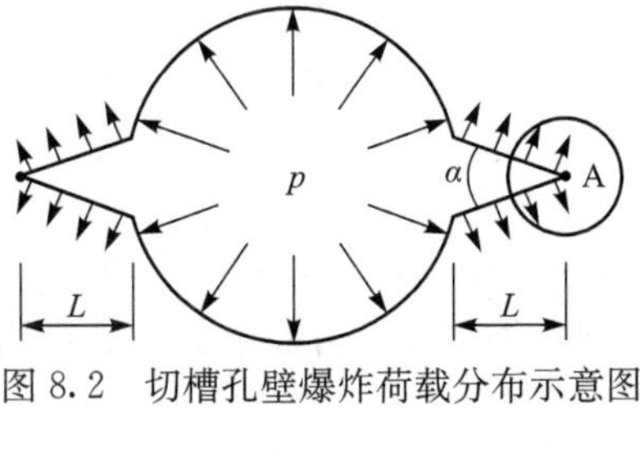

图 8.2　切槽孔壁爆炸荷载分布示意图

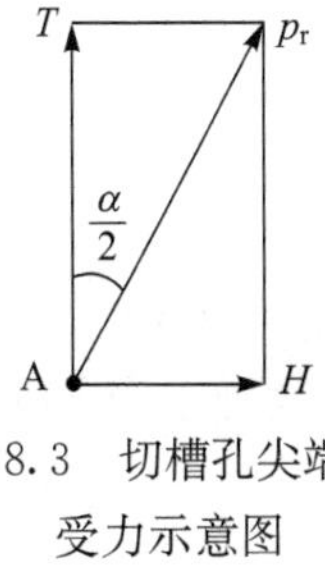

图 8.3　切槽孔尖端 A 受力示意图

$$T \geqslant \sigma_{\mathrm{td}} \tag{8.2}$$

$$T = p_{\mathrm{r}} \cos \frac{\alpha}{2} \tag{8.3}$$

式中，T 为切向拉应力；σ_{td} 为岩石的动态抗压强度；p_{r} 为炸药起爆瞬间切槽尖端受到的压力；α 为切槽角度。

由此确定切槽孔的径向不耦合装药系数应满足

$$\frac{d_{\mathrm{e}}}{d_{\mathrm{b}}} \geqslant \left(\frac{12.4\sigma_{\mathrm{td}}}{20\sqrt{3}\rho_0 D_0^2}\right)^{\frac{1}{4.2}} \tag{8.4}$$

通过计算可得出使岩石开裂的炮孔最小不耦合装药系数应满足 $d_{\mathrm{e}}/d_{\mathrm{b}} \geqslant 0.177$。因为光面爆破对围岩的完整度要求较高，所以在保证炮孔之间岩石顺利成缝的情况下采用较小不耦合装药系数，尽量减少炮孔装药量，以免对围岩造成过度损伤。

8.2.2 V形切槽孔裂缝扩展规律研究

1. 裂纹起裂

由于岩石本身就是一种包含多裂隙或微裂纹的介质，在爆炸压力作用下，这些微裂纹会产生应力集中而破坏。而天然岩石中的裂纹长度为 0.025～0.25mm，具有 V 形切槽孔的切槽长度远大于孔壁附近的裂纹长度，当切槽孔装药引爆后，产生的爆炸应力波会在切槽孔尖端表面发生绕射和反射，导致切槽孔尖端出现较大的动态集中应力。裂纹尖端从而发生较大塑性变形，当爆炸荷载使得切槽孔尖端积聚了一定程度的应变能时，切槽方向就会优先形成初始裂纹，裂纹继续以一定速率扩展，表现出不同于静止裂纹的显著惯性效应。随着爆炸荷载对裂纹扩展做功而不断消耗能量，孔壁其余部位所受到的应变峰值也在不断减小，从而抑制了其裂纹的产生和扩展，实现了裂纹按切槽预定方向开裂的效果。且其开裂断口为典型的拉断断裂，表现为 I 型裂纹的特征，以张开变形为主。

2. 炮孔切槽后对孔壁裂纹生长的抑制

炸药爆炸产生的爆轰波或爆生气体与炮孔壁岩石碰撞时，都将首先在岩石中产生爆炸冲击波或应力波，且这种应力波会向孔壁各个方向均匀传播，所以圆形炮孔周围岩石产生初始裂纹的概率是相等的。爆炸作用在岩石介质中首先产生的是 P 波，其波阵面上有沿传播方向的应力 σ_n 和垂直于传播方向的应力 σ_t。根据试验结果可发现，σ_n 和 σ_t 在前期波阵面上均表现为压应力，而在波尾均为拉应力。因此，当炮孔炸药起爆后，炮孔周边岩石首先由应力波作用产生剪应力，其大小为

$$\tau_{\max} = \pm \frac{\sigma_n - \sigma_t}{2} \tag{8.5}$$

对于圆形炮孔，在装药量一定的情况下，炮孔周围岩体会在此剪应力作用下产生一个压碎圈，而后压碎圈外的岩体又会在拉应力作用下产生许多初始径向裂纹，形成裂隙圈，这是定向断裂控制爆破中不希望发生的结果。

而切槽爆破是对炮孔提前进行 V 形切槽处理作为预制裂纹，当炸药在 V 形切槽孔内起爆后，产生的冲击波会对孔壁产生压力脉冲，切槽表面会由此激发出压应力波。该应力波在切槽表面发生反射，同时在切槽孔尖端绕射，最终会导致切槽孔尖端产生较强的动态应力-应变场，其强度可用动态应力强度因子 $K_{\mathrm{I}}(t)$来描述。

当 $K_{\mathrm{I}}(t)$满足式(8.6)时，裂纹便开始沿切槽孔尖端向前扩展。

$$K_{\mathrm{I}}(t) \geqslant K_{\mathrm{Id}}(\varepsilon) \tag{8.6}$$

式中，$K_{\mathrm{Id}}(\varepsilon)$为岩石动态断裂韧度，与加载速率有关。

另外，压力脉冲在切槽表面激发的压应力沿着炮孔周围绕射，这种绕射结果是在切槽根部附近形成一个压应力和低拉应力区域，即新裂纹生长的抑制区，如图 8.4 所示。因此，裂缝可沿 V 形切槽预制裂纹方向断裂延伸较长距离，从而达到加大炮孔间距的目的。

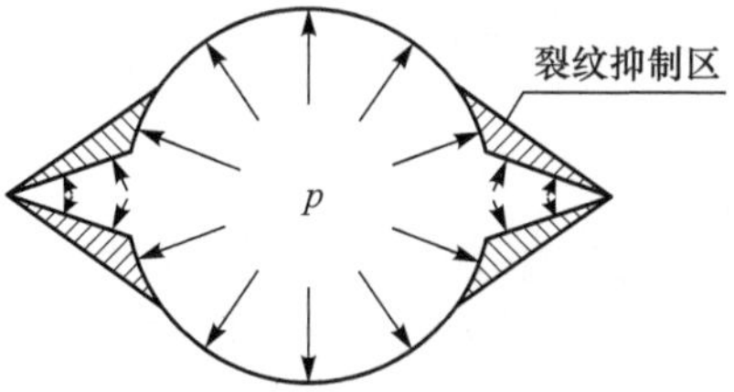

图 8.4　切槽孔爆炸应力分布示意图

3. 裂纹扩展与止裂

切槽爆破裂纹的产生和扩展是爆炸应力波和爆生气体准静态压力共同作用的结果。由于岩体中裂缝扩展速度远不及应力波的传播速度，当爆炸应力波越过切槽孔尖端处产生的初始裂纹后，主要由爆生气体准静态压力对初始裂纹产生膨胀撕裂作用，使裂纹继续扩展并与另一个炮孔产生的裂纹贯通形成光爆轮廓面。当爆生气体起主要作用促使裂纹扩展时，裂纹尖端的应力强度因子为[3]

$$K_{\mathrm{I}} = pF\sqrt{\pi(R+L)} \tag{8.7}$$

式中，p 为爆生气体压力；F 为应力强度因子修正系数，它是炮孔半径和裂缝长度的函数，$F=F\left(\dfrac{R+L}{R}\right)$；$R$ 为圆孔半径；L 为裂纹扩展长度。

一般切槽深度 L_0 为圆孔半径的 1/4～1/2 时，其效果才比较显著。当$(R+L_0)/R=1.25$ 时，F 可取 0.8；当$(R+L_0)/R=1.5$ 时，F 可取 1.0。

炮孔起爆瞬间产生的爆生气体会对炮孔内表面产生均匀的压力作用。如图 8.5 所示，在 C-J 条件下，炸药的瞬时平均爆轰压力为[1]

$$p_0=\frac{\rho_0 D_0^2}{2(1+k)} \tag{8.8}$$

式中，ρ_0 为炸药密度；D_0 为炸药爆轰速度；k 为炸药的等熵指数，一般取 3。

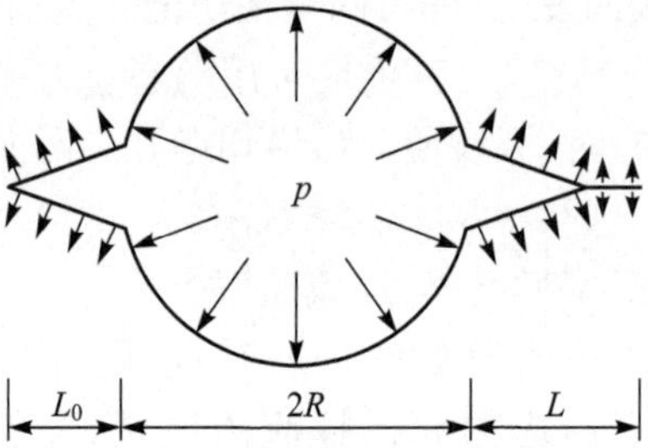

图 8.5　切槽爆破断裂力学模型

采用径向不耦合装药的预裂爆破孔，空气间隙能有效降低孔壁岩体所受到的峰值冲击压力，在此种不耦合装药条件下的孔壁峰值压力为[1]

$$p_b=p_0\left(\frac{d_e}{d_b}\right)^{2k}\left(\frac{l_e}{l_b}\right)^k n \tag{8.9}$$

式中，d_e 为装药直径；d_b 为炮孔直径；l_e 为药卷总长度；l_b 为炮孔长度；n 为爆生气体膨胀之后在炮孔壁产生压力的增大系数，$n=8\sim11$，一般取 10。

由岩石断裂力学理论，装药起爆瞬间，切槽孔尖端会形成高度集中的应力场，若沿切槽孔尖端及裂缝长度方向的爆生气体压强分布为 $P(x,t)$，且垂直于裂纹面方向的远场应力为 σ，可得此时切槽孔尖端的动态应力强度因子为[4]

$$K_{\mathrm{I}}(t)=2\left[\frac{L(t)+r}{\pi}\right]^{\frac{1}{2}}\int_0^{L(t)+r}\frac{P(x,t)-\sigma}{\{[L(t)+r]^2-x^2\}^{\frac{1}{2}}}\mathrm{d}x \tag{8.10}$$

式中，$L(t)$为切槽深度加裂纹扩展长度；r 为圆孔半径。

可利用静态应力强度因子近似求解动态应力强度因子的公式[5]，即

$$K_{\mathrm{I}}(t)=\left(\frac{c_{\mathrm{P}}}{V}\right)^{\frac{1}{2}}K_{\mathrm{I}} \tag{8.11}$$

式中，c_{P} 为岩石介质纵波速度；V 为裂纹稳定扩展速度；K_{I}为静态应力强度因子。

根据 Griffith 强度准则，裂纹的稳定扩展速度为

$$V=0.38c_{\mathrm{P}} \tag{8.12}$$

以 K_{Ic} 为岩石静态断裂韧度，岩石动静态断裂韧度之间有如下的近似关系[6]：

$$K_{\mathrm{Id}}=(1.12\sim1.55)K_{\mathrm{Ic}} \tag{8.13}$$

先考虑在静态条件下裂缝的发展，设岩石起裂前切槽孔尖端的应力强度因子为

$$K_{\mathrm{Iv}}=p_{\mathrm{v}}F\sqrt{\pi(R_1+L_0)} \tag{8.14}$$

式中，p_{v} 为爆生气体压力；F 为应力强度因子修正系数；L_0 为切槽深度。

在动态效应的条件下，当 $K_{\mathrm{I}}(t)>K_{\mathrm{Id}}$ 时，岩石开始起裂，此时爆生气体对切槽孔尖端的压力应满足

$$p_{\mathrm{v}}>\frac{0.616K_{\mathrm{Id}}}{F\sqrt{\pi(R_1+L_0)}} \tag{8.15}$$

而裂缝继续扩展的条件为

$$p_{\mathrm{c}}>\frac{0.616K_{\mathrm{Id}}}{F\sqrt{\pi(R_1+L)}} \tag{8.16}$$

式中，p_{c} 为爆生气体压力门槛值。

$$p_{\mathrm{c}}=\frac{\rho_0 D^2}{8}\left(\frac{d_{\mathrm{c}}}{d_{\mathrm{b}}}\right)^6\left(\frac{l_{\mathrm{c}}}{l_{\mathrm{b}}}\right)^3\left(\frac{V_{\mathrm{P1}}}{V_0}\right)^{\frac{4}{3}} \tag{8.17}$$

式中，V_{P1} 为炮孔体积，$V_{\mathrm{P1}}=\pi R_1^2+2L_0^2\tan(\alpha/2)$，$R_1$ 为切槽孔等效半径，α 为切槽角度；V_0 为裂缝扩展过程中瞬时体积，$V_0=\pi R_1^2+2Lb$，L 为裂缝扩展长度，b 为裂缝扩展宽度。

裂缝宽度 b 可通过式(8.18)进行计算：

$$b=\frac{c_0}{0.76Ac_{\mathrm{P}}}\left(\pi R_1^2+2L_0^2\tan\frac{\alpha}{2}\right) \tag{8.18}$$

式中，c_0 为爆生气体音速；A 为与炮孔深度 L 有关的系数，$A=0.27L$。

随着爆生气体压力的不断下降和裂缝长度的增加，裂缝扩展的驱动力也在不断减小，一旦压力满足式(8.19)，裂缝即止裂。

$$p_{\mathrm{c}}\leqslant\frac{0.616K_{\mathrm{Id}}}{F\sqrt{\pi(R_1+L)}} \tag{8.19}$$

8.2.3　炮孔 V 形切槽参数

V 形切槽孔所需控制的切槽参数主要包括切槽深度 L、切槽角度 α、切槽曲率半径 ρ，这些参数是影响爆破破岩效果的重要因素。

1. 切槽深度

岩体中进行切槽爆破开挖时，炮孔切槽深度应该根据不同性质的岩石和炸药进行选取。Fourney 等[7]的研究结果表明，当炮孔内爆轰压力超过 69MPa 时，大多数岩石介质中都无法控制炮孔周围产生复杂无序的裂隙。因此，为了保证炮孔周围岩体的强度和稳定性，必须要控制切槽孔内的爆轰压力。Ouchterlony 等[8]的研究结果表明，当应力强度因子 K_{I} 为常数时，岩石中裂纹扩展的所需要的压力为

$$P_L = \frac{\sqrt{\pi} K_{Ic}}{2.24\sqrt{r_b + L}} \tag{8.20}$$

式中，P_L 为静载条件下切槽孔的临界起裂压力；K_{Ic} 为岩石静态断裂韧度；r_b 为炮孔半径；L 为切槽深度。

当相对切槽深度 $L/r_b<0.2$ 时，L/r_b 值对临界炮孔压力的影响非常敏感；当 $0.2\leqslant L/r_b\leqslant 0.5$ 时，其影响逐渐减小；当 $L/r_b>0.5$ 时，几乎没有影响，爆炸能量更集中作用于切槽方向裂纹的扩展，从而降低了炮孔其余部位孔壁的爆炸能量，一定程度上保证了开挖轮廓面的稳定性，但 L/r_b 过大会导致炮孔切槽加工困难，岩石对刀刃的磨损作用增大，且降载效应也不明显。大量现场实践表明，当 $L/r_b=0.2\sim0.3$ 时可以获得较好的爆破成缝效果。

2. 切槽角度

对于切槽角度的确定，李清等[2]运用爆炸加载的透射式动焦散线测试系统比较切槽角度分别为 30°、60°和 90°时对爆破效果的影响，试验表明，切槽角度为 60°时裂纹尖端扩展速度和动态应力强度因子比切槽角度为 30°和 90°时都要大，且形成的裂缝更长。肖正学等[9]的研究结果表明，切槽角度为 60°～80°时才能获得较好的切槽爆破效果；张志呈等[10]的研究结果表明，切槽角度为 60°时能获得较好的效果，但为了保持切槽工具尖端的锐度，一般尽量取大些，即 $\alpha=60°\sim90°$。

3. 切槽曲率半径

V 形切槽尖角处应力随着切槽孔尖端曲率半径的减小而增大，但是在工程实践中，锐度过大将导致岩石对切刃的夹持作用增大，机械切槽效率降低，刃具磨损加大。因此，切槽曲率半径不宜取太小，一般取 0.6～2.0mm。

V 形切槽孔示意图及现场效果图如图 8.6 所示。

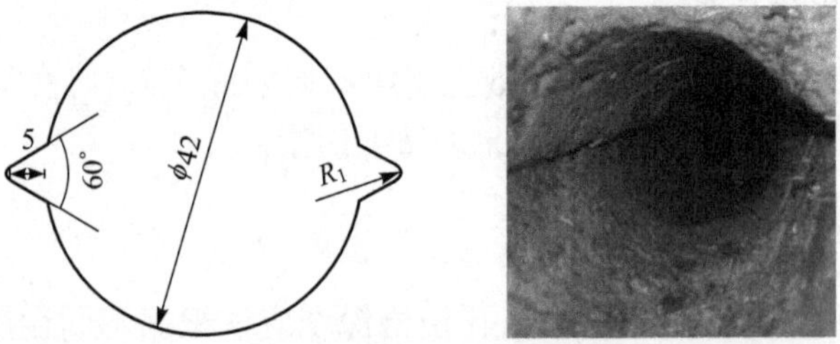

图 8.6　V 形切槽孔示意图及现场效果图(单位：mm)

白鹤滩水电站地下厂房的切槽孔深度取 $L=5$mm，切槽角度取 $\alpha=60°$，切槽曲率半径取 $\rho=1$mm。

8.2.4　白鹤滩水电站地下厂房岩锚梁切槽爆破开挖原位试验

1. 工程概况

白鹤滩水电站位于金沙江下游四川省宁南县和云南省巧家县境内，上游距乌东德水电站坝址约 182km，下游距溪洛渡水电站约 195km，控制流域面积 43.03 万 km^2，占金沙江以上流域面积的 91%。白鹤滩水电站的开发任务以发电为主，电站正常蓄水位为 825m，相应库容 206 亿 m^3，地下厂房装有 16 台机组，初拟装机容量 1600 万 kW，多年平均发电量 602.4 亿 kW·h。电站 2013 年主体工程正式开工，2018 年首批机组发电，2022 年 12 月 20 日，白鹤滩水电站实现全部机组投产发电，年平均发电量可达 624.43 亿 kW·h。

右岸主副厂房为单斜岩层，岩层走向与厂房轴线大角度相交，交角为 60°～70°。岩性主要以 $P_2\beta_3^3$ 层～$P_2\beta_5^1$ 层隐晶质玄武岩、斜斑玄武岩、杏仁状玄武岩、角砾熔岩为主，其中岩质相对较弱的凝灰岩及凝灰质角砾熔岩占 6.5%。$P_2\beta_3^6$ 层凝灰岩分布在高程 485.1～607.0m 的安装间和机组部位；$P_2\beta_4^3$ 层凝灰岩分布于副厂房顶拱及端墙上部，厚度为 0.05～1.3m；$P_2\beta_4^1$ 层底部发育厚 15～28m 的第三类柱状节理玄武岩，柱体长度一般为 1.5～5.0m，直径为 50～250cm，微裂隙断续切割柱体，岩体呈块状结构，较完整。

枢纽工程主要由混凝土双曲拱坝、二道坝及水垫塘、泄洪洞、引水发电系统等建筑物组成。混凝土双曲拱坝坝顶高程 834.0m，最大坝高 289.0m，坝身布置有 6 孔泄洪表孔和 7 孔泄洪深孔；泄洪洞共 3 条，均布置在左岸；左、右岸地下厂房各布置 8 台单机容量 1000MW 的水轮发电机组。

白鹤滩水电站地下厂房采用首部开发方案布置，引水发电系统由发电进水口、压力管道、主副厂房洞、主变洞、尾水调压室及尾水管检修闸门室、尾水隧洞、尾水隧洞检修闸门室、尾水出口等建筑物组成。引水建筑物和尾水建筑物分别采用单机单洞和两机一洞的布置形式，左岸 3 条尾水隧洞结合导流洞布置，右岸 2 条尾水隧洞结合导流洞布置。现场布置图如图 8.7 所示。

2. 试验方案设计

地下厂房岩锚梁开挖是水电地下开挖工程中的重点，开挖难度大、质量要求高。岩锚梁开挖质量的好坏直接影响桥机的安全运行，它不仅要求开挖后具有光滑的轮廓面，而且没有明显的爆震裂隙，残孔率在 85% 以上，松动圈要求小于 0.2m，因此其质量要求最高、开挖难度最大。在进行岩锚梁开挖的所在部位，需在相似地段进行试验，每次试验都对光爆孔同时采用 V 形切槽孔和圆孔两种炮孔，通过爆破振动监测、声波测试以及爆后效果观察，找到既能保证对被保护岩体损伤最低、同时又能保证成缝效果最好的岩锚梁光面爆破开挖方案。

图 8.7　现场布置图

在白鹤滩水电站右岸地下主厂房进行三次爆破开挖试验，开挖地段分别为上游桩号 0＋55～0＋80，下游桩号 0＋37～0＋58.6、0＋260～0＋280，试验高程均为 EL.602.40～EL.606.90m。爆破参数如下：爆破开挖采用手风钻打垂直光爆孔、斜面光爆孔和辅助孔。装药结构示意图如图 8.8 所示，现场单次爆破开挖的炮孔装药参数如表 8.1 所示，采用电雷管起爆，并用 MS5、MS7 和 MS9 段非电雷管微差起爆网路，辅助孔先起爆，之后起爆垂直光爆孔和斜面光爆孔，炮孔起爆网路平面图和炮孔剖面图如图 8.9 所示，而现场光爆孔柱状药包的连接方式如图 8.10 所示。

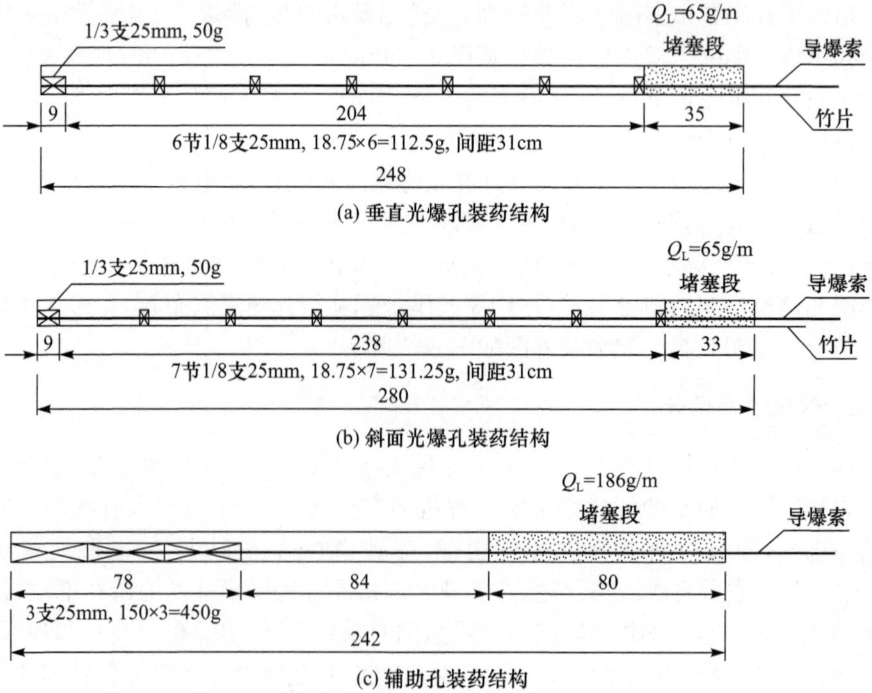

图 8.8　装药结构示意图(单位:cm)

表 8.1　不同炮孔布置及装药参数

炮孔名称	孔径/mm	孔距/cm	孔深/cm	孔数	药卷直径/mm	线装药密度/(g/m)
垂直光爆孔	ϕ42	30	248	68	ϕ25	65/70/85
斜面光爆孔	ϕ42	30	280	68	ϕ25	65/70/85
辅助孔	ϕ42	90	242	22	ϕ25	186/206/250

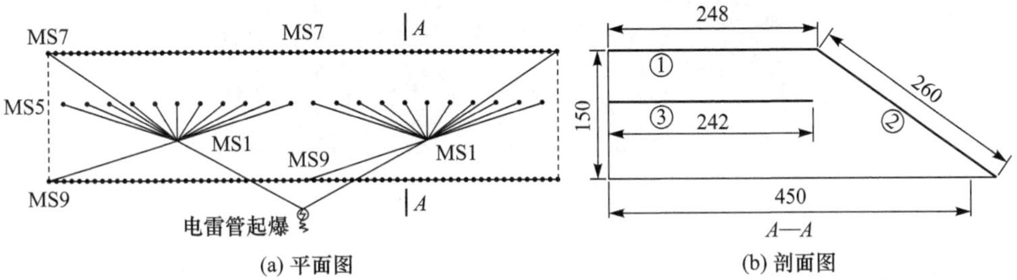

图 8.9　炮孔起爆网路平面图和炮孔剖面图(单位:cm)

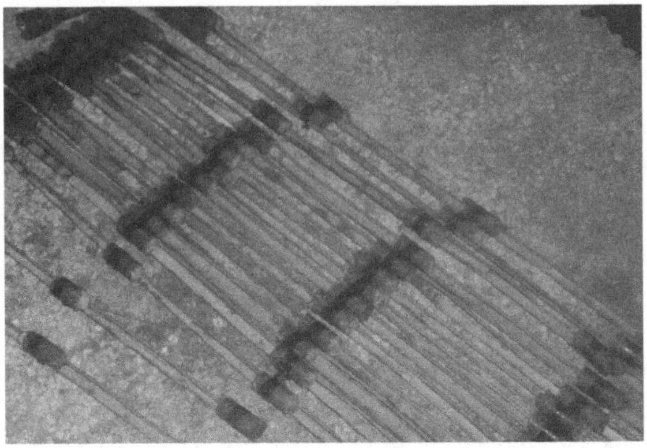

图 8.10　现场光爆孔柱状药包连接方式

现场主要从两个方面对爆破开挖效果进行综合评价:

(1) 为了保证爆破开挖对中远区岩体的扰动在安全范围内,在主厂房岩锚梁附近边墙上进行了爆破质点振动速度的监测。采用 L20 智能爆破振动监测仪进行振速监测,现场爆破测振仪安装图如图 8.11 所示。通过速凝石膏将传感器与岩石固结,此传感器可同时监测测点的水平径向、水平切向和垂直向的振动速度,用数据线将传感器信号同步传输给自记仪,最后通过自记仪读取测点峰值振动速度及其方向。为了保证监测仪器的安全,现场将最近的测点布置在距离开挖区边界 10m 处,之后每隔 5m 布置一个测点,共布置 5 个测点,如图 8.12 所示。

图 8.11 爆破测振仪安装图

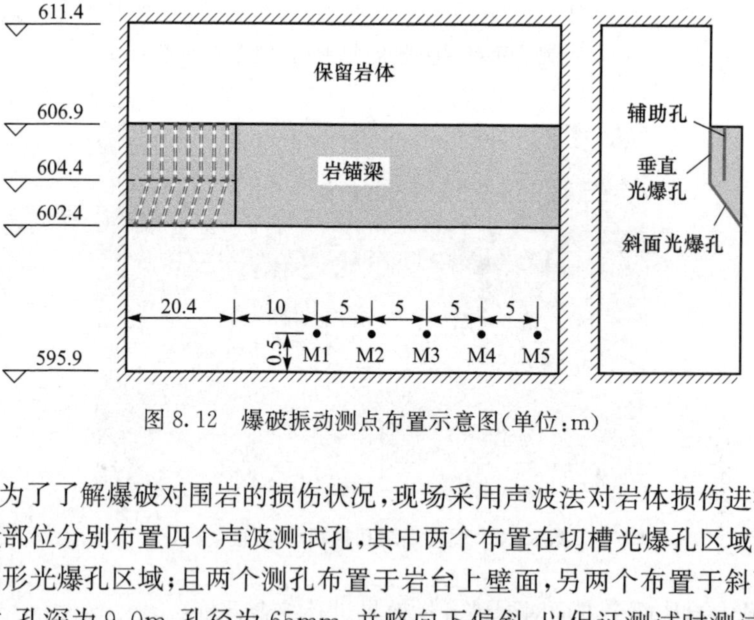

图 8.12 爆破振动测点布置示意图(单位:m)

(2) 为了了解爆破对围岩的损伤状况,现场采用声波法对岩体损伤进行测试,每个试验部位分别布置四个声波测试孔,其中两个布置在切槽光爆孔区域,另两个布置在圆形光爆孔区域;且两个测孔布置于岩台上壁面,另两个布置于斜面;采用单孔测试,孔深为 9.0m,孔径为 65mm,并略向下偏斜,以保证测试时测试孔内能储存水,使耦合效果良好。确定爆破开挖试验段后需先进行爆前测试,爆后形成岩锚梁开挖面后,再进行测试,进行爆前和爆后波速对比,以确定围岩松动圈范围。围岩松动圈声波测试及声波测试孔具体布置如图 8.13 和图 8.14 所示,现场岩体声波测试如图 8.15 所示。在现场进行声波测试过程中,先将测试探头伸进测试孔最底端进行岩体纵波测试,然后每隔 0.2m 往外抽取一次仪器进行测试,当相邻两个测点的纵波波速减小值大于 10%时,即表明岩体出现了损伤。

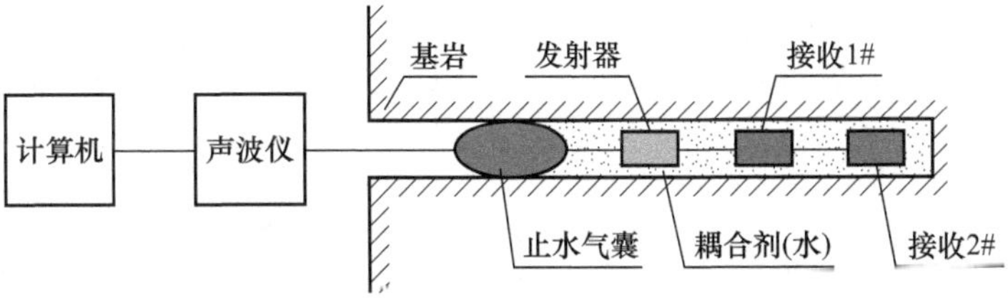

图 8.13　围岩松动圈声波测试示意图

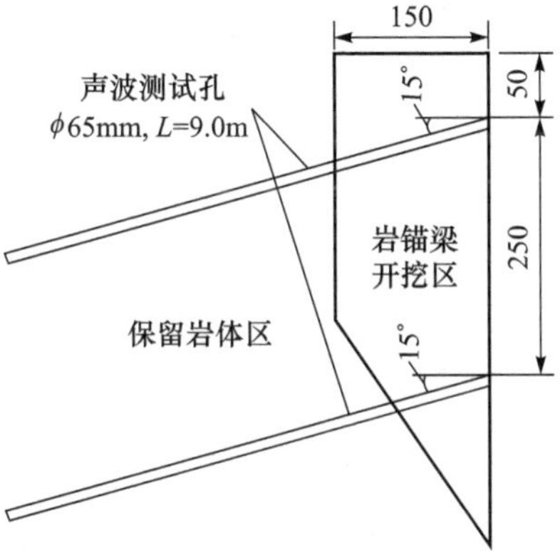

图 8.14　声波测试孔具体布置示意图(单位:cm)

图 8.15　现场岩体声波测试图

3. 爆破振动速度测试

通过爆破振动仪对现场三组不同炮孔线装药密度下的爆破振动速度进行监测,并提取出各测点三个方向的峰值振动速度,即水平垂直于洞轴线(x)方向、竖直(y)方向、水平平行于洞轴线(z)方向,如图 8.16 所示。从图 8.16 可以看出,在炮孔线装药密度不变的情况下,不同方向的测点峰值振动速度变化趋势大致相似,随着炮孔线装药密度的增加,与爆源距离相同的测点振动速度也会相应增加,但是离爆源较近的测点振动速度受线装药密度的影响较大，离爆源较远的测点振动速度增加的数值相对较小，所以爆破开挖主要通过爆源较近的岩体测点峰值振动速度来评判炮孔装药量是否符合要求。

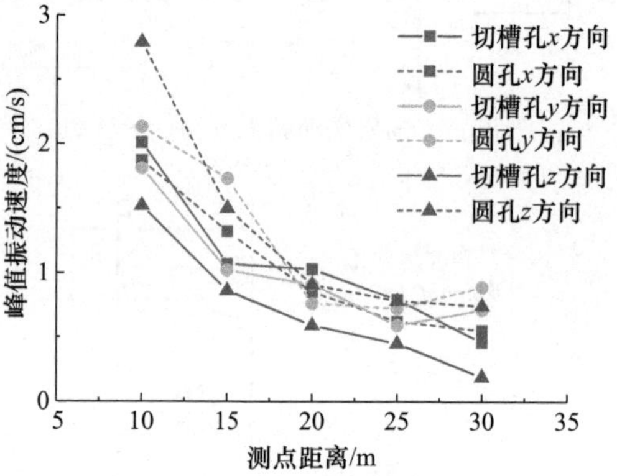

(a) Q_L=65g/m

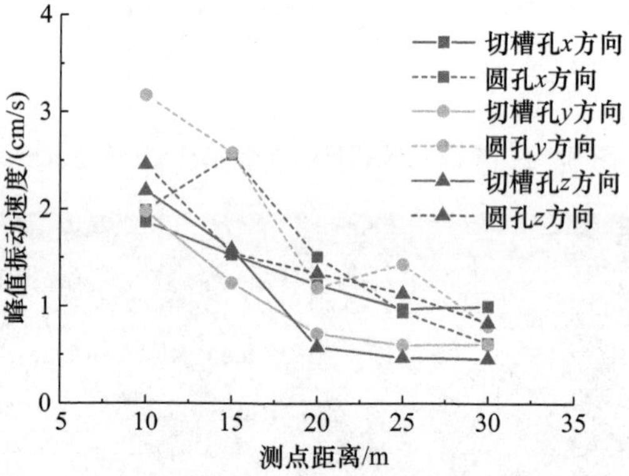

(b) Q_L=70g/m

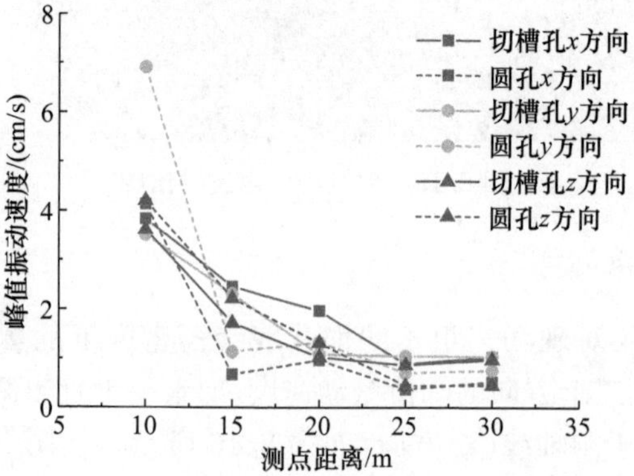

(c) Q_L=85g/m

图 8.16　不同炮孔线装药密度下各测点峰值振动速度

对比不同方向下切槽爆破和圆孔爆破的测点峰值振动速度可以发现，圆孔爆破下的测点峰值振动速度比切槽爆破稍大一些，而且测点与爆源距离越近，圆孔爆破与切槽爆破的测点峰值振动速度相差越大。根据《爆破安全规程》(GB 6722—2014)[11]，在距离爆源 10m 处的测点振速安全标准应小于 10cm/s。从图 8.16 可以看出，现场的炮孔装药量以及炮孔布置符合安全要求，当光爆孔线装药密度为 85g/m，辅助孔线装药密度为 250g/m 时，切槽爆破下的测点峰值振动速度为距爆源 10m 处相应测点的 x 方向峰值振动速度为 3.83cm/s，圆孔爆破下的测点峰值振动速度为距爆源 10m 处相应测点的 y 方向峰值振动速度为 6.90cm/s，都在隧洞爆破开挖安全标准范围内。总体而言，切槽爆破将更多的能量作用于炮孔间裂缝成形和爆堆块体破碎上，所以对中远区围岩传播的爆破振动能量相对较小。

4. *围岩损伤声波测试*

现场声波测试设备详图如图 8.17 所示。为了获得准确的现场监测数据，操作时必须按照以下步骤依次进行操作：①设备下井前必须清孔，使设备下井顺畅不卡孔；②连接好设备后，对需进孔设备做好保护措施；③将探测设备送至指定位置后，操作手动加压设备给止水气囊加压，使止水气囊膨胀到合适位置；④启动电动增压泵，打开钻孔注水阀门，注水至钻孔排气管有水流出，关闭小钻孔注水阀门，保持钻孔排气管有水流出即可；⑤操作声波仪进行监测，获得所需要的波形；⑥打开排水阀，将钻孔水排出；⑦打开排气阀，将止水气囊收缩至原来位置；⑧移动孔内测试设备到指定位置；⑨重复上述工作。

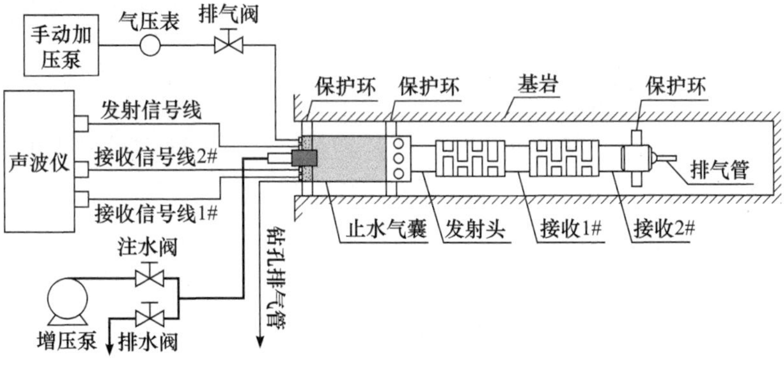

图 8.17　现场声波测试设备详图

现场分别在切槽孔区域和圆形炮孔区域进行爆前及爆后岩体声波测试，图 8.18 为不同炮孔线装药密度下的声波测试结果。从图 8.18(a)、(c)、(e)可以看出，在岩体轮廓面爆破开挖前，离临空面 0～1.6m 的不同形状炮孔开挖区岩体的声波速度都在 2000m/s 上下浮动，而较深部岩体的声波速度都在 4000m/s 以上，可以看出靠近临空面的岩体声波速度比深部岩体有很大程度的下降，表明在前期的隧洞扩挖过程中，围岩都在爆炸动力作用下产生了不同程度的损伤效应，而且岩体的损伤程度都较为接近，适合进行岩锚梁轮廓面爆破开挖试验。

轮廓面爆破开挖完成后，从图 8.18(b)、(d)、(f)可以看出，若以轮廓面爆破开挖前的临空面为基准计算测孔的深度，可以发现不同线装药密度下岩体的声波速度出现了较大程度的突变现象，说明不同形状炮孔爆破开挖区的保留岩体仍然有

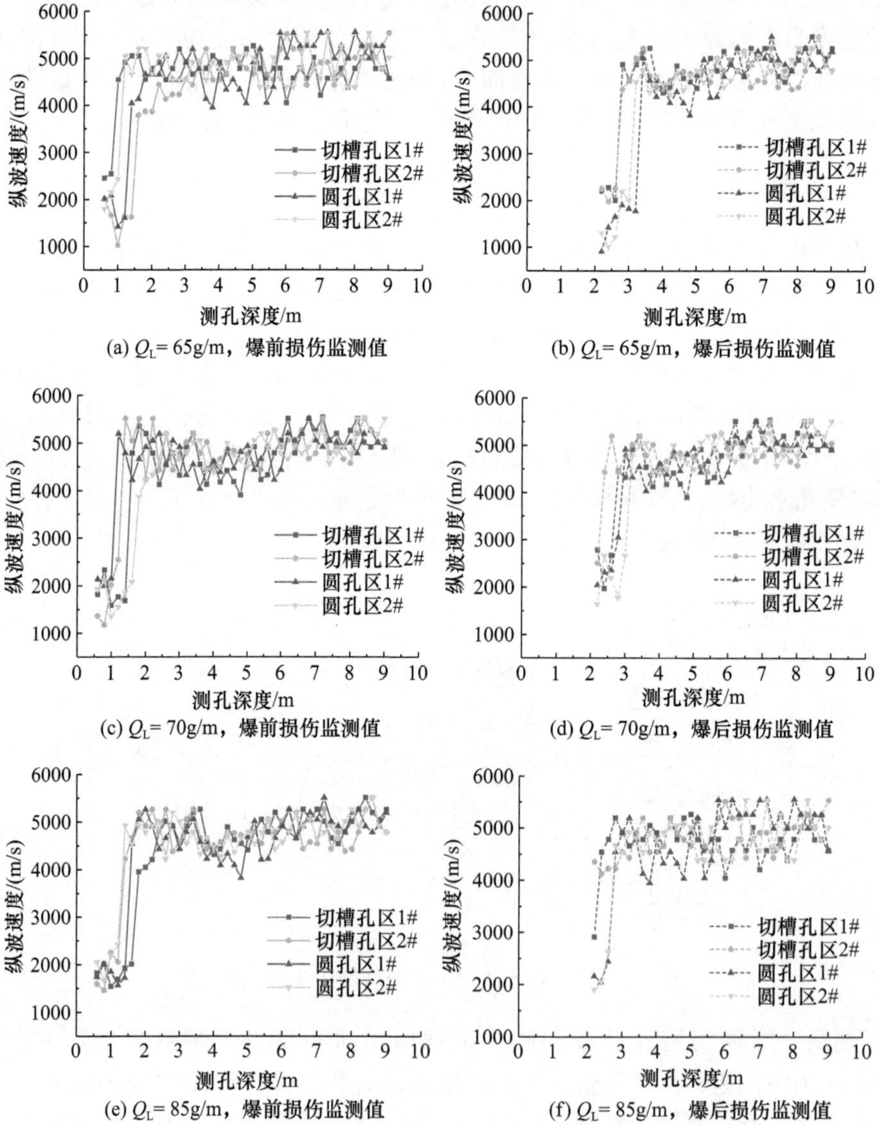

图 8.18　不同炮孔线装药密度下爆前和爆后声波测试数据

轻度的损伤效应。通过纵波速度变化值计算出来的岩体损伤深度如图 8.19 所示，随着线装药密度的增大，围岩损伤深度也相应有增大的趋势，总体而言，在前期岩体地质条件相似的情况下，切槽孔区域的围岩损伤程度比圆形炮孔区域要小一些，虽然不可避免地都对围岩产生了一定程度的损伤，但由于切槽缝的能量导向作用，切槽爆破对围岩的损伤程度会更小一些。

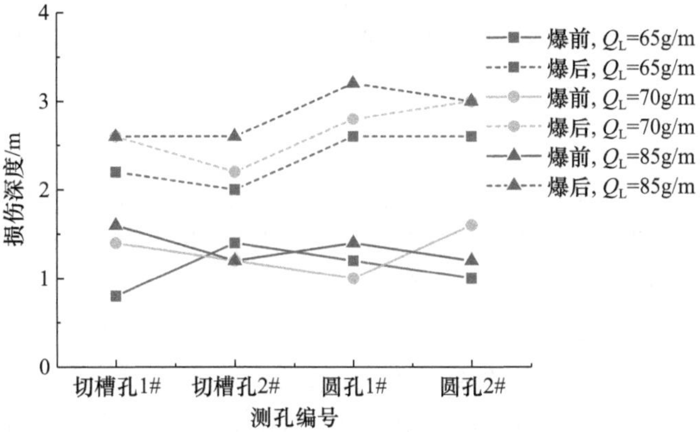

图 8.19　不同形状炮孔区域爆前和爆后围岩损伤深度对比

5. 开挖轮廓面平整度

从爆破振动速度和围岩损伤深度两个方面分析了不同形状炮孔爆破对中远区及近区围岩的影响后，这里再通过开挖轮廓面的平整度来探讨不同炮孔形状下的成缝效果。从图 8.20 和图 8.21 可以看出，切槽爆破开挖形成的轮廓面整体比较光滑平整，半壁孔率较高；圆孔爆破开挖形成的轮廓面会有部分超欠挖现象，而且随着炮孔线装药密度的增大，其超欠挖量也会越大。说明切槽爆破相对于圆孔爆破，形成的开挖轮廓面更为平整，没有明显的超欠挖量，更利于保证岩锚梁结构的稳定性。

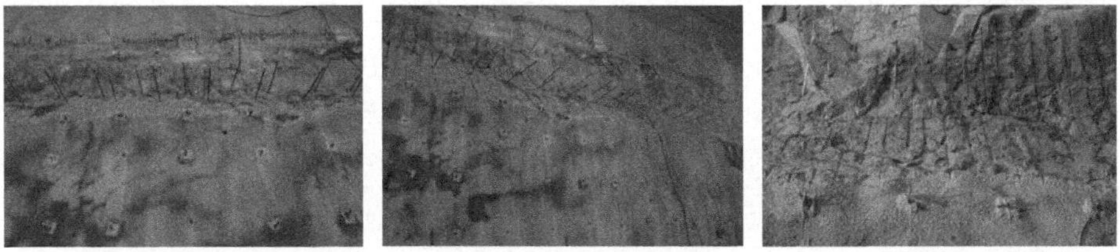

(a) Q_L=65g/m　(b) Q_L=70g/m　(c) Q_L=85g/m

图 8.20　不同炮孔线装药密度下切槽爆破开挖形成的轮廓面

(a) Q_L=65g/m　　(b) Q_L=70g/m　　(c) Q_L=85g/m

图 8.21　不同炮孔线装药密度下圆孔爆破开挖形成的轮廓面

8.2.5　小结

基于切槽孔对爆生裂纹扩展的导向作用，以白鹤滩水电站地下厂房岩锚梁切槽光面爆破原位试验为基础，确定合理的炮孔切槽参数，分析了不同线装药密度下切槽孔和圆形炮孔的爆破效果，主要结论如下：

(1) 当炮孔半径 $R=21\text{mm}$ 时，取切槽深度 $L=5\text{mm}$，切槽角度 $\alpha=60°$，切槽曲率半径 $\rho=1\text{mm}$，可以对爆生裂纹产生良好的导向效果。

(2) 地质条件相同的情况下，采用相同的布孔结构时，切槽爆破与普通爆破规律相似，炮孔装药量太大会对爆源近区产生较大损伤，并加重对中远区岩体的累积损伤效应；而炮孔装药量太小又可能使得炮孔之间的裂缝贯通效果不佳，所以要想获得理想的精量化爆破开挖效果，仍然需要根据实际工程现场试验确定合适的装药量。

(3) 当炮孔线装药密度一定时，通过爆破振动仪和声波探测仪对比分析切槽孔和圆形炮孔的爆后效果发现，虽然切槽爆破的爆破振动速度与普通爆破之间的差异不明显，但其对围岩的损伤相对更小。从开挖轮廓面可以看出，在药量合适的情况下，切槽爆破的开挖轮廓面比圆孔爆破的更为光滑平整。

8.3　时序控制断裂爆破后爆孔动应力集中效应试验研究

试验研究表明，切槽爆破可以很大程度地改善爆后效果，但前期需要对圆形炮孔增加切槽处理，势必会影响工程的施工效率。而对时序控制断裂爆破的研究发现，通过改变炮孔的起爆时间和起爆顺序便可在后爆孔孔壁上形成沿炮孔连线方向的预制裂纹，同样可以实现降低围岩损伤程度、改善轮廓面平整度和提高开挖岩体破碎率的效果，且便于在实际工程中推广应用，此方法主要利用的是后爆孔孔壁在先爆孔动载作用下的动应力集中效应，进而产生沿炮孔连线方向的预制裂纹。

8.3.1　单向受拉作用下空孔孔壁受力状态分析

在时序控制断裂爆破过程中，先爆孔起爆时可视后爆孔为空孔，当先爆孔产生的爆炸应力波传播至后爆孔时，后爆孔会受到先爆孔的纵波和横波作用，即沿 x 方向的拉伸作用和沿 y 方向的剪切作用，这里只讨论圆形炮孔受沿 y 方向应力作用下的孔壁受力情况。如图 8.22 所示，假设一块大板中间有个半径为 a 的小孔，板两端受到沿 y 方向的均匀拉力 q 作用。

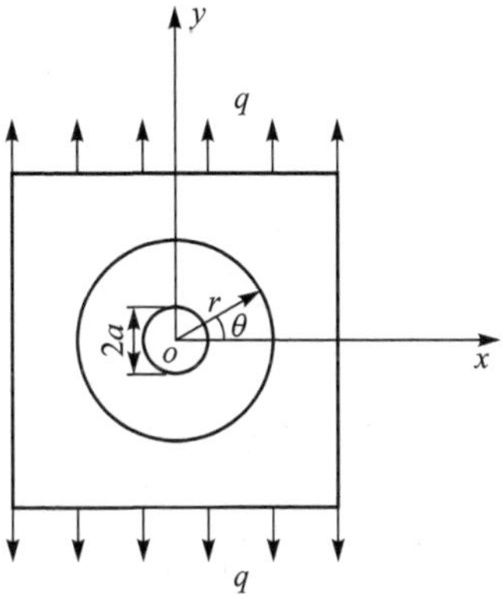

图 8.22　含圆孔大板受力示意图

当大板中间无圆孔时，板中应力为

$$\sigma_x = 0,\quad \sigma_y = q,\quad \tau_{xy} = 0 \tag{8.21}$$

与之相应的应力函数为

$$\varphi_0 = \frac{1}{2}qx^2 \tag{8.22}$$

用极坐标表示为

$$\varphi_0 = \frac{1}{2}qr^2\cos^2\theta = \frac{1}{4}qr^2[1+\cos(2\theta)] \tag{8.23}$$

现在要找一个应力函数 φ，使它适用于有圆孔的板，且在 r 值足够大时给出的应力与 φ_0 给出的应力相同。

取应力函数为

$$\varphi = f_1(r) + f_2(r)\cos(2\theta) \tag{8.24}$$

将式(8.24)代入应变协调方程 $\nabla^4\varphi$，可得[12]

$$\left(\frac{\mathrm{d}^2}{\mathrm{d}r^2}+\frac{1}{r}\frac{\mathrm{d}}{\mathrm{d}r}\right)\left(\frac{\mathrm{d}^2 f_1}{\mathrm{d}r^2}+\frac{1}{r}\frac{\mathrm{d}f_1}{\mathrm{d}r}\right)+\left(\frac{\mathrm{d}^2}{\mathrm{d}r^2}+\frac{1}{r}\frac{\mathrm{d}}{\mathrm{d}r}-\frac{4}{r^2}\right)\left(\frac{\mathrm{d}^2 f_2}{\mathrm{d}r^2}+\frac{1}{r}\frac{\mathrm{d}f_2^2}{\mathrm{d}r}-\frac{4f_2}{r^2}\right)\cos(2\theta)=0 \tag{8.25}$$

式(8.25)对所有的 θ 均应满足，故有

$$\begin{cases}\left(\dfrac{\mathrm{d}^2}{\mathrm{d}r^2}+\dfrac{1}{r}\dfrac{\mathrm{d}}{\mathrm{d}r}\right)\left(\dfrac{\mathrm{d}^2 f_1}{\mathrm{d}r^2}+\dfrac{1}{r}\dfrac{\mathrm{d}f_1}{\mathrm{d}r}\right)=0\\[2ex]\left(\dfrac{\mathrm{d}^2}{\mathrm{d}r^2}+\dfrac{1}{r}\dfrac{\mathrm{d}}{\mathrm{d}r}-\dfrac{4}{r^2}\right)\left(\dfrac{\mathrm{d}^2 f_2}{\mathrm{d}r^2}+\dfrac{1}{r}\dfrac{\mathrm{d}f_2}{\mathrm{d}r}-\dfrac{4f_2}{r^2}\right)=0\end{cases} \tag{8.26}$$

式(8.26)中第一式为欧拉线性方程,其特解为

$$f_1 = r^n \tag{8.27}$$

于是得到

$$\frac{d^2 f_1}{dr^2} + \frac{1}{r}\frac{df_1}{dr} = [n(n-1)+n]r^{n-2} = n^2 r^{n-2} \tag{8.28}$$

$$\left(\frac{d^2}{dr^2} + \frac{1}{r}\frac{d}{dr}\right)n^2 r^{n-2} = n^2[(n-2)(n-3)+(n-2)]r^{n-4} = n^2(n-2)^2 r^{n-4} = 0 \tag{8.29}$$

特征方程为

$$n^2(n-2)^2 = 0 \tag{8.30}$$

其 4 个特征根为

$$n_{1,2} = 0, \quad n_{3,4} = 2$$

从而得到式(8.26)中第一式的通解为

$$f_1 = C_1 + C_2 \ln r + C_3 r^2 + C_4 r^2 \ln r \tag{8.31}$$

式(8.26)中第二式也是欧拉线性方程,其特解同样为

$$f_2 = r^n \tag{8.32}$$

类似地,有

$$\frac{d^2 f_2}{dr^2} + \frac{1}{r}\frac{df_2}{dr} - \frac{4f_2}{r^2} = (n+2)(n-2)r^{n-2} \tag{8.33}$$

$$\left(\frac{d^2}{dr^2} + \frac{1}{r}\frac{d}{dr} - \frac{4}{r^4}\right)(n+2)(n-2)r^{n-2} = (n+2)(n-2)n(n-4)r^{n-4} = 0 \tag{8.34}$$

因此,其 4 个特征根为

$$n_1 = -2, \quad n_2 = 0, \quad n_3 = 2, \quad n_4 = 4$$

于是得式(8.26)中第二式的通解为

$$f_2 = \frac{C_5}{r^2} + C_6 + C_7 r^2 + C_8 r^4 \tag{8.35}$$

于是,

$$\varphi = f_1 + f_2\cos(2\theta) = C_1 + C_2\ln r + C_3 r^2 + C_4 r^2 \ln r + \left(\frac{C_5}{r^2} + C_6 + C_7 r^2 + C_8 r^4\right)\cos(2\theta) \tag{8.36}$$

将式(8.36)代入用应力函数 $\varphi(r,\theta)$ 表示的应力分量 σ_r、σ_θ、$\tau_{r\theta}$:

$$\begin{cases} \sigma_r = \dfrac{1}{r}\dfrac{\partial\varphi}{\partial r} + \dfrac{1}{r^2}\dfrac{\partial^2\varphi}{\partial\theta^2} \\ \sigma_\theta = \dfrac{\partial^2\varphi}{\partial r^2} \\ \tau_{r\theta} = \dfrac{1}{r^2}\dfrac{\partial\varphi}{\partial\theta} - \dfrac{1}{r}\dfrac{\partial^2\varphi}{\partial r\partial\theta} = -\dfrac{\partial}{\partial r}\left(\dfrac{1}{r}\dfrac{\partial\varphi}{\partial\theta}\right) \end{cases} \tag{8.37}$$

可得

$$\begin{cases}\sigma_r = C_2\dfrac{1}{r^2}+2C_3+C_4(1+2\ln r)-\left(\dfrac{6C_5}{r^4}+\dfrac{4C_6}{r^2}+2C_7\right)\cos(2\theta)\\ \sigma_\theta=-C_2\dfrac{1}{r^2}+2C_3+C_4(3+2\ln r)+\left(\dfrac{6C_5}{r^4}+2C_7+12C_8r^2\right)\cos(2\theta)\\ \tau_{r\theta}-\left(\dfrac{6C_5}{r^4}-\dfrac{2C_6}{r^2}+2C_7+6C_8r^2\right)\sin(2\theta)\end{cases} \tag{8.38}$$

式(8.38)中的常数应根据以下条件确定：

(1) 当 $r\to\infty$时，应力应保持有限。

(2) 当 $r=a$ 时，$\sigma_r=\tau_{r\theta}=0$。

由第一个条件，因当 $r\to\infty$时，以 C_4、C_8 为系数的项无限增长，故 $C_4=C_8=0$。

由第二个条件，当 $r=a$ 时，$\sigma_r=0$，有

$$2C_3+\frac{C_2}{a^2}=0,\quad 2C_7+\frac{6C_5}{a^4}+\frac{4C_6}{a^2}=0 \tag{8.39}$$

当 $r=a$ 时，$\tau_{r\theta}=0$，有

$$2C_7-\frac{6C_5}{a^4}-\frac{2C_6}{a^2}=0 \tag{8.40}$$

此外，应力函数 φ 在 r 足够大时给出的应力应与 φ_0 给出的应力相同。由于 $\varphi_0=\dfrac{1}{4}qr^2+\dfrac{1}{4}qr^2\cos(2\theta)$，由 φ_0 确定的应力分量为

$$\begin{cases}\sigma_r^0=\dfrac{1}{2}q[1-\cos(2\theta)]\\ \sigma_\theta^0=\dfrac{1}{2}q[1+\cos(2\theta)]\\ \tau_{r\theta}^0=\dfrac{1}{2}q\sin(2\theta)\end{cases} \tag{8.41}$$

于是，以上要求即在 $r\to\infty$的条件下，式(8.38)应与式(8.41)相等。

由此，可得

$$2C_7=\frac{1}{2}q,\quad 2C_3=\frac{1}{2}q \tag{8.42}$$

求解式(8.39)、式(8.40)和式(8.42)，可得

$$C_2=-\frac{1}{2}qa^2,\quad C_3=\frac{1}{4}q,\quad C_5=\frac{1}{4}qa^4,\quad C_6=-\frac{1}{2}qa^2,\quad C_7=\frac{1}{4}q$$

将以上结果代入式(8.37)，并弃去 C_1(因它对应力分量没有影响)，得应力函数为

$$\varphi=\frac{1}{4}q\left[r^2-2a^2\ln r\left(r^2-2a^2+\frac{a^4}{r^2}\right)\cos(2\theta)\right] \tag{8.43}$$

各应力分量为

$$\begin{cases}\sigma_r=\dfrac{1}{2}q\left[1-\dfrac{a^2}{r^2}-\left(1-\dfrac{4a^2}{r^2}+\dfrac{3a^4}{r^4}\right)\cos(2\theta)\right]\\ \sigma_\theta=\dfrac{1}{2}q\left[1+\dfrac{a^2}{r^2}+\left(1+\dfrac{3a^4}{r^4}\right)\cos(2\theta)\right]\\ \tau_{r\theta}=\dfrac{1}{2}q\left[1+\dfrac{2a^2}{r^2}-\dfrac{3a^4}{r^4}\sin(2\theta)\right]\end{cases}\tag{8.44}$$

由式(8.44)可算出孔边具体应力分布，如图 8.23 所示。当 $r=a$ 时，$\sigma_r=0$，$\tau_{r\theta}=0$，$\sigma_\theta=q[1+2\cos(2\theta)]$；而当 $r=a$，$\theta=0$ 或 $\theta=\pi$ 时，$\sigma_\theta=3q$；当 $\theta=\pm\pi/2$ 时，$\sigma_\theta=-q$；不同角度下圆孔孔边应力态如图 8.23(a)所示。当 $\theta=0$ 或 $\theta=\pi$ 时，σ_θ 随 r 的变化而变化的关系如图 8.23(b)所示。

$$\sigma_\theta=q\left(1+\frac{a^2}{2r^2}+\frac{3a^4}{2r^4}\right)\tag{8.45}$$

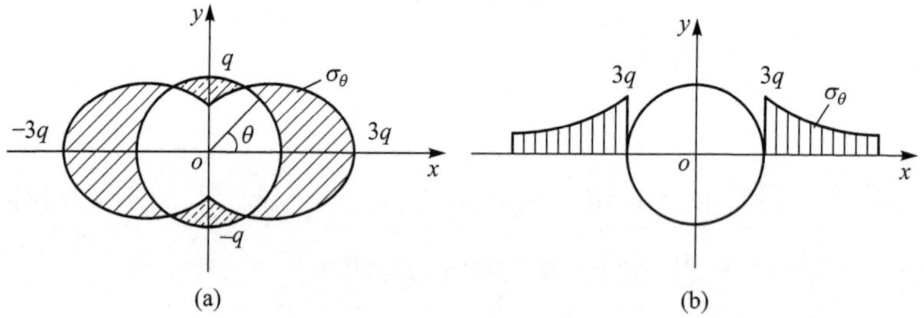

图 8.23 圆孔孔边应力随角度和半径变化图

当 $r=a$ 时，$\sigma_\theta=3q$，这就是说，板条拉伸时孔边的最大拉应力为平均拉应力的 3 倍。而当 $\theta=\pm\pi/2$ 时，$\sigma_\theta=-q$ 为压应力。再由式(8.45)可知，当 $r=2a$ 时，$\sigma_\theta=1.22q$；当 $r=3a$ 时，$\sigma_\theta=1.07q$；当 r 足够大时，$\sigma_\theta\to q$，即应力集中现象只发生在孔边附近，远离孔边即迅速衰减下去。同理，若带孔圆板只受 x 方向的均匀应力作用，通过推导可得出，当 $r=a$，$\theta=\pm\pi/2$ 时，$\sigma_\theta=3q$；当 $\theta=0$ 或 $\theta=\pi$ 时，$\sigma_\theta=-q$。

据此可推断，当爆炸应力波传播到空孔时，炮孔壁的应力集中区会随着不同纵波和横波的先后到达，以及介质中应力波的反射、折射等作用而不断发生变化，因此在采用时序控制断裂爆破开挖时，控制好先后炮孔的起爆时间和起爆顺序是控制开挖质量的关键因素。

8.3.2 圆孔边线状裂纹断裂扩展规律研究

1. 孔边线状裂纹的产生条件

控制爆破的目的是尽量减少对被保护围岩的破坏来保证围岩的工程稳定性，

而爆破开挖质量的一个明显标志就是炮孔残孔率和爆破壁面的平整度。因此，炮孔爆破的首要条件是在爆炸冲击压力作用下保证炮孔壁岩石不被压坏。不耦合装药条件下，作用在炮孔壁上的平均爆炸冲击压力为

$$p_r=\frac{\rho_0 D_0^2}{8}\left(\frac{d_e}{d_b}\right)^6 n \tag{8.46}$$

式中，p_r 为炮孔壁上的平均爆炸冲击压力；n 为爆轰气体产物膨胀之后在炮孔壁产生压力的增大系数，$n=8\sim11$，一般取 10；ρ_0 为炸药密度；D_0 为炸药爆轰速度；d_b 为炮孔直径；d_e 为装药直径。

当炮孔起爆后爆炸应力波在岩石中传播时，径向压应力 σ_r 和环向拉应力 σ_θ 分别为

$$\sigma_r=p_r\left(\frac{d_e}{d_b}\right)^\alpha \tag{8.47}$$

$$\sigma_\theta=-\sigma_r\frac{\nu}{1-\nu} \tag{8.48}$$

式中，α 为应力波传播的衰减系数，$\alpha=(2-\nu)/(1-\nu)$；ν 为岩石泊松比。

在时序控制爆破开挖过程中，后爆孔在先爆孔的爆炸应力波作用下，沿炮孔连线方向上后爆孔孔壁上会产生动应力集中效应，并且产生孔边线状裂纹。产生孔边线状裂纹的条件为

$$\sigma_\theta=\sigma_{td} \tag{8.49}$$

由式(8.47)～式(8.49)可确定孔边线状裂纹的初始断裂长度为

$$b=\left[-p_r\nu\frac{1}{\sigma_{td}(1-\nu)}\right]^{\frac{1}{\alpha}}\frac{d_b}{2} \tag{8.50}$$

2. 孔边线状裂纹的扩展条件

若后爆孔起爆前就已经沿炮孔连线方向产生了初始线状裂纹，要保持裂纹继续向前扩展一定长度，还需要分析线状裂纹在炮孔中炸药起爆后的扩展形式。假设有一半径为 R 的炮孔壁受到的爆轰压力为 σ，如图 8.24 所示。

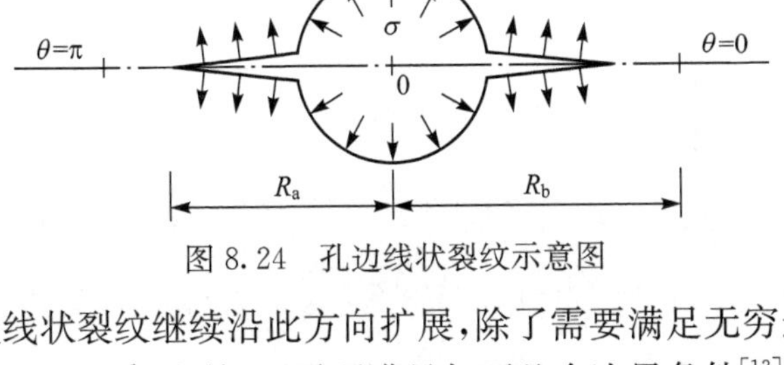

图 8.24　孔边线状裂纹示意图

要想孔边上线状裂纹继续沿此方向扩展，除了需要满足无穷远处的应力具有 $O(r^{-2})$、位移具有 $O(r^{-1})$之外，还需要满足如下几个边界条件[13]：

$$\sigma_{r\theta}(r,0)=\sigma_{r\theta}(r,\pi)=0,\quad R<r<\infty \tag{8.51}$$

$$\sigma_{rr}(R,\theta)=-\sigma,\quad 0<\theta<\pi,\quad \pi<\theta<2\pi \tag{8.52}$$

$$\sigma_{r\theta}(R,\theta)=0,\quad 0<\theta<\pi,\quad \pi<\theta<2\pi \tag{8.53}$$

$$\sigma_{\theta\theta}(r,0)=\sigma_{\theta\theta}(r,\pi)=\sigma H(R_{\mathrm{a}}-r),\quad R<r<R_{\mathrm{b}} \tag{8.54}$$

$$u_{\theta}(r,0)=u_{\theta}(r,\pi)=0,\quad R_{\mathrm{b}}<r<\infty \tag{8.55}$$

$$\lim_{r\to R_{+}}\frac{\partial u_{\theta}(r,0)}{\partial r}<\infty,\quad \lim_{r\to R_{+}}\frac{\partial u_{\theta}(r,\pi)}{\partial r}<\infty \tag{8.56}$$

为了得出孔边线状裂纹断裂扩展的应力和位移的适当表达式，可以通过以下两个问题进行求解。

问题1：由对称性，只需研究区域 $R<r<\infty$、$0<\theta<\pi$ 的弹性力学方程的解，它会满足无穷远处应力具有 $O(r^{-2})$，位移具有 $O(r^{-1})$。

$$\sigma_{r\theta}(r,0)=u_{\theta}(r,0)=0,\quad R<r<\infty \tag{8.57}$$

$$\sigma_{r\theta}(r,\pi)=u_{\theta}(r,\pi)=0,\quad R<r<\infty \tag{8.58}$$

问题2：同样由于对称性，求 $0<r<\infty$、$0<\theta<\pi$ 的半平面弹性力学方程的解，它会满足无穷远处应力具有 $O(r^{-2})$，位移具有 $O(r^{-1})$；而且在原点处的应力和位移是有限的。

$$\sigma_{r\theta}(r,0)=\sigma_{r\theta}(r,\pi)=0,\quad 0<r<\infty \tag{8.59}$$

问题1的解可由无穷级数给出，问题2的解可通过梅林变换求出。将问题1、问题2的解叠加就可以得出孔边线状裂纹扩展的应力、位移表达式：

$$\begin{aligned}\sigma_{rr}(r,\theta)=&C_0r^{-2}-\sum_{n=1}^{\infty}[n(n+1)C_nr^{-n-2}+(n+2)(n-1)d_nr^{-n}]\cos(n\theta)\\&+r^{-2}M^{-1}\left\{-\frac{A(p)}{2\sin\frac{p\pi}{2}}\left\{(p+4)\cos\left[(p+2)\left(\theta-\frac{\pi}{2}\right)\right]\right.\right.\\&\left.\left.+(p+2)\cos\left[p\left(\theta-\frac{\pi}{2}\right)\right]\right\};r\right\}\end{aligned} \tag{8.60}$$

$$\begin{aligned}\sigma_{rr}(r,\theta)=&-C_0r^{-2}+\sum_{n=1}^{\infty}[n(n+1)C_nr^{-n-2}+(n-2)(n-1)d_nr^{-n}]\cos(n\theta)\\&+r^{-2}M^{-1}\left\{\frac{A(p)}{2\sin\frac{p\pi}{2}}\left\{(p+2)\cos\left[p\left(\theta-\frac{\pi}{2}\right)\right]\right.\right.\\&\left.\left.+p\cos\left[(p+2)\left(\theta-\frac{\pi}{2}\right)\right]\right\};r\right\}\end{aligned} \tag{8.61}$$

$$\begin{aligned}\sigma_{r\theta}(r,\theta)=&-\sum_{n=1}^{\infty}[n(n+1)C_nr^{-n-2}+n(n-1)d_nr^{-n}]\sin(n\theta)\\&+r^{-2}M^{-1}\left\{-\frac{A(p)}{2\sin\frac{p\pi}{2}}\left\{(p+2)\sin\left[p\left(\theta-\frac{\pi}{2}\right)\right]\right.\right.\end{aligned}$$

$$+(p+2)\sin\left[(p+2)\left(\theta-\frac{\pi}{2}\right)\right]\Bigg\};r\Bigg\} \tag{8.62}$$

$$u_r(r,\theta)=\frac{1+\nu}{E}\left\{-C_0r^{-1}+C_1r^{-2}\cos\theta+\sum_{n=2}^{\infty}\left[nC_nr^{-n-1}+(n+2-4\nu)d_nr^{-n-1}\right]\cos(n\theta)\right\}$$
$$+\frac{1+\nu}{rE}M^{-1}\left\{-\frac{A(p)}{2(p+1)\sin\frac{p\pi}{2}}\left[(p+2)\cos\left[p\left(\theta-\frac{\pi}{2}\right)\right]\right.\right.$$
$$\left.\left.+(p+4-4\nu)\cos\left[(p+2)\left(\theta-\frac{\pi}{2}\right)\right]\right\};r\right\} \tag{8.63}$$

$$u_\theta(r,\theta)=\frac{1+\nu}{E}\left\{C_1r^{-2}\sin\theta+\sum_{n=2}^{\infty}\left[nC_nr^{-n-1}+(n-4+4\nu)d_nr^{-n+1}\right]\sin(n\theta)\right\}$$
$$+\frac{1+\nu}{rE}M^{-1}\left\{-\frac{A(p)}{2(p+1)\sin\frac{p\pi}{2}}\left[(p+2)\sin\left[p\left(\theta-\frac{\pi}{2}\right)\right]\right.\right.$$
$$\left.\left.+(p-2+4\nu)\sin(p+2)\left(\theta-\frac{\pi}{2}\right)\right]\right\};r\right\} \tag{8.64}$$

式中，E、ν 分别为材料的弹性模量和泊松比；M^{-1} 代表梅林反变换。

上述应力和位移的表达式满足边界条件式(8.60)和式(8.61)，式中的 $A(p)$ 和 C_n、d_n 由满足余下的边界条件而确定下来。

如果 $A(p)$是下列所建立的对偶积分方程的解，那么从式(8.61)和式(8.64)可以看出边界条件中式(8.54)和(8.55)满足

$$\begin{cases}M^{-1}\left[A(p)\cot\frac{\pi p}{2};r\right]=-r^2\sigma H(R_a-r)-r^2G(r), & R<r<R_b\\ M^{-1}\left[\frac{A(p)}{p+1};r\right]=0, & R_b\leqslant r<\infty\end{cases} \tag{8.65}$$

$$G(r)=-C_0r^{-2}+\sum_{n=1}^{\infty}\left[n(n+1)C_nr^{-n-2}+(n-2)(n-1)d_nr^{-n}\right] \tag{8.66}$$

假设 $A(p)$可以写成如下形式：

$$A(p)=\int_R^{R_b}S(t^2)t^{p+1}\mathrm{d}t \tag{8.67}$$

则

$$M^{-1}\left[(1+p)^{-1}A(p);r\right]=\begin{cases}0, & 0<r\leqslant R_a,R_b\leqslant r<\infty\\ r\int_r^{R_b}t^{n-2}S(t^2)\mathrm{d}t, & R_a<r<R_b\end{cases} \tag{8.68}$$

$$M^{-1}\left[A(p)\cot\frac{\pi p}{2};r\right]=\frac{2r^2}{\pi}\int_R^{R_b}\frac{t}{r^2-r^2}S(t^2)\mathrm{d}t \tag{8.69}$$

$$S(t^2)=-\frac{2}{\pi}\left(\frac{t^2-R^2}{R_b^2-t^2}\right)^{\frac{1}{2}}\int_R^{R_b}\left(\frac{R_b^2-y^2}{y^2-R^2}\right)^{\frac{1}{2}}\frac{G(y)}{y^2-t^2}\frac{dy}{y} \tag{8.70}$$

上述系数 C_0、C_n,d_n 由满足边界条件式(8.62)和式(8.63)的以下公式确定:

$$C_0=-\sigma R^2-\frac{R^2}{\pi}\int_R^{R_b}t^{-1}S(t^2)dt \tag{8.71}$$

$$C_n=\frac{R^n}{2\pi}\int_R^{R_b}tS(t^2)\left[\frac{n}{n+1}\left(\frac{R}{t}\right)^{n+2}-\frac{n-2}{n}\left(\frac{R}{t}\right)^n\right]dt \tag{8.72}$$

式中,n 为大于 1 的偶数。

$$d_n=\frac{R^{n-2}}{2\pi}\int_R^{R_b}tS(t^2)\left[\frac{n-2}{n-1}\left(\frac{R}{t}\right)^n-\left(\frac{R}{t}\right)^{n+2}\right]dt \tag{8.73}$$

式中,n 为大于 3 的偶数。

则

$$G(r)=\frac{\sigma R^2}{r^2}+\frac{1}{\pi}\int_R^{R_b}S(t^2)K(r,t)dt \tag{8.74}$$

式中,

$$K(r,t)=t\left[\frac{R^8(R^2-t^2)^2}{t^2(R^4-r^2t^2)^3}-\frac{(R^2-t^2)R^4}{(R^4-r^2t^2)^2}-\frac{R^2}{R^4-r^2t^2}-\frac{R^4}{t^2r^4}\right] \tag{8.75}$$

为了方便进行数值计算,引入函数:

$$S'(t^2)=(R_b^2-t^2)^{\frac{1}{2}}(t^2-R^2)^{\frac{1}{2}}S(t^2) \tag{8.76}$$

则有

$$S'(t^2)-\int_R^{R_b}\frac{S'(\rho^2)M(t,\rho)}{(R_b^2-\rho^2)^{\frac{1}{2}}(\rho^2-R^2)^{\frac{1}{2}}}d\rho=H(t) \tag{8.77}$$

式中,

$$H(t)=\frac{2(t^2-R^2)}{\pi}\int_R^{R_b}\left(\frac{R_b^2-y^2}{y^2-R^2}\right)^{\frac{1}{2}}\frac{1}{y^2-t^2}\left[y\sigma H(R_a-y)+\frac{\sigma R^2}{y}\right]dy \tag{8.78}$$

$$M(t,\rho)=\frac{2(t^2-R^2)}{\pi^2}\int_R^{R_b}\left(\frac{R_b^2-y^2}{y^2-R^2}\right)^{\frac{1}{2}}\frac{yK(y,\rho)}{y^2-t^2}dy \tag{8.79}$$

$$K(y,\rho)=\rho\left[\frac{R^8(R^2-\rho^2)^2}{\rho^2(R^4-y^2\rho^2)^3}-\frac{(R^2-\rho^2)R^4}{(R^4-y^2\rho^2)^2}-\frac{R^2}{R^4-y^2\rho^2}-\frac{R^4}{\rho^2y^4}\right] \tag{8.80}$$

参照应力强度因子的定义,裂纹尖端的应力强度因子可表示为

$$K=-\lim_{r\to R_b}[2(R_b-r)^{\frac{1}{2}}]\frac{E}{2(1-\nu^2)}\frac{\partial u_\theta(r,0)}{\partial r} \tag{8.81}$$

将式(8.76)代入式(8.68),并结合式(8.64),有

$$u_\theta(r,0)=-\frac{2(1-\nu^2)}{E}\int_r^{R_b}\frac{S'(t^2)}{(R_b^2-t^2)^{\frac{1}{2}}(t^2-R^2)^{\frac{1}{2}}}dt,\quad R<r<R_b \tag{8.82}$$

K 可用 $S'(t)$ 表示，即

$$K=\frac{S'(R_b^2)}{(R_b)^{\frac{1}{2}}(R_b^2-R^2)^{\frac{1}{2}}} \tag{8.83}$$

为了获得一般的结果，首先将问题的控制方程和边界条件进行无尺度化分析。令 $r'=r/R$，$\theta'=\theta$，经过无尺度化之后，发现无尺度化前后的应力、位移以及积分区间等有如下的转化关系：

$$\sigma'_{ij}=R^2\sigma_{ij},\quad \sigma'=\sigma R^2,\quad u'_i=R^2u_i,\quad i,j=1,2 \tag{8.84}$$

将积分区域(R_a,R_b)、(R,R_b)转化为(a,b)、(1,b)，相应的应力强度因子可表示为

$$K=-R^{-\frac{3}{2}}\frac{S'(b^2)}{b^{\frac{1}{2}}(b-1)^{\frac{1}{2}}} \tag{8.85}$$

当裂纹尖端的应力强度因子大于材料的动态断裂韧度时，裂纹会一直扩展直至止裂。

8.3.3　空孔动力效应模型试验

爆破是一种瞬态的动力作用过程，其作用机理可以认为是爆炸冲击波与准静态爆生气体的共同作用。对于这种复杂的作用过程，分析手段和方法的难度都很大，涉及的学科有爆炸力学、岩体力学、工程地质力学和断裂力学等，因此必须采用理论结合试验的方法进行综合研究。

1. 试验目的

岩体爆破过程中的裂缝生成及扩展机制对最后的轮廓面成型至关重要，想要了解时序控制断裂爆破中后爆孔起爆前的孔边应力分布状态以及初始裂纹生成过程，需要进行以下两项工作：

(1) 在岩石材料模型中布置两个炮孔，单独让其中一个炮孔起爆，分析起爆孔与相邻空孔间环向最大应变分布规律，并研究空孔周围应力波的反射和绕射作用。

(2) 两相邻炮孔同时装药起爆激发条件下，考察炮孔周围岩石中裂缝发生的位置、时间及扩展速度。

2. 模型材料参数

根据预裂爆破中炮孔间距与孔径比为 $a/D=7\sim15$，并考虑光面爆破中炮孔间距与最小抵抗线之比 $a/w=0.8\sim1.2$。由于试验条件有限，若按照预裂爆破的要求进行试验，则对模型材料的尺寸要求较大，无法进行养护成形，且试验目的主要是研究同排相邻炮孔间应力波的相互作用，可以忽略主爆孔的影响，所以这里的试验模型材料参数主要根据光面爆破参数选取。试样用 400# 水泥、沙及碎石拌合制

作,其中炮孔是用 20mm 塑料管预留的。试样的配合比为水泥∶沙+碎石∶水=1∶1+1∶0.5,试样在地坑道中养护,经过长期强度检测后进行试验。对材料取样进行物理力学特性测定,其结果如表 8.2 所示。

表 8.2　模型材料力学特性

密度 $\rho/(\mathrm{km/m^3})$	纵波波速 $c_P/(\mathrm{m/s})$	横波波速 $c_S/(\mathrm{m/s})$	杨氏模量 E/GPa	泊松比 ν	抗压强度 σ_r/MPa	抗拉强度 σ_t/MPa	抗剪强度 τ_r/MPa
2074	3713	2267	24	0.25	38	3.2	13

经养护成形的模型试样尺寸如图 8.25 所示,试样长 $L=610\mathrm{mm}$,宽 $W=400\mathrm{mm}$,高 $H=200\mathrm{mm}$,炮孔直径 $D=20\mathrm{mm}$,炮孔深度 $h=110\mathrm{mm}$。其三维模型正视示意图如图 8.26 所示。

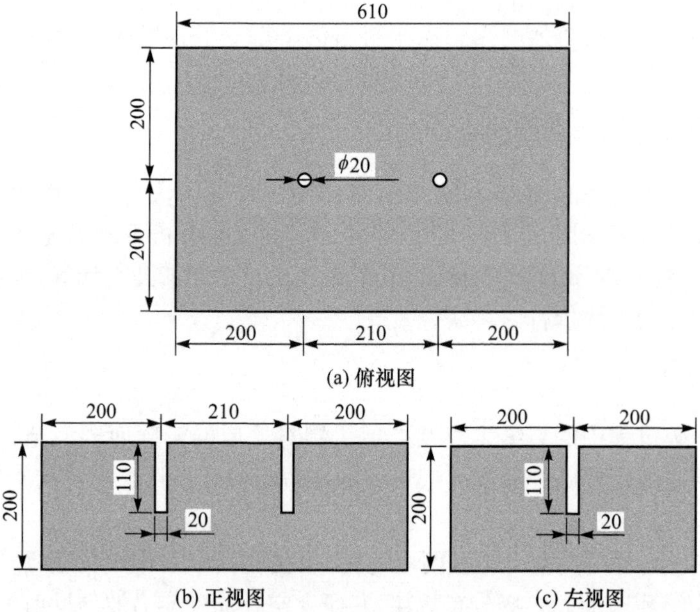

图 8.25　模型试样尺寸示意图(单位:mm)

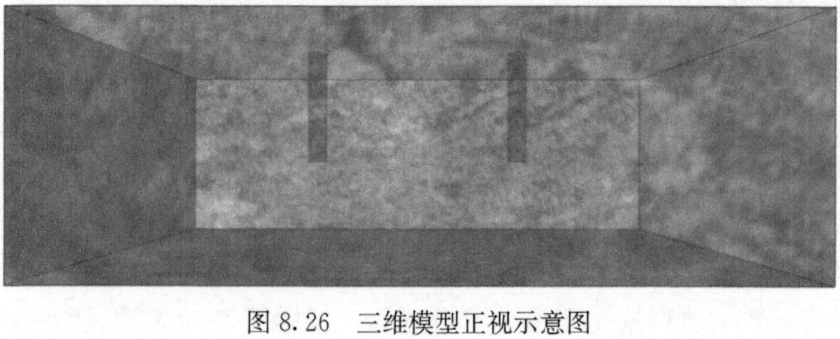

图 8.26　三维模型正视示意图

3. 测试孔边应变变化规律

在整个试验过程中，为保证爆炸应力波以柱面波或轴对称形式传播，选择了雷管加导爆索的装药形式，其单孔装药参数如表 8.3 所示。

表 8.3　单孔装药参数

不耦合装药系数 d_p	装药密度/(g/cm³)	线装药密度/(g/m)	爆轰速度/(m/s)
5.6	1.2	12	6700

为获得爆孔与空孔间环向应变分布规律及空孔周边应力波的反射、绕射作用，选择了 3mm×5mm 的应变片进行测量，应变片在模型材料中的布置示意图如图 8.27 所示。根据图 8.27(a)进行三组爆破试验完成后，将爆孔与空孔之间各应变片监测到的应变峰值提取出来，其获得环向应变峰值分布如图 8.28 所示，相应的衰减规律由式(8.86)表示。

$$\begin{cases}\varepsilon_\theta = 133768\times 10^{-6}\left(\dfrac{a}{r}\right)^{1.6}\\ r^* = -0.985\end{cases} \tag{8.86}$$

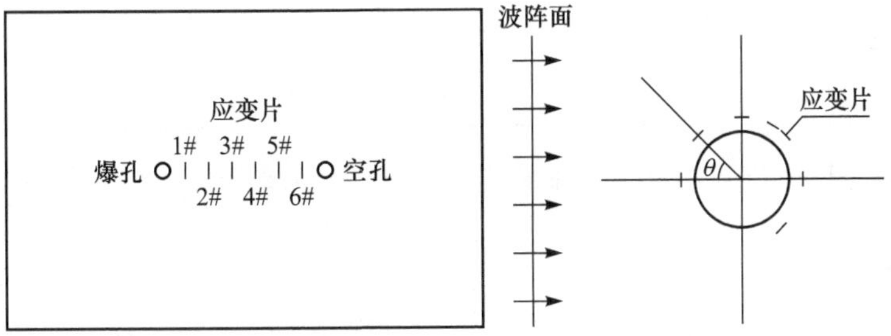

(a) 单孔爆炸应变片布置示意图　(b) 空孔周边应变片布置示意图

图 8.27　炮孔周边应变片布置示意图

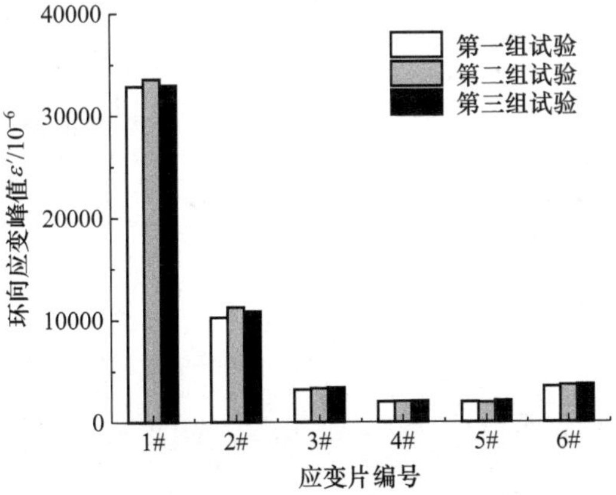

图 8.28　爆孔与空孔之间材料环向应变峰值分布

式中，r^* 为相关系数。

从图 8.28 可以看出，两孔间环向拉伸应变峰值的最大值在爆孔孔壁上，最小值在两孔间偏向空孔一侧，在空孔附近，应变值又随之增大，这是空孔的存在造成反射拉伸波与入射拉伸波波尾的叠加造成的。

按照图 8.27(b)所示在空孔边上布置应变片，在爆破试验过程中对空孔周边材料的环向应变值进行监测，将其峰值提取出来如表 8.4 所示。从表中可以看出，只有 0°和 180°沿炮孔连线方向上的材料应变为正值，其他角度方向上的材料应变都为负值，说明空孔边上 0°和 180°的材料表现为受拉作用，其他方向上的材料表现为受压作用。

表 8.4 空孔边材料应变值

迎爆角 θ'/(°)	第一组试验 $\varepsilon'/10^{-6}$	第二组试验 $\varepsilon'/10^{-6}$	第三组试验 $\varepsilon'/10^{-6}$	平均值
0	4728	4895	4767	4797
45	−63	−58	−72	−64
90	−434	−421	−417	−424
120	−61	−66	−57	−61
135	−14	−17	−20	−17
180	762	783	790	778
231	−12	−15	−14	−14

为了更直观地描述空孔附近材料应变峰值随迎爆角 θ' 的变化规律，将表 8.4 中的数据用图 8.29 来表示。将不同迎爆角下的材料环向应变峰值曲线分布在以空孔轴心建立的柱坐标系中，说明空孔边材料在爆孔应力波作用下的入反射以及绕射时应变分布。从图 8.29 可以看出，不同迎爆角下空孔边上材料的受力作用有如下规律：

(1) 在 $\theta'=0°$处，材料受到爆炸应力波的正反射作用，其受拉应变达到最大值，

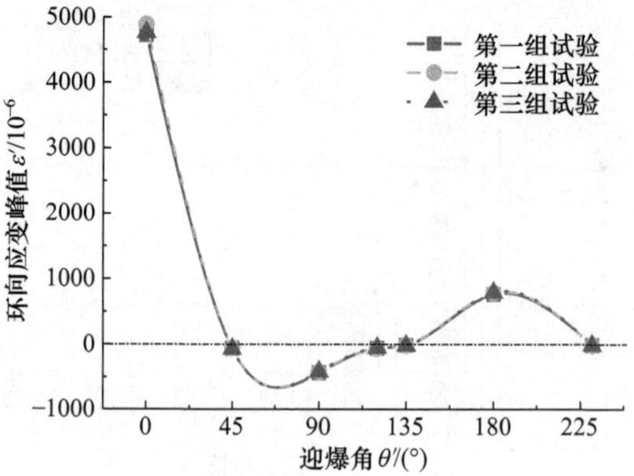

图 8.29 空孔边材料环向应变峰值分布曲线

之后随着迎爆角 θ' 的增加而迅速降低。

(2) 在 $\theta'=45°$ 处，空孔边附近材料成为拉压应变过渡区，随后材料的压应变会随着迎爆角的增加开始增大。

(3) 在 $\theta'=90°$ 之后，空孔边材料主要受到爆炸应力波的绕射作用。

(4) 在 $\theta'=135°$ 处，空孔边附近材料再次成为拉压应变过渡区，随后材料的拉应变会随着迎爆角的增加开始增大。

(5) 在 $\theta'=180°$ 处，材料拉伸应变又达到极大值，但却远小于迎爆角 $\theta'=0°$ 的值。

(6) 在 $\theta'=231°$ 处，同样属于材料的拉压应变过渡区。

空孔边材料在爆炸应力波作用下的这种应变规律与理论分析是吻合的，因此可以合理地将其运用到实际工程中。

4. 裂纹扩展规律分析

试验中采用测时差的方法对裂纹的扩展速度进行测量，如图 8.30 所示，在试样表面距离爆孔圆心 1.5m、3m、6m、9m、12m、15m、18m、19.5m 的位置粘贴 8 条通断靶。当试样左侧的爆孔起爆后，会沿爆孔各个方向产生裂纹，当裂纹扩展穿过通断靶时，就可以知道裂纹扩展至通断靶位置的时间。在获取裂纹发生在不同通断靶位置的时刻如表 8.5 和图 8.31 所示，而各个通断靶之间的裂纹扩展平均速度如表 8.6 和图 8.32 所示。

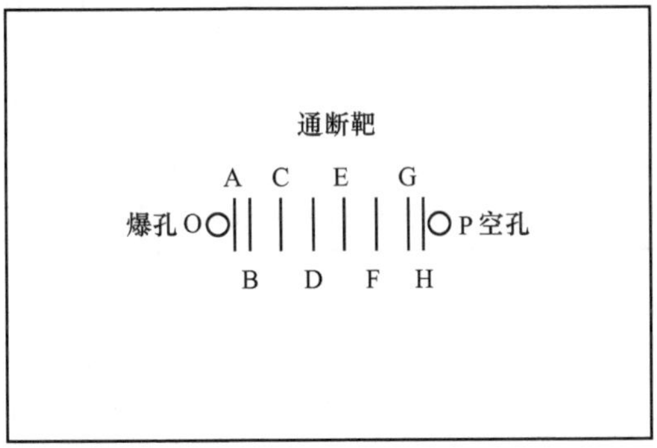

图 8.30　裂纹扩展速度测试示意图

表 8.5　裂纹到达位置和时刻

通断靶位置	第一组试验 $t/\mu s$	第二组试验 $t/\mu s$	第三组试验 $t/\mu s$
A	20	18	21
B	33	33	32
C	77	88	92

续表

通断靶位置	第一组试验 $t/\mu s$	第二组试验 $t/\mu s$	第三组试验 $t/\mu s$
D	136	139	145
E	162	180	188
F	213	232	242
G	170	186	181
H	95	99	98

注：通断靶是一种用于检测高速运动目标是否穿透的装置。

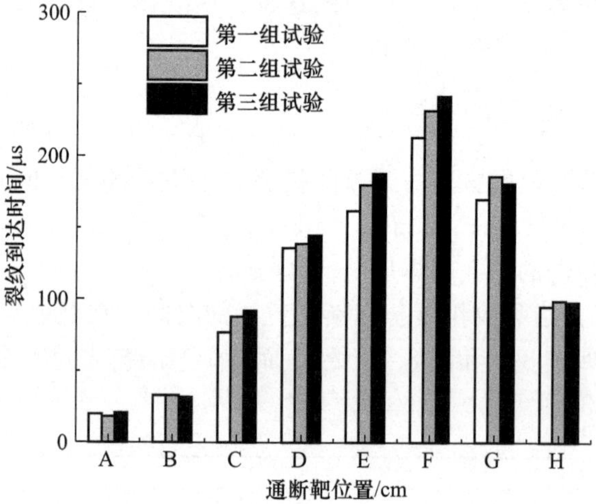

图 8.31 裂纹到达位置及时刻柱状图

表 8.6 各通断靶之间的裂纹扩展速度

裂纹运动区间	第一组试验/(m/s)	第二组试验/(m/s)	第三组试验/(m/s)	平均值/(m/s)
O→A	750	833.3	714.3	765.9
A→B	1153.8	1000	1363.6	1172.5
B→C	681.8	545.5	500	575.8
C→D	508.5	588.2	566	554.2
D→E	1153.8	731.7	697.7	861.1
E→F	588.2	576.9	555.6	573.6
G←H	200	172.4	180.7	184.4
H←P	394.7	357.1	365.9	372.6

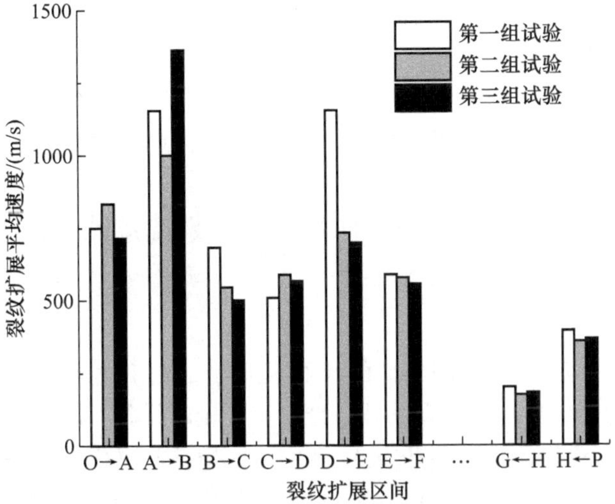

图 8.32　各通断靶之间的裂纹扩展平均速度柱状图

裂纹传播过程的测量结果反映了裂纹发生和发展的全过程。首先,裂纹从孔壁上发生,其初期发展速度约 500m/s,由于应力波传播速度远大于扩展速度,并且很快脱离裂纹而去,裂纹由于得不到爆炸能量的补给,其扩展速度迅速下降,在这种情况下,裂纹的发展长度较短。随后,在爆生气体压力及爆生气体嵌入裂缝的作用下,裂纹重新获得能量而出现第二次加速扩展。在这一阶段,裂纹由于能量供给的时间较长而能得到充分扩展。

8.3.4　小结

以空孔孔壁在静载作用下的应力集中效应为基础,结合空孔孔壁线状裂纹在爆炸动荷载作用下产生并扩展的条件,采用等效介质模型试验研究了爆炸作用下空孔附近材料应变以及裂纹扩展的规律。主要结论如下:

(1) 含小空孔的大板受到某一方向的均匀拉力 q 时,垂直于受拉方向上的空孔孔壁上最大集中拉应力为 $\sigma_\theta=3q(r=a)$,当 $r=2a$ 时,$\sigma_\theta=1.22q$,当 $r=3a$ 时,$\sigma_\theta=1.07q$,当 r 足够大时,$\sigma_\theta\to q$,即应力集中现象只发生在孔边附近,远离孔边即迅速衰减。

(2) 根据前人的研究成果,在爆炸动荷载作用下,可以孔边所受切向拉应力大于等于岩石的动态抗拉强度作为相邻空孔产生线状裂纹的条件;而产生的裂纹扩展条件可通过裂纹尖端的应力强度因子与材料的动态断裂韧度之间的大小关系作为判断依据。

(3) 通过相似材料模型试验发现,单孔起爆情况下,相邻空孔孔壁在迎爆面即 $\theta'=0°$处,由于正反射的作用,拉应变达到最大,然后随着反射角的变化而迅速降低，而在 $\theta'=180°$附近拉应变又达到极大值，但拉应变值却远小于迎爆角 $\theta'=0°$时的值。而后通过在炮孔连线方向设置通断靶进行试验发现，空孔边在动载作用下会沿炮孔连线方向产生一定长度的初始裂纹。说明空孔孔壁在爆炸动荷载作用下沿炮孔连线方向的切向拉应变最大，从而最易沿此方向产生初始裂纹。

8.4 时序控制断裂爆破试验研究

8.4.1 时序控制断裂爆破机理

预裂爆破是一项在水电工程、矿山开采、公路、铁路、工业与民用建筑等建设领域广泛应用的现代爆破技术。预裂爆破是沿着设计轮廓线打一排减少孔距的平行孔，减少每孔装药量，采用不耦合装药方式，在主爆区炮孔起爆之前，使轮廓线上的预裂孔先同时起爆，沿设计轮廓线先形成平整的预裂缝，以降低地震效应、减少对设计轮廓线以外岩体的破坏，从而维护设计轮廓线围岩的稳定性和平整性。但是，预裂爆破也存在不足之处，主要是其炮孔间距比普通爆破时大大缩小了，而且孔径也较小，这就必然提高了钻孔费用，增加了爆破成本。为了降低成本，节约工程造价，加大预裂孔的间距是其必然措施。目前增大预裂炮孔间距的方法，主要通过在炮孔壁预制裂纹来实现。预制孔壁裂纹主要有三种方法，即聚能药罩、机械切槽和空孔效应。

时序控制断裂爆破技术便是在空孔效应的基础上创立的，空孔效应是炮孔装药时，如果在装药孔附近钻有空孔，由于动应力集中，发生在爆源与空孔连心线方向上的拉应力最大，且比产生在其他方向上的拉应力值都大，爆炸应力波就会在空孔方向上形成较长的裂缝，而且在时间上发生在空孔方向上的裂缝要比其他方向上的裂缝早，发生在空孔方向上的裂缝对其他方向上裂缝的生成具有控制作用。利用空孔的应力集中效应及对裂缝的导向、抑制作用，创立和提出了时序控制断裂预裂爆破技术。该技术是在不增加其他工艺的基础上，只是改变预裂孔的起爆顺序和炮孔排列间距来达到增加炮孔间距的效果。由于预裂孔起爆顺序的改变，后爆孔对先爆孔的爆炸应力波传播要产生空孔效应，从而在后爆孔连心线方向产生拉应力集中，使得爆孔孔壁产生预制径向裂纹，由此为后爆孔的断裂控制爆破打下良好的基础与充分扩展的条件，因此后爆孔之间的间距可比先爆孔的间距增大[5]。

时序控制断裂预裂爆破是在不增加其他工艺的基础上，只改变炮孔的排列间距以及起爆时序，就可以达到增加炮孔间距的目的。对于先爆孔，其爆破技术参数完全按传统预裂爆破方法研究；对于后爆孔，其关键技术是要确定它们能够增大到多大间距，以及与先爆孔之间的微差起爆时间。

(1) 先爆孔的爆破技术参数。

先爆孔爆破技术参数的选择与传统预裂爆破方法相同。首先要求作用在孔壁的爆炸荷载不要压坏孔壁围岩，以保证被保护围岩的稳定性和完整性，即要求

$$p_1 \leqslant K_b \sigma_c \tag{8.87}$$

式中，p_1 为作用在炮孔壁上的爆炸应力波峰值；K_b 为体积应力状态下岩石抗压强度增大系数，计算时取其值为 10；σ_c 为岩石单轴抗压强度。

(2) 后爆孔的爆破技术参数。

后爆孔的线装药密度与先爆孔一致，由此可以确定装药不耦合系数或装药直径 d_e，后爆孔的破坏模式与先爆孔有所不同，它们将具有一定长度的预裂径向裂纹，如图 8.33 所示。在裂纹断裂扩展过程中，裂纹尖端的应力强度因子可以确定为

$$K_I = 2p_b r_b \left(1 - \frac{r_b^2}{a^2}\right)(\pi a)^{\frac{1}{2}} = p_b F(\lambda) \tag{8.88}$$

$$p_b = \left(\frac{p_c}{p_k}\right)^{\gamma/k} \left(\frac{d_e}{d_b}\right)^{2k} p_k \tag{8.89}$$

$$p_c = \frac{1}{8}\rho_0 D_0^2 \tag{8.90}$$

$$F(\lambda) = 2\left(\frac{r_b}{\pi}\right)^{\frac{1}{2}} \lambda^{\frac{1}{2}} (1 - \lambda^{-2}) \tag{8.91}$$

式中，r_b 为炮孔半径；p_b 为炮孔准静态气体压力；p_k 为爆轰产物膨胀到临界点时的压力，$p_k = 100\text{MPa}$；γ 为炸药绝热膨胀阶段的绝热指数，$\gamma = 1.3$；$\lambda = r_b/a$；ρ_0 为炸药密度；D_0 为炸药爆轰速度。

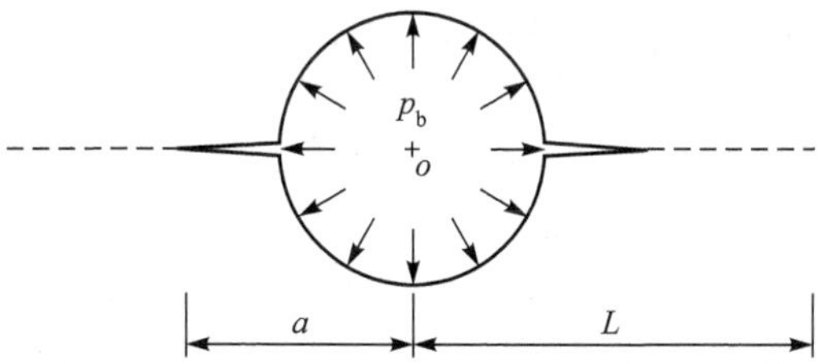

图 8.33　孔边线状裂纹的断裂扩展模型

表 8.7 列出了炮孔半径 $r_b = 2.1\text{cm}$ 时，$F(\lambda)$ 随 λ 变化的计算值。

表 8.7　$F(\lambda)$ 随 λ 变化的计算值

λ	$F(\lambda)$
4	0.767
5	0.702

续表

λ	$F(\lambda)$
8	0.569
10	0.512
12	0.269
15	0.421
17	0.395
19	0.374

当炮孔半径为r'时，$F(\lambda')$比表 8.7 中所列的计算值提高$(r'/2.1)^{1/2}$倍。裂纹断裂扩展时，其应力强度因子逐渐下降，因此有可能止裂，裂纹的断裂扩展长度由以下公式确定：

$$p_b F(\lambda) = K_{\mathrm{I c}} \tag{8.92}$$

$$a = r\lambda \tag{8.93}$$

式中，K_{Ic}为岩石断裂韧度。

显而易见，后爆孔的炮孔间距可确定为$2a$。另外一个关键技术参数是起爆微差时间的选择，经过研究，时序控制时间可写成

$$\Delta t = t_1 + t_2 \tag{8.94}$$

式中，t_1为先爆孔在后爆孔产生最大集中拉应力的时间；t_2为后爆孔预制裂纹形成稳定长度所需的时间。

另外，对于时序控制时间Δt还应满足另外一个要求，即后爆孔起爆时，先爆孔产生的动应力场还未消失，因此前后起爆的炮孔能产生相互作用，使之产生理想的预裂效果。

8.4.2 时序控制断裂预裂爆破现场试验

1. 花山水电站原位试验

花山水电站溢洪道开挖是前期工作的主要工程，在约 76°边坡角，226～300m 的高程边坡上要进行预裂爆破，以保证边坡的稳定和质量。溢洪道顺水流方向长约 300m，最大开挖范围宽 80m，开挖量 320000m^3。岩石完整性较好，无大的构造断裂。溢洪道的上游段和下游段为少量残坡积土和弱风化花岗岩，中间地段为弱风化粗粒花岗岩，花岗岩的物理力学参数如表 8.8 所示。

表 8.8 花岗岩物理力学参数

密度 $\rho/(\mathrm{g/m^3})$	弹性模量 E/GPa	孔隙率 n/%	泊松比 ν	抗压强度 σ_c/MPa	抗拉强度 σ_t/MPa	软化系数 r
2.6	52.8	1.2	0.23	105	7	0.72

1）宽孔距预裂爆破设计的基本原理

对于常规预裂爆破设计，炮孔间距和炮孔直径一般采用如下经验公式：

$$a=(8\sim12)d_b \tag{8.95}$$

式中，a 为炮孔间距，mm；d_b 为炮孔直径，mm。

根据爆炸力学以及预裂爆破控制断裂的理论与试验研究，预裂控制爆破在爆炸应力波与爆生气体的准静态压力作用下，首先在炮孔间连线方向上产生炮孔径向裂纹，然后裂纹进一步扩展连通形成预裂缝。模拟试验表明，按照这种观点设计的预裂孔间距可比常规设计提高 2 倍左右，即

$$a'=(16\sim24)d_b \tag{8.96}$$

式中，a'为预裂爆破的宽孔间距。

另外，炮孔间距提高到 a'以后，若想在此基础上进一步加大炮孔间距而且达到预裂控制爆破的目的，则要为预裂孔的断裂扩展预先打下良好的基础。由于后爆孔在先爆孔的爆炸应力波影响下会产生空孔效应，并在后爆孔连心线方向产生拉应力集中作用。如图 8.34 所示，如果孔壁拉应力值大于岩石的极限抗拉强度，就会优先在 a、b 两点附近产生径向裂纹，也就是后爆孔预裂爆破时的预制径向裂纹。通过改变预裂孔起爆时序，使后爆孔产生预制径向裂纹，为后爆孔的预裂控制爆破打下良好的基础条件，因此后爆孔之间的间距可比先爆孔的间距加大，即

$$L_2=(1.3\sim2.7)L_1 \tag{8.97}$$

式中，L_1 为相邻先后爆孔的间距；L_2 为相邻后爆孔的间距。

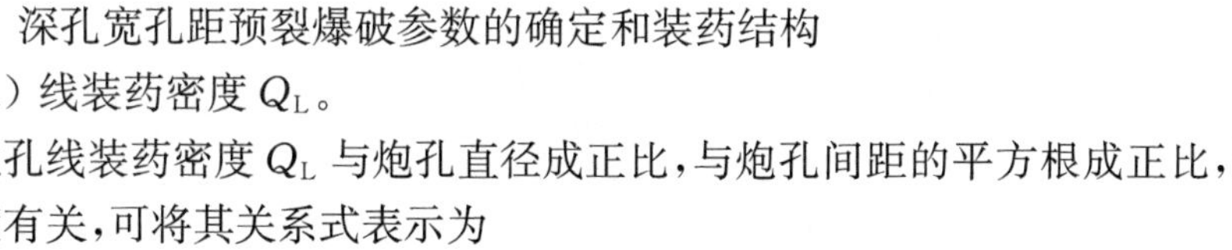

图 8.34　时序控制断裂爆破炮孔布置示意图

2）深孔宽孔距预裂爆破参数的确定和装药结构

（1）线装药密度 Q_L。

炮孔线装药密度 Q_L 与炮孔直径成正比，与炮孔间距的平方根成正比，还与岩石强度有关，可将其关系式表示为

$$Q_L=k'd_b\sqrt{a} \tag{8.98}$$

式中，d_b 为炮孔直径；a 为炮孔间距；k'为岩石系数，坚硬岩石为 0.6，中等强度岩石为 0.4～0.5，软岩为 0.3～0.4。

由于溢洪道的岩石为强风化和弱风化，初步确定岩石系数 $k=0.33$ 和 0.35，当预裂孔直径为 100mm 时，预裂爆破初步设计参数如表 8.9 所示。

表 8.9　预裂爆破初步设计参数

孔距/m	线装药密度 Q_L/(g/m)	
	k'=0.33	k'=0.35
1.5	404	428.6
1.6	417	442.7
1.7	430	456
1.8	442.7	469.6
1.9	454.9	482
2	466.7	495
2.1	478	507
2.2	489	519

(2) 装药结构。

预裂爆破的装药结构有其特殊性，首先应满足不耦合系数为 2～4 的要求，这样可缓和及减弱对炮孔壁的压力，其次要求同时起爆，根据我国的爆破经验，其装药结构如图 8.35 所示。装药过程中对其有以下几点要求：

① 不耦合系数。当预裂孔直径为 100mm，装药药卷直径为 32mm 时，不耦合系数为 3.125，当药卷直径为 35mm 时，不耦合系数为 2.857，均满足要求。

② 把药卷连续或间隔地紧绑在导爆索上形成药串。每米的装药量按照计算得到的线装药密度均匀分配。

③ 炮孔底部约 1m 长度的装药量为上部装药量的 2 倍。

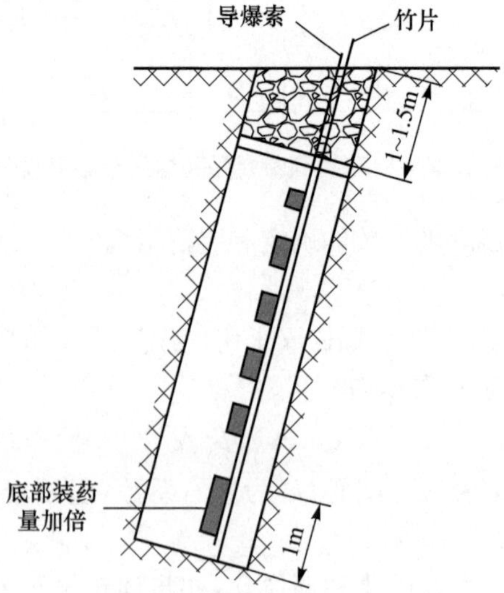

图 8.35　装药结构示意图

④ 将药串绑在有足够刚度的竹片上，药串都在竹片同一侧，竹片另一侧靠近被保护的岩壁，竹片底部留 10cm 左右不装药，使药卷不与孔底淤物接触。

⑤ 孔口留 1～1.5m 的长度，用炮泥或干砂封固。在炮泥下加一木塞或硬纸壳垫、稻草等。堵塞不要求捣实，要封至孔口。

⑥ 用导爆索把所有炮孔连接起来后再起爆。

⑦ 如果确定与主爆区的炮孔一次性起爆，预裂孔的起爆时间应比主爆区超前 150ms 以上。

⑧ 药卷中心距一般为 30～50cm，也可按式(8.99)计算：

$$L=\frac{G}{Q_{\mathrm{L}}}\times 100 \tag{8.99}$$

式中，L 为药卷中心距，cm；G 为药卷重量，g。

2. 宽孔距预裂爆破效果

此次宽孔距预裂爆破在溢洪道+265.8m 高程进行，总共布置了 48 个炮孔，孔深变化为 5.5～13.3m，孔间距最大值为 2m。根据岩石的风化程度，预裂爆破分成 3 个地段，即上、下游弱风化花岗岩地段，共 34 个炮孔，设计的岩石系数取 $k'=0.33$，实际装药时 $k'=0.30$；以及中间微弱风化花岗岩地段，共 14 个炮孔，设计的岩石系数取 $k'=0.35$，实际装药时 $k'=0.32$。

炸药药卷采用 2# 岩石炸药，直径 32mm，长 20cm，重 200g。预先将药卷和导爆索绑在竹片上，将预裂孔和药串编号一一对应。宽孔距预裂孔的布置参数和装药量如表 8.10 所示。

表 8.10　宽孔距预裂孔的布置参数和装药量

预裂孔编号	孔深/m	线装药密度 Q_{L}/(g/m)		孔间距/m
		设计	实际	
1	9.55	335.0	335.0	1.0
2	11.95	384.9	368.2	1.8
3	11.0	436.4	—	2.0
4	12.3	390.2	—	1.2
5	11.2	357.1	—	1.2
6	12.2	377.0	286.8	1.5
7	11.9	369.7	352.9	1.0
8	5.5	363.6	400.0	1.5
9	5.8	344.8	362.0	1.0
10	11.1	378.4	378.4	1.4
11	11.1	378.4	360.4	1.2

续表

预裂孔编号	孔深/m	线装药密度 Q_L/(g/m)		孔间距/m
		设计	实际	
12	10.2	372.5	352.9	1.4
13	7.9	379.7	303.8	1.2
14	7.4	378.4	324.3	1.5
15	8.8	363.6	329.5	1.1
16	7.6	342.0	342.0	1.1
17	10.0	360.0	350.0	1.3
18	12.5	352.0	320.0	1.0
19	11.2	392.8	357.1	1.5
20	13.2	424.2	348.5	1.3
21	10.7	411.2	336.5	1.3
22	12.3	390.2	357.7	1.4
23	8.3	385.5	361.4	1.3
24	11.3	407.0	354.0	1.3
25	6.3	380.9	333.3	1.3
26	7.7	389.6	363.6	1.3
27	9.1	373.6	362.6	1.0
28	7.9	354.0	354.0	1.2
29	8.9	359.5	337.1	1.1
30	6.0	366.6	350.0	1.1
31	10.0	380.0	350.0	1.4
32	5.9	372.8	389.8	1.2
33	11.3	371.6	362.8	1.2
34	7.9	354.4	367.0	1.6
35	10.3	388.3	359.2	1.2
36	11.2	375.0	375.0	1.2
37	9.0	355.5	344.4	1.2
38	9.6	375.0	354.1	1.4
39	6.7	388.0	373.1	1.4
40	12.5	384.0	360.0	1.5
41	11.8	389.8	330.5	1.4
42	8.2	390.0	378.0	1.4
43	13.2	378.8	340.9	1.5
44	12.7	377.9	354.3	1.3
45	13.3	375.9	338.3	1.3
46	9.0	355.5	355.5	1.3
47	13.0	355.5	346.1	1.3
48	13.0	355.5	330.7	—

预裂孔由 1 段毫秒差电雷管起爆，前面三排主爆孔分别由 6 段、7 段和 10 段毫秒差电雷管起爆。爆破后发现在中间地段出现 3cm 宽的预裂缝，在上游地段（约 4 个炮孔距离）出现 30cm 宽的预裂缝，在下游地段（约 4 个炮孔距离）出现 20cm 宽的预裂缝，这说明微弱风化段的预裂爆破装药量是适度的，而上、下游风化段的预裂爆破装药量有些偏大，岩石系数 k' 可降至 0.28。壁面岩石推除之后发现炮孔保留着 1/3～1/2 的孔壁，保留率达到 85%以上，预裂爆破坡面不平整度小于 20cm，预裂爆破效果可满足一般要求。

3. 时序控制断裂预裂爆破效果

时序控制断裂预裂爆破试验在溢洪道 150～165m 高程进行，炮孔布置参数和装药参数如表 8.11 所示。

表 8.11　时序控制断裂预裂爆破参数

预裂孔编号	先爆孔间距 L_1/m	后爆孔间距 L_2/m	炮孔直径/mm	炮孔深度/m	炮孔倾角/(°)	耦合系数	线装药密度/(g/m)	先爆孔分段数	后爆孔分段数
1	1.0	1.3	100	15.2	76	3.12	400	1	2
2	1.0	1.5	100	14.0	76	3.12	400	1	2
3	1.0	1.8	100	13.8	76	3.12	400	1	2
4	1.0	2.0	100	15.3	76	3.12	400	1	2
5	1.0	2.3	100	15.0	76	3.12	400	1	2
6	1.0	2.5	100	15.9	76	3.12	400	1	2
7	1.0	2.7	100	14.3	76	3.12	400	1	2

从爆破结果发现，当 $L_2<2L_1$，特别是 $L_2<1.5L_1$ 时，预裂孔之间产生明显的预裂缝，预裂缝宽度达 2.0mm 以上。当 $L_2>2.5L_1$，特别是炮孔之间又存在节理裂隙时，预裂孔之间的贯通裂缝不明显。从开挖后的坡壁面观察结果来看，当 $L_2<2L_1$ 时，预裂面较平整，残孔率较高；当 $L_2>2.5L_1$ 时，预裂缝未完全贯通，局部地方需要重新补炮。

8.4.3　延时起爆岩体相似模型试验

从 8.4.2 节针对早期的露天水电站采用时序控制断裂预裂爆破进行开挖可以看出，预裂爆破的炮孔装药参数技术已经较为成熟，可以按照实际工程需要进行适当调节，但先后爆孔起爆延迟时间的选择仍没有一个合理的依据。

Johansson[14] 对爆炸应力波在炮孔之间的传播规律进行了详细的试验分析，

对比分析了小模型在不同炮孔延时下的岩石破碎率。Johansson[14]运用磁性砂浆进行一系列小模型试验，这种砂浆材料性质稳定，在岩石爆破试验中可被重复利用。

1. 试验装置制作

试验中模拟被爆炸岩石的试样尺寸为650/660mm×205mm×300mm($L\times W\times H$)，模型试样中布置两排炮孔，每排布置5个炮孔，炮孔直径为10mm，炮孔间距为S=110mm，炮孔抵抗线为B=70mm。为了尽可能地减小反射应力波的影响，并模拟真实的爆破开挖情况，这个磁性砂浆岩块被约束在一个U形槽装置中，如图8.36所示。

图8.36　磁性砂浆试样中导爆索连接图

该U形槽装置由高强度混凝土材料在带螺纹的钢板中整体浇筑而成，它的宽度和高度分别为250mm和350mm，这样便可保证反射波的传播距离大于500mm。U形槽装置与磁性砂浆试样之间的缝隙(大约10mm)采用一种研磨得非常细的膨胀水泥浆进行浇封连接，且此种水泥浆的密度和强度与外部U形槽的材料性质相近，从而可大大减少它们的阻抗失配情况。

试验中以线装药密度为20g/m的高能固相炸药导爆索充当炸药。不耦合系数为2.4，实际装药密度为2.6kg/m^3，炸药密度为1400kg/m^3。

通过调节导爆索长度可以得到炮孔之间的起爆延迟时间。在炮孔的连接中，运用一个5g/m的导爆索将各个导爆索采用T型连接到每个炮孔上，如图8.36所示。

每个炮孔上面都安装了一个高度为59mm的圆柱形塑料固定装置，安装此装置的目的是更加精确地测量炮孔起爆时间，将炸药起爆失败率降至最低。进入圆柱形塑料装置中30mm的5g/m导爆索末端有一个起爆雷管。为了保证炸药能适时起爆，同时在炮孔中塞入一粒塑性炸药，并在每个圆柱形装置中都连接了一根同轴电缆，以便对炮孔起爆延迟时间进行精确测量，这根电缆从旁边插入每个圆柱形块体中，并将每根20g/m的导爆索插入圆柱试样中15mm。每次试验只起爆一行炮孔，最终可获得两组试样炮孔断裂轮廓面。第一行炮孔从左至右依次起爆，而第二行炮孔从右至左依次起爆。

当需要模拟爆破开挖出一个台阶剖面时，可以在模型试样自由面前面安装一个 10mm 厚的槽型钢板，左右两边分别用 4 个螺栓 M16 与 U 形槽装置紧固连接，如图 8.37 所示。试样自由面前面空间塞填了厚 65mm 的水泥砂浆碎片材料以模拟爆破分段崩落的情形。水泥砂浆的粒径筛分曲线的中值粒径 x_{50} =8mm，最大粒径 x_{max} =16mm，Swebrec 波动指数 b=2。

图 8.37　钢板约束自由面模型

第一行炮孔起爆之后，将被炸出来的试样碎片与填充碎片全部收集起来，用磁力分离机将它们分离开并进行筛分工作。再在试样自由面前面安装一块平钢板，使得钢板与试样之间的槽深也是 70mm，然后往空槽中间填充新的碎片材料，保持填充材料的密度和孔隙率与第一排炮孔起爆时一致，这样便可保证两排炮孔起爆时初始条件基本一样。

总共做了 15 组试验，其中有 11 组试验的自由面没有约束，有 4 组采用的是自由面约束爆破，试验是根据试验顺序进行编号的，而试样是根据浇筑顺序进行编号的，所有试样都至少养护了 28 天。

2. 试验过程

在所有试样与 U 形槽进行浇灌连接之前都对它们的密度和弹性 P 波速度进行过测量，以保证试样有相似的性质。在 U 形槽和试样之间安装 3 个加速度传感器，将仪器与试样浇灌成为一个整体。1# 和 3# 两个加速度传感器(型号 3200BM，范围 70000g)分别安装在两行炮孔连线的延长线上，从自由面前看试验装置，1# 加速度传感器在第一排炮孔右边，3# 加速度传感器在第二排炮孔左边；而 2# 加速度传感器(型号 B&K 8309，范围 100000g)安装在试样背面的中间位置，它们在 U 形槽中的埋深均为 10mm。

两个带试样的 U 形槽在实验室同时准备并被送到测试现场，所以每次都可以进行 4 次爆破试验。所有爆后的试验材料最后都会被送回实验室，将残留在 U 形槽内的试样清除干净后便可准备将两块新的试样与 U 形槽浇灌连接在一起。

炮孔之间的延迟时间最后采用同一根电缆通过一个脉冲盒子进入两个示波器，其中一个主要记录仪采用的是有 4 个频道的 Picoscope 4424，每隔 0.05μs 采样一次，分辨率为 12bit；还有一个每隔 0.10μs 采样一次的 LeCroy 9424 示波器作为备用系统与其连接。

爆破试验在专门的没有盖子的爆破房子或容器中进行，每排炮孔爆破完成后，采用 3D Metrix 爆破照相系统进行爆后轮廓面成型的记录工作。

每次爆破后的材料损失率为 1%～3%，主要是爆炸过程中飞散的一些很细的材料。每排炮孔每次爆破大约产生 32kg 的砂浆碎片，再加上混入这些碎片中的 U 形槽和填充碎片，一次试验的碎片材料最重可达 55kg。每次试验之后，将爆破室仔细打扫干净，并将炸飞的材料收集起来送到权威道路实验室进行筛分，碎片筛分流程如图 8.38 所示。

图 8.38　碎片筛分流程图

3. 延迟的选择

本章的主要研究对象是不同的炮孔延迟起爆作用下，前一个炮孔与后一个炮孔的爆炸应力波的相互影响。第 1 组试验中炮孔延迟时间的选择是基于 Johansson[14] 测量的试样的弹性 P 波速度为 3800m/s，那么 P 波从第一个炮孔到达相邻孔的时间是 110/3.8=28μs。通常认为炮孔之间的爆炸应力波在 5 倍的炮孔延时后便会消失，为了便于对照，第 2 组试验中选择了稍微比 5 倍延迟时间大一些的 146μs。

通过加速度传感器的数据可以发现，在爆源近区冲击波速度比远区材料 P 波波速要慢。因此，在第 3 组试验中只起爆一个炮孔，便于更好地估算爆炸应力波到达下一个炮孔的时间。从第 4 组试验的结果可以看出，若按照冲击波的波速设定炮孔之间的延时，则从前一个炮孔到后一个炮孔之间的延时应该为 110/3.0≈37μs。

Vanbrabant 等[15] 基于质点粒子速度的研究成果应用到实际工程中，根据不同时间间隔下冲击波的相互影响，提出一种选择延时的方法，使得分析质点速度、加速度比测量应力更简单。不同性质 P 波的时间-距离传播图如图 8.39 所示[15]。

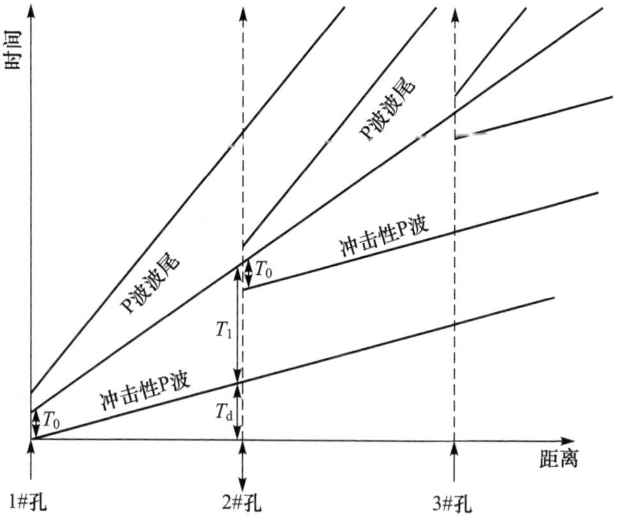

图 8.39　不同性质 P 波的时间-距离传播图[15]

通过测量 P 波和 P 波波尾在特定距离下的波速来决定两个炮孔理想的时间间隔,波尾的持续时间也被考虑进来。如图 8.39 所示,理想的时间间隔为

$$T_{\text{ideal}} = T_{\text{d}} + T_1 - T_0 \tag{8.100}$$

式中,T_{d} 为第一个炮孔中 P 波最早传至相邻炮孔的时间;T_1 为第一个炮孔中 P 波的压缩波和拉伸波到达相邻炮孔的时间差;T_0 为同一炮孔中 P 波的压缩波和拉伸波之间的时间差。

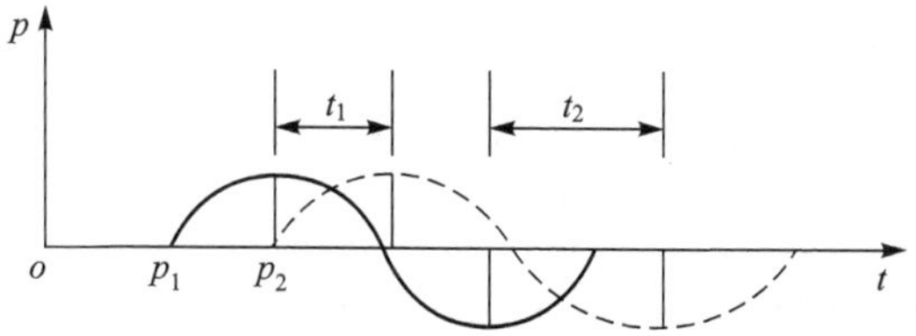

图 8.40　P 波的拉伸波波长随时间变化示意图

根据以上对单孔爆破试验数据进行分析,可以获得在相邻炮孔间距下的质点振速和持续时间。同时也发现 P 波在传播过程中,上、下两个半波到达相邻孔的时间差会变化,P 波的拉伸波在时间轴上拉长了,周期变大了,如图 8.40 所示,给第 5、6 次试验提供了依据。在此,可以让下一个炮孔壁处于拉伸波应力作用下再起爆,因此第 5 次试验中将相邻炮孔之间的延迟时间增加到了 46μs,第 6 次试验中令第一个炮孔爆炸拉应力波在第二个炮孔壁上作用一段时间后再起爆,将延迟时间

设定为 56μs。

根据 Vanbrabant 等[15]的建议，继续延长相邻炮孔之间的延长时间，第一种方案是以冲击波消失时间的一半即 73μs，便于对之后不同炮孔延时下的效果进行对比。第二种方案是根据 P 波波尾到达下一个相邻孔时间，选择炮孔延时为 86μs。最后还进行了一组炮孔同时起爆的试验，如表 8.12 所示。

表 8.12 试验方案计划表

测试编号	计划延时/μs	炮孔之间预期的相互作用
1	28	P 波对相邻炮孔的作用
2	146	没有冲击波的相互作用
3	∞	单孔起爆以确定冲击波到达邻孔的时间
4	37	冲击波对相邻炮孔的作用
5	46	P 波最初的拉伸波与冲击波的相互作用
6	56	P 波中间的拉伸波与冲击波的相互作用
7	46	由于第 5 次试验结果异常而重复试验
8	86	Vanbrabant 的第一种建议方案
9	73	Vanbrabant 的第二种建议方案
10	146	没有冲击波的相互作用并对自由面施加约束
11	73	Vanbrabant 的第二种建议方案并对自由面施加约束
12	146	没有冲击波的相互作用并对自由面施加约束
13	73	Vanbrabant 的第二种建议方案并对自由面施加约束
14	73	Vanbrabant 的第二种建议方案
15	0	同时起爆

8.4.4 不同延时起爆条件下的模型试验结果分析

1. 单孔起爆和脉冲波特性

通过表 8.12 中的第 3 次单孔起爆试验对应力波特性进行研究，试验中让第一排中的第 1 炮孔单独起爆。1# 加速度传感器在第一排炮孔连线的延长线左侧，2# 加速度传感器在试样背面，可以监测爆炸产生的反射应力波，3# 加速度传感器在第二排炮孔连线的延长线右侧，通过这三个不同距离的加速度计对试样中的爆炸应力波进行监测。不同距离和特定距离处的加速度曲线分别如图 8.41 和图 8.42 所示。

从图 8.41 可以看出，由于 1# 加速度传感器与第一排的第 1 个炮孔的距离最近(0.12m)，其最先接收到振动信号，且产生的振幅最大，振幅峰值接近 80000g 和 −120000g，经过一段时间的高幅值振动后，加速度值基本保持在 20000g 上下浮动，这可能与加速度计的饱和值为 120000g 有关。第一个传播到 2# 加速度传感器的振动信号与 1# 加速度传感器的振动方向相反，说明 2# 加速度传感器接收的第

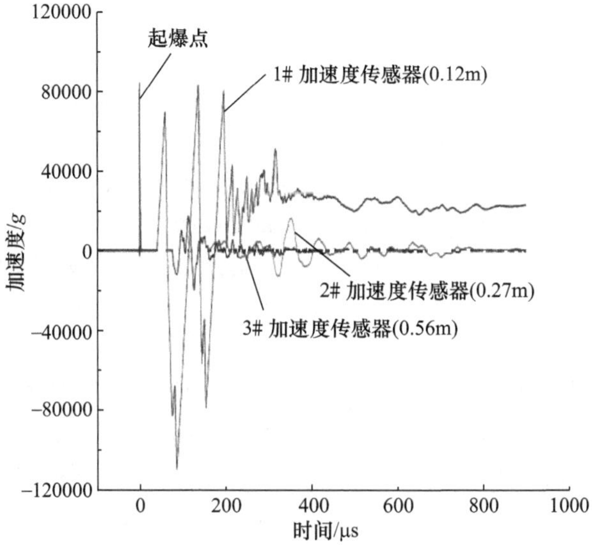

图 8.41　不同距离处加速度曲线

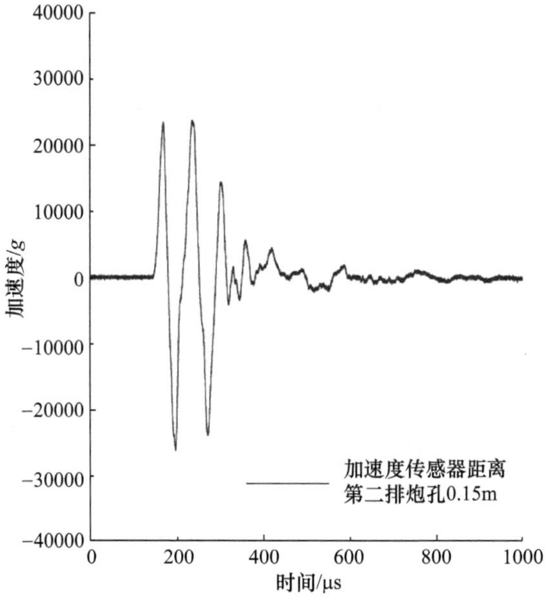

图 8.42　3#加速度传感器的加速度曲线

一个信号是由反射波产生的。3#加速度传感器在接近 300μs 时有一个明显的振幅增大现象，信号接收时间接近为第一个信号接收时间的 2 倍，根据 P 波与 S 波的传播速度关系可以推断此为 S 波传播至 3#加速度传感器而引起的。

然后起爆第一排中的第 5 个炮孔，由于第 1 个炮孔起爆之后试样与 U 形槽之间出现了断裂破坏，1# 加速度传感器无法接收第 5 个炮孔的振速，所以只有两个加速度计可以接收到信号，由于 2# 加速度传感器与第 1 个炮孔和第 5 个炮孔的距离一样，这里主要分析离爆孔较近的 3# 加速度传感器的振动数据。从图 8.42 可以看出，3# 加速度传感器在第一个振动信号到达时仍然出现了较大的振动幅值，但其最大幅值只有 25000g 左右，比第 1 个炮孔起爆后 1# 加速度传感器的振幅(80000g)小了许多，且其振动频率也降低了，这主要是由于加速度计与爆孔之间的距离由 0.12m 增加到了 0.14m。而且最后的振动信号回到了 0，可能是因为加速度计没有饱和。

不同距离测点的平均振动速度和加速度峰值如表 8.13 所示。从表中可以看出，试样波速的平均传播速度随着距离爆孔距离的减小而降低，这种现象与 Marsh[16] 所进行的多孔材料速度测量结果类似，尤其是在空孔附近，材料的平均传播速度会更低。根据表 8.13 平均振动数据获得曲线拟合公式 $V=3760r^{0.97}$，可以估算距离爆孔 0.11m 的测点平均振动速度大约为 3000m/s。

表 8.13 不同距离测点的平均振动速度和加速度峰值

与爆孔距离 r/m	平均振动速度/(m/s)	P 波加速度峰值/g	S 波加速度峰值/g
0.12	3038	69103	109373
0.15	3171	23416	—
0.56	3501	4916	19396
1.00	3800	1833	4962

对比 P 波加速度峰值和 S 波加速度峰值可以发现，距离爆孔 1m 处的 S 波加速度峰值接近为 P 波的 2.7 倍，说明 S 波对试样的作用力更大，更容易使材料产生破坏。由于 S 波是剪切波，与炮孔连线方向垂直，当试样所受剪切拉应力大于试样抗拉强度时，试样便会产生剪切破坏。若想裂缝沿炮孔连线方向产生并扩展，则可先将后爆孔作为空孔，在炮孔之间形成应力集中效应之后，再起爆后爆孔，从而更有利于炮孔之间裂缝沿炮孔连线方向扩展。

2. 爆后轮廓面

当试样边界为自由面时，相当于光面爆破试验。图 8.43 为第 1 组试验中的第一排炮孔爆后轮廓面俯视图。从图中可以看出，轮廓面较为平整，对保留试样的损伤也较小，只沿炮孔壁向第二排炮孔方向有一些轻微的裂隙。图 8.44 为第 15 组试验中的第二排炮孔爆后轮廓面俯视图。从图中可以看出，爆后轮廓面的超欠挖现象更明显，且对保留岩体的损伤更严重。说明当岩体处于损伤状态时，其爆后轮廓面与对保留岩体的损伤效果都比完整岩石的爆后效果要差。

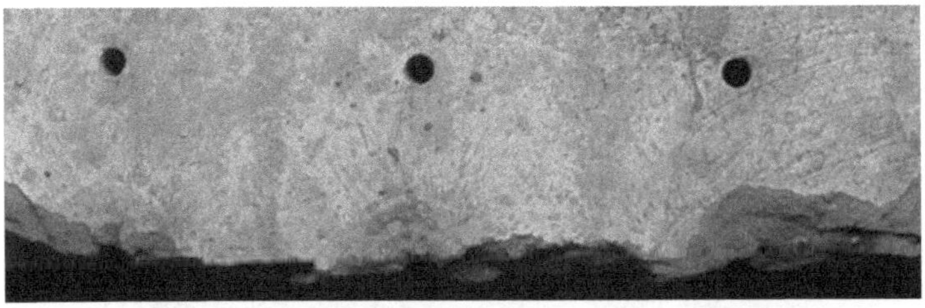

图 8.43　第 1 组试验中的第一排炮孔爆后轮廓面俯视图

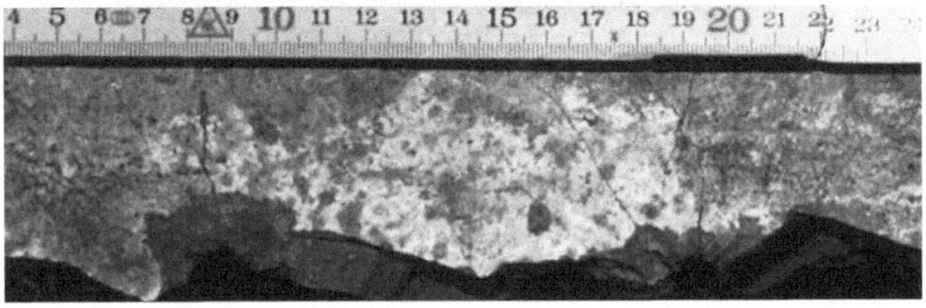

图 8.44　第 15 组试验中的第二排炮孔爆后轮廓面俯视图

通过 3D MetriX 爆破照相系统对爆后轮廓面进行拍摄，每次对轮廓面拍摄两张照片，然后通过软件构建出轮廓面的三维曲面模型，并通过软件处理掉一些不相关的内容，以便于更好地分析轮廓面形状。图 8.45 为第 2 组试验中的第一排炮孔爆后轮廓面正视图，炮孔从左至右依次延迟爆破，通过软件分析发现其轮廓面的超欠挖量平均值为－0.25mm（欠挖）。而第 2 组试验中的第二排炮孔爆后轮廓面的超欠挖量平均值为 1.84mm（超挖），同样说明在完整性较好的试样材料的爆后轮廓面超欠挖量更小，所以在爆破开挖时要尽可能减少对围岩的损伤，保证其完整稳定性，更有利于最后一层轮廓面的平整性，且对围岩的损伤程度更小。

图 8.45　第 2 组试验中的第一排炮孔爆后轮廓面正视图

图 8.46 为第 5 组试验中的第二排炮孔爆后轮廓面正视图，其超欠挖量也较大，且保留试样有部分破碎情况，Johansson[14] 沿炮孔深度 0.07m、0.14m、0.21m

设定了三条基准参考线，对轮廓面超欠挖量进行分析发现，轮廓面最大超挖深度约为 0.03m，最大欠挖深度约为 0.02m。并将不同延时下第二排炮孔爆后轮廓面超欠挖量总结于表 8.14 中，可以发现不同延时下试样超欠挖量没有明显的规律性，说明短暂的炮孔延时对爆破轮廓面的平整度没有多大的改善。

图 8.46　第 5 组试验中的第二排炮孔爆后轮廓面正视图

表 8.14　第二排炮孔爆后轮廓面平均超欠挖量

测试编号	计划延时/μs	平均超欠挖量/mm
15	0	−1.83
1	28	−8.72
4	37	−3.69
5	46	−4.67
6	56	0
14	73	−2.23
2	146	1.84

3. *破碎材料粒径*

对自由面无约束情况下的 20 组试验破碎材料进行粒径分离总结，如表 8.15 所示。对比不同炮孔延时起爆下的材料破碎粒径发现，由于最大粒径的随机性较大，第一排炮孔与第二排炮孔分别起爆后的最大粒径没有明显规律性，这里主要通过对两排炮孔的爆后中值粒径进行对比。为了便于更加直观地对比粒径大小，将不同延时下的中值粒径大小通过图中进行描述。从图 8.47 可以看出，第一排炮孔爆后破碎材料的中值粒径离散性较大，这与完整材料的强度较大、试样中没有裂隙或有较小的孔隙度有关。而第二排炮孔在起爆之前就已经有了部分程度的损伤，试样中存在大量裂隙，这样在第二排炮孔起爆后试样更容易产生破坏，所以其最终的破碎率较大，破碎材料的中值粒径值较小且更为集中。

表 8.15　自由面无约束条件下试样破碎粒径

测试编号	排号	计划延时/μs	实际延时/μs	x_{max}/mm	x_{50}/mm
1	1	28	29.7±1.0	128.6	39.5
1	2	28	29.0±0.7	352.6	26.4
2	1	140	146.1±1.0	186.5	21.7
2	2	140	146.1±0.8	211.4	25.6
4	1	37	36.6±0.5	139.0	31.3
4	2	37	37.5±1.4	94.6	24.5
5	1	46	47.0±0.3	130.1	63.8
5	2	46	47.3±0.5	135.9	34.9
6	1	56	57.1±0.5	258.2	43.6
6	2	56	57.2±0.5	132.3	22.1
7	1	46	46.6±0.2	128.0	71.5
7	2	46	46.7±1.0	152.7	22.1
8	1	86	87.2±0.8	192.7	44.1
8	2	86	86.7±0.7	175.8	23.5
9	1	73	73.6±1.2	303.6	41.9
9	2	73	74.7±2.0	154.0	28.4
14	1	73	74.5±0.6	125.0	42.3
14	2	73	74.5±1.3	224.5	20.8
15	1	0	—	139.6	61.3
15	2	0	—	1413.1	45.8

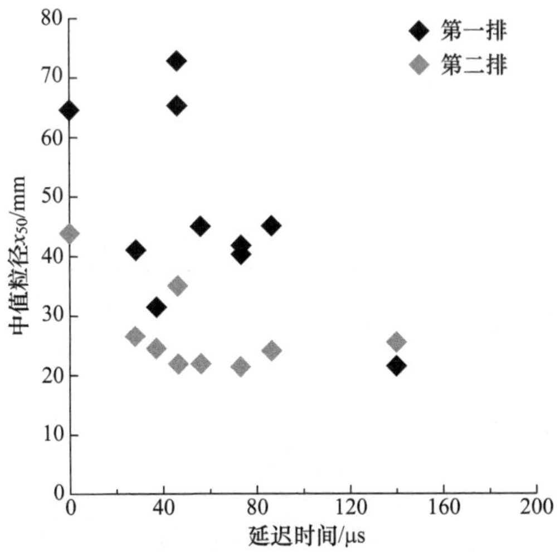

图 8.47　不同延时下碎片的中值粒径大小

自由面约束条件下的4组试验破碎材料粒径值如表8.16所示。从中值粒径x_{50}大小可以看出，第一排炮孔爆后的中值粒径依然比第二排的要大，说明即使在约束条件下，依然是含裂隙材料的爆后破碎率更大，这点与自由面无约束条件下的爆破结果一样。如表8.17所示，相同炮孔延时下，对比自由面有约束和无约束的爆后中值粒径x_{50}大小发现，约束条件下的中值粒径值明显比无约束条件下要大，而且约束条件下的第二排炮孔爆后中值粒径值约是无约束条件下的2倍。以此可类比预裂爆破和光面爆破，即预裂孔在轮廓面断裂爆破过程中需要更多的能量克服约束作用力，而光面爆破的约束力较小，所以可以将更多的能量作用于材料破碎中。

表8.16 自由面约束条件不同延时下试样破碎粒径值

测试编号	行号	计划延时/μs	实际延时/μs	x_{max}/mm	x_{50}/mm
10	1	146	147.8±1.0	129.0	66.8
10	2	146	147.8±0.8	169.5	54.6
11	1	73	73.7±1.2	316.0	64.9
11	2	73	74.0±0.8	141.9	45.8
12	1	146	145.8±1.0	170.2	52.2
12	2	146	145.8±1.1	200.0	46.2
13	1	73	74.0±1.4	165.8	56.6
13	2	73	73.8±1.0	125.0	44.9

表8.17 不同约束条件相同延时下试样破碎粒径值

行号	延时/μs	有约束 x_{50}/mm	无约束 x_{50}/mm
1	73	64.9	42.3
1	73	56.6	41.6
1	146	66.8	21.7
1	146	52.2	—
2	73	45.8	20.8
2	73	44.9	28.4
2	146	54.6	25.6
2	146	46.2	—

通过这种小型模拟试验发现，短暂的炮孔延时起爆对材料破碎率没有多大的改善。而实际工程中即使计划同时起爆炮孔，也可能存在毫秒级的误差，所以其结果并不矛盾，可能需要更长的炮孔延时才能见到效果。

8.4.5 小结

以空孔孔壁在爆炸动载作用下的应力集中效应为基础，结合爆炸应力波在岩体中的传播与衰减规律，进行了不同延时以及不同约束条件下的室内延时爆破模

型试验;根据花山水电站原位现场试验,揭示了时序控制断裂预裂爆破在工程中的适用范围。主要结论如下:

(1) 根据先后爆孔之间的相互作用机制,后爆孔孔壁裂纹断裂扩展与先爆孔有所不同,由于空孔效应,后爆孔在起爆之前会有一定长度的预制径向裂纹,此预制裂纹可对后爆孔的爆炸能量起到一定的导向作用,使得裂纹主要沿炮孔连线方向扩展,从而可增加后爆孔之间的间距来提高工作效率,根据裂纹尖端应力强度因子与岩石断裂韧度之间的关系,确定了相邻后爆孔间距可为先后爆孔间距的 2 倍。

(2) 首先在岩体完整性较好的花山水电站溢洪道边坡上了进行宽孔距预裂爆破试验,当预裂孔直径为 100mm、装药药卷直径为 32mm 时,炮孔间距为 1～2m 不等,爆破开挖效果基本可满足工程要求;然后在相似地段进行时序控制断裂预裂爆破开挖,当后爆孔间距 L_2 大于先爆孔间距 L_1 的 2.5 倍时,特别是炮孔之间又存在节理裂隙时,预裂孔之间的贯通裂缝不明显,而当 $L_2 \leqslant 2L_1$ 时,预裂面较平整,残孔率较高。

(3) 在室内单孔爆破作用下,采用埋置加速度计测量 P 波和 S 波的大小,发现随着离炮孔距离的增大,P 波和 S 波的加速度峰值呈递减趋势,而 S 波加速度峰值/P 波加速度峰值却呈递增趋势,距离爆孔 1m 处的 S 波加速度峰值接近为 P 波的 2.7 倍,说明 S 波对试样的作用力更大,更容易造成材料破坏。

(4) 通过理论分析设定了 8 种不同的延迟起爆时间,发现不同延时情况下的爆破效果较为接近,没有特别明显的规律性,可能与炮孔之间延时太小有关。爆破轮廓面超欠挖量平均值随先、后爆孔延时的增加而减小。

(5) 对比分析不同延时起爆下同一试样的两排轮廓面发现,第一排炮孔的爆后轮廓面平整度要普遍好于第二排,主要是因为第一排炮孔爆破时模型试样为完整试样,而第一排炮孔爆破后试样会产生不同程度的损伤,使得第二排炮孔在一块含裂隙试样中进行爆破试验,从而对其裂缝扩展方向造成较大影响。

(6) 以试样自由面在无约束和约束条件下进行爆破试验类比光面爆破和预裂爆破,对比分析爆后破碎材料的中值粒径大小,无约束条件下破碎试样的中值粒径平均值要小于约束条件下,说明试样在没有约束力的夹制作用下更容易破碎,但由于第一排炮孔爆破后对试样产生了损伤效应,第二排炮孔爆破后的试样破碎率更高。

8.5 深埋洞室岩锚梁精量化爆破的数值模拟研究

根据现场切槽爆破试验,现场单次爆破开挖的炮孔装药参数如表 8.1 所示,不同类型炮孔之间采用电雷管进行微差起爆,辅助孔先起爆,然后垂直光爆孔与斜光爆孔一起起爆,炮孔起爆网络平面图与炮孔剖面图如图 8.9 所示。

8.5.1　岩锚梁爆破开挖数值计算模型

1. 岩锚梁爆破开挖三维模型

以大坝右岸地下主厂房岩锚梁保护层爆破开挖为例，岩锚梁保护层爆破开挖采用手风钻打垂直光爆孔、斜光爆孔和辅助孔，一次开挖长度为 20.4m，在需要开挖的主厂房岩锚梁附近边墙进行爆破振动监测。为了保证爆破开挖对附近岩体的扰动在安全范围内，在爆破开挖过程中对附近岩体进行测点振速监测。同时为了保证监测仪器的安全，将最近的测点布置在距离开挖区边界 10m 处，之后每隔 5m 布置一个测点，共布置 5 个测点，如图 8.48 所示。

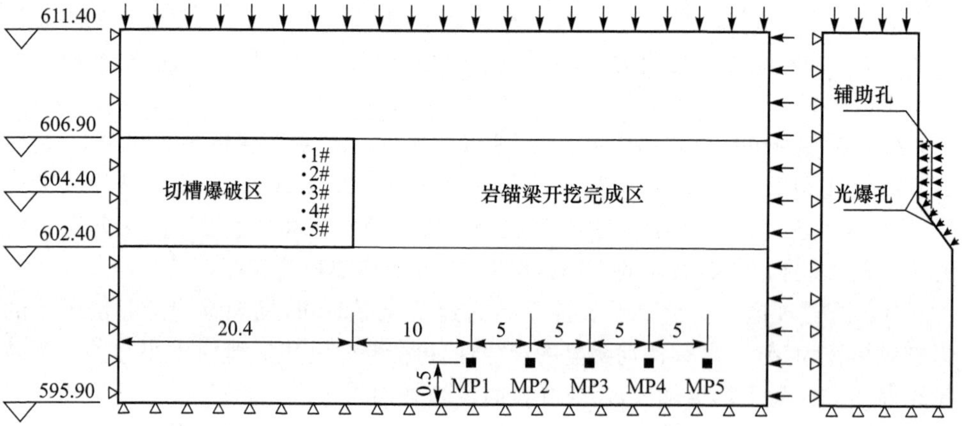

图 8.48　岩锚梁爆破试验现场正视图与侧视图(单位：m)

现场的岩锚梁开挖高程为 EL. 602. 40～EL. 606. 90m，为了保证岩锚梁的开挖质量，现场对部分炮孔采用了切槽处理，并与普通的圆形炮孔进行对比分析，考察切槽孔对围岩的保护效果是否更佳。图 8.48 为岩锚梁爆破开挖区与爆破振动监测点正视图和侧视图。开挖区岩体所处垂直地应力大小为 12MPa，水平地应力大小为 21MPa。由于爆炸荷载直接施加在炮孔连心线上，岩锚梁保护层模型只建了辅助孔连心线到主爆孔连心线的部分，在模型的上面和右面施加垂直地应力，下面、左面和后面施加垂直约束，同时在除临空面以外的各个面上施加无反射边界条件。

根据现场勘测资料可得出地下洞室岩锚梁部位的岩石参数，如表 8.18 所示[17]。

表 8.18　岩体物理力学参数(岩锚梁精量化爆破数值模型)[17]

岩体密度 $\rho_1/(g/cm^3)$	岩体弹性模量 E_1/GPa	泊松比 ν	岩体抗拉强度 σ_t/MPa	岩体抗压强度 σ_c/MPa	岩体剪切模量 E_t/MPa
2.7	50.0	0.22	6.0	78.0	8.0

根据地下主厂房的施工设计，采用动力有限元程序按照图 8.48 建立如图 8.49 所示的计算模型，模型高 14.5m、宽 55m、厚 5m。先施加辅助孔连心线上的爆炸荷载，再施加光爆孔连心线上的爆炸荷载。

图 8.49　岩锚梁爆破开挖计算模型正视图与侧视图(单位：m)

2. 光面爆破开挖局部平面模型

由于现场进行岩锚梁爆破开挖过程中对部分光爆孔采用了 V 形切槽处理，为了更加清楚地对比切槽孔与圆形炮孔的最终成缝效果，在这里增加了假三维炮孔成缝模型，炮孔间距与排距如图 8.50 所示，前后两面施加垂直对称约束，左边施加地应力，右边施加对称约束，上边施加无反射边界和约束条件，下边为自由面。其中左边两个光爆孔为切槽孔，右边两个光爆孔为圆形炮孔。

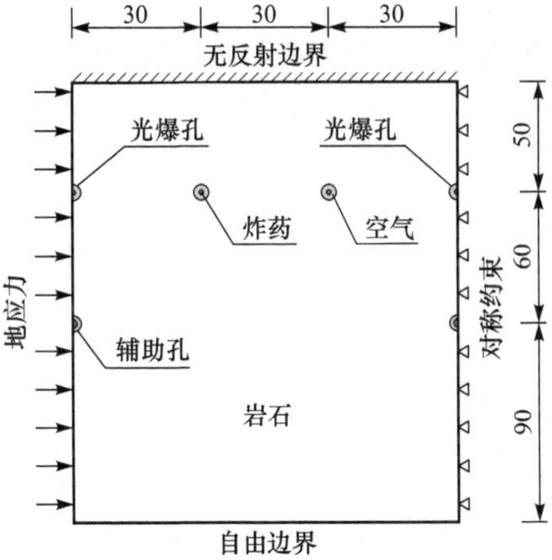

图 8.50　假三维平面计算模型(单位：cm)

爆轰产物的状态方程采用专为描述炸药等含能材料爆炸时的压力特性而设定的 JWL 状态方程，其表达式为

$$P = A\left(1-\frac{w}{R_1V}\right)\exp(-R_1V)+B\left(1-\frac{w}{R_2V}\right)\exp(-R_2V)+\frac{wE_2}{V} \quad (8.101)$$

式中，V 为爆生气体相对体积；A、B、R_1、R_2、w、E 均为状态方程材料参数。

模型中岩石乳化炸药的具体参数和 JWL 状态方程的参数取值如表 8.19 所示。

表 8.19 炸药和 JWL 状态方程参数

炸药密度 ρ_0/(g/cm^3)	爆轰速度 D/(m/s)	A/GPa	B/GPa	R_1	R_2	w	E/GPa
1.0	3200	214	0.18	4.15	0.95	0.13	4

8.5.2 计算结果与监测数据对比分析

1. 爆破振速数值计算与实测结果对比分析

根据现场实际的炮孔线装药密度做三组数值计算，由式(8.8)、式(8.9)和表 8.1 中的参数计算得出三组等效荷载，分别为光爆孔 17.9MPa、19.3MPa、23.4MPa，辅助孔 14.1MPa、15.2MPa、18.5MPa，将这三组爆炸荷载分别施加在光爆孔炮孔连心线上和辅助孔炮孔连心线上。

通过后处理程序将图 8.48 中测点的峰值振动速度提取出来，并与现场相同部位的测点峰值振动速度进行对比，如图 8.51 所示，每组炮孔线装药密度下对数值模拟和现场实测的测点峰值振动速度分三个方向进行对比分析。从图中可以看出，在炮孔线装药密度不变的情况下，不同方向的峰值振动速度变化趋势相似，而且数值模拟与现场实测的测点峰值振动速度也比较接近。随着炮孔线装药密度的增加，相同测点的峰值振动速度也会相应增加，但是距离爆源较近的测点峰值振动速度受炮孔线装药密度的影响较大，距离爆源较远的测点峰值振动速度增加的数值相对较小，所以爆破开挖主要通过爆源较近的岩体峰值振动速度来评判炮孔装药量是否符合要求，根据爆破安全规程要求，在距离爆源 10m 处的测点峰值振动速度安全标准应小于 10cm/s。从图中可以看出，现场的炮孔装药量以及炮孔布置符合安全要求。

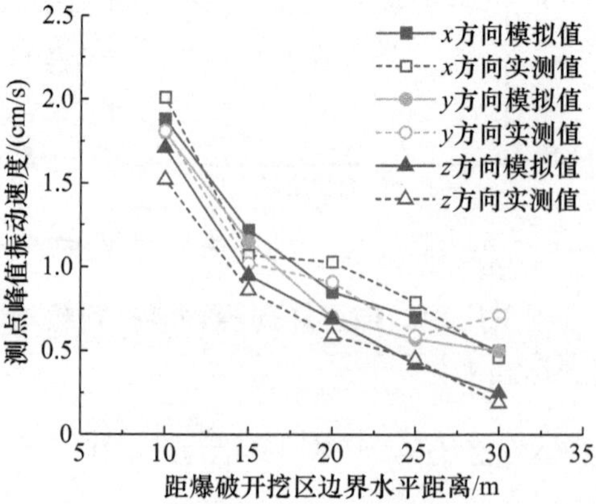

(a) 光爆孔17.9MPa、辅助孔14.1MPa

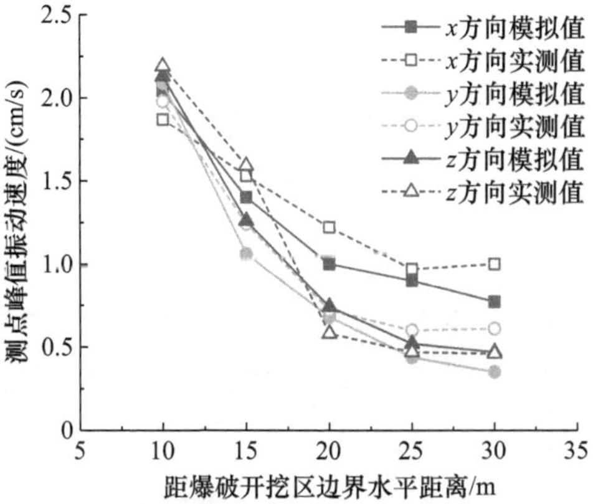

(b) 光爆孔19.3MPa、辅助孔15.2MPa

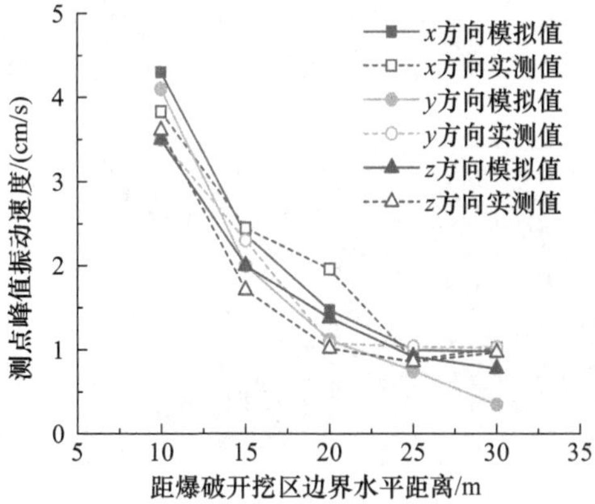

(c) 光爆孔23.4MPa、辅助孔18.5MPa

图 8.51　三种不同炮孔线装药密度下数值模拟和现场实测的测点峰值振动速度对比

在图 8.49 中岩体的岩锚梁区域选取一组单元，将其三个方向所受的应力平均值作为初始地应力值加在假三维俯视平面图上。从表 8.20 可以看出，水平垂直于洞轴线(x)方向上的单元应力平均值为 0.28MPa，竖直(y)方向上的单元应力平均值为 13.56MPa，水平平行于洞轴线(z)方向上的单元应力平均值为 20.32MPa。由于假三维平面图为 xoz 平面俯视图，无需施加 y 方向上的应力，而 x 方向上的应力相较于 z 方向而言又太小，为了模型计算的方便，可将其忽略不计，只将 z 方向上的应力施加在假三维平面模型上。

表 8.20　岩锚梁部位 5 个测点的应力值

应力方向	测点应力/MPa					应力平均值/MPa
	1#	2#	3#	4#	5#	
水平垂直于洞轴线	0.45	0.33	0.25	0.20	0.17	0.28
竖直方向	11.55	15.92	13.81	13.28	13.22	13.56
水平平行于洞轴线	20.42	20.46	20.08	20.22	20.43	20.32

2. 数值模拟裂缝成型图与现场实际情况对比

将三种不同炮孔线装药密度下的假三维平面裂缝图与现场轮廓面图和岩体破碎率进行对比，如图 8.52 所示，在相同炮孔线装药密度下，模型成缝图与现场开挖图有较好的一致性。

(a) Q_L=65g/m

(b) Q_L=70g/m

(c) Q_L=85g/m

图 8.52　三种不同炮孔线装药密度下数值模拟和现场的开挖轮廓面及岩体破碎率对比

(1) 当光爆孔与辅助孔线装药密度分别为 65g/m 和 206g/m 时，在图中切槽光爆孔之间成缝比较平整，对围岩的损伤也较小，而圆形光爆孔之间没有形成贯通的裂缝，说明炮孔的装药量太小，圆形炮孔之间无法形成裂缝，但切槽孔起到了一定的聚能导向作用，在炮孔之间将更多的爆炸能用到了岩石断裂成缝上，而且被开挖岩体破碎程度较小，大块率太高，达不到岩石破碎率要求。

(2) 当光爆孔与辅助孔的线装药密度分别为 70g/m 和 206g/m 时，炮孔起爆后炮孔之间都可以形成贯通的裂缝，但切槽孔之间的裂缝比圆形炮孔之间的裂缝更平整，说明在此装药量下不同形状炮孔之间都可以形成贯通的裂缝，而且被开挖岩体破碎程度较大，较利于后期对破碎岩体的运输作业。

(3) 当光爆孔与辅助孔的线装药密度分别为 85g/m 和 250g/m 时，不同形状光爆孔之间形成贯通裂缝的同时都对围岩产生了较严重的损伤，岩体破碎程度相对也较大。

而且从现场成缝轮廓面可以看出，垂直光爆孔与斜光爆孔相交处产生的损伤最大，说明要使切槽孔起到定向成缝的效果还必须控制好炮孔装药量，确保炮孔之间成缝平整的同时尽量减少炮孔装药量。

根据以上分析可以发现，当炮孔线装药密度为 70g/m 时，既可以保证光爆孔之间形成贯通的裂缝，同时也使得围岩的损伤程度不是太大。而且当炮孔采用切槽孔时，炮孔之间更易形成贯通的裂缝，对围岩的损伤程度也更小。

3. 不同地应力下爆破振动与裂缝成形分析

通过以上分析发现，当炮孔线装药密度为 70g/m 时，不管是数值模拟还是现场试验，都可以满足爆源近区的爆破振动速度在标准安全范围内，并且保证光爆孔之间形成贯通的裂缝，同时在一定程度上控制了对围岩的损伤。以炮孔线装药密度 70g/m 为例，将水平地应力和垂直地应力按 1∶1 分别设定为 0MPa、5MPa、10MPa、20MPa、40MPa、80MPa，考虑不同地应力下相同测点的爆破振动速度以及光爆孔之间的裂缝形成情况，通过数值计算可得测点的峰值振动速度如图 8.53 所示。

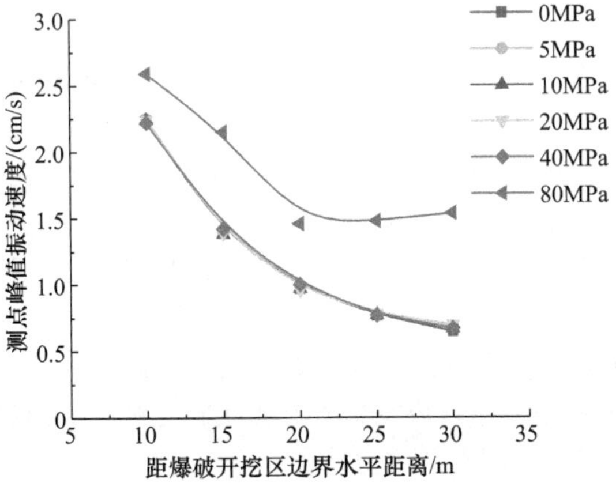

(a) x方向

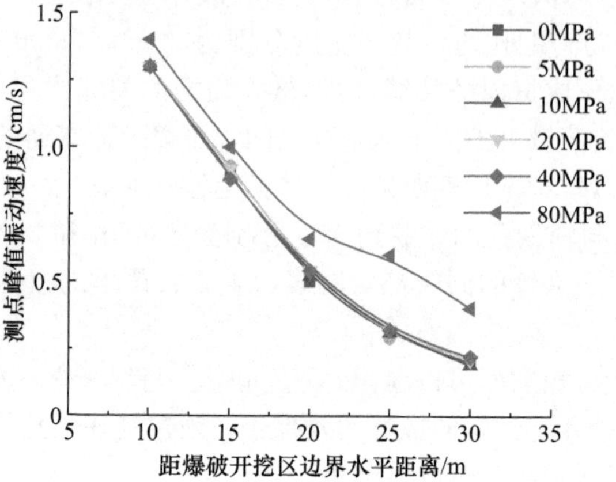

(b) y方向

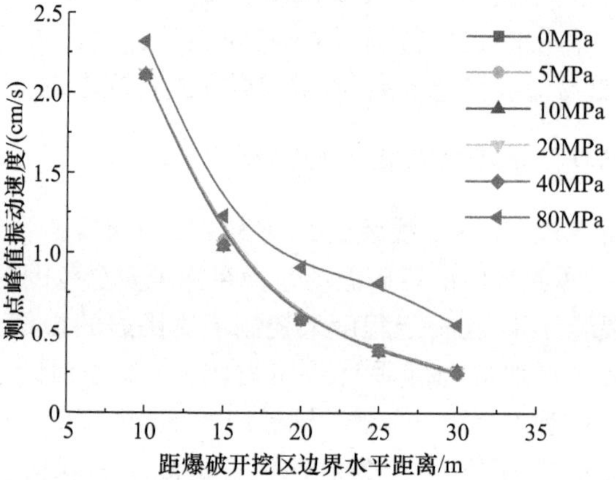

(c) z方向

图 8.53　不同地应力下相同测点的峰值振动速度对比

从图 8.53 可以看出，在地应力为 0～40MPa 时，相同测点在同一方向上的振动速度变化规律基本一致，说明在炮孔装药量以及装药结构相同的情况下，爆破近区围岩的峰值振动速度与地应力大小的关系不大。而当地应力为 80MPa 时，三个方向的测点峰值振动速度都有所增加，说明当地应力达到一定值时，地下岩体受到了很大的势能，当有爆炸荷载对岩体产生动力扰动后，爆源附近岩体在爆炸动能与地应力势能的作用下产生了比低地应力下更大的振动效应。

对假三维平面模型只用施加平行于洞轴线 z 方向上的应力，所以这里只取相同测点 z 方向上的应力作为原始地应力施加在假三维平面模型上。表 8.21 为不同地应力下相同测点 z 方向上的应力值。

表 8.21　不同地应力下相同测点 z 方向上的应力值

地应力/MPa	测点应力/MPa					应力平均值/MPa
	1#	2#	3#	4#	5#	
0	0	0	0	0	0	0
5	4.65	4.57	4.60	4.64	4.64	4.62
10	9.30	9.13	9.18	9.28	9.28	9.23
20	18.60	18.26	18.38	18.56	18.55	18.47
40	37.18	36.50	36.73	37.09	37.07	36.91
80	74.90	73.70	75.20	76.73	77.80	75.67

保持炮孔装药量不变,将表 8.21 计算所得 z 方向的应力平均值施加在假三维平面模型上,通过计算得出不同地应力下岩体的裂缝成形图,如图 8.54 所示。根据图形将围岩的损伤深度、损伤面积以及被开挖岩体的破碎率总结于表 8.22 中。

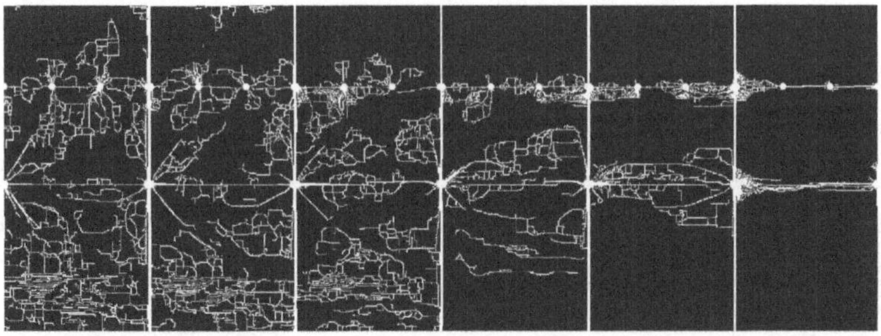

(a) 0MPa　(b) 5MPa　(c) 10MPa　(d) 20MPa　(e) 40MPa　(f) 80MPa

图 8.54　不同地应力下岩体的裂缝成形图

表 8.22　围岩的损伤深度、损伤面积以及被开挖岩体的破碎率

地应力/MPa	围岩损伤深度/cm	围岩损伤面积/%	岩体破碎率/%
0	>50	>50	>75
5	>50	>50	>70
10	≈20	≈40	>70
20	≈10	≈20	>50
40	<10	<20	<30
80	≈10	≈6.7	<10

从图 8.54 可以看出,地应力越小,岩体的破碎程度越大,同时对围岩的损伤也越大;而地应力越大,虽然围岩的损伤减小了,但岩体的破碎程度也减小了许多,不满足现场爆破开挖的岩体破碎率要求。而在此种装药结构和装药量下,只有当施加的地应力为 20MPa,即与现场地应力值最接近时,才能达到岩体的破碎程度较大、光爆孔附近的围岩损伤状况也较小的效果。说明在地下洞室进行爆破开挖时,

炮孔装药量必须根据不同地应力大小做相应的调整。

结合图 8.53 和表 8.22 可以看出，当地应力为 0～40MPa 时，炮孔装药量应当随着地应力的增大而增大，才能满足爆破开挖的要求。而当地应力再继续增大时，相同装药量下的爆破中远区测点峰值振动速度也会增大，可能需要减少炮孔装药量，而岩体的破碎程度太小又意味着需要加大药量，所以在地应力较大的地下洞室进行爆破开挖时，不能只是单纯地加大或减小炮孔装药量，而要重新进行炮孔布置，并且对光爆孔和辅助孔的装药比例进行调整，尽量达到围岩损伤较小的同时提高被开挖岩体破碎率的目的。

8.5.3　时序控制断裂爆破数值模拟研究

1. 后爆孔起爆前孔边动应力集中效应

通过精确确定炮孔延时起爆时差不仅能节约炮孔装药量，还能提高炮孔半壁孔率，减少对围岩的损伤，因此在需要采取精细爆破开挖方式的工程中，使用时序控制爆破开挖的新方法既能减少资金的投入，又能提高工作质量，非常有研究意义。为了能够充分发挥时序控制爆破方式的优势，参照现场时序控制断裂预裂爆破参数进行数值模型尺寸的建立以及爆破参数的确定。如图 8.55 所示，将先爆孔标记为 A，后爆孔标记为 B，先后爆孔间距 L_{AB} 为固定值 1m；而相邻后爆孔间距 L_{BB} 为变量，即 $L_{BB}=(1、1.3、1.5、1.8、2、2.3、2.5、2.7)L_{AB}$，以此来比较不同后爆孔间距下的爆破效果。

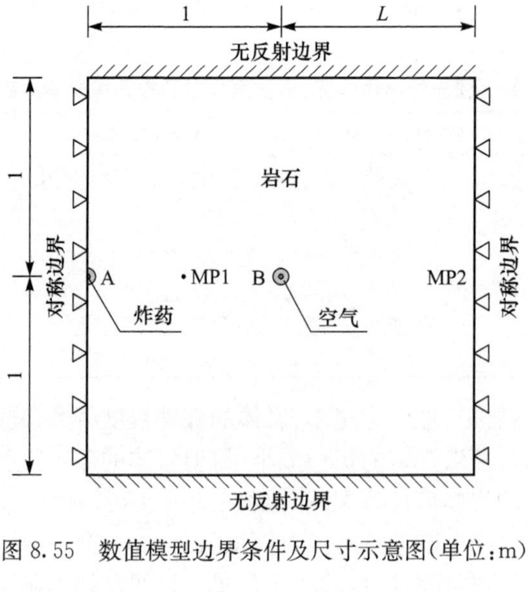

图 8.55　数值模型边界条件及尺寸示意图(单位：m)

为了验证数值模型是否与理论分析相符，在后爆孔 B 孔壁上选取 8 个测点 a_1、a_2、a_3、a_4、c_1、c_2、c_3、c_4，如图 8.56 所示，设炮孔半径为 R，则 $r_{a_1}=r_{c_1}=R$、$r_{a_2}=r_{c_2}=2R$、$r_{a_3}=r_{c_3}=3R$、$r_{a_4}=r_{c_4}=4R$，比较后爆孔起爆前离炮孔中心不同距离测点的切向应力大小。另外，在与炮孔连线成 45°夹角的孔壁上取一个测点 b_1，对比在先爆孔的爆炸应力波作用下，后爆孔孔壁不同方向上测点 a_1、b_1、c_1 的切向应力大小。

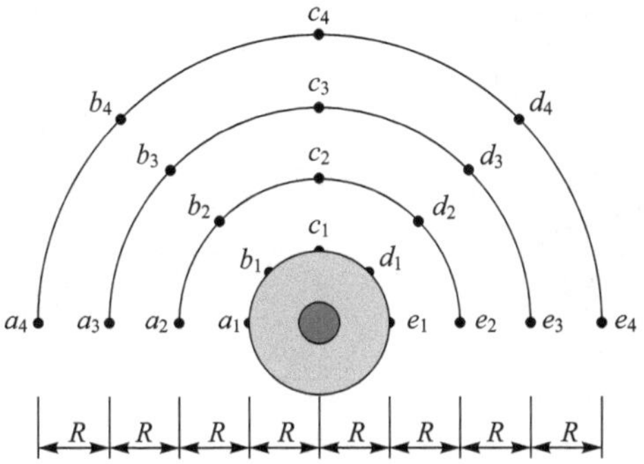

图 8.56　后爆孔(B)边上测点布置图

根据现场的装药参数，将炮孔直径设定为 $d=100$mm，而炮孔线装药密度为 400g/m，不耦合系数为 3.12。由于这里主要是希望通过假三维模型具体看炮孔的应力相互叠加作用及炮孔间的裂缝成形效果，将其等效为假三维模型的药卷直径为 22.6mm。岩石采用表 8.18 中的物理力学参数进行计算。

根据 Johansson[14] 对先后爆孔之间爆炸应力波的研究以及岩体的材料参数可以计算出 P 波的压缩波到达后爆孔孔壁的时间为 1000/4.47=223.7μs，S 波的剪切波到达后爆孔孔壁的时间为 1000/2.86=349.7μs，而且在 5 倍的先爆孔应力波到达后爆孔孔壁的时间之后，应力波的作用效应会大大降低，则先爆孔传播至后爆孔的 5 倍压缩波时间为 1118.5μs，5 倍剪切波时间为 1748.5μs。而在炮孔起爆后更多需要的是先爆孔的剪切波对后爆孔孔壁造成的垂直于炮孔连线方向上的剪切拉伸作用。由于现有的电子雷管延时技术只能精确到毫秒级别，为了充分利用先爆孔产生的剪切波对后爆孔孔壁的应力集中效应，降低压缩波的影响，选取先后爆孔之间的延迟时间为 1000μs，计算总时长根据不同的后爆孔之间间距而定。

首先令相邻后爆孔间距 $L_{BB}=1$m，假设岩石在炮孔起爆作用下不产生裂缝，分析在先爆孔起爆作用下，不同时间点后爆孔孔壁附近单元的应力分布情况。从图 8.57(a)可以看出，先爆孔的压缩波经过 230μs 传播至后爆孔附近，与理论计算的岩体中应力波传播速度一致；为了更直观地显示炮孔的起爆后效果图，图 8.57(b)选取了后爆孔在 1000μs 时刻起爆后 50μs 的一个应力云图，图中显示先爆孔附近的拉应力作用已经减弱，后爆孔附近受明显的拉应力作用。下面按照图 8.56 所示的方式在后爆孔附近选取 20 个单元分析其受力情况。

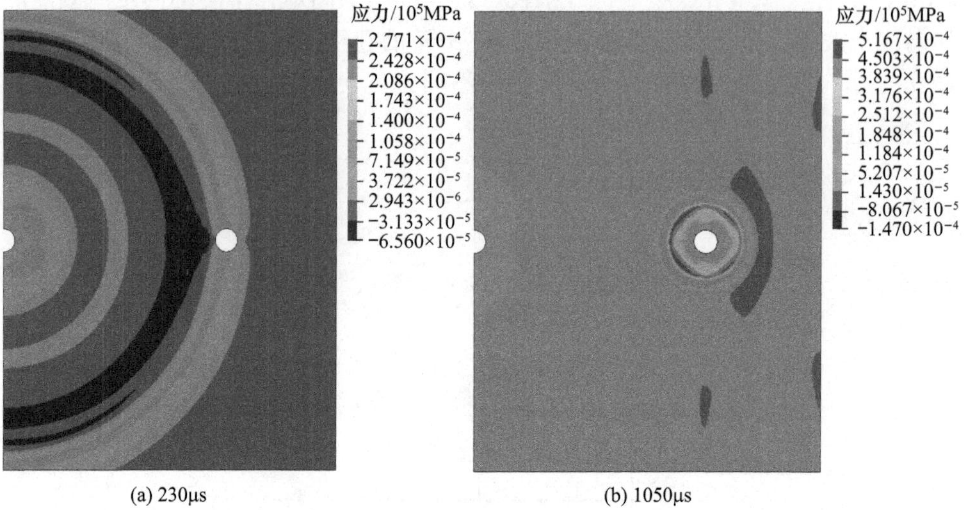

图 8.57　炮孔起爆后岩体中不同时间点下的应力云图

从图 8.58 可以看出，炮孔壁附近的拉应力值约为 $\sigma_{a_1}=2\sigma_{a_2}>2\sigma_{a_3}\geqslant 2\sigma_{a_4}$，$\sigma_{b_1}=2\sigma_{b_2}>2\sigma_{b_3}\geqslant 2\sigma_{b_4}$，$\sigma_{c_1}=2.5\sigma_{c_2}>2.5\sigma_{c_3}\geqslant 2.5\sigma_{c_4}$，$\sigma_{d_1}=3\sigma_{d_2}>3\sigma_{d_3}\geqslant 3\sigma_{d_4}$，$\sigma_{e_1}=2\sigma_{e_2}>2\sigma_{e_3}\geqslant 2\sigma_{e_4}$。分析计算获得的炮孔壁动态拉应力值，发现孔壁单元确实有较强的应力集中效应，后爆孔孔壁在先爆孔的爆炸应力波作用下有明显的空孔应力集中效应，此时起爆后爆孔将非常有利于孔壁产生初始裂缝。

对比后爆孔周边不同方向上孔壁单元的拉应力大小发现，虽然测点 c_1 所受的拉应力最大，但其所受的压应力值远大于其拉应力值，孔壁单元在这样的拉压应力组合下，虽然有可能产生初始裂纹，但在强大压应力作用下，裂纹的扩展长度会较小。而测点 a_1 和 e_1 的拉应力值比压应力值要大得多，在爆炸冲击力的作用下较利于沿孔壁形成初始裂纹。斜向的测点 b_1 和 d_1 的拉应力值由于主要受压缩波和剪切波作用力分量的作用，其应力集中效应很小，不利于沿孔壁形成初始裂纹。

2. 时序控制断裂爆破轮廓面成形分析

根据现场爆孔间距参数，令相邻先后爆孔间距保持 $L_{AB}=1$m 不变，相邻后爆孔间距分别为 1m、1.3m、1.5m、1.8m、2m、2.3m、2.5m、2.7m。为了节约计算时间，在模型计算过程中，基本上以裂缝沿炮孔连线方向贯通为计算终点，只对裂缝的扩展长度进行研究，没有过多地研究裂缝的张开宽度问题，所以基本上计算时间都没超过 4000μs。但由于相邻后爆孔间距 $L_{BB}=2.7$m 时，后爆孔间距在设定计算时间内一直没有贯通，于是将其计算时间延长至 1s，发现最后的裂缝扩展长度与计

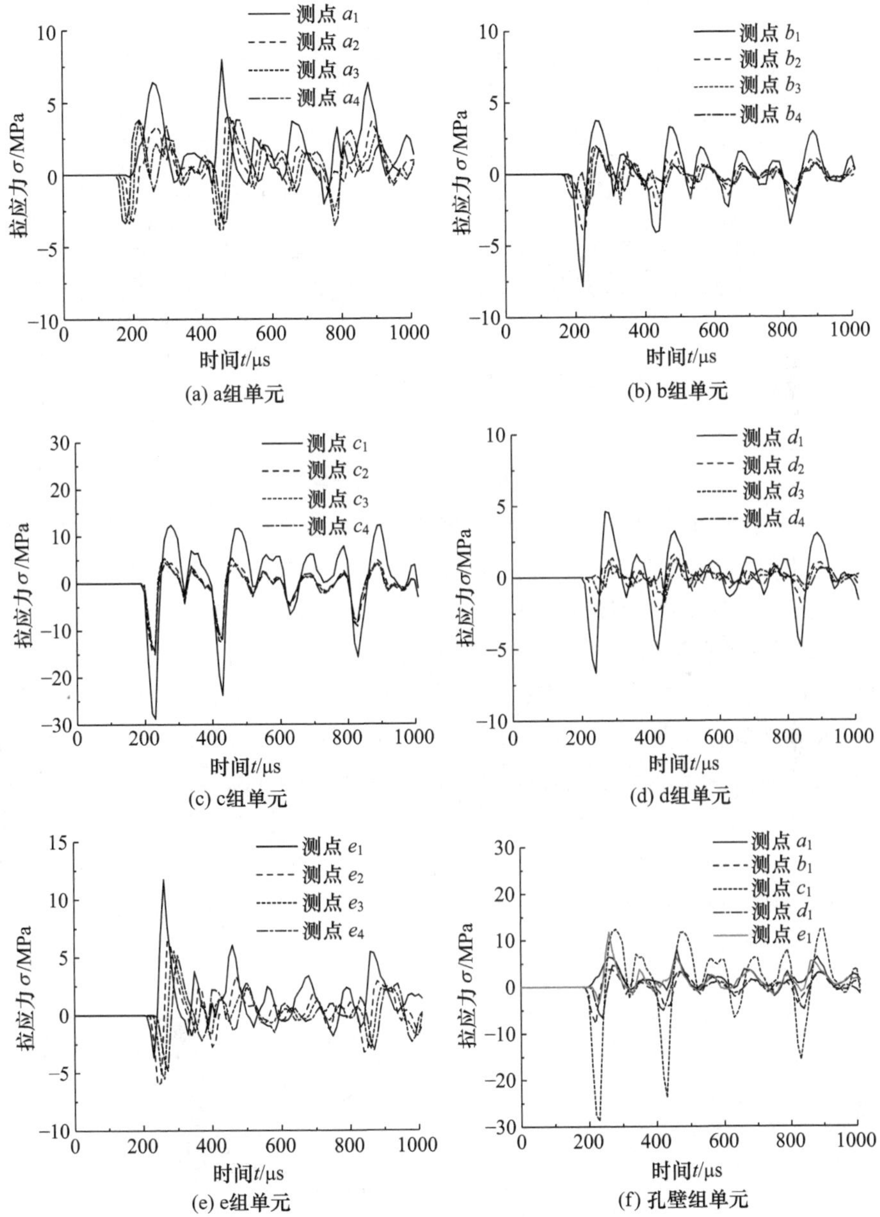

图 8.58　不同方向上孔边单元拉应力变化曲线

算时长为 4000μs 时一样。说明在其他爆破参数一致的情况下，相邻后爆孔间距过大时，爆炸应力波在岩石中传播和反射过程中消散太多，导致爆炸应力波之间的叠加作用减弱，剩余的集中应力无法满足裂缝尖端继续扩展所需要的能量，从而无法形成炮孔间贯通的裂缝。不同后爆孔间距下的炮孔间裂缝成形图如图 8.59 所示。

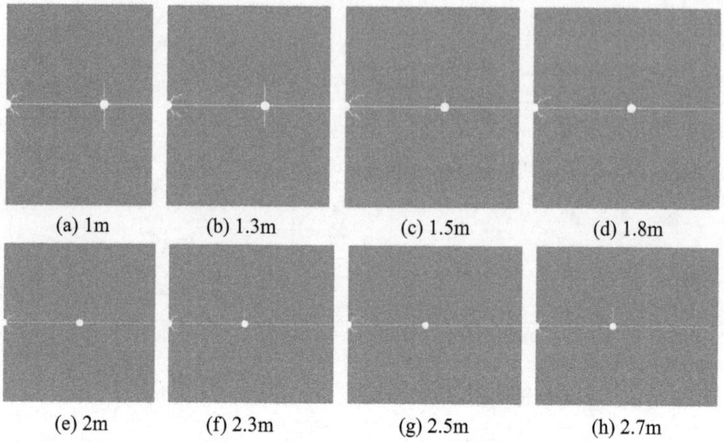

图 8.59　不同后爆孔间距下的炮孔间裂缝成形图

从图 8.59 可以看出，在相同的模型参数下，先爆孔起爆后对炮孔附近岩体的损伤形态相似，而后爆孔附近岩体的损伤断裂形态却不一样，其主要原因是不同后爆孔间距下对称边界上的反射应力波的传回时间和路径产生了变化，从而造成后爆孔附近岩体受到不同的应力波叠加效应，当后爆孔起爆后，岩石便会沿受拉应力较大的方向优先起裂并扩展。相邻后爆孔间距 L_{BB}＝1.8m、2m 和 2.5m 时后爆孔在应力波叠加效应下基本上只产生沿炮孔连线方向扩展的裂缝，其他不同炮孔间距下都会产生垂直于炮孔连线方向的裂缝，说明后爆孔间距只有在一定的距离条件时才能充分利用应力波叠加效应产生主要沿炮孔连线方向扩展的裂缝。

为了能够更加直观地分析炮孔间裂缝的形成和贯通过程，以相邻后爆孔间距 L_{BB}＝2m 为例，截取计算模型中 6 个有代表性的时间点为分析对象，其裂缝贯通过程如图 8.60 所示。

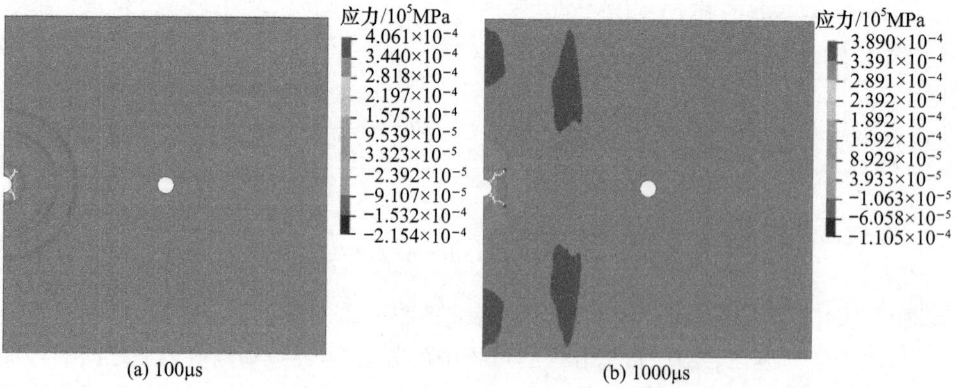

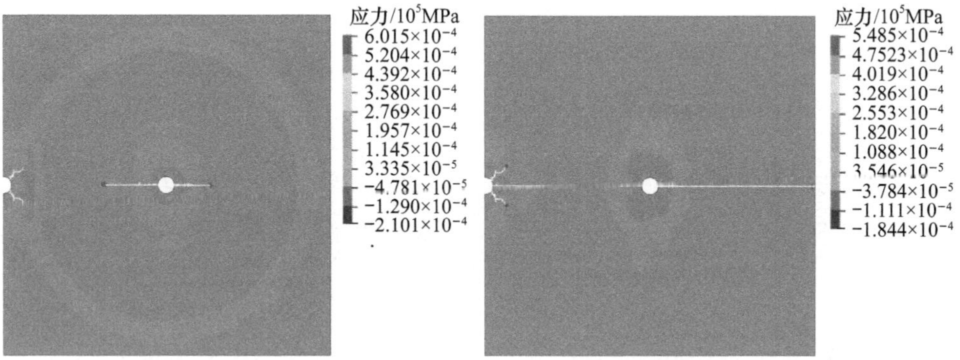

(c) 1200μs　　(d) 1880μs

图 8.60　相邻后爆孔间距为 2m 时的裂缝贯通过程

从图 8.60 可以看出，在 1000μs 之前，由于先爆孔的爆炸冲击力作用对炮孔附近岩体产生了破坏效应，但由于炮孔装药量较少，裂缝没有继续扩展形成较大的破坏区域。后爆孔在 1000μs 时刻起爆后，后爆孔在自身爆炸冲击波、先爆孔的剪切波以及自由面的反射拉伸波的叠加作用下，首先沿炮孔连线方向扩展，初始裂缝在后爆孔产生的爆生气体作用下继续扩展，到 1880μs 时便在先爆孔与后爆孔之间形成了贯通的裂缝；裂缝形成之后，炸药爆炸产生的爆生气体会继续在裂缝之间产生膨胀挤压作用，从而促使裂缝的宽度继续增大，导致岩石断裂形成最终的开挖轮廓面。

按照图 8.55 所示，在相邻先后爆孔中间选取单元 MP1，相邻后爆孔中间选取单元 MP2，取每 100μs 内的最大拉应力值，不同后爆孔间距下两个测点在整个计算过程中所受拉应力值的变化情况如图 8.61 所示。

从图 8.61 可以看出，由于相邻先后爆孔间距只有 1m，点单元 MP1 在后爆孔起爆后不久，即 2000μs 以内便产生了破坏，而且破坏的时间段都非常接近，说明 MP1 产生破坏主要是先后爆孔的爆炸应力波的叠加效应以及爆生气体的膨胀作用引起的。而相邻后爆孔中点单元 MP2 产生破坏的时间段随着后爆孔间距的增加而延长。由于图中数据取的是 100μs 内的最大值，不是一个渐变的过程，所以其最大值的出现显得较为突变。但同时也可以从该图中看出，单元 MP4 的破坏是不同应力波和反射波之间的叠加结果，因为在这个时间段前的单元应力值变化基本比较平缓。而当后爆孔间距为 2.7m 时，单元 MP4 所受到的最大切向拉应力并没有达到岩石的极限抗拉强度值，所以单元 MP4 并没有产生破坏效应，以至于后爆孔之间的裂缝没有形成贯通。因此，在运用时序控制的方法进行岩石爆破开挖时，在先后爆孔间距 $L_{AB}=10d=1m$ 不变的情况下，要想炮孔之间形成平整的裂缝，应该将后爆孔间距控制在 $L_{BB}\leqslant 2.5L_{AB}=25d$ 以内比较适宜，此结果与沈兴付[18]的研究结论一致。

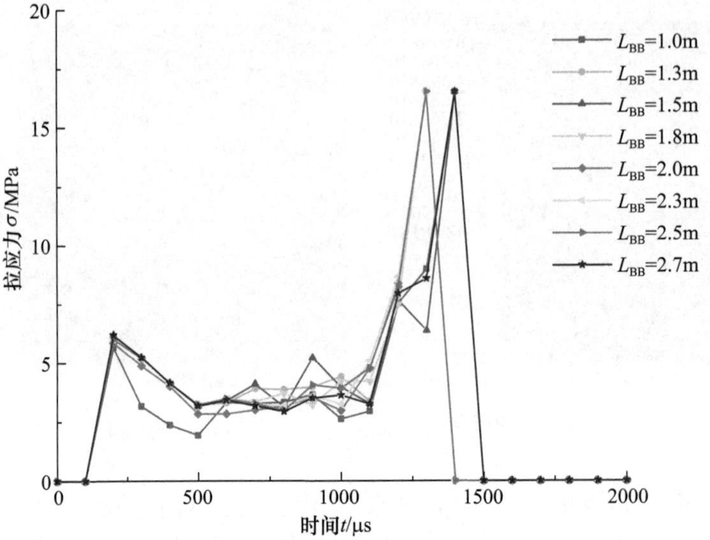

(a) 单元MP1

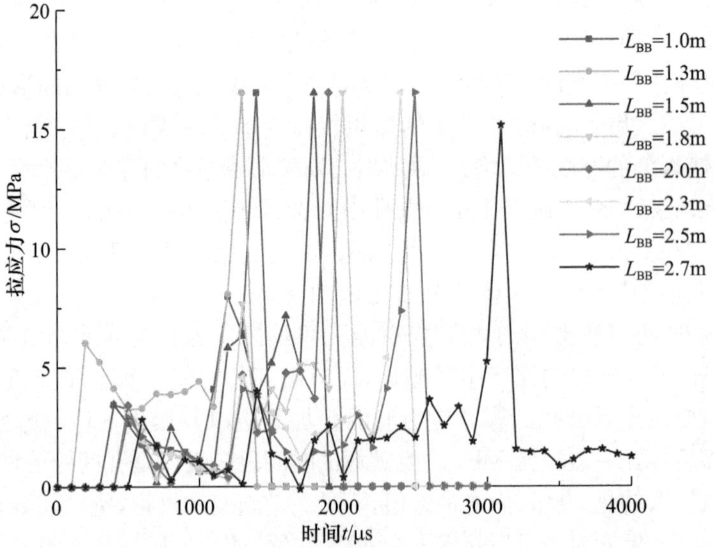

(b) 单元MP2

图 8.61　相邻炮孔连线中点单元不同时间段内拉应力变化图

8.5.4　切槽-时序控制断裂爆破方法研究

通过以上研究可以发现，切槽孔在光面爆破中对开挖轮廓面平整度有很大提高，并降低了对岩体的损伤程度，提高了地下结构的安全稳定性。而时序控制断裂爆破可以较大程度地提高预裂爆破孔之间的间距，开挖相同方量的岩体时可以减少钻孔数量并减少装药量，不仅可以提高工作效率，还可以节约成本。但这两种开挖方法同时也存在一定的缺陷，炮孔切槽爆破的工艺较为复杂，需要耗费更多的人力物力，经济性有待提高；时序控制断裂爆破中也无法控制先爆孔对围岩的损伤程度。

岳中文等[19]通过试验研究发现，在相邻的切槽孔与圆孔中若只起爆切槽孔，切槽孔的爆生主裂纹扩展轨迹较为平直，可直接与圆孔相互贯通，空孔效应非常明显。为了获得更加平整稳定的轮廓面，本章也提出一种将先爆孔进行切槽处理的时序控制断裂爆破方法。由于 100mm 的大炮孔切槽装置太难制作，且在现场施工中也很难实现，考虑到现场岩石开挖的可行性，这里主要讨论在炮孔尺寸较小的光面爆破中如何采用这种方法。

1. 不同形状先爆孔下时序控制断裂爆破效果研究

为了对比分析不同形状先爆孔下开挖轮廓面的具体爆破效果，这里对先爆孔进行了圆孔和切槽孔两种钻孔处理方式，炮孔直径以及装药量采用表 8.1 的参数，切槽孔采用白鹤滩水电站现场切槽参数。炮孔间距 $L_{AB}=L_{BB}$，其布置示意图如图 8.62 所示。

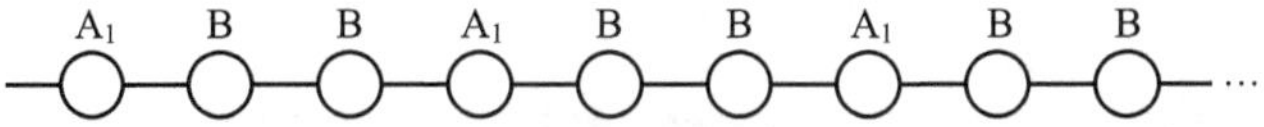

(a) 先爆孔为圆孔

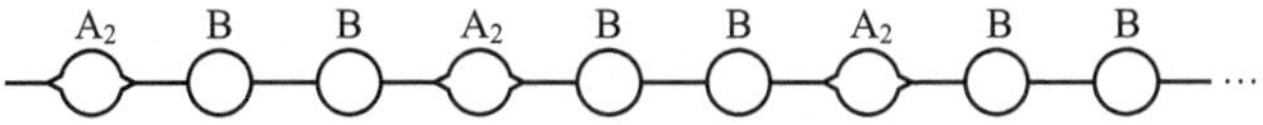

(b) 先爆孔为切槽孔

图 8.62　炮孔布置示意图

这里同样以白鹤滩水电站地下厂房中岩锚梁保护层的开挖过程为研究背景，运用动力有限元方法模拟岩石在时序控制断裂爆破中的裂缝形成机制，炮孔抵抗线均为 500mm，具体模型尺寸如图 8.63 所示。

由于时序控制断裂爆破可以一定程度上增加相邻炮孔之间的间距，为了确定延时起爆下的最大炮孔间距，初步将炮孔间距定为 50cm、60cm、70cm、80cm、90cm、100cm、110cm、120cm，即在 $11d<L<29d$（d 为孔径）内进行对比分析。由于炮孔间距较小，这里同样采用目前精度最小的 1ms 对先后爆孔进行微差起爆，经过验算发现计算 2ms 便可以看出最终的轮廓成形结果，所以总计算时长都取为 2ms。不同形状先爆孔下计算的最终裂缝成形图如图 8.64 和图 8.65 所示。

从图 8.64 可以看出，当先爆孔为圆孔时，炮孔间距为 50～70cm 的情况下，炮孔之间可沿炮孔连线形成贯通的裂缝，且对围岩的损伤深度大概为 10cm；当炮孔

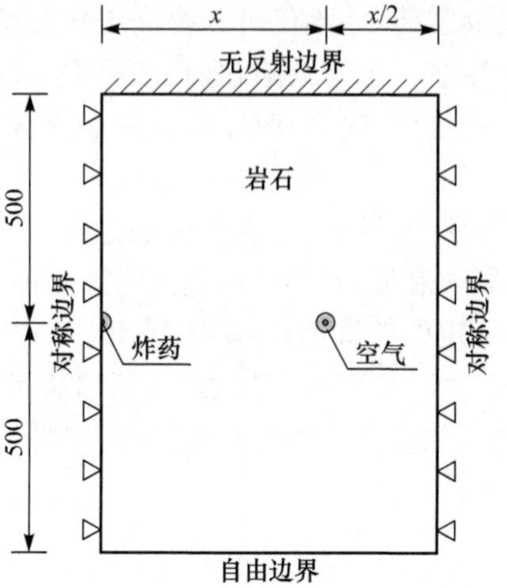

图 8.63　不同炮孔间距模型示意图(单位:mm)

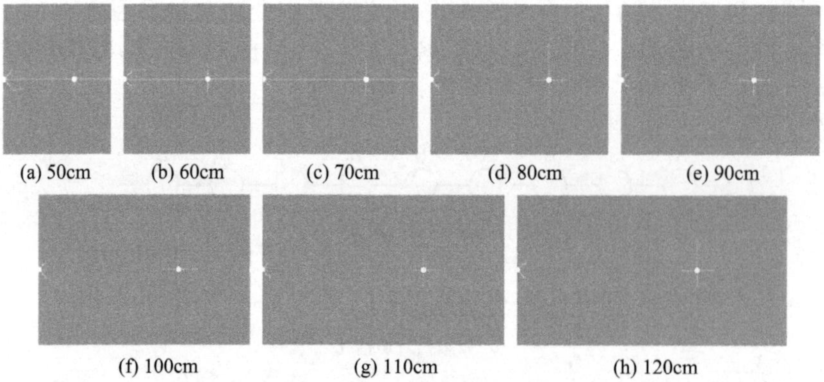

图 8.64　先爆孔为圆孔下不同炮孔间距裂缝成形图

间距为 80～120cm 时,炮孔之间无法形成沿炮孔连线的贯通裂缝,说明随着炮孔间距的增大,先爆孔产生的爆炸应力波在后爆孔孔壁上的应力集中作用减弱,而且先后爆孔之间的应力波叠加作用也会减弱,所以无法形成沿炮孔连线贯通的裂缝。表明先后爆孔都为圆孔时,在延时 1ms 的情况下,沿炮孔连线形成贯通裂缝的炮孔间距合适范围为 $H_r \leqslant 17d_b$。

从图 8.65 可以看出,当先爆孔为切槽孔时,炮孔间距为 50～100cm 的情况下,都可以沿炮孔连线形成贯通的裂缝,对围岩的损伤深度大概为 10cm。当炮孔间距为 110～120cm 时,虽然切槽孔与圆孔之间可以形成贯通的裂缝,但圆形后爆孔之间无法形成贯通的裂缝,出现了严重的欠挖现象,且对围岩的损伤深度达到近 30cm。表明先爆孔为切槽孔、后爆孔为圆孔时,在延时 1ms 的情况下,沿炮孔连线形成贯通裂缝的炮孔间距合适范围为 $H_n \leqslant 24d_b$。

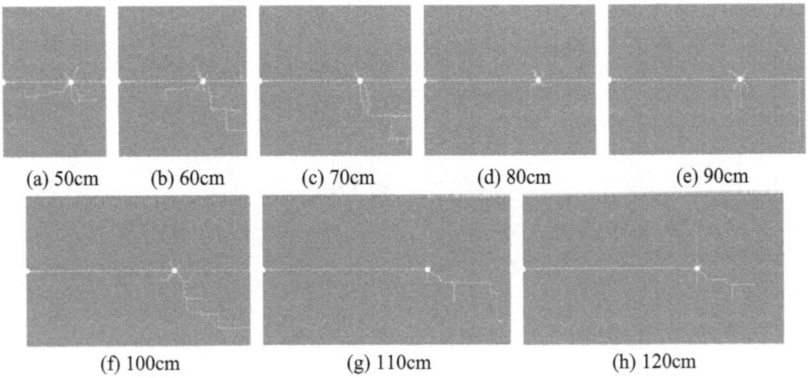

图 8.65　先爆孔为切槽孔下不同炮孔间距裂缝成形图

图 8.66 为不同先爆孔形状和相邻后爆孔间距下孔壁单元 e_1 的拉应力变化曲线。从图中可以看出：

(1) 当先爆孔为圆孔时，单元 e_1 的拉应力曲线变化规律相似，且其拉应力值随着炮孔间距的增大而减小，说明随着炮孔间距的增大，后爆孔孔壁受先爆孔爆炸应力波的作用逐渐减弱。

(2) 当先爆孔为切槽孔，并且炮孔间距为 50～100cm 时，从单元 e_1 的拉应力曲线可以看出，后爆孔起爆之前先后爆孔之间便形成了贯通的裂缝，所以后爆孔孔壁单元 e_1 起爆之前便受到较大的切向拉应力作用，当后爆孔起爆之后便容易沿受切向拉应力值最大的单元 e_1 处优先产生裂缝。而当炮孔间距为 110～120cm 时，后爆孔起爆之前先后爆孔之间没能形成贯通的裂缝，而且先爆孔应力波到达后爆孔时衰减较大，无法在后爆孔孔壁 e_1 产生应力集中的优势效果，最终在后爆孔之间无法形成贯通的裂缝。因此，先爆孔为切槽孔时，不仅可以降低先爆孔对围岩的损伤程度，还能增大炮孔之间的间距，提高光面爆破的开挖效率。

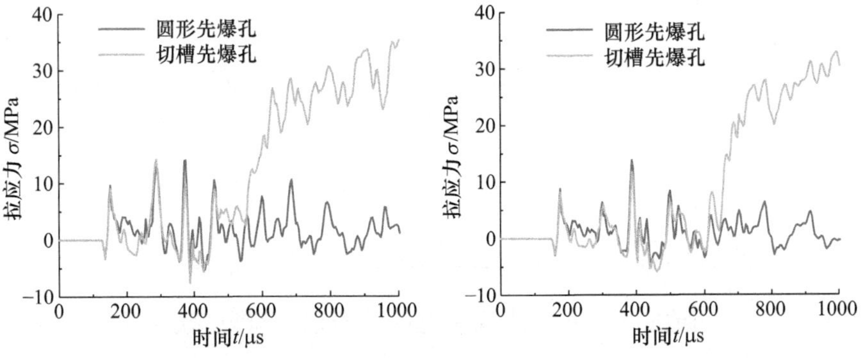

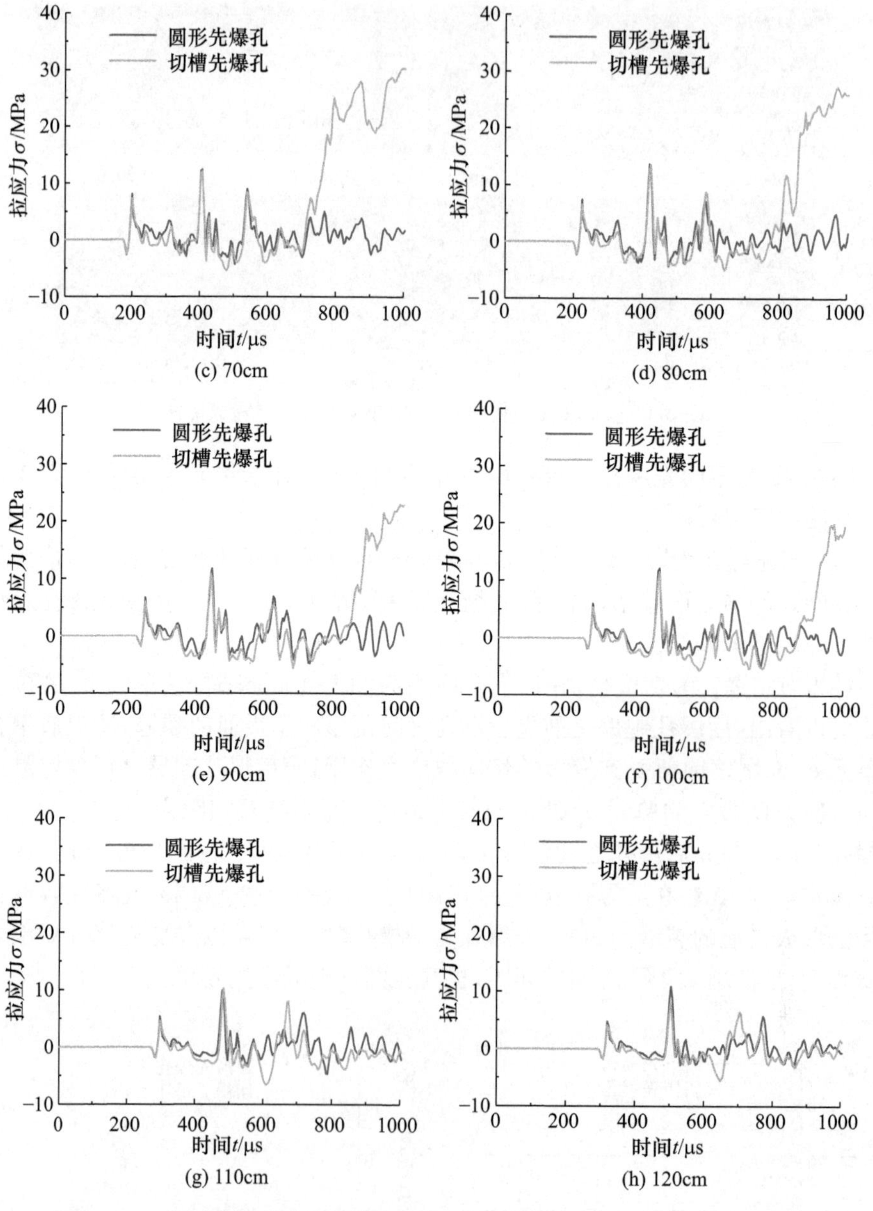

图 8.66　不同先爆孔形状和相邻后爆孔间距下孔壁单元 e_1 拉应力变化曲线

2. 不同地应力大小对切槽时序控制爆破开挖的影响

为了获得不同地应力大小对大间距炮孔下的炮孔间裂缝成形情况的影响，这里以炮孔间距 80cm 为例进行分析，考虑不同地应力 5MPa、10MPa、20MPa、40MPa 对同一爆破参数下炮孔间裂缝成形的影响，如图 8.67 所示。

从图 8.67 可以看出，当地应力为 5MPa 时，在计算的 4ms 内，炮孔之间的裂缝虽然没有贯通，若增加计算时长，炮孔之间必然形成贯通的裂缝；当地应力为 10MPa 时，先后爆孔之间形成了平整的贯通裂缝，但相邻后爆孔之间的裂缝并没有沿炮孔连线方向贯通，出现了部分欠挖的现象，说明较高的地应力会影响到爆炸应力波与反射波的叠加效应，从而产生裂缝偏离炮孔连线方向扩展的现象；当地应力增加到 20MPa 和 40MPa 时，可以发现，虽然裂缝沿先爆孔的切槽方向扩展了一段距离，但由于地应力对岩石的夹制作用太大，以至于炮孔之间的裂缝无法扩展，从而无法沿炮孔连线形成贯通的裂缝，所以要想在高地应力下进行岩石爆破开挖，必须增大炮孔装药量，抵抗地应力对岩石的夹制作用。

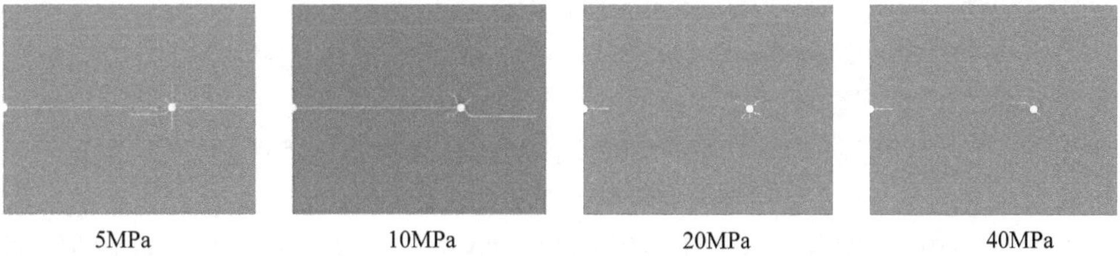

图 8.67　不同地应力下炮孔间裂缝成形图

若直接将炮孔装药量增加为原来的 2 倍，从图 8.68 可以看出，炮孔之间虽然形成了贯通的裂缝，但对围岩的损伤程度太大，这也不是工程中想要的结果。同时可以发现一个规律，就是在炮孔装药量相同的情况下，随着岩体所受地应力的增加，围岩的损伤程度在减小，说明地应力对岩体的夹制作用可以一定程度上控制爆炸作用力对岩体的损伤程度。为了进一步了解不同地应力作用下的最佳装药量，下面分别将炮孔装药量增加到原来装药量的 1.1 倍、1.2 倍、1.3 倍、1.4 倍和 1.5 倍进行分析，如图 8.69 所示。

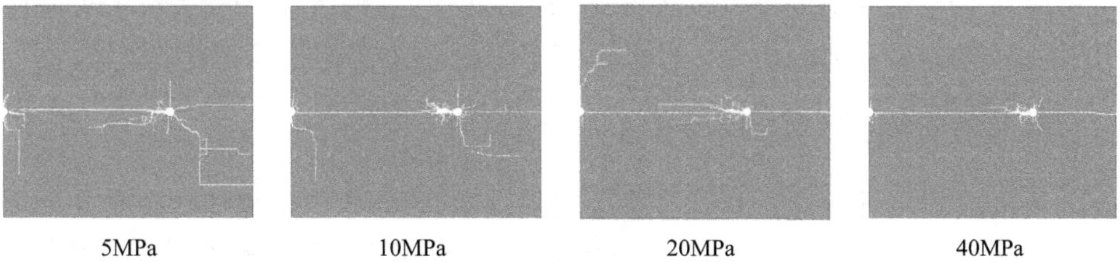

图 8.68　药量增加为原来的 2 倍时炮孔间裂缝成形图

从图 8.69(a)可以看出，地应力为 5MPa、10MPa、20MPa 时后爆孔左侧依然无法沿炮孔连线方向贯通，有部分超欠挖现象；而地应力为 10MPa、40MPa 时相邻后爆孔之间会有明显的超挖现象；说明岩体中裂缝虽然会在爆炸应力波和爆生气体作用下沿炮孔连线方向扩展，但在对应的地应力夹制作用下，炸药量依然偏小，无法满足裂缝沿炮孔连线方向扩展所需要的爆炸作用力。

从图8.69(b)可以看出，地应力为5MPa和10MPa时，相邻炮孔之间都可以形成贯通的裂缝，而且对围岩的损伤程度也较小；当地应力为20MPa和40MPa时，由于对先爆孔做了切槽处理，其对爆生裂纹有较强的导向作用，所以先爆孔与后爆孔之间依然可以形成平直贯通的裂缝，但相邻后爆孔之间依靠的是空孔的应力集中效应，所以其对裂缝的导向作用较弱，出现了部分超挖以及在计算时长内后爆孔之间裂缝无法贯通的现象，对后爆孔之间形成平直贯通的裂缝都有较大影响。

从图8.69(c)～(e)可以看出，当地应力为5MPa和10MPa时，炮孔之间虽然可以形成贯通的裂缝，但随着炮孔装药量的增大，其对围岩的损伤程度也在不断增大，所以当岩体所处地应力较小时，炮孔装药量不宜增大太多，否则在炮孔之间形成贯通裂缝的同时也会增大对岩体的损伤程度。

当地应力为20MPa时，从图8.69(c)可以看出，后爆孔孔壁上裂纹没有沿炮孔连线方向产生和扩展，附近岩体超挖损伤严重，图8.69(d)和(e)中的岩体都沿炮孔连线方向产生了贯通的裂缝，虽然后爆孔附近岩体都有不同程度的损伤，当炮孔装药量为原来的1.5倍时，后爆孔中间有了明显的欠挖现象，应该与对称边界的反射应力波作用较强有关，所以，炮孔装药量约为原来的1.4倍时对炮孔之间形成贯通裂缝最为有利。

当地应力为40MPa时，从图8.69(c)和(d)可以看出，由于岩体受地应力夹制作用较强，炮孔起爆后对围岩的损伤程度也较小，但相邻后爆孔之间出现了明显的欠挖和超挖现象，说明炮孔装药量偏小，先爆孔起爆后产生的爆炸应力波受反射应力波影响较大，后爆孔孔壁没能形成沿炮孔连线方向的最大应力集中效应，使得初始爆生裂纹没能沿炮孔连线方向产生。而炮孔装药量为原来的1.5倍时，其裂缝的贯通效果便较为理想了。

说明这种精细爆破开挖方法不仅在无地应力时有较好的爆破效果，在受到不同地应力作用时，只需要相应地增加炮孔的装药量来抵抗地应力对岩体的夹制作用，同样可以在对围岩损伤较小的情况下达到炮孔之间形成贯通裂缝的效果。

3. 不同节理走向对炮孔间裂缝贯通的影响

杨仁树等[20]通过试验比较了不同切槽孔与节理间距下节理处的裂纹扩展规律，发现节理处裂纹的产生可分为两种形态：①由切槽孔产生的爆生裂纹扩展至节理后，节理处起裂并扩展；②爆生裂纹扩展至节理之前，节理处由于爆炸应力波的拉伸作用而起裂。Huang等[21]发现切槽孔对节理岩体的爆破轮廓面成形效果相对于圆孔而言有了较大的改善作用。杨仁树等[22]也对比分析了圆孔和切槽孔在含节理岩体中起爆后裂纹的扩展规律，发现切槽孔产生的爆生裂纹可沿切槽方向持续扩展，而圆孔产生的裂纹并无明显规律，而且切槽孔下产生的爆生裂纹的扩展长度和扩展时间比圆孔下都有所增加。

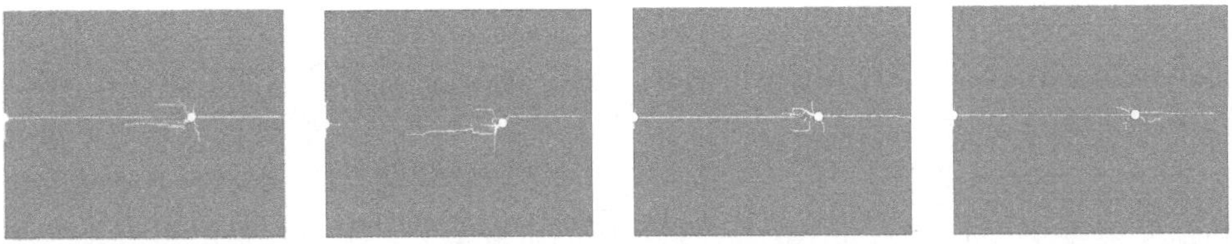

5MPa　　10MPa　　20MPa　　40MPa

(a) 药量增加为原来的1.1倍

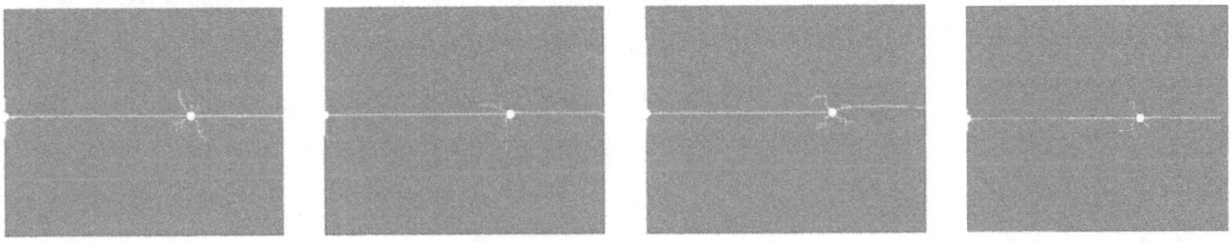

5MPa　　10MPa　　20MPa　　40MPa

(b) 药量增加为原来的1.2倍

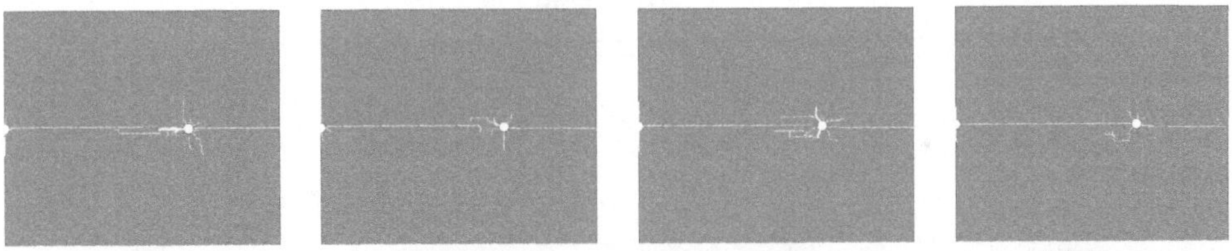

5MPa　　10MPa　　20MPa　　40MPa

(c) 药量增加为原来的1.3倍

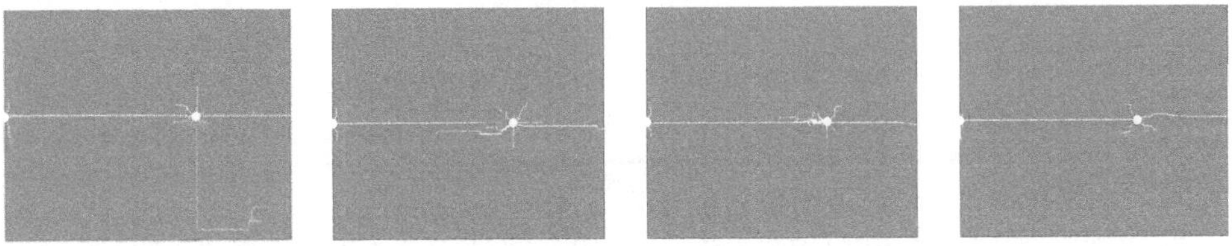

5MPa　　10MPa　　20MPa　　40MPa

(d) 药量增加为原来的1.4倍

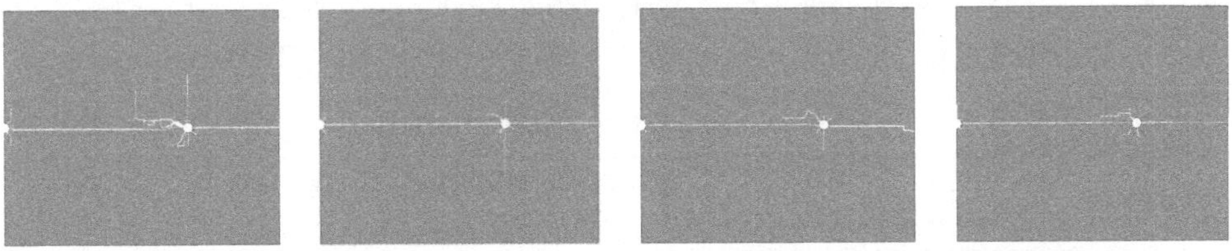

5MPa　　10MPa　　20MPa　　40MPa

(e) 药量增加为原来的1.5倍

图 8.69　不同装药量下的炮孔间裂缝成形图

以上研究说明切槽孔在节理岩体中同样对爆生裂缝有较好的导向作用，但都是进行的短节理岩体模型爆破试验，与自然界中的大断面节理岩体仍然有所不同。地下洞室中的节理面往往会贯通整个爆破开挖面，而本章主要研究的是地下洞室重要结构面的精细爆破开挖方法，经过前期的地质勘探后，往往会将重要结构布置在地质条件较好的部位，即使在开挖过程中不可避免地会碰到节理岩体，也应该不会存在密集的节理层，所以这里只对不同节理岩体的走向进行分析。

所建的数值模型如图 8.70 所示，其中包含三个炮孔，最左边的为切槽先爆孔，中间和右边的两个圆孔为后爆孔，而图中节理与炮孔连线方向的角度分别考虑了 0°、15°、30°、45°、60°、75°、90°共 7 种情况。将进行如下三个方面的研究：①切槽孔在含节理岩体中对裂缝的导向作用与完整岩石中的差异；②不同充填节理走向对相邻先后爆孔之间裂缝扩展的影响；③对比分析节理两侧有应力集中效应和无应力集中效应圆孔起爆后的裂缝扩展规律。

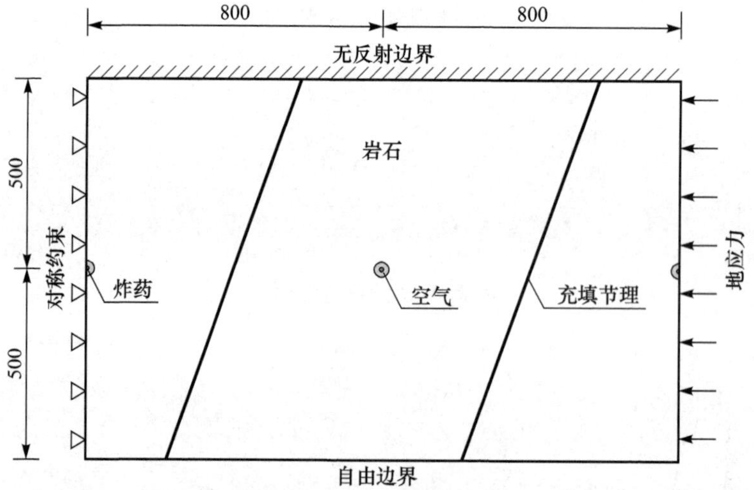

图 8.70　不同节理走向下含切槽孔时序控制断裂爆破数值模型示意图(单位：mm)

对含充填节理岩体进行爆破开挖数值模拟时，可将其看成完整岩石中含有软弱夹层，节理中充填材料的强度一般没有原材料的强度大。根据一般岩石物理力学性质变化规律设定了四种充填节理材料物理力学参数，如表 8.23 所示。

表 8.23　充填节理材料物理力学参数

材料编号	密度 $\rho_1/(g/cm^3)$	弹性模量 E_1/GPa	剪切模量 E_t/GPa	泊松比 ν	抗拉强度 σ_t/MPa	抗压强度 σ_c/MPa
1	1.5	20.0	7.0	0.34	0.5	7
2	1.7	25.0	8.5	0.33	1.0	15
3	1.9	30.0	10.0	0.30	2.0	30
4	2.1	35.0	13.0	0.28	3.0	40

由于地下洞室岩体一般处于一定的地应力条件下，这里根据白鹤滩水电站地下厂房岩锚梁部位所处的地应力大小，近似取地应力大小为 20MPa，每相邻炮孔之间布置一条充填节理。不同充填节理材料性质及其走向下的岩体中裂缝贯通情况如图 8.71 所示。

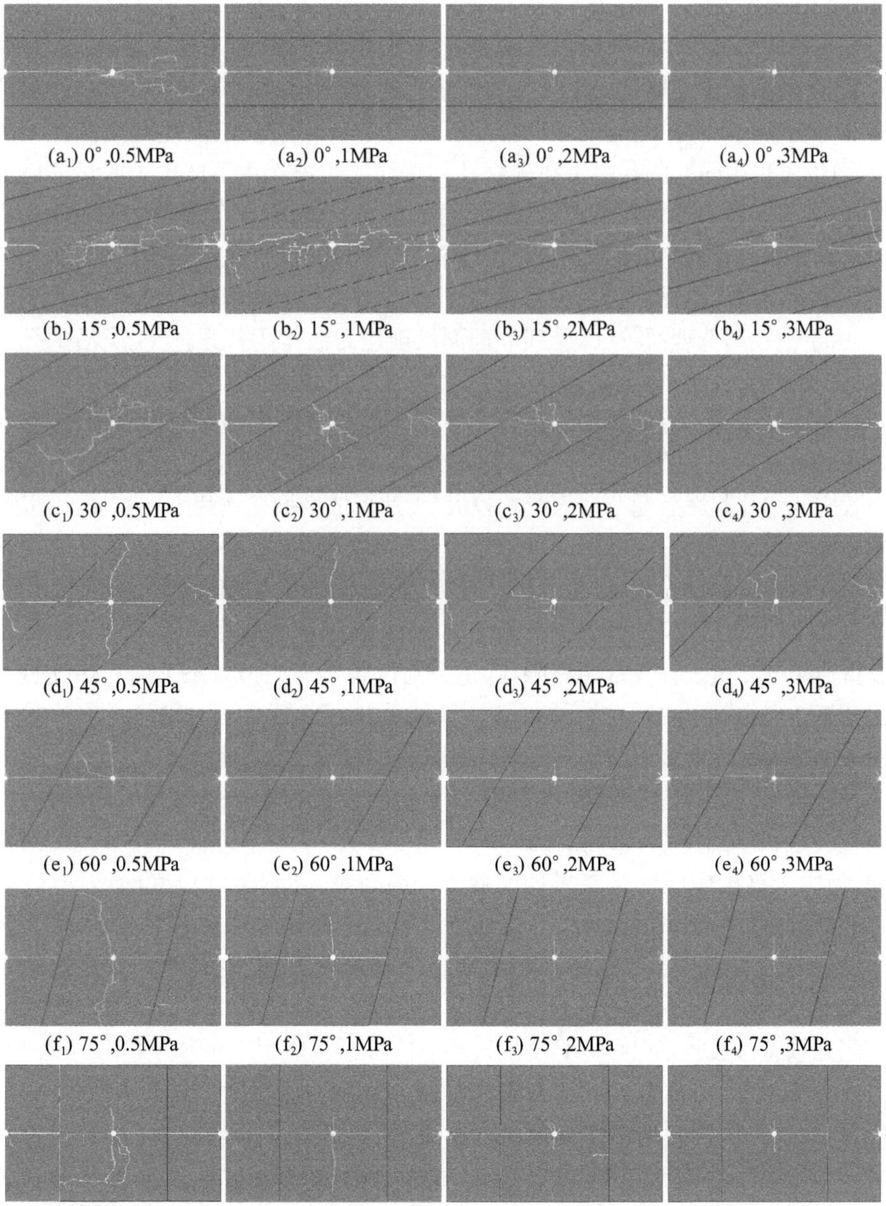
(a_1) 0°,0.5MPa　(a_2) 0°,1MPa　(a_3) 0°,2MPa　(a_4) 0°,3MPa
(b_1) 15°,0.5MPa　(b_2) 15°,1MPa　(b_3) 15°,2MPa　(b_4) 15°,3MPa
(c_1) 30°,0.5MPa　(c_2) 30°,1MPa　(c_3) 30°,2MPa　(c_4) 30°,3MPa
(d_1) 45°,0.5MPa　(d_2) 45°,1MPa　(d_3) 45°,2MPa　(d_4) 45°,3MPa
(e_1) 60°,0.5MPa　(e_2) 60°,1MPa　(e_3) 60°,2MPa　(e_4) 60°,3MPa
(f_1) 75°,0.5MPa　(f_2) 75°,1MPa　(f_3) 75°,2MPa　(f_4) 75°,3MPa
(g_1) 90°,0.5MPa　(g_2) 90°,1MPa　(g_3) 90°,2MPa　(g_4) 90°,3MPa

图 8.71　不同充填节理材料性质及其走向下的岩体中裂缝贯通情况

从图 8.71 可以看出，充填节理对岩体中裂缝扩展产生了很大的影响。在节理走向相同的情况下，岩体中裂缝扩展大体呈以下趋势：随着充填节理强度的增加，节理面对爆炸应力波的反射作用力减小，炮孔之间的次生裂缝数量也随之减少，更多的爆炸能量作用于沿炮孔连线方向的主裂缝，使得其宽度变得更大，更利于形成平整的开挖轮廓面。

分析图中裂缝扩展路径可以发现，在含有充填节理的岩体中，即使有节理对应力波的反射作用，切槽先爆孔产生的裂缝仍然主要沿炮孔连线方向扩展，含软弱层的岩体甚至更能表现出其对裂缝的导向作用。而同样作为后爆孔，右边两个圆孔同时起爆后，可以发现中间的圆孔由于在先爆孔的爆炸应力波作用下产生了明显的应力集中效应，其起爆后的裂缝大多还是沿炮孔连线方向扩展，只在节理角度较小时会出现多条垂直节理面方向扩展的次生裂缝；而右边的圆孔由于在起爆之前没有明显的应力集中效应，起爆后并没有产生主要沿炮孔连线方向扩展裂缝的趋势，在节理角度较小时，由于炮孔离节理面较近，受到节理面反射应力波作用较强，产生了沿炮孔连线方向扩展的裂缝，当节理角度大于 45°后，便无法产生裂缝了。

再对比两个圆形后爆孔中间节理左右两侧的裂缝扩展规律可以看出，起爆之前有空孔应力集中效应的炮孔可产生沿炮孔连线方向扩展的裂缝。而无明显空孔应力集中效应的炮孔起爆后受节理面影响较大，无法形成沿炮孔连线方向扩展的裂缝，可能需要增大炮孔装药量才能形成裂缝扩展的效果，但如此一来，便会加剧节理的张开扩展深度和岩体的损伤程度，若同样在其右边增加一个含切槽缝的先爆孔，则应该也会产生如中间圆孔一样的裂缝扩展效果，从而在含节理岩体中沿整个炮孔连线方向形成贯通裂缝。由于计算资源有限，这里只对两种不同应力状态下的后爆孔进行了对比分析。但也可以说明在相同充填节理岩体条件下，采用含切槽孔的时序控制断裂爆破能很大程度地提高轮廓面平整度和降低对围岩的损伤程度。

当充填节理强度为 2MPa 和 3MPa 时，可以发现随着节理角度的增加，产生的次生裂缝也在不断减小，虽然前面介绍节理角度为 45°时节理处的应力波反射作用最强，但由于这里相邻炮孔之间只设置了一组节理，随着节理角度的增加，炮孔与节理的间距也在不断增大，所以应力波受到节理的反射作用会一直减小，而且随着反射波的方向与炮孔连线方向夹角不断减小，也会促进爆生裂缝沿炮孔连线方向扩展。

当充填节理强度为 0.5MPa 和 1MPa 时，其裂缝扩展规律与 2MPa 和 3MPa 时大致一样，但整体而言，由于其强度较小，大大增加了节理对爆炸应力波的反射作用，从而使得节理之间岩体的损伤程度更大，尤其是在节理角度为 15°和 30°时，在后爆孔附近出现了较严重的破碎区。随着节理角度的增大，岩体破碎率虽然降低了，但仍然出现了扩展较长的次生裂缝，甚至在两条充填节理中间都没有形成沿炮孔连线方向扩展贯通的裂缝（见图 8.71(f_1)），并出现了裂缝随机扩展的现象，这主要是由于节理反射应力波作用太强的结果。

综上所述，在先爆孔切槽的情况下，时序控制断裂爆破可很大程度地改善节理岩体的成缝效果。但若想炮孔之间获得良好的裂缝贯通效果，还需要提前对节理进行充填灌浆处理，增强整个岩体的连续性，将更有利于形成贯通平整的开挖轮廓面，并降低对围岩的损伤程度。

8.5.5　小结

以大坝左岸地下主厂房岩锚梁保护层爆破开挖为例，对岩锚梁保护层采用切槽爆破、时序控制断裂爆破及切槽-时序控制断裂爆破三种方法进行了深入分析和对比，并对不同工艺的主要参数进行了研究。得到如下结论：

(1) 通过真三维模型和假三维模型对现场切槽爆破试验进行了重现，发现数值模拟与现场实测的结果都有较好的一致性，同样是当光爆孔与辅助孔的线装药密度分别为 70g/m 和 206g/m 时，可以获得最理想的爆破开挖效果，并在此装药量下进一步做不同地应力下的爆破开挖分析。结果表明，当地应力小于 40MPa 时，中远区岩体振动速度变化不大，而当地应力达到 80MPa 时，各测点峰值振动速度都有明显的增大趋势，表明地应力达到一定值后会对岩体的振动速度有放大效应。而且只有在模型施加的地应力与现场地应力(20MPa)最接近的情况下，才能达到岩体的破碎程度较大，同时光爆孔附近围岩损伤状况较小的效果。

(2) 采用假三维模型对露天水电站现场试验进行了数值模拟分析，发现孔壁单元在爆炸应力波作用下与真三维模型一样，有明显的空孔应力集中效应。以先后爆孔之间延迟时间为 1ms 对现场试验进行了数值重现。结果表明，先后爆孔之间在 2ms 之内便可以形成贯通的裂缝，而在先后爆孔间距为 1m 的情况下，相邻后爆孔的宽度只有在不超过 2.5m 时才能形成贯通平整的裂缝，其结果与现场试验所得规律相似，但比现场的轮廓面开挖效果要更好，说明先后爆孔之间的延时取 1ms 更为合理。

(3) 在后爆孔都为圆孔且先后爆孔延时均为 1ms 的情况下，当先爆孔为圆孔时，沿炮孔连线形成贯通裂缝的炮孔间距合适范围为 $H_r \leqslant 17d_b$；当先爆孔为切槽孔时，相邻炮孔间距为 $H_n \leqslant 24d_b$。采用对先爆孔切槽的时序控制断裂爆破方法时，取相邻炮孔间距为 $H_n \approx 19d_b$、地应力为 20MPa 不变，研究四种充填节理强度，以及充填节理与炮孔连线在 7 种不同角度下的爆破开挖效果，发现此方法在节理岩体中的爆破效果比传统爆破的优势更明显，随着节理与炮孔连线夹角越大，且充填节理强度越大，最后的轮廓面开挖效果越好，对围岩的损伤程度也越小。而且有明显应力集中效应的中间后爆孔比无明显应力集中效应的右边后爆孔更容易形成沿炮孔连线方向扩展的裂缝。

参 考 文 献

[1] 谢先启. 精细爆破发展现状及展望[J]. 中国工程科学，2014，16(11)：14-19.

[2] 李清，王平虎，杨仁树，等. 切槽孔爆破动态力学特征的动焦散线实验[J]. 爆炸与冲击，2009，15(4)：13-19.

[3] 宗琦. 岩石炮孔预切槽爆破断裂成缝机理研究[J]. 岩土工程学报，1998，20(1)：30-33.

[4] Persson P A，Lundborg N，Johansson C. The basic mechanism in rock blasting[C]//Proceedings of the 2nd International Society of Rock Mechanics，Belgrade，1970.

[5] 张志呈. 爆破原理与设计[M]. 重庆：重庆大学出版社，1992.

[6] 吴恒金. 光面爆破断裂原理的探讨[J]. 爆破，1987，4(4)：12-18.

[7] Fourney W L，Barker D B，Holloway D C. Model studies of well stimulation using propellant chsarges[J]. International Journal of Rock Mechanics and Mining Sciences & Geomechanics Abstracts，1983，20(2)：91-101.

[8] Ouchterlony F，Olsson M，Bergqvist I. Towards new Swedish recommendations for cautious perimeter blasting[J]. Fragblast，2002，6(2)：235-261.

[9] 肖正学，郭学彬，张志呈，等. 切槽爆破在爆炸冲击波和爆轰气体作用下的力学效应[J]. 岩石力学与工程学报，1998，17(6)：650-654.

[10] 张志呈，王成端. 切槽爆破中切槽角的研究[J]. 爆炸与冲击，1990，10(3)：233-238.

[11] 中华人民共和国国家质量监督检验检疫总局，中国国家标准化管理委员会. 爆破安全规程(GB 6722—2014)[S]. 北京：中国标准出版社，2014.

[12] 杨桂通. 弹塑性力学引论[M]. 北京：清华大学出版社，2004.

[13] 李新平，朱瑞赓. 孔边线状裂纹断裂扩展的研究[J]. 岩土力学，1988，9(1)：29-36.

[14] Johansson D. Fragmentation and waste rock compaction in small-scale confined blasting[J]. International Journal of Pharmaceutics，2008，420(1)：156-160.

[15] Vanbrabant F，Espinosa A. Impact of short delays sequence on fragmentation by means of electronic detonators：Theoretical concepts and field validation[C]//Proceedings of the 8th International Symposium on Rock Fragmentation Blasting，Santiago，2006：326-331.

[16] Marsh S P. LASL Shock Hugoniot Data[M]. Los Angeles：University of California Press，1980.

[17] 华东勘测设计研究院. 金沙江白鹤滩水电站右岸引水发电系统土建及金属结构安装工程施工招标文件[R]. 上海：中国水电顾问集团华东勘测设计研究院，2013.

[18] 沈兴付. 时序控制断裂爆破的计算机模拟分析[J]. 爆破，2000，17(4)：117-122.

[19] 岳中文，郭洋，王煦. 切槽孔爆炸载荷下裂纹扩展行为的实验研究[J]. 岩石力学与工程学报，2015，34(10)：2018-2026.

[20] 杨仁树，丁晨曦，杨立云，等. 节理对爆生裂纹扩展影响的试验研究[J]. 振动与冲击，2017，36(10)：26-30，44.

[21] Huang J H，Li X P，Luo Y，et al. Numerical simulation of influence of filled joint on the

crack formed by notch hole blast[J]. European Journal of Environmental and Civil Engineering,2017,(4):1-17.

[22] 杨仁树,许鹏,杨立云,等.缺陷介质切槽爆破断裂行为的动焦散线实验[J].爆炸与冲击,2016,36(2):145-152.